中国国家标准汇编

2008年修订-49

中国标准出版社　编

中国标准出版社
北京

图书在版编目（CIP）数据

中国国家标准汇编：2008 年修订．49/中国标准出版社编．—北京：中国标准出版社，2009

ISBN 978-7-5066-5500-2

Ⅰ.中… Ⅱ.中… Ⅲ.国家标准-汇编-中国-2008 Ⅳ.T-652.1

中国版本图书馆 CIP 数据核字（2009）第 183776 号

中国标准出版社出版发行
北京复兴门外三里河北街 16 号
邮政编码：100045
网址 www.spc.net.cn
电话：68523946 68517548
中国标准出版社秦皇岛印刷厂印刷
各地新华书店经销

*

开本 880×1230 1/16 印张 39.5 字数 1 198 千字
2009 年 11 月第一版 2009 年 11 月第一次印刷

*

定价 200.00 元

ISBN 978-7-5066-5500-2

出 版 说 明

1.《中国国家标准汇编》是一部大型综合性国家标准全集。自1983年起，按国家标准顺序号以精装本、平装本两种装帧形式陆续分册汇编出版。它在一定程度上反映了我国建国以来标准化事业发展的基本情况和主要成就，是各级标准化管理机构，工矿企事业单位，农林牧副渔系统，科研、设计、教学等部门必不可少的工具书。

2.《中国国家标准汇编》收入我国每年正式发布的全部国家标准，分为"制定"卷和"修订"卷两种编辑版本。

"制定"卷收入上年度我国发布的、新制定的国家标准，顺延前年度标准编号分成若干分册，封面和书脊上注明"20××年制定"字样及分册号，分册号一直连续。各分册中的标准是按照标准编号顺序连续排列的，如有标准顺序号缺号的，除特殊情况注明外，暂为空号。

"修订"卷收入上年度我国发布的、被修订的国家标准，视篇幅分设若干分册，但与"制定"卷分册号无关联，仅在封面和书脊上注明"20××年修订-1,-2,-3,……"字样。"修订"卷各分册中的标准，仍按标准编号顺序排列(但不连续)；如有遗漏的，均在当年最后一分册中补齐。需提请读者注意的是，个别非顺延前年度标准编号的新制定的国家标准没有收入在"制定"卷中，而是收入在"修订"卷中。

读者配套购买《中国国家标准汇编》"制定"卷和"修订"卷则可收齐上一年度我国制定和修订的全部国家标准。

3. 由于读者需求的变化，自1996年起，《中国国家标准汇编》仅出版精装本。

4. 2008年制修订国家标准共5946项。本分册为"2008年修订-49"，收入新制修订的国家标准24项。

中国标准出版社

2009年10月

目　　录

ICS 07.060
N 93

GB

中华人民共和国国家标准

GB/T 9357—2008

土工试验仪器　渗透仪

Instrument for soil test—Permeameter

2008-11-21 发布　　　　2009-02-01 实施

中华人民共和国国家质量监督检验检疫总局
中国国家标准化管理委员会　发布

前　言

本标准由中华人民共和国水利部提出并归口。

本标准主要起草单位：水利部水文仪器及岩土工程仪器质量监督检验测试中心、南京水利水文自动化研究所、水利部水利信息中心。

本标准参加起草单位：全国工业产品生产许可证办公室水文仪器及岩土工程仪器审查部。

本标准主要起草人：鲍良钝、赵越、姜永富。

本标准参加起草人：袁普生。

土工试验仪器　渗透仪

1　范围

本标准规定了渗透仪的相关术语和定义、产品分类及组成、技术要求、试验方法、检验规则及标志、使用说明书、包装、运输、贮存的要求。

本标准适用于室内测定饱和粘性土和饱和砂性土渗透系数的变水头渗透仪和常水头渗透仪。

2　规范性引用文件

下列文件中的条款通过本标准的引用而成为本标准的条款。凡是注日期的引用文件，其随后所有的修改单(不包括勘误的内容)或修订版均不适用于本标准，然而，鼓励根据本标准达成协议的各方研究是否可使用这些文件的最新版本。凡是不注日期的引用文件，其最新版本适用于本标准。

GB/T 191　包装储运图示标志

GB 9969.1　工业产品使用说明书　总则

GB/T 15406　岩土工程仪器基本参数及通用技术条件

GB/T 15464　仪器仪表包装通用技术条件

SL 111—1995　透水板校验方法

SL 370—2006　土工试验仪器　环刀

3　术语和定义

GB/T 15406 确立的以及下列术语和定义适用于本标准。

3.1

渗透仪　permeameter

用于室内测定饱和粘性土和饱和砂性土渗透系数的土工试验仪器。

3.2

变水头渗透仪　falling head permeameter

用于测定粘性土的渗透系数的仪器。

3.3

常水头渗透仪　constant head permeameter

用于测定砂类土及含少量砾石无凝聚性土在常水头下的渗透系数的仪器。

4　产品分类及组成

4.1　产品分类

渗透仪按结构型式的不同可分为变水头渗透仪和常水头渗透仪。

4.2　产品组成

变水头渗透仪主要由土样容器、供水瓶、测压管等组成，土样容器由上盖、下盖、密封圈、环刀、透水板等组成，如图 1 所示。

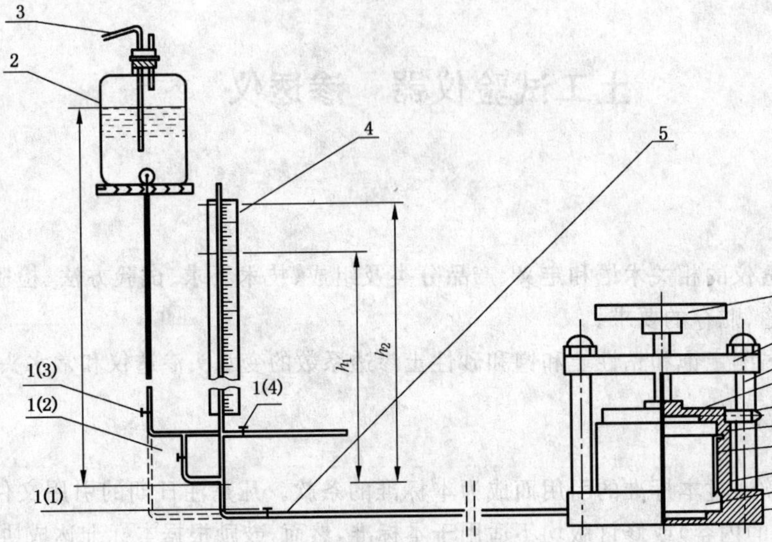

1——进水管夹；
2——供水瓶；
3——接水源管；
4——变水头管；
5——进水管；
6——手轮；
7——横梁；
8——立柱；
9——上盖；
10——出水管；
11——密封圈；
12——环刀；
13——套筒；
14——透水石；
15——下盖。

图 1　变水头渗透仪示意图

常水头渗透仪主要由土样筒(金属多孔板、滤网)、测压板(刻度板、测压管)等部分组成，如图 2 所示。

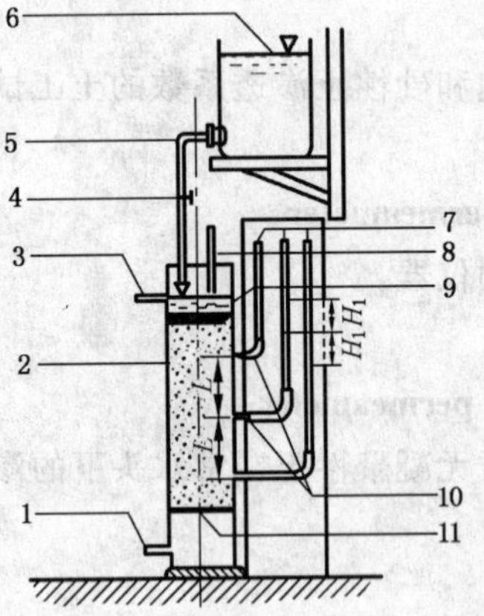

1——渗水孔；
2——金属圆筒；
3——溢水管；
4——止水夹；
5——供水管；
6——供水桶；
7——测压管；
8——温度计；
9——砾石层；
10——测压孔；
11——金属孔板。

图 2　常水头渗透仪示意图

4.3 主要规格

4.3.1 渗透仪的主要规格应符合表1规定。

表1 主要规格

单位为毫米

刻度板分度值	测压管内径	变水头渗透仪			常水头渗透仪	
		环刀内径	环刀高度	圆筒内径	圆筒高度	圆筒测压孔之间中心距
1	≤ϕ1.0	ϕ61.8	40	ϕ100	400	100

4.3.2 常水头渗透仪附件：

木击锤的规格应符合表2规定。

表2 木击锤规格

单位为毫米

锤头尺寸	锤杆尺寸
ϕ50×150	ϕ25×250

5 技术要求

5.1 工作环境要求

渗透仪应在以下环境下正常工作：

——温度：5 ℃～35 ℃；

——相对湿度：≤95%（+30 ℃）。

5.2 变水头渗透仪

5.2.1 上盖、下盖及套筒应用耐腐蚀、耐磨损、不易变形的金属材料制造，表面及内壁的表面粗糙度(Ra)应为6.3 μm。

5.2.2 透水板两端面应平整，其渗透系数应介于1×10^{-3} cm/s～9×10^{-3} cm/s。

5.2.3 环刀应符合SL 370—2006中的技术要求。

5.2.4 仪器组装拧紧后，环刀不应悬空或受压损，并应在100 kPa气压下不泄漏。

5.2.5 仪器表面应无明显气孔、砂眼等，镀层应平整、色泽均匀，无气泡、碰伤等现象。

5.2.6 测压管宜采用透明玻璃管。

5.3 常水头渗透仪

5.3.1 圆筒应用金属材料制造，内径应为$100^{+0.22}_{0}$ mm，测压孔之间的垂直距离应为$100^{\pm0.44}_{0}$ mm。

5.3.2 刻度板上的刻度线要准确、均匀、清晰，最小分度值应为1 mm。

5.3.3 金属孔板与滤网的渗透系数应不小于1×10^{-1} cm/s～9×10^{-1} cm/s。

5.3.4 仪器铸件表面应无明显气孔、砂眼等，镀层、漆层不得有脱皮、损坏现象。

5.4 机械环境适应性

渗透仪(仅指土样容器)在运输包装的情况下，应能承受运输、装卸、搬运过程中可能出现的振动、跌落等情况。

6 试验方法

6.1 环境条件

6.1.1 参比试验大气条件

温度：20 ℃±2 ℃。

相对湿度：60%～75%。

大气压力：86 kPa～106 kPa。

6.1.2 **正常试验大气条件**

温度：+15 ℃～+35 ℃(在每项试验期间,允许的温度变化每小时不大于1 ℃)。

相对湿度:不大于85%。

大气压力:86 kPa～106 kPa。

6.2 变水头渗透仪

6.2.1 应用表面粗糙度标准样块等量具进行检验,应满足5.2.1要求。

6.2.2 将透水板置于专用试验容器内。按SL 111—1995测定其渗透系数,应满足5.2.2要求。

6.2.3 环刀参照SL 370—2006中的试验方法进行检验,应满足5.2.3要求。

6.2.4 渗透仪组装拧紧后,将出水管、排气管密封,从进水管施加100 kPa气压,将渗透仪置于盛水槽内应无气泡外溢,仪器拆卸后,检测环刀应无压损,应满足5.2.4要求。

6.2.5 仪器表面应用目测进行检验,应满足5.2.5要求。

6.3 常水头渗透仪

6.3.1 量筒应用相应精度的量具进行检验,应满足5.3.1要求。

6.3.2 刻度板应用通用量具以及目测进行检验,应满足5.3.2要求。

6.3.3 将金属孔板和滤网依次叠加置于圆筒内,参照常水头渗透试验方法进行试验,应满足5.3.3要求。

6.3.4 仪器铸件表面应用目测进行检验,应满足5.3.4要求。

6.4 机械环境适应性

6.4.1 **振动试验**

在运输包装状态下,设置振动系统的扫频振动频率为10 Hz～150 Hz～10 Hz、扫频速度为1倍频程/min、加速度为2 *g*,对渗透仪(仅指土样容器)进行3个周期/单轴的振动试验。试验后仪器工作正常,结果应符合5.4的要求。

6.4.2 **自由跌落试验**

在运输包装状态下,设置自由跌落机的跌落高度为300 mm,将渗透仪(仅指土样容器)自由跌落在平滑、坚硬的混凝土面或钢质面上,共进行3次跌落试验。试验后仪器工作正常,结果应符合5.4的要求。

7 检验规则

7.1 检验分类

产品检验分为出厂检验和型式试验。

7.2 出厂检验

7.2.1 产品应逐台进行出厂检验,检验项目为6.2.1～6.2.5、6.3.1～6.3.4。

7.2.2 产品经生产厂质量检测部门检验合格后,并附合格证,方可出厂。

7.2.3 出厂检验凡有一项不合格者,若返修则应在返修后对该产品重新进行出厂检验。

7.3 型式检验

7.3.1 渗透仪有下列情况之一,应进行型式检验:

a) 新产品试制、定型鉴定或老产品转厂生产时;

b) 正式生产后,在结构、材料、工艺有较大改变、可能影响产品性能时;

c) 正式生产后,产品已连续生产三年以上时;

d) 产品停产一年以上又恢复生产时;

e) 产品出厂检验结果与上次型式检验结果有较大差异时;

f) 国家质量监督机构提出进行型式检验要求时。

7.3.2 型式检验的样品应从经出厂检验合格的产品中随机抽取,一般不少于3台,若产品总数不足

3台,则应全检。

7.3.3 型式检验中有一台及以上单机产品不合格时,应加倍抽取该产品进行不合格项目复检,若仍有不合格时,则判该批产品为不合格;若全部检验合格,则除去第一批抽样不合格的产品,该批产品应判为合格。

7.3.4 经过型式检验的产品,需要更换易损件,并经出厂检验合格后方能出厂。

8 标志、使用说明书

8.1 标志

8.1.1 产品标志

在产品的显著位置应具有完整的铭牌标志,内容包括:

a) 产品型号及名称;

b) 生产单位名称及商标;

c) 生产日期及出厂编号等。

8.1.2 包装标志

在产品的包装箱的适当位置,应标有显著、牢固的包装标志,内容包括:

a) 产品型号及名称;

b) 产品数量;

c) 箱体尺寸(mm);

d) 净重或毛重(kg);

e) 运输作业安全标志;

f) 到站(港)及收货单位;

g) 发站(港)及发货单位。

8.1.3 包装储运标志

产品的包装储运标志应符合 GB/T 191 的规定。

8.2 使用说明书

产品的使用说明书的内容应按 GB 9969.1 的规定。

9 包装、运输、贮存

9.1 包装

9.1.1 包装箱应牢固、美观、大方、经济实用。

9.1.2 产品包装时,周围环境及包装箱内应清洁、干燥、无有害气体、无异物。

9.1.3 产品包装后,其包装件重心应尽量靠下且居中,产品装在箱内应予以支撑、垫平、卡紧,产品可移动的部分应移至使产品具有最小外形尺寸,并加以固定。

9.1.4 产品的防震、防潮、防尘等防护包装按 GB/T 15464 的有关规定进行。

9.1.5 随机文件应齐全,文件清单如下:

a) 装箱单;

b) 产品出厂合格证明书;

c) 产品使用说明书;

d) 出厂前的检验测试文件;

e) 产品技术条件规定的其他文件。

9.1.6 随机文件应装入塑料袋中,并放置在包装箱内,若产品分装数箱,则随机文件应放在主件箱内。

9.2 运输

按有关包装标准及本标准的规定进行包装的产品应能适应各种运输方式。

9.3　贮存

9.3.1　贮存场所应通风、干燥，附近应无腐蚀性物质。

9.3.2　包装好的产品应能在下列环境条件下贮存：

a)　温度：－40 ℃～60 ℃；

b)　相对湿度：不大于85％。

ICS 33.100.20
M 74

GB

中华人民共和国国家标准

GB/T 9383—2008
代替 GB/T 9383—1999

声音和电视广播接收机及有关设备抗扰度 限值和测量方法

Sound and television broadcast receivers and associated equipment—Immunity characteristics—Limits and methods of measurement

(CISPR 20 Ed. 6.0:2006,MOD)

2008-06-18 发布　　　　2009-05-01 实施

中华人民共和国国家质量监督检验检疫总局
中国国家标准化管理委员会　发布

前　言

本标准修改采用国际电工委员会 CISPR 20:2006《声音和电视广播接收机及有关设备　抗扰度限值和测量方法》。

本标准与 CISPR 20 Ed.6.0:2006 的差别如下：

4.3 针对中国制式的要求做了相应修改；

本标准删除了附录 H“频段”和附录 J“规定的有用信号”，附录序号顺延。

本标准代替 GB/T 9383—1999《声音和电视广播接收机及有关设备抗扰度限值和测量方法》。

本标准在 GB/T 9383—1999 基础上作了如下重要修改和补充：

第 1 章将测试频率范围拓宽到 0 Hz～400 GHz；

第 3 章增加了部分定义；

第 4 章明确规定抗扰度要求是在各功能端口上进行测试且增加了静电放电、电快速瞬变脉冲群和键控载波的要求；

第 5 章中 5.6、5.8.5、5.9 为新增条款，分别对应静电放电、键控载波和电快速瞬变脉冲群的测试方法。5.5 对屏蔽效果的测试方法做了重大修改；

本标准增加了附录 A、附录 H 和附录 I。

本标准的附录 A、附录 B、附录 C、附录 D、附录 E、附录 F、附录 G、附录 H 为规范性附录，附录 I 为资料性附录。

本标准由全国无线电干扰标准化技术委员会(SAC/TC 79)提出。

本标准由全国无线电干扰标准化技术委员会归口。

本标准起草单位：中国电子科技集团公司第三研究所、中国质量认证中心。

本标准主要起草人：林京平、张德敬、郑涓、丁少华、郭小琪、李舜阳。

本标准所代替标准的历次版本发布情况为：

——GB 9383—1988、GB 9383—1995、GB/T 13838—1992、GB/T 13839—1992、GB/T 9383—1999。

声音和电视广播接收机及有关设备
抗扰度 限值和测量方法

1 范围

本标准适用于居住、商业及轻工业环境下使用的声音和电视广播接收机及有关设备。

本标准规定了声音和电视接收机及有关设备对无线电骚扰信号的抗扰度限值和测量方法。

本标准也适用于个体接收用卫星接收系统的直接到户(DTH)室外单元的抗扰度。

注1：对于集体接收系统，特别是电缆分配系统前端设备(共用天线电视，CATV)和共用接收系统设备(主天线电视，MATV)见GB 13836。

注2：数字信号广播接收机的要求见附录H。

本标准频率范围为0 Hz～400 GHz，对该频段外的射频测试或相关现象没有要求。

本标准的目的是规定上述设备对连续或瞬态的传导和辐射骚扰以及对静电放电的抗扰度测试要求。

这些测试要求代表了基本的电磁抗扰度要求。

这些测试要求要考虑每个端口(包括壳体和连接端)。

注3：本标准不涉及设备的电气安全要求，例如，防触电保护、不安全操作、绝缘配合和相关绝缘试验。

注4：在某些情况下骚扰电平可能会超出本标准规定的电平值，例如，当手持发射机接近被测设备时，在此情况下，可能不得不使用特殊的缓解措施，来降低环境电平。

本标准所适用的环境为居住区、商业区和轻工业区，包括室内和室外，下面列出的场所给出了其中的代表，包括：

——居住场所，如，住宅、公寓等；

——零售网点，如，商店、超市等；

——商务场所，如，办公室、银行等；

——公共娱乐场所，如，电影院、酒吧、舞厅等；

——室外场所，如，加油站、停车场、娱乐和运动中心等；

——轻工业场所，如，车间、试验室、服务中心等；

——车辆及船舶。

由公共低压供电系统直接供电的场所都被视为居住区、商业区和轻工业区。

2 规范性引用文件

下列文件中的条款通过本标准的引用而成为本标准的条款。凡是注日期的引用文件，其随后所有的修改单(不包括勘误的内容)或修订版均不适用于本标准，然而，鼓励根据本标准达成协议的各方研究是否可使用这些文件的最新版本。凡是不注日期的引用文件，其最新版本适用于本标准。

GB/T 3174 PAL-D制电视广播技术规范

GB/T 4365 电工术语 电磁兼容(GB/T 4365—2003，IEC 60050(161)：1990，IDT)

GB/T 6113.103 无线电骚扰和抗扰度测量设备和测量方法规范 第1-3部分：无线电骚扰和抗扰度测量设备 辅助设备 骚扰功率(6113.103—2008，CISPR 16-1-3：2004，IDT)

GB/Z 6113.403 无线电骚扰和抗扰度测量设备和测量方法规范 第4-3部分：不确定度、统计学和限值建模确定 批量产品的EMC符合性确定的统计考虑(GB/Z 6113.403—2007，CISPR 16-4-3，IDT)

GB/T 7401　彩色电视图像质量主观评价方法

GB 9254　信息技术设备的无线电骚扰限值和测量方法(GB 9254—1998,idt CISPR 22:1997)

GB 13836　电视和声音信号电缆分配系统　第 2 部分:设备的电磁兼容(GB 13836—2000,neq IEC 60728-2:1997)

GB/T 17147　声音广播中音频噪声电平的测量(GB/T 17147—1997,eqv ITU-R 468-4:1990)

GB/T 17618　信息技术设备抗扰度限值和测量方法(GB/T 17618—1998,idt CISPR 24:1997)

GB/T 17626.2　电磁兼容　试验和测量技术　静电放电抗扰度试验(GB/T 17626.2—2006,IEC 61000-4-2:2001,IDT)

GB/T 17626.3　电磁兼容　试验和测量技术　射频电磁场辐射抗扰度试验(GB/T 17626.3—2006,IEC 61000-4-3:2002,IDT)

GB/T 17626.4　电磁兼容　试验和测量技术　电快速瞬变脉冲群抗扰度试验(GB/T 17626.4—2008,IEC 61000-4-4:2004,IDT)

SJ/Z 9140.1—87　声系统设备　第 1 部分:概述(IEC 60268-1)

CISPR 29:2004　电视广播接收机及有关设备抗扰度特性图像质量客观评价方法

IEC 61672-1:2002　电声学—声级计　第 1 部分:规范

ITU-T J.61　用于国际间联系所设计的电视电路传输性能

3　术语,定义和缩略语

3.1　术语和定义

GB/T 4365 确立的以及下列术语和定义适用于本标准。

本标准适用的设备见表 1(未详尽列出),表 1 中的专业术语和缩略语也适用于其他表格。

表 1　接收机和有关设备(包括多功能设备的相关部分)类型一览(未详尽列出)

<table>
<tr><td colspan="3" rowspan="2">设　备</td><td colspan="2">电源供电和具有与外部电源连接装置的便携式设备</td><td rowspan="2">无外部电源连接装置的电池供电的便携式设备</td><td rowspan="2">车载设备</td></tr>
<tr><td>有外接天线连接端口的装置</td><td>无外接天线连接端口的装置</td></tr>
<tr><td rowspan="2">声音广播接收机(收音机)(包括卫星接收机)</td><td colspan="2">FM</td><td>FM 收音机
PC FM 调谐卡</td><td>FM 收音机</td><td rowspan="2">收音机</td><td>车载 FM 收音机</td></tr>
<tr><td colspan="2">LW,MW,SW(AM)</td><td>AM 收音机
PC AM 调谐卡</td><td>AM 收音机</td><td>车载 AM 收音机</td></tr>
<tr><td colspan="3">电视广播接收机(电视接收机)(包括卫星接收机)</td><td>电视接收机
PC 电视调谐卡</td><td>电视接收机</td><td>电视接收机</td><td>车载电视接收机</td></tr>
<tr><td rowspan="4">有关设备</td><td rowspan="2">录像机/视盘机(具有录制和/或重放功能)</td><td>有调谐器</td><td>有调谐器(天线端)的视频有关设备</td><td>有调谐器的视频有关设备</td><td rowspan="2">视频有关设备</td><td rowspan="4"></td></tr>
<tr><td>无调谐器</td><td colspan="2">视频有关设备</td></tr>
<tr><td colspan="2">磁带/光盘式音频设备</td><td colspan="2">音频有关设备</td><td>音频有关设备</td></tr>
<tr><td colspan="2">其他:例如声音功率放大器、解码器和电子琴等</td><td colspan="2">其他有关设备</td><td>其他有关设备(例如红外装置)</td></tr>
</table>

3.1.1

声音接收机　sound receivers

用于接收地面、电缆和卫星传输的声音广播和类似业务的设备。声音接收机可以接收数字输入信号或模拟输入信号或者对输入信号进行数字化处理。

3.1.2

电视接收机　television receivers

用于接收地面、电缆和卫星传输的电视广播和类似业务的设备。电视接收机可以接收数字输入信号或模拟输入信号或者可以对输入信号进行数字化处理。

注1：作为声音或电视接收系统一部分的模块单元，如调谐器、频率变换器、调制器等可作为声音或电视接收机考虑。

注2：调谐器可能具有卫星广播接收部分，同时具有解调器、解码器、信号分离器、D/A变换器、编码器（例如，NTSC、PAL或SECAM编码器）等。

注3：频率变换器可能有卫星广播接收级并有将信号变换到另一个频段的装置。

注4：接收机、调谐器或频率变换器可以是调谐的或仅能接收一个固定频率。

3.1.3

有关设备　associated equipment

直接与声音和电视接收机相连的设备，或能够产生或重现音频或视频信息的设备。不包括用于连接到电视广播接收机的信息技术设备。

注：信息技术设备的定义见GB 9254。

3.1.4

多功能设备　multifunction equipment

同一单元可以提供两种或两种以上功能的设备，例如，具有电视接收、无线电接收、数字钟、磁带记录或唱片播放等功能的设备。

3.1.5

骚扰信号　disturbance signal

可能会使接收功能降级或使设备产生故障的无用信号，在试验室条件下，是用规定的无用信号模拟骚扰信号。

3.1.6

抗扰度　immunity

当设备受到规定电平的无用信号骚扰时，保持规定性能的能力。

注：本标准中规定的性能为，当有用信号和无用信号同时作用于被测设备时，

——规定的声音信号与干扰的比和/或

——图像没有超过刚好可察觉的质量降低。

3.1.7

输入抗扰度　input immunity

设备对呈现在天线输入端口的无用信号电压的抗扰度。

3.1.8

传导电压抗扰度　immunity from conducted voltages

设备对呈现在电源输入端口和音频输入/输出端口无用信号电压的抗扰度。

3.1.9

传导电流抗扰度　immunity from conducted currents

设备对呈现在连接电缆上的无用信号（共模）电流的抗扰度。

3.1.10

辐射抗扰度　immunity from radiated fields

设备对无用信号电磁场的抗扰度。

3.1.11

屏蔽效果　screening effectiveness

同轴连接端口衰减其内部电压转换成外部场的特性，反之亦然。

3.1.12

端口　port

在电磁环境中规定的设备的特定界面（见图1）。

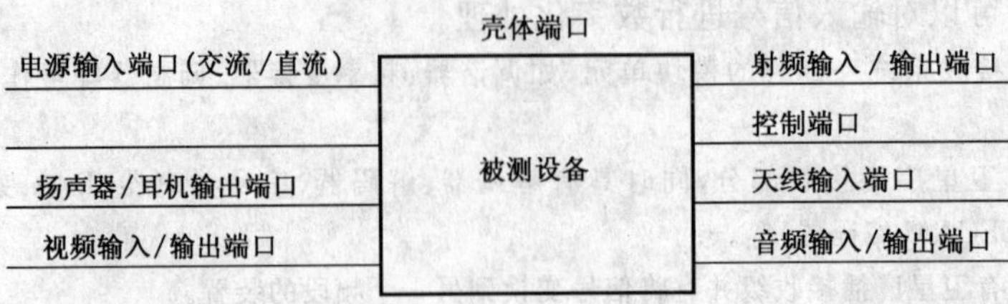

图1 端口举例

3.1.13

壳体端口 enclosure port

电磁场穿透设备辐射或侵入的物理边界。

3.2 缩略语

AC/DC	交流/直流 Alternate Current/Direct Current
AFC	自动频率控制 Automatic Frequency Control
AM	幅度调制 Amplitude Modulation
BSS	卫星广播系统 Broadcast Satellite System
CATV	共用天线电视 Community Antenna Television
CD	激光唱盘 Compact Disc
DTH	直接到户(卫星接收系统) Direct To Home (satellite receiving systems)
e. m.	电磁(场) Electromagnetic (field)
e. m. f.	电动势 Electro-motive-force
ESD	静电放电 Electrostatic Discharge
EUT	被测设备 Equipment Under Test
FM	频率调制 Frequency Modulation
FSS	固定卫星系统 Fixed Satellite System
GSM	全球移动通信系统 Global System for Mobile Communications
ITU-R	国际电信联盟-无线电通信 International Telecommunication Union-Radiocommunications
LW,MW 和 SW	长波、中波和短波 Long Wave, Medium Wave and Short Wave
MATV	主天线电视 Master Antenna Television
PC	个人计算机 Personal Computer
RF	射频 Radio Frequency
r. m. s.	均方根(值) Root-mean-square
TEM	横向电磁波(小室) Transverse Electromagnetic (cell)

4 抗扰度要求[1)]

4.1 性能判据

4.1.1 性能判据 A

设备在测量期间应能按照预期要求持续工作。

不允许由于试验的原因造成设备的实际工作状态改变(例如频道的变换)。

多功能设备的每一种功能都应满足相关要求。

对音频和视频功能都应进行评价。

1) CISPR 20 中给出了针对各国制式的抗扰度要求,本标准中只给出针对中国制式的要求,以下不再说明。

如果满足 4.1.1.1 和/或 4.1.1.2 判据的规定，则认定设备能够按照预期要求持续工作。

4.1.1.1 声音质量评价

除本标准另有规定外，符合要求的声音判据为：有用声音信号电平为 50 mW 或按制造商规定的有用声音信号电平时，有用声音信号电平与无用声音信号电平之比≥40 dB。

如果信噪比 S/N 小于 43 dB，声音评价的性能判据为实际信噪比减去 3 dB。

在这种情况下，在声音质量评价开始前应先测量实际信噪比 S/N，并作为参考值记入测试报告。

调幅声音接收机声音判据为：当有用声音信号电平为 50 mW 时，有用声音信号电平与无用声音信号电平之比≥26 dB。

车载调幅和调频收音机、计算机广播接收卡的声音判据为：当有用声音信号电平为 500 mW 时，有用声音信号电平与无用声音信号电平之比≥26 dB。

4.1.1.2 图像质量评价

在进行图像干扰评价时，有用测试信号产生一个标准图像（录像机等设备在辅助电视机屏幕上显示图像），无用信号使图像质量降低。质量降低可能有多种形式，例如，图像重叠、同步信号干扰、几何失真、对比度和色度损失等。

符合要求的图像判据为，图像产生刚好可察觉的质量降低。观测应在正常观看条件下进行（照度为 15 lx～20 lx），观测距离为屏幕高度的六倍。

图像质量也可用客观的测量方法进行评价，附录 I 介绍了其中一种客观评价方法。

录像机有关图像质量的评价是对连接到其视频输出端的辅助电视机的图像进行评价。

4.1.2 性能判据 B

测量后，设备应能按照预期要求持续工作。设备在测量后按照预期要求正常使用时不允许有任何功能的损失，但在测量期间可自行恢复的故障及由测试引起的程序暂时延迟都是允许的。由于试验的原因造成设备的实际工作状态改变，例如，频道的改变或者数据存储和设置的改变是不允许的。测量期间允许性能的降低。

4.2 适用性

按照 4.3 至 4.7 的要求，在设备相关的连接端口和壳体端口上进行测试。只对相关端口或存在的功能进行测试。如果设备存在多于一种特定功能，例如声音功能，那么所有这些功能都应被测试。

可根据特定设备的电气特性和用途，来确定某些测试是不合适的，也是不需要的，此时应在测试报告中记录不测试的决定和理由。

4.2.1 多功能设备

同时属于本标准的不同条款和/或其他标准的多功能设备，如果不需要对设备进行内部改动就可实现每种功能的独立工作，那么应对每种功能都进行测试。当设备的每种功能都满足相应条款或标准的要求，则认为设备符合全部条款或标准的要求。

测试时，当设备的每种功能无法独立操作或者独立的特定功能导致不能充分实现设备的基本功能时，该功能可以和其他的必须功能一起进行测试，如果能满足相应的条款/标准要求，则应认为设备符合要求。

如果各功能的测试等级不同，那么测试等级应考虑被测功能的性能评价。

例如：带电信功能的电视接收机，其电信功能需按照 GB/T 17618 来进行测试。

4.2.2 PC 调谐卡

PC 调谐卡天线输入端抗扰度要求见表 2。为满足不同宿主单元而单独销售的 PC 调谐卡应在至少一个由调谐卡生产商所选择的具有代表性的宿主单元（例如个人计算机）内测试。

4.2.3 红外遥控单元

红外遥控单元应同主体设备一起进行测试。

4.3 天线输入端抗扰度要求

适用于本项测试的设备和性能判据见表 2。

表 2 天线端口

参数	测试规范	测试布置	适用性	性能判据
射频电压 差模	见 4.3.1 表 3、表 4 及 4.3.2 表 5 和表 6	见 5.3 (输入抗扰度)	有天线端的 FM 收音机 电视或 FM 接收的 PC 调谐卡 车载 FM 收音机 卫星收音机 有天线输入端的电视机 卫星电视机 有天线输入端(调谐器)的有关设备	A
射频电压 共模 调幅载波	见 4.3.3 表 8 1 kHz,80%调制度	详见 5.4	有天线输入端的 FM 收音机 电视或 FM 接收的 PC 调谐卡 车载 FM 收音机 卫星收音机 有天线输入端的电视机 卫星电视机 有天线输入端(调谐器)的有关设备 有天线输入端的 AM 收音机 车载 AM 收音机	A
屏蔽效果	见 4.3.4, 表 8a	详见 5.5	有天线输入端的 FM 收音机 有天线输入端的电视机 有天线输入端的数字收音机 有天线输入端的数字电视机	详见表 8a

4.3.1 声音接收机调频部分射频电压(差模)输入抗扰度要求

有调频部分的声音接收机需满足 4.1.1.1 所规定的声音判据,声音接收机调谐频率为 f_n,按表 3 和表 4 的要求,施加频率为 f_f,电平为 n_f 的无用信号。具有单声道/立体声装置的接收机,应该在立体声模式下测试。

表 3 无用信号在 FM 频段外的声音接收机输入抗扰度限值(有用信号见 5.3.1.2)

有用信号频率 f_n/MHz	无用信号频率 f_f/MHz	电平 n_f/dBμV 1 kHz 调幅,80%调制度	
		单声道	立体声
87.10	65.70	80	80
	76.40	80	80
	86.60	80	80
	86.70	80	80
	86.75	80	80
	86.80	72.4	69.2
	86.85	64.8	58.4
	86.90	57.2	47.6
	86.95	49.6	36
	87.00	42	26
107.90	129.30	80	80
	118.60	80	80
	108.40	80	80
	108.30	80	80
	108.25	80	80
	108.20	72.4	69.2
	108.15	64.8	58.4
	108.10	57.2	47.6
	108.05	49.6	36.8
	108.00	42	26

注 1:65.7 MHz 仅适用于本振频率低于调谐频率的接收机。
注 2:129.3 MHz 仅适用于本振频率高于调谐频率的接收机。

表 4　无用信号在 FM 频段内的声音接收机输入抗扰度限值(有用信号见 5.3.1.3)

有用信号频率 f_n/MHz	无用信号频率 f_f/MHz	电平/dBμV 1 kHz 调频,40 kHz 频偏	
		单声道	立体声
98.000	97.5 和 98.5	85	85
	97.6 和 98.4	85	85
	97.65 和 98.35	80	80
	97.7 和 98.3	72	72
	97.75 和 98.25	63	63
	97.8 和 98.2	59	58
	97.85 和 98.15	57	47
	97.9 和 98.1	53	32
	97.925 和 98.075	49	20
	97.95 和 98.05	41	14
	97.975 和 98.025	34	14
	98.0	29	20

4.3.2　电视接收机和有调谐器的视频有关设备的射频电压(差模)输入抗扰度要求(包括卫星电视接收机)

电视接收机、处于射频录制模式下的内置电视广播接收装置的录像机和其他带调谐器的视频有关设备调谐在电视频道 N 进行测试,有用信号的规定见 5.3.2.2。电平为 n_f 的无用信号施加到 M 频道,无用信号类型如下。

无用信号类型:

信号 A　对应 M 频道图像载频的无调制信号;

信号 B　两个无调制信号,其中一个对应图像载频+0.5 MHz,另一个对应图像载频−0.5 MHz,信号电平见表 5;

信号 C　对应声音载频的已调制信号,1 kHz 调频,30 kHz 频偏;

C 适用于单声道接收机,对于可以接收两个调频声音载波的双声道电视接收机

——C1:对应第一伴音载频的已调制信号,1 kHz 调频,30 kHz 频偏和

——C2:对应第二伴音载频的已调制信号,1 kHz 调频,30 kHz 频偏

同时施加。

信号 D　对应图像载频的已调制信号,1 kHz 调幅,80%调制度;

信号 E　一个已调制信号,1 kHz 调幅,80%调制度。

对于 C、C1、C2、D 和 E 型信号,其电平为无调制载频的均方根值。

对于本标准而言,电视接收机所设计的每个频道都应该满足表 5 和表 6 的要求。

表 5　无用信号在电视频段内的电视接收机输入抗扰度限值

有用信号频道 N	M 频道的无用信号							
	电平/dBμV							信号类型
	M=N−5	N−4	N−1	N+1	N+4	N+5	N+9	
N_I	—	—	73	73	—	—	—	A
	—	—	61	61	—	—	—	B
	—	—	73−*X*	73−*X*	—	—	—	C/C1
	—	—	73−*Y*	73−*Y*	—	—	—	C2
	—	—	—	—	—	—	—	D

表 5（续）

有用信号频道 N	M 频道的无用信号							
	电平/dBμV							信号类型
	M=N−5	N−4	N−1	N+1	N+4	N+5	N+9	
N_{A1} N_{III}	—	—	73	73	—	—	68[a]	A
	—	—	61	61	—	—	56[a]	B
	70	70	73−*X*	73−*X*	70	70	68-*X*[a]	C/C1
	—	—	73−*Y*	73−*Y*	—	—	68-*Y*[a]	C2
	70	70	—	—	70	70	—	D
N_{A2} N_B N_{IV}	—	—	77	77	80	80	68	A
	—	—	65	65	68	68	56	B
	74	74	77-*X*	77-*X*	80-*X*	80-*X*	68-*X*	C/C1
	—	—	77-*Y*	77-*Y*	80-*Y*	80-*Y*	68-*Y*	C2
	74	74	—	—	—	—	—	D
N_V	80	80	77	77	80	80	—	A
	68	68	65	65	68	68	—	B
	80-*X*	80-*X*	77-*X*	77-*X*	80-*X*	80-*X*	62	C/C1
	80-*Y*	80-*Y*	77-*Y*	77-*Y*	80-*Y*	80-*Y*	—	C2
	—	—	—	—	—	—	62	D

注 1：*X*=10 dB,“*X*”是对应于图像载波的第一声音载波(单声道)电平。

注 2：*Y*=20 dB,“*Y*”是对应于图像载波的第二声音载波(双声道)电平。

[a] 仅适用于增补频道。

表 6　无用信号在电视频段外的电视接收机输入抗扰度限值(有用声音信号见 5.3.2.2)

有用信号频道 N	无 用 信 号		
	频率/MHz	电平 n_f/dBμV (75Ω)	类　型
N_{I}	26～29.5	89	E
N_{III}	26～29.5	104	E

对于一致性较好的批量生产的电视接收机应该在所设计的每个电视频段(包括增补频段)选取一个频道进行测试,此时频道 N 是最靠近每个频段中心频率的图像载频。本标准推荐的测试频道如下：

频道 N_{I}　(48.5 MHz～92.0 MHz)　DS-2 频道(57.75 MHz)

频道 N_{III}　(167.0 MHz～223.0 MHz)　DS-9 频道(192.25 MHz)

频道 N_{IV}　(470.0 MHz～566.0 MHz)　DS-18 频道(511.25 MHz)

频道 N_V　(606.0 MHz～870.0 MHz)　DS-42 频道(743.25 MHz)

频道 N_{A1}　(111.0 MHz～167.0 MHz)　Z-4 频道(136.25 MHz)

频道 N_{A2}　(223.0 MHz～295.0 MHz)　Z-12 频道(256.25 MHz)

频道 N_B　(295.0 MHz～447.0 MHz)　Z-26 频道(368.25 MHz)

进行输入抗扰度测试时,对于具有用户微调功能的电视接收机,为了达到干扰最小,在保持图像和声音质量的同时允许将接收机振荡器频率相对标称值上下偏调 250 kHz。

卫星电视接收机应符合 4.1.1 声音判据和 4.1.2 图像判据的要求。无用信号电平的规定见表 7。

表 7 卫星电视接收机对射频电压输入抗扰度限值

有用信号 N	M 频道的无用信号 电平/dBμV				有用信号和无用信号类型
	N−2	N−1	N+1	N+2	
N_{min}+3	70	66	66	70	A_1 或 A_2
N_{mid}	70	66	66	70	
N_{max}−3	70	66	66	70	

注：N_{min}＝接收机在相应频段中的最低频道。
N_{mid}＝接收机在相应频段中的中间频道。
N_{max}＝接收机在相应频段中的最高频道。

卫星电视接收机有用信号和无用信号应是相同的类型，并按 5.3.2.3 所述具有相同的调制，特性如下：

A_1：对 PAL 接收机，频道间距 29.5 MHz，频偏灵敏度 16 MHz/V，能量扩散 2 MHz。

A_2：对能接收宽带信号（33 MHz）的 PAL 接收机，频道间距 50 MHz，频偏灵敏度 22.5 MHz/V，能量扩散 2 MHz。

注：用预加重网络的零分贝点定义频偏灵敏度，并以 MHz/V 表示。

如果用信号 A_1 完成了测量，就不必再用信号 A_2 进行测量。

4.3.3 天线端对射频电压（共模）的抗扰度要求

接收机（包括车载收音机和 AM 接收机）、多功能设备和录像机等设备的天线端对射频电压（共模）的抗扰度要求，频率范围为 26 MHz～29.5 MHz。

要求设备处于接收状态下。

接收机和多功能设备应符合 4.1.1.1 声音判据和 4.1.1.2 图像判据的要求，施加于天线端的无用信号频率和电平见表 8。

与接收机和多功能设备相同的测试条件下，对具有电视广播接收装置的视频设备是在射频录制模式下进行测试，在设备音频输出端应满足 4.1.1.1 声音判据，在辅助电视机上的图像应满足 4.1.1.2 图像判据。

表 8 天线端对射频电压（共模）的抗扰度限值

频率/MHz	电平/dBμV（电动势）
26～29.5	126

注：按照测试步骤，传导电流抗扰度是由无用信号按照传导电流抗扰度测试步骤测试，天线端对射频电压的抗扰度用无用信号的电动势来表示（见图 5、图 6）。

4.3.4 屏蔽效果的要求

屏蔽效果的要求适用于同轴天线端（如果有时），测量方法见 5.5。同轴天线端屏蔽效果限值见表 8a。

表 8a 同轴天线端屏蔽效果限值

被测设备	信号频率	被测设备运行模式	限值/dB
有天线端的 FM 收音机	被测设备所设计的每个广播频段的中间频道	如图 7 所示连接到高质量同轴电缆 Ca，但被测设备不接电源	≥20
有天线端的电视接收机 有天线端的数字收音机 有天线端的数字电视机	被测设备所设计的每个广播频段的中间频道	如图 7 所示连接到高质量同轴电缆 Ca，但被测设备不接电源	≥50

表 8a（续）

被测设备	信号频率	被测设备运行模式	限值/dB
注 1：此要求不适用于： ——UHF 环通、IF 端和 RF 调制器输出端（测量过程中 UHF 环通和 IF 端应端接一高质量的 75 Ω 同轴负载）； ——车载收音机； ——1 000 MHz 以上信号频率。 注 2：测量应使用平均值检波器并且测量接收机带宽应在 8 kHz～10 kHz 内。			

4.4 音频连接端的抗扰度要求

4.4.1 扬声器、耳机输出端抗扰度要求

适用于本项测试的设备和性能判据见表 9。

表 9 扬声器、耳机输出端

参数	测试规范	测试布置	适用性	性能判据
射频电压 差模 调幅信号	详见 4.6 表 12 1 kHz,80% 调制度	详见 5.7	电源供电： ——有天线端的 FM 收音机 ——有天线端的电视机 ——有天线端（调谐器）的视频有关设备 ——视频有关设备 ——音频有关设备 ——其他有关设备（如音频放大器） ——重放状态下的便携式摄像机 ——卫星电视机 ——卫星收音机	A
注：要求不适用于： ——表 14 中所列干扰频率范围内的设备功能； ——调幅声音接收机和车载收音机。				

4.4.2 音频输入和输出端（不包括扬声器和耳机端口）抗扰度要求

适用于本项测试的设备和性能判据见表 10。

表 10 音频输入、输出端（不包括扬声器和耳机端口）

参数	测试规范	测试布置	适用性	性能判据
射频电压 差模 调幅信号	详见 4.6 表 13 1 kHz,80% 调制度	详见 5.7	电源供电： ——有天线端的 FM 收音机 ——有天线端的电视机 ——有天线端（调谐器）的视频有关设备 ——视频有关设备 ——音频有关设备 ——其他有关设备（如音频放大器） ——重放状态下的便携式摄像机 ——卫星电视机 ——卫星收音机	A
注：要求不适用于： ——表 14 中所列干扰频率范围内的设备功能； ——调幅声音接收机和车载收音机。				

4.5 交流电源端的抗扰度要求

适用于本项测试的设备和性能判据见表 11。

表 11 电源输入端

参数	测试规范	测试布置	适用性	性能判据
射频电压 共模 调幅信号	详见 4.6 表 12 1 kHz，80％ 调制度	详见 5.7	电源供电： ——有天线端的 FM 收音机 ——有天线端的电视机 ——有天线端（调谐器）的视频有关设备 ——视频有关设备	A
电快速瞬变 脉冲群共模	1 kV（峰值） Tr/Th：5/50 ns 重复频率 5 kHz	GB/T 17626.4 直接注入 耦合/去 耦网络	——音频有关设备 ——其他有关设备（如音频放大器） ——重放状态下的便携式摄像机 ——卫星电视机 ——卫星收音机	B

注 1：要求不适用于：

——表 14 中所列干扰频率范围内的设备功能；

——调幅声音接收机和车载收音机。

注 2：要求也适用于和设备一起作为整体销售的 AC/DC 适配器。

4.6 射频电压抗扰度要求

4.6.1 电源、扬声器和耳机端对射频电压的抗扰度限值

除 4.6.3 所列的对应功能的频段外，表 9 和表 11 所列的设备应符合 4.1.1.1 声音判据和 4.1.1.2 图像判据的要求。按表 12 的要求在电源端（共模注入）、扬声器和耳机输出端（差模注入）注入规定频率和电平的无用信号。

对于具有直流电源输入端的设备应作为电源供电设备考虑，无用信号注入到由制造商/进口商所提供的与电网相连的交流电源端。如果制造商/进口商没有提供，试验室可使用满足抗扰度要求的合适设备供电，并将型号记录在试验报告中。

表 12 电源、扬声器和耳机端对射频电压的抗扰度限值

频率/MHz	电平/dBμV（电动势）
0.15～30	130
30～100	120
100～150	120～110

注：100 MHz～150 MHz 频率范围内限值随频率的对数线性减小。

4.6.2 音频输入和输出端（除扬声器和耳机端外）对射频电压的抗扰度限值

除 4.6.3 所列的对应功能的频段外，表 10 所列的设备应符合 4.1.1.1 声音判据和 4.1.1.2 图像判据的要求。按表 13 的要求在相应端处注入规定频率和电平值的无用信号。

表 13 音频输入和输出端（除扬声器和耳机端外）对射频电压的抗扰度限值

频率/MHz	电平/dBμV（电动势）
0.15～1.6	80～90
1.6～20	90～120
20～100	120
100～150	120～110

注：在 0.15 MHz～1.6 MHz 和 1.6 MHz～20 MHz 频率范围内限值随频率的对数线性增加；在 100 MHz～150 MHz频率范围内限值随频率的对数线性减小。

4.6.3 除外的限值

4.6.1和4.6.2中的限值不适用于：

——表14中对应设备功能所列的频率范围；

——电视接收机及视频有关设备的频率范围为 f_c±1.5 MHz的频段，其中 f_c 为彩色副载波频率。

表14 声音和电视接收功能中免除测试的无用信号频率

功能	频率范围	
	调谐频道以及	
	中频通道/MHz	其他频率/MHz
调频声音接收机	f_i±0.5	无
电视接收机	f_i−2到 f_v+2	f_s±0.5

注：f_i——声音中频；
f_v——图像中频；
f_s——伴音内载频。

4.7 壳体端口抗扰度要求

适用于本项测试的设备和性能判据见表15。

表15 壳体端口

参数	测试规范	测试布置	适用性	性能判据
射频电磁场调幅载波	详见4.7.1 1 kHz,80%调制度	详见4.7.1和5.8	电源供电： ——有天线端的FM收音机 ——有天线端的电视机 ——有天线端（调谐器）的视频有关设备 ——视频有关设备 ——音频有关设备 ——其他有关设备(如音频放大器) ——重放状态下的便携式摄像机 ——卫星电视机 ——卫星收音机	A
射频电磁场键控载波	900 MHz, 3 V/m, 占空比1/8, 重复频率217 Hz	GB/T 17626.3设备的测试条件见5.8.5和表22,滤波器B.4代替B.2		
静电放电	8 kV空气放电 4 kV接触放电	GB/T 17626.2	适用于范围内所有设备	B

4.7.1 对辐射抗扰度要求

辐射抗扰度要求适用于具有音频、视频、调频声音和电视功能的设备及有关设备。

4.7.1.1 调频声音广播接收机

表16适用于具有FM声音广播接收功能的设备。

表16 声音接收机FM频段接收功能对辐射抗扰度的抗扰度限值

频率/MHz	电平/dB(μV/m)
0.15～150	125
除外频带：	
(f_i−0.5)～(f_i+0.5)	101
(f_o−0.5)～(f_o+0.5)	109
(f_{im}−0.5)～(f_{im}+0.5)	109
87～108	109
f_t±0.2	无

表 16（续）

频率/MHz	电平/dB(μV/m)
注：f_i：为中频（$f_i \approx 10.7$ MHz）； f_o：$f_o = f_t \pm f_i$，是本振频率； f_{im}：$f_{im} = f_t \pm 2f_i$，是镜像频率； f_t：是调谐频率； 在此：当 $f_o > f_t$ 时为"＋"；当 $f_o < f_t$ 时为"－"。	

4.7.1.2　电视广播接收机

表 17 适用于具有电视广播接收功能的设备。

表 17　电视接收机接收功能对环境场的抗扰度限值

频率/MHz	电平/dB(μV/m)
0.15～48.5	125
除外频带：	
$(f_c-1.5)$～$(f_c+1.5)$	101
$(f_s-0.5)$～$(f_s+0.5)$	101
(f_i-2)～(f_v+2)	101
48.5～92	109
92～150	125
除外频带：	
调谐频道±0.5	无
注：f_i：声音中频； f_v：图像中频； f_s：伴音内载频； f_c：彩色副载频。	

接收机和多功能设备工作在监视器状态时在 150 kHz～150 MHz 范围内也应满足≥125 dB(μV/m)的要求，频带 $f_c \pm 1.5$ MHz 处限值为 101 dB(μV/m)。

4.7.1.3　有关录像设备

处于录制和重放状态下的录像机应满足以下要求：

——工作在射频录制模式下的内置电视广播接收装置的录像机应满足表 17 的要求；

——处于重放状态下的设备应满足表 18 的要求；

——处于视频录制模式下的设备应满足表 19 的要求（在 $f_c \pm 1.5$ MHz 频带内限值为 101 dB(μV/m)）。

表 18　重放状态下的录像机对环境场的抗扰度限值

频率/MHz	电平/dB(μV/m)
0.15～2.5	125
2.5～4.25	120
4.25～6.25	115
6.25～10	120
10～150	125

4.7.1.4　其他有关设备

具有音频、视频功能而无广播接收功能的有关设备，例如红外耳机，应满足表 19 的要求。对于红外耳机，频带 $f_{mod} \pm f_{diff}$ 无要求。（f_{mod}：用于红外载波的内调制频率，f_{diff}：取决于调制类型的边带）。

表 19　具有声音或视频功能的设备对环境场的抗扰度限值

频率/MHz	电平/dB(μV/m)
0.15～150	125

处于录制或重放模式下的光盘设备应满足表 19 的要求。

视盘机在频带 $f_c \pm 1.5$ MHz 频带内限值为 101 dB(μV/m)。

卫星接收系统(FSS 和 BSS)的直接到户(DTH)室外单元应满足表 19 的要求。

红外遥控单元应在与受其控制设备相同场强限值下进行测试。

试验过程中红外遥控单元不应无意地产生控制信号,应保持它的功能。

通过外接电源供电的便携式摄像机处于重放状态下应满足表 20 的要求。

表 20　便携式摄像机重放状态下对环境场的抗扰度限值

频率/MHz	电平/dB(μV/m)
0.15～45	115
45～150	125

4.7.2　静电放电的要求

静电放电抗扰度要求适用于设备的壳体端口和插头、插座的外壳。

连接器针脚及针座不进行 ESD 测试,见表 15。

5　测试方法

5.1　测试中的一般条件

对于本标准中未明确规定有用信号的设备,测试时应为制造商规定的标称信号。在非 1 kHz 声音信号作为有用信号的情况下,需要用一个合适的带通滤波器代替 B.2 所规定的滤波器。测试时所使用的输入信号应被记录在技术报告中。

抗扰度测试时有用信号和无用信号共同施加到 EUT 上,这些信号和施加方法见 5.3、5.7 和 5.8。

注:对符合性测试来说,无需测量实际的抗扰度电平。

有用电视信号电平为已调制图像载波峰值幅度的均方根值。

其他情况下的信号电平为未调制载波的均方根值。

在频率范围的重叠处,应采用较严格的限值。

对于传导电压和传导电流抗扰度测量,限值用无用信号电平表示,限值为对应耦合网络无用信号输入端的电动势。对电动势(e.m.f.)的校验,是用 50 Ω 电阻取代耦合网络,此时所测试电平等于电动势(e.m.f.)的一半。

对于输入抗扰度限值,规定的有用信号和无用信号是对应 75 Ω 标称天线阻抗的,对于标称天线阻抗不是 75 Ω 的接收机,限值和天线端有用信号电平应按下式换算:

$$L_Z = L + 10\lg(Z/75)\ \mathrm{dB\mu V}$$

式中:

L_Z——标称输入阻抗为 Z 的接收机的限值,dBμV;

L——表 3 至表 7 中所给出的限值(Z=75 Ω),dBμV;

Z——被测接收机的标称输入阻抗,Ω。

无内置显示单元和/或无内置扬声器的录像机(或类似设备),在处于相应工作模式下试验时又没有音频和/或视频输出端口,此时,辅助电视机应被连接到射频调制输出端,声音判据由辅助电视机的音频输出端获得。

图像质量按照 4.1.1.2 评价。

附录 A 给出了辅助电视机的要求。

注：EUT 调制器应调谐在其调谐范围的中间频道上，且辅助电视机也应调谐在该频道。注意，此调制频道不能是 EUT 的输入频道或者表 5 到表 7 规定的无用信号频道 M。

对应 75 Ω 标称阻抗调制器输出电平应在 60 dBμV～76 dBμV 之间。

天线输入端具有转换或调节增益功能(如高/低切换)的被测设备应在最敏感状态下进行测试。

5.2 性能评价

5.2.1 声音性能评价测试步骤

首先被测设备输入有用测试信号，并产生被测的有用声音信号。

调整被测设备或辅助装置的音量控制器，达到测试所需的音频输出电平，然后将有用信号去调制或关闭声音测试信号。

输入“无用”骚扰信号并在测试频段内进行扫频，其电平应满足相应限值要求。

通过测试无用的输出信号电平并与有用输出信号电平相比较进行评价。

注：电视接收机声音干扰判据的步骤应将无用信号频率调整到相应的值。

带有自动调制控制功能的录像机声音干扰判据测试过程中重要的是，有用信号的声音载波调制或有用音频测试信号不应始终关闭，而应以恰当的低速率进行开关(如 10 s 关，1 s 开)。

如果满足 4.1.1.1 的条件，则认为被测设备符合要求。

5.2.2 音频功率输出的测试

测试应在尽可能平坦的音频频响下进行，如果控制器上没有明确地标明平坦的频响位置，控制器按制造商的规定设置并在测试报告中记录。

被测设备音频功率输出应按以下方法测试：

1) 带有外部扬声器连接器输出音频功率的被测设备，可在扬声器端子间跨接由制造商规定的负载阻抗并测量有用信号和无用信号的电平，见图 2a)。

2) 无音频功率输出端的被测设备，例如，收音机调谐器、磁带机或唱机。一种方法是将音频功率放大器连接到被测设备音频输出端，在放大器的输出端测量电平，被测设备的音量控制器应被设置在中间位置，见图 2b)。调节放大器功率的控制器使有用信号被调节到规定的电平值，放大器噪声应比有用信号电平至少低 50 dB，测量时应保证放大器不会受到无用信号的影响。另一个替代的方法是在 EUT 音频输出端直接进行测量。此时，参考电平取决于输出电平，此输出电平与有用输入信号有关，如果 EUT 有音量控制器应设置在中间位置。

3) 内置扬声器而无外接扬声器连接器的被测设备，通过使用一个紧靠在内置扬声器前面放置的高质量传声器(高指向性的)来测量音频信号电平。传声器的输出通过屏蔽电缆(应使用铁氧体环)馈给外接放大器、滤波器和音频电压表来测量被测设备的声音输出功率。测试前，用一类似的扬声器来模拟被测设备机内扬声器，并放置在相同位置，且按要求提供一足够强的 1 kHz声音信号对这一测试系统进行校准。

注：此时环境噪声不应影响测试结果。

为了避免使用传声器，另一种代替方法是将被测设备内置扬声器断开馈线并引出，端接由制造商规定的标称负载阻抗，通过恰当的滤波器直接与音频电压表连接(见图 2a))。

输入抗扰度测试应选用 15 kHz 低通滤波器(见附录 B)，并且按照 GB/T 17147 的规定在音频电压表前接入计权滤波器，进行准峰值测量。

传导电压抗扰度、辐射抗扰度和传导电流抗扰度测试时，应选用 0.5 kHz～3 kHz 带通滤波器(见附录B)，音频电压表无计权滤波器，直接进行均方根值测量。

有争议时，应对测试报告中提及的测量方法进行验证。

5.2.3 图像评价测试步骤

标准图像为满足 GB/T 3174 的要求的由 100/0/75/0 垂直彩条组成的图形。

首先只将有用信号馈给被测设备，并调整亮度、对比度和彩色饱和度控制钮获得下述亮度值：

黑　条	2 cd/m²
品红条	30 cd/m²
白　条	80 cd/m²

注：品红条的亮度应调到 30 cd/m²，如果达不到，应将其调到尽可能接近 30 cd/m²，并将实际亮度值记录在测试结果中。

然后注入无用信号，其频率调整到相应值(精度至少为±1/2 行频，行频为 15 625 Hz)。在每一个频率处，无用信号电平都应维持在相应的限值，如果满足 4.1.1.2 的条件，则认为被测设备符合要求(见 GB/T 7401)。

测量时如果无用信号以低速率(大约 0.5 Hz)反复通断，可以更迅速地察觉图像性能降低，并可减少人为原因造成的结果不同，可以手动或者用电子计时器自动实现这一过程。

5.3　输入抗扰度测量

5.3.1　声音接收机测量

在下述测量中，调整有用信号和无用信号的频率精确度为±1 kHz。

5.3.1.1　测试布置

测量布置如图 3 所示，无用信号发生器(G_1)和有用信号发生器(G_2)通过耦合网络(CN)互连，为了避免两个信号发生器之间互相干扰，用衰减器增加耦合衰减。耦合网络的输出源阻抗应为 75 Ω，必要时通过网络与被测设备的天线端相匹配。

音频输出功率按 5.2.1 和 5.2.2 测量。

5.3.1.2　无用信号在 FM 频段外的测量

天线端有用输入信号相对 75 Ω 阻抗为 60 dBμV(见 5.1)，1 kHz 调频，频偏 40 kHz。在立体声模式下测量接收机时，有用信号应附加 19 kHz 纯音导频信号，其频偏为 7.5 kHz。

无用信号为 1 kHz 调幅，调制度 80%。

测量应按 5.2.1 进行，有用信号和无用信号频率在表 3 中给出。

5.3.1.3　无用信号在 FM 频段内的测量

天线端有用输入信号相对 75 Ω 阻抗为 60 dBμV(见 5.1)，1 kHz 调频，频偏 75 kHz(对车载收音机为 40 kHz)。在立体声模式下测量接收机时，有用信号应附加 19 kHz 纯音导频信号，其频偏为7.5 kHz。

无用信号为 1 kHz 调频，频偏 40 kHz。

测量应按 5.2.1 进行，有用信号和无用信号频率在表 4 中给出。

5.3.2　电视接收机和录像机的测量

5.3.2.1　测量布置

测量布置如图 4 所示，工作原理与图 3 所示测量布置相似，而且 5.3.1.1 中的叙述也是适用的。加入低通滤波器是为了避免无用信号发生器的谐波影响测量结果。

5.3.2.2　测量步骤

天线端输入的有用信号应为标准电视信号，相对 75 Ω 阻抗，在 VHF 频段图像载波电平为 70 dBμV，UHF 频段为 74 dBμV。图像调制应为 5.2.3 中规定的垂直彩条图形。将声音载波进行 1 kHz调频，频偏 30 kHz。VHF 频段声音载波电平是(70－X)dBμV，UHF 频段是(74－X)dBμV，在此 X=10 dB。

对能接收两个调频声音载波的电视接收机，有用输入信号应是双声道信号。

第二声音载波的电平为(70－Y)dBμV 或(74－Y)dBμV，在此 Y=20 dB，也用 1 kHz 调频，频偏 30 kHz。并附加 54.687 5 kHz 导频信号，频偏 2.5 kHz，用于识别两个独立的声音通道。

无用信号见 4.3.2 所述。

测量应按 5.2.1 和 5.2.3 进行，有用信号和无用信号的频率在表 5 和表 6 中给出。

5.3.2.3 卫星电视接收机

卫星接收机测量布置与图4相同,但信号发生器G1和G2用5.2.3中规定的彩条信号调频。

第一卫星中频输入端的有用信号电平对应75 Ω阻抗应为60 dBμV。

测量应按5.2.1进行,有用信号频率在表7中N栏给出,无用信号频道在表7中M栏给出。

只采用适用于接收机的信号类型。

5.4 对天线端射频电压(共模)抗扰度测量

图5说明了一般测量原理,将无用信号电流通过合适的耦合单元直接注入到设备连线来模拟实际环境中感应进入设备连线的干扰信号的影响。如果是非屏蔽连接线,将无用电流以共模型式注入到连接线上。如果是屏蔽电缆或同轴电缆,无用电流注入到屏蔽层或外导线上。该电流通过被测设备对地电容和其他端口的耦合单元的终端负载阻抗返回到信号发生器。

5.4.1 耦合单元

耦合单元包括射频扼流圈和用来注入无用信号电流的阻性网络。无用信号电压源的阻抗和负载阻抗是标准化的150 Ω,耦合单元被设计成提供这样的阻抗。耦合单元也为有用信号、其他信号和电源提供通路。

需要4种耦合单元来满足测试频率、连接器和不同电缆的需要。

耦合单元的详细结构和性能检验包含在附录C中。

5.4.2 测试布置

被测设备放在尺寸为2 m×1 m的金属地板上方0.1 m处,耦合单元分别接到各连接电缆。耦合单元和被测设备之间的连接电缆应尽可能的短,接到被测设备天线输入端的电缆长度不应超过0.3 m,该电缆应为同轴电缆,其转移阻抗在30 MHz处最大为50 mΩ/m。

电源线如果不被剪断,就应被捆扎成长度小于0.3 m的一束。这些线和地板之间的距离应为30 mm到50 mm。电源线走线应被精确布置固定并记录在测试报告中。

对每种类型的端口(输入/输出/电源端口)至少应使用一个相应的耦合单元(与端口的数量无关)。

5.4.3 测量电路

具体的测量电路见图6。

包含声音部分的有用收音机信号或电视信号由信号发生器G1提供,该信号通过通道滤波器F_c、衰减器T3和耦合单元至被测设备。

无用电流信号由信号发生器G2提供,并通过开关S1、衰减器T1、宽带功率放大器Am、低通滤波器F、衰减器T2和耦合单元至被测设备。

对于接收机或录像机除接收频段之外的频率范围的抗扰度测试,需要一个低通滤波器F以便衰减无用信号源的谐波,防止谐波直接干扰被测接收机的中频和射频通道,同样,必要时功率放大器Am应置于屏蔽盒Sh内,防止直接辐射。

注:附录C描述了低通滤波器的性能(详见C.3)。

6 dB～10 dB衰减器T2为功率放大器输出提供50 Ω匹配负载并定义源阻抗。

如果被测设备需要其他设备才可完全实现其功能,这个附加设备应作为被测设备的一部分来考虑,并要采取措施保证附加设备不受无用信号的影响。这些保护措施可能包括屏蔽电缆附加接地、屏蔽、连接电缆接射频滤波器或连接电缆套铁氧体环。

被测设备有接地端子时,应通过150 Ω电阻与地板连接。

音频输出功率按5.2.2测量。

5.4.4 测量步骤

对应75 Ω阻抗,有用电视信号图像载波电平为70 dBμV,垂直彩条调制。

图像载波频率应该是被测设备可用的最低频段的中间频道。

有用的声音载波电平为60 dBμV,调制频率1 kHz,频偏30 kHz。

无用信号为 1 kHz 调幅，调制度 80%的调幅载波信号。

测试应按 5.2.2 和 5.2.3 进行。

相对于 75 Ω 阻抗，有用的调幅信号电平为 46 dBμV，频率分别为长波(LW)最靠近 250 kHz、中波(MW)最靠近 1 MHz 和短波(SW)最靠近 16 MHz 的调幅信号，调制频率 1 kHz，调制度 30%。

有用调频信号应调谐在 98 MHz，调制频率 1 kHz，频偏 40 kHz，相对于 75 Ω 阻抗，信号电平为 60 dBμV。

5.5 屏蔽效果测量

接收机天线端屏蔽效果是由天线连接器、内部调谐器电缆和调谐器的带内信号泄漏所引起的天线电缆中的共模电流给出的。

5.5.1 测试布置

测试布置如图 7 所示。

被测接收机放置在一个可变高度的非金属桌子 T1 上，在靠近被测设备天线输入端一侧放置 4 m 长，0.8 m～1 m 高的非金属桌子 T2，用来放置可移动的吸收钳 Cp，射频信号发生器 G 放置在第三张桌子 T3 上。

如图 7 所示信号发生器 G 通过高质量同轴电缆 Ca 和高质量连接器 Con 接到被测设备天线输入端。测量电缆放置成一条直线，调整被测设备的高度使其天线输入端位置与测量电缆处于水平线的高度。

测量电缆的特征阻抗应与被测设备天线输入端的标称输入阻抗相同，如果信号发生器源阻抗与同轴电缆阻抗不同，使用阻抗匹配网络 Mn 进行匹配。

将吸收钳 Cp 套在测量电缆上，其电流变换器端应朝向被测设备，在所测频率范围内它应符合 GB/T 6113.103的规定。吸收钳输出信号应使用一被校准过的测量接收机进行测量。

所有的反射或吸收物体应离测量配置至少 0.8 m。

同轴电缆 Ca 及其连接器 Con 的质量应用图 7 所示测量装置进行校准，被测设备用一屏蔽的匹配负载代替。测量步骤见 5.5.2，在 50 MHz～1 000 MHz 频率范围内测量值 S 至少为 70 dB。

5.5.2 测量步骤

将被测设备连接到信号发生器 G，但不接电源。发生器的输出信号为未调制的测试频率信号，根据所用测量接收机的灵敏度将信号电平调整到足够高。此信号电平为 Ls[dBμV]。

从靠近被测设备天线端处开始沿同轴电缆移动吸收钳到最大信号位置，此时接收机所测量信号电平为 Lr[dBμV]。

在匹配的 50 Ω 系统中，(信号发生器、吸收钳和测量接收机)，屏蔽效果由下式给出：

$$S[\mathrm{dB}]=Ls[\mathrm{dB\mu V}]-am[\mathrm{dB}]-Lr[\mathrm{dB\mu V}]-ak[\mathrm{dB}]-af[\mathrm{dB}]$$

式中：

Ls——信号发生器输出电平；

am——匹配网络 Mn 和高质量同轴电缆 Ca 的修正值；

Lr——测量接收机读数；

ak——吸收钳的插入损耗与校准吸收钳的修正值；

af——吸收钳到接收机的连接电缆修正值。

按照 4.3.4 表 8a 所规定的频率及适用的受试设备进行测试。

5.6 电快速瞬变脉冲群测量

试验设备、试验布置和试验步骤见 GB/T 17626.4。根据需要，选择合适的耦合去耦网络，(详见表 11)。

5.7 传导电压抗扰度测量

5.7.1 测量电路和布置

接收机、录像机以及音频设备的测试电路和测试布置见图 8。

由信号发生器 G1、G2、G3 和 G4 分别通过连接点 A 或 V 或 S 或 T 提供有用信号(见表 21)。无用信号由信号发生器 G5 提供。RC_i 网络用于匹配射频骚扰源到相应音频端的输入阻抗,类似的 RC_o 网络被用于匹配输出端。电源阻塞滤波器 MSF 用于电源端注入无用信号并且滤除来自电源的无用信号。

附录 D(见图 D.1~D.3)给出图 8 中所示 RC_i、RC_o 和电源阻塞滤波器的电路。

被测设备置于尺寸为 2 m×1 m 的金属地板中央上方 0.1 m 处,电源线被捆扎成长度小于 0.3 m 并且以尽可能短的方式连接到电源阻塞滤波器 MSF。

应通过同轴电缆给被测设备音频输入、输出端施加射频电压,同轴电缆在 30 MHz 时的最大转移阻抗为 50 mΩ/m。

当被测设备端子是非屏蔽时(例如:扬声器端),从同轴电缆到端子的连线应尽可能短。同轴电缆的屏蔽层应尽可能在靠近耦合单元端子处与金属地板连接,连接应该尽可能地短。

为避免地环路的问题(例如:交流哼声,射频耦合),推荐使用不接地的音频功率表和信号发生器等测量仪器,或者通过隔离变压器分别给每台仪器供电。

连接唱片或磁带输入端时要注意确保对电源拾取的有效屏蔽,信号发生器输出电缆以及 RC_o 网络、RC_i 网络和电源阻塞滤波器 MSF 的地都连接在金属地板上。

通常接到被测端子的连接电缆是 50 Ω 同轴类型的(包括扬声器和耳机端口)。

不用的输入端子和扬声器端和/或者耳机端或者其他任何音频输出端都要根据制造商或者有关标准规定端接合适的电阻负载。

对立体声或双声道电视设备,无用信号同时注入两个音频输入通道,分别测量两个声道的输出端。

测量之前要检查确认没有干扰信号直接进入到测量设备。

按 5.2.2 测量音频输出功率。

表 21 给出了接收机、录像机和音频设备的测量条件,根据被测设备的工作模式分别由信号发生器 G3 和 G1、G4、G2 和 G1、G1、G2 提供规定的有用信号。

无用信号为 1 kHz 调幅,80%调制度,由信号源 G5 提供。

表 21 传导电压抗扰度的测试条件

EUT 的运行模式	用于调节参考输出功率和参考图像的有用信号	注入被测设备连接端的无用信号
调频广播接收	信号频率:98 MHz; 阻抗:75 Ω; 电平:60 dBμV; 1 kHz 调频,40 kHz 频偏。	音频输入端 或 电源端 或 扬声器 或 耳机 或 音频输出端
电视广播接收和录制	信号频率:EUT 可用的最低频段的中间频道; 阻抗:75 Ω; 电平:70 dBμV; 图像调制信号:GB/T 3174 规定的垂直彩条信号; 声音调制信号:1 kHz 调频,30 kHz 频偏。	
视频录制(非电视广播信号)	声音信号:1 kHz,500 mV(e.m.f.); 图像信号:标准彩条信号,白电平到同步头电平为 1 V 或视频信号电平 V_{P-P} 为 1 V。	
视频重放状态	由记录标准彩条信号的磁带或光盘提供信号,声音信号电平为 0 dB 或制造商规定的电平。对于音频抗扰度测试,可以使用空白的磁带或光盘。	
音频放大器	1 kHz,500 mV(e.m.f.)。	

5.7.2 测试步骤

依照不同的设备类型和工作模式设置和调整有用信号，并按照图 8 所示的连接方法进行测量。

其中：

A 为音频端口；

V 为图像端口(音频端同时接入音频信号)；

S 为天线端口(声音广播信号)；

T 为天线端口(电视广播信号)。

除音量控制外，被测设备所有音频控制钮均置于正常位置。调整音量控制使声音输出端获得输出功率 50 mW(或 500 mW)，音频功率按 5.2.2 测量。

立体声设备应调整平衡控制使两个声道输出相等，即 50 mW(或 500 mW)。调整被测设备视频控制获得 5.2.3 所述图像。

按图 8 所示，将无用信号施加到相应被测端口，图中：

A_i 为音频输入端；

M 为电源端；

A_o 为音频输出端。

分别连接 L、R 和 L_o、R_o 是为了调整和/或测量相应的输出声道。

测试电视接收机和射频录制状态下的录像机时，有用射频信号应是最低频段的中间频道，例如，测量 VHF2 频道。

5.8 辐射抗扰度测量

两块平行板导体间传播的横向电磁波(TEM 型导波)能够模拟自由空间条件下的均匀电磁波，这时电场分量垂直于平板导体，磁场分量平行于平板导体。本标准规定了敞开式 TEM 带状线。

5.8.1 敞开式带状线

敞开式带状线的详细结构见附录 E。敞开式带状线可使用的频率范围限制在 150 MHz 以下，被测设备不高于 0.7 m。带状线特征阻抗为 150 Ω。

按照附录 F 进行测量装置的校准和试验。

在 15 MHz 频率处，根据需要的场强，调整带状线输入电压在测量平板上产生合适的电压。

测试中应考虑校准中获得的修正系数 k_1。

如果在相关频率范围内测量的结果与推荐的带状线测量的结果相比误差不超过 2 dB，允许使用其他尺寸或类型的 TEM 装置。

5.8.2 测试布置

带状线应放在至少距地板 0.8 m 高的非金属支撑物上，其顶部上方距天花板 0.8 m 以上。

带状线放于房间中使用时，其敞开的长边与墙或其他物体的距离至少为 0.8 m，如果放在屏蔽室内使用，应在带状线和屏蔽室墙壁之间放置 RF 吸收板，图 9 给出了布置图。

按照家庭正常使用的状态将被测设备置于带状线中心 0.1 m 高的非金属支架上，(例如便携式设备)如图 10。

被测设备的连接线通过带状线底板上的孔接入，在 TEM 装置内部的引线应尽可能短并套满铁氧体环，以衰减感应电流。使用的同轴电缆在 30 MHz 时最大转移阻抗应不大于 50 mΩ/m。

电源线应被捆扎成小于 0.3 m 的线束。

用尽可能短的引线将平衡/不平衡变换器接到被测设备上。

测量期间不用的端口都应端接与标称端子阻抗匹配的屏蔽电阻。

如果为了满足被测设备功能的需要接入辅助设备，例如录像机接到电视接收机或监视器，或者录音机或调谐器与辅助音频放大器相接。应将辅助设备作为测试设备的一部分来考虑，并要采取措施保证辅助设备不受骚扰信号的影响，通常要求将辅助设备放在带状线外。

测试过程中应使用高质量的同轴电缆和高质量的连接器将有用信号接入被测设备的天线输入端或视频输入端，以避免无用信号经屏蔽层进入被测设备。这些保护措施可能包括屏蔽电缆附加接地、屏蔽、连接电缆接射频滤波器或连接电缆套铁氧体环等。

5.8.3 测试步骤

测试电路如图10所示，按照5.2.2和5.2.3所述调整有用信号和被测设备的音频及视频控制，调整期间关闭无用信号发生器。有用信号见表22。

被测设备按5.8.2的规定置于带状线内，按要求调整场强，调整期间关闭被测设备。

测试时，无用信号由信号发生器G1和G2提供，并通过宽带放大器Am和低通滤波器F连接到带状线匹配网络MN上，宽带放大器提供所需的场强。带状线应端接匹配负载T1。

要注意信号发生器G2特别是宽带放大器射频输出的谐波电平，如果这些谐波落入被测设备的调谐频道或中频通道将影响测量结果。此时应采取预防措施，可在TEM装置的输入端插入一个合适的低通滤波器，使谐波电平减到足够小。附录C说明了低通滤波器的检验步骤。

按照5.2.2的规定测量音频输出功率。

无用信号为1 kHz调幅，80%调制度，由信号发生器G2和放大器Am提供。

按照4.1和5.1的规定完成测量。

表22 辐射抗扰度测量条件

接收机/录像机的工作模式	用于调节参考输出功率/参考图像的有用信号
调频广播接收	信号频率：98 MHz； 阻抗：75 Ω； 电平：60 dBμV； 1 kHz调频，40 kHz频偏。
唱机	晶体式：1 kHz，500 mV (e. m. f.)；动磁式：1 kHz，5 mV(e. m. f.)；动圈式：1 kHz，0.5 mV(e. m. f.)。
CD、录音机、音频放大器、其他设备	1 kHz，500 mV(e. m. f.)。
音频重放模式	1 kHz，500 mV(e. m. f.)的测试信号由一记录该信号的磁带或光盘提供，声音电平为0 dB或由制造商规定的电平； 音频抗扰度测试可播放空白磁带或光盘。
电视广播接收和录制模式的录像机	信号频率：EUT可用的最低频段的中间频道； 阻抗：75 Ω； 电平：70 dBμV； 图像调制信号：标准垂直彩条信号； 声音调制信号：1 kHz调频，30 kHz频偏。
视频录制(区别于电视广播信号)和视频监视器模式	声音信号：1 kHz，500 mV(e. m. f.)； 视频信号：标准彩条信号，白电平和同步头电平差1 V同表21。
视频重放模式	信号来自一记录标准彩条信号的磁带或光盘，声音信号电平为0 dB或厂家规定的电平。对于音频抗扰度测试，可以使用空白的磁带或光盘。

当EUT工作于视频监视器模式时，EUT的射频输入端不要求输入有用的射频信号。

5.8.4 不能置于带状线中的较大设备的辐射抗扰度

当被测设备无法置于敞开式带状线中时，应按照GB/T 17626.3进行测试。测试频率为80 MHz～150 MHz，限值见表17的规定。由扫描取代推荐的1%步进，应有足够的观察时间来观测可能出现的干扰现象。

被测设备置于一80 cm高的绝缘支架上，设备在某一个位置上用垂直极化场进行试验。图像质量可通过摄像机观测或直接观测。测试用电缆和滤波器的布置与使用带状线进行测试相同。

EUT的前面板应平行于天线的视线。EUT的位置应在测试报告中详细记录。

5.8.5 键控载波测量(射频电磁场)

无用信号要求见表15。

测试布置和测试程序按照 GB/T 17626.3 进行。

为了简化测量，可以采用代替方法进行试验。用一相似特性的模拟器(如 GSM 移动电话)产生一个≥3 V/m 的非均匀场进行模拟测试。

测试需在屏蔽室中进行，该模拟器应放在 80 cm 高的非金属台面上，距被测设备 1 m 远，被测设备正面应与模拟器天线的轴线平行，这一位置应记录在测试报告中，见图 11。

注：有争议时，应按 GB/T 17626.3 规定的方法进行测量。

测量条件见 5.8.4 和表 22，用附录 B.4 中的滤波器代替 B.2 中的滤波器。

5.9 静电放电的测量

测试信号发生器，测试布置和测试程序依照 GB/T 17626.2。

对于双重绝缘和加强绝缘的设备，无保护接地的二类设备以及便携设备，如果在下一次 ESD 脉冲施加前不能充分放电，重复测试可能很麻烦，因此，在两次放电之间应该间隔足够的时间。

6 抗扰度限值的说明

6.1 限值的意义

对型式鉴定的产品，本标准中抗扰度限值的意义是根据统计规律，在成批生产的产品中，至少有 80%的产品满足限值的要求，并至少具有 80%的置信度。

测试应：

a) 按 6.2 中的规定用统计评价的方法对该类产品进行试验。

b) 为简单起见，仅对一个样品进行试验。

必须随时从每批次产品中随机抽取样品进行试验，特别在 6.1b)的情况。

在涉及到可能禁止销售或收回型式批准而有争议的情况下，应按 6.1a)的规定进行试验。

6.2 在二项式分布基础上符合限值

在二项式分布基础上，用统计学的方法判定，应做到：

一次抽取的样本不少于七个样品进行试验。按照以下条件判定合格与否，在 n 个样品中相应抗扰度电平不满足允许限值数量不超过 c 个。

n	7	14	20	26	32
c	0	1	2	3	4

假如抽样测试结果不符合 6.1a)的要求，则应进行第二次抽样试验，将第二次抽样试验的结果与第一次的结果合并，作为一次大的抽样试验，再检查其结果是否符合限值。

全面的信息见 GB/Z 6113.403。

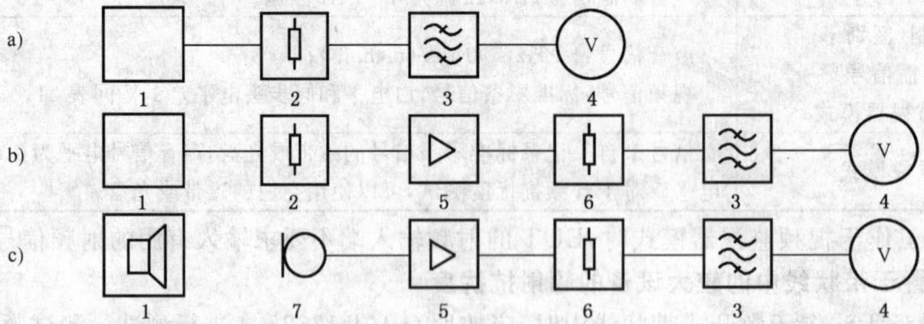

1——被测设备 EUT；
2——音频输出端额定负载阻抗 R_L；
3——低通或带通滤波器 FR(见附录 B)；
4——音频电压表 V；
5——放大器 A；
6——放大器输出端额定负载阻抗 Ra；
7——传声器 M。

图 2 声音功率输出测试

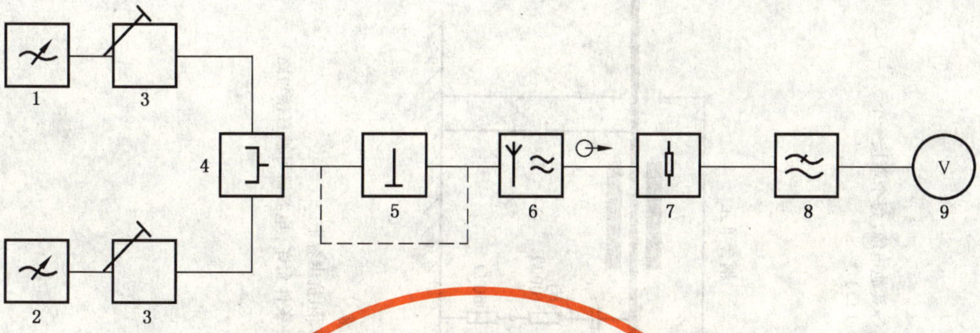

1——无用信号发生器 G1；

2——有用信号发生器 G2；

3——衰减器；

4——耦合网络；

5——匹配和/或平衡网络；

6——被测设备 EUT；

7——负载电阻 R_L；

8——低通滤波器(见附录 B)；

9——音频电压表(具有符合 GB/T 17147—1997 要求的加权网络)。

如果合适，7、8、9 可由图 2b)或图 2c)代替。

图 3 声音广播接收机输入抗扰度测量配置

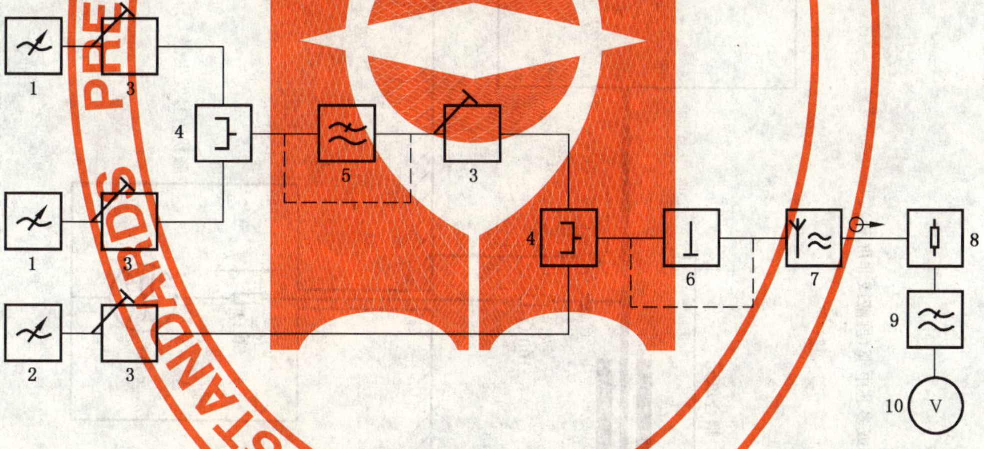

1——无用信号发生器 G1；

2——有用信号发生器 G2；

3——衰减器；

4——耦合网络；

5——低通滤波器[a]；

6——匹配和/或平衡网络；

7——被测设备(EUT)[b]；

8——负载阻抗 R_L；

9——低通滤波器(见附录 B)；

10——音频电压表(具有符合 GB/T 17147—1997 要求的加权网络)。

[a] 为防止无用信号发生器的谐波对测试结果产生影响，应根据合适的无用信号频率规定滤波器的截止频率；

[b] 如果是录像机，需连接到辅助电视机。

(如果合适，8、9、10 可由图 2b)或图 2c)代替，或者当被测设备是录像设备时，录像设备应连接到辅助电视机的音频输出端。)

图 4 电视接收机和录像机输入抗扰度测量配置

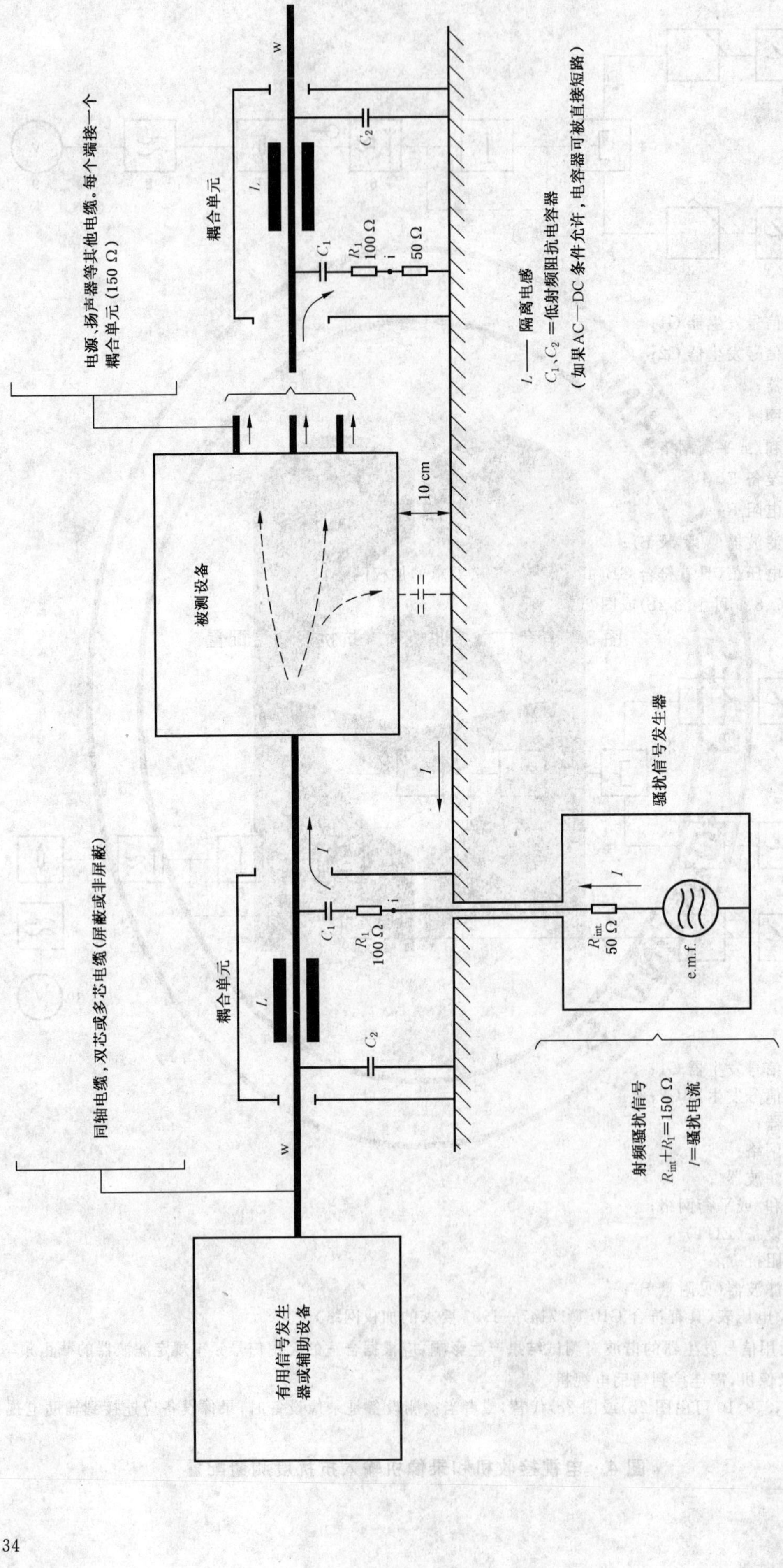

图5 电流注入法基本原理

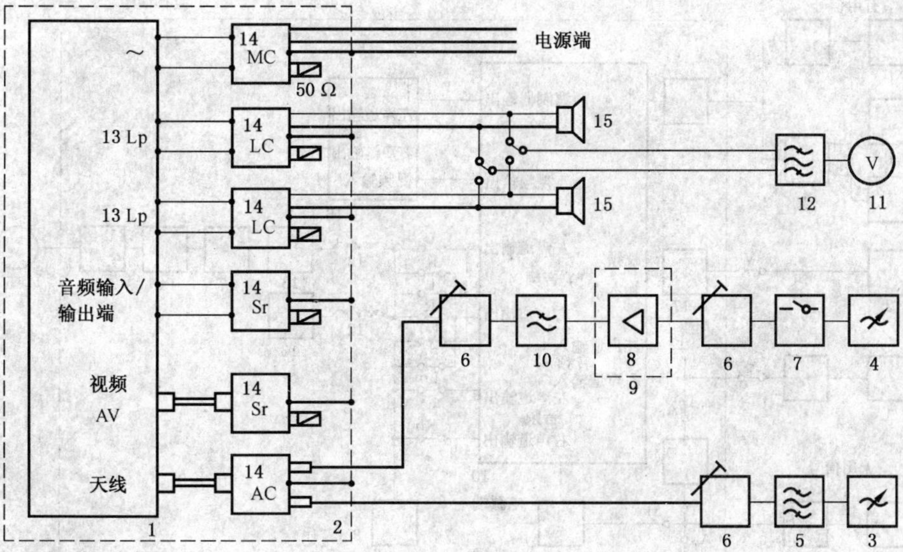

1——被测设备(EUT)；
2——金属板 P=2 m×1 m；
3——有用信号发生器 G1；
4——无用信号发生器 G2；
5——通道滤波器 Fc；
6——衰减器 T1、T2、T3；
7——开关 S1；
8——宽带功率放大器 AM；
9——屏蔽盒 sh；
10——低通滤波器 F；
11——音频电压表 V；
12——0.5 kHz～3 kHz 带通滤波器(见附录 B)；
13——扬声器连接端 Lp；
14——耦合网络 MC、LC、Sr、AC(见附录 C)；
15——模拟扬声器标称阻抗的假负载。

图 6　传导电流抗扰度测试原理

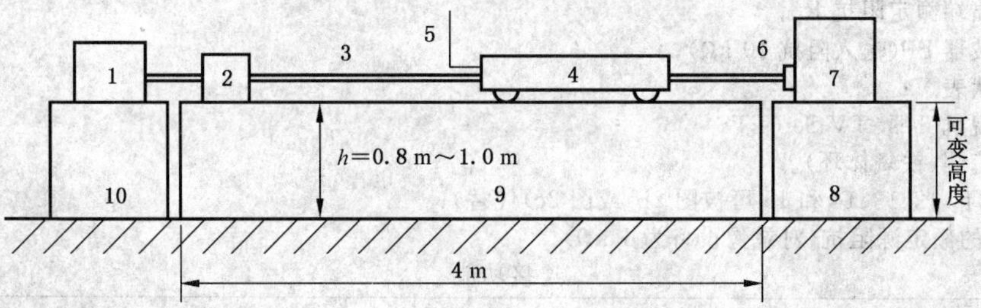

1——信号发生器 G；
2——匹配网络 Mn；
3——高质量同轴电缆 Ca；
4——吸收钳 Cp；
5——至测试接收机；
6——高质量连接器 Con；
7——被测设备(EUT)；
8——非金属测试台 T1(高度可变)；
9——非金属测试台 T2；
10——测试台 T3。

图 7　屏蔽效果测量配置

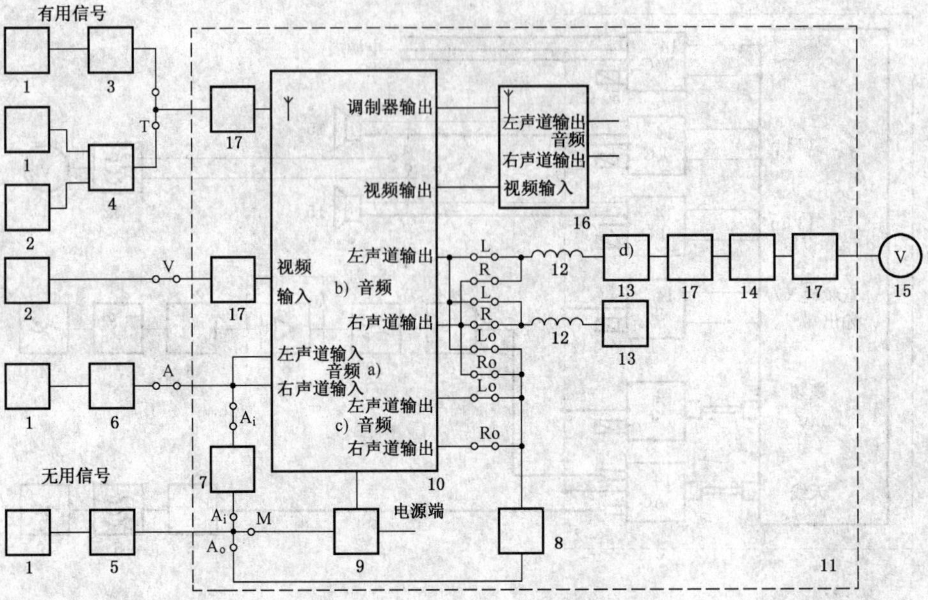

a) 双声道电视接收设备的通道 1 和通道 2；

b) 为调整和测试的音频功率输出端；

c) 其他声音输出端；

d) 左声道输出端是高负载阻抗(>10 kΩ)的情况。

1——音频信号发生器 1 kHz G1；

2——视频信号发生器 G2；

3——FM 射频信号发生器 G3；

4——TV 射频信号发生器 G4；

5——无用信号发生器 G5；

6——阻抗(Rs 到 RG1)；

7——音频输入网络 RC_i；

8——音频输出网络 RC_o；

9——电源阻塞滤波器(MSF)；

10——被测设备(EUT)；

11——金属板 P=2 m×1 m；

12——射频扼流圈 L=100 μH；

13——音频输出端额定阻抗 R_L；

14——带通滤波器 BP(输入阻抗 10 kΩ)；

15——音频毫伏表 V；

16——辅助电视机 Test-TV-Set(TTS)；

17——电流扼流圈(铁氧体环)。

(在适当的情况下，12、13、14 和 15 可被图 2b)或图 2c)代替)；

Rs 为音频输入的额定源阻抗(对录像设备为 1 kΩ)。

连接功能

A V S T	音频输入端：1 kHz 信号(G1)； 视频输入端：视频信号(G2)； 声音接收机天线输入端：已调制有用信号(G3 和 G1)； 电视接收机和录像机天线输入端：已调制有用信号(G4、G2、G1)。
A_i M A_o	音频输入端：无用信号； 电源线：无用信号； 音频输出端：无用信号； L_o：左声道； R_o：右声道。
L R	左声道的调整或测量； 右声道的调整或测量。

图 8 电源端、耳机端、扬声器、音频输入、音频输出端对感应电压的抗扰度测试方法

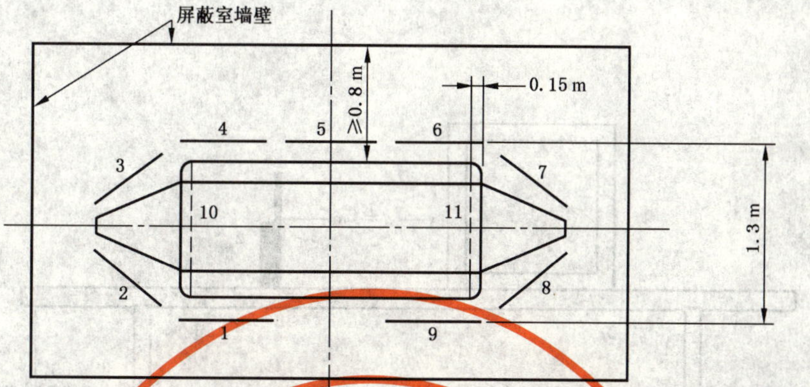

1～11——尺寸约 0.8 m×0.6 m 的吸收板。

图 9　在尺寸为 3 m×3.5 m 的屏蔽室内敞开式 TEM 装置与吸收板的布置举例

1——音频信号发生器 1 kHz(G1)；
2——无用信号发生器(G2)；
3——0.15 MHz～150 MHz 宽带功率放大器；
4——低通滤波器(F)；
5——匹配和/或平衡网络(MN)(见图 E.5)；
6——敞开式带状线装置(TEM)；
7——终端负载 150 Ω(见图 E.6)；
8——被测设备(EUT)；
9——非金属支架；
10——扬声器带阻滤波器(LBS)(见图 E.8)；
11——电源端带阻滤波器(MBS)(见图 E.7)；
12——护套式扼流圈(铁氧体环)；
13——音频电压表 V；
14——电源线；
15——带通滤波器(见图 B.1)。

a)　双声道电视接收设备的通道 1 和通道 2。

图 10　0.15 MHz 至 150 MHz 频率范围内广播接收机对辐射场的抗扰度测量布置

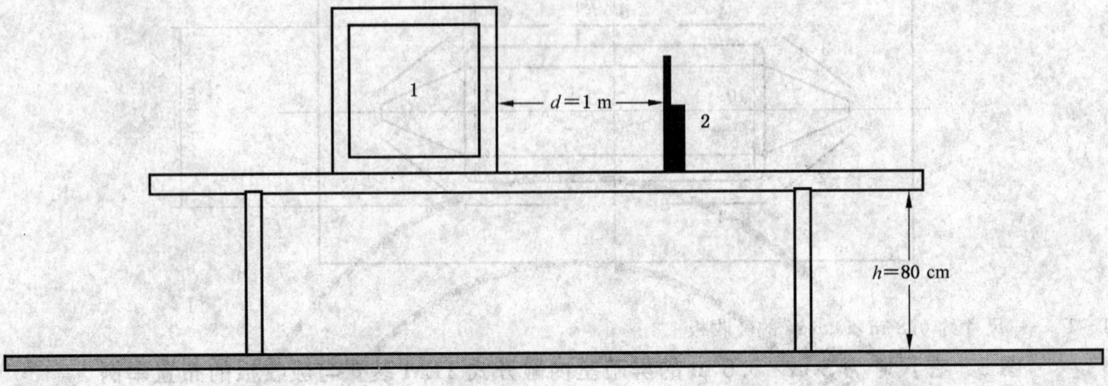

1——被测设备前面板；

2——用 GSM 便携式电话(手机)模拟。

图 11　用 GSM 便携式电话模拟对键控载波射频电磁场的抗扰度的测量

附 录 A
（规范性附录）
辅助电视机规范

辅助电视机是一个具有自动频率控制(AFC)的双声道电视广播接收机，并且具有适当的视频输入端口用于和录像设备的视频输出端口连接，但是不应有静音电路。

辅助电视机应至少满足在本标准 4.3.2、4.3.3、4.3.4 和 4.7.1 中电视接收机抗扰度的要求。当依据本标准中相关方法测试时，输入抗扰度应至少超过表 5 和表 6 中规定的限值 3 dB。

附加条件：

——屏幕对角线尺寸：≥50 cm。

——图像定义：用多波群测试图形在电视显像管激励极上测出：4 MHz 相对于 1 MHz 处的电平为 −6 dB。

——聚焦：最佳。

——图像信噪比，按照 ITU-T J.61 计权网络加权，噪声电压值为有效值，相应接收机的图像输出电平，当带有色同步的单色图像并且对应 75 Ω 天线端的信号电平为 70 dBμV 时，图像信噪比≥50 dB。

——音频信噪比：按照 GB/T 17147 计权网络加权，噪声电压值为准峰值，对应 75 Ω 天线端的信号电平为 70 dBμV，并且伴音载波的频偏为 30 kHz，相应接收机 50 mW、1 kHz 的音频输出电平，音频信噪比≥43 dB。

——对音频输出端线性频率的抑制，与音频信噪比关系相同，选择带宽≤150 Hz 进行有效值测试：≥43 dB。

附　录　B
（规范性附录）
滤波器和计权网络的规范

B.1　15 kHz 低通滤波器

低通滤波器应满足以下特性：

——截止频率为 15 kHz(3 dB)；

——工作频率直到 10 kHz，衰减≤0.5 dB；

——在 15 kHz 处衰减≤3 dB；

——在 19 kHz 处衰减≥50 dB。

端接低通滤波器的阻抗为其特性阻抗。

B.2　0.5 kHz～3 kHz 带通滤波器

带通滤波器应满足以下特性：

——在 0.1 kHz 处衰减为≥25 dB；

——在 0.5 kHz 处≤5 dB；

——在 1 kHz 处≤0.5 dB(参考点)；

——在 3 kHz 处≤5 dB；

——在 10 kHz 处≥25 dB。

0.5 kHz～3 kHz 带通滤波器的例子如图 B.1 所示。

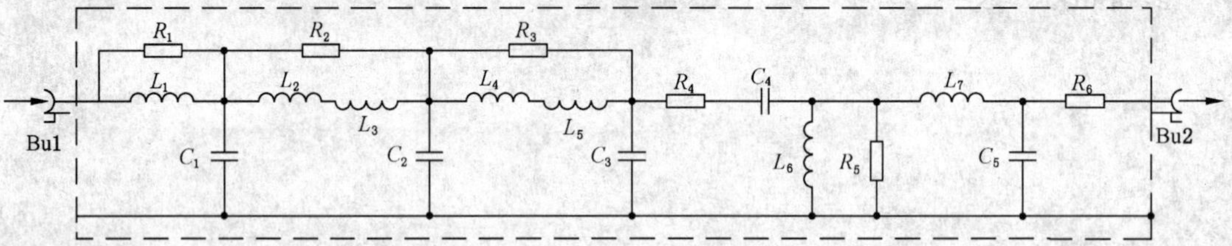

$L_1 \sim L_5 = 33$ mH，电感

* $L_6 = 650$ mH，四孔磁心

L_7——宽带扼流圈

$R_1 \sim R_3 = 4.7$ kΩ　　$C_1 \sim C_3 = 22$ nF

$R_4 = 100$ Ω　　$C_4 = 0.1$ μF

$R_5 = 8.2$ kΩ　　$C_5 = 2.2$ nF

$R_6 = 820$ Ω

* 1 450 圈，铜线，直径 0.115 mm，可焊接。

Bu1，Bu2——BNC-F 连接头，50 Ω。

图 B.1　0.5 kHz～3 kHz 带通滤波器

B.3　噪声滤波器

对于某些音频输出测试，需要在音频电压表前面放置一个噪声滤波器。噪声滤波器符合 GB/T 17147。

B.4　A 计权网络

见 SJ/Z 9140.1—87 和 IEC 61672-1。

附 录 C
（规范性附录）
耦合单元和低通滤波器的规范

这些装置用于频率范围 0.15 MHz～150 MHz 的传导电流抗扰度的测试。

C.1 耦合单元结构

耦合单元被设计成为向被测端口的连接电缆上注入无用信号电流，并且隔离与被测设备相连的其他电缆和设备来自无用信号电流的影响。耦合单元也用于定义被测设备的不测量的端口对地的非对称阻抗。

工作原理见图 5。电感 L 对注入电流呈现一个高射频阻抗。滤波器 L/C_2 隔离被测端口。源阻抗 50 Ω 的射频信号发生器提供的无用信号经过一个 100 Ω 的电阻注入 EUT，或者经过隔直电容 C_1 进入线或同轴电缆的屏蔽层。

耦合单元应具有 150 Ω 的阻性源阻抗。因为这个源阻抗，使得作用在装置上的射频干扰场强与传导测量中产生相同性能降级所施加的电动势之间有良好的相关性。因此设备的抗扰度可由电动势值表示。

有 4 种耦合单元：

AC 型：用于传送有用射频信号的同轴电缆。详细结构见图 C.1；

MC 型：用于电源线。详细结构见图 C.2；

LC 型：用于扬声器连线。详细结构见图 C.3；

Sr 型：对没有要求为有用信号提供通路的地方。所有电缆线终端都要端接匹配负载电阻。详细结构见图 C.4。

在所有耦合单元的设计中，必须保证注入传导电流的输出端的寄生电容尽可能的低。那些端口被安装在一个绝缘板上。应注意单元的金属壳体要通过大尺寸的铜编织线和未喷涂的壳体充分接地。

采用如下通用要求：

a) 所有类型的耦合单元具有 150 Ω 阻性源阻抗。包含在耦合单元内部的串联电阻的值要根据无用信号发生器的源阻抗调整（图 6 的 G2＋Am＋T2 的结合）。

当信号发生器内阻为 50 Ω 时，还需要一个阻值为 100 Ω 的电阻。在 AC 型天线端耦合单元中，100 Ω 电阻被连接在耦合单元同轴输出连接器的屏蔽层上。在 MC 型电源耦合单元中，无用电流通过 100 Ω 阻性等效电阻非对称地注入到两根电源线中。这个单元被设计成三角形人工电源网络，并且对被测设备端呈现对称的和非对称的 150 Ω 等效的阻性阻抗。

b) 在整个频率范围内，射频扼流圈应呈现一个足够高的射频阻抗（相对于 150 Ω）。

c) 用于天线端 AC 型耦合单元的同轴连接器和同轴电缆（包括单元和被测设备之间的 0.3 m 的电缆）的屏蔽效果至少要比用于被测设备天线输入电路中的部件（输入连接器，电缆和调谐器）的屏蔽效果高 10 dB。

注：对于图 C.1 至 C.4 中描述的耦合单元，使用 30 μH 或 2×60 μH 并联线圈，在 1.5 MHz～150 MHz 频率范围内，可以满足上述 a）和 b）的要求。这些耦合单元也能够用于频率范围在 0.5 MHz～1.5 MHz 的临时测试。能够涵盖 0.15 MHz～30 MHz 的耦合单元在考虑中。

C.2 耦合单元性能校验

在高至 30 MHz 的频率范围内，AC 型耦合单元输出端的屏蔽层与参考地测得的阻抗（射频扼流圈与 150 Ω 电阻并联），和 MC 型电源耦合单元的连接端与参考地之间的阻抗一样，应该是模值为 150 Ω

±20 Ω,相位角小于 20°。

在 30 MHz～150 MHz 频率范围内,两个相同耦合单元串联的插入损耗应在 50 Ω 的系统中测量。测试方法和要求见图 C.5。

C.3 低通滤波器(F)性能校验

该滤波器的用途是衰减无用信号源的谐波。滤波器 F 的频率响应应在低于受保护频段(中频和接收带宽)几 MHz 处锐截止,并且在这个频段内具有较高的衰减。对于这个滤波器的要求取决于信号发生器和功率放大器的频谱纯净度。整个信号发生器—放大器—滤波器的链路按照以下方法进行校准(以检测电视接收机为例)。

将一个已校准的具有 50 Ω 输出阻抗的射频信号发生器直接连接到 AC 耦合单元的骚扰源输入端口(见图 6)替换发生器-放大器-滤波器链路。在电视接收机中频和射频接收频段内进行频率扫频,并且要求记录在刚好可察觉干扰的情况下的射频电压值。

然后在衰减器 T_2 输出端口,可以测量通过耦合装置(G_2+A_m+F)在上述频率范围内所产生的谐波电平,在抗扰度测试中所使用的最高设置电平。

如果谐波电平比此前测试中记录的电压值至少低 10 dB,则认为滤波器 F 的衰减满足要求。

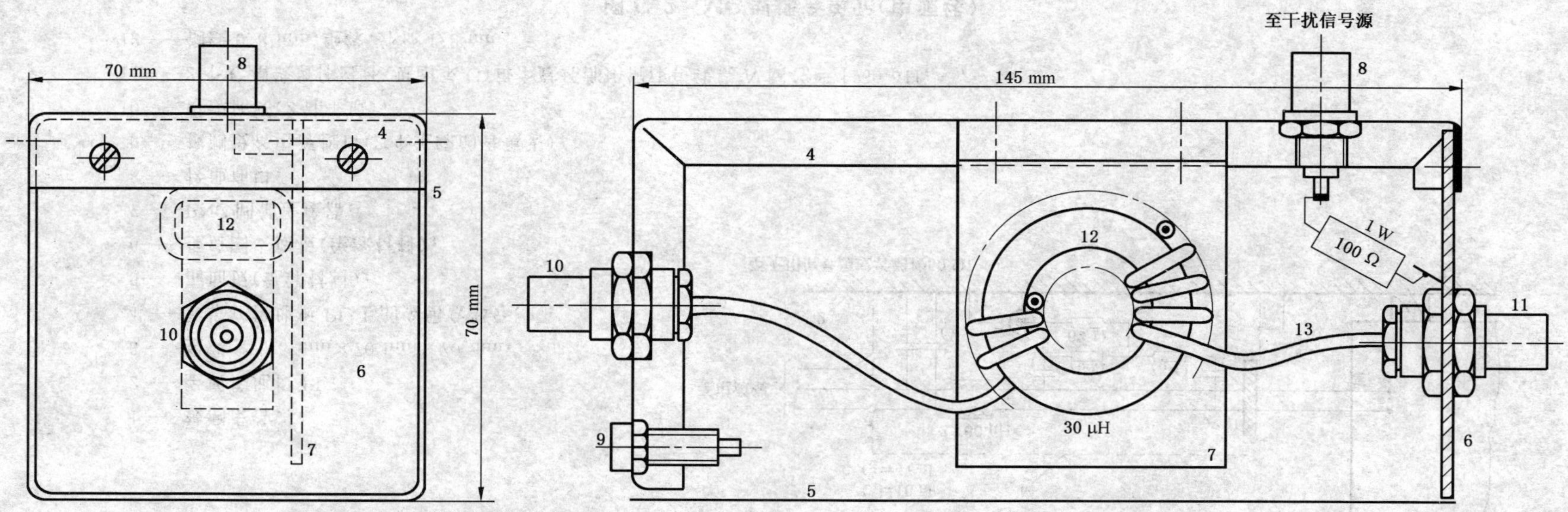

示意图和详细结构

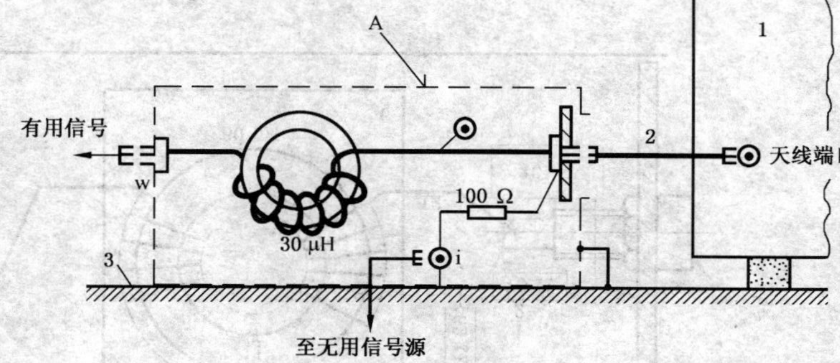

1——被测设备；
2——天线同轴电缆；
3——金属地平面(板)PL0；
4——金属盒 145 mm×70 mm×70 mm；
5——放置在地板 PL 上的金属盒部分；
6——前面板(绝缘材料)；
7——扼流圈支撑板(绝缘材料)；
8——BNC 同轴连接器；
9——接地插口；
10——BNC 同轴连接器(同轴电缆至有用信号发生器)；
11——BNC 同轴连接器(同轴电缆至 EUT)；
12——C 型铁氧体磁环(见附录 G)用外径为 2.4 mm 同轴电缆绕 N 圈产生 30 μH 电感量；
13——RG-188 A/U 型同轴电缆，50 Ω，外径为 2.4 mm。

图 C.1　AC 型耦合单元(同轴天线输入端)

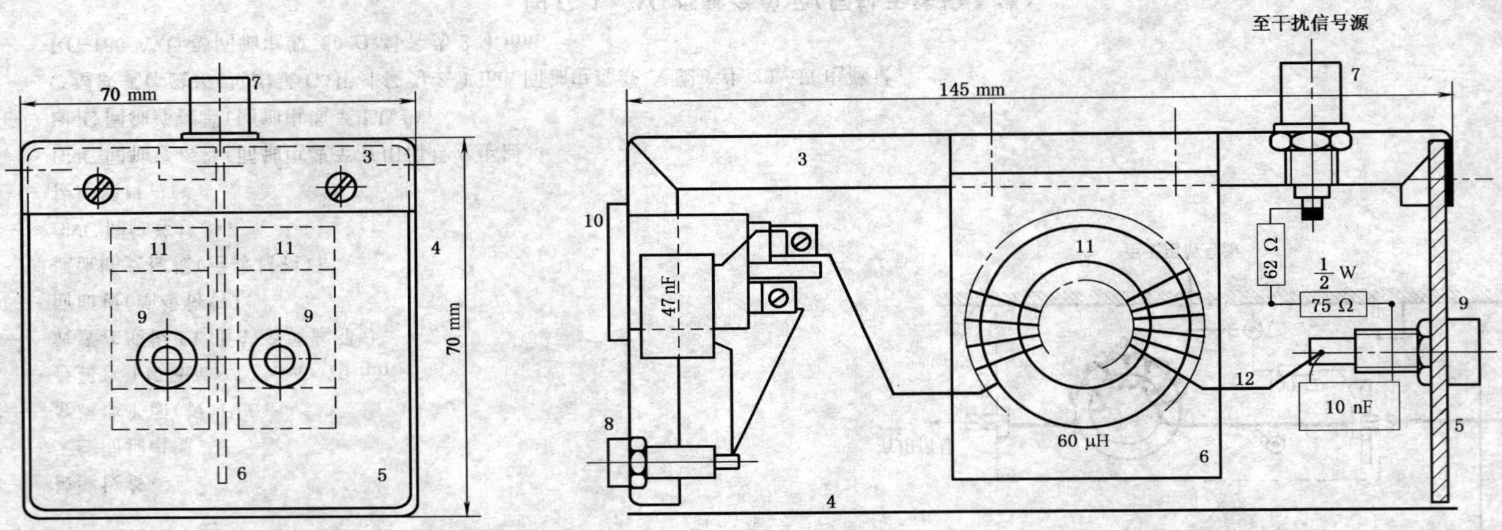

示意图和详细结构

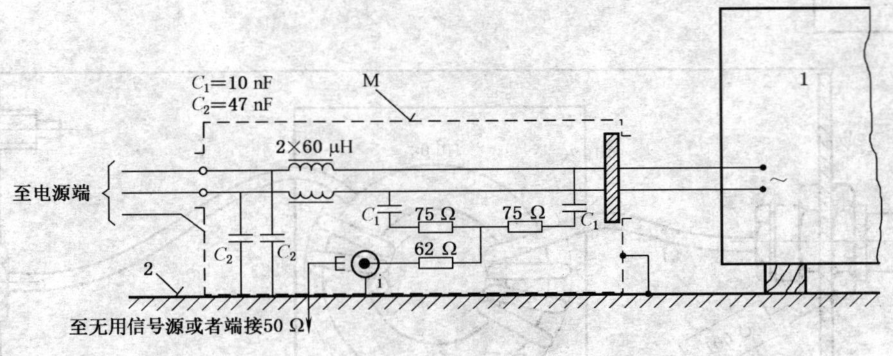

1——被测设备；

2——金属接地板 PL；

3——金属盒 145 mm×70 mm×70 mm；

4——放置在接地板 PL 上的金属盒部分；

5——前面板(绝缘材料)；

6——扼流圈支撑板(绝缘材料)；

7——BNC 同轴连接器；

8——接地插口；

9——被测设备电源接口(2 个绝缘的香蕉头)；

10——电源插头(2 针＋地)；

11——2 个 C 型铁氧体磁环(见附录 G)每个磁环都用铜漆包线绕 N 圈各产生 60 μH；

12——铜线 0.8 mm，绝缘，外径 1.8 mm。

图 C.2　MC 型耦合单元(电源线)

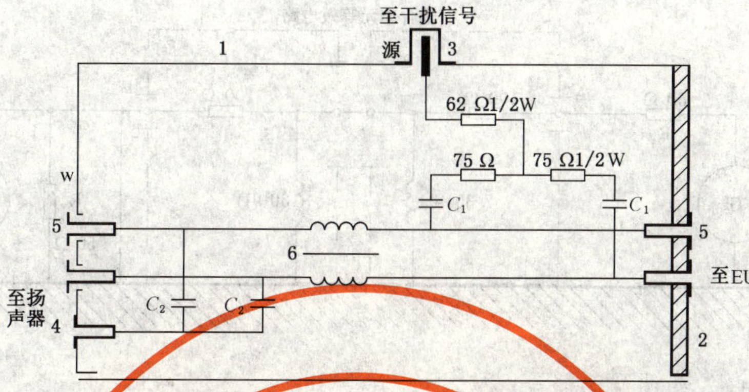

1——金属盒 145 mm×70 mm×70 mm；

2——前面板（绝缘材料）；

3——BNC 同轴连接器；

4——接地插座；

5——绝缘香蕉插座；

6——非对称 30 μH 电感

磁心：1 个 C 型铁氧体环（见附录 G）；

绕组：双线并 N 圈（2 根线，铜线直径 0.6 mm，绝缘，外径 1.2 mm，产生 30 μH 电感量）；

电感支架与 C.1 相似；

电容器：C_1＝10 nF；C_2＝47 nF。

图 C.3　LC 型耦合单元（用于扬声器连线）

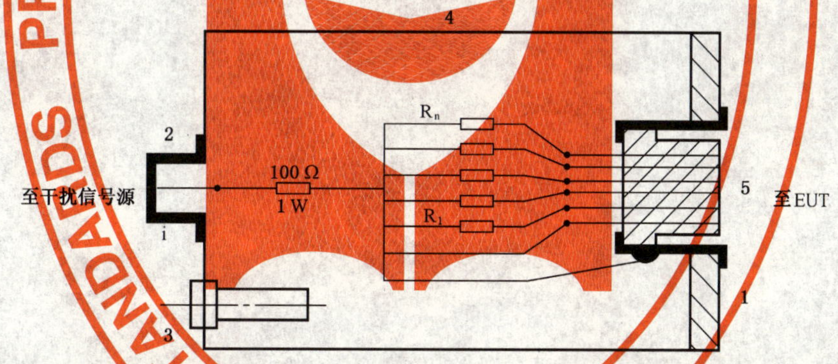

1——前面板（绝缘材料）；

2——BNC 同轴连接器；

3——接地插口；

4——金属盒 100 mm×55 mm×55 mm；

5——多芯连接器或 DIN 插座。

R_1 至 R_n 匹配负载的阻抗

例：音频设备 Sr 耦合单元

拾音（磁性）：2×2.2 kΩ

拾音（晶体）：2×470 kΩ

传声器：2×600 Ω

调谐器：2×47 kΩ

磁带输入/输出：4×47 kΩ

音频输入/输出：4×47 kΩ

图 C.4　带负载阻抗的 Sr 型耦合单元

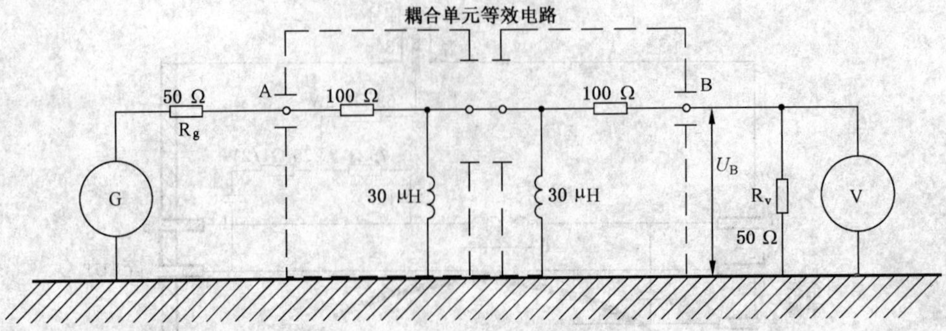

R_g——信号源内阻；

R_v——电压表内阻。

图 C.5　30 MHz～150 MHz 频率范围内检查耦合单元插入损耗的测试配置

两个相同耦合单元插入损耗 U_G/U_B 的测量如图 C.5 所示，在 30 MHz～150 MHz 频率范围内应在 9.6 dB 和 12.6 dB 之内。U_G 为信号发生器和电压表直接连接在一起时，电压表的读数。U_B 是耦合单元接入后电压表的读数。

注：用非常短的电缆(小于 10 mm)将两个单元连接在一起。

附 录 D
(规范性附录)
匹配网络和电源阻塞滤波器

$R_1=100\ \Omega-R_g/2$

$C_1=470\ \text{pF}$

R_g 信号发生器 G5 或合适的高通滤波器 HP 额定输出阻抗

R_s 音频输入额定源阻抗

图 D.1 音频输入端口的 RC 网络(RC_i)

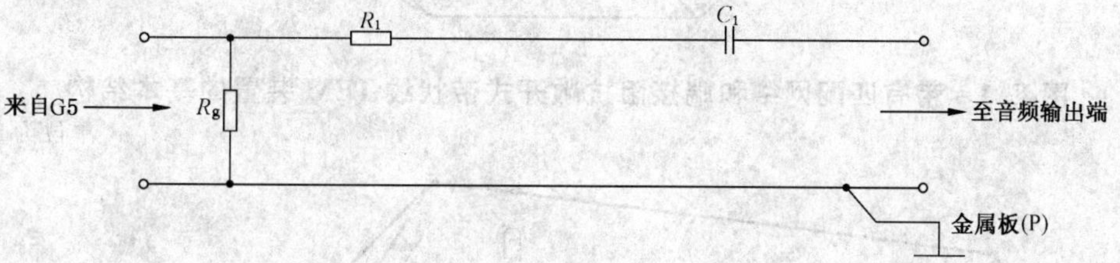

$R_1=100\ \Omega-R_g/2$

$C_1=470\ \text{pF}$

R_g 等于信号发生器 G5 或合适的高通滤波器 HP 额定输出阻抗

图 D.2 音频输出端口的 RC 网络(RC_o)

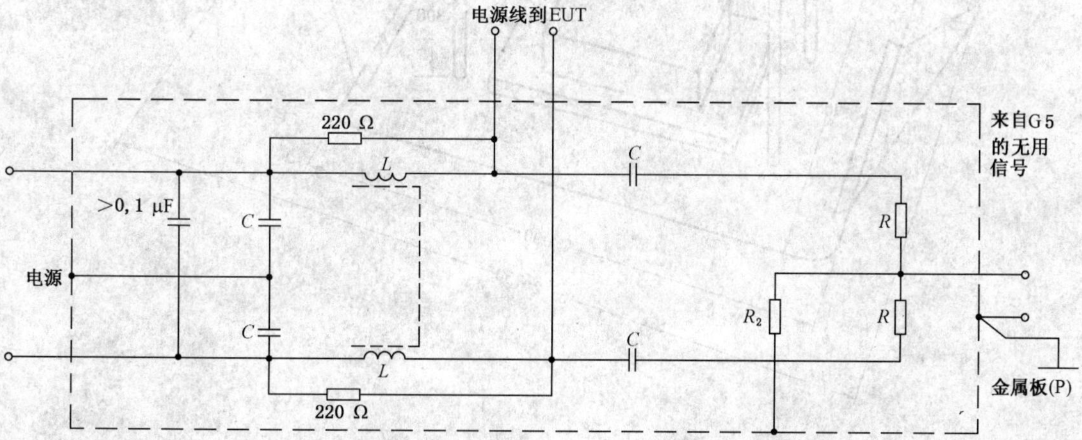

$L=100\ \mu\text{H}$

$C=3.3\ \text{nF}$

$R=200\ \Omega-R_2$

R_2 为信号发生器 G5 或合适的高通滤波器 HP 额定输出阻抗

图 D.3 电源阻塞滤波器(MSF)

附　录　E
（规范性附录）
敞开式带状线、电源和扬声器用带阻滤波器的结构资料

敞开式带状线 TEM 装置的基本结构见图 E.1，其外观见图 E.2。

敞开式带状线 TEM 装置的金属板标准尺寸见图 E.3。

图 E.4 中介绍了两个端口的结构细节，以及匹配网络 MN 和终端负载 T1 的详细结构及尺寸（分别见图 E.5 和 E.6）。

电源带阻滤波器 MBS 的电路如图 E.7 所示。对于源阻抗和负载阻抗为 50 Ω 的测试系统，所使用的滤波器在 150 kHz～30 MHz 区间应至少有 20 dB 衰减，在 30 MHz～150 MHz 区间内应至少有 50 dB衰减。

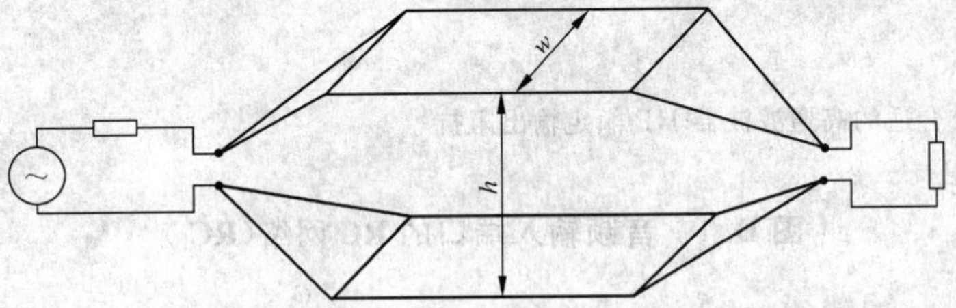

图 E.1　带有匹配网络和端接阻抗敞开式带状线 TEM 装置的基本结构

单位为毫米

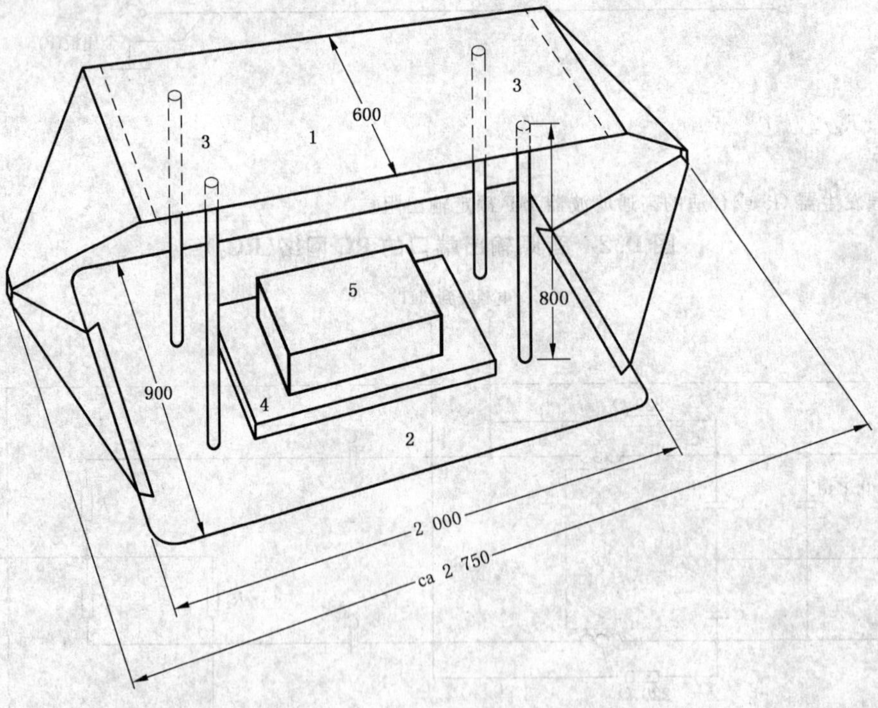

1——金属顶板（2 m×0.6 m）平行与底板；

2——金属底板（2 m×0.9 m）；

3——四根高 0.8 m 的支柱；

4——非金属支撑；

5——被测设备。

图 E.2　敞开式带状线 TEM 装置外观

扬声器带阻滤波器 LBS 电路如图 E.8 所示。对于源阻抗和负载阻抗为 50 Ω 的测试系统，所使用的滤波器在 150 kHz～30 MHz 区间应至少有 20 dB 衰减，在 30 MHz～150 MHz 区间内应至少有 50 dB衰减。

单位为毫米

金属材料，厚度 3 mm～5 mm

A——M5×15 螺钉，最长 30 mm；

B——塑料支柱；

C——详见图 E.5；

D——完全连接的金属板(要求与 A 和 C 良好电接触)；

E——用于测量探头的底板上 ϕ25 mm 的圆孔；

F——用于电源线通路的底板上 ϕ50 mm 的圆孔。

图 E.3　敞开式带状线 TEM 装置详细结构

单位为毫米

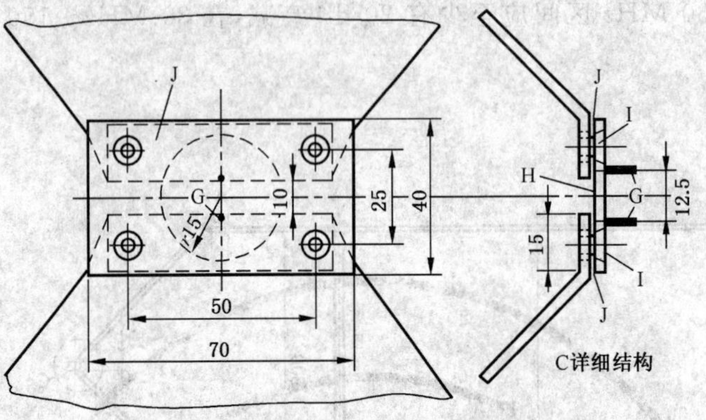

G——连接插脚，$\phi 1.3$ mm～$\phi 1.5$ mm，导电连接至 J

H——4 mm 厚绝缘板

I——螺钉 M5×10(沉头)

J——连接板与平板之间的垫片，马口铁，0.5 mm 厚

图 E.4 敞开式带状线 TEM 装置局部补充详细结构

单位为毫米

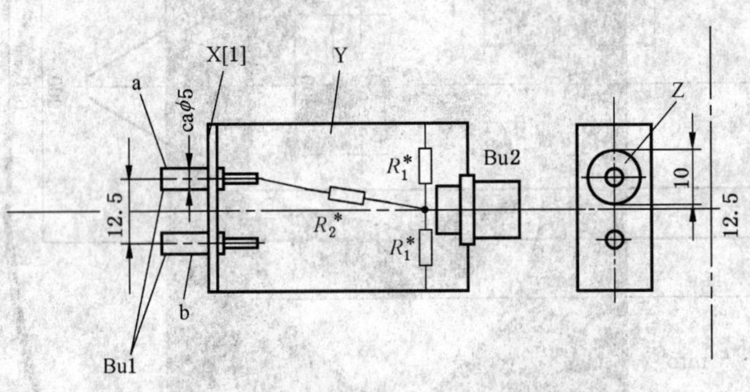

Bu1——连接插头的插座，连接到 G

插座 a——绝缘

插座 b——与屏蔽盒体连接

X[1]——3 mm 厚塑料板

Bu2——同轴插座，50 Ω

Y——金属盒，约 40 mm×30 mm×15 mm，敞开着

Z——金属盒上的开孔

R_1——122.4 Ω(×2)　*尽可能近的焊接在一起

R_2——122.5 Ω　*尽可能近的焊接在一起

耦合网络与信号发生器的阻抗相匹配，Z_0＝50 Ω

图 E.5 匹配网络 MN

单位为毫米

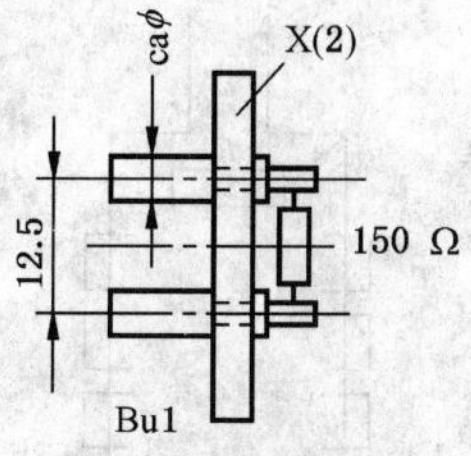

X(2)——3 mm 厚塑料板。

图 E.6 端接阻抗 TI

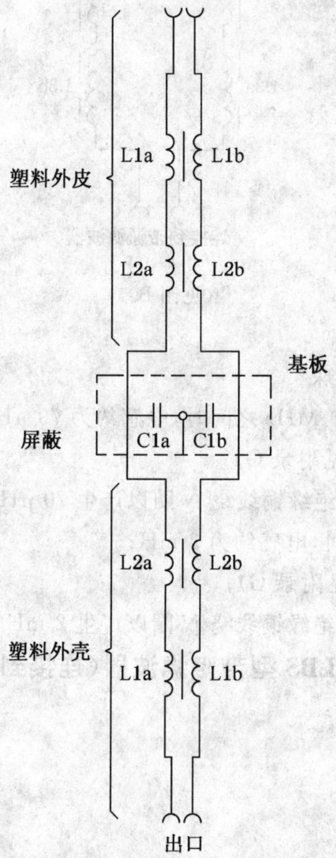

L1a,L1b	频率在 1 MHz～50 MHz 之间,电感约为 30 μH; A 类铁氧体磁心(见附录 G); 绕 *N* 圈以达到 30 μH 。
L2a,L2b	频率直到 1 MHz,电感约为 300 μH; B 类铁氧体磁心(见附录 G); 绕 *N* 圈以达到 300 μH 。
C1a,C1b	3.3 nF 耦合电容。

图 E.7 MBS 型带阻滤波器(连接到电源端)

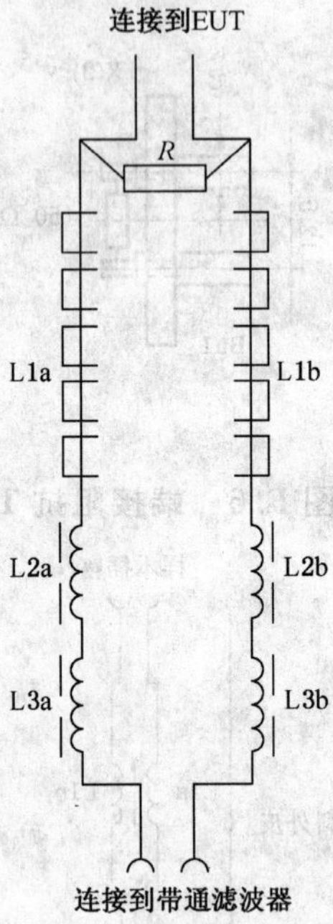

（见图 B.1）

R	标称端接阻抗
L1a,L1b	每组 5 个铁氧体磁珠
L2a,L2b	频率在 1 MHz～60 MHz 之间时，电感约为 70 μH；
	A 类铁氧体磁心（见附录 G）；
	外径 0.6 mm 浸漆绝缘铜线绕 *N* 圈以产生 70 μH 电感量。
L2a,L2b	频率低于 1 MHz 时，电感约为 2 mH；
	B 类铁氧体磁心（见附录 G）；
	外径 0.6 mm 浸漆绝缘铜线绕 *N* 圈以产生 2 mH 电感量

图 E.8　LBS 型带阻滤波器（连接到扬声器端）

附　录　F
（规范性附录）
敞开式带状线的校准

理论上，一个空的带状线，在相距为 h 的两板之间所获得的场强 E 是由装置的输入电压 U_{in} 决定的，场强由下式给出：

$$E=U_{in}/h$$

式中：

E——电场强度，V/m；

U_{in}——带状线的输入电压，V；

h——金属板距离，m。

实际上由于机械误差、材料损耗、内部反射产生驻波、辐射等原因上式会引起偏差，这些偏差一般与频率有关，为此，有必要校准每个带状线的传输系数。

$$T=E-U_{in}$$

式中：

T——传输系数，dB(m^{-1})；

U_{in}——带状线的输入电压，dB(V)；

E——TEM 波电场强度，dB(V/m)。

如图 F.1 所示，将一个尺寸为 200 mm×200 mm 的金属板放在带状线底板上方 10 mm 处，用高频毫伏表或其他合适的仪表测量该板相对底板的高频电压。由测量仪表所构成的负载应近似等于一个 3 pF电容器和一个大于 100 kΩ 的电阻并联后的阻抗。金属板和带状线底板之间的电容应近似等于 35 pF。10 MHz 以上频率的等效负载阻抗应随频率的升高而降低（例如，100 MHz 时阻抗为 10 kΩ）。图 F.1 给出测量仪器布置的例子。

当无用信号发生器输出的无调制信号电动势为 10 V 时，测量板上的电压值应与图 F.2 中给出的曲线吻合。那么带状线内的场强应为 3 V/m。试验应在全部测试频率内进行，最大偏差应限制在 ±2 dB之内。与频率相关的修正系数 k_1 由下式确定：

$$k_1=\frac{U_{mes}}{U_{nom}}$$

式中：

k_1——修正系数；

U_{mes}——在测量板上测得的电压值；

U_{nom}——标称电压值。

在此，不包括相对带宽小于 10% 的窄带偏离。相对带宽由下式计算：

$$\Delta NB_r=\frac{2(f_2-f_1)}{f_2+f_1}\times 100(\%)$$

式中：

ΔNB_r——以百分数表示的相对窄带偏离，%；

f_1，f_2——窄带截止频率（−3 dB），MHz。

校准过程中，为了确定寄生感应骚扰是否影响测量结果，可将射频信号发生器反复通断，并将测量板高频短路，这时 RF 毫伏表的基础指示电压可以忽略不计。

测量探头的地应以合适的高频方式在馈通点直接与 TEM 装置的底板连接。如果可能，RF 毫伏表应置于一个一面敞开的金属盒内并将其放在 TEM 装置底板下方，见图 F.1。应确保金属盒、带状线底板和测量毫伏表之间有足够(大面积)的射频匹配连接。

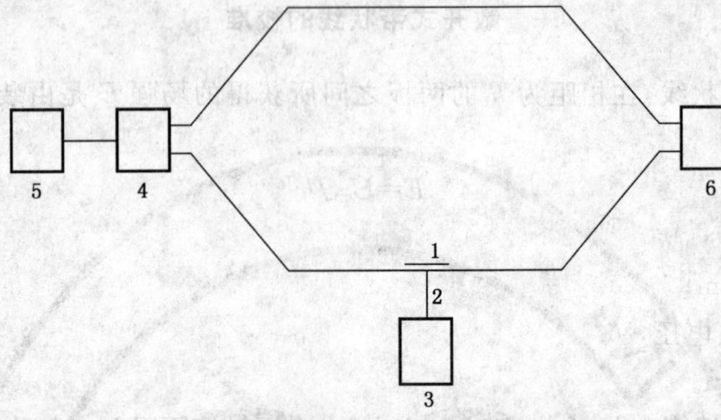

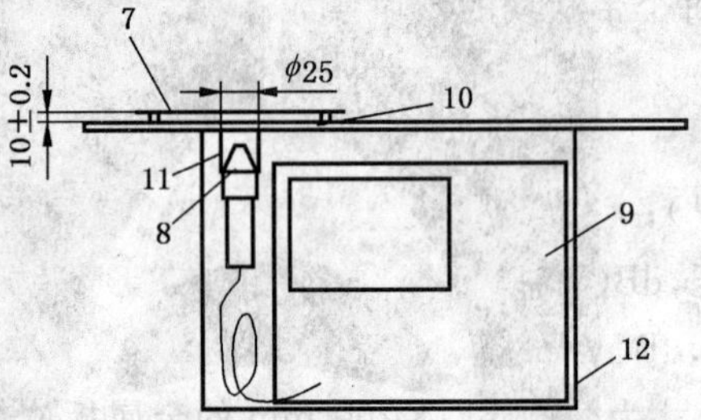

1——(200±0.5) mm×(200±0.5) mm×1 mm 金属测量板；

2——测量探头；

3——高频毫伏表；

4——匹配网络；

5——无用信号发生器；

6——匹配负载(150 Ω)；

7——(200±0.5) mm×(200±0.5) mm×1 mm 金属测量板；

8——测量探头；

9——高频毫伏表；

10——塑料隔离片(全部塑料片的最大总截面积小于测量板面积的 1%)；

11——连接到带状线的底板，宽度≥25 mm；

12——尺寸约为(350±1.2) mm×(250±1.2) mm×(250±1.2) mm 的金属盒，后部封闭，带状线基板紧密连接。

图 F.1 TEM 装置的校准测量布置

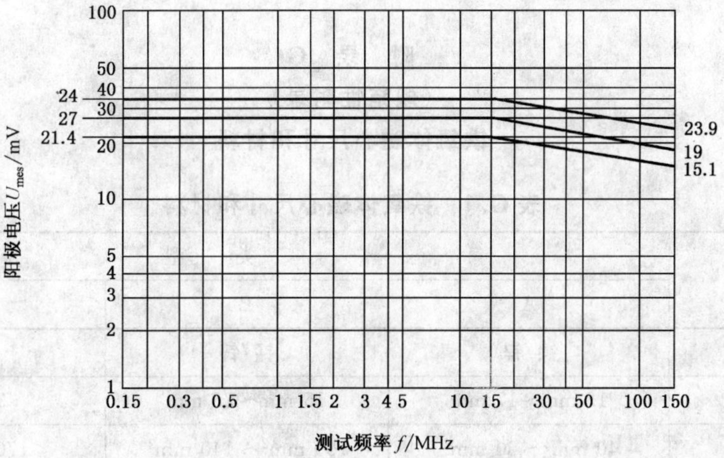

无用信号发生器电动势为 10 V 时，探头测得的电压和与其对应的±2 dB 容差曲线。带状线内场强为 3 V/m。

图 F.2　TEM 装置的校准曲线

附 录 G
（规范性附录）
铁氧体磁心尺寸和材料

表 G.1 铁氧体磁心尺寸和材料

磁心	类型		
	A	B	C
材料	镍/锌	锰/锌	镍/锌
外径	13 mm～17 mm	15 mm～25 mm	30 mm～50 mm
截面积	40 mm^2～60 mm^2	100 mm^2～140 mm^2	170 mm^2～230 mm^2
初始导磁率	50～200	2 000～7 500	50～200
高频下允许导磁率降低	50%(60 MHz 时) 75%(100 MHz 时)	75%(1.0 MHz 时) 50%(0.6 MHz 时)	50%(60 MHz 时) 75%(100 MHz 时)
饱和磁通密度	＞300 mT	＞300 mT	＞300 mT

注：所要求绕制电感，可根据所选磁环的具体电感系数按下式计算圈数：

$$N=\sqrt{L/A_L}$$

式中：

L——电感，μH；

N——圈数；

A_L——电感系数，$\mu H/N^2$。

附 录 H
（规范性附录）
数字信号广播接收机

H.1 概述

本附录给出关于数字信号广播接收机抗扰度测试方法和限值的附加信息。

接收机可能是具有电信端口或者数据端口，并且可能包含存储和返回通道的装置。

对于非广播接收功能的端口，例如电信及局域网端口，测试参照相关标准的要求，例如 GB/T 17618。

H.2 参考标准

见第 2 章。

H.3 定义

本附录采用以下定义。

H.3.1 数字声音接收机

用于接收地面、电缆和卫星传输的数字声音广播、有关数据和类似业务的设备。

H.3.2 数字电视接收机

用于接收地面、电缆和卫星传输的数字电视广播、有关数据和类似业务的设备。

注：接收机可以装有显示器，不装显示器的接收机通常指机顶盒。

H.3.3 数字声音信号

数字声音信号是包含声音信息用数字码流调制的射频信号。

注：数据涉及附加业务和业务提供者提供的应用可能包含在数据流中。

H.3.4 数字电视信号

数字电视信号是由图像和伴音数据组成的数字码流调制的射频信号。

注：数据流的信息中包括业务提供者提供的应用所需的附加业务（例如电子节目指南）。

H.3.5 数字声音接收机天线

数字声音接收机用连接装置所接的外部天线。

H.3.6 数字电视接收机天线

数字电视接收机用连接装置所接的外部天线。

H.4 抗扰度要求

H.4.1 性能判据

H.4.1.1 广播功能声音质量评价

声音质量评价应根据 4.1.1.1 进行。

此外，数字声音接收机有关数字传输影响应该被观测，诸如喀呖声或中断等现象。

对于数字电视接收机，不进行伴音的喀呖声或中断等现象的观测，因为抗扰度水平只取决于图像质量。

H.4.1.2 广播功能的图像质量评价

作为 4.1.1.2 的补充，对于数字传输影响应该被观测，例如马赛克或图像冻结。

H.4.1.3 非广播功能质量评价

对于非广播功能的性能判据，例如电信端口和局域网端口，应参照相关标准，如 GB/T 17618。

H.4.2 适用性

考虑中。

H.4.3 抗扰度限值

应采用本标准中规定的相关限值。

H.5 测试方法

见第5章。

H.5.1 有用信号电平

H.5.1.1 概述

在标称阻抗 75 Ω 的天线端口用 dBμV 表示数字电视或声音信号的电平,信号电平与信号功率有关。信号功率定义为由热敏功率传感器测量所选信号的平均功率。

值得注意的是信号的带宽对测量的限制。当使用频谱仪或已校准的接收机时,应在信号标称带宽内对信号功率积分。

H.5.1.2 数字声音信号电平

数字声音信号电平为 50 dBμV;

所有声音频道的参考电平应以 1 kHz,满范围−6 dB,监测一个频道。

H.5.1.3 数字电视信号电平

测试过程中,有用数字电视信号的电平为:

对于地面系统　　VHF 50 dBμV,UHF 54 dBμV;

对于卫星系统　　60 dBμV;

对于有线系统　　60 dBμV。

标准图像是符合 GB/T 3174 规定的垂直彩条图形,带有一很小的运动像素,码比特率 6 Mbit/s。

注:测试期间小运动像素对检查图像冻结可能是必须的。

H.6 输入抗扰度测试

H.6.1 地面接收系统数字电视接收机

用模拟无用信号进行测量,按 4.3.2 的规定。

根据数字信号在 VHF 频段Ⅲ和/或 UHF 频段Ⅳ/Ⅴ中广播的区域,测试应在接收机与其指定的频带内进行。

模拟无用信号 N±1 和 N+9 只在 UHF 中,不要求使用 B 类骚扰信号。

H.6.2 有线接收系统数字电视接收机

不需进行测量,因为不存在不利的信号条件。电缆系统中的数字信号被压缩成包,没有混合模拟信号。

H.6.3 卫星接收系统数字电视接收机

不进行测量,因为不存在有害的信号条件。

H.7 其他抗扰度测试方法

H.7.1 纯数字接收机

在纯数字接收机的情况中,应进行本标准中相关的抗扰度测量。

H.7.2 数字和模拟信号兼容的接收机

对于模拟模式,应进行本标准中所有相关的抗扰度测量。而在数字模式中,只进行静电放电和电快速瞬变脉冲群测试。

附 录 I
（资料性附录）
图像质量客观评价

I.1 引言

以下给出数字与模拟广播接收机及有关设备抗扰测量图像质量的客观评价方法。

进行客观评价时，有用信号和无用信号与标准第 5 章的规定相同。此方法可以代替直接的主观评价图像质量的方法。

当客观法满足下列条件时，客观评价与主观评价有良好的相关性：

对应平均的主观测量结果，模拟质量降低的检测在±6 dB 范围之内；

对应平均的主观测量结果，数字质量降低的检测在±2 dB 范围之内；

可重复性在±2 dB 范围之内。

平均主观测量结果应该由至少 5 个不同的有经验的操作者来定主观测量结果的平均值。

I.2 参考标准

CISPR 29：2004 电视广播接收机及有关设备抗扰度特性图像质量客观评价方法（或见相应 GB 标准）。

I.3 定义和缩语

I.3.1 定义

I.3.1.1 模拟质量降低（损伤） analogue degradation

模拟质量降低定义为：

图像重叠、网纹干扰；

亮度和对比度损失；

彩色损失；同步失控。

I.3.1.2 数字质量降低 digital degradation

数字质量降低定义为：

中断；

图像冻结，运动像素停止；

不可恢复的数据流错误，黑屏。

I.3.1.3 视频摄像系统 video camera system

指图像质量客观评价时用来拍摄 EUT 显示屏图像质量降低的设备。

I.3.2 缩语

AGC	自动增益控制
CCD	光电耦合装置
CCVS	复合彩色视频信号
EUT	被测设备

I.4 抗扰度要求

I.4.1 性能判据

I.4.1.1 对模拟质量降低的图像质量评价

可以按照 GB/T 9383 所述，用客观测量的方法进行图像质量评价，符合性判据要求是刚好可察觉的模拟图像产生符合 I.3.1.1 的质量降低。

I.4.1.2 对数字质量降低的图像质量评价

用客观测量的方法进行图像质量评价，可以按照 I.5 所述，符合性判据要求是刚好可察觉的模拟图像产生符合 I.3.1.1 的质量降低。

I.5 客观图像评价测量方法

I.5.1 一般条件

客观图像评价基于参考比较的方法，即参考图像（无干扰信号注入 EUT 时，由 EUT 获得的图像）与抗扰度测量过程中 EUT 的图像之间进行比较。

在抗扰度测量过程中的图像和参考图像通过视频摄像系统由 EUT 显示屏获得。对于不带显示屏的视频设备，视频信号（复合视频信号或分量视频信号）直接从 EUT 的视频输出端获得。当评价数字图像质量降低时，信号也可从视频输出端获得。

拍摄图形以后按照合适的图像评价算法计算其相对所记录的参考图像的偏离。

I.5.2 客观图像评价测量方法

当用视频摄像系统时，视频摄像机的光轴与 EUT 荧光屏的垂直轴线在一直线上。

参考图像由 EUT 的 CCVS 输出端或利用视频摄像系统通过显示屏获得。

图像评价算法计算用于随后的质量评价的参考。

图像质量降低由 EUT 的 CCVS 输出端或由视频摄像系统通过显示屏获得。

用图像评价算法计算与参考图像的比较结果和最大偏离。

I.6 测量布置

I.6.1 装有显示器的 EUT 布置

EUT 装有显示器（例如模拟或数字电视接收机）时，测量布置见图 I.1。

当进行内部抗扰度测量时，图像由视频摄像系统拍摄 EUT 显示屏获得，或者从 EUT 视频输出端直接获得。对前一种情况，必须确保视频摄像系统的光轴与 EUT 显示屏的垂直轴成一条直线，以避免几何失真和系统误差。

EUT 显示屏与视频摄像系统的距离至少为 1.2 m。

由于 EUT 显示屏的尺寸不同，视频摄像机需要一个变焦镜头以便拍摄显示的全部图像。

调整视频摄像系统的焦距，使得在不施加无用信号时 EUT 的固有网纹可以忽略不计。

视频摄像系统应与视频信号发生器提供的基准同步信号同步工作。

为了避免任何 EMC 干扰，视频摄像系统应采用光纤传输系统。

I.6.2 EUT 没有显示器的布置

EUT 没有显示器（例如录像机、光盘设备、机顶盒）时，测量布置见图 I.2。

为了避免任何 EMC 干扰，视频摄像系统应采用光纤传输系统。

I.6.3 视频摄像系统条件

作为测量设备，视频摄像系统应按下述技术规范设计。

表 I.1

技术规范	要 点
CCD 数量:3 个	3-CCD 摄像机应有高保真度、低失真地再现图像,并减少摄像偏差。 1-CCD 摄像机具有一些滤波器用于生成彩色信号,这些滤波器的特性由制造商规定
灰度校准:关	使摄像机输入—输出特性成线性和摄像输出电平偏差最小
光圈校准:关	校准值由制造商规定
增益:0 dB	不应该在 AGC 模式,因为 AGC 特性是由制造商规定
可变光栅[1]:推荐 5.6	100%白信号时,摄像机的视频输出电平不应超过 1 V
白平衡:自动	调整可变光栅达到 100%白信号

1) 如果合适,通过选择适当的视频测量设备使 EUT 显示屏显示 100%白信号和 160 线(显示屏中心位置)时,用适当的视频测量设备调整光栅使摄像机视频输出电平为 0.7 V。

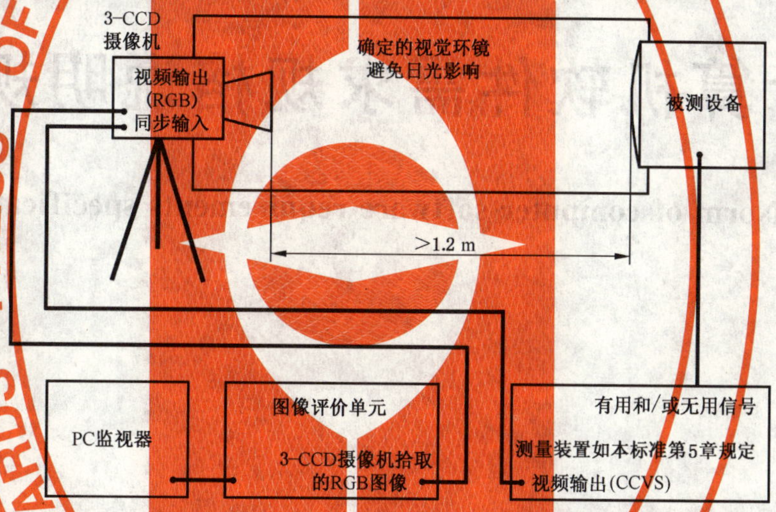

图 I.1 被测设备具有显示单元的试验布置

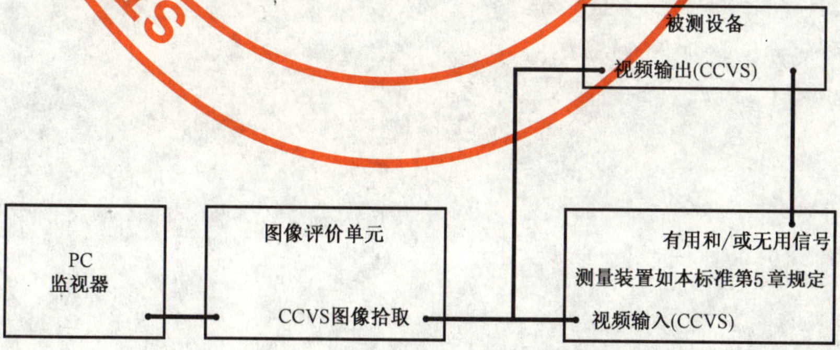

图 I.2 EUT 没有显示单元的试验布置

ICS 35.080
L 77

中华人民共和国国家标准

GB/T 9385—2008
代替 GB/T 9385—1988

计算机软件需求规格说明规范

Norm of computer software requirements specification

2008-04-11 发布　　　　2008-09-01 实施

中华人民共和国国家质量监督检验检疫总局
中国国家标准化管理委员会　发布

前　言

本标准是 GB/T 9385《计算机软件需求说明编制指南》的第一次修订。本标准与 GB/T 9385—1988 的主要差别如下：

a) 根据 GB/T 1.1 的规定，原 GB/T 9385—1988 版中第 1 章引言部分中的内容放在新版的引言部分；

b) 新版标准的范围部分重新进行调整改写；

c) 第 2 章规范性引用文件删去了 GB/T 8567；

d) 根据 GB/T 8566 和 GB/T 11457 的规定，术语“开发者”改为“供方”；

e) 原 GB/T 9385—1988 版的第 4 章和第 5 章调整为新版的第 4 章，且名称为“SRS”的编制原则。调整后的第 4 章更加清晰、完善。而删去了旧版第 5 章中有关模型的内容；

f) 旧版标准的第 6 章的主要内容调整为新版标准的第 5 章，而提纲部分调整为新版标准的附录 A，且附录 A 的内容扩充了一部分。

本标准的附录 A 是资料性附录。

本标准自实施之日起代替被废止 GB/T 9385—1988。

本标准由中华人民共和国信息产业部提出。

本标准由全国信息技术标准化技术委员会归口。

本标准起草单位：信息产业部电子工业标准化研究所、中国航天科技集团公司软件评测中心、上海计算机软件开发中心、上海宝信软件股份有限公司、东方通科技、广西软件园、上海浦东软件园有限责任公司、上海鲁齐信息科技有限公司。

本标准主要起草人：冯惠、王宝艾、窦传义、石柱、杨根兴、李春青、陈在根、张旸旸、张露莹。

本标准于 1988 年首次发布。

引　言

本标准描述了软件需求规格说明的编制方法。它基于以下设想，即软件需求规格说明确定过程的结果是一份明确和完备的规格说明文档。本标准将有助于：

——软件的顾客准确地描述其希望得到什么；

——软件的供方正确地理解顾客想要什么；

——对于实现以下目标的有关单位和人员：

- 为其所在的组织编制一份标准的软件需求规格说明(SRS)提纲；
- 定义其具体软件需求规格说明的格式和内容；
- 编制其他的本地支持资料，如，SRS 质量检查清单、或 SRS 编写者手册。

对于顾客、供方和其他有关人员，一份好的 SRS 可能带来一些具体的益处，例如：

——对于提供什么软件产品，为顾客和供方之间的协议建立基础。在 SRS 中软件功能的完备描述将协助潜在用户，以便确定指定的软件是否满足其需要，或者为满足其需要应如何修改软件；

——减少开发工作。SRS 文档的编制迫使顾客组织有关各方或人员在设计之前严格考虑所有的需求，并减少以后的重新设计、重新编码和重新测试。对 SRS 中的各项需求进行仔细评审，可以在开发周期的早期揭示某些遗漏、误解和不一致，此时这些问题更容易纠正；

——为估计成本和进度提供基础。SRS 中给出的待开发产品的描述是估计项目成本的现实基础，可用于取得投标认可或得出价格估算；

——为验证和确认提供基线。通过一份好的 SRS 文档，组织可提出其更加有效的验证和确认计划。作为开发合同的一部分，SRS 提供了可用于测量依从性的基线；

——便于软件产品转移。SRS 文档使软件产品转移到新的用户或机器更容易。顾客因此发现软件产品更容易转移到组织的其他部门，供方发现软件产品更容易转移到新的顾客；

——作为进一步增强的基础。因为 SRS 文档讨论的是产品，而不是开发它的项目，因此，SRS 是已开发产品后续增强的基础。尽管 SRS 文档或许需要修改，但它确实为后续的产品评价提供了基础。

计算机软件需求规格说明规范

1 范围

本标准给出了软件需求规格说明(SRS)的编制要求,描述了一份好的 SRS 的内容和质量,并在附录 A 中给出一些 SRS 提纲示例。

本标准适用于编制 SRS。

本标准并不限定任何编制 SRS 特定的方法、命名约定和工具。

2 规范性引用文件

下列文件中的条款通过本标准的引用而成为本标准的条款。凡是注日期的引用文件,其随后所有的修改单(不包括勘误的内容)或修订版均不适用于本标准,然而,鼓励根据本标准达成协议的各方研究是否可使用这些文件的最新版本。凡是不注日期的引用文件,其最新版本适用于本标准。

GB/T 8566 信息技术 软件生存周期过程(GB/T 8566—2007,ISO/IEC 12207:1995,MOD)

GB/T 11457 信息技术 软件工程术语

3 术语和定义

GB/T 11457 中确立的以及下列术语和定义适用于本标准。

3.1

合同 contract

由顾客和供方共同签署的具有法律约束力的文件,其中包括产品的技术、组织、成本和进度的需求。合同同样可包括某些非正式的、但有用的信息,如,参与各方的承诺或期望。

3.2

顾客 customer

为产品支付费用,并通常(但不必要)确定需求的个人或群体。在某些情况下,顾客和供方可以是同一组织的成员。

3.3

供方 supplier

为顾客开发产品的个人或群体。在某些情况下,顾客和供方可以是同一组织的成员。

3.4

用户 user

直接运行产品或与产品进行交互作用的个人或群体。用户和顾客通常不是同一个人或群体。

4 SRS 的编制原则

4.1 综述

本章给出了编制 SRS 时宜考虑的事项及编制原则:

a) SRS 的基本性质;

b) SRS 的环境;

c) 好的 SRS 的特性;

d) SRS 的联合编制;

e) SRS 演变;

f) 原型法；

g) SRS 中嵌入设计；

h) SRS 中嵌入项目需求。

4.2 SRS 的基本性质

SRS 是对在具体环境中执行确定功能的特定软件产品、程序或一组程序的规格说明。SRS 可由来自供方、顾客或双方的一个或者多个人员编写，4.5 推荐由来自供方和顾客双方的人员联合编写。

SRS 编写人员应关注以下基本点：

a) 功能——软件将执行什么功能？

b) 外部接口——软件如何与人、系统的硬件及其他硬件和其他软件进行交互？

c) 性能——各种软件功能的速度、响应时间、恢复时间等是多少？

d) 属性——软件的可用性、可靠性、可移植性、正确性、可维护性、安全性如何？

e) 影响产品实现的设计约束——是否有使用标准、编程语言、数据库完整性方针、资源限制、运行环境等方面的要求？

编写人员宜避免把设计或项目需求写入 SRS 中。

SRS 的内容详见第 5 章。

4.3 SRS 的环境

很重要的一点是应考虑 SRS 在整个项目计划中的作用。项目计划的定义见 GB/T 11457。软件既可以基本上包括了项目的所有功能，也可以是更大系统的一部分。在后一种情况，典型的 SRS 将指出系统及其软件部分的接口，并将外部性能和功能需求写入软件部分。显然，SRS 应当在系统需求上扩展并与其保持一致。

GB/T 8566 描述了软件生存周期的各个步骤，以及每步适用的输入。与软件生存周期等有关的其他标准，可对软件需求进行补充。

因为 SRS 在软件开发过程中发挥特定的作用，编写人员宜谨慎对待，不超出其作用的范围。这意味着 SRS ：

a) 宜正确地定义所有软件需求。由于将要处理的任务的性质或项目的具体特性，则软件需求是存在的。

b) 不宜描述任何设计或实现的细节。这些内容应当在项目的设计阶段进行描述。

c) 不宜对软件设置附加的限制条件。这些内容可在其他文件中规定，如，软件质量保证计划。

因此，编写适当的 SRS 限定了正确设计的范围，但不规定任何具体的设计。

4.4 好的 SRS 的特征

4.4.1 综述

SRS 宜是：

a) 正确；

b) 无歧义；

c) 完备；

d) 一致；

e) 重要性和/或稳定性分级；

f) 可验证；

g) 可修改；

h) 可追踪。

4.4.2 正确

当且仅当 SRS 中的每一项需求都是软件应满足的需求，SRS 才是正确的。

不存在确保 SRS 正确性的工具或规程。宜把 SRS 与任何适用的上层规格说明(如，系统需求规格说明)、其他项目文件和其他适用的标准进行对比,以确保其相互一致。作为一种选择,顾客或用户可以确定 SRS 是否正确地反映了实际需要。可追踪性使相应的规程更加便利并减少缺陷(见 4.4.8)。

4.4.3 无歧义

当且仅当 SRS 中的每一项需求都只有一种解释,SRS 才是无歧义的。这要求最终产品的每个特征至少使用唯一的术语来描述。

当在特定背景中使用的某个术语存在多种含义时,宜将该术语包含在术语表中,以便更加具体地说明其含义。

正如在 GB/T 8566 中所描述的那样,SRS 是软件生存周期中需求过程的一个重要部分,并被应用于设计、实现、项目监控、验证和确认,以及培训活动中。对于编制人员和使用人员,SRS 宜是无歧义的。但是,这些人员通常并不具备相同的背景,因而对软件需求的描述不会倾向相同的形式。为开发人员而改进的 SRS 表述,或许会降低用户对 SRS 的理解,反之亦然。

4.4.3.1 到 4.4.3.3 给出了如何避免歧义性的建议。

4.4.3.1 自然语言的缺陷

需求通常使用自然语言(如,汉语)来编写。但自然语言具有固有的不明确性。使用自然语言编制的 SRS 宜由独立的一方进行评审,以识别语言的含糊用法并予以纠正。

4.4.3.2 需求规格说明语言

避免自然语言固有的歧义的一种方式是,使用特定的需求规格说明语言编写 SRS。该语言处理器可自动检测出许多词法、句法和语义错误。

使用这类特定语言的缺点是,学习语言需要较长的时间。同时,多数非技术方面的使用者发现它们不易理解。此外,这类语言倾向于表述某些特定类型的需求和处理某些特定类型的系统。因此,这类语言可能以难以捉摸的方式影响这些需求。

4.4.3.3 表述工具

一般而言,支持编制需求的方法、语言和工具分为三种通用类别:对象、过程和行为。面向对象的方法按照现实世界的对象、它们的属性和这些对象完成的服务来组织需求;基于过程的方法将需求组织成功能的层次结构,而这些功能通过数据流进行通信;基于行为的方法利用一些抽象的符号(如,谓词演算)、数学函数或状态机来描述系统的外部行为。

这些工具和方法对编制 SRS 时的有用程度依赖于项目的规模和复杂性。这里并不试图描述和认可任何特定的工具。

当使用任何这类方法时,最好仍保持自然语言方式的描述,这样,不熟悉这些方法、符号的顾客仍然能够理解 SRS 。

4.4.4 完备

4.4.4.1 当且仅当 SRS 包含以下要素,SRS 才是完备的:

a) 所有重要的需求,不论是否与功能、性能、设计约束、属性或者外部接口有关。尤其是由系统规格说明所施加的任何外部需求都应当得到确认和处理。
b) 软件响应的定义,以说明软件对所有可实现的输入数据类型的响应。应当注意,对于有效和无效输入数值两种情况,规定软件响应是重要的。
c) SRS 中所有图表的全面标记和索引,以及所有术语和度量单位的定义。

4.4.4.2 任何含有“待定”词语的 SRS 是不完备的。但是有时使用“待定”是不可避免的,若万一使用“待定”时应做如下说明:

a) 对导致使用“待定”的情形进行描述(为什么答案未知),以便问题能得到解决;
b) 描述为排除“待定”应采取的措施、由谁负责排除以及何时必须排除。

4.4.5 一致

4.4.5.1 一致是指内部一致性。如果 SRS 与某些更高层的文档(如,系统规格说明)不一致,那么它是不正确的(见 4.4.1)。

4.4.5.2　当且仅当在 SRS 中描述的任何单个需求的子集之间相互不矛盾,SRS 才是内部一致的。SRS 中可能存在下述三种类型的矛盾:

a)　现实世界对象的规定特征可能相互矛盾。如:

1)　报告输出的格式在一个需求中是表格形式,而在另一个需求中是文本形式;

2)　一个需求指出所有的灯是绿色,而另一个需求规定所有的灯是蓝色。

b)　在两个规定的行为之间可能存在逻辑上的或时间上的冲突。如:

1)　一个需求规定程序将对两个输入相加,另一个需求则规定程序将对这两个输入相乘;

2)　一个需求指出"A"必须总是在"B"之后,而同时在另一个需求中要求"A 和 B"同时发生。

c)　可能两个或更多的需求描述现实世界的相同对象,但使用不同的术语。如,在一个需求中程序对用户输入的请求称为"提示符",在另一个需求中称为"提示"。使用标准术语和定义可以改善一致性。

4.4.6　重要性和/或稳定性分级

如果 SRS 中每条需求赋有标明其重要性或稳定性的标识,那么该 SRS 便按照重要性和/或稳定性进行了分级。

通常,与软件产品有关的所有需求并不具有相同的重要性。某些需求可能是基本的,特别是与人身生命有关的关键应用,而其他的可能是所期望的需求。

SRS 中的每个需求宜予以标识,以使需求在这方面的差异清晰和明确。按下述方式标识需求有助于:

a)　使顾客更仔细地考虑每个需求,这样,常常会澄清顾客可能引入的任何隐藏的假设;

b)　使开发人员做出正确的设计决定,并针对软件产品的不同部分做出相应适当工作的投入。

4.4.6.1　稳定性程度

可以用需求的期望变更次数来标识需求的稳定程度。

4.4.6.2　重要性程度

另一种需求分级的方式是区分如下基本的、有条件的和可选的需求类别:

a)　基本的——除非表示同意并满足了这类需求,否则软件将不被接受;

b)　有条件的——表示这类需求会增强软件产品,但是,如果缺少这类需求,也不会导致软件产品被拒收;

c)　可选的——表示该类功能需求可有可无,这赋予供方提出超出 SRS 的建议的机会和余地。

4.4.7　可验证

当且仅当 SRS 中的每个需求是可验证的,SRS 才是可验证的。当且仅当存在某个有限的成本、有效的过程,人或机器依照该过程能够检查软件产品满足某个需求,该需求才是可验证的。一般说来,任何有歧义的需求都是不可验证的。

不可验证的需求包含诸如"工作良好"、"好的人机界面"和"通常应该发生"之类的陈述。因为不可能定义"良好"、"好的"和"通常",因此,这些需求不可能验证。陈述"程序应绝对不进入无限循环"是不可验证的,因为理论上该特性是不可测试的。

可验证陈述示例:

程序输出应在事件开始 20s 内达到 60%,在 30s 内达到 100%。

这样的陈述是可验证的,因为它使用了具体的术语和可测量的数值。

如果不能设计出一种方法,以确定软件是否满足某个具体的需求,那么该需求宜被删除或被修改。

4.4.8　可修改

当且仅当 SRS 的结构和形式能够对任何需求进行容易、全面和一致的修改,同时保持该结构和形式,SRS 才是可修改的。一般地,可修改性要求 SRS:

a) 具有连贯、方便使用的结构,包含目次、索引及清晰的相互引用;

b) 没有冗余(即,相同的需求在 SRS 不应当出现在多处);

c) 分别地表述每个需求,而不与其他需求相混淆。

尽管冗余本身不是缺陷,但它容易导致错误。尽管冗余偶尔可以有助于 SRS 的可读性,但当对存在冗余的文件更新时,可能会引起问题。例如,可能对出现多处的某个需求仅在一处做了修改,那么使得 SRS 内容不一致。当需要冗余时,SRS 宜包括一个清晰地交叉索引表,以增加其可修改性。

4.4.9 可追踪

如果 SRS 每个需求的来源是清楚的,并在将来编制或增强文档的过程中便于每个需求的索引,那么该 SRS 是可追踪的。推荐以下两种类型的可追踪性:

a) 逆向可追踪性(即,到以前的开发阶段)。这依赖于每个需求清晰地指向其在早期文件的来源;

b) 正向可追踪性(即,到由 SRS 产生的所有文件)。这依赖于 SRS 中每个需求具有唯一的名称或索引号。

当软件产品进入运行和维护阶段时,SRS 的正向可追踪性尤其重要。随着代码和设计文档的修改,最要紧的是能够确定这些修改可能影响的全部的需求集合。

4.5 SRS 的联合编制

软件开发过程宜从顾客与供方关于完成的软件必须做什么达成的协议开始。依照 SRS 的形式,该协议宜联合起草。这一点很重要,因为通常不管是顾客还是供方,单方面都不具备编写一份良好 SRS 的资格。

a) 顾客通常对软件设计和开发过程了解的不够,不足以编写实用的 SRS;

b) 供方通常对顾客的问题和从事的领域了解不够,不足以为系统规定满意的需求。

因此,顾客和供方宜一起工作,以编写良好的、全面的和可理解的 SRS。

当系统及其软件二者同时被定义时,存在一种特殊情况,软件的功能、接口、性能、及其他的属性和限制条件不是预先定义的,而是联合定义并且需要协商和变更,这使得满足 4.4 所述的特征更困难,但更重要。尤其是,不符合其母系统需求规格说明的软件 SRS 是不正确的。

本标准不具体讨论 SRS 的形式、语言的使用或良好的编写技巧,但是,编写良好的 SRS 十分重要。一般的技术写作书籍可用作编写指南。

4.6 SRS 的演变

随着软件产品开发的进展,SRS 可能需要演变。在项目开始时,规定某些细节是不可能的(例如,对于一个交互程序,在需求阶段定义所有屏幕格式是不可能的)。随着 SRS 中的缺陷、不足和不准确之处的发现,可能会相继发生对 SRS 的其他变更。

在此过程中,两个重要的考虑事项如下:

a) 尽管可以预见对 SRS 的演变修订是不可避免的,但在某个时间对需求的规定应当尽可能完全和细致。宜注明需求不完备的事实;

b) 宜启动正式的变更过程,以识别、控制、跟踪和报告指定的变更。已批准的需求变更宜按以下方式纳入 SRS 中:

   1) 提供准确的和全面的变更审核追踪记录;

   2) 允许对 SRS 的当前版本和先前版本进行评审。

4.7 原型法

在项目的需求阶段常常使用原型法。一些工具可简单、快捷地创建体现系统某些特征的原型。

注:可参照 ASTM E 1340:1996《计算机系统快速原型法标准指南》。

原型的实用性有以下原因:

a) 与阅读 SRS 和提出意见相比,顾客更有可能考察原型并提出建议;

b) 原型可演示系统行为不可预见的方面,因此,原型不但提供答案,同时还提出一些新的问题,这有助于完善 SRS；

c） 基于原型提出的 SRS 在开发过程中倾向更少的变更，从而减少开发时间。

原型是用于提取软件需求的一种方式。诸如屏幕或报告格式之类的某些特征可以直接从原型中提取。其他需求可以通过进行原型试验推导出来。

4.8 SRS 中嵌入设计

4.8.1 一般来说，在 SRS 中尽量避免嵌入设计说明，在 SRS 中嵌入设计说明会过多地约束设计，并且人为地把具有潜在危险的需求引入 SRS。

一个需求规定了系统某个外部可见的功能或属性。设计描述了系统某个具体的子部件和/或它与其他子部件的接口。SRS 编写人员应当清楚地区分识别所需要的设计约束和构想具体的设计之间的差异。应当注意，SRS 的每个需求限制了设计的可选择性。但这并不意味着每个需求就是设计。

SRS 应当规定对何数据执行何功能以便在何地为何人产生何种结果。SRS 宜集中于所提供的服务。SRS 通常不规定设计事项，如：

a） 划分软件为各个模块；

b） 分配功能到各个模块；

c） 描述模块之间的信息流或控制流；

d） 选择数据结构。

4.8.2 把设计和 SRS 完全割裂开来也是不现实的。在某些特殊情况下，某些需求可能严重地限制了设计。对安全或保密安全方面的周密考虑可能增加一些直接反映设计约束的需求，例如：

a） 用几个分开的模块来实现某些功能；

b） 在程序的某些区域之间仅允许有限的通信；

c） 对临界的变量检查数据的完整性。

有效的设计约束条件示例如：物理需求、性能需求、软件开发标准以及软件质量保证标准。

因此，宜从完全外部的角度规定需求。当使用模型阐述需求时，应记住模型仅仅用来表明系统的外部行为，并不规定设计。

4.9 SRS 中嵌入项目需求

SRS 宜关注软件产品，而不是软件产品的生产过程。

项目需求表示了顾客和供方之间有关软件生产合同事宜的理解，因此不宜包括在 SRS 中。

通常这些项目需求包括如下：

a） 成本；

b） 交付进度；

c） 报告规程；

d） 软件开发方法；

e） 质量保证；

f） 验证和确认准则；

g） 验收规程。

项目需求在其他文档中规定，通常在软件开发计划、软件质量保证计划或者工作说明中规定。

5 SRS 的组成和内容要求

5.1 综述

本章讨论组成 SRS 的每个基本组成部分和内容要求。图 1 以提纲形式列出这些部分，可作为编写 SRS 的示例。

尽管 SRS 不必要按照此提纲或使用这里给出的各章条的名称，但是，一份良好的 SRS 宜包括以下论述的所有信息。

目　次

1　引言
　1.1　目的
　1.2　范围
　1.3　定义、简写和缩略语
　1.4　引用文件
　1.5　综述
2　总体描述
　2.1　产品描述
　2.2　产品功能
　2.3　用户特点
　2.4　约束
　2.5　假设和依赖关系
　2.6　需求分配
3　具体需求(对可能的具体需求的说明见 5.4.1 到 5.4.8。也可参见附录 A 中关于 SRS 几种不同模式。)
附录
索引

图 1　SRS 提纲

5.2　引言(SRS 的第 1 章)

SRS 的引言部分应当提供整个 SRS 的概述,包括以下各条:

a)　目的;

b)　范围;

c)　定义、简称和缩略语;

d)　引用文件;

e)　综述。

5.2.1　目的(SRS 的 1.1)

本条宜:

a)　描述 SRS 的目的;

b)　说明 SRS 的预期读者。

5.2.2　范围(SRS 的 1.2)

本条宜:

a)　通过名称识别要生产/开发的软件产品(例如,宿主数据库管理系统(DBMS)、报告生成器等);

b)　必要时,说明软件产品将做或不做什么;

c)　描述规定的软件的应用,包括相关的收益、目标和目的;

d)　如果上层规格说明(如,系统需求规格说明)存在,与上层规格说明类似的陈述保持一致。

5.2.3　定义、简写和缩略语(SRS 的 1.3)

本条宜提供对正确解释 SRS 所要求的所有术语、简写和缩略语的定义,这些信息可以通过引用 SRS 中的一个或多个附录、或者引用其他文件的方式来提供。

5.2.4　引用文件(SRS 的 1.4)

本条宜:

a) 提供 SRS 引用的所有文件的完整清单;

b) 标识出每个文件的名称、报告编号(适用时)、日期、出版组织;

c) 标明可以获得引用文件的来源。

这些信息可以通过引用附录或引用其他文档的方式提供。

5.2.5 综述(SRS 的 1.5)

本条宜:

a) 描述 SRS 的其余章条包含的内容;

b) 说明 SRS 是如何组织的。

5.3 总体描述(SRS 的第 2 章)

本章宜描述影响产品及其需求的一般因素,而不叙述具体的需求。相反,它提供需求的背景并使它们更易理解,而在 SRS 的第 3 章将详细定义这些需求。

本章通常由以下 6 条组成:

a) 产品描述;

b) 产品功能;

c) 用户特点;

d) 约束;

e) 假设和依赖关系;

f) 需求分配。

5.3.1 产品描述(SRS 的 2.1)

本条宜把产品置于其他有关产品的全景之下。如果产品是独立的和完全自我包含的,这里宜如实给予陈述。正如常出现的那样,如果 SRS 定义的产品是较大系统的组成部分,则本章宜将软件的功能性与较大系统的需求相联系,而且宜识别软件和系统之间的接口。

使用框图展示较大系统的主要部分、相互联系以及外部接口是有帮助的。

本条也宜描述在各种不同的约束下软件如何运行。如,这些约束可包括:

a) 系统接口;

b) 用户界面;

c) 硬件接口;

d) 软件接口;

e) 通信接口;

f) 内存;

g) 运行;

h) 现场适应性需求等。

5.3.1.1 系统接口

本条宜列出每个系统接口,识别完成系统需求的软件功能以及与系统匹配的接口描述。

5.3.1.2 用户界面

本条宜规定以下方面:

a) 在软件产品与用户之间每个界面的逻辑特征。这包括完成软件需求所需要的那些配置特征(例如,要求的屏幕显示格式、页面或窗口版式布局、任何报告或菜单的内容、或者可编程功能键的设置);

b) 优化系统用户界面的所有方面。这可以简单地包括一个针对系统对用户的显示方式系统将做什么和不做什么的清单。例如,可能是一项选择长或短的错误消息方面的需求。如同所有其他需求一样,这些需求宜是可验证的,例如,"经过 1 h 培训后,4 级打字员能够在 Z min 内执行功能 X",而不是"打字员能够执行功能 X"(这也可以在标题为**使用方便性**章条的软件系统属性中规定)。

5.3.1.3 **硬件接口**

本条宜规定系统硬件各部件与软件产品之间每个接口的逻辑特征,包括配置特征(端口数量、指令集等),同样也覆盖这些事项,如,支持什么设备、如何支持以及采用什么协议。例如,相对逐行支持,终端支持可能规定为全屏支持。

5.3.1.4 **软件接口**

本条宜规定对其他软件产品(例如,数据管理系统、操作系统、或数学软件包)的使用,以及与其他应用系统(例如,账户接收系统和一般的会计记帐系统的链接)的接口。对于每个要求的软件产品,宜提供:

a) 名称;

b) 助记符;

c) 规格说明编号;

d) 版本号;

e) 来源。

对于每个接口,宜提供:

a) 相对此软件产品,接口软件的目的的论述;

b) 按照消息内容和格式对接口的定义,不必要详细描述任何已文件化的接口,但要求引用定义此接口的文件。

5.3.1.5 **通信接口**

本条宜定义不同的通信接口,如,局域网协议等。

5.3.1.6 **内存约束**

本条宜规定对主存和辅存的任何适用特征和限制。

5.3.1.7 **操作**

本条宜规定用户要求正常的和特定的操作,如:

a) 用户组织的不同操作模式(如,用户引发的操作);

b) 交互操作的周期和无人值守操作的周期;

c) 数据处理支持功能;

d) 备份和恢复操作。

注:有时此条规定作为用户界面的一部分。

5.3.1.8 **现场适应性需求**

本条宜:

a) 对于给定的现场、任务或运行模式(如,网格数、安全限制等),为任何数据或启动顺序定义需求;

b) 针对软件适应特定的安装现场或任务,规定应当修改的特征。

5.3.2 **产品功能(SRS 的 2.2)**

本条宜给出软件将执行主要功能的概要。例如,某个会计程序的 SRS 可在此部分关注顾客账户维护、顾客财务报表及发票准备,而不涉及这些功能要求的大量细节。

有时,本条需要的功能概要可直接从分配具体功能到软件产品的更高层规格说明(如果存在)中摘录。为了清晰,应当注意:

a) 功能宜以这样的方式组织,以使顾客或第一次阅读该文件的任何读者对功能列表容易理解;

b) 可以使用文本或图示的方法,显示不同的功能及其之间的关系。这样的图示不必显示产品的设计,但简要显示变量之间的逻辑关系。

5.3.3 用户特点（SRS 的 2.3）

本条宜给出软件产品预期用户的一般特征，包括教育程度、经验、专业技术情况。它不宜指出具体的需求，但宜给出 SRS 第 3 章中为何规定某些具体需求的原因。

5.3.4 约束（SRS 的 2.4）

本条宜给出将会限制开发人员选择的任何其他事项的一般描述。这些包括：

a） 法规政策；

b） 硬件局限（如，信号时间要求）；

c） 与其他应用的接口；

d） 并行操作；

e） 审核功能；

f） 控制功能；

g） 高级语言需求；

h） 信号握手协议（如，XON-XOFF、ACK-NACK）；

i） 可靠性需求；

j） 应用的关键性；

k） 安全和保密安全考虑。

5.3.5 假设和依赖关系（SRS 的 2.5）

本条宜列出影响 SRS 规定需求的每个因素。这些因素不是软件设计的限制条件，但是，它们的任何变更可能影响 SRS 中的需求。例如，某个假设可能是软件产品指定的硬件具有某个特定操作系统，如果事实上该操作系统不能使用，那么 SRS 将做相应的修改。

5.3.6 需求分配（SRS 的 2.6）

本条宜识别可能推迟到系统将来版本的需求。

5.4 具体需求（SRS 的第 3 章）

本章宜包括足够详细的所有软件需求，使设计人员能够设计系统以满足这些需求，并且使测试人员能够测试该系统满足这些需求。贯穿本章，对于用户、运行人员或其他外部系统，每个规定的需求应当是外部可理解的。这些需求至少应当包括，每个系统输入（激励）、每个系统输出（响应）以及系统通过响应某个输入或支持某个输出所执行的所有功能。由于这通常是 SRS 篇幅最大和最主要部分，以下原则适用：

a） 规定的具体需求宜符合 4.4 描述的所有特征；

b） 具体需求宜引用较早的相关文件；

c） 所有的需求宜是唯一可标识的；

d） 宜注意需求的组织，使其具有最大的可读性。

在考察组织需求的具体方式之前，了解 5.4.1 到 5.4.7 组成需求的各个不同项是有益的。

5.4.1 外部接口

本条宜是软件系统所有输入和输出的详细描述。它宜是对 5.2 的接口描述的补充，不宜重复前面已有的信息。

宜包括以下内容和格式：

a） 项的名称；

b） 目的描述；

c） 输入源和输出目的地；

d） 有效范围、准确度和/或容限；

e） 测量单位；

f） 定时；

g) 与其他输入/输出的关系；

h) 屏显格式/组织；

i) 窗口格式/组织；

j) 数据格式；

k) 命令格式；

l) 结束消息。

5.4.2 功能

功能需求宜定义软件在接收和处理输入以及处理和产生输出中必须发生的基本动作。一般情况下使用"系统应……"的方式来陈述。

这些包括：

a) 对输入有效性的核查；

b) 操作的准确顺序；

c) 异常情况响应，包括：

  1) 溢出；

  2) 通信设施；

  3) 错误处理和恢复；

d) 参数影响；

e) 输入与输出的关系，包括：

  1) 输入/输出顺序；

  2) 从输入到输出转换的公式。

尽管将功能需求划分为子功能或子过程可能是适当的，但这并不意味着软件设计同样以这样的方式划分。

5.4.3 性能需求

本条宜规定软件或人与软件互作用的整体静态的和动态的数量化需求。静态数量化需求可能包括：

a) 支持的终端数量；

b) 支持同时运行的用户数量；

c) 要处理的信息量和类型。

有时，静态数量需求包含在命名为"能力"的独立部分。

动态数量化需求可能包括，如，在正常和高峰工作负载条件，在某时段内处理的事务处理数、任务数和数据量。

所有这些需求宜以可测量的方式规定。如：

应在小于 1 s 内处理 95% 的交易量。

而不是：

操作方不需等待事务处理结束。

注：适用于某个具体功能的数量化限制，通常作为该功能处理描述部分予以规定。

5.4.4 数据库逻辑需求

宜规定将置于数据库的任何信息的逻辑需求。这可包括：

a) 不同功能使用的信息类型；

b) 使用频度；

c) 访问能力；

d) 数据实体及其之间的关系；

e) 完整性约束；

f) 数据保存需求。

5.4.5 设计约束

宜规定可能由其他标准、硬件局限等引发的设计约束。

5.4.5.1 标准依从性

本条宜规定来自现存标准或法规的需求。它们可能包括:

a) 报告格式;

b) 数据命名;

c) 会计规程;

d) 审核追踪。

例如,可以规定追踪处理活动的软件需求。为了最低满足法规或财务标准,对于某些应用这样的追踪是需要的。例如,审核追踪需求可能规定,对于支付薪金数据库的所有变更,必须在一个追踪文档中记录支付前后的数额。

5.4.6 软件系统属性

有一些软件属性可以作为需求。规定所要求的软件属性是重要的,这样才能客观地验证属性的实现情况。5.4.6.1 到 5.4.6.5 给出了部分示例。

5.4.6.1 可靠性

本条宜规定要求的因素,以便建立在交付时软件系统所要求的可靠性。

5.4.6.2 可用性

为了确保整个系统已定义的可用性程度,宜规定所要求的因素,如,检查点、恢复以及重启动。

5.4.6.3 安全保密性

由于事故、恶意访问、使用、修改、破坏或泄露,本条宜规定需要保护软件的因素。这方面可能的具体需求包括:

a) 使用某些密码技术;

b) 保留某些特定数据组的历史或记录;

c) 分配某些功能到不同的模块;

d) 在程序的某些域间限制通信;

e) 对于关键变量检查数据的完整性。

5.4.6.4 可维护性

本条宜规定与软件本身维护简易性有关的软件属性。可以对模块化、接口和复杂性等有一定的要求。但不宜仅因为是良好设计实践就将其作为需求。

5.4.6.5 可移植性

本条宜规定与软件移植到其他主机和/或操作系统简易性相关的软件属性。这可能包括:

a) 依赖主机代码模块的百分比;

b) 依赖主机代码的百分比;

c) 已证明可移植语言的使用;

d) 特定编译器或语言子集的使用;

e) 特定操作系统的使用。

5.4.7 具体需求的组织

除了微小的系统之外,任何系统倾向有大量的详细的需求。由此,宜仔细考虑这些需求的组织方式,以最优化可理解性。对于所有的系统不存在单一的最优化组织方式。不同类型的系统 SRS 的第 3 章有不同的需求组织方式。5.4.7.1 到 5.4.7.7 描述了一些组织方式。

5.4.7.1 系统模式

依赖于运行模式,某些系统的行为显著不同。例如,根据其运行模式:培训、正常运行或者应急,某个控制系统可能具有不同的功能集合。当按照运行模式组织该部分时,宜采用第 A.1 章或第 A.2 章的提纲。需求组织方式的选择取决于系统接口和性能是否依赖于运行模式。

5.4.7.2 **用户类型**

有些系统对不同的用户提供不同的功能集合。例如,对于一般乘客、维护人员和消防人员,电梯控制系统显示不同的能力。当按照用户类别组织该部分时,宜采用第 A.3 章的提纲。

5.4.7.3 **对象**

对象是现实世界中的实体,系统具有与其对应的部分。例如,在病人监控系统中,对象包括病人、传感器、护士、房间、医师、医药等。与每个对象相联系的是一组属性(对象具有的)和功能(对象执行的),这些功能也称之为服务、方法或过程。当按照对象组织该部分时,宜采用第 A.4 章的提纲。应注意,对象组可能共有某些属性和服务,要按照类别把这些组织在一起。

5.4.7.4 **特征**

系统特征是从外部希望得到的服务,可能要求一系列的输入以产生希望的结果。例如,在电话系统中,系统特征包括本地话务、话务转接、以及会议话务。一般的,系统每个特征按照一系列激励 - 响应对的方式描述。当按照系统特征组织该部分时,宜采用第 A.5 章的提纲。

5.4.7.5 **激励**

某些系统可以根据激励描述其功能的方式最佳地组织其需求。例如,飞机自动着陆系统的功能,可依照动力降低、风向切变、机身摇摆突变、垂直速度限值等,组织到相应的部分。当按照激励方式组织该部分时,宜采用第 A.6 章的提纲。

5.4.7.6 **响应**

有些系统可以通过描述其支持产生某个响应的所有功能,最佳地组织其需求。例如,某个人员管理系统的功能,可按照与产生薪金支付有关的所有功能、与产生当前职员清单有关的所有功能,等等,予以组织到相应的部分。宜采用第 A.6 章的提纲(所有的激励之处由响应替代)。

5.4.7.7 **功能层次**

当上述组织方式证明没有益处时,可按照共同的输入、共同的输出或者共同的内部数据访问,将系统总体功能性组织成为一个功能层次。数据流图和数据词典可以用来表示功能和数据之间的相互关系。当按照功能层次组织该部分时,宜采用第 A.7 章的提纲。

5.4.8 **附加说明**

在编制新的 SRS 时,在 5.4.7.7 给出的多种组织技术可能都是适用的。在这种情况下,宜依据该系统的特定要求所剪裁出的若干层次来组织特定的需求。例如,第 A.8 章组织形式结合了用户类别和系统特征。任何附加的需求,可以在 SRS 的结尾处放在一个独立的部分。

有许多现行可用于帮助需求文档化的符号、方法和自动化支持工具。就大部分而言,它们的有效性是组织的职能。例如,当按照运行模式组织时,限定的状态机或状态图表可能证明是有益的;当按照对象组织时,面向对象的分析可能是有益的;当按照系统特征组织时,激励 - 响应序列可能证明是有益的;当按照功能结构组织时,数据流图和数据词典可能证明是有益的。

在第 A.1 章到第 A.8 章给出的任何提纲中,称为“功能需求 *I*”的那些条目可以用自然语言、伪码、系统定义语言、或用标题为引言、输入、处理、输出 4 个子部分予以描述。

5.5 **支持信息**

支持信息以使 SRS 更容易使用,包括:

a) 目次;

b) 索引;

c) 附录。

5.5.1 **目次和索引**

目次和索引十分重要,宜按照一般的文档编写惯例。

5.5.2　附录

附录并不总是实际的 SRS 的一部分或总是需要的。附录可以包括：

a)　输入/输出格式示例，成本分析研究，或者用户调查的结果；

b)　有助于读者理解 SRS 的支持或背景信息；

c)　软件所解决的问题描述；

d)　对代码和媒体的特殊包装说明，以满足安全、出口、初始装入、或其他需求。

当包括附录时，SRS 宜明确地规定附录是否作为需求的部分。

附 录 A
（资料性附录）
SRS 提纲模板

A.1 按照运行模式组织的 SRS 第 3 章模板（版本 1）

3 具体需求
3.1 外部接口需求
3.1.1 用户界面
3.1.2 硬件接口
3.1.3 软件接口
3.1.4 通信接口
3.2 功能需求
3.2.1 模式 1
3.2.1.1 功能需求 1.1
⋮
3.2.1.*n* 功能需求 1.*n*
3.2.2 模式 2
⋮
3.2.*m* 模式 *m*
3.2.*m*.1 功能需求 *m*.1
⋮
3.2.*m*.*n* 功能需求 *m*.*n*
3.3 性能需求
3.4 设计约束
3.5 软件系统属性
3.6 其他需求

A.2 按照运行模式组织的 SRS 第 3 章模板（版本 2）

3 具体需求
3.1 功能需求
3.1.1 模式 1
3.1.1.1 外部接口
3.1.1.1.1 用户界面
3.1.1.1.2 硬件接口
3.1.1.1.3 软件接口
3.1.1.1.4 通信接口
3.1.1.2 功能需求
3.1.1.2.1 功能需求 1

⋮
3.1.1.2.*n* 功能需求 *n*
3.1.1.3 性能
3.1.2 模式 2
⋮
3.1.*m* 模式 *m*
3.2 设计约束
3.3 软件系统属性
3.4 其他需求

A.3 按照用户类别组织的 SRS 第 3 章模板

3 具体需求
3.1 外部接口需求
3.1.1 用户界面
3.1.2 硬件接口
3.1.3 软件接口
3.1.4 通信接口
3.2 功能需求
3.2.1 用户类别 1
3.2.1.1 功能需求 1.1
⋮
3.2.1.*n* 功能需求 1.*n*
3.2.2 用户类别 2
⋮
3.2.*m* 用户类别 *m*
3.2.*m*.1 功能需求 *m*.1
⋮
3.2.*m*.*n* 功能需求 *m*.*n*
3.3 性能需求
3.4 设计约束
3.5 软件系统属性
3.6 其他需求

A.4 按照对象组织的 SRS 第 3 章模板

3 具体需求
3.1 外部接口需求
3.1.1 用户界面
3.1.2 硬件接口
3.1.3 软件接口
3.1.4 通信接口
3.2 类/对象

3.2.1　类/对象 1
3.2.1.1　属性（直接的或继承的）
3.2.1.1.1　属性 1
⋮
3.2.1.1.n　属性 n
3.2.1.2　功能（服务、方法、直接的或继承的）
3.2.1.2.1　功能需求 1.1
⋮
3.2.1.2.m　功能需求 1.m
3.2.1.3　消息（接收的或发送的通信）
3.2.2　类/对象 2
⋮
3.2.p　类/对象 p
3.3　性能需求
3.4　设计约束
3.5　软件系统属性
3.6　其他需求

A.5　按照系统特征组织的 SRS　第 3 章模板

3　具体需求
3.1　外部接口需求
3.1.1　用户界面
3.1.2　硬件接口
3.1.3　软件接口
3.1.4　通信接口
3.2　系统特征
3.2.1　系统特征 1
3.2.1.1　特征说明/目的
3.2.1.2　激励/响应序列
3.2.1.3　相关的功能需求
3.2.1.3.1　功能需求 1
⋮
3.2.1.3.n　功能需求 n
3.2.2　系统特征 2
⋮
3.2.m　系统特征 m
⋮
3.3　性能需求
3.4　设计约束
3.5　软件系统属性
3.6　其他需求

A.6 按照激励组织的 SRS 第 3 章模板

3 具体需求
3.1 外部接口需求
3.1.1 用户界面
3.1.2 硬件接口
3.1.3 软件接口
3.1.4 通信接口
3.2 功能需求
3.2.1 激励 1
3.2.1.1 功能需求 1.1
⋮
3.2.1.n 功能需求 1.n
3.2.2 激励 2
⋮
3.2.m 激励 m
3.2.m.1 功能需求 m.1
⋮
3.2.m.n 功能需求 m.n
3.3 性能需求
3.4 设计约束
3.5 软件系统属性
3.6 其他需求

A.7 按照功能层次组织的 SRS 第 3 章模板

3 具体需求
3.1 外部接口需求
3.1.1 用户界面
3.1.2 硬件接口
3.1.3 软件接口
3.1.4 通信接口
3.2 功能需求
3.2.1 信息流
3.2.1.1 数据流图 1
3.2.1.1.1 数据实体
3.2.1.1.2 有关的过程
3.2.1.1.3 拓扑图
3.2.1.2 数据流图 2
3.2.1.2.1 数据实体
3.2.1.2.2 有关的过程
3.2.1.2.3 拓扑图

⋮
3.2.1.n 数据流图 n
3.2.1.n.1 数据实体
3.2.1.n.2 有关的过程
3.2.1.n.3 拓扑图
3.2.2 过程描述
3.2.2.1 过程 1
3.2.2.1.1 输入数据实体
3.2.2.1.2 过程算法或公式
3.2.2.1.3 受影响的数据实体
3.2.2.2 过程 2
3.2.2.2.1 输入数据实体
3.2.2.2.2 过程算法或公式
3.2.2.2.3 受影响的数据实体
⋮
3.2.2.m 过程 m
3.2.2.m.1 输入数据实体
3.2.2.m.2 过程算法或公式
3.2.2.m.3 受影响的数据实体
3.2.3 数据构建规范
3.2.3.1 构建 1
3.2.3.1.1 记录类型
3.2.3.1.2 组成字段
3.2.3.2 构建 2
3.2.3.2.1 记录类型
3.2.3.2.2 组成字段
⋮
3.2.3.p 构建 p
3.2.3.p.1 记录类型
3.2.3.p.2 组成字段
3.2.4 数据词典
3.2.4.1 数据元素 1
3.2.4.1.1 名称
3.2.4.1.2 表示法
3.2.4.1.3 单位/格式
3.2.4.1.4 精确度/准确度
3.2.4.1.5 范围
3.2.4.2 数据元素 2
3.2.4.2.1 名称
3.2.4.2.2 表示法
3.2.4.2.3 单位/格式
3.2.4.2.4 精确度/准确度
3.2.4.2.5 范围
⋮

3.2.4.*q* 数据元素 *q*
3.2.4.*q*.1 名称
3.2.4.*q*.2 表示法
3.2.4.*q*.3 单位/格式
3.2.4.*q*.4 精确度/准确度
3.2.4.*q*.5 范围
3.3 性能需求
3.4 设计约束
3.5 软件系统属性
3.6 其他需求

A.8 体现多种组织形式的SRS 第3章模板

3 具体需求
3.1 外部接口需求
3.1.1 用户界面
3.1.2 硬件接口
3.1.3 软件接口
3.1.4 通信接口
3.2 功能需求
3.2.1 用户类别 1
3.2.1.1 特征 1.1
3.2.1.1.1 特征说明/目的
3.2.1.1.2 激励/响应序列
3.2.1.1.3 有关的功能需求
3.2.1.2 特征 1.2
3.2.1.2.1 特征说明/目的
3.2.1.2.2 激励/响应序列
3.2.1.2.3 有关的功能需求
⋮
3.2.1.*m* 特征 1.*m*
3.2.1.*m*.1 特征说明/目的
3.2.1.*m*.2 激励/响应序列
3.2.1.*m*.3 有关的功能需求
3.2.2 用户类别 2
⋮
3.2.*n* 用户类别 *n*
⋮
3.3 性能需求
3.4 设计约束
3.5 软件系统属性
3.6 其他需求

参 考 文 献

[1] ASTM E 1340:1996 计算机系统快速原型法标准指南

ICS 35.080
L 77

中华人民共和国国家标准

GB/T 9386—2008
代替 GB/T 9386—1988

计算机软件测试文档编制规范

Specification for computer software test documentation

2008-04-11 发布　　2008-09-01 实施

中华人民共和国国家质量监督检验检疫总局
中国国家标准化管理委员会　发布

前言

本标准是 GB/T 9386《计算机软件测试文件编制规范》的第一次修订。本标准与 GB/T 9386—1988 的主要差别如下：

a) 根据 GB/T 1.1 的规定，将旧版中的第 1 章引言的部分内容和原第 4 章中的内容调整转移到新版标准的引言部分；

b) 新版标准重新编写了范围一章；

c) 第 3 章术语部分增加了如下 10 条术语和定义：

测试	test
测试用例说明	test case specification
测试设计说明	test design specification
测试事件报告	test incident report
测试(活动)	testing
测试项传递报告	test item transmittal report
测试日志	test log
测试计划	test plan
测试规程说明	test procedure specification
测试总结报告	test summary report

d) 旧版标准的第 5 章中 5.1 至 5.8 分别提升为新版标准的第 4 章到第 11 章。部分内容作了扩充；

e) 增加了附录 B 和附录 C。

本标准的附录 A、附录 B 和附录 C 是资料性附录。

本标准自实施之日起代替并废止 GB/T 9386—1988。

本标准由中华人民共和国信息产业部提出。

本标准由全国信息技术标准化技术委员会归口。

本标准起草单位：上海浦东软件平台有限公司、信息产业部电子工业标准化研究所、北京跟踪与通信技术研究所、上海计算机软件开发中心、广西软件园、上海浦东软件园有限责任公司、上海宝信软件股份有限公司。

本标准主要起草人：冯惠、任莲、王宝艾、张露莹、许聚常、杨根兴、丛力群、张旸旸、齐建华。

本标准于 1988 年首次发布。

引　言

测试是软件生存周期中一个独立的关键阶段，也是保证软件质量的重要手段。为了提高检测出错误的几率，使测试有计划和有条不紊地进行，应编制软件测试文档。标准化的测试文档就如同一种通用的参照体系，可达到便于交流的目的。文档中所规定的内容可以作为对相关测试过程完备性的对照检查表，故采用这些文档将会提高测试过程每个阶段的可视性，极大地提高测试工作的可管理性。

本标准规定了各个测试文档的格式和内容。主要涉及测试计划、测试说明和测试报告等。

测试计划描述测试活动的范围、方法、资源和进度。它规定被测试的项、被测试的特征、应完成的测试任务、负责每项工作的人员以及与本计划有关的风险等。

测试说明包括三类文档：

a) 测试设计说明：详细描述测试方法，并标识该测试设计和相关测试所覆盖的特征，还标识为完成测试和规定特征的通过准则所需要的测试用例和测试规程；

b) 测试用例说明：将用于输入的实际值以及预期的输出形成文档。并标识在使用具体测试用例时对测试规程的约束。将测试用例与测试设计分开，可以使它们用于多个设计，并能在其他情形下重复使用；

c) 测试规程说明：标识为实施相关测试设计而运行系统并执行规定测试用例所要求的所有步骤。测试规程与测试设计分开，特意明确要遵循的步骤，而不宜含有无关的细节。

测试报告包括四类文档：

a) 测试项传递报告：指明在开发组和测试组独立工作的情况下或者在希望正式开始测试的情况下为进行测试而被传递的测试项；

b) 测试日志：测试组用于记录测试执行过程中发生的情况；

c) 测试事件报告：描述在测试执行期间发生并需进一步调查的任何事件；

d) 测试总结报告：用来总结测试活动和结果的文档。

这些文档与其他文档在编制方面的关系以及同测试过程的对应关系如图 1 所示。

这些文档的使用指南参见附录 A，这些文档编制示例参见附录 B 和附录 C。

本标准是为软件管理人员、软件开发、测试和维护人员、软件质量保证人员、审核人员、客户及用户制定的。

本标准用于描述一组与软件测试实施方面有关的基本测试文档。本标准定义每一种基本文档的目的、格式和内容。尽管本标准所描述的文档侧重于动态测试活动，但是有些文档仍适用于其他种类的测试活动（例如，测试计划可以用于设计和代码评审）。

本标准可应用于数字计算机上运行的商业软件、科学计算软件或者军用软件。它的应用范围不受软件大小、复杂度或关键性的限制。本标准既适用于初始开发的软件测试文档编制，也适用于其后的软件产品更新版本的测试文档编制。

本标准并不要求采用特定的方法学、技术及设备或工具。对文档控制、配置管理或质量保证既不指明也不强制特定的方法学。根据所用的方法学，可能需要增加一些其他文档（例如质量保证计划）。

本标准既适用于纸张上的文档，也适用于其他媒体上的文档。如果电子文档编制系统不具有安全的批准注册机制，则批准签字的文档必须使用纸张。

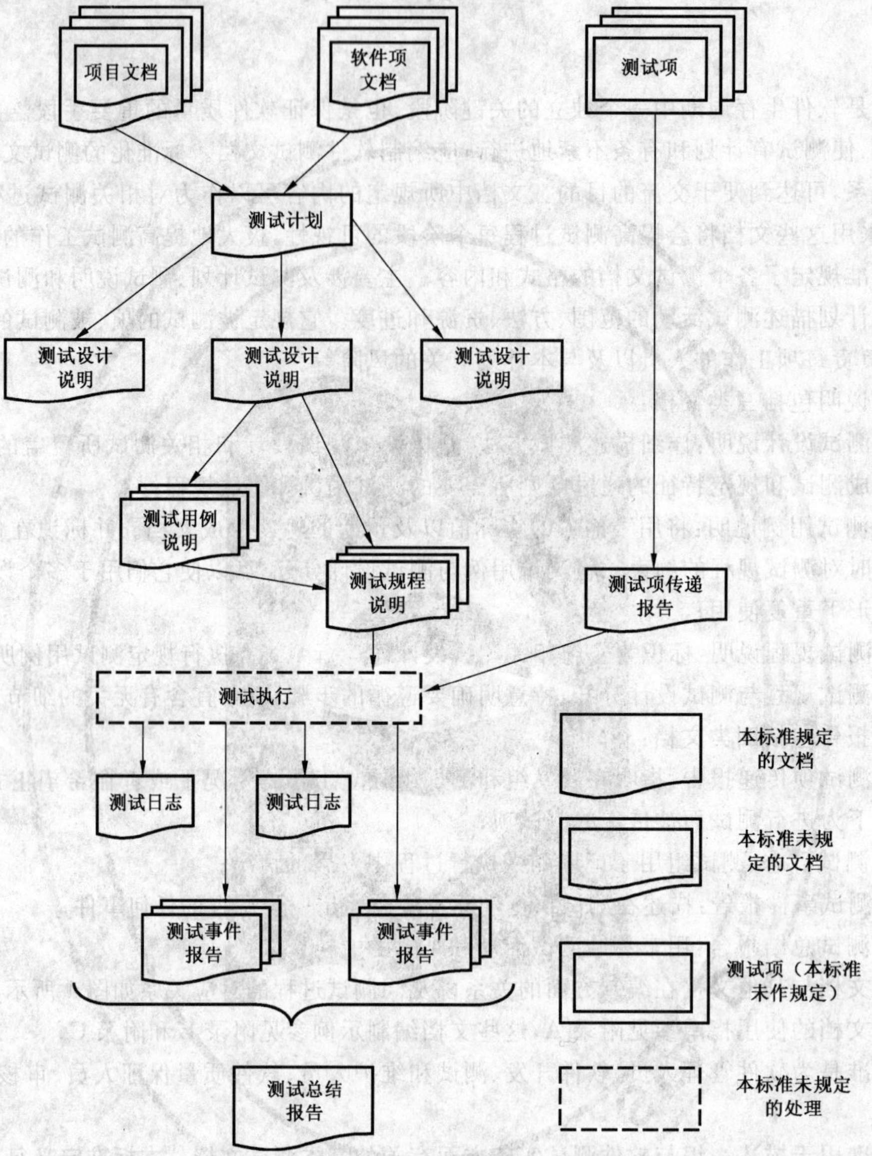

图 1 测试文档与测试过程的关系

计算机软件测试文档编制规范

1 范围

本标准规定了一组基本的计算机软件测试文档的格式和内容要求。本标准适用于计算机软件生存周期全过程。

2 规范性引用文件

下列文件中的条款通过本标准的引用而成为本标准的条款。凡是注日期的引用文件，其随后所有的修改单(不包括勘误的内容)或修订版均不适用于本标准，然而，鼓励根据本标准达成协议的各方研究是否可使用这些文件的最新版本。凡是不注日期的引用文件，其最新版本适用于本标准。

GB/T 8566　信息技术　软件生存周期过程(GB/T 8566—2007，ISO/IEC 12207:1995，MOD)

GB/T 8567　计算机软件文档编制规范

GB/T 11457　信息技术　软件工程术语

3 术语和定义

GB/T 11457 中确立的以及下列术语和定义适用本标准。

3.1

设计层　design level

软件项的设计分解(如系统、子系统、程序或模块)。

3.2

通过准则　pass criteria

判断一个软件项或软件特征的测试是否通过的判别依据。

3.3

软件特征　software feature

软件项的显著特性(如功能、性能或可移植性)。

3.4

软件项　software item

源代码、目标代码、作业控制代码、控制数据或这些项的集合。

3.5

测试　test

a)　由一个或多个测试用例组成的集合；或者，

b)　由一个或多个测试规程组成的集合；或者，

c)　由一个或多个测试用例和规程组成的集合。

3.6

测试用例说明　test case specification

对于一个测试项，用来指定输入、预期结果和一组执行条件的文档。

3.7

测试设计说明　test design specification

用来指定一个软件特征或者软件特征组合的测试方法细节并标识相关测试的文档。

3.8

测试事件报告 test incident report

用来报告测试过程中出现的任何需要深入调查的事件的文档。

3.9

测试(活动) testing

一个过程,该过程分析软件项,以检测现有条件和要求条件之间的差异(即,缺陷)并评估软件项的特征。

3.10

测试项 test item

作为测试对象的软件项。

3.11

测试项传递报告 test item transmittal report

标识测试项的文档。它包含了当前状态和位置信息。

3.12

测试日志 test log

关于执行测试的相关细节按时间顺序排列的一种记录。

3.13

测试计划 test plan

描述预定测试活动的范围、方法、资源和进度的一种文档。它确定测试项、要测试的特征、测试任务、执行每一任务的人员以及需要应急对策的任何风险。

3.14

测试规程说明 test procedure specification

用来规定执行一项测试的动作顺序的一种文档。

3.15

测试总结报告 test summary report

用来总结测试活动和结果的一种文档。它还包括对相应测试项的评估。

4 测试计划

4.1 目的

用来描述测试活动范围、方法、资源和进度。定义被测试的软件项、要测试的特征、要完成的测试任务、负责每项任务的人员以及与该计划相关的风险。

4.2 提纲

测试计划应有如下结构:

a) 测试计划标识符;

b) 引言;

c) 测试项;

d) 要测试的特征;

e) 不要测试的特征;

f) 方法;

g) 测试项通过准则;

h) 暂停准则和恢复要求;

i) 测试交付项;

j) 测试任务;

k） 环境要求；

l） 职责；

m） 人员配备和培训要求；

n） 进度；

o） 风险和应急；

p） 批准。

上述各项应按规定的顺序排列。附加的项可以直接加在批准项之前。如果上述某一项的部分内容或全部内容是在另一个文档里，则可以列出引用材料的出处以代替相应的内容。引用的内容必须附在测试计划里或向该计划的用户提供。

4.3 详细说明

4.3.1 测试计划标识符

为该测试计划规定一个唯一标识符。

4.3.2 引言

概述要测试的软件项和软件特征。可以包括每个测试项的要求及其历史记录。

如果存在下述文档，在最高层测试计划中需要引用它们：

a） 项目授权；

b） 项目计划；

c） 质量保证计划；

d） 配置管理计划；

e） 有关的政策或方针；

f） 有关的标准。

在多级测试计划中，每个低一级的测试计划必须引用上一级测试计划。

4.3.3 测试项

标识测试项（其中包括其版本/修订级别），并在测试开始之前规定影响硬件需求的测试项传递媒体的特性或者指出逻辑或物理变换要求（例如，程序必须从磁带转换到磁盘上）。

如果存在下述测试项文档集，则需要引用之：

a） 需求规格说明；

b） 设计规格说明；

c） 用户指南；

d） 操作指南；

e） 安装指南。

引用与这些测试项有关的任何事件报告。

可以标识那些明确排除在测试之外的软件项或测试项。

4.3.4 要测试的特征

标识所有要测试的软件特征及其组合，并标识与每个特征或每个特征组合有关的测试设计说明。

4.3.5 不要测试的特征

标识不要测试的所有特征和重要的特征组合及其理由。

4.3.6 方法

描述测试的总体方法。对于每个主要的特征组或特征组合组，规定要确保这些特征组得到充分测试的方法。规定用于测试指定特征组所需的主要活动、技术和工具。

应详尽地描述方法，以便标识出主要的测试任务，并估计执行各项任务所需要的时间。

规定所希望的最低程度的测试充分性，指明用于判断测试充分性的技术（例如，确定哪些语句至少已执行过一次）。规定任何补充的结束准则（例如，出错频率）。应规定用来跟踪需求的技术。

标识对测试的主要约束，例如，测试项的可用性、测试资源的可用性和测试截止期限等。

4.3.7 测试项通过准则

规定用来确定每个测试项是否通过测试或者测试失败的准则。

4.3.8 暂停准则和恢复要求

规定用于暂停与该计划有关的测试项的全部或部分测试活动的准则。规定恢复测试时必须重复的测试活动。

4.3.9 测试交付项

标识可交付的文档，宜包括下述文档：

a) 测试计划；

b) 测试设计说明；

c) 测试用例说明；

d) 测试规程说明；

e) 测试项传递报告；

f) 测试日志；

g) 测试事件报告；

h) 测试总结报告。

测试输入数据和测试输出数据宜标识为可交付项。

测试工具(例如，模块驱动器和桩模块)也可以包含在内。

4.3.10 测试任务

标识准备和执行测试所需要的任务集合。标识各项任务间的所有依赖关系和所要求的任何特殊技能。

4.3.11 环境要求

详细说明测试环境必要的和希望的特性。详细内容应包括各种设施的物理特征。这些设施包括硬件、通信和系统软件、使用方式(可单独使用)以及支持测试所需的任何其他软件或设备。还应规定这些测试设施、系统软件和专有组成部分(例如，软件、数据和硬件)所需的安全等级。

标识必要的特殊测试工具及其他任何测试要求(例如，出版物或办公场地等)。标识测试组目前尚不可用的所有需要的来源。

4.3.12 职责

标识负责管理、设计、准备、执行、监督、检查和解决的各个小组。另外，标识负责提供4.3.3中标识的测试项和在4.3.11中标识的环境要求的各个小组。

这些小组可以包括开发人员、测试人员、操作员、用户代表、技术支持人员、数据管理员和质量保证人员。

4.3.13 人员配备和培训要求

按技能等级提出测试人员配备要求。标识为提供必要技能的培训选项。

4.3.14 进度

包括在软件项目进度中标识的测试里程碑以及所有的测试项传递事件。

定义所需要的其他测试里程碑，估计完成每项测试任务所需要的时间，为每项测试任务和测试里程碑规定进度，对每种测试资源(即设施、工具和人员)规定使用期限。

4.3.15 风险和应急

标识测试计划的高风险假设，对各种风险提出应急措施(例如，测试项的延期交付可能需要加班以满足交付日期)。

4.3.16 批准

确定必须批准该计划的人员的姓名和职别。为签名和填写日期留出位置。

5 测试设计说明

5.1 目的

通过测试设计及其相关测试来详细地规定测试方法和标识要测试的特征。

5.2 提纲

测试设计说明应有如下结构：

a） 测试设计说明标识符；

b） 要测试的特征；

c） 方法细化；

d） 测试用例标识；

e） 特征通过准则。

上述各项应按指定的顺序排列。附加的项可以放在结尾处。如果上述某一项的部分内容或全部内容是在另一个文档里，则可以列出引用材料的出处以代替相应的内容。引用的内容必须附在测试设计说明里或向该设计说明的用户提供。

5.3 详细说明

5.3.1 测试设计说明标识符

为该测试设计说明规定唯一的标识符。如果在相关的测试计划中有规定，则应引用。

5.3.2 要测试的特征

标识测试项，并描述作为该设计说明对象的特征和特征组合。尽管可能还有某些其他特征，但不必标识它们。

5.3.3 方法细化

将测试计划中描述的方法进行细化，包括要采用的具体测试技术。应标识分析测试结果的方法（例如，比较程序或可视化审查）。

指明为选择测试用例提供合理依据的任何分析结果。例如，人们可以规定允许限定容错的条件（例如，区别有效输入与无效输入的那些条件）。

归纳任何测试用例的共同属性，可以包括各种输入约束（如，针对一组相关测试用例的所有输入必须是真）、任何共享环境的要求、任何共享特殊规程的需求、以及任何共享测试用例之间的依赖关系。

5.3.4 测试用例标识

列出与该设计有关的每一测试用例的标识并简要描述。某个特定的测试用例可能在两个以上的测试设计说明中出现。列出与该测试设计说明有关的每个规程的标识及其简要描述。

5.3.5 特征通过准则

给出用于判定特征或特征组合是否通过或失败的准则。

6 测试用例说明

6.1 目的

定义由测试设计说明所标识的测试用例。

6.2 提纲

测试用例说明应有如下结构：

a） 测试用例说明标识符；

b） 测试项；

c） 输入说明；

d） 输出说明；

e） 环境要求；

f) 特殊的规程要求；

g) 用例间的依赖关系。

上述各项应按指定的顺序排列，附加的项可以放在结尾处。如果上述某一项的部分内容或全部内容是在另一个文档里，则可以列出引用材料的出处以代替相应的内容。引用的内容必须附在测试用例说明里或向该测试说明的用户提供。

鉴于测试用例可能被不同小组的若干测试设计说明长期地引用，为此在测试用例说明中必须包含足够具体的信息以便复用。

6.3 详细说明

6.3.1 测试用例说明标识符

为该测试用例说明规定唯一的标识符。

6.3.2 测试项

标识并简要描述该测试用例要执行的软件项和特征。

对于每一测试项，考虑引用以下测试项文档集：

a) 需求规格说明；

b) 设计规格说明；

c) 用户指南；

d) 操作指南；

e) 安装指南。

6.3.3 输入说明

规定执行测试用例所需要的每种输入。有些输入可以用值(必要时允许适当的容差)来规定，而其他输入(如常数表或事务处理文件)可以用名称来规定。规定所有合适的数据库、文件、终端消息、内存驻留区域及操作系统传送的各个值。

规定输入之间的所有必要的关系(例如，定时)。

6.3.4 输出说明

规定测试项所有要求的输出和特征(例如，响应时间)。为每个要求的输出或特征提供准确的值(必要时允许适当的容差)。

6.3.5 环境要求

6.3.5.1 硬件

规定执行该测试用例所需的硬件特性和配置(例如：132 个字符×24 行的显示器)。

6.3.5.2 软件

规定执行该测试用例所需的系统软件和应用软件，可以包括诸如：操作系统、编译程序、模拟程序和测试工具之类的系统软件。此外，该测试项可以与应用软件进行交互。

6.3.5.3 其他

规定所有的其他要求，例如独特的设施要求或经过专门训练的人员等。

6.3.6 特殊的规程要求

描述对执行该测试用例的测试规程的任何特殊约束。这些约束可以包括特殊的装配或设置、操作者的干预、输出确定规程以及特定的清除过程。

6.3.7 用例间的依赖关系

列出执行该测试用例之前必须执行的各个测试用例的标识，并概要说明这些测试用例之间依赖关系的性质。

7 测试规程说明

7.1 目的

详细说明执行一组测试用例的各个步骤，或者更广泛的说明为了评估一组特征而用于分析软件项的各个步骤。

7.2　提纲

测试规程说明应有如下结构：

a）测试规程说明标识符；

b）目的；

c）特殊要求；

d）规程步骤。

上述各项应按指定的顺序排列。如需要，附加的项可以放在结尾处。如果上述某一项的部分内容或全部内容是在另一个文档里，则可以列出引用材料的出处以代替相应的内容。引用的内容必须附在测试规程说明里或向该规程说明的用户提供。

7.3　详细说明

7.3.1　测试规程说明标识符

为该测试规程说明规定唯一的标识符，必要时，提供对相关测试设计说明的引用。

7.3.2　目的

描述该规程的目的。如果该规程执行任何测试用例，则提供对每个测试用例说明的引用。

另外，提供对测试项文档相关部分的引用（例如，对使用规程的引用）。

7.3.3　特殊要求

标识执行该规程所需要的任何特殊要求。这些要求可以包括必要的规程、专门技能要求和特殊环境要求。

7.3.4　规程步骤

如适用，应包括在7.3.4.1至7.3.4.10中描述的步骤。

7.3.4.1　日志

描述用来记录测试的执行结果、观察到的事件以及与测试有关的任何其他事件的任何特殊的方法或格式（见第9和第10章）。

7.3.4.2　准备

描述准备执行该规程所必需的动作序列。

7.3.4.3　启动

描述开始执行该规程所必需的动作。

7.3.4.4　处理

描述在该规程执行过程期间所必需的动作。

7.3.4.5　测量

描述如何进行测试的测量（例如，描述如何利用网络模拟器来测量远程终端的响应时间）。

7.3.4.6　暂停

描述当发生意外事件而暂停测试所必需的动作。

7.3.4.7　重启动

标识任何规程的重启动点，并描述在每个重启动点重新启动规程所必需的动作。

7.3.4.8　停止

描述正常停止执行时所必需的动作。

7.3.4.9　清除

描述恢复环境所必需的动作。

7.3.4.10　应急

描述处理在执行过程中可能发生的异常事件所必需的动作。

8 测试项传递报告

8.1 目的

标识为测试而传递的测试项。其中包括负责每一测试项的人员、测试项的物理位置和状态。与当前项的需求和设计的任何偏离均应记录在该报告中。

8.2 提纲

测试项传递报告应有如下结构：

a) 传递报告标识符；

b) 传递项；

c) 位置；

d) 状态；

e) 批准。

上述各项应按指定的顺序排列。附加的项可以直接加在批准项之前。如果上述某一项的部分内容或全部内容是在另一个文档里，则可以列出引用材料的出处以代替相应的内容。引用的内容必须附在测试项传递报告里或向该传递报告的用户提供。

8.3 详细说明

8.3.1 传递报告标识符

为该测试项传递报告规定唯一的标识符。

8.3.2 传递项

标识被传递的各个测试项，其中包括其版本/修订级别。提供对传递项有关的测试项文档集和测试计划的引用。指出负责该传递项的人员。

8.3.3 位置

标识各传递项的位置，并标识包含被传递测试项的媒体。适当时，指出标记或者标识特定媒体的方法。

8.3.4 状态

描述被传递测试项的状态，包括与该测试项文档集、与这些测试项的先前传递以及与测试计划的偏离。列出期望由被传递项解决的各个事件报告。指出是否存在对测试项文档集的未决的修改，该修改可能影响在该传递报告中列出的各个测试项。

8.3.5 批准

详细说明最可能批准该传递报告的人员姓名和职务。并为签名和日期留出位置。

9 测试日志

9.1 目的

按时间顺序提供关于执行测试的相关细节的记录。

9.2 提纲

测试日志应有如下结构：

a) 测试日志标识符；

b) 描述；

c) 活动和事件条目。

上述各项应按指定的顺序排列。附加的项可以放在结尾处。如果上述某一项的部分内容或全部内容是在另一个文档里，则可以列出引用材料的出处以代替相应的内容。引用的内容必须附在测试日志里或向记录的用户提供。

9.3 详细说明

9.3.1 测试日志标识符

为该测试日志规定唯一的标识符。

9.3.2 描述

除了在日志条目中特别注明外，此处应包括适用于日志中所有条目的信息。以下信息应予考虑：

a) 标识被测试的各个测试项及其版本/修订级别。对于其中的每一项，如果存在其传递报告，则应加以引用；

b) 标识执行测试的环境属性，其中包括设施说明、使用的硬件(例如，使用的内存容量、CPU 型号、磁带机的型号和编号、和/或海量存储设备)、使用的系统软件及可用资源(例如，可用的内存容量)。

9.3.3 活动和事件条目

对于每个事件(包括事件的开始和结束)，要记录发生的日期和时间以及记录者的身份。

9.3.3.1 至 9.3.3.5 中的信息应予考虑。

9.3.3.1 执行描述

记录正在执行的测试规程的标识，提供并引用该测试规程说明。记录执行时在场的所有人员(包括测试者、操作员和观察员)，还要说明每个人的职能。

9.3.3.2 测试结果

对每次执行，记录目视可观察到的结果(例如，产生的出错消息、异常终止和对操作员动作的请求等)。还要记录任何输出的位置(如磁带编号)，以及记录测试的执行是否成功。

9.3.3.3 环境信息

记录与本条目有关的任何特殊的环境条件(例如，硬件更换)。

9.3.3.4 异常事件

记录某个不期望事件(例如，尽管请求显示总计并显示了正确的屏幕，但响应时间似乎过长。重复执行时，响应时间也同样过长)发生前后的情况。

9.3.3.5 事件报告标识符

随时记录每个测试事件报告产生的标识符。

10 测试事件报告

10.1 目的

将测试过程中发生的需要调查研究的所有事件形成文档。

10.2 提纲

测试事件报告应有如下结构：

a) 测试事件报告标识符；

b) 摘要；

c) 事件描述；

d) 影响。

上述各项应按指定的顺序排列。附加的各项可以放在结尾处。如果上述某一项的部分内容或全部内容是在另一个文档里，则可以列出引用材料的出处以代替相应的内容。引用的内容必须附在测试事件报告里或向事件报告的用户提供。

10.3 详细说明

10.3.1 测试事件报告标识符

为该测试事件报告规定唯一的标识符。

10.3.2 摘要

概述事件。标识所涉及的所有测试项，指出其版本/修订级别。应提供对有关测试规程说明、测试用例说明和测试日志的引用。

10.3.3 事件描述

对事件进行描述。该描述应包括以下内容：

a) 输入；

b) 预期结果；

c) 实际结果；

d) 异常现象；

e) 日期和时间；

f) 规程步骤；

g) 环境；

h) 重复执行的意图；

i) 测试者；

j) 观察者。

该描述应包括可能有助于隔离并纠正事件原因的相关活动和观察结果(例如，描述可能对此事件有影响的所有测试用例执行情况，描述与已公布的测试规程之间的任何偏差)。

10.3.4 影响

在所知道的范围内指明该事件对测试计划、测试设计说明、测试规程说明或测试用例说明所产生的影响。

11 测试总结报告

11.1 目的

总结指定测试活动的结果并根据这些结果进行评价。

11.2 提纲

测试总结报告应有如下结构：

a) 测试总结报告标识符；

b) 摘要；

c) 差异；

d) 测试充分性评价；

e) 结果汇总；

f) 评价；

g) 活动总结；

h) 批准。

上述各项应按指定的顺序排列。附加的项可以直接加在批准项之前。如果上述某一项的部分内容或全部内容是在另一个文档里，则可以列出引用材料的出处以代替相应的内容。引用的内容必须附在测试总结报告或向该总结报告的用户提供。

11.3 详细说明

11.3.1 测试总结报告标识符

为该测试总结报告规定唯一的标识符。

11.3.2 摘要

总结对测试项的评价。标识已测试的各个项，指出其版本/修订级别，并指出执行测试活动所处的环境。

对于每个测试项,如果存在测试计划、测试设计说明、测试规程说明、测试项传递报告、测试日志和测试事件报告文档,则应提供对相关信息的引用。

11.3.3 差异

报告测试项与其设计说明之间的任何差异,并指出与测试计划、测试设计或测试规程之间的任何差异,详细说明每种差异产生的原因。

11.3.4 测试充分性评价

如果有测试计划,应根据测试计划(4.3.6)中规定的测试充分性准则对测试过程作出评价。确定未作充分测试的特征或特征组合,并说明理由。

11.3.5 结果汇总

汇总测试的结果。标识已解决的所有事件,并总结其解决方案。指出尚未解决的所有事件。

11.3.6 评价

对每个测试项(包括其限制)进行总体评价。该评价必须以测试结果和测试项级别的通过准则作为依据。可以包含对失败风险的估计。

11.3.7 活动总结

总结主要的测试活动和事件。总结资源消耗数据,例如:人员的总体配备水平、总机时和每个主要测试活动所花费的时间。

11.3.8 批准

详细说明必须批准该报告的所有人员的姓名和职务,并为签名和日期留出位置。

附 录 A
（资料性附录）
实施和使用指南

A.1 实施指南

当一个组织使用该标准时，建议按如下阶段实施：

a) 初始阶段

首先编写测试计划和测试记录/报告文档。测试计划将为整个测试过程提供基础。测试记录/报告文档应鼓励测试组织以良好的方式来记录整个测试过程。

开始在系统这一级实施测试文档，在系统测试期间要求严格控制是关键的。系统测试文档是满足这种需求的关键要素。

b) 后续阶段

经过一段时间的实践，积累了一定经验后再逐步引入其他文档。其引入的顺序应取决于前阶段的成果。

测试文档最终应形成对应于其设计层次的一种文档层次，即系统测试文档、子系统测试文档以及模块测试文档。

A.2 附加的测试文档指南

组织所采用的特定的测试技术的文档编制指南（例如：代码检查或仿真）可作为该标准的基本文档的补充。

A.3 使用指南

A.3.1 在项目计划或者组织的标准中，应指明在哪些测试活动中需要哪些测试文档。并为在组织内使用这些文档提供指南。

图 A.1 是多种测试活动需要的测试文档说明的一个示例。实际上各个组织要求的文档数目不尽相同。

A.3.2 可以对每个文档进行剪裁或增加款项和材料，以适用于一个特定的测试产品和特定的测试环境的要求。

A.3.3 以模块测试的级别来考虑模块的测试文档集，例如，为一组模块生成一组测试报告而开发一个模块测试设计说明可能是有用的。当需要不同的测试用例时，一个公共的测试规程说明可能是适用的。

活动	文档							
	测试计划	测试设计说明	测试用例说明	测试规程说明	测试项传递报告	测试日志	测试事件报告	测试总结报告
验收	×	×	×	×	×		×	×
现场	×	×			×		×	×
安装	×	×	×	×	×		×	×
系统	×	×	×	×	×	×	×	×
子系统		×	×	×	×	×	×	×
程序		×	×					×
模块		×	×					×

图 A.1 必要的测试文档说明示例

附 录 B
（资料性附录）
测试文档示例

下面的示例来自于商业数据处理。这个示例并不意味着本标准对其他种类的软件适用性有任何的限制。

B.1 公司工资系统测试文档集

B.1.1 引言

B.1.1.1 范围

本附录给出的这一系统测试文档集示例是依照本标准编写的。展示每个文档是由于它们有可能用于某个工资系统的系统测试。

该示例中采用的工资系统包括以下主要功能：

a） 维护雇员信息；

b） 维护工资历史信息；

c） 准备工资支付凭证；

d） 准备工资税务报表；

e） 准备工资支付报表。

已提出用于工资系统的二期开发计划，不久后将要启动。这个阶段主要涉及人员报表系统。

B.1.1.2 假定

在准备该示例时，曾作出以下假定：

a） 系统测试活动假设模块测试和集成测试已经完毕。它意味着单个程序的功能已经过全面的测试。因此，系统级测试集中在对多个程序块的功能性（例如：年终处理）以及对外部接口、安全、恢复和性能的测试。此外，操作者和用户规程也经过测试；

b） 工资系统应是仅在一个地点被测试的系统。

B.1.1.3 命名约定

工资系统示例从头至尾都采用下面命名约定。

公司工资系统

A P XX - YY ZZ

ZZ——版本号（如果适用）

YY——条目类型的字母数字混合标识

XX——条目类型

01	项目策划文档
02	系统参考手册
03	程序模块
04	控制程序
05 ～ 20	测试文档集

P——“P”代表工资系统

A——“A”代表系统账户组

项目策划文档	
AP01-01	需求规格说明
AP01-02	初步开发计划
AP01-03	项目授权
AP01-04	系统设计描述
AP01-05	商业计划
AP01-06	最终开发计划
AP01-08	质量保证计划
AP01-09	配置管理计划
AP01-12	项目结束报告
系统参考手册	
AP02-01	系统参考手册
AP02-02	操作手册
AP02-03	模块参考手册
AP02-04	用户事务参考手册
程序模块	
AP03-	程序模块
控制程序	
AP04-	控制程序,实用程序,类别
测试文档集	
AP05-YYZZ	测试计划
AP06-YYZZ	测试设计说明
AP07-YYZZ	测试用例说明
AP08-YYZZ	测试规程说明
AP09-YY	测试日志
AP10-00	测试事件报告日志
注：本标准没有规定该测试文档。	
AP11-YY	测试事件报告
AP12-YY	测试总结报告
AP13-YY	测试项传递报告

B.1.2 公司工资系统——系统测试计划

系统测试计划

——公司工资系统

目 次

1 测试计划标识符

AP05-0103

2 引言

2.1 目标

公司工资系统的系统测试计划应该支持以下目标：

(1) 细化准备和进行系统测试所需要的活动。

(2) 与所有负责方沟通有关他们要执行的任务以及执行任务时所安排的进度。

(3) 确定用来准备计划的信息源。

(4) 确定进行系统测试所需要的测试工具和环境。

2.2 背景

去年，XYZ公司系统和程序开发部门应公司会计部门的要求开发了一个新的通用总帐系统。与此同时，还提出要求要开发一个与该通用总帐系统接口的新的公司工资系统。

管理层系统评估委员会在19＊＊年9月批准了开发工资系统的请求，并且指定一个工资系统顾问组来确定系统需求。顾问组于19＊＊年12月完成了一份需求陈述(AP01-01)和一份初步开发计划。

2.3 范围

该测试计划覆盖了公司工资系统的全部系统测试，包括操作者和用户规程、以及程序和作业控制。除了综合性多程序功能性测试外，还应评估外部接口、安全、恢复和性能。

2.4 引用文件

下列文档用作该测试计划的信息源：

公司工资系统初步开发计划(AP01-02)

公司工资系统授权(AP01-03)

公司工资系统最终开发计划(AP01-06)

公司工资系统质量保证计划(AP01-08)

公司工资系统配置管理计划(AP01-09)

XYZ公司系统开发标准及规程(XYZ01-0100)

公司通用总帐系统设计描述(AG01-04)

公司通用总帐系统测试计划(AG05-01)

3 测试项

组成公司工资系统的所有项在系统测试期间应予测试。待测试的版本应由配置管理员放在合适的库中。管理员还应控制对受试版本的更改，并且将可提供新版本的时间通知测试组。

以下文档为规定正确的操作建立基础：

公司工资系统需求规格说明(AP01-01)

公司工资系统设计描述(AP01-04)

公司工资系统参考手册(AP02-01)

公司工资系统模块参考手册(AP02-03)

要测试的各项列出如下：

3.1 程序模块

要测试的程序模块按以下规则来标识：

类型	库	成员名称
源代码	SOURLIB1	AP0302
		AP0305
可执行代码	MACLIB1	AP0301
		AP0302
		AP0305

3.2 作业控制规程

应用程序、分类和实用程序的控制规程标识如下：

类型	库	成员名称
应用程序	PROCLIB1	AP0401
分类	PROCLIB1	AP0402
实用程序	PROCLIB1	AP0403

3.3 用户规程

公司工资系统用户事务参考手册(AP02-04)中规定的在线规程应予测试。

3.4 操作者规程

系统测试包括公司工资系统操作参考手册(AP02-02)中规定的规程。

4 要测试的特征

以下清单列出待测试的特征：

测试设计说明编号	描述
AP06-01	数据库转换
AP06-02	月薪雇员全面的工资处理
AP06-03	计时雇员全面的工资处理
AP06-04	所有雇员全面的工资处理
AP06-05	定期报告
AP06-06	通用总帐事务的建立
AP06-07	安全
AP06-08	恢复
AP06-09	性能

5 不要测试的特征

下列特征不应包括在系统测试中，因为它们在系统初始安装时不会使用。

平等就业机会委员会符合性报告

内部培训进度报告

工资/业绩审查报告

二期开发阶段文档集应包含关于这些特征的一个测试计划。

测试用例将不会覆盖正在受试的事务或者报告中所有可能的选项组合。只有目前 XYZ 公司工资处理明确需求的组合应予测试。

6 方法

测试人员应根据系统文档集准备所有的测试设计、用例以及规程说明。这种方法应验证测试所覆盖那些领域的文档集信息的准确性和综合性。

公司工资和会计部门的人员应协助开发测试设计和测试用例,这样做有助于确保测试能体现系统的实际使用。

为了确保保密性,从会计文件中选取的所有测试数据应含有已更改的保密敏感字段。

6.1 转换测试

除了计算输入和输出的记录外,转换数据库的有效性应以两种方式进行验证。第一种验证方法涉及到使用必须由开发组建立的"数据库审核员"功能。当针对被转换数据库运行时,数据库审核员应核对一条记录内的数值范围,以及要求的各条记录之间的关系。

第二种验证方法涉及到随机选取旧记录的一个小的子集,然后直接与新记录的相对应子集进行比较。直接比较的数目"c"和旧记录的数目"r"必须加以规定。从 1 到 r 的范围内产生由随机数字组成的 c 集合。在转换过程中,该集合应予以分类和应用,以驱动对直接比较记录的选择。

注:同样的两种验证方法在实际的转换期间应予采用。

6.2 作业流测试

月薪雇员和计时雇员的记录综合集以及这两种记录的合并集应用于测试工资处理。标准的作业流测试方法应予采用。

每种定期报告作业流至少运行一次。

6.3 接口测试

为了测试工资系统与通用总帐系统之间的接口,工资系统应建立一个通用总帐事务综合集。这些事务应输入到通用总帐测试系统。生成的通用总帐条目必须加以选取、打印并与由工资系统准备的通用总帐事务的打印输出相比较。

6.4 安全测试

无妥当口令但又试图访问在线数据条目并显示事务的情况应予测试。

6.5 恢复测试

在可单独运行的时间内,通过停机且随后依照恢复规程进行恢复测试。

6.6 性能测试

依据性能要求(AP01-01),通过利用产生的数据量测量若干作业的运行时间,以此来评估性能。

6.7 回归测试

假设为了测试在系统测试期间做过的程序修改，则应对系统进行若干次重复测试。对系统的每一新版本应做一次回归测试，从而检测由于程序修改所导致的意想不到的影响。

应通过对新版本执行前一版本曾执行的那些所有测试来完成回归测试，然后对由此得到的结果文件进行比较。标准的比较器程序(UT08-0100)应予采用，以便比较所有的系统输出。

6.8 综合性

公司工资系统参考手册(AP02-01)中描述的每个系统特征至少应有一份相关联的测试设计说明。公司工资系统用户事务参考手册(AP02-04)中所规定的每个用户规程至少应予测试一次。公司工资系统操作手册(AP02-02)中规定的每个操作规程至少也应予测试一次。另外，每个作业控制规程至少应予执行一次。

对于关联到上述每个领域的测试设计说明，应采用覆盖矩阵予以核查。

6.9 约束

公司工资系统的最终执行日期定于19＊＊年8月31号。必须符合这个日期，因为新的ABC部门将于9月1日开始全面运行，必须拥有这个系统方能向其雇员发放工资。

7 测试项通过准则

该系统必须符合XYZ公司系统开发标准和规程(XYZ01-0100)中陈述的系统通过/失败的标准需求。

该系统还必须满足下列需求：

——内存需求一定不要大于真实存储量64k。

——用户规程与其他会计系统的一致性必须使工资主管满意。

8 暂停准则和恢复要求

8.1 暂停准则

不能转换雇员信息数据库会导致所有测试活动的暂停。

8.2 恢复要求

出现测试暂停后，当系统的新版本向测试组传递时，6.7条中描述的回归测试应予执行。

9 测试交付项

系统测试组应形成下列文档，这些文档在测试结束后交付给配置管理组。

测试文档

系统测试计划；

系统测试设计说明；

系统测试用例说明；

系统测试规程说明；

系统测试日志；

系统测试事件报告日志；

系统测试事件报告；

系统测试总结报告。

测试数据：

(1) 所有数据录入、查询屏幕和回答屏幕的拷贝都应附在相关的测试用例文档中。

(2) 输入和输出测试文件的拷贝应交付给配置管理组。

(3) 最终执行每个测试规程的打印输出的缩微胶片拷贝，应与测试文档集一起交付给配置管理组。

10 测试任务

见附件 A 的任务列表。

11 环境要求

11.1 硬件

测试应在 XYZ 公司的硬件配置下进行。

鉴于大多数测试必须在主要的操作时间内开展，在此期间内应向测试组提供 3 个在线终端。

11.2 软件

11.2.1 操作系统

该业务操作系统应用于执行这些测试。

11.2.2 通信软件

所有在线程序应在测试通信软件的控制下加以测试。

11.3 安全性

安全性应限于现有的各种控制器。

11.4 工具

开发和评估系统测试需要下列测试工具：

(1) 测试数据生成器(UT09-0200)。该程序用于生成绝大多数的测试数据。它位于标准系统库 SYSLIBA。

(2) 比较器程序(UT08-0100)。该程序用于在回归测试期间比较系统结果。它位于标准系统库 SYSLIBA 中。

(3) 数据库审核器。该程序用于审核数据库中的数值范围及记录之间的相互关系。它须由开发组提供。

11.5 出版物

需要下列文档支持系统测试：

——公司工资系统需求陈述(AP01-01)

——公司工资系统设计描述 (AP01-04)

——公司工资系统参考手册 (AP02-01)

——公司工资系统操作手册 (AP02-02)

——公司工资系统模块参考手册(AP02-03)

——公司工资系统用户事务参考手册(AP02-04)

12 职责

下列各组对测试各部分负有责任。

12.1 系统测试组

该组对测试及技术测试业务进行全面管理。

12.2 公司工资部门

该组是公司工资系统的终端用户，在下列各项活动中应协助系统测试组工作。

——审查测试设计说明；

——执行在线测试；

——校验输出屏幕和报告。

12.3 项目开发组

该组传递要测试的系统，并响应系统测试事件报告。该组对需要排错的任何程序进行调试，并提供数据库审核器。

13 人员和培训要求

13.1 人员配备

需要下列人员开展该测试项目：

13.1.1 测试组

测试经理	1
高级测试分析员	1
测试分析员	2
测试技术员	1

13.1.2 工资部门

工资监管人员	1

13.2 培训

公司工资部门的人员必须经过培训，以便对数据录入事务进行处理。用户事务参考手册(AP02-04)应作为该培训的基础。

14 进度

见附录A的任务列表。

硬件，软件和测试工具应用于从19＊＊年6月1日到19＊＊年8月1日期间的测试。

15 风险和应急

如果系统故障严重地影响测试进度，开发经理已同意分派一名全职人员到测试组做调试工作。

如果一位工资监管人员对于测试工作不够用，工资经理已同意确定第二位监管人员。

如果硬件出现的问题影响系统在白天的应用，则测试组应安排其夜晚的活动。

公司工资系统的第一次运行使用，在分发工资支票前必须详细地加以核查，并对任何出错的支票须用手工进行修正。

16 批准

测试经理：　　　　　　日期：

开发项目经理：　　　　日期：

质量保证经理：　　　　日期：

附件 A　任务列表

任　　务	前期任务	特殊技能	责　　任	投入	完成日期
(1)准备测试计划	结束工资系统设计描述(AP01-04)和初步的开发计划(AP01-02)	—	测试经理；高级测试分析员	4(人日)	××-01-21
(2)准备测试设计说明	任务1	通晓公司的工资规程	高级测试分析员	9	××-04-01
(3)准备测试用例说明	结束相应的测试设计(任务2)	—	测试分析员	4	××-04-15
(4)准备测试规程说明	结束相应的测试用例(任务3)	—	测试分析员	6	××-05-15
(5)建立最初的雇员信息数据库	任务4	—	测试分析员	6	××-06-01
(6)结束测试项传递并向测试组传递该公司的工资系统	结束集成测试	—	开发项目经理	—	××-06-01
(7)检查执行该系统需要的所有工作控制规程	任务6	工作控制经验	测试技术员	1	××-06-08
(8)组装并链接该公司工资系统	任务6	—	测试技术员	1	××-06-08
(9)执行数据录入测试规程	任务5 任务8	—	测试分析员	1	××-06-22
(10)执行批测试规程	任务5 任务8	—	测试技术员	3	××-06-30
(11)检查批测试结果	任务10	通晓工资报告需求	测试分析员	1	××-07-02
(12)解决测试事件报告	任务9 任务11	—	开发组经理；系统测试组经理；公司的工资部门经理	2	××-07-16
(13)重复任务(6)～(12)直到所有测试规程成功运行	任务12	—	—	2	××-07-30
(14)撰写系统测试总结报告	任务13	—	系统测试组经理；公司工资部门经理	1	××-08-06
(15)将所有测试文档集和测试数据传输给配置管理组	任务14	—	系统测试组	1	××-08-06

B.1.3 公司工资系统——系统测试规程说明

1 测试规程说明标识符

AP08-0101 19**年3月5日

2 目的

为执行数据库转换(AP06-0101)的测试设计说明中规定的测试,该规程描述了所必需的各个步骤。该规程还描述了系统测试用例说明 AP07-0101 中描述的测试用例的执行。

注:不管是测试设计说明和还是测试用例说明都不包括在这一组系统测试示例中。

该测试应执行公司工资系统参考手册(AP02-01)中规定的雇员信息数据库转换规程,以及公司工资系统模块参考手册(AP02-03)中描述的转换程序(AP03-07)。

3 特殊需求

为了执行该规程,AP06-0101 里指定的"随机子集"程序、旧数据选取程序、新数据选取程序以及数据库审核器必须予以提供。

4 规程步骤

4.1 日志

将该规程的执行情况记录在一个标准的测试日志里(AP09-YY)。

4.2 准备

(1) 根据 AP07-0101 中指定的测试用例说明,使用测试数据生成器(UT09-0200)来生成一个雇员旧数据库的测试版本。

(2) 执行随机子集程序,要求从1到500范围内的50个随机数字。

(3) 将随机数字文件以递增的顺序排列。

(4) 利用(排列好的随机数字文件的)雇员信息旧数据库的测试版本来执行旧数据选取程序。

(5) 打印选取的记录。

4.3 处理

利用生成雇员信息新数据库的旧数据库的测试版本来执行转换程序。

4.4 测量

(1) 利用雇员信息新数据库来执行数据库审计器。报告在测试事件报告中的违背情况。

(2) 利用排列好的随机数字文件的新数据库来执行新数据选取程序。

(3) 打印选取记录。

(4) 将选取的旧记录与选取的新记录进行对比。报告测试事件报告中的差异。

4.5 清除

删除选取的文件和随机数字文件。

B.1.4 公司工资系统——系统传递报告

1 传递报告标识符

AP13-03 19＊＊年6月24日

2 传递项

一个新版本的数据转换程序(AP03-0702)正在传递。

模块参考手册(AP02-0305)描述该程序。其相关联转换规程在系统参考手册(AP02-0109)中作了规定。传递的程序与系统测试计划AP05-0103相关联。

有关该程序的信息沟通宜联系工资系统项目开发经理。

3 位置

传递的代码定位如下:

——源代码 SOURLIB1 (AP0307)

——对象代码 SYSLIB1 (AP0307)

文档库可以提供系统文档集和测试计划。

4 状态

转换程序已经过单元级和集成级的完全重新测试。该新版本用于解决6月10日执行AP08-0101形成的三个事件报告(AP11-15、16和17)。

转换程序中不充分的逻辑不足导致*无效部门代码*消息(AP11-15)和*空白主地址*(AP11-16)。增加了补充逻辑。非确切的程序说明导致依整数字段处理问题(AP11-17)。逻辑已经得到更改,为提高透明度增加了评论意见。

5 批准

开发经理: 日期:

测试经理: 日期:

B.1.5 公司工资系统——系统测试日志

1 测试日志标识符

AP09-04 19＊＊年6月10日

2 描述

数据转换程序的第一个版本(AP03-0701)正在测试。程序(AP13-01)和整个工资系统一起传递到测试组。

正在利用标准的公司数据中心的设施来进行批量测试。

该日志记录数据转换测试规程(AP08-0101)的执行情况。高级测试分析员通过CRT将这些测试传递给后台处理。

3 活动和事件条目

19＊＊年6月10日 事件

下午2:00 李刚 开始测试。

下午2:15 开始生成旧测试数据库。

下午3:30 在测试数据生成器发现一个可能存在的问题。

AP11-14

填好事件报告并围绕出现的问题进行研究。

下午6:00 完成旧数据库的生成工作。它位于测试TEST 1。

下午6:15 李刚 停止测试。

19××年6月11日 事件

上午9:45 李刚 开始测试。

上午10:00 开始创建随机数字文件。

上午10:45 生成排序的随机数字文件。

上午11:30 选择并打印旧测试数据库中的一个随机记录子集。

下午12:30 李刚 停止测试。

下午12:45 张华 开始测试。

下午1:00 针对旧测试数据库执行转换程序。

AP11-15

新数据库位于TEST 2。运行的状态报告包含3个部门代码字段中的无效数据的警告。3个记录得到核实且各个值看来是有效的。形成一个事件报告。

下午3:30 针对新数据库运行数据库审核器。 AP11-16

审核器报告空白主地址的多个实例。通过检查发现这些地址在旧数据库中,不是空白的。事件得到报告。

下午4:00 张华 停止测试。

19××年6月12日 事件

上午8:15 张华 开始测试。

上午8:30 从新数据库选择并打印随机的记录子集。

AP11-17

在一个用例中,依整数字段从3更改为0(可能由于不存在名称)。

事件得以报告。

上午11:30 删除选取和随机数字字段。

上午11:45 张华 停止测试。

B.1.6 公司工资系统——系统测试事件报告

1 报告标识符

AP11-17 19**年6月12日

2 概述

通过将转换程序(AP03-0701)生成的雇员新数据库记录与旧数据库的那些记录进行比较,发现依整数字段发生更改。测试日志 AP09-04 记录该事件。该事件发生在执行测试规程 AP08-0101 的期间。

3 事件描述

19**年6月12日 上午8:30 张华

雇员旧数据库的测试版本被转换成新格式。在这个过程中,不曾预料对依整数字段中的值进行更改。附上的打印输出文档显示的记录更改了这个字段值。

注意到:尽管从属计数在原始记录中是3,但是均没有出现名称。在所有其他记录中名称的数目与计数都是匹配的。

也许该程序正在对名称进行计数并确保其一致性。

4 影响

在解决该事件之前暂停测试活动。

B.2 规范化数值表达式——模块测试文档集

下面的示例描述了某个模块的测试,该模块对在显示器上输入的数字表达式重新格式化。该模块删除所有的逗号、标记和小数点,并且检查输入表达式的有效性。

本附录给出测试文档集包括测试设计说明、测试用例说明、测试总结报告。

B.2.1 引言

一般需求

为了在显示器上提供用户友好的数字数据的录入,系统允许键控数字表达式,包含可选的非数字符号(如逗号、小数点和引入标记)。下列任何一个示例将是有效的录入:

+0

1234.

—.012

12,345.6

为了便于编辑此类输入,需要一个例行程序把数字表达式规范成一个小数点排列好的值并描述它。一个表达式是通过如下不同的特征加以描述的:

——包括符号标记;

——包括逗号;

——包括小数点;

——小数位的数目;

——整数位的数目。

返回代码应标识出任何编辑错误的具体实况。该例行程序应通过 COBOL 程序访问。

函数设计

输入：称为 NUMERIC-EXPRESSION 长度为 25 的字符串包含一个数字表达式。该表达式必须包含至少一个数位。它可能包含少于 14 个整数位和少于 4 个小数位。它还可能包含下列各项的有效组合：

——前部标记符号；

——小数点；

——分组逗号。

有效的录入字段在左边、右边或者左右两边可能都有空白。内空白是无效的。

处理：编辑输入表达式，如果无效则在返回代码中记录出错状态。如果有效则删除任何标记符号、小数点和逗号，由此产生的数字值则在标有符号的字段中小数点对齐。另外，计算一组输入描述符。

输出：PIC S9(14)V9(4)中小数点对齐、标有符号的数字值称为 ALIGNED-NUMERIC-VALUE。

一组输入描述符：

INTEGER-DIGIT-COUNT	(0-14)
FRACTIONAL-DIGIT-COUNT	(0-4)
WAS-SIGN-FOUND	(N-O, YES)
WERE-COMMSA-FOUND	(N-O, YES)
WAS-DECIMAL-POINT-FOUND	(N-O, YES)

具有以下值的 RETURN-CODE：

- NORMALIZATION-OK
- INVALID-FIRST-CHAR
  首字符是除数字、句号或者标记之外的符号
- INVALID-NONFIRST-CHAR
  非首字符是除数字、句号或者逗号之外的符号
- NO-DIGIT-FOUND
  没有输入数字字符
- TOO-MANY-INTEGER-DIGIT
  14 个以上连续数字无小数点
- TOO-MANY-FRACTIONAL-DIGIT
  小数点的右侧有 4 个以上数字
- TOO-MANY-DECIMAL-DIGIT
  1 个以上小数点
- COMMA-RIGHT-AFTER-SIGN
  1 个标记后紧跟逗号
- INVALID-COMMA-INTERVAL
  逗号后侧的连续数字少于 3 个
  逗号前边或后边的连续数字多于 3 个
- COMMA-AFTER-POINT
  逗号在小数点的右侧

如果 RETURN-CODE 值不是 NORMALIZATION-OK，那么其他输出域的值未定义。

技术设计

语言：COBOL

访问：执行包含在内的子例程

层次表：规范化-数字-表达式

左侧-对齐　表达式

查找　最右侧　没有空格

确证表达式

初始化描述符字段

将返回调整为 OK

进行确证扫描

删除确证扫描

规范化有效表达式

保存数字

删除特殊符号

对齐输出值

建立标记

注释：

输出字段	设置程序
返回代码(Error)	进行确证扫描 删除确证扫描
返回代码(OK)	将返回调整为 OK
输入描述符	启动描述子段 进行确证扫描 删除确证扫描
ALIGNED-NUMERIC-VALUE	对齐输出值 建立标记

B.2.2　规范化数字表达式——模块测试设计说明

1　测试设计规格标识符

NNE. TD. 01. 05　19××年 3 月 15 日

注：没有与这个模块相关的测试计划，因为其开发没有与任何特定的应用项目相关系（因此没有项目级的测试计划），并且因为该特定的项目经理已决定不需要详细的模块测试计划。质量保证经理赞同该决定。

2　要测试的特征

单个特征

2.1　只有数据处理

2.2　标记符号处理

2.3　小数点处理

2.4　逗号处理

组合特征

2.5　标记符号和小数点组合

2.6　标记符号和逗号组合

2.7　小数点和逗号组合

2.8 标记符号、小数点和逗号组合

功能设计描述中规定所有这些特征，功能设计描述包含在程序员指南的通用例程里。

3 方法细化

模块的单个处理特征首先采用有效输入和无效输入进行测试，其后应进行所有的组合测试。

编写一个程序来驱动该模块。应利用包含一个输入值和字段的每条记录来形成一个文件，以便存储产生的各个值。驱动程序应阅读一条记录，传递该模块的相应输入值，将产生的值存储在该记录中并重写该记录。该模块的当前版本标识符应存贮在每个重写的记录里。

在测试开始之前，应以与驱动文件相同的格式生成一个测试用例文件。记录应包含输入值和预期得到的值。随着测试的进行，驱动文件应与用例文件进行比较。文件比较实用程序应报告任何差别。

鉴于生成所有可能的输入值是不实际的，测试组合的综合性应基于以下准则加以评估。

(1) 需求覆盖情况

满足每种需求吗？

(2) 设计覆盖情况

满足每条功能设计说明吗？

(3) 域覆盖情况

每个输入约束（如，小数点的最多1个）都测试了吗？包括各个代表值吗？生成所有出错消息了吗？

(4) 分支覆盖情况

每个分支至少测试一次吗？

(5) 语句覆盖情况

每条语句至少执行过一次吗？

应生成适合的检查表以评估(1)至(3)条准则。现有的代码测试仪器工具应用来评估(4)至(5)条准则。

测试组合必须至少有一次满足以上规定的5条准则的每一条。

测试用例选择基本原理

输入约束

(1) 整数位不多于14个；

(2) 小数位不多于4个；

(3) 小数点不多于1个；

(4) 每个逗号的左侧有1到3个邻近数字；

(5) 每个逗号的右侧有3个邻近数字；

(6) 小数点后无逗号。

没有相关的内部约束或输出约束。

通用测试用例特性

所有测试用例需要一个模块驱动器。

4 测试标识

用例：

只有数字	
有效的	
14 个整数位	NNE. TC. 001
居中 6 个整数位	NNE. TC. 002
左侧对齐 1 个整数位	NNE. TC. 003
无效的	
15 个整数位	NNE. TC. 010
含嵌入式空格的数字串	NNE. TC. 011
含前导无效字符的数字串	NNE. TC. 012
含嵌入式无效字符的数字串	NNE. TC. 013
含尾部无效字符的数字串	NNE. TC. 014
标记符号	
有效的	
右对齐＋标有符号的 14 个整数	NNE. TC. 020
－标有符号的整数	NNE. TC. 021
无效的	
嵌入式标记	NNE. TC. 030
尾部标记	NNE. TC. 031
仅有标记而没有数字	NNE. TC. 032
2 个前导标记	NNE. TC. 033
2 个分离标记	NNE. TC. 034
小数点	
有效的	
含 4 个小数位的前导点	NNE. TC. 040
含 1 个小数位的嵌入式点	NNE. TC. 041
含 14 个整数的尾部点	NNE. TC. 042
无效的	
5 个小数位	NNE. TC. 050
2 个点	NNE. TC. 051
没有数字的点	NNE. TC. 052
逗号	
有效的	
1 个逗号	NNE. TC. 060
含 14 个整数位的 4 个逗号	NNE. TC. 061
无效的	
前导逗号	NNE. TC. 070
逗号左侧有 4 个数字	NNE. TC. 071
逗号右侧有 2 个数字	NNE. TC. 072
逗号右侧有 4 个数字	NNE. TC. 073
尾部逗号	NNE. TC. 074
没有数字的逗号	NNE. TC. 075
15 个整数位	NNE. TC. 076

标记符号和小数点

有效的

含有标记符号和尾部点的 1 位数	NNE. TC. 080
含有标记符号接着点的 1 位数	NNE. TC. 081
含有标记符号和点的 14 位数	NNE. TC. 082

无效的

没有数字的标记符号和点	NNE. TC. 090

标记符号和逗号

有效的

含有标记符号和逗号的 14 位数	NNE. TC. 100
含有标记符号和逗号的 4 位数	NNE. TC. 101

无效的

靠近逗号的标记符号	NNE. TC. 110

小数点和逗号

有效的

含有逗号的 14 个整数位和 4 个小数位	NNE. TC. 120
含有 4 个数字和尾部点的 1 个逗号	NNE. TC. 121

无效的

逗号与点之间没有数字	NNE. TC. 130
逗号与点之间 4 个数字	NNE. TC. 131
逗号在点之后	NNE. TC. 132

标记符号、小数点和逗号

有效的

最长有效表达式	NNE. TC. 140
最短有效表达式	NNE. TC. 141
代表性有效表达式	NNE. TC. 142

无效的

15 个整数位和 4 个小数位	NNE. TC. 150
14 个整数位和 5 个小数位	NNE. TC. 151

规程

没有与该设计相关的正式测试规程。

使用该模块驱动器的规程是在程序员指南的测试工具部分。

5 特征通过准则

为了通过这种测试，每种特征必须通过其所有的测试用例。

B.2.3 规范化数字表达式——模块测试用例说明

1 测试用例说明标识符

NNE. TC. 121. 01　19 * * 年 3 月 17 日

含 4 个数字和尾部点的 1 个逗号

2 测试项

规范化数字表达式子例程

该例程从数字表达式中除去标记、逗号和小数点。

需求、功能设计和技术设计说明都包含在程序员指南的通用程序部分。

3 输入说明

在 NUMERIC-EXPRESSION 名称字段输入：1,234。

4 输出说明

ALIGNED-NUMERIC-VALUE：+12340000

RETURN-CODE ：NORMALIZATION-OK

INTEGER-DIGIT-COUNT：4

FRACTIONAL-DIGIT-COUNT：0

WAS-SIGN-FOUND：N-0

WERE-COMMAS-FOUND：YES

WAS-DECIMAL-POINT-FOUND：YES

5 环境需求

需要一个模块驱动器来执行该用例。

6 特殊规程需求

使用模块驱动器的规程包含在程序员指南的测试工具部分。

7 用例相互关联性

无。

B.2.4 规范化数字表达式——模块测试总结报告

1 测试总结报告标识符

NNE.TS.01　19＊＊年3月23日

2 概要

在纠正3次故障后，规范化数字表达式模块（第5次修订）通过了所有测试。采用一个模块驱动器测试该例程。

下面的测试文档与该模块相关：

(1)　模块测试设计说明　　NNE.TD.01.05

(2)　模块测试用例说明　　NNE.TC.001-.151

3 变更

测试期间所确定的各种条件来自原始功能设计中所描述的无效条件的增加。结果产生了另外11个测试用例说明。所有这些更改均包含在当前的文档集里。

4 综合性评估

附上的检查表（但不包括示例）和执行跟踪报告表明，已经满足了在测试设计说明中规定的最低限度综合性要求。

5 结果总结

测试用例中的3个（071、073和131）暴露了由于逻辑不充分而导致的故障。完善逻辑后，定义了新的测试用例，并且重新运行测试集，所有特征都通过其测试。

6 评估

该模块通过了综合性的测试，只检测出3次故障。在最初六个月的使用中，将不会出现额外2次以上故障。

7 活动总结

开始测试　03/12/××	估计时间	实际时间
测试设计（包括用例）	2.0天	3.0天
模块驱动器开发	1.0天	1.5天
执行测试	2.0天	2.0天
模块修改	2.0天	1.5天
测试报告	0.5天	0.5天
结束测试 03/23/××	7.5天	8.5天

8 批准

开发项目经理：　　　　日期：

附　录　C
（资料性附录）
传递报告示例

APP 产品线产品测试传递报告(V2.0)	
项目版本号	ma-web 5.6.0.3
新增/修改的功能/隐错	➢ 每日导出应收接口调整 ➢ 执行时间结算方式订单行收入确认规则调整 ➢ 修改合同信息功能调整 ➢ 密码管理 ➢ 广告展现页面保存功能 ➢ 其他功能调整
功能模块(产品组件)名称/版本	程序名称:ma-web cvs path : App/ecom/ma/ma-web cvs tag : ma-web_5-6-0-3_PD_BL Version : ma-web 5.6.0.3 Built date : 07 18 2006 21:38:38 md5sum : deebf70be2a61b8e340c8378b9b16cdb ma_encode_5_6_0_3.tgz
配置文件修改	详见 releasenotes
编译依赖关系	无
被测试程序提交位置	guest@testing-app00:/home/guest/fromRD/ma-web/5.6.0/
优先级别	优先级等级包括: 紧急、高、中、低 优先级紧急的任务需将该提交测试清单同时抄送给产品线总监/高级经理以及产品测试经理和软件质量总监 紧急(　)高(√)中(　)低(　)
新增还是修改	此处表示对于模块或者包名以前是否测试过,若已经提交测试过则填写修改,若从来没有提交测试过则填写新增 新增(　)　　　　修改(√)
是否经过了设计评审/设计评审参加人	是(√)否(　) 设计评审参加人:王某某、李某某
是否提交了正式的设计评审报告/评审结论	是(√)否(　) 设计评审结论:通过
新增/修改的模块代码名称/代码规模(代码行)	Ma-web

APP产品线产品测试传递报告(V2.0)	
是否经过了代码评审/代码评审参加人	是(√)否( ) 评审参加人:王某某、李某某
是否提交了正式的代码评审报告/评审结论	是(√)否( ) 代码评审结论:通过
是否进行了单元测试	是(√)　　　　否( )
是否提交了正式的单元测试报告/单元测试结论	是(√)否( ) 单元测试结论:测试正常
对其他系统/产品或者模块/功能的影响	该版本修改了与erp系统的接口文件,需要和erp系统进行联调。
是否需要更改模板	是(√)　　　　否( )
测试重点	请注意功能调整模块的测试,并且注意与erp系统联调功能以及回归关联功能。
提交人	王某某、李某某
测试提交日期/建议测试完成日期/预计上线日期	2006-7-11　09:05 2006-7-19　15:00 2006-7-19　18:00

ICS 35.100.01
L 79

中华人民共和国国家标准

GB/T 9387.3—2008/ISO/IEC 7498-3:1997
代替 GB/T 9387.3—1995

信息技术 开放系统互连 基本参考模型 第3部分:命名与编址

Information technology—Open Systems Interconnection—Basic Reference Model—Part 3:Naming and addressing

(ISO/IEC 7498-3:1997,IDT)

2008-09-01 发布 2009-02-01 实施

中华人民共和国国家质量监督检验检疫总局
中国国家标准化管理委员会 发布

前　言

GB/T 9387《信息技术　开放系统互连　基本参考模型》目前分为4个部分：

——第1部分：基本模型；

——第2部分：安全体系结构；

——第3部分：命名与编址；

——第4部分：管理框架。

本部分等同采用ISO/IEC 7498-3:1997《信息技术　开放系统互连　基本参考模型　第3部分：命名与编址》，仅有编辑性修改。

本部分代替GB/T 9387.3—1995《信息处理系统　开放系统互连　基本参考模型　第3部分：命名与编址》。

本部分由中华人民共和国信息产业部提出。

本部分由全国信息技术标准化技术委员会归口。

本部分起草单位：信息产业部电子工业标准化研究所。

本部分主要起草人：张晖、张翠、徐冬梅、吴东亚、郭楠。

本部分于1995年首次发布。

引　言

本部分扩展了在 GB/T 9387.1—1998 中所描述的标识符这个基本体系结构的概念。

GB/T 9387 的本部分陈述了一个体系结构准则，在开放系统互连环境(OSIE)中为了互连的目的而制定的任何涉及客体的标识(命名)和定位(编址)的标准，都应遵循本部分。

本部分具有足够的灵活性以适应技术的进步和用户要求的扩展，该灵活性也意味着允许将现有的实现逐步过渡到 OSI 标准。

注 1：本部分期望服从于未来的发展，尤其是与多对等实体数据传输(MPDT)保持一致。

在本部分中所陈述的体系结构准则确保在 OSIE 中为了互连的目的而涉及客体的标识和定位的任何国家标准将：

a) 在以下几个方面避免任何限制：
   1) 在当前的或将来的国家标准和国际标准中可能出现的功能；
   2) 任何开放实系统的功能；
   3) 任何开放实系统的内部设计。
b) 保留在 OSIE 中层的独立性准则。即某层的内部功能不被其他任何层限制。
c) 保留在 GB/T 9387.1—1998 中 4.2 所描述的 OSIE 中实现独立性准则。即任何开放实系统(或管理者)将无需知道其他开放实系统(或管理者)的实现设计，也无需将暴露自己的实现设计作为使用 OSI 标准通信的一个条件。
d) 在 OSIE 中，为了互连允许节省的支持，尤其是在本部分说明的框架中产生的单独的标准应能为在 OSIE 中为了互连而需要标识和定位的客体提供方便，使其在性能、可靠性和整体性方面达到足够的水准，并减少人工管理。

在本部分中，对 OSIE 中命名与编址的描述分步骤进行。

注 2：对 OSIE 中命名与编址的需求，GB/T 9387.1—1998 中的定义不够充分，在本部分中给出了一个清晰的基本体系结构。

信息技术 开放系统互连 基本参考模型
第3部分:命名与编址

1 范围

GB/T 9387的本部分定义了在OSIE中为了标识和定位客体而使用的名和地址的基本机制。在基本参考模型的层次结构中定义对这些机制的使用。

本部分扩展了在GB/T 9387.1—1998中定义的概念和准则,本部分既不打算作为一个实现规范,也不希望成为一个对实现一致性进行评价的基础。

命名和地址的规范形式不在本部分范围内。

2 规范性引用文件

下列文件中的条款通过GB/T 9387的本部分的引用而成为本部分的条款。凡是注日期的引用文件,其随后所有的修改单(不包括勘误的内容)或修订版均不适用于本部分。然而,鼓励根据本部分达成协议的各方研究是否可使用这些文件的最新版本。凡是不注日期的引用文件,其最新版本适用于本部分。

GB/T 9387.1—1998 信息技术 开放系统互连 基本参考模型 第1部分:基本模型(idt ISO/IEC 7498-1:1994)

GB/T 9387.4—1996 信息处理系统 开放系统互连 基本参考模型 第4部分:管理框架(idt ISO/IEC 7498-4:1989)

GB/T 12500—2008 信息技术 开放系统互连 提供连接方式运输服务的协议(ISO/IEC 8073:1997,IDT)

GB/T 15126—2008 信息技术 开放系统互连 网络服务定义(ISO/IEC 8348:2002,IDT)

GB/T 16974—1997 信息技术 数据通信 数据终端设备用X.25包层协议(idt ISO/IEC 8208:1995)

GB/T 17176—1997 信息技术 开放系统互连 应用层结构(idt ISO/IEC 9545:1994)

GB/T 17967—2000 信息技术 开放系统互连 基本参考模型 OSI服务定义约定(idt ISO/IEC 10731:1994)

3 定义

3.1 本部分使用在GB/T 17176—1997中定义的下列术语:

a) 应用进程类型 application-process-type;

b) 应用进程调用 application-process-invocation。

3.2 本部分使用在GB/T 17967—2000中定义的下列术语:

a) (N)服务请求原语 [(N)-service-request-primitive];

b) (N)服务指示原语 [(N)-service-indication-primitive];

c) (N)服务响应原语 [(N)-service-response-primitive];

d) (N)服务证实原语 [(N)-service-confirm-primitive]。

3.3 本部分使用在GB/T 15126—2008中定义的下列术语:

连接的子网点 subnetwork point of attachment。

3.4 本部分使用下列定义。

3.4.1

(N)地址　(N)-address

一个在OSIE中无二义的名，它用来标识位于同一开放系统中(N)子系统和(N+1)子系统边界上的一个(N)服务访问点的集合。

注1：该(N)地址的定义是最终的定义，它不同于GB/T 9387.1—1998中的定义。在GB/T 9387.1—1998修订时，将用它代替现有的定义。

注2：当一个名在一给定范围内标识且仅标识一个客体时，该名在给定的范围内是无二义的，名无二义性并不排除同义名的存在。

3.4.2

(N)地址选择因子　(N)-address-selector

(N)选择因子　(N)-selector

编址信息中的一个元素，它标识了在同一(N)子系统中的一个(N)-SAP集。(N)选择因子由本地管理赋值。

注：(N)地址选择因子的概念只适用于网络层以上各层。

3.4.3

(N)联系　(N)-association

(N)实体调用之间的一个合作关系。

注：(N)联系可以通过交换(N)协议控制信息来建立。

3.4.4

主呼(N)地址　calling-(N)-address

一个可以出现在(N)服务请求或指示原语中的参数，它标识(N)发起者的(N)地址。

注：在一个特定层的服务定义中，该参数可以称为"主呼(N)地址"或"源(N)地址"。然而在本部分中仅使用"主呼(N)地址"。

3.4.5

被呼(N)地址　called-(N)-address

一个可以出现在(N)服务请求或指示原语中的参数，它标识(N)接收者的(N)地址。

注：在一个特定层的服务定义中，该参数可以称为"被呼(N)地址"或"宿(N)地址"。然而在本部分中，仅使用"被呼(N)地址"。

3.4.6

描述名　descriptive name

它是一种通过一组与客体性质有关的断言来标识客体集合的名。

3.4.7

(N)地址目录函数　(N)-address-directory-function

一个(N)函数，它用来处理(N)地址、(N—1)地址、(N)实体标题和(N)-PAI，以便在这些信息范畴之间提供映射。

3.4.8

(N)实体　(N)-entity

(N)子系统中的一个活跃元素，它对应于某一特定的(N)实体类型并包含一组为第(N)层定义的功能。(不含有任何其他功能)。

注：该(N)实体的定义不同于GB/T 9387.1—1998中的定义，本定义是一个最终的定义，在GB/T 9387.1—1998修订时，将用它代替现有的定义。

3.4.9

(N)实体调用　(N)-entity-invocation

对一个给定的(N)实体的部分或全部功能的一次特定使用(不使用任何其他能力)。

注：该定义将在GB/T 9387.1—1998修订时被引入，以代替其中现行的定义。

3.4.10

(N)实体标题 (N)-entity-title

用于无二义地标识一个(N)实体的名。

3.4.11

(N)实体类型 (N)-entity-type

根据为第(N)层定义的一组功能来为一类(N)实体做出的描述。

注：该定义将在GB/T 9387.1—1998修订时被引入,以代替现行的定义。

3.4.12

类属名 generic name

一个客体集合的名。

注：类属标题是类属名的一个特定形式。

3.4.13

(N)发起者 (N)-initiator

一个(N)实体调用,它发出一个(N—1)服务请求原语。

3.4.14

名 name

在某一领域内对应于一个客体的语言结构。

3.4.15

命名权限机构 naming-authority

一个按照特定规则分配名的注册权限机构。若用它分配标题则称标题权限机构,若用它分配地址则称地址权限机构。

3.4.16

命名域 naming-domain

一个名的集合,这些名可分配给某种特定类型的客体。若名是标题,则称该集合为标题域。若名是地址,则称该集合为地址域。

3.4.17

命名子域 naming-subdomain

命名域的一个子集,它与该命名域中的其他命名子域不相交。

3.4.18

原始名 primitive name

由一个指定的命名权限机构给出的标识某客体的一个名。其使用者无需了解其内部结构,或者说其内部结构对使用者来说无需有意义。

3.4.19

(N)接收者 (N)-recipient

一个接收(N—1)服务指示原语的(N)实体调用。

3.4.20

(N)协议编址信息 (N)-protocol-addressing-information；(N)-PAI

(N)-PCI中包含编址信息的那些元素。

3.4.21

响应(N)地址 responding-(N)-address

一个可以在(N)服务响应或证实原语中出现的参数,它标识了(N)接收者的(N)地址。

注：在一个特定层的服务定义中,该参数可称为“被呼地址”或“响应地址”,然而在本部分中仅使用“响应(N)地址”这个术语。

3.4.22

(N)服务访问点地址　(N)-service-access-point-address

(N)-SAP 地址　(N)-SAP-address

一个用于标识单个(N)-SAP 的(N)地址。

注 1：该(N)服务访问点地址的定义不同于 GB/T 9387.1—1998 中的定义。本定义是一个最终的定义，在 GB/T 9387.1—1998 修订时将用它代替其中现有的定义。

注 2：(N)地址是一个适用于任何(N)-SAP 集的普遍术语，它包括仅由一个(N)-SAP 组成的集合，(N)-SAP 地址仅用于必须准确地标识一个且仅一个(N)-SAP 的情形。一个(N)地址是否是一个(N)-SAP 地址是本地(N)子系统的事宜，而与其他开放系统无关，然而在某些层中，由于主呼(N)地址和响应(N)地址可能会在后继的通信中使用，所以它们可以被限制为标识一个单独的(N)-SAP(见 8.4.4 和 8.5.5)。是否使用这个限制由各层和各个协议各自决定。

3.4.23

子网地址　subnetwork-address

一个由子网的命名权限机构分配给一个连接子网点的标识符。

3.4.24

同义名　synonymous name

同义词　synonym

标识某客体的一个名，该客体已由另一个不同的名标识。同义类属名是标识同一集合的不同类属名。

3.4.25

系统标题　system-title

用于标识单个实开放系统的名，它在 OSIE 中是唯一的。

4　缩略语

在本部分中，使用下列缩写词：

(N)-CEPI	(N)连接端点标识符
DLSAP	数据链路服务访问点
NSAP	网络服务访问点
OSI	开放系统互连
OSIE	OSI 环境
(N)-PAI	(N)协议编址信息
(N)-PCI	(N)协议控制信息
PhSAP	物理服务访问点
PSAP	表示服务访问点
(N)-SAP	(N)服务访问点
SNPA	连接的子网点
SSAP	会话服务访问点
TSAP	运输服务访问点

5　命名的基本概念

5.1　名是以某个语言表述的语言结构。它们在某一论域中与客体对应。(在语言中的)名与(在论域中的)客体的对应是标识关系。一个名标识它所限制的客体。

5.2　在 OSI 上下文中，名标识在开放系统互连环境(OSIE)中特定的通信客体。有两种有着明显区别的名,即原始名和描述名。

5.3 在任何特定的论域中,一个原始名是由一个命名权限机构赋予一个特定客体的名。一个命名权限机构仅是一个名源,对命名权限唯一的结构上的限制是它所提供的名必须满足:

a) 以一种规定的语言描述;

b) 无二义(仅标识一个客体)。

5.4 一个描述名由一个断言集组成,这些断言用一个正式定义的语言表述。该正式语言的定义决定了它所生成的描述名的语言结构。一个描述名可以是不完整的,此时多个客体满足所有断言,它也可以是完整的,此时它仅标识单个客体。一个完整的描述名等价于一个原始名,此时,它无二义地标识一个客体。描述名的一个组成部分可以是若干个原始名。

5.5 虽然一个原始名是无二义的,但可以有多个无二义的名标识同一客体。

5.6 一个类属名是一个原始名或一个描述名。它标识一个由若干个客体组成的集合。当用一个类属名指示一个客体时,其结果是仅选择出集合中的一个元素。可以用类属名标识无须在开放系统中定位的特殊类型的客体的集合。

5.7 当名是为了区别不同的客体和从目录设施中检索出与某客体有关的信息时,它作为一个标题赋给一个客体。当名是为了区分不同的客体类型和从目录设施中检索出与某客体类型有关的信息时,它作为一个标题赋给一个客体类型。这个名可标识一个系统、一个应用进程、一个应用进程类型一个(N)实体或一个(N)实体类型。

注:这些客体和类型的定义既在 GB/T 9387.1—1998 中也在 GB/T 17176—1997 中。

5.8 当名仅用于为了区别某客体的出现时,它作为一个标识符赋给该客体。这个名可以标识一个(N)联系、一个应用进程调用或一个(N)实体调用。

注:这些客体的定义既在 GB/T 9387.1—1998 中也在 GB/T 17176—1997 中。

6 OSI 命名与编址的概念和地址的正确使用

6.1 实开放系统的命名

6.1.1 系统标题是一个与层无关的原始名,也即同一标识符可以在不同层中用于标识同一实开放系统。单个实开放系统由且仅由一个系统标题命名。

6.1.2 系统标题用于标识作为一个整体的实开放系统。它还可以用于:

a) 与其他限定符联接,用来标识存于该实开放系统管理信息库有关部分中的特定的 OSI 资源;

b) 作为一个附属于某 OSI 资源的目录设施入口的属性,该资源仅与单个实开放系统有关。

6.2 (N)层元素的命名与编址

6.2.1 引言

6.2.1.1 由于一个(N)实体类型描述了一类(N)实体,所以需要给它命名但无需定位。由于(N)实体和(N)实体调用是(N)层中的活跃元素,所以需要给它们无二义地标识与定位。

6.2.1.2 在一个开放系统中,(N+1)实体和(N)实体由(N)服务访问点((N)-SAP)连接到一起。通过在(N)-SAP 交换服务原语,(N)实体为(N+1)实体提供服务。

6.2.1.3 一个(N)实体由一个(N)实体标题来无二义地标识。一个(N)实体类型由一个(N)实体类型标题标识。一个(N)实体调用由一个(N)实体调用标识符标识,该标识符在一个(N)实体的范围内是无二义的。

6.2.2 (N)地址

6.2.2.1 一个(N)地址标识一个(N)-SAP 集合,这些(N)-SAP 均位于一个(N)子系统和一个(N+1)子系统的交界处。一个(N)-SAP 地址是一个(N)地址,但它标识仅由一个(N)-SAP 组成的集合。

6.2.2.2 当多个(N)实体作为编址客体时,与一个地址的通信就是与一个(N)实体调用通信。

6.2.2.3 一个(N+1)实体由它所附接的一个或多个(N)-SAP来定位。一个(N)-SAP由一个或多个(N)地址标识。

注:一个物理地址用于访问一个数据链路实体;
一个数据链路地址用于访问一个网络实体;
一个网络地址用于访问一个运输实体;
一个运输地址用于访问一个会话实体;
一个会话地址用于访问一个表示实体;
一个表示地址用于访问一个应用实体。

6.2.3 (N)选择因子

一个(N)选择因子是编址信息的一个组成部分,它特定于(N)子系统。一旦某个端开放系统被无二义地标识,(N)选择因子在该端开放系统内用于标识(N)-SAP或(N)-SAP的集合。由于端开放系统在网络层是隐含的,所以(N)选择因子只用于网络层以上,它在该开放系统中,与本地信息一起寻找所需要(N+1)实体。(N)选择因子的值作为(N)-PAI的一部分在开放系统之间交换。

6.3 (N)地址的正确使用

6.3.1 (N)地址有一个有限的使用范围。它们用于且仅用于区别(N)-SAP集。编址规则的使用不会使实开放系统的结构对OSI环境可见。

6.3.2 (N)地址用于标识(N)-SAP集,以使(N+1)实体定位。一个(N+1)子系统可划分为如下几个(N+1)实体:

a) 支持不同的(N+1)协议或(N+1)协议集合;

b) 适应保密或管理的需求;

c) 在应用子系统中,区别不同的应用进程及同一应用进程中的不同应用实体。

6.3.3 (N)地址不用于:

a) 区分协议中协商的部分(类别、子集、服务质量、协议版本)或参数值;

b) 在网络层以上导出路由信息;

c) 区分硬件部件。

注:在某些配置下,使用像6.3.2中那样定义的(N)地址会导致一个(N+1)实体被完整地包含在单个硬部件中。然而,在OSIE中,(N)地址标识(N+1)实体,它不标识硬部件。

7 OSI编址模型

7.1 对等(N)实体之间的联系

7.1.1 一个(N)联系是两个(N)实体调用之间的一个合作关系。(N)实体调用之间的合作需要在每个(N)实体调用中建立和维护有关的状态信息。这些状态信息支持(N)实体调用之间的(N)联系。

7.1.2 一个(N)实体调用可以在任意时刻支持一个或多个彼此无关的(N)联系。该(N)实体调用与某个特定的(N)联系之间的通信行为由(N)实体和特定于该(N)联系的状态信息定义,该状态信息由(N)实体调用来维护。

7.1.3 一个(N)联系标识符与每个(N)联系有关。该标识符在一对合作的(N)实体调用范围内是唯一的。它用于标识与每个(N)实体调用有关的状态信息。该标识符由两部分组成,每个(N)实体调用决定一个。

注:某些(N)协议可以不必指明(N)联系标识符。

7.1.4 两个(N)实体调用可以建立若干(N—1)连接,或使用(N—1)无连接服务支持(N)联系。一个(N)联系的生存期可以超过任何一个支持它的(N—1)连接。一个(N)联系和一个(N—1)连接之间的约束可以随时变化。

注：一个(N)联系可与多个(N—1)连接关联，但在某一时刻只与一个(N—1)连接之间有一对一的约束；但在分裂的情况下，可在某一时刻是一对多的约束。

7.1.5 当一个(N)联系的操作需要时，(N)实体标题用于标识(N)实体但与其位置无关。当一个(N)联系的操作需要时，用(N—1)地址请求(N—1)服务以标识有关(N)实体的位置。

7.2 (N)实体到(N)-SAP的连接

一个(N)实体可以通过一个或多个(N)-SAP提供(N)服务，也可以通过一个或多个(N—1)-SAP来获得(N—1)服务，其结果使得一个(N)实体可以与(N)-SAP和(N—1)-SAP具有下列关系(见图1)。

a) 一个(N)实体可使用由一个(N—1)-SAP所提供的(N—1)服务，并通过一个(N)-SAP提供(N)服务。

b) 一个(N)实体可使用由一个(N—1)-SAP所提供的(N—1)服务，并通过多个(N)-SAP提供(N)服务。

c) 一个(N)实体可使用由多个(N—1)-SAP所提供的(N—1)服务，并通过一个(N)-SAP提供(N)服务。

d) 一个(N)实体可使用由多个(N—1)-SAP所提供的(N—1)服务，并通过多个(N)-SAP提供(N)服务。

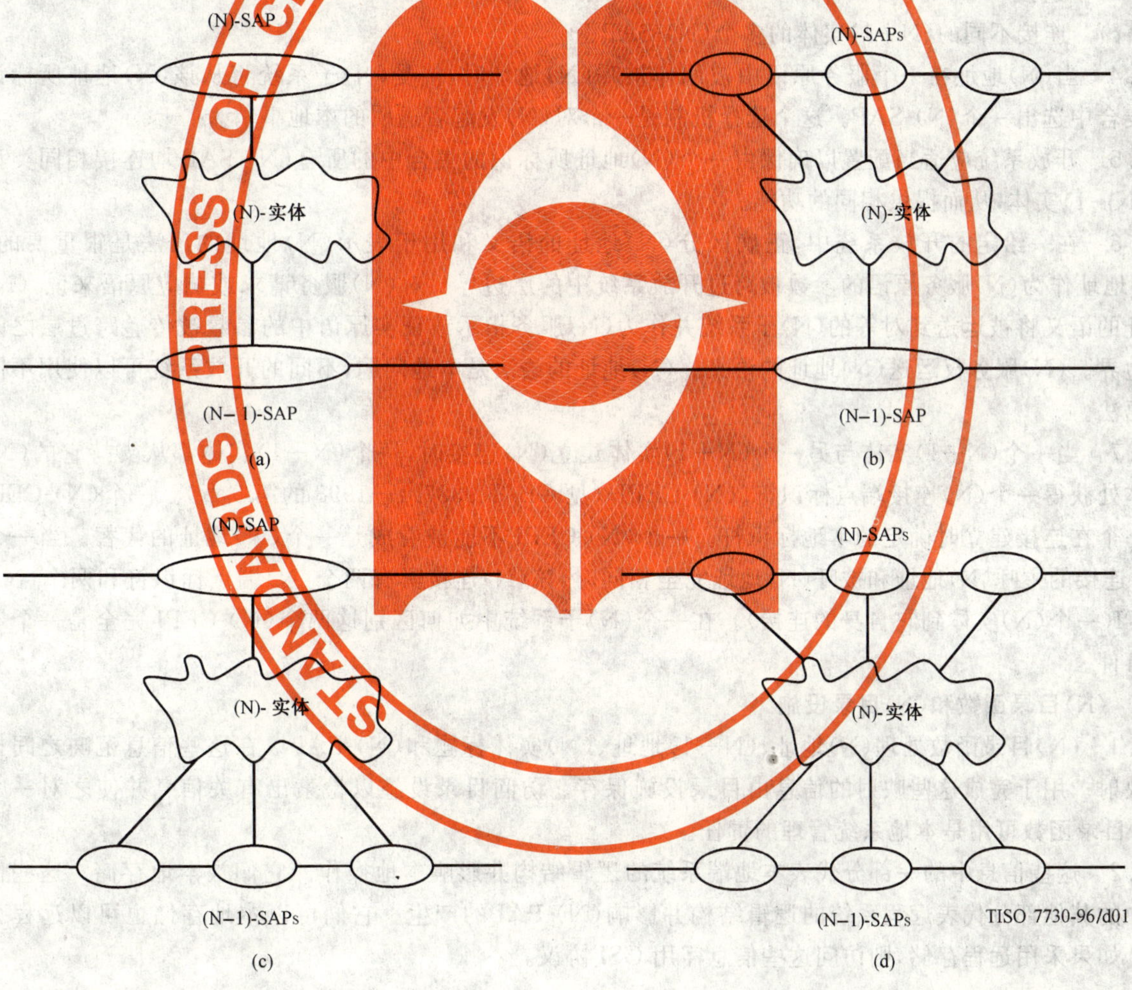

注1：上面所标识的SAP与实体之间的对应与多路复用之间没有任何关系。一个(N)多路复用功能是将多个(N)连接映射到一个(N−1)连接上。若干(N)连接可以全部终止于一个(N)-SAP，也可以终止于多个分离的(N)-SAP。多路复用(N)连接可以在服务边界上由(N)-PCI元素和(N)-PAI元素(如在(N)协议中的联系标识符)来相互区分。

注2：GB/T 16974—1997中的逻辑信道号及在OSI运输协议(GB/T 12500—2008)中的连接参考都是使用多路复用时，在(N)-PCI中交换信息以区别连接的实例。

图1 (N)-实体与(N)-SAP和(N−1)-SAP之间的关系

7.3 (N)地址和(N)-SAP

7.3.1 OSI编址结构允许：

a) 用(N)地址在其所涉及的开放系统内、在不限制较低层子系统的条件下标识一个(N+1)实体的位置；

b) 在一个(N)子系统内定义多个(N)实体。

注：有些编址结构允许在不限制开放系统中表示、会话和运输子系统结构的条件下用一个表示地址去标识一个应用实体的位置；也允许为了与接收系统中的一个应用实体建立通信而定义单个编址信息集合。

7.3.2 一个(N)地址标识一个(N)-SAP的集合，所有这些(N)-SAP均位于同一(N)子系统的边界上。该集合的具体成员数是(N)子系统本地的事情。该集合的成员数对其他开放系统来说是不可知的，同时在生存期内可以变化。

7.3.3 由一个(N)地址所标识的(N)-SAP集可按下列任一方式组成：

a) 连接一个(N+1)实体的单个(N)-SAP；或

b) 连接一个(N+1)实体的多个(N)-SAP；或

c) 连接不同的(N+1)实体的多个(N)-SAP。

7.3.4 当(N)地址在一个服务原语中被用作被呼(N)地址时，接受(N)子系统将从该(N)地址所标识的集合中选出一个(N)-SAP。这个选择机制是一个对(N)发起者透明的本地事情。

7.3.5 开放系统应适当配置以确保由一个(N)地址所标识的集合中的所有(N)-SAP均连接相同类型的(N+1)实体，从而提供相同的功能。

7.3.6 在一给定的开放系统中，正确区分(N)地址的语义和用于表示(N)地址的语法是很重要的。(N)地址作为(N)服务原语的参数被跨过开放系统中的层边界。对(N)服务请求或响应原语来说，(N)地址的语义将被运送到对等的(N)子系统并作为(N)服务指示或证实原语中的参数被传递跨过层之间的边界。(N)服务仅运送(N)地址的语义。(N)地址的语法是本地问题，不同的开放系统可以使用不同的语法。

7.3.7 当一个(N+1)实体与另一个(N+1)实体建立(N)连接时，每个(N+1)实体都从支持它的(N)实体处获得一个(N)连接端点标识符((N)-CEPI)(见GB/T 9387.1—1998的第5章)。一个(N)-CEPI是一个在连接建立时确定的本地标识符。一个(N)-CEPI不能被看成是一个(N)地址的代替。当一个(N)连接的主呼(N)地址和被呼(N)地址完全相同时，该(N)连接具有两个(N)端点标识符和两个(N)-CEPI(一个(N)实体到它自身的连接)。在一个(N)子系统中如何区别这两个(N)-CEPI完全是一个本地事件。

7.4 (N)目录函数和(N)目录设施

7.4.1 (N)目录函数处理(N)地址、(N−1)地址、(N)实体标题和(N)-PAI以在这些信息范畴之间提供映射。用于完成这些映射的信息由目录设施保存。访问目录设施以检索出有关信息并使之对一个(N)目录函数可用是本地系统管理的责任。

7.4.2 这些信息中的一部分代表本地端系统的逻辑结构并影响本地操作。它们被本地存储。这些信息中的其他部分代表远程系统的逻辑结构并影响(N)-PAI的产生。它们可以本地存储也可以远程存储。如果采用远程存储，则访问这些信息需用OSI协议。

8 编址信息和(N)服务

8.1 引言

8.1.1 本章为在(N)服务原语中使用的(N)地址提出一个与层次无关的描述。

8.1.2 (N+1)实体通过在(N)-SAP发出(N)服务原语来使用(N)服务。发出一个(N)服务请求或响应原语可以导致连接到对等(N+1)实体上的一个(N)-SAP发出(N)服务指示或证实原语。

8.1.3 从一个目录设施所提供的信息中检索出的(N)地址有可能会无效。从一个以前收到的(N)服务指示或证实原语的主呼或响应(N)地址参数中检索出的(N)地址，只在它被发出时是有效的，但并不保证该地址永远有效。因此，在所有情况下，使用一个(N)地址的(N+1)实体应检查该(N)地址是否还与(N+1)层中所期望的响应者通信。在这种情况下，通常的做法是在应用层中交换应用实体标题。

8.1.4 对一个(N)地址的使用本身并不能标识一个特定的(N+1)实体调用。一个(N+1)实体可以与位于某(N)地址的任何所期望的(N+1)实体的实例通信。在某些(N+1)层中，需要参阅(N+1)实体调用所使用的(N+1)实体调用标识符。

8.2 地址参数

8.2.1 区分所传递的(N)地址参数是被呼(N)地址参数还是主呼(N)地址或响应(N)地址参数是很重要的。

8.2.2 被呼(N)地址用于发起(N+1)实体调用之间的通信。(N+1)发起者提供被呼(N)地址，其语义被运送到对等的(N+1)接收者。

8.2.3 主呼(N)地址和响应(N)地址主要用于标识和再调用的目的，并可标识在一次通信实例中使用的具体的(N)-SAP。

8.3 被呼(N)地址

8.3.1 在连接方式服务原语中的被呼(N)地址参数等价于无连接方式服务原语中的目的(N)地址参数。

8.3.2 被呼(N)地址由(N+1)发起者提供。(N)地址的语义在一个(N)服务指示原语中被送到接收者的(N)子系统和(N+1)子系统。

8.3.3 不限制在(N)服务指示原语参数中运送的被呼(N)地址要与相关的请求原语中说明的地址一致。然而，(N)服务定义却可以利用这个限制。

8.3.4 在网络层以上，地址处理受限于端系统：

a) 对于发起开放系统来说，对被呼(N)地址的处理不依赖于接收开放系统所支持的地址结构的复杂性；

b) 对于接收开放系统来说，对被呼(N)地址的处理依赖于该系统支持的地址结构的复杂性。

8.3.5 在网络层，虽然对某些被呼(N)地址的处理可以发生在一个中间系统，但这个处理并不依赖于接收开放系统所支持的地址结构的复杂性。

8.3.6 被呼(N)地址标识接收(N)子系统的一个(N)-SAP集。该集内的任何一个(N)-SAP均可用于支持通信。分解地址以选择特定的(N)-SAP是接收子系统的责任。

8.3.7 被呼(N)地址可能已从目录设施所获得的信息中检索出来。在这种情况下，(N)地址的语义与接收系统用自己的行为所公布的目录入口有关。与目录设施入口有关的属性必须为接收子系统所知。被呼(N)地址标识一个对(N+1)实体进行访问的(N)-SAP集，这些(N+1)实体以某种方式支持通信，该方式须与从目录设施中所获得的信息保持一致。

8.3.8 被呼(N)地址可以是接受(N)子系统在以前的通信实例中作为主呼或响应(N)地址参数传递过的(N)地址。此时，它所标识的(N)-SAP集与在8.4和8.5中描述的主呼或响应(N)地址的要求保持一致。

8.3.9 被呼(N)地址可以由专用安排获得。此时，被呼(N)地址标识一个能对(N+1)实体提供访问的(N)-SAP集，这些(N+1)实体以与专用安排保持一致的方法支持通信。

8.4 主呼(N)地址

8.4.1 连接方式服务原语中的主呼(N)地址参数等价于无连接方式服务原语中的源(N)地址参数。

8.4.2 主呼(N)地址由(N+1)发起者提供。(N)地址的语义被传送到接收(N)子系统，然后再用一个(N)服务指示原语传递给(N+1)子系统。

8.4.3 现有的(N)协议说明和OSI管理标准并不强加任何限制。接收(N+1)子系统可以以下列任何方式使用主呼(N)地址：

a) 在后续的一次与原通信无关的请求原语中，将原通信中的主呼(N)地址用作被呼(N)地址；

b) 为了方便连接的重建或断开，在后续的一个与原来通信有关的请求原语中，将原通信中的主呼(N)地址用作被呼(N)地址；

c) 作为被呼(N)地址被转发到其他的开放系统；

d) 为了管理的目的。

8.4.4 在有效期内，主呼(N)地址将标识位于发起(N)实体的一个(N)-SAP集。该集可受限于主呼(N)地址层次说明的要求。例如，某层可以要求一个主呼(N)地址仅标识一个(N)-SAP用以实际支持发起通信。

8.4.5 当在一个(N)服务指示原语中的主呼(N)地址被接收(N)子系统在后续的(N)服务请求原语中作为被呼(N)地址使用时，该子系统应该知道这个地址可能会像在8.4.4中所定义的那样不再有效，所以应采取适当的措施。

8.5 响应(N)地址

8.5.1 响应(N)地址用于(N)服务响应/证实原语中。

注：某些OSI服务在定义响应和证实原语时，用“被呼地址”这个术语来指示响应(N)地址参数。

8.5.2 响应(N)地址由(N+1)接收者提供。该(N)地址的语义被运送到发起(N)子系统并在一个证实服务原语中传递给发起的(N+1)子系统。

8.5.3 现有的(N)层协议说明和OSI管理标准中没有任何强加的限制。发起(N+1)子系统可以以下列任何方式使用响应(N)地址：

a) 在后续的一个与原来通信无关的请求原语中，将原通信中的响应(N)地址用作被呼(N)地址；

b) 在后续的一个与原通信有关的请求原语中，将原通信中的响应(N)地址用作被呼(N)地址。例如，为了方便连接的重建或断开；

c) 作为被呼(N)地址被转发到其他的开放系统；

d) 为了管理的目的。

8.5.4 响应(N)地址可以与有关的(N)服务指示原语所说明的被呼(N)地址不相同。

8.5.5 在有效期内，响应(N)地址将标识位于发起(N)实体的一个(N)-SAP集。该集可受限于响应(N)地址层次说明的要求。例如，某层可要求一个响应(N)地址仅标识一个(N)-SAP用以实际支持通信。

8.5.6 当在一个(N)服务证实原语中接收到的响应(N)地址被发起子系统在以后的(N)服务请求原语中用作被呼(N)地址时，该子系统应该知道这个地址可能会像在8.5.5中所定义的那样不再有效，并应采取适当的措施。

9 编址信息和(N)协议

9.1 引言

本章给出了一个与层次无关的在(N)协议编址信息((N)-PAI)中使用编址信息的描述。(N)-PAI是(N)-PCI中包含编址信息的元素。

9.2 (N)-PAI中的编址信息

9.2.1 用在两个(N)实体调用之间交换(N)协议的方法运送(N)地址的语义。对某些层，(N)地址的全部语义都在(N)-PAI中运送。在其他层中，可能并不需要在(N)-PAI中表示(N)地址的全部语义。对这些层，(N)地址的全部语义由以下两点组合运送：

a) 交换(N)-PAI；

b) 与该(N)-PAI的使用范围有关的本地信息。

注1：例如，网络实体交换网络地址。此时，网络-PAT包含网络地址。

注2：(N)-PAI的值可以含有与(N)层和(N+1)层的操作有关的信息。然而，一个特定层仅使用与该层有关的信息。

9.2.2 在网络层以下，通信(N)实体受限于单个子网。由于(N)-PAI的交换可以在子网范围内被转换，所以这种交换不必是全局适用的。

9.2.3 在网络层，通信的(N)实体可以被连接到不同的子网上。所以使得(N)-PAI的交换必须是全局适用的。因此，为了达到交换网络-PAT的目的，需要单独提供网络地址的完整语义。

9.2.4 在网络层以上，(N)-PAI的表示范围受限于通信端系统。在这些层中，(N)地址的语义包括：

a) 一个(N)-SAP集的标识，这个标识在包含该集的(N)子系统的范围内是无二义的，并且这个标识是由在(N)-PAI中交换的(N)选择因子及在相应(N)子系统中与该选择因子的适用范围有关的本地信息提供的；

b) 端系统的标识来自于网络层中网络地址的交换。

注：应用层交换的是标题和标识符而不是编址信息。

9.3 对(N)-PAI元素的赋值

9.3.1 层次协议规范定义了用于编址信息交换的(N)-PAI的元素。(N)-PAI的不同元素分别用于传递下列语义：

——被呼(N)地址；

——主呼(N)地址；

——响应(N)地址。

9.3.2 用于运送主呼(N)地址语义的元素值由(N)发起者提供。这个值可以被接收(N)子系统保留，并在后续的请求原语中作为被呼(N)地址的语义运送给原来的发起(N)子系统。

9.3.3 响应(N)地址的语义值由接收(N)子系统提供。这个值可被发起(N)子系统保留并在以后的(N)服务请求原语中作为被呼(N)地址的语义运送给接收(N)子系统。

9.3.4 被呼(N)地址的语义值可以来自于：

a) 一个目录设施；

b) 一个专用安排；或

c) 以前发出的(主呼)响应(N)地址。

9.4 网络地址和网络-PAI

完整的网络地址语义在网络-PAI中运送。网络地址是全局适用的并由适当的登记权限机构发布。

9.5 网络层以上各层的(N)地址和(N)-PAI

9.5.1 (N)选择因子在(N)子系统内是无二义的。(N)选择因子的值由开放系统的本地管理来选择，尽管这样选择的值须为欲与之通信的子系统所知，但仍不要求设立一个OSI编址机构。当一个(N)选择因子标识一个(N)-SAP时，对该选择因子的分解是接收(N)子系统的任务。

注1：所有特定于某个(N)-SAP集的(N)实体都以同样的方式连接到该(N)-SAP集(即无论用这些(N)实体中的哪一个处理通信，与相应的(N)-SAP集有关的(N)选择因子的值总是同一个)。

注2：怎样获得无二义的方法是一个本地的事情。开放系统的本地管理可以通过在(N)子系统的范围内定义唯一的选择因子的方法来达到该目的。在这种情况下，(N)选择因子的语义可以从由(N)-PAI所携带的值中检索出来，而与负责处理该通信的(N)实体无关。当(N)选择因子在(N)子系统范围内是无二义的但并不唯一时，则需要有局部于接收开放系统的附加信息(尤其是一些(N)选择因子的语义是依赖于处理通信的(N)实体的)。

9.5.2 协议规范可以将(N)-PAI指定成一个选择项，因此可以省缺。由于(N)-PAI在(N)协议中是(N)选择因子，所以(N)选择因子缺省与(N)选择因子的值为“空”之间没有任何区别。在连接方式操作中，对主呼和被呼(N)地址的(N)选择因子缺省等价于(N)选择因子值为空。对响应(N)地址，(N)选择因子的值缺省表明响应(N)地址就是被呼(N)地址。

注：在使用类型长度值(TLV)编码技术的层次中：

a) “选择因子缺省”意味没有用于运送该因子类型的参数出现；

b) “选择因子值为空”对应于运送该选择因子类型参数的长度域为零；

c) 如果运送选择因子类型的参数类型出现，并且有关的参数长度不是零，则无论选择因子的值是否编码，不把它看作空。

9.5.3 当选择因子的值为“空”(或该值的缺省)已被说明为下列情况时，它仅在(N)-PAT中用作运送被呼(N)地址的语义：

a) 被说明为是来自某目录设施入口的一个值；或

b) 所运送的(N)-PAI是一个以前发出的用于主呼、响应(N)地址的语义的(N)-PAI；

c) 专用安排。

9.5.4 (N)接收者根据本地信息使用值为空的(N)选择因子，以选出一个(N)-SAP。

注：开放系统的本地管理对一个值为空的选择因子的使用并不影响对其他(N)选择因子值的使用。

9.6 (N)-PAI的获得

9.6.1 有关应用实体的信息从应用标题目录设施(见第14章)中获得。该信息是单个元组，它规定了通过PSAP访问应用实体所需的编址(N)-PAI值。这个元组具有如下形式：

(P选择因子，S选择因子，T选择因子、网络地址表)。

注：从该四元组中检索出的每一个(N)-PAI的值均可被有关的(N)接收者用以标识一个(N)-SAP集，(N)编址信息可以标识一个(N)-SAP集这件事本身仅为接收(N)子系统所知。

9.6.2 网络地址表中的所有网络地址均属于同一开放系统。在发起开放系统，对一给定的通信实例，由本地系统管理选定一个网络地址值。

9.6.3 T选择因子是单个T选择因子值，当用在运输PAT中时，它标识位于有关开放系统中的且适用于四元组中网络地址的一个TSAP集。无论使用哪个网络地址，该选择因子的值都同等有效。

9.6.4 S选择因子是单个S选择因子值，当用在会话PAT中时，它标识位于有关开放系统中的且适用于四元组中网络地址的一个SSAP集。无论使用哪个网络地址，该选择因子的值都同等有效。

9.6.5 P选择因子是单个P选择因子值，当用在表示PAT中时，它标识位于有关开放系统中的且适用于四元组中网络地址的一个PSAP集。无论使用哪个网络地址，该选择因子的值都同等有效。

10 (N)目录函数

10.1 引言

10.1.1 (N)目录函数用来处理(N)地址、(N－1)地址、(N)实体标题、(N)-PAI和可能的路由信息，以提供这些信息范畴之间的映射。这些函数由(N)层中的(N)实体在连接建立或无连接数据传输过程中的下列情况下完成：

a) 当从(N+1)层收到一个(N)服务请求原语或从(N－1)层收到一个(N－1)服务证实原语时(发起者(N)目录函数)；

b) 当从(N－1)层收到一个(N－1)服务指示原语或从(N+1)层收到一个(N)服务响应原语时(接收者(N)目录函数)。

10.1.2 这些映射信息或为本地系统管理持有并能被(N)目录函数所访问，或为一个目录设施持有。如果所需的信息来自目录设施，这些信息可被本地系统管理获得并使之能为(N)目录函数使用。

10.2 发起者(N)目录函数

10.2.1 用于连接建立或无连接数据传输的发起者(N)目录函数的参数有：

a) 由(N+1)层提供的被呼(N)地址(CALLED-(N)-ADDRESS)；

b) 由(N+1)层提供的主呼(N)地址(CALLING-(N)-ADDRESS)；

c) 由(N)层提供的被呼(N)实体标题(CALLED-(N)-ENTITY-TITLE)；

d) 由发起者(N)目录函数产生的被呼(N－1)地址(CALLED-(N－1)-ADDRESS)；

e) 由(N－1)层提供的响应(N)-PAI(RESPONDING-(N)-PAI)；

f) 由(N－1)层提供的响应(N－1)地址(RESPONDING-(N－1)-ADDRESS);

g) 本地系统管理为了满足对(N)目录函数在负载、服务的质量等方面的要求所使用的信息(LOCAL)和其他本地信息。

注:某层并不一定要求它的发起者(N)目录函数使用所有这些信息。

10.2.2 发起者(N)目录函数用以上参数作为输入产生下列信息:

a) 在(N)-PCI中携带的被呼(N)-PAI(CALLED-(N)-PAI);

b) 在(N)-PCI中携带的主呼(N)-PAI(CALLING-(N)-PAI);

c) 在(N－1)服务请求原语中携带的主呼(N－1)地址(CALLING-(N－1)-ADDRESS);

注:选择发出该(N－1)服务请求原语的(N－1)-SAP是一本地事情。这个选择必须与主呼(N－1)地址保持一致。

d) 要在(N－1)服务请求原语中传递的被呼(N－1)地址(CALLED-(N－1)-ADDRESS);

e) 要在(N)服务证实原语中传递的响应(N)地址(RESPONDING-(N)-ADDRESS);

f) 路由信息(ROUTING INFORMATION)。

注:ROUTING INFORMATION的性质和它对(N)层的作用取决于(N)层内路由函数的详细体系结构。

10.2.3 有7个发起者(N)目录函数:

a) 发起者编址函数1-IAF1。该函数的

1) 输入参数是:CALLED-(N)-ENTITY-TITLE和LOCAL;

2) 输出是:CALLED-(N－1)-ADDRESS。

b) 发起者编址函数2-IAF2。该函数的

1) 输入参数是:CALLED-(N)-ADDRESS和LOCAL;

2) 输出是:CALLED-(N－l)-ADDRESS。

c) 发起者编址函数3-IAF3。该函数的

1) 输入参数是:CALLED-(N－1)-ADDRESS,CALLING-(N)-ADDRESS和LOCAL;

2) 输出是:CALLING-(N－1)-ADDRESS。

d) 发起者编址函数4-IAF4。该函数的

1) 输入参数是:RESPONDING-(N－l)-ADDRESS和RESPONDING-(N)-PAI;

2) 输出是:RESPONDING-(N)-ADDRESS。

e) 发起者PAI函数1-IPF1。该函数的

1) 输入参数是:CALLED-(N)-ADDRESS;

2) 输出是:CALLED-(N)-PAI。

f) 发起者PAI函数2-IPF2。该函数的

1) 输入参数是:CALLING-(N)-ADDRESS;

2) 输出是:CALLING-(N)-PAI。

g) 发起者路由函数1-IRF1。该函数的

1) 输入参数是:CALLED-(N)-ADDRESS和LOCAL;

2) 输出是:ROUTING INFORMATION。

10.3 接收者(N)目录函数

10.3.1 用于连接建立或无连接数据传输的接收者(N)目录函数的参数有:

a) 由(N－1)层提供的被呼(N－1)地址(CALLED-(N－1)-ADDRESS);

b) 由(N－1)层提供的主呼(N－1)地址(CALLING-(N－1)-ADDRESS);

c) 在(N)-PCI中携带的被呼(N)-PAI(CALLED-(N)-PAI);

d) 在(N)-PCI中携带的主呼(N)-PAI(CALLING-(N)-PAI);

e) 由(N＋1)层提供的响应(N)地址(RESPONDING-(N)-ADDRESS);

f) 本地信息(LOCAL),它标识(N)-PAI的范围。

注：不要求某层的接收者(N)目录函数使用所有这些参数。

10.3.2 接收者(N)目录函数用以上这些参数作为输入产生下列信息：

a) 在(N)服务指示原语中传递的被呼(N)地址(CALLED-(N)-ADDRESS)；

注：选择发出该服务指示原语的(N)-SAP是本地事件，这个选择必须与被呼(N)地址保持一致。

b) 在服务指示原语中传递的主呼(N)地址(CALLING-(N)-ADDRESS)；

c) 在(N−1)服务响应原语中传递的响应(N−1)地址(RESPONDING-(N−1)-ADDRESS)；

d) 由(N)-PCI携带的响应(N)-PAI (RESPONDING-(N)-PAI)。

10.3.3 有4个接收者(N)目录函数：

a) 接收者编址函数1-RAF1。该函数的

1) 输入参数是：CALLED-(N)-PAI，CALLED-(N−1)-ADDRESS和LOCAL；

2) 输出是：CALLED-(N)-ADDRESS。

b) 接收者编址函数2-RAF2。该函数的

1) 输入参数是：CALLING-(N)-PAI和CALLING-(N−1)-ADDRESS；

2) 输出是：CALLING-(N)-ADDRESS。

c) 接收者编址函数3-RAF3。该函数的

1) 输入参数是：CALLED-(N−1)-ADDRESS和LOCAL；

2) 输出是：RESPONDING-(N−1)-ADDRESS。

d) 接收者PAI函数-RPF1。该函数的

1) 输入参数是：RESPONDING-(N)-ADDRESS；

2) 输出是：RESPONDING-(N)-PAI。

11 OSI各特定层中的编址

11.1 应用进程和应用层

本章涉及应用进程和应用层元素的命名。对这些元素的完整的描述在GB/T 17176—1997中给出。

11.1.1 应用进程和应用层元素

11.1.1.1 应用进程由一个应用进程标题标识，该标题在整个OSIE中是无二义的。一个应用进程标题是一个单独的名，为了方便，该名可内部构成。尤其对某些应用进程来说，应用实体标题的内部结构可基于系统标题。

注1：用系统标题构成应用进程标题的目的在于一旦系统标题已登记，便可在该系统中登记应用进程。

注2：应用进程标题可以有同义名。因此，一个应用进程可以被一个或多个应用进程以不同的应用进程标题所知。

11.1.1.2 应用实体由一个应用实体标题标识，该标题在整个OSIE中是无二义的。一个应用实体标题由一个应用进程标题和一个应用实体限定符组成。采用这样的划分便允许应用实体标题的使用者可以获得特定于应用进程的或特定于应用实体的信息。该应用实体限定符在应用进程的范围内是无二义的。

每个应用实体标题均与一个表示地址相关。

注：应用实体标题可以有同义名。因此，一个应用实体可以被一个或多个应用实体以不同的应用实体标题所知。

11.1.1.3 在应用进程调用必须被标识时，可用应用进程调用标识符的方法，这些标识符在一个应用进程的范围内是无二义的。一个应用进程调用被由应用进程标题所限定的应用进程调用标识符在OSIE内无二义地标识。

11.1.1.4 在应用实体调用须被标识时，可以用应用实体调用标识符的方法，该标识符在一对(应用进

程调用、应用实体)的范围内无二义。一个应用实体调用被由应用实体限定符、应用进程调用标识符和应用进程标题所限定的应用实体调用标识符在 OSIE 内无二义地标识。

注：下面表格给出了上面所述标识符的概括。

由 AE 标识的 ITEM	APT	APII	AEQ	AEII
应用进程	+			
应用进程调用	+	+		
应用实体	+		+	
应用实体调用	+	+	+	+
APT=应用进程标题； APII=应用进程调用标识符； AEQ=应用实体限定符； AEII=应用实体调用标识符。				

11.1.1.5 当需要标识一个应用联系时，可以用应用联系标识符的方法，这些标识符在位于该联系端点的应用实体调用的范围内是无二义的。

11.1.1.6 当需要标识一个应用进程类型时，可以用应用进程类型标题的方法，该标题在整个 OSIE 中是无二义的。一个应用进程类型标题可以用来指出一个应用进程的分布式处理能力。

11.1.1.7 当需要标识一个应用实体类型时，可以用应用类型标题的方法，该标题在整个 OSIE 中是无二义的。一个应用实体类型标题可以用于指出一个应用实体的通信能力。

11.1.1.8 在任何时刻，每个应用实体标题受约束于单个表示地址，该地址标识了该应用实体所连接的一组 PSAP。这个约束记录在应用标题目录服务中(见第 14 章)。

11.1.2 应用联系

11.1.2.1 为了在一个应用实体调用和另一个应用实体调用之间建立应用联系，需使用被呼应用实体的表示地址建立一个表示连接或使用表示无连接方式服务。该表示地址可以用被呼应用实体标题从应用目录函数 IAF1 中获得。

11.1.2.2 如果需要证实所需的应用实体是否仍连接在由某表示地址所标识的 PSAP 上，发起方应用实体调用可将被呼应用实体标题作为为了建立应用联系而交换的应用-PCI 的一部分传递。

11.1.2.3 应用实体调用可以交换主呼和响应应用实体标题以供以后的通信使用。这样的标题可被接收系统看作是对特定的响应应用实体的命名。这是通信实体之间需要协调的一个事情。

11.1.2.4 在建立一个应用联系的过程中，如果需要，应用实体调用可以将下列标识符作为为了建立应用联系而交换的应用-PCI 的一部分进行交换：

——应用进程调用标识符；

——应用实体调用标识符；

——应用联系标识符。

11.1.3 (N)目录函数在应用层中的使用

11.1.3.1 在发起系统，对于来自应用进程的请求，应用实体：

a) 使用 IAF1 从被呼应用实体标题和本地信息中导出被呼表示地址(在一个表示服务请求原语中传递)；

b) 使用 IAF3 从被呼表示地址和本地信息中导出主呼表示地址(在一个表示服务请求原语中传递)和发出表示服务请求原语的本地 PSAP。

注 1：选择发出这些原语的 PSAP 是本地事情，这个选择需与主呼表示地址保持一致。

注 2：主呼(N)地址参数不适用于应用层。

11.1.3.2 发起者应用目录函数 IAF1 产生单个表示地址。当一个类属应用实体标题(如应用实体类型标题)用作被呼应用实体标题时,完成将该标题映射到单个表示地址的任务,是本地接收系统的责任。

11.1.3.3 当接收系统收到一个表示服务指示原语时,应用实体使用 RAF3 从被呼表示地址和本地信息中导出响应表示地址。

11.2 表示层

11.2.1 在发起系统,当收到一个表示服务请求原语时,表示实体:

a) 使用 IAF2 从被呼表示地址和本地信息中导出一个被呼会话地址(该地址在一个会话服务请求原语中传递);

b) 使用 IAF3 从被呼会话地址、主呼表示地址和本地信息中导出主呼会话地址(该地址在一个会话服务请求原语中传递)和发出会话服务请求原语的本地 SSAP;

注:选择发出该原语的 SSAP 是本地事情,这个选择必须与主呼会话地址保持一致。

c) 使用 IPF1 从被呼表示地址中导出被呼表示选择因子(该因子在表示-PAT 中发送);

d) 使用 IPF2 从主呼表示地址中导出主呼表示选择因子(该因子在表示-PAT 中发送)。

11.2.2 在接收系统,当收到一个会话服务指示原语时,表示实体:

a) 使用 RAF1 从(在表示-PAT 中收到的)被呼表示选择因子、被呼会话地址和本地信息中导出被呼表示地址;

注:本地信息可用于分解一个被呼表示选择因子,它引用一组 PSAP 中的一个 PSAP。

b) 使用 RAF2 从(在表示-PAT 中收到的)主呼表示选择因子和主呼会话地址中导出主呼表示地址;

c) 使用 RAF3 从被呼表示地址和本地信息中导出响应会话地址;

d) 使用 RPF1 从(在表示服务响应原语中收到的)响应表示地址中导出响应表示选择因子(该因子在表示-PAI 中发送)。

11.2.3 在连接方式操作的发起系统,当收到一个会话服务证实原语时,表示实体使用 IAF4 从(在表示-PAI 中收到的)响应表示选择因子和在会话服务证实原语中收到的响应会话地址中导出响应表示地址。

11.3 会话层

11.3.1 在发起系统,当收到一个会话服务请求原语时,会话实体:

a) 使用 IAF2 从被呼会话地址和本地信息中导出一个被呼运输地址(该地址在一个运输服务请求原语中传递);

b) 使用 IAF3 从被呼运输地址、主呼会话地址和本地信息中导出主呼运输地址(该地址在一个运输服务请求原语中传递)和发出该运输服务请求原语的本地 TSAP;

注:选择哪个 TSAP 发出该原语是一本地事件。这个选择须与主呼运输地址保持一致。

c) 使用 IPF1 从被呼会话地址中导出被呼会话选择因子(该因子在会话-PAI 中发送);

d) 使用 IPF2 从主呼会话地址中导出主呼会话选择因子(该因子在会话-PAI 中发送)。

11.3.2 在接收系统,当收到一个运输服务指示原语时,会话实体:

a) 使用 RAF1 从(在会话-PAI 中收到的)被呼会话选择因子、被呼运输地址和本地信息中导出被呼会话地址;

注:本地信息可以用来分解一个被呼会话选择因子,它引用一组会话-SAP 中的一个。

b) 使用 RAF2 从(在会话-PAI 中收到的)主呼会话选择因子和主呼运输地址中导出主呼会话地址;

c) 使用 RAF3 从被呼运输地址和本地信息中导出响应运输地址;

d) 使用 RPF1 从在一个会话服务响应原语中收到的响应地址中导出响应会话选择因子(该因子在会话-PAI 中发送)。

11.3.3 在发起系统,对连接方式操作,当收到一个运输服务证实原语时,会话实体使用 IAF4 从(在会话-PAI 中收到的)响应会话选择因子和在运输服务证实原语中收到的响应运输地址中导出响应会话地址。

11.4 运输层

11.4.1 在发起系统,当收到一个运输服务请求原语时,运输实体:

a) 使用 IAF2 从被呼运输地址和本地信息中导出一个被呼网络地址(该地址在一个网络服务请求原语中传递);

b) 使用 IAF3 从被呼网络地址、主呼运输地址和本地信息中导出主呼网络地址(该地址在网络服务请求原语中传递)和发出服务原语的本地 NSAP;

注:选择哪个 NSAP 发出该原语是一本地事件,这个选择必须与主呼网络地址保持一致。

c) 使用 IPF1 从被呼运输地址中导出被呼运输选择因子(该因子在运输-PAI 中发送);

d) 使用 IPF2 从主呼运输地址中导出主呼运输选择因子(该因子在运输-PAI 中发送)。

注:发起者运输目录函数 IAF2 总是产生单个网络地址。若应用标题目录设施或专用安排所提供的编址信息是一张网络地址表,则本地系统管理负责将这些地址转换为单个网络地址(见 9.6.2)。

11.4.2 在接收系统,当收到一个网络服务指示原语时,运输实体:

a) 使用 RAF1 从(在一个运输-PAI 中收到的)被呼运输选择因子、被呼网络地址和本地信息中导出被呼运输地址;

注:本地信息可用于分解一个被呼运输选择因子。它引用一组 TSAP 中的一个。

b) 使用 RAF2 从(在运输-PAI 中收到的)主呼运输选择因子箱主呼网络地址中导出主呼运输地址;

c) 使用 RAF3 从被呼网络地址和本地信息中导出响应网络地址;

d) 使用 RPF1 从(在一个运输服务响应原语中收到的)响应运输地址中导出响应运输选择因子(该因子在运输-PAI 中发送)。

11.4.3 在发起系统,对连接方式操作,当收到一个网络服务证实原语时,运输实体使用 IAF4 从(在运输-PAI 中收到的)响应运输选择因子和在网络服务证实原语中收到的响应网络地址中导出响应运输地址。

11.5 网络层

11.5.1 引言

11.5.1.1 网络层的内部体系结构是复杂的。在 OSI 体系结构的每一高层中,一个通信实例(如在连接方式上的通信或无连接方式上的一次数据传输)只涉及位于端系统中对等协议联系的一对对等实体。然而,在网络层,一次通信经常不仅需要位于端系统中的网络实体而且需要位于中间系统中的多个网络实体的参与。网络实体间必须的交互可以通过每对网络实体间单个协议操作获得,若不然则在网络层中需要更复杂的层次协议的组合。

11.5.1.2 对任何通信实例,网络目录函数的任务是使用被呼和主呼网络地址及其他信息来确定参加通信的网络实体(也可用其他方法来确定这些实体)。

11.5.2 网络地址的性质

11.5.2.1 引言

这些性质由网络地址决定。由于网络地址涉及若干 NSAP 一地址集,它们可自然扩展成单个 NSAP 地址。

11.5.2.2 **全局无二义性**

在任何时刻,在全局范围内,一个网络地址仅标识一个 NSAP 集。一个 NSAP 集可同时有多个标识它的网络地址,也允许同义名的存在。

11.5.2.3 **全局适用性**

任何 NSAP 集均可以用网络地址去标识任何端系统中的任何 NSAP 集。若这些 NSAP 集有同义的网络地址则任一同义名都将标识同一 NSAP 集。因此,特别地:

a) 无论何时使用同一个网络地址都将标识同一 NSAP 集;

b) 无论何地使用同一个网络地址都将标识同一 NSAP 集;

c) 一个网络服务使用者,可以将在一个网络服务指示原语中收到的一个主呼网络地址用在与相应 NSAP 集的其他通信实例中。

对于一个有同义网络地址的 NSAP 集,在某些情况下,通信的可能性取决于使用了哪个同义名。

注:网络地址的全局适用性并不意味着与一个给定的 NSAP 集的通信是可行的。缺少物理媒体、缺少目录(路由)信息、安全规程或收费上的需要等都可能产生限制。

11.5.2.4 **路由独立性**

网络服务使用者不能从网络地址中导出路由信息。不能用网络地址或同义名的方法在网络层进行路由选择。同样也不能从网络地址中推出网络服务提供者所使用的路由。

11.5.3 **网络地址和 SNPA**

11.5.3.1 对于给定的在两个 NSAP 集之间提供通信的请求,决定由哪些网络实体参与以及如何使它们协同操作是一个网络层函数。一般来讲,这个函数需要使用网络层目录设施。

11.5.3.2 网络实体存在于端开放系统和中间系统中。实际上,端开放系统被理解为实端系统,中间系统被理解为实子网或(实)交互工作单元。一个涉及这些设施之间的关系的重要概念是连接的子网点(SNPA)和相关的 SNPA 地址。

11.5.3.3 SNPA 是一个实子网与另一设施之间的连接点。它可以是一个实端系统、一个交互工作单元或是另一个实子网。一个实子网的连接点可以在该实子网的上下文中由该实子网的管理机构所提供的一个地址来标识。这个地址无论在实际上还是在抽象使用中,均被看作连接的子网点地址、SNPA 地址或简称子网地址。

注 1:一个例子,若实子网是一个公用数据网,SNPA 被称作 DTE/DCE 接口,而且它的 SNPA 地址称作 DTE 地址。

注 2:如果两个实子网连接到同一个 SNPA 上,则两个实子网的权限机构可以分别赋予该 SNPA 不同的名。

11.5.3.4 一个 SNPA 不是一个服务访问点,一个 SNPA 地址也不是一个网络地址。物理设备的组成决定网络层中 NSAP 与 SNPA 之间的关系。由于多个实端系统可以连接到多个实子网上,所以 NSAP 与 SNPA 之间的关系可以是多对多的和复杂的。

11.5.3.5 为不同的网络层协议确定 NPAI 是一个重要的网络层编址操作。在许多情况下,网络层需要多个通信协议来共同支持一个通信实例。每个这样的协议所运送的编址信息的类型以及如何进行都由该协议在整个协议结构中所起的作用决定。

11.5.4 **网络层目录函数的使用**

11.5.4.1 在网络层,网络目录函数直接从网络-PAI 中导出网络地址。

11.5.4.2 在发起系统,当收到一个网络服务请求原语时,网络实体:

a) 使用 IRF1 和 IRF2 从被呼网络地址和本地信息中导出被呼数据链路地址(该地址在一个数据链路服务请求原语中传递);

b) 使用 IRF1 和 IAF3 从主呼网络地址、被呼网络地址、被呼数据链路地址和本地信息中导出主呼数据链路地址(该地址在一个数据链路服务请求原语中传递)以及发出数据链路服务原语

的本地 DLSAP;

c) 使用 IRF1 和 IPF1 从被呼网络地址和本地信息中导出被呼网络-PAI 和被呼子网地址信息;

d) 使用 IRF1 和 IPF2 从被呼网络地址、主呼网络地址和本地信息中导出主呼网络-PAI。

11.5.4.3 在接收系统,当收到一个数据链路指示原语时,网络实体:

a) 使用 RAF1 从被呼网络-PAI 和本地信息中导出被呼网络地址;

注:本地信息可用于将(涉及一个 NSAP 集的)被呼网络地址分解成单个 NSAP。

b) 使用 RAF2 从主呼网络-PAI 中导出主呼网络地址;

c) 使用 RAF3 从被呼数据链路地址和本地信息中导出响应数据链路地址;

d) 使用 RPF1 从在一个网络服务响应原语中收到的响应网络地址中导出响应网络-PAI。

11.5.4.4 在发起系统,对连接方式操作,当收到一个数据链路服务证实原语时,网络实体从响应网络-PAI 中导出响应网络地址。

11.5.4.5 当一对 N-SAP 集之间的通信依赖于一系列的网络实体时,在网络层中需有路由信息。路由函数根据一个被呼-NSAP 集的网络地址选择一系列有关的实体,以生成一条通向被呼网络地址的路径。

11.6 数据链路层

11.6.1 引言

11.6.1.1 一个数据链路地址标识一个数据链路服务访问点(DLSAP)集。连接于这些 DLSAP 的网络实体被这个数据链路地址定位。这样的一个连接须为发起开放系统所知。它可记录在网络地址目录设施中。

注:对某些数据链路协议,数据链路地址是隐式的。因此,数据链路地址的语义实际上并不在 DLPCI 中携带。对这些隐式的数据链路地址的使用,须与在 9.5.2 中所述的选择因子值为空的特性保持一致。

11.6.1.2 一个数据链路实体可以连接于多于一个的 DLSAP 和多于一个的物理-SAP 上。这样就在 DLSAP 和 PhSAP 之间产生了一个多到多的对应。

注:这个对应可以通过数据链路协议规范限制为较简单的配置。

11.6.1.3 数据链路地址仅需在连接于同一数据链路层的一组开放系统的范围内是唯一的,并且在这个范围内,无论使用哪个物理地址,数据链路地址必须是等价有效的。

11.6.2 数据链层中目录函数的使用

11.6.2.1 在发起系统,当收到一个数据链路服务请求时,数据链路实体:

a) 使用 IAF2 从被呼数据链路地址和本地信息中导出一个被呼物理地址(该地址在一个物理服务请求原语中传递);

b) 使用 IAF3 从被呼物理地址、主呼数据链路地址和本地信息中导出主呼物理地址(该地址在一个物理服务请求原语中传递)和本地 PhSAP(通过该 PhSAP 发出物理服务原语);

注:选择发出这个原语的 PhSAP 是一本地事情,这个选择须与主呼物理地址保持一致。

c) 使用 IPF1 从被呼数据链路地址中导出被呼数据链路-PAI;

d) 使用 IPF2 从主呼数据链路地址中导出主呼数据链路-PAI。

11.6.2.2 在接收系统,当收到一个物理服务指示原语时,数据链路实体:

a) 使用 RAF1 从被呼数据链路-PAI、被呼物理地址和本地信息中导出被呼数据链路地址;

注:本地信息可以用于将(涉及到一组 DLSAP 的)被呼数据链路地址分解为单个 DLSAP。

b) 使用 RAF2 从主呼数据链路-PAI 和主呼物理地址中导出主呼数据链路地址;

c) 使用 RPF1 从在一个数据链响应原语中收到的响应数据链路地址中导出响应数据链路-PAI。

11.6.2.3 在发起系统,对连接方式操作,当收到一个物理服务证实原语时,数据链路实体从响应数据链路-PAI 和可能的响应物理地址中导出响应数据链路地址。

11.7 物理层

11.7.1 一个物理地址标识一组 PhSAP。连接到这些 PhSAP 的数据链路实体因此被物理地址定位。这样的连接可以记录在网络地址目录设施中。

11.7.2 物理地址仅需在连接于同一物理媒体通信路径的范围内是唯一的。因此,物理层不需要使用(N)目录函数。

注:物理地址也可以是隐式的。

12 命名域和权限机构

12.1 命名权限机构根据特定的规则分配名。命名权限机构仅分配名,而不完成名与客体之间的匹配。

12.2 命名域可以按层次划分为命名子域。位于顶层的命名域被看作是一个全局命名域。全局命名域的每个子集(子域)都受一个命名权限机构控制且不与由不同命名权限机构所控制的子集相交。

12.3 全局命名域在 OSI 范围内对某种特定类型的客体而言是所有可能的名的集合。比如,所有应用实体标题的集合。在 OSIE 内对不同类型的客体可以有无关的全局命名域。

12.4 全局命名域可以(层次地)分成命名子域。因此一个命名子域也是一个命名域。

12.5 来自全局命名域的不同子域的若干个名可以都是标识同一客体的。也即,可以存在同义名。

注:已认识到对同义名的需求,尤其是在对网络服务访问点(同义的网络地址)、应用实体(同义的应用实体标题)和应用进程(同义的应用进程标题)的命名中。

12.6 每个命名域由一个命名权限机构管理。一个命名权限机构是一个负责登记的权限机构。它仅登记名且仅起一个管理的作用。虽然命名权限机构登记对名的使用,但它们不负责名与客体的匹配。一个命名权限机构可以自己登记名,也可以将命名域分割成若干命名子域并委托每个子域命名权限机构负责在其子域内的命名。这样的一个命名权限机构规程确保对名登记的无二义性,如果需要,它还要提供子域命名权限机构以满足登记需求所要遵循的所有规则。

注:一个命名权限机构规程确保由一个子命名权限机构所登记的名是无二义的方法有多个,如:

a) 子集名的分配来自于由命名权限机构控制的全集;

b) 名的定义中加入由子权限机构决定的组成部分。

12.7 一个命名权限机构的建立需要对命名域中的名的定义规则和今后子域的产生规则达成协议。

12.8 在命名权限机构的一层中,每个权限机构的操作与同层中其他命名权限机构无关,且仅受限于为了实现命名权限机构的登记规程而建立的公共准则。

12.9 命名权限机构的用户可以向命名权限机构申请分配一个名,而命名权限机构负责选择名。然而,命名权限机构的用户可以申请一个特定的名,如果这个名还未分配,则命名权限机构可以同意这个请求。命名权限机构的用户可以以它所选择的任何方式来解释由命名权限机构发出的名。允许终止对某个名的使用并可在以后重新使用。命名权限机构的规程定义严格的规则和限制以确保对一个名的重新使用不产生二义性。

13 OSI 中命名的登记规程

13.1 OSI 中的命名操作需要有登记规程:

a) 对一个下列客体标题的赋值需在整个 OSI 中无二义:

1) 实开放系统(系统标题);

2) 应用进程;

3) 应用进程类型;

4) 应用进程实体类型。

b） 对网络地址的赋值在整个 OSIE 中无二义。

13.2 被登记的标题或地址可以有也可以没有同义名：

a） 单个实开放系统仅有一个系统标题；

b） 单个应用进程可以有多个应用进程标题；

c） 单个 NSAP 可以被多个网络地址标识。

14 目录设施需求

14.1 引言

14.1.1 要求有两个目录设施：

a） 应用标题目录设施，它处理应用进程标题或应用实体标题并回送地址信息，如 14.2 中所述；

b） 网络地址目录设施，它处理网络地址并提供在网络服务边界以下使用的信息，以访问远程 NSAP，如 14.3 中所述。

注：当一个实开放系统中有两个目录设施时，可以从这两个目录设施中检索信息以合作完成一个询问。

14.1.2 目录设施以及它们所包括的信息可以是集中式的或分布式的，可以无拷贝、部分拷贝或全拷贝。当目录设施和使用这些设施的系统之间需要通信时，可使用正常的 OSI 通信方法与所有应用进程通信。

14.1.3 虽然一个原始名的使用者不必了解名的结构，比如来自登记权限机构形成的结构，然而目录设施可以根据这个结构来物理地或逻辑地组织目录设施信息。

14.2 应用标题目录设施

14.2.1 应用标题目录设施的输入是一个应用进程标题或一个应用实体标题。它可以是一个原始名或描述名。如果是描述名，则它不必是完整的，也就是说某些属性可以是不关心的。描述名可能的属性是系统标题、应用进程类型标题和应用实体类型标题。描述名应以一个标准的描述语言给出。

14.2.2 应用标题目录设施既支持类属应用进程标题（即应用进程类型标题）也支持非类属应用进程标题。应用标题目录设施既支持类属应用实体标题（即应用实体类型标题）也支持非类属应用实体标题。

14.2.3 应用标题目录设施使用一个类属应用进程标题作为输入，可导出一系列有关的应用进程标题。这些标题中的任何一个可随后被用作应用标题目录设施的输入。应用实体目录设施使用一个类属应用实体标题作为输入可导出一系列有关的应用实体标题，这些标题中的任何一个可随后被用作应用标题目录设施的输入。

14.2.4 应用标题目录设施使用一个非类属应用进程标题作为输入，可为类属于该应用进程的应用实体导出一系列的应用实体标题。

14.2.5 应用标题目录设施使用非类属应用实体标题作为输入，可以导出以下列元组形式出现的有关地址信息[P 选择因子，S 选择因子，T 选择因子，（网络地址表）]。

14.2.6 应用标题目录设施由两个不同成分组成：

a） 一个"名分解器"，它可以将由描述名定义的应用进程标题或应用实体标题还原成由应用进程或应用实体的原始名定义的应用进程标题；

b） 一个"目录"，它可以返回与由原始名定义的应用进程标题或应用实体标题有关的信息。

14.3 网络地址目录设施

网络地址目录设施的输入是一个网络地址，该地址是一个原始名。网络地址目录设施使用一个网络地址作为输入导出有关的在网络层和网络层以下层中所必需的编址信息。

ICS 33.120.40
M 50

中华人民共和国国家标准

GB/T 9410—2008
代替 GB/T 9410—1988

移动通信天线通用技术规范

General specification for antennas used in the mobile communications

(IEC 60489-8-aml:2000 Methods of measurement for radio equipment used in the mobile services—Part 8:Methods of measurement for antennas and ancillary equipment,NEQ)

2008-04-11 发布　　　　2008-09-01 实施

中华人民共和国国家质量监督检验检疫总局
中 国 国 家 标 准 化 管 理 委 员 会　发布

前 言

本标准代替 GB/T 9410—1988，本标准与 GB/T 9410—1988 相比主要变化如下：

a) 修改了频率范围；

b) 修改了部分名词术语；

c) 修改了方向图的测量要求；

d) 修改了天线增益测量步骤；

e) 修改了电压驻波比的测量方法；

f) 删除了额定电压的测量；

g) 删除了频带宽度的测量。

本标准对应 IEC 60489-8:2000《移动设备中用无线电设备的测量方法　第 8 部分：天线及辅助设备的测量方法》，与其一致性程度为非等效。主要差异如下：

——按照汉语习惯对编排格式进行了修改；

——根据我国实际情况，删除了相对天线增益测量、间歇功率测量以及额定电压的测量；

——增加了环境试验要求及方法，检验规则和标志、包装、运输和贮存。

本标准由中华人民共和国信息产业部提出。

本标准由中国电子技术标准化研究所归口。

本标准主要起草单位：中国电子科技集团公司第七研究所。

本标准参加起草单位：广州杰赛科技股份有限公司、京信通信系统（广州）有限公司、佛山市三水盛路天线有限公司、西安海天天线科技股份有限公司、广州市高科中实通信技术有限公司、摩比天线技术（深圳）有限公司、中山市通宇通讯设备有限公司。

本标准主要起草人：杨绍华、李俊。

本标准参与起草人：董锦渊、刘海啸、卜斌龙、杨华、赵恩惠、黄珀瑜、黄建军、李惊生、吴荣远、吴子华、刘建华、张福顺、焦永昌。

移动通信天线通用技术规范

1 范围

本标准给出了移动通信天线的常用术语和定义，规定了它的技术要求、试验方法、检验规则以及标志、包装、运输和贮存要求。

本标准适用于25 MHz～6 000 MHz频段移动通信线极化无源天线。

本标准是制定移动通信天线产品规范必须遵循的基本原则和最低要求。

2 规范性引用文件

下列文件中的条款通过本标准的引用而成为本标准的条款。凡是注日期的引用文件，其随后所有的修改单(不包括勘误的内容)或修订版均不适用于本标准，然而，鼓励根据本标准达成协议的各方研究是否可使用这些文件的最新版本。凡是不注日期的引用文件，其最新版本适用于本标准。

GB/T 191 包装储运图示标志(GB/T 191—2000，eqv ISO 780:1997)

GB/T 2423.1—2001 电工电子产品环境试验 第2部分:试验方法 试验A：低温(idt IEC 60068-2-1:1990)

GB/T 2423.2—2001 电工电子产品环境试验 第2部分:试验方法 试验B：高温(idt IEC 60068-2-2:1974)

GB/T 2423.3—1993 电工电子产品基本环境试验规程 试验Ca：恒定湿热试验方法(eqv IEC 60068-2-3:1984)

GB/T 2423.5—1995 电工电子产品环境试验 第2部分:试验方法 试验Ea和导则:冲击(idt IEC 60068-2-27:1987)

GB/T 2423.6—1995 电工电子产品环境试验 第2部分:试验方法 试验Eb和导则:碰撞(idt IEC 60068-2-29:1987)

GB/T 2423.10—1995 电工电子产品环境试验 第2部分:试验方法 试验Fc和导则:振动(正弦)(idt IEC 60068-2-6:1982)

GB/T 2828.1—2003 计数抽样检验程序 第1部分:按接收质量限(AQL)检索的逐批检验抽样计划(ISO 2859-1:1999,IDT)

GB/T 2829—2002 周期检查计数抽样程序及表(适用于对过程稳定性的检验)

3 术语和定义

下列术语和定义适用于本标准。

3.1

天线 antenna

能有效地辐射或接收电磁波，将传输线与空间或其他媒质耦合起来的一种装置。它包括直到传输线端口为止的所有匹配、平衡、移相或其他耦合装置。

3.2

移动通信天线 mobile communication antenna

在移动通信系统中使用的天线。

3.3

全向天线 omnidirectional antenna

在水平面内具有均匀辐射强度的天线。

3.4

定向天线　directional antenna

一种在空间特定方向上具有比其他方向上能更有效地发射或接收电磁波的天线。

3.5

远场区　far field region

天线辐射电磁波的一个区域，在此区域内，电场强度的大小与离开天线的距离成反比。

3.6

极化　polarization

天线辐射电磁波的电场矢量的轨迹。

3.7

线极化　linear polarization

当电磁波的电场矢量的轨迹为一直线时，称这种电磁波的极化为线极化。

电场矢量与地平面平行的极化称为水平极化。

电场矢量与地平面垂直的极化称为垂直极化。

3.8

标称阻抗　nominal impedance

在天线端口测量反射系数等各项电性能指标时规定作为参考的电阻性阻抗。

3.9

辐射方向图　radiation pattern

天线辐射的电磁波随空间方向分布的图形。辐射方向图简称方向图。

功率方向图是指与天线相同距离各点的辐射功率通量密度随空间方向分布的图形。

场强方向图是指与天线相同距离各点的电场强度随空间方向分布的图形。

水平面方向图是指与地平面相平行的平面内的方向图。

垂直面方向图是指与地平面相垂直的平面内的方向图。

3.10

主瓣　main lobe

最大辐射方向的辐射波瓣。

3.11

旁瓣　side lobe

除主瓣以外的其他任何辐射波瓣。

3.12

半功率波束宽度　half-power beamwidth

功率方向图中，在包含主瓣最大辐射方向的某一平面内，把相对最大辐射方向功率通量密度下降到一半处(或小于最大值 3 dB)的两点之间的夹角称为半功率波束宽度。

场强方向图中，在包含主瓣最大辐射方向的某一平面内，把相对最大辐射方向场强下降到 0.707 倍处的夹角也称为半功率波束宽度。

水平面半功率波束宽度是指水平面方向图的半功率波束宽度。

垂直面半功率波束宽度是指垂直面方向图的半功率波束宽度。

3.13

前后比　front-to-back ratio

定向天线的前后比是指主瓣的最大辐射方向(规定为 0°)的功率通量密度与相反方向附近(规定为 180°±20°范围内)的最大功率通量密度之比值。

3.14

天线增益　gain

天线在某一规定方向上的辐射功率通量密度与参考天线(通常采用无损耗半波偶极子)在相同输入

功率时最大辐射功率通量密度的比值,用符号 G 表示。通常,天线增益均指最大辐射方向的增益。

注 1:无损耗半波偶极子是没有损耗、电长度为半个波长的偶极天线,它在与其轴线相垂直的平面内的增益定为天线增益的参考标准。

注 2:为了与理想点源为参考的天线增益相区别,这里,用无损耗半波偶极天线为参考时,以 dBd 为单位。当天线增益以理想点源为参考时,则以 dBi 为单位,0 dBd=2.15 dBi。

3.15

方向图圆度　antenna pattern roundness

全向天线的方向图圆度是指在水平面方向图中,其最大或最小电平值与平均值的偏差。

注:平均值是指水平面方向图中最大间隔不超过 5°方位上电平(dB)值的算术平均值。

3.16

功率容量　power capacity

按规定的条件在规定的时间周期内可连续地加到天线上而又不致降低其性能的最大连续射频功率。

3.17

电压驻波比　VSWR

把天线作为无损耗传输线的负载时,在沿传输线产生的电压驻波上,其最大值与最小值之比值。

3.18

频带宽度　bandwidth

天线的频带宽度简称为带宽,在此频率范围内,天线的电性能符合产品规范所规定的要求。

4　技术要求

4.1　一般结构要求

4.1.1　天线的结构应牢固可靠,便于安装、使用和运输,馈电部分要具有防水、抗潮功能。

4.1.2　天线端口应优选通用射频连接器。

4.1.3　选用天线材料时,应考虑防电化学腐蚀,具体要求由产品规范规定。

4.1.4　天线设计应有利于防雷。

4.2　电性能技术要求

4.2.1　辐射方向图

4.2.1.1　半功率波束宽度

全向天线的半功率波束宽度是指垂直面的半功率波束宽度,其要求由产品规范规定。

定向天线的半功率波束宽度应给出水平面和垂直面的半功率波束宽度,其要求由产品规范规定。

4.2.1.2　旁瓣

由产品规范规定。

4.2.1.3　前后比

由产品规范规定。

4.2.1.4　方向图圆度

由产品规范规定。

4.2.2　天线增益

由产品规范规定,应明确标注单位(dBi 或 dBd)。

4.2.3　电压驻波比(VSWR)

在工作频率范围内,天线端口的电压驻波比(VSWR)一般不大于 1.5。

对特殊要求的天线,其电压驻波比由产品规范规定。

4.2.4 功率容量

由产品规范规定。

4.2.5 频带宽度

由产品规范规定。

4.3 环境适应性要求

环境适应性要求见表1。天线经环境适应性试验后不应有形变、松动和损坏，焊接和紧固处不应有脱落，电压驻波比不应超过4.2.3的规定。

5 试验方法

5.1 试验条件

5.1.1 除非另有规定，天线各项技术要求的试验应在不影响测量精度的自然大气条件下进行，并记录大气条件。

5.1.2 电性能测量时，天线辐射方向图和增益的测量可以采用近场或远场等测试方法。本规范仅叙述了最常用的远场测试方法。天线及其支撑系统的安装可参考附录A。

5.1.3 所用试验设备和测量仪表的精度应按有关计量规定进行校验，其精度应满足被测天线测量要求。

5.2 一般结构要求检测方法

用观察和机械的方法对天线结构进行检测，以验证材料、外形尺寸和结构设计、加工是否符合要求。

5.3 电性能测量方法

5.3.1 比例模型技术

在本规范中所规定的低频段，由于测量场地或仪表设备等因素，使得实际尺寸天线的某些电性能的测量难以实现时，可采用比例模型技术，即按一定的比例将天线每一个有效线性尺寸缩小，这种比例缩小而作成的天线称为比例模型天线。

5.3.1.1 线性精度

比例模型天线至少应按公式(1)规定的尺寸制作：

$$L_s = \frac{1}{S}(L \pm 0.01L) \qquad \cdots\cdots(1)$$

式中：

L_s——比例模型天线的对应线尺寸；

S——比例系数；

L——实际尺寸天线的每一个有效线尺寸。

5.3.1.2 结构及材料

当天线支撑结构或地面的存在会影响天线的电性能时，要尽可能考虑将它也按比例模型制作。

比例模型天线零件应采用电气性能相同或相近于实际天线对应零件的材料。

5.3.1.3 测量的频率

测量比例模型天线的频率为实际天线测量频率的S倍。

5.3.2 辐射方向图的测量

根据互易原理，用源天线作发射天线而用被测天线作接收天线时测量的结果与用源天线作接收天线而用被测天线作发射天线时测量的结果是相同的。为了方便起见，假定用源天线作为发射天线。

通常只测量水平面方向图和垂直面方向图。

5.3.2.1 测量条件

试验场的配置按5.1.2的规定。

5.3.2.2 测量要求

a) 源天线和被测天线应具有相同的极化方式。

b) 源天线和被测天线之间最小的测量距离 D_{min} 应为 10λ 或按公式(2)规定。

$$D_{min}=2(L_1^2+L_2^2)/\lambda \quad\cdots\cdots(2)$$

式中：

L_1——为源天线的辐射孔径的最大尺寸；

L_2——为被测天线的辐射孔径的最大尺寸；

λ——测试频率所对应的波长。

10λ 或 $2(L_1^2+L_2^2)/\lambda$ 两者中应取较大者。

c) 被测天线应该放置在电场强度基本上是均匀的区域内，其检验方法如下：用源天线作发射天线，在接收端用与场强仪或其他接收系统相连接的对应频段的参考天线作接收天线，在被测天线有效体积范围内检测场强，如果电场强度的变化不超过 1.5 dB，则认为试验场地是合格的。否则，认为不合格，不可使用。对不合格的试验场地需要重新调整天线的高度和收、发天线之间的距离，以及采用其他减弱环境干扰的措施，以使试验场地满足要求。在检测过程中，应注意使参考天线与源天线同极化，并使电缆和测试设备对测量影响最小。

注：天线有效体积是在考虑被测天线的各种位置情况下，包含天线本身及其周围半个波长的实际空间。

d) 被测天线的相位中心应置于或尽量靠近转台的旋转轴上。

e) 方向图测试过程中，0°和 360°的读数差值一般不超过 0.5 dB。

f) 测量过程中，所有的测量设备和仪表应具有良好的稳定性、动态范围和测量精度。其综合测量稳定度应保持在±0.2 dB 以内，频率稳定度保持在±0.01%以内。

5.3.2.3 测量步骤

a) 按 5.3.2.1 和 5.3.2.2 安装测量系统；

b) 被测天线端口接上一个与标称阻抗相等的接收设备；

c) 将源天线与一个射频信号源连接并调整射频信号源的频率至测量频率上；

d) 被测天线在 360°范围内绕轴旋转，记录旋转角与对应的接收信号电平；

e) 在每一个测量频率上重复步骤 c)和 d)，在工作频带范围内一般应测量中心频率、上边频和下边频三个频率的辐射方向图；

f) 对天线的两个主平面，即水平面和垂直面，重复步骤 c)、d)和 e)。

5.3.2.4 结果的表示

对于每一个测量频率的测量结果，都应该把每一旋转角上的电平值用最大值归一化，最大电平规定为 0 dB，其他电平值以对应的负分贝表示。

将测量结果画在直角坐标图或极坐标图上，至少从 0 dB～－20 dB 以内的所有测量值都应在图中表示出来。

测量的平面、频率和极化都应在图中注明，必要时天线在测量时的取向也用图表示出来。

a) 半功率波束宽度的表示

在已画出的辐射方向图中，以符号 $2\Phi_{0.5}$(度)表示水平面半功率波束宽度，$2\theta_{0.5}$(度)表示垂直面半功率波束宽度。

b) 旁瓣的表示

在已画出的辐射方向图中标注或用数字表示，以 dB 为单位。

c) 前后比的表示

在已画出的辐射方向图中，用符号 F/B 表示，以 dB 为单位。

d) 方向图圆度的表示

在水平面的辐射方向图中表示或用数字表示，以 dB 为单位。

5.3.3 天线增益的测量

5.3.3.1 测量条件

a) 试验场的配置按 5.1.2 的规定；

b) 测量要求按照5.3.2.2的规定；

c) 标准增益天线和被测天线应使用同一根馈线或衰减量相同的两根馈线(包括各种变换)与接收设备相连接；

d) 在被测天线和标准增益天线测试过程中，所有可控制的条件都应保持一致。标准增益天线测试完后应立即测量被测天线，以使传输特性的变化最小。

5.3.3.2 **测量方法**

用与标准增益天线作比较的方法测量天线增益。测量框图见图1。

注：标准增益天线是按规定的结构严格制作的一种参考天线。其增益可由理论计算出来，也可由测量确定。喇叭天线、半波偶极子天线或其他已知增益天线等都可作标准增益天线。

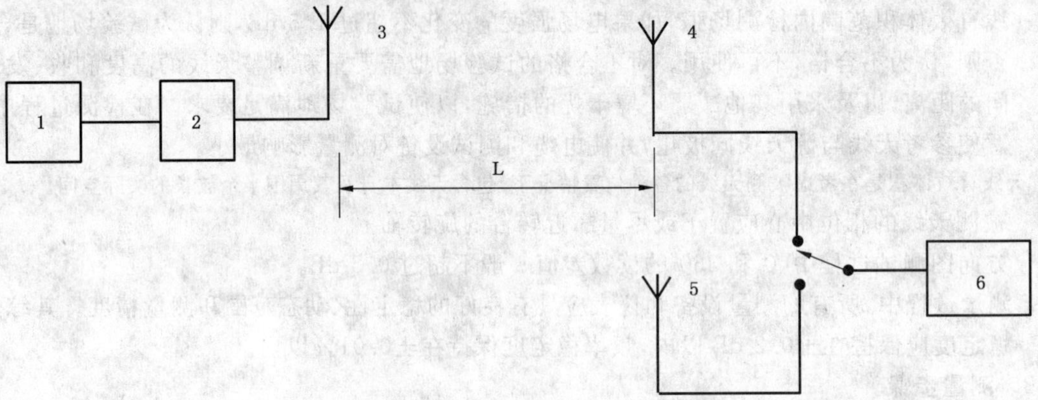

1——信号发生器；
2——隔离器；
3——源天线；
4——被测天线；
5——标准增益天线；
6——接收设备。

图1 比较法测量天线增益方框图

5.3.3.3 **测量步骤**

开始测量时，必须将被测天线和标准增益天线交替做水平和俯仰调整，以确保每一天线在水平和俯仰上的最佳指向，使其接收的功率电平为最大。

测量步骤如下：

a) 标准增益天线与源天线对准，通过转接，使标准增益天线与接收设备相连接，此时接收设备接收功率电平为P_1(dBm)；

b) 被测天线与源天线对准，通过转接，使被测天线与接收设备相连，此时接收设备接收功率电平为P_2(dBm)；

c) 重复a)和b)步骤，直至P_1和P_2测量的可重复性达到可以接受的程度；

d) 被测天线某频率点的增益G为：

$$G = G_0 + (P_2 - P_1) \quad \cdots\cdots(3)$$

式中：

G_0——标准增益天线的增益(dBi或dBd)，G的单位与G_0一致。

e) 在工作频带内，一般应测量高、中、低三个频率点。

5.3.3.4 **结果的表示**

被测天线的增益与频率的关系，应以数据、表格或图形表示。被测天线的方向与极化也应同时给出。

5.3.4 **电压驻波比(VSWR)测量**

5.3.4.1 **测量条件**

被测天线应该安装在一个相对没有反射,并且离测量设备和测量人员相当远的自由空间或无回波暗室中。其检验方法如下:当被测天线(含其支撑结构)在四个相隔90°的水平方向上至少移动半个波长,向上、向下各移动半个波长时,若电压驻波比的变化小于10%,则认为试验场地是合格的。

5.3.4.2 **测量步骤**

a) 将被测天线安装在符合5.3.4.1测量条件的自由空间或无回波暗室中,被测天线与测量系统连接方框图如图2所示。电压驻波比测量设备的标称阻抗为50 Ω;

b) 对测量系统进行校准:按照测试仪器的校准步骤进行系统校准,测试端的接口应与被测天线端的接口相匹配;

c) 将测量系统与被测天线相连接,在工作频率范围内进行电压驻波比的测量。测得的电压驻波比读数就是被测天线端口的电压驻波比。

1——电压驻波比测量设备;

2——被测天线;

3——无回波暗室。

图2 电压驻波比测量方框图

5.3.4.3 **结果的表示**

作出电压驻波比对频率的曲线,各测量值应标注出来,也可用数据或表格的形式表示。

5.3.5 **功率容量的测量**

5.3.5.1 **测量条件**

a) 同5.1.1;

b) 同5.3.4.1;

c) 可以实时监视输入到天线的功率的大小。

5.3.5.2 **测量方法**

5.3.5.2.1 **连续功率测量**

被测天线通过一个功率计与一个射频信号源相连接,在指定的频率上以额定功率施加在被测天线上,时间持续1 h。天线不应有损坏或变形,电压驻波比不应超过4.2.6的规定。

5.3.5.2.2 **结果的表示**

功率容量的测量结果以数据或表格的形式表示。

5.4 **环境试验要求及方法**

环境试验的目的是检查天线的结构、设计是否符合4.3的要求。

小型天线装入环境试验设备中,较大的天线可取其含有匹配、平衡、移相或其他耦合装置的部件装入环境试验设备中进行试验。某一具体产品的环境试验方法,应在产品规范中规定。

本规范规定的为一般情况，供拟定具体产品规范时参考。

环境试验的项目、要求和方法见表1。

表 1

试验项目	试验要求		试验方法
低温贮存	温度/℃ 试验样品温度稳定时间/h 持续试验时间/h 恢复时间/h	−40±3 1(2,4) 2(16) 1(2,4)	GB/T 2423.1—2001
高温贮存	温度/℃ 试验样品温度稳定时间/h 持续试验时间/h 恢复时间/h	55±2 1(2,4) 2(16) 1(2,4)	GB/T 2423.2—2001
冲击	加速度/(m/s^2) 冲击脉冲持续时间/ms 冲击次数/次	300(150) 18(11) 18	GB/T 2423.5—1995
碰撞	加速度/(m/s^2) 碰撞脉冲持续时间/ms 每分钟碰撞次数 总碰撞次数	200(100,50) 6(16) 40～80 垂直方向400次，前后、左右水平方向各300次，共1 000次	GB/T 2423.6—1995
振动(正弦)	频率/Hz 单振幅/mm 三个互相垂直轴上各振动时间/h 谐振点振幅/mm 试验时间/min	10～30;30～55 0.75;0.25 0.5 0.35 1	GB/T 2423.10—1995
汽车运输	公路路程/km	三级 200	包装好的产品或对运输敏感的电气部件，按标志'向上'或任意位置放置，汽车装有三分之一的额定载重负荷，以20 km/h～40 km/h的速度行驶
模拟运输	模拟运输试验台 时间/h	宽带随机振动 6	产品规范规定
恒定湿热	温度/℃ 相对湿度/% 试验时间/h 恢复时间/h	40±2 90～95 24(48) 1(2,4)	GB/T 2423.3—1993
风载	风速/m/s	36.9	产品规范规定
冰负荷	冰厚度/cm	1	产品规范规定
淋雨	淋雨量/(mm/min) 喷射方式 时间/h	1～2 天线处于实际使用状态，从与垂直线成45°方向的两个相对侧面同时喷射。 2	产品规范规定
注：表1试验要求中是否采用括号内的数值由产品规范规定。			

环境试验一般要求做低温、高温、冲击、振动(正弦)和恒定湿热五个项目。其他项目可根据产品的实际使用情况选择,或增加表1中没有的项目。若产品需增加试验项目,在表2、表5中也应考虑相应地增加这些项目。

6 检验规则

产品检验分为两类:鉴定检验和质量一致性检验。

6.1 鉴定检验

鉴定检验是用同一型号的若干样品进行一系列完整的检验,其目的在于确定制造者是否有能力生产符合该产品规范要求的产品。

当产品进行设计定型、生产定型或主要的设计、工艺、材料及零部件变更后恢复生产时,均应进行鉴定检验。

6.1.1 检验样品数

检验样品数一般不少于四个,特殊产品检验样品数允许为二个。

6.1.2 检验步骤

检验一般按表2规定的项目和顺序进行。

6.1.3 失效数

失效数按表2规定,若超过表2允许的数量规定时,则本次鉴定不通过。

表 2

序号	检验项目	要求章条号	检验章条号	检验样品数	失效数
1	一般结构	4.1	5.2	2或4	0
2	电压驻波比(VSWR)	4.2.3	5.3.4		
3	辐射方向图	4.2.1	5.3.2		
4	半功率波束宽度	4.2.1.1	5.3.2.4a)		
5	旁瓣	4.2.1.2	5.3.2.4b)		
6	前后比	4.2.1.3	5.3.2.4c)		
7	方向图圆度	4.2.1.4	5.3.2.4d)		
8	天线增益	4.2.2	5.3.3		
9	功率容量	4.2.4	5.3.5		
10	低温贮存试验	4.3	5.4		
11	高温贮存试验	4.3	5.4		
12	冲击试验	4.3	5.4		
13	振动(正弦)试验	4.3	5.4		
14	恒定湿热试验	4.3	5.4		

6.2 质量一致性检验

6.2.1 逐批检验(交收试验)

6.2.1.1 检验批

一个检验批应从一条或几条生产线上,在基本相同的条件下连续生产的同一型号的产品中抽样组成。

6.2.1.2 抽样方案

抽样方案按GB/T 2828.1—2003进行统计抽样检验。检验水平为Ⅱ级,接收质量限推荐表3优选值,可采用一次或二次抽样方案类型。

表 3

缺陷类型	接收质量限(AQ L)			
重缺陷不合格	1.5	2.5	4	6.5
轻缺陷不合格	4	6.5	10	15

6.2.1.3 检验步骤

逐批检验一般按表 4 规定的项目和顺序进行。

表 4

序号	检验项目	要求章条号	检验章条号	接收质量限(AQL)	
				轻缺陷不合格	重缺陷不合格
1	一般结构	4.1	5.2	4(6.5,10,15)	
2	电压驻波比	4.2.3	5.3.4		1.5(2.5,4,6.5)
3	辐射方向图	4.2.1	5.3.2		
4	天线增益	4.2.2	5.3.3		

注 1:表 4 接收质量限(AQL)中是否采用括号内的数值由产品规范规定。轻缺陷不合格产品及重缺陷不合格产品的定义由产品规范规定。

注 2:表 4 中一般结构、电压驻波比的检验是必检项目;辐射方向图和天线增益的检验项目视具体情况由产品规范规定是否检验;其他未列项目由产品规范规定。

6.2.1.4 检验处理

如果一个检验批不通过,应返工修理或筛选出有缺陷的天线产品,然后重新提交检验。重新提交检验批应按 GB/T 2828.1—2003 中转移规则规定进行处理。

6.2.2 周期检验(例行试验)

6.2.2.1 抽样方案

抽样方案按 GB/T 2829—2002 进行统计抽样。一般情况下,采用判别水平Ⅲ级,周期不合格质量水平(RQL)优选值用 65 或 80,可采用一次或二次抽样方案类型,判定数组或样品大小由产品规范规定。

6.2.2.2 检验步骤

周期检验样品一般应按表 5 规定的项目和顺序,且在已通过逐批检验的产品上进行。

表 5

序号	检验项目	要求章条号	检验章条号
1	低温贮存试验	4.3	5.4
2	高温贮存试验	4.3	5.4
3	冲击试验	4.3	5.4
4	振动(正弦)试验	4.3	5.4
5	恒定湿热试验	4.3	5.4

6.2.2.3 检验处理

如果周期检验不通过,产品的交货应暂时停止。直到产品设计采取改进措施,经周期检验合格后产品才可交货。对于检验不合格的原因应进行分析,并写入检验报告,只要最终通过了周期检验,检验不合格的原因可不作为鉴定依据。

7 标志、包装、运输和贮存

7.1 标志

a) 天线应在适当的位置贴有清晰的标志，标志上应标明型号、工作频段、编号和厂名；

b) 天线应有检验部门签发的合格证。

7.2 包装

a) 天线的附件和使用说明书等应配套包装；

b) 产品包装应根据产品的尺寸、质量，选用合适的材料和结构，必要时应有防震、防潮和其他保护措施，以保证运输过程中不受损坏；

c) 包装箱外面的文字及标记应整齐、清楚、耐久，其要求应符合 GB/T 191 的规定。

7.3 运输

包装好的产品在避免雨雪直接影响的情况下，可用任何运输工具运输。

7.4 贮存

包装好的产品应放置在周围空气中无酸性、碱性及其他腐蚀性气体和通风、干燥的库房中。贮存期由产品规范规定。

附 录 A
（资料性附录）
天线试验场的说明

测量辐射方向图的典型配置示于图 A.1，一般有近地试验场、高架试验场和倾斜试验场三种配置方式可供选择。

A.1 近地试验场

近地试验场是利用地面反射波的一种测试场，调整图 A.1 中源天线和被测天线的架设高度 h_1 和 h_2，使源天线和其镜像的合成场在被测天线处基本上是均匀的。

A.2 高架试验场

高架试验场是将被测天线和源天线都充分地升高，使源天线方向图的一个极小波瓣对准地面的反射点，使地面反射的影响大为减少。同时，使两天线的主瓣最大方向对准，图 A.1 中两天线的高度通常是相等的。

高架试验场还可利用两相邻高层建筑物，提高天线架设高度，在建筑物顶部边缘一定距离处架设源天线和被测天线，以消除地面反射的影响，即"二次反射法"，如图 A.2 所示。

A.3 倾斜试验场

倾斜试验场是将源天线接近地面架设，将被测天线置于某一高仰角点上。图 A.1 中的 α 角约为 10°，并且 $h_2 \geqslant 4D$。其中 h_2 为测试塔的高度，D 为待测天线口径的最大线尺寸。

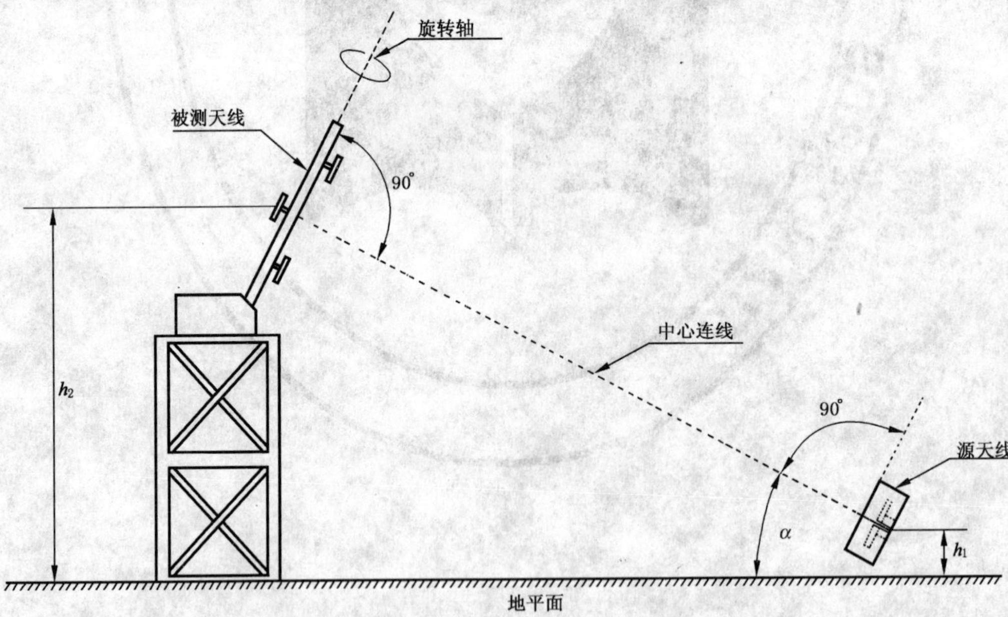

图 A.1 天线试验场

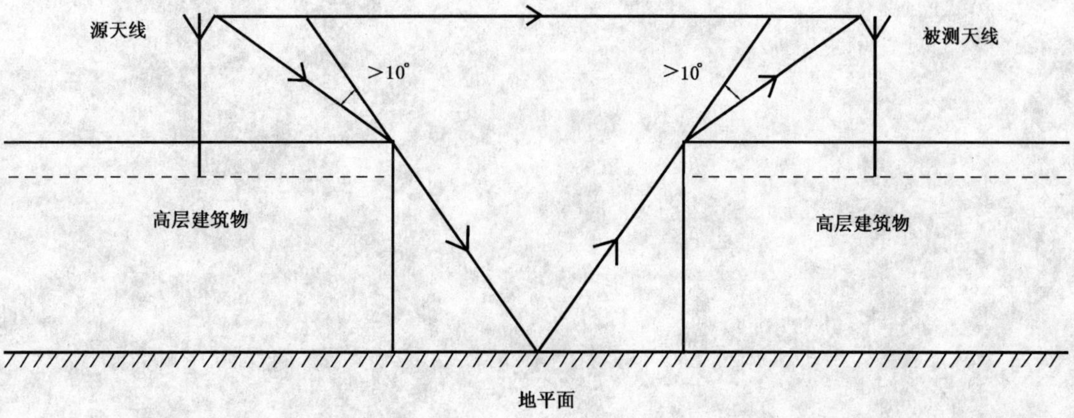

图 A.2 二次反射法

ICS 03.100.30;19.100
J 04

中华人民共和国国家标准

GB/T 9445—2008/ISO 9712:2005
代替 GB/T 9445—2005

无损检测 人员资格鉴定与认证

Non-destructive testing—Qualification and certification of personnel

(ISO 9712:2005,IDT)

2008-05-13 发布 2008-11-01 实施

中华人民共和国国家质量监督检验检疫总局
中国国家标准化管理委员会 发布

前言

本标准等同采用 ISO 9712:2005《无损检测　人员资格鉴定与认证》(英文版)。

本标准等同翻译 ISO 9712:2005。

为便于使用,本标准做了下列编辑性修改:

——“本国际标准”一词改为“本标准”;

——用小数点“.”代替作为小数点的逗号“,”;

——删除国际标准的前言。

本标准代替 GB/T 9445—2005《无损检测　人员资格鉴定与认证》。

本标准与 GB/T 9445—2005 相比主要变化如下:

——修改了部分术语和定义(见第 3 章);

——修改和调整了职责(2005 年版的第 6 章,本版的第 5 章);

——调整了资格鉴定的等级(2005 年版的第 5 章,本版的第 6 章);

——修改了合格条件(见第 7 章);

——修改了资格鉴定考试的实施(2005 年版的 8.3、8.4 和 8.5,本版的第 9 章);

——调整了认证(2005 年版的第 9 章和第 10 章,本版的第 10 章);

——增加了 NDT 新方法或门类的介绍(见第 12 章);

——增加了试样的标准检测报告(见附录 B);

——增加了 1 级和 2 级试样(见附录 C);

——调整了 1 级和 2 级实际操作考试的权重(2005 年版的表 6,本版的附录 D);

——增加了 3 级 NDT 工艺规程考试的权重(见附录 E);

——修改了 3 级重新认证的信用体系(2005 年版的附录 C,本版的附录 F)。

本标准的附录 B、附录 C 和附录 F 为规范性附录,附录 A、附录 D 和附录 E 为资料性附录。

本标准由中国机械工业联合会提出。

本标准由全国无损检测标准化技术委员会(SAC/TC 56)归口。

本标准起草单位:上海材料研究所、中国机械工程学会无损检测分会。

本标准主要起草人:朱亚青、马铭刚、金宇飞。

本标准所代替标准的历次版本发布情况为:

——GB 9445—1988、GB/T 9445—1999、GB/T 9445—2005。

无损检测　人员资格鉴定与认证

1　范围

本标准规定了无损检测(NDT)人员资格鉴定与认证。本标准适用于下列一种或多种方法:

a)　声发射检测;

b)　涡流检测;

c)　红外热成像检测;

d)　泄漏检测(不包括水压试验);

e)　磁粉检测;

f)　渗透检测;

g)　射线照相检测;

h)　应变检测;

i)　超声检测;

j)　目视检测(不包括直接目视检测以及应用其他无损检测方法时所采用的目视检测)。

本标准的认证,提供了 NDT 操作人员通用能力的证明。但这并不代表操作授权,因为那是雇主的责任——经认证的雇员可能需要补充雇主方面的诸如设备、NDT 工艺规程、原材料和产品等特性的专门知识。当法规和规范有要求时,操作授权由雇主根据质量工艺规程签发,该质量工艺规程规定了雇主必需的职位专业培训和考试,以验证持证人员了解被检产品所涉及的工业规范、标准、NDT 工艺规程、设备和验收准则等相关知识。

本标准规定的体系也适用于具有独立认证程序的其他 NDT 方法。

2　规范性引用文件

下列文件中的条款通过本标准的引用而成为本标准的条款。凡是注日期的引用文件,其随后所有的修改单(不包括勘误的内容)或修订版均不适用于本标准,然而,鼓励根据本标准达成协议的各方研究是否可使用这些文件的最新版本。凡是不注日期的引用文件,其最新版本适用于本标准。

GB/T 27024　合格评定　人员认证机构通用要求(GB/T 27024—2004,ISO/IEC 17024:2003,IDT)

3　术语和定义

下列术语和定义适用于本标准。

3.1

授权的资格鉴定机构　authorized qualifying body

独立于雇主的、经认证机构授权的负责准备和管理资格鉴定考试的机构。

3.2

报考人　candidate

提出申请资格鉴定与认证、并在有适当资格人员监督下取得工业经历的个人。

3.3

证书　certificate

由认证机构按本标准规定颁发的书面证明,证书上表明了持证人员所具有的能力。

3.4

认证机构　certification body

按本标准的要求，对认证过程进行管理的机构。

3.5

认证　certification

认证机构所实施的确认达到相关方法、等级、门类等资格鉴定要求以及颁发证书的过程。

注：颁发证书并不是授权操作，授权操作的权力只能由雇主授予。

3.6

雇主　employer

报考人的工作单位。

3.7

考试中心　examination centre

经认证机构认可的执行资格鉴定考试的中心。

3.8

监考人　invigilator

经认证机构授权实施监督考试的人员。

3.9

基础考试　basic examination

3级书面考试之一，以考核报考人对材料科学与加工工艺、不连续类型、本标准的资格鉴定与认证体系、与2级要求相当的NDT各方法的基本原理等方面所具有的知识。

注：有关资格鉴定三个等级的说明见第6章。

3.10

通用考试　general examination

1级或2级书面考试之一，涉及某种NDT方法的原理。

注：有关资格鉴定三个等级的说明见第6章。

3.11

主要方法考试　main-method examination

3级书面考试之一，以考核报考人在其所申请认证的工业或产品门类中应用NDT方法所具有的通用和专业知识，以及编写NDT工艺规程的能力。

注：有关资格鉴定三个等级的说明见第6章。

3.12

实际操作考试　practical examination

实际操作技能的评价，以考核报考人完成检测任务的熟练程度和能力。

3.13

资格鉴定考试　qualification examination

由认证机构或授权的资格鉴定机构管理的考试，以评定报考人在通用、专业和实际操作等方面的知识和技能。

3.14

专业考试　specific examination

1级和2级书面考试之一，涉及有关应用于某一特定门类的检测技术，包括被检产品及其规范、标准、技术条件、工艺规程和验收准则等方面的知识。

注：有关资格鉴定三个等级的说明见第6章。

3.15

主考人　examiner

持有产品或工业门类以及该方法3级证书、经认证机构授权负责指挥、监督资格鉴定考试和评分的人员。

注：有关资格鉴定三个等级的说明见第6章。

3.16

工业经历　industrial experience

在有效监督下所积累的、被认证机构所接受的经历，即资格鉴定所规定的在相关门类应用NDT方法所需获得的技能和知识。

3.17

选择题　multiple-choice examination question

一种题目，给出四个可能的答案，其中仅一项是正确的，其余三项为不正确或不完全正确。

3.18

职位专业培训　job-specific training

由雇主(或其代理)提供给持证人员的，与无损检测专业相关的雇主的产品、NDT设备、NDT工艺规程，以及适用的规范、标准、技术条件和工艺规程等的作业指导，使之授予操作授权。

3.19

NDT作业指导书　NDT instruction

依据标准、规范、技术条件或NDT工艺规程编写的书面文件，记述有检测时的精确步骤。

3.20

NDT方法　NDT method

无损检测中应用某种物理原理的学科。

例如：超声检测。

3.21

NDT工艺规程　NDT procedure

按标准、规范或技术条件应用无损检测产品的书面文件，记述有全部的基本参数和警示。

3.22

NDT技术　NDT technique

NDT方法的一种特定的应用方式。

例如：液浸超声检测。

3.23

NDT培训　NDT training

按认证机构认可的培训大纲制定的培训课程，对所申请认证的NDT方法的理论和实际操作进行作业指导的过程，但不包括使用资格鉴定考试用的试样。

3.24

操作授权　operating authorization

雇主根据认证范围授权个人进行指定任务而颁发的书面文件。

注：这种授权依据所提供的职位专业培训而定。

3.25

资格鉴定　qualification

适当完成NDT任务所必需的体格、知识、技能、培训和经历等方面的实证。

3.26

门类　sector

工业或加工工艺中，有关产品的知识、技能、设备或培训等具有特定要求，而需应用特定的NDT操作方法的特定领域。

注：一个门类能被解释为一个产品(焊接件、铸件)或一个工业(航天工业、在役检测)(见附录 A)。

3.27

重大中断　significant interruption

持证人员在与其等级相对应的所认证的方法和门类的实际工作方面，发生连续时间超过 1 年或累积时间超过 2 年的脱离或变动。

注：法定假期或不超过 30 天的病假，不计入中断时间。

3.28

技术条件　specification

规定要求的文件。

3.29

试样　specimen

实际操作考试所用的样件，可能还包括射线照相底片和数据记录，并且在所适用门类的典型被检产品中最好具有代表性。

注：能包含一个以上的被检区域或体积。

3.30

试样的标准检测报告　specimen master report

体现最佳结果的标准答案，是在与实际操作考试所规定的同等条件(设备类型、设置、技术、试样等等)下事先得到的，据此对报考人的检测报告进行评分。

3.31

有效监督　qualified supervision

对报考人积累经历的监督。监督人是按本标准认证的 NDT 人员，或者是虽未经认证，但经认证机构评定已具备适当完成这种监督所需的知识、技能、培训和经历的人员。

3.32

监督　supervision

对由其他 NDT 人员进行 NDT 工作时进行监控的行为，包括对检测准备、检测实施和结果报告等的监控。

3.33

验证　validate

论证某一需核实的实际操作所用的工艺规程以及达到其预期作用的行为，通常采用实况目击、实证、现场或实验室检测或选择性试验等方式来实现。

4　符号和缩略语

声发射检测	AT
涡流检测	ET
红外热成像检测	TT
泄漏检测	LT
磁粉检测	MT
无损检测	NDT
渗透检测	PT
射线照相检测	RT
应变检测	ST
超声检测	UT

目视检测　　　　　VT

5 职责

5.1 概述

认证体系应由认证机构(必要时,授权的鉴定机构作为协助)来监控和管理。认证体系包括验证申请人(报考人)执行特定 NDT 方法、产品或工业门类的资格,使其能力得以证明的整个过程。

5.2 认证机构

5.2.1 认证机构应符合 GB/T 27024 的要求,不宜直接参与 NDT 人员的培训,宜得到 NDT 团体或国家的 ISO 成员团体的公认。

5.2.2 认证机构应得到一个由诸如 NDT 学会、委员会、用户、供应商和政府有关部门等相关各方的代表所组成的技术委员会的支撑。该委员会应负责制定和修订考试的技术标准,其成员应具有 NDT 认证和(或)经历等方面的适当资格。

5.2.3 认证机构:

a) 应按本标准创建、推动、维护和管理认证方案;
b) 应批准由其监控的具有适合工作人员和设备的考试中心;
c) 在直接负责的情况下,可将资格鉴定的具体管理工作委托给授权的资格鉴定机构,认证机构则负责发布有关装置、人员、设备、考试材料、记录等方面的技术条件;
d) 应对资格鉴定机构进行初审,以及随后的定期监视审计,以确保其符合技术条件;
e) 应颁发所有证书;
f) 应负责所有考试资料(试样、标准检测报告、题库、试卷等等)的安全;
g) 应确保考试用试样未用于培训;
h) 应负责门类的确定(见附录 A)。

5.3 授权的资格鉴定机构

5.3.1 已建立的授权的资格鉴定机构,应:

a) 在认证机构的监控下工作;
b) 确保对每位申请资格鉴定的报考人的尊重和公平,出现或潜在的不公将导致认证机构的警告;
c) 符合认证机构发布的技术条件[见 5.2.3c)];
d) 执行经认证机构认可的质量管理体系文件;
e) 具有建立、监视和控制考试中心(包括考试和设备的校准和操纵)所必需的资源和专业人员;
f) 在认证机构授权的主考人的负责下,准备和监督考试;
g) 按认证机构的要求保管有效记录。

5.3.2 如果未有授权的资格鉴定机构,认证机构应达到资格鉴定机构的要求。

5.4 考试中心

5.4.1 考试中心应:

a) 在认证机构或授权的资格鉴定机构的监控下工作;
b) 执行经认证机构认可的质量管理体系文件;
c) 具有实施考试(包括设备的校准和操纵)所必需的资源;
d) 在认证机构授权的主考人的负责下,准备和执行考试;
e) 具有足够数量和相应资格的工作人员、场地和设备,以确保满足相关等级、方法和门类的资格鉴定考试;
f) 仅使用由认证机构建立和认可的文件和试题;
g) 在执行实际操作考试时,仅使用由认证机构准备或认可的试样,若存在有多个考试中心时,每个中心应配备有含有类似不连续的检测难度相当的试样；

h） 按认证机构的要求保管有效记录。

5.4.2 考试中心可设在雇主的场所。但在这种情况下，认证机构应增加监控力度以保证其公正性，考试应在认证机构授权的代表在场并且在其监督下才能举行。

5.5 雇主

5.5.1 雇主应确认报考人提供给认证机构或授权的资格鉴定机构的个人资料是有效的。这些表明报考人是符合报考条件的资料应包括学历、培训和经历等必要证明。如果报考人是失业者或个体经营者，其学历、培训和经历等证明应经一个或多个非相关方(单位或个人)的确认。

5.5.2 无论是雇主还是其员工，不应直接参与资格鉴定考试工作。

5.5.3 在有持证人员监控的情况下，雇主应：

a） 对所有的操作授权和职位专业培训负全责；

b） 对 NDT 操作结果负责；

c） 确保员工的年检视力符合 7.2.1 的要求；

d） 核实所申请 NDT 方法的工作是连续而无重大中断的。

5.5.4 个体经营者个人应承担属于雇主的全部责任。

6 资格鉴定的等级

6.1 概述

按本标准认证的个人，应分为如下三个等级。

6.2 1级

6.2.1 1级持证人员应已证实具有在2级或3级人员监督下，按 NDT 作业指导书实施 NDT 的能力。在证书所明确的能力范围内，经雇主授权后，1级人员可按 NDT 作业指导书执行下列任务：

a） 调整 NDT 设备；

b） 执行检测；

c） 记录和分类检测结果；

d） 报告检测结果。

6.2.2 1级持证人员不应负责选择检测方法或技术，也不对检测结果作评价。

6.3 2级

6.3.1 2级持证人员应已证实具有按已制定的工艺规程执行 NDT 的能力。在证书所明确的能力范围内，经雇主授权后，2级人员可：

a） 选择所用检测方法的 NDT 技术；

b） 限定检测方法的应用范围；

c） 根据实际工作条件，把 NDT 规范、标准、技术条件和工艺规程转化为 NDT 作业指导书；

d） 调整和验证设备设置；

e） 执行和监督检测；

f） 按适用的规范、标准、技术条件或工艺规程解释和评价检测结果；

g） 准备 NDT 作业指导书；

h） 实施和监督属于2级或低于2级的全部工作；

i） 为2级或低于2级的人员提供指导；

j） 编写 NDT 结果报告。

6.4 3级

6.4.1 3级持证人员应已证实具有其认证内容执行和指挥 NDT 操作的能力。在证书所明确的能力范围内，经雇主授权后，3级人员可：

a) 对检测设施或考试中心和员工负全部责任；

b) 制定和验证 NDT 作业指导书和工艺规程，审核其在编辑和技术上没有差错；

c) 解释规范、标准、技术条件和工艺规程；

d) 确定所采用的特定的检测方法、工艺规程和 NDT 作业指导书；

e) 实施和监督各个等级的全部工作；

f) 为各个等级的 NDT 人员提供指导。

6.4.2 3 级人员应已证实具有：

a) 用现行规范、标准、技术条件和工艺规程来评定和解释结果的能力；

b) 在选择 NDT 方法、确定 NDT 技术以及协助制定验收准则（在没有现成可用的情况）时所需的有关原材料、制成品和加工工艺等方面的丰富实际知识；

c) 一般地熟悉其他 NDT 方法。

7 合格条件

7.1 概述

报考人在资格鉴定前应先达到视力和培训的最低要求，在认证前应先达到工业经历的最低要求。

7.2 视力要求（各个等级）

7.2.1 报考人应提供符合下列要求的视力合格书面证明：

a) 无论是否经过矫正，在不小于 30 cm 距离处，一只眼睛或两只眼睛的近视力应能读出 Times New Roman 4.5 或等同大小的字母（Times New Roman 4.5 点的垂直高度，每 1 点为 1/72 in 或 0.352 8 mm）；

b) 报考人的色觉应能足以辨别雇主规定的 NDT 相关方法所涉及的颜色间的对比。

7.2.2 认证后，视力应由雇主或责任单位负责每年进行一次检查和验证［见 5.5.3 c)］。

7.3 培训

7.3.1 申请 1 级和 2 级认证的报考人，应按认证机构所接受的格式，提供有关按认证机构要求已圆满完成所申请认证方法和等级培训的书面证明。

7.3.2 考虑到 3 级报考人在科学和技术方面的潜力，资格鉴定前的准备可采取不同方式：参加培训班、学术会议或研讨会，研读图书、期刊杂志和其他印刷版或电子版的专业文章。无论这种准备的方式如何，3 级报考人应按认证机构所接受的格式，递交适当的培训书面证明。

7.3.3 申请认证的报考人参加培训的最少连续时间应符合表 1 要求。有关培训课程内容的指南参见参考文献[1]和[2]。

表 1 最低培训要求

单位为小时

NDT 方法		1 级	2 级（含 1 级）	3 级（含 2 级）
AT		40	104	150
ET		40	104	150
TT		40	120	160
LT	A 基础知识	8	24	36
	B 压力法	14	45	66
	C 示踪气体法	18	54	78
MT		16	40	60
PT		16	40	60
RT		40	120	160
ST		16	40	60

表 1（续）

单位为小时

NDT 方法	1 级	2 级(含 1 级)	3 级(含 2 级)
UT	40	120	160
VT	16	40	64

注：培训时间取决于报考人所拥有的基本数学技能和材料加工的知识。如果这些都较差，认证机构可要求增加培训时间。培训时间中包含理论和实际操作两个部分。如果申请认证在方法应用上范围是有限的，培训时间可最多减少 50%。报考人如果是技术类学院或大学毕业，或在学院或大学里至少完成 2 年的工程或科学学习，则认证机构可接受的缩减时间为所要求的总培训时间的 50%。

7.4 工业经历

7.4.1 工业经历可在资格鉴定考试通过之前或之后获得。工业经历的书面证明应由雇主负责证实，并提供给认证机构或授权的资格鉴定机构。如果工业经历是在考试通过之后获得的，则考试结果应给予 5 年的有效期。

7.4.2 每一种 NDT 方法所需工业经历的连续时间应符合表 2 要求。但是，认证机构在考虑到下列情况后，可做出允许缩减工业经历时间的决定。

a) 取得工业经历的效果不尽相同，在与申请认证方法高度相关且经验(知识)密集的环境中工作，可快而多地获得技能。

b) 当同时在两个或多个表面 NDT 方法上获得工业经历，如 MT、PT 和 VT，则在一个 NDT 方法应用中获得的工业经历，可补充在其他一个或多个表面 NDT 方法中获得的工业经历。

c) 已认证的一个 NDT 方法的一个门类的工业经历，可补充于同一 NDT 方法的其他门类的工业经历。

d) 报考人的学历水平也宜考虑。这对 3 级报考人尤为重要，但也适用于其他等级。技术类学院或大学毕业，或在学院或大学里至少完成 2 年的工程或科学学习，可作为减少工业经历的理由。

表 2 工业经历

NDT 方法	以月为单位(总数累计)[a,b,c]		
	1 级[d,e]	2 级[d,e,f](含 1 级)	3 级[g](含 2 级)
AT、ET、TT、LT、RT、UT	3	12	30
MT、PT、ST、VT	1	4	16

a 以月为单位计算的工业经历是基于 40 小时为一周或法定的工作周。若有人每周的工作时间超过 40 h，也可按累计的总小时数来计算，但应出示这一工业经历的证明。

b 若报考人同时从事本标准涉及的两个或多个 NDT 方法时，可按如下方法减少所要求工业经历总时间：
——两种检测方法，减少总时间的 25%；
——三种检测方法，减少总时间的 33%；
——四种或更多检测方法，减少总时间的 50%。
任何情况都应要求报考人出示证明：其所申请认证的那种检测方法，至少达到表 1 所要求的一半时间。

c 任何情况都应要求报考人出示证明：其所申请认证的那种 NDT 方法/门类，至少达到工业经历所要求的一半时间，且持续时间不应少于一个月。

d 如果申请认证在应用上范围是有限的(如超声测厚)，工业经历最多可减少 50%(但不应少于一个月)。

e 实际操作课上获得的工业经历最多可达 50%，这样，加权因子最多可达 7。该课程应致力于在经常发生检测问题方面的实际解决能力，包括针对性地检测带有已知缺陷的试样，该课程应得到认证机构的认可。

f 对于 2 级认证，本标准指的是执行 1 级工作获得的工业经历。

g 对于 3 级认证，本标准指的是执行 2 级工作获得的工业经历。如果报考人无 2 级而直接申请 3 级的资格鉴定，则上述规定的工业经历时间不应允许减少。

8 资格鉴定考试(内容和评分)

8.1 概述

资格鉴定考试应包括将一个给定的 NDT 方法应用于一个工业门类,或一个或多个产品门类。认证机构应规定和告知报考人完成每一项考试可用的最大时间量,时间量的大小应视试题的数量和难易程度而定。作为指导性意见,每一道选择题允许的平均答题时间不大于 3 min。问答题的平均答题时间,应由认证机构决定。

8.2 1级和2级通用考试的内容

8.2.1 通用考试的试题应仅从认证机构或授权资格鉴定机构最新的通用考试题库中随机抽取。报考人应至少要回答表3中规定数量的题目。

8.2.2 在射线照相检测考试中应增加辐射安全方面的内容,除非国家法规不强调。

8.2.3 射线照相检测考试中应包括 X 射线或伽玛射线的内容或两者都包括,主要根据认证机构的工艺规程。

表3 1级和2级通用考试试题的最低数量

NDT 方法	试题数量
AT、ET、TT、RT、UT	40
LT、MT、PT、ST、VT	30

8.3 1级和2级专业考试的内容

8.3.1 专业考试应全是选择题,由认证机构或授权资格鉴定机构从现行的与门类有关的专业考试题库中随机抽取。专业考试可包括计算,规范、标准、技术条件和工艺规程等内容的试题。报考人应至少要回答 20 道选择题,也可包含附加短文或简答题。

8.3.2 如果专业考试内容涵盖两个或多个门类,试题数量应至少为 30 题,并均匀覆盖所涉及的门类。

8.4 1级和2级实际操作考试的内容

8.4.1 实际操作考试应包括:在指定的试样上应用所考的 NDT 方法,记录(2级报考人为解释)结果信息,并按规定格式编制检测报告。

8.4.2 认证机构应确保每件试样具有唯一标识,并附有试样的标准检测报告,其内容包括检测出试样中指定不连续时的设备参数。试样的标准检测报告的要求见附录 B。

8.4.3 认证机构应确保每份试样的标准检测报告的编制至少是经过了2次独立检测,并经过主考人的验证。

8.4.4 认证机构应确保每件试样是专属于某门类,模拟产品的几何形状,并且含有能代表在制造过程或在役时经常出现的不连续(固有、加工和在役不连续)。不连续可以是自然的、人工的和移植的。RT 用试样,不必含有不连续,因为已反映在供2级考试评片用的射线照相底片上。同样,AT、TT 和 ST 的试样中也不必含有不连续,因为已反映在供2级考试解释用的数据中。更多的试样信息见附录 C。

8.4.5 认证机构应确保被检区域或体积的数目,以满足相关的等级、NDT 方法和门类,并且这些区域或体积含有可供报告的不连续。1级2级实际操作考试被检区域或体积的数目见附录 C。

8.4.6 1级报考人应按主考人提供的 NDT 作业指导书进行操作。

8.4.7 2级报考人应根据相关的规范、标准、技术条件或工艺规程选择适当的 NDT 技术并确定操作条件。

8.4.8 考试时间取决于试样的数量及其复杂程度。每个被检区域或体积的最长时间宜为:

a) 1级2 h;

b) 2级3 h。

8.4.9 2级报考人应至少起草一份适合1级人员用的 NDT 作业指导书。这一考试允许的最长时间是

2 h。

8.5 1级和2级资格鉴定考试的评分

8.5.1 主考人应负责考试评分。通用考试、专业考试和实际操作考试应分别评分。

8.5.2 书面考试的合格线:报考人应至少在每部分考试中获得70%的评分。

8.5.3 实际操作考试的合格线:报考人应至少在每件被检试样上达到70%。实际操作考试权重百分比的指南见附录D。

8.6 3级考试的内容

基础考试和主要方法考试应分别评分。作为一个合格的认证通过者,报考人应通过基础考试和主要方法考试。

8.7 3级基础考试的内容

8.7.1 基础考试的试题应仅从认证机构或授权资格鉴定机构现行的基础考试题库中随机抽取。报考人应至少要回答表4中规定数量的选择题。

表4 基础考试试题数量的最低要求

部分	科目	题量
A	材料科学、加工工艺和不连续类型等技术知识	25
B	有关本标准对认证机构的资格鉴定与认证体系的知识,可开卷考	10
C	至少四种方法的相当于2级要求的通用知识,由报考人在本标准所列方法的范围中选择,但这4种方法中应至少包括一种体积方法(UT或RT)	每种方法15题 (总数60题)

8.7.2 基础考试宜首先通过,如果第一个主要方法考试是在基础考试通过后5年内通过的,则基础考试的成绩仍然有效。

8.7.3 本考试的合格线:报考人应至少在三个部分(A、B和C)考试中都达到70%。

8.8 3级主要方法考试的内容

8.8.1 主要方法考试的试题应仅从认证机构或授权资格鉴定机构现行的主要方法考试题库中随机抽取。报考人应至少要回答表5中规定数量的选择题。

8.8.2 所有3级主要方法考试,报考人应达到按8.5.3评分的相应方法和门类的2级实际操作考试合格,包括编写1级实际操作用的作业指导书(见8.4.9)。

8.8.3 主要方法考试的合格线:报考人应至少在三个部分(D、E和F)考试中都获得70%。

表5 主要方法考试试题数量的最低要求

部分	科目	题量
D	与所申请检测方法有关的3级知识	30
E	NDT方法在相关门类中的应用,包括应用规范、标准、技术条件和工艺规程。 与规范、标准、技术条件和工艺规程有关的内容可开卷考	20
F	起草一份或多份有关门类的NDT工艺规程。应向报考人提供适用的法规、标准、技术条件和工艺规程。工艺规程考试权重百分比的指南见附录E。 报考人在3级考试中起草了一份NDT的工艺规程,认证机构可将它与一个相同方法和门类中已有的NDT工艺规程相比较,进行严密的分析与评分	—

9 资格鉴定考试的实施

9.1 概述

9.1.1 所有考试应在考试中心进行,考试中心是由认证机构直接或通过授权的资格鉴定机构建立、认可和监控的。

9.1.2 考试开始前,报考人应向主考人或监考人出示本人的有效身份证明。

9.1.3 任何报考人在考试过程中不遵守考场纪律或参与作弊，应取消其一年内继续考试的资格。

9.1.4 考试应得到主考人的认可。考试应由主考人，或由其任命的一个或几个监考人负责监考和评议。

9.1.5 主考人应按认证机构制定或认可的程序负责对考试进行评分。主考人不应参与报考人的考前培训，也不能与报考人属同一个雇主。

9.1.6 经认证机构认可，报考人在实际操作考试时可使用自己的 NDT 器械。

9.2 补考

9.2.1 报考人未能获得认证所要求的评分，该考试部分可补考两次，但不得在上一次考试后 30 天内进行，也不迟于最初考试后的 5 年。如果后续培训是认证机构所接受的，认证机构可酌情考虑允许提前补考。

注：此处所提及的考试部分是指：通用考试、专业考试和实际操作考试，基础考试的 A、B、C 三个部分，以及主要方法考试的 D、E、F 三个部分。

9.2.2 若报考人补考两次仍未通过，则应按新报考人的程序重新申请参加考试。

9.3 考试豁免

9.3.1 1 级和 2 级持证人员在同一 NDT 方法内调换门类或增加其他门类，应只需要参加该方法所涉及的新门类的专业考试和实际操作考试。

9.3.2 3 级持证人员在同一 NDT 方法内调换门类或增加其他门类，不需要参加基础考试，也不需要参加 3 级的与该方法有关的主要方法考试(表 5 的 D 部分)。

10 认证

10.1 管理

报考人满足所有认证条件，认证机构应颁发证书和(或)相应的卡片。

10.2 证书和(或)卡片

证书和(或)相应的卡片应至少包括：

a) 被认证人员的全名；

b) 认证日期；

c) 证书失效日期；

d) 证书等级；

e) 认证机构名称；

f) NDT 方法；

g) 适用的门类；

h) 唯一的人员身份号码；

i) 持证人的签名；

j) 卡片上粘贴持证人的照片；

k) 卡片上的防伪图案，例如钢印、塑封等；

l) 认证机构任命的代表在证书上的签名。

证书和卡片的一边或两边可留有专用空间，供雇主签名和盖章，以及做局限性声明，以授权持证人员实施操作并对检测结果负责。

10.3 有效性

10.3.1 从证书和(或)卡片上指明的认证日期始，证书有效期不应超过 5 年。

10.3.2 下列情况之一时认证无效：

a) 经认证机构授权查实具有不道德行为；

b) 如果此人的视力未达到 7.2.1 a)的要求；

c) 如果此人在证书所指明范围的工作出现重大中断，其无效时间要直至此人符合重新认证的要求；

d) 如果此人未通过重新认证，其无效时间要直至此人符合这些要求包括重新认证或首次认证。

10.4 延期

10.4.1 在第一个有效期满前，如果持证人员提供下列证明文件，可向认证机构重新申请延长一个新的相同年限的有效期：

a) 在有效期止之前的12个月内，视力达到7.2.1a)的要求；

b) 连续从事与认证相应的工作，未有重大中断。

10.4.2 如果不能满足10.4.1b)的规定，则此人应进行重新认证(见10.5)。

10.5 重新认证

10.5.1 概述

在第二个有效期满以前或至少每隔10年，如果持证人员符合10.4.1a)和下列情况，认证机构可予以同样年限的重新认证。

10.5.2 1级和2级

1级和2级人员的重新认证应经过实际操作考试，根据下列内容评价持证人员证书上指明范围内的检测能力：

a) 附录D给出了实际操作考试中项目的权重百分比指南。如果此人考试成绩未能达到每一试样的检测成绩在70%以上，可允许两次补考，但应在第一次复证考试日期以后的12个月内进行。

b) 如果两次考试都未通过，此人不应再重新认证，若要恢复相应方法、等级和门类的认证，应申请新的认证。如果持证人员持有同样方法不同门类的有效证书，通用考试允许免除。

10.5.3 3级

10.5.3.1 持证人员应提供下列经证实的资格证明文件：

a) 满足10.5.2实际操作考试2级要求和10.5.3.2(3级)书面考试要求；

b) 满足10.5.3.3信用体系要求(如果认证方案中已有这种体系)。

参加重新认证的个人可选择考试或信用体系。如果选择信用体系，需提供雇主的证明文件或实例证明，此人还应向认证机构提供经雇主同意的书面声明。

10.5.3.2 成功完成认证机构管理的书面考试：

a) 3级人员的笔试，包括应用有关的检测方法及门类的试题，以及与目前采用的规范、标准、技术条件和技术有关的题目至少20题。如果持证人员在重新认证考试中未能得到至少70%的分数，12个月内最多允许两次重新认证考试，除非认证机构在其第一次重新认证考试时已认可。

b) 如果两次考试都未通过，此人不应再重新认证，若要恢复相应门类和方法的认证，应要求通过适当的主要方法考试。

10.5.3.3 按附录F的规定，由认证机构提供成功地完成结构信用体系的要求。持证人员若采用结构信用体系，但未能符合该评分制的要求，他必须根据10.5.3.1a)重新认证。如第一次以考试形式重新认证失败后，自申请结构信用体系日期起，12个月内只能有一次重新认证考试的机会。

11 档案

11.1 认证机构或其授权的资格鉴定机构应负责保管：

a) 所有已认证人员按等级、NDT方法和门类等分类排列并随时更新；

b) 对每一位未能通过认证人员的名单要分别立档，至少存放自申请日期起5年；

c) 为每一位已认证人员和认证中止的人员分别建档：

1) 申请表；

2） 考试文件，例如：试题、答案、试样说明、记录、检测结果、书面的工艺规程和评分单等；

3） 延期和重新认证文件，包括视力证明和连续工作证明；

4） 终止认证的理由。

11.2 档案应保存在合适、安全和保密的环境中，保管时间为至证书有效期结束后，至少是一个完整有效周期。

12 NDT 新方法或门类的介绍

12.1 对一个新的认证方案，或在现有的认证方案中增加新的检测方法或新的门类，认证机构可临时任命正式有资格的人员作为执行、监督和评分的资格鉴定考试的主考人，其任命时间不超过新方案或新方法新门类实施之日起的 3 年，这 3 年的执行期不能被认证机构用以认证那些不符合本标准的所有资格鉴定和认证要求的报考人。

12.2 有资格的人员应：

a） 具有该 NDT 原理和该专业与工业门类相关的知识；

b） 具有应用该 NDT 方法的工业经历；

c） 具有指挥考试的能力；

d） 能正确解释试题和考试结果。

12.3 这些被临时任命的主考人在被任命之日起的 2 年内，应按 10.5.2 重新认证的要求取得认证。

附 录 A
（资料性附录）
门 类

设立一个门类时，认证机构可根据下表使之规范化。但不排除为满足国家发展需要而开展新的门类。

a） 产品门类

包含下列内容：

1） 铸件（铁和非铁材料）；

2） 锻件（所有类型的锻件：铁和非铁材料）；

3） 焊缝（所有类型的焊缝，包括钎焊、铁和非铁材料）；

4） 管子和管道（无缝、焊接、铁和非铁材料，包括焊接管用的平板产品）；

5） 除锻件外的型材（板材、棒材、条材）。

b） 工业门类

是一些产品门类的结合体，包括所有和若干产品或某些特定材料（如：铁和非铁材料，非金属材料如：陶瓷、塑料和复合材料）。

1） 制造的；

2） 役前检测和在役检测，包括制造的；

3） 铁路维护；

4） 航空。

在设立一个门类时，认证机构应在他的公开文件中，针对其产品涉及范围予以精确定义。

获得某个门类认证的个人，也可能被认为他持有的是个别产品的认证，但门类就是由这些个别产品组成。

门类的认证可用于所有 NDT 方法的三个等级，或可限于特定的方法或等级。但无论如何安排，应在证书上注明认证的范围。

附 录 B
（规范性附录）
试样的标准检测报告

每一份试样的标准检测报告应由主考人根据至少二份以上分别检测的检测报告汇编审阅后认可。检测应由对用该试样的 NDT 方法至少有 2 年以上工业经历的 2 级或 3 级人员来承担。

作为标准检测报告的独立检测试验报告应汇编后存档。

独立检测报告的撰写者不必在报告上签名，因为报告将会予以保存，但主考人应在试样的标准检测报告上签名，并署上日期。

试样的标准检测报告应至少包含下列内容：

a) 认证机构的名称和标记；

b) 试样标识号；

c) 产品种类；

d) 材料；

e) 尺寸；

f) 采用何种专用 NDT 方法/技术；

g) NDT 工艺规程(仪器、校准/调整、操作条件)；

h) 含有的不连续；

i) 报考人应报告的不连续(强制性)；

j) 完成独立检测的人员(注明两位人员的身份)；

k) 主考人确认(姓名、签名、认证机构颁发的唯一的人员身份号码、日期)。

附　录　C
（规范性附录）
1级和2级试样

表 C.1　1级和2级人员实际操作考试用试块的最少数量

产品门类	方法/等级																			
	UT1	UT2	RT1	RT2	ET1	ET2	MT1	MT2	PT1	PT2	LT1	LT2	VT1	VT2	AT1	AT2	ST1	ST2	TT1	TT2
铸件	2	2	2	2+12rs	2	2	2	2	2	2	2	2	2	2	1	1+2ds	1	2	1+2ds	1+2ds
锻件	2	2	—	—	2	2	2	2	2	2	2	2	2	2	1	1+2ds	1	2	1+2ds	1+2ds
焊缝	2	2	2	2+12rs	2	2	2	2	2	2	2	2	2	2	1	1+2ds	1	2	1+2ds	1+2ds
管材	2	2	2	2+12rs	2	2	2	2	2	2	2	2	2	2	1	1+2ds	1	2	1+2ds	1+2ds
可锻产品	2	2	—	—	2	2	2	2	2	2	2	2	2	2	1	1+2ds	1	2	1+2ds	1+2ds

注1：如考试要求检测一个以上区域或体积，第二个检测区域或体积应具有与第一个检测区域或体积不同的特性，如：产品形式、材料技术条件、形状、尺寸、不连续种类。

注2：射线照相检测考试的1级、2级报考人，至少拍摄两张以上照片，若获有1级证书的2级人员，至少拍摄一张照片。

泄漏检测考试包括压力试验和示踪气体试验，至少要达到每一试验检测一个区域。

声发射检测考试，可用人工缺陷试块取代自然不连续试块。1级报考人应能自行安装设备，核实灵敏度和记录测试数据；2级报考人应能解释和评价两组先前记录的测试数据。

注3：门类（包含两个或更多的产品）

实际操作考试应包括不少于三个分开的区域或体积的检测。

被测试样应能代表所有产品种类，或从形成门类的产品范围中由主考人随机抽取。

对于射线照片的评判，代表每一个门类包含的产品门类的照片不得少于八个。

注4：试样指导性意见见参考文献[3]。

注5：rs——射线照相底片；ds——数据组。

附 录 D
（资料性附录）
1级和2级实际操作考试的权重

表 D.1 权重百分比的指导性意见

科　　目	1级/%	2级/%
第1部分：NDT设备的知识		
a) 系统控制和功能校核；	10	5
b) 设施的调整。	10	5
总分	20	10
第2部分：NDT方法的应用		
a) 试样准备（表面条件），包括目视检测；	5	2
b) 2级人员NDT技术的选择和操作条件的确定；	N/A	7
c) NDT设备的调整；	15	5
d) 检测的进行；	10	5
e) 检测后工作（退磁，清洁，维护）。	5	1
总分	35	20
第3部分：不连续的检测和报告[a]		
a) 应报告的缺陷的检测；	20	15
b) 特性（种类、位置、取向、视在尺寸等）；	15	15
c) 2级人员根据规范，标准，技术条件或工艺规程进行的评价；	N/A	15
d) 检测报告的编制。	10	10
总分	45	55
第4部分：作业指导书的编制（2级人员）[b]		
a) 前言（范围、参考文件），状况和授权；		1
b) 人员；		1
c) 将使用的设备，包括调整；		3
d) 产品（介绍或图纸，感兴趣的范围和检测目的）；	—	2
e) 检测条件，包括检测前的准备；		2
f) 实施检测的详尽作业指导书；		3
g) 测试结果的记录和分类；		2
h) 结果报告。		1
总分[c]		15
实际操作考试总分	100	100

[a] 报考人在试样的标准检测报告中规定的条件下，未能检测出试样的标准检测报告中指明应检出的缺陷，则关于此试块的实际操作考试的成绩为“零”。

[b] 2级人员应为1级人员编写合适的NDT作业指导书。当2级人员检测没有NDT作业指导书的试块时，其评分可为剩余分数的85%。

[c] 若想通过作业指导书编写这一项目，报考人必须获得70%的分数，如：15分中必须得到10.5分。

附 录 E
（资料性附录）
3级NDT工艺规程考试的权重

表 E.1 权重百分比的指导性意见

项目	最大/%
第1部分：通用	
a）范围（应用领域、产品）；	2
b）文件控制；	2
c）规范性参考资料和补充资料。	4
局部总分	8
第2部分：NDT人员	2
第3部分：实施检测所需材料	
a）NDT主要设备（包括解释校准情况和试前服役能力的校验）；	10
b）辅助设备（参考和校准试块、易耗品、测量设备、目测附件等）。	10
局部总分	20
第4部分：被测件	
a）物理条件和表面准备（温度、评价、保护层的去除、粗糙度等）；	1
b）被测区域和体积的描绘，包括参考数据；	1
c）拟测出的缺陷。	3
局部总分	5
第5部分：检测的实施	
a）应用的NDT方法和技术；	10
b）设备的调整；	10
c）检测的实施（包括NDT作业指导书的参照）；	10
d）缺陷的特性。	10
局部总分	40
第6部分：验收准则	7
第7部分：检测后的工艺规程	
a）不合格产品处（插标签，隔离）；	2
b）加涂防护层（如有要求）。	1
局部总分	3
第8部分：检测报告的编制	5
第9部分：综合表现	10
总分	100

附 录 F
（规范性附录）
3级重新认证的信用体系

根据本体系进行重新认证的3级人员，在申请重新认证前的5年里，参加表F.1所列的各项NDT活动，每年能获得的最高分数，为保证参加的活动均匀分布，5年中的每一年的得分都是有限定的。

表 F.1

序号	活　动	每项活动的分数	1年中每项活动的最高分数	5年中每项活动的最低分数	每5年每项活动的最高分数
1	NDT学会成员，参加学会的研讨会、交流会、大会和有关NDT科学和技术的课程	1	3	—	10
2.1	参加或向NDT相关工作组或委员会的会议投稿	1	8	—	20
2.2	NDT会议工作组或委员会主持者	1	8	—	20
3	在NDT科学和技术出版物上发表有贡献的研究或技术成果	3	6	—	30
4	讲授NDT培训课(每2 h)和(或)监考NDT考试(每场)	1	10	—	30
5	负责NDT培训中心或考试中心的设备(每一整年)	10	10	—	50
6	对考试的组成部分有专业性的开发	10	20	20[a]	30

注：作为一个合格的重新认证者，必须每年最低获得25分，证书的5年有效期内最低获得70分。

除上述重新认证的打分外，申请者还必须提供下列令人信服的证据：

——提供NDT学会成员证书或参加第一项所述会议的证明。

——提供参加2.1和2.2项所述会议的会议议程表和名单。

——提供第3项所述NDT科学和技术出版物的内容介绍和(或)文本复印件。如果有多位作者，第一位作者将为后面的作者打分。

——对于第4项，申请人须提供培训和(或)监考的总结。

——对于第5项，每一证件应有每年工作活动的证明。

——对于第6项，每一证件应有成功地完成实际操作考试的证明文件。“考试组成部分”指在认证机构认可的考试中心成功地实际操作一个相关的试块。成功地检测每一件试块，可评为10分。

[a] 如3级证书持有者目前还持有同样范围的2级证书，该项对他不适用。

参 考 文 献

[1] ANSI/ASNT CP-189:2001, American National Standard for Qualification and Certification of Non-destructive Testing Personnel, Appendix B, Training Outlines and References. American Society for Non-destructive Testing Inc., P. O. Box 28518, Columbus, OH 43228-0518 USA, Tel:(+1)614-274-6003, Fax:(+1)614-274-6899.

[2] IAEA, TECDOC-628/Rev. 1:2202, Training Guidelines in Non-destructive Testing Techniques. INIS Clearinghouse, International Atomic Energy Agency, P. O. Box 100, Wagramer Strasse 5, A-1400 Vienna, Austria, Tel:(+43) 1 2600 22880 or 222866, Fax:(+43)1 2600 29882; e-mail: chouse@iaea. org.

[3] EFNDT/S/02, Specification for Practical Examination Specimens. European Certification Process (ECP) document, issue 1 rev. E 23, September 2001. European Federation for Non-Destructive Testing(EFNDT) Secretariat at BINDT, 1 Spencer Parade, NN1 5AA Northampton (United Kingdom). e-mail: enquiries@bindt. org; web: http://www. bindt. org.

ICS 25.130.30
J 46

中华人民共和国国家标准

GB/T 9453—2008
代替 GB/T 9453—1988

锻 模 术 语

Terminology of forging dies

2008-06-06 发布　　2009-01-01 实施

中华人民共和国国家质量监督检验检疫总局
中国国家标准化管理委员会　发布

前言

本标准代替 GB/T 9453—1988《锻模及其零件术语》。

本标准与 GB/T 9453—1988 相比主要变化如下：

——将标准名称改为“锻模术语”；

——增加了部分术语词条；

——对部分术语词条的定义与注释作了适当修改；

——增加了中、英文索引；

——删除了若干不常用或容易引起歧义的术语词条。

本标准由全国模具标准化技术委员会(SAC/TC 33)提出并归口。

本标准起草单位：北京机电研究所。

本标准主要起草人：蒋鹏、武兵书、李亚军。

本标准所代替标准的历次版本发布情况为：

——GB/T 9453—1988。

锻模术语

1 范围

本标准规定了锻模的常用术语。

本标准适用于锻模常用术语的理解和使用。

2 锻模分类

2.1

锻模 forging die

锻造时使坯料成形所用的模具。

2.2

热锻模 hot forging die

在金属再结晶温度以上锻造(热锻)时使坯料成形所用的模具。

2.3

温锻模 warm forging die

在高于室温和低于金属再结晶温度范围内锻造(温锻)时使坯料成形所用的模具。

2.4

冷锻模 cold forging die

在室温下锻造(冷锻)时使坯料成形所用的模具。

2.5

等温锻模 isothermal forging die

金属成形全过程中温度保持恒定不变的条件下锻造(等温锻)时使坯料成形所用的模具。

2.6

锤锻模 hammer forging die

在模锻锤上使坯料成形为模锻件或其半成品所用的模具。

2.7

机械压力机锻模 mechanical press forging die

机锻模

在机械压力机上使坯料成形为模锻件或其半成品所用的模具。

2.8

平锻模 horizontal forging die

在平锻机上使坯料成形为模锻件或其半成品所用的模具。

2.9

辊锻模 roll forging die

在辊锻机上将毛坯辊锻成形所用的扇形模具。

2.10

楔横轧模 wedge rolling tool

实现楔横轧的基本成形工具,一般由楔入段、成形段、精整段、卸载段及切断段组成。

2.11

螺旋压力机锻模　screw press die

在螺旋压力机上使坯料成形为模锻件或其半成品所用的模具。

2.12

冷镦模　cold heading die

在冷镦机上使坯料切断、预成形、成形为冷成形件所用的模具。

2.13

热镦锻模　hot upset forging die

在热镦机上使坯料切断、预成形，成形为热成形件所用的模具。

2.14

校正模　sizing die

用于校正已成形的锻件提高其形状和尺寸精度的模具。

2.15

压印模　coining die

使锻件表层变形产生凹凸印纹的模具。

2.16

切边模　trimming die

切除锻件飞边的模具。

2.17

冲孔模　piercing die

切除孔内连皮等使锻件具有透孔的模具。

2.18

挤压模　extrusion die

使金属挤压成形所用的模具。

2.19

精锻模　precision forging die

锻造净形或近净形锻件的模具。

2.20

精压模　sizing die

对锻件进行少量压缩，以提高锻件局部或整体尺寸精度的模具。

2.21

多向锻模　multi-ram forging die

能从垂直和水平(或倾斜)方向分别或同时对金属毛坯施加压力，使毛坯能多向成形的模具。

2.22

闭式锻模　closed forging die without flash

闭式模锻(无飞边模锻)时所用的模具。

2.23

闭塞锻模　core forging die

用于闭塞锻造的模具，具有锻件外轮廓形状的模膛先闭合，然后将冲头压进模膛内部，使金属充满模膛同时成形出锻件孔部。

2.24

胎模　loose tool

在自由锻设备上锻造锻件时使用的模具。

3 锻模组成与结构(含按类别细分)

3.1 通用部分

3.1.1

锻模模块 forging die block

模锻时承受某一变形工步全部锻击力并带有工作部分的模具主体,一般分为上模和下模。

3.1.2

锻模镶块 forging die insert

对锻模的复杂或易损工作部分单独加工制造,然后镶入模块的零件。

3.1.3

飞边槽 flash cave

在分模面沿模膛周边设置的、用于保证模膛充满和容纳在成形过程中产生多余材料的凹槽,由飞边桥和飞边仓组成。

3.1.4

飞边桥 flash land

飞边槽中和模膛紧相连的间隙面,多余金属越过该间隙面挤出而形成飞边,可产生阻力使金属充满模膛。

3.1.5

飞边仓 gutter ;flash gutter

围绕着飞边桥外周的凹槽,用于容纳多余的金属材料。

3.1.6

阻力沟 resistance slot

在飞边桥部或在模膛难充满处的外边沿垂直于金属流动方向局部设置的小沟槽,用以增加水平方向的流动阻力,以利于金属流向难充满的型腔部位。

3.1.7

排气孔 vent hole

在锻模上为排除锻造时滞留于模膛内的空气而开设的小孔。

3.1.8

导柱 guide pillar

与导套(或孔)相配合,用以确定模具运动部分的相对位置,保证运动导向精度的柱形零件。

3.1.9

导套 guide bushing

与导柱相配合,用以确定模具运动部分的相对位置,保证运动导向精度的筒状零件。

3.1.10

衬套 bushing tube

为了提高导套等零件的寿命或改善摩擦条件而设置的起衬垫作用的筒形零件。

3.1.11

垫板 bolster plate

加在模具支承面与模座间的平板,承受和分散作用在模具上的加工负荷。

3.1.12

模座 die holder

将模具运动或静止部分的零件都安装在运动或静止的模具底座上,该底座称为模座,分为上模座和下模座。

3.1.13

模架 die set

除直接起成形作用的零件外，由导向装置与上、下模座等构成的组合体。

3.1.14

顶杆 ejector pin

将锻件由模具中顶出的杆形零件。

3.1.15

模膛 impression

为了使被锻金属获得一定的形状和尺寸，在模块上加工出的成形凹槽。

3.1.16

分模面 die parting face

上下模或凸凹模的分界面。分模面可以是平面，也可以是曲面。

3.1.17

预锻模膛 blocking impression；rougher

预锻工序使用的模膛。

3.1.18

终锻模膛 finishing impression；finisher

模锻时最后成形用的模膛，和热锻件上相应部分的形状、尺寸一致。

3.1.19

定位键 locating key

用以固定模具镶块等零件位置的一种定位零件。

3.1.20

键槽 key seat

在模座或垫板上加工的用以安放定位键的凹槽。

3.2 锤锻模部分

3.2.1

制坯模膛 blanking impression

按锻件变形要求，对坯料体积进行合理分配的模膛，可分为镦粗台、压扁台、拔长模膛、滚压模膛、卡压模膛、弯曲模膛等。

3.2.1.1

镦粗台 upset die

为镦粗坯料而在锻模局部设置的平台，兼有去除坯料氧化皮的作用。

3.2.1.2

压扁台 flattener

为压扁坯料而在锻模局部设置长方形平台，兼有去除坯料氧化皮的作用。

3.2.1.3

拔长模膛 drawing impression

使坯料某部分长度增加横截面减小的模膛。

3.2.1.4

滚压模膛 edge rolling impression，gathering impression

用来减小坯料某部分的横截面积，以增大另一部分的面积，使坯料体积分配符合锻件轴向分布要求的模膛，坯料在该模膛内成形时要反复翻转 90°。

3.2.1.5

卡压模膛　fullering impression

压肩模膛

使坯料局部高度略为减小，而宽度增加，头部得到少量聚料的模膛，坯料在该模膛内只锤击一次。

3.2.1.6

弯曲模膛　bending impression

使坯料弯曲成与锻件水平投影形状相近似的模膛称为弯曲模膛。其坯料应翻转 90° 放到下一模膛中去。

3.2.2

模锻模膛　die forging impression

使坯料获得与锻件形状接近或完全一致的模膛，可分为预锻模膛和终锻模膛。

3.2.3

切断模膛　cut-off impression

一料多件锻造时，把已锻成的锻件分离的模膛。

3.2.4

劈料台　cleaver divider

预锻模膛的一部分，用以劈开叉部金属，以利于终锻成形。

3.2.5

钳口　gate

为了便于夹持锻坯，取出锻件，在模膛的出口处设置的凹腔。

3.2.6

浇口　sprue

钳口与模膛间的沟槽，不仅可用作浇注铅样或金属盐样的注入口，还增加了锻件与钳夹头连接的刚度，有助于锻件出模。

3.2.7

浇道　runner

多件同时模锻时，为浇注铅或金属盐在两个终锻模膛间开设的浇料通道。

3.2.8

燕尾　dovetail;shank

锻模上用楔铁与锤头或砧座相连接的部分。

3.2.9

检验角　matched edge;match line

在锻模上加工出相互垂直的两个侧面，是模膛加工的划线基准，也是上、下模对模的基准。

3.2.10

承击面　striking surface

上、下锻模接触的表面。

3.2.11

锁扣　lock or kick crank

为了防止锻锤打击时产生错移而在上、下模加工出的凸凹相配的凸台和凹挡。

3.2.11.1

平衡锁扣　counter lock

模锻在打击力方向具有弯曲轴线的锻件时，为平衡水平分力所置的锁扣。

3.2.11.2

侧锁扣 side lock

在模块两侧设置的锁扣。

3.2.11.3

角锁扣 corner lock

在模块角部设置的锁扣。

3.3 机锻模部分

3.3.1

镦粗模 upsetting die

完成镦粗制坯工步的模块。

3.3.2

卡压模 fullering die

具有卡压模膛用以完成卡压制坯工步的模块。

3.3.3

压扁模 flattening die

完成压扁制坯工步的模块。

3.3.4

弯曲模 bending die

具有弯曲模膛用以完成弯曲制坯工步的模块。

3.3.5

预锻模 blocking die

具有预锻模膛用以完成预锻工步的模块。

3.3.6

终锻模 finishing die

具有终锻模膛用以完成终锻工步的模块。

3.3.7

导向装置 guiding device

用以保证上、下模工作时互相对正的装置。机锻模的导向装置一般由导柱、导套等零件组成。

3.3.8

紧固装置 fixing device

用以将模块或其他零件固定于上、下模座的装置。

3.3.8.1

压板 clamp plate

用于将模块等零件紧固于模座上的一种紧固零件。有斜面压板和直面压板等形式。

3.3.8.2

后定位面 rear-locating face

模架后方的定位基准面称为后定位面。

3.3.8.3

侧定位面 side-locating face

模架侧向的定位基准面称为侧定位面。

3.3.9

顶出器 ejector

把锻件从模膛中顶出的机构。

3.3.9.1

顶出杠杆　ejection lever

把压力机顶杆的动作均匀传递到锻件的顶出器上的杠杆。

3.3.9.2

多臂顶出杠杆　multi-arm ejection lever

是能同时推动多个锻件顶出器的顶出杠杆。

3.3.9.3

顶出环　ejection ring

起顶出作用的环状零件,用于回转体锻件的顶出。

3.3.9.4

顶出板　ejection plate

将压力机顶杆的动作传递给各个顶出器的板状零件。

3.4　平锻模部分

3.4.1

凸模体　body of punches

凸模夹持器　holder of punches

将凸模夹紧固定成一整体,使它和平锻机主滑块一起运动的模体,有整体凸模体和组合式凸模体。

3.4.2

凸模柄　punch shank

将凸模接长和固定到凸模体上的连接柄,其作用可以简化凸模的制造及节约模具钢。

3.4.3

凹模体　die body

将凹模镶块及所加工的各个模膛连接成可以开闭的组合模块,由静止凹模体和活动凹模体组成,前者装于机座专用槽内,后者装于设备的活动部分。

3.4.4

凸模镶块　punch insert

组合凸模上局部可换的拼接镶件,和凸模本体用不同材料制成,以提高凸模使用寿命,节约贵重材料。

3.4.5

凹模镶块　die insert

凹模块多制成半圆柱体,也有制成立方体的,其上的模膛可全部或局部采用镶块,镶块与凹模体的联接方式采用螺钉紧固。

3.4.6

积聚模膛　gathering impression

聚集模膛

使毛坯的局部横截面积增大,以获得锻件粗大部分的模膛。

3.4.7

穿孔模膛　piercing impression

将不透孔毛坯冲穿成透孔毛坯的模膛。

3.4.8

切边模膛　trimming impression

切除锻件飞边的模膛。

3.4.9

切断模膛　cut-off impression

将锻件或工艺料头从棒料上剪断的模膛。

3.4.10

夹紧模膛　gripping impression

将毛坯局部夹紧,以免凸模加压时毛坯移动,影响成形。夹紧模膛可以是光滑的或带凸纹的,也可和卡细镶块结合在一起使用。

3.4.11

卡细模膛　necking impression

利用活动凹模将棒料和已成形锻件的连接处夹细的模膛。

3.4.12

扩径模膛　expanding impression

利用凸模将棒料或空心毛坯的内孔及外周径扩大的模膛。

3.4.13

管坯镦粗模膛　tube upsetting impression

对空心管坯进行镦粗使其横截面积增大、长度或高度减小的模膛。

3.4.14

后挡板　rear stop

与棒料后端面接触,以保证棒料送进定位正确的一种辅助装置。

3.5　辊锻模部分

3.5.1

制坯型槽　blanking groove

使毛坯沿其长度方向进行金属体积分配的型槽,可以为模锻制坯。

3.5.2

预成形型槽　preforming groove

使制件获得接近锻件形状的辊锻型槽,其作用相当于锤锻模的预锻模膛。

3.5.3

成形型槽　finishing groove

使制件获得热辊锻件最终形状的型槽,可分为开式型槽、闭式型槽、开式与闭式的组合型槽。

3.5.4

扇形模块　fanlike die block

加工辊锻型槽的侧面呈扇形的模块,其内径和轧辊直径相同,外径即分型面,一般用压铁和螺钉固定在辊锻机轧辊上。

3.5.5

型槽系　system of grooves

为获得一定形状的辊锻件所需要的型槽组合系列。

3.6　冷镦模部分

3.6.1

凸模套　punch case;punch sleeve

压装在凸模外部的筒状零件。

3.6.2

凸模芯　punch insert

压装在凸模内部的嵌件,是凸模的主要工作部分。

3.6.3

凸模芯垫　punch insert supporter

压装在凸模套内,位于凸模芯后边的圆筒形零件。

3.6.4

凸模后垫　punch supporter

在机床的凸模夹持器内,整个凸模后边的圆筒形零件。

3.6.5

凸模推件　punch knockout pin

在凸模上装置用来推出坯料的销钉。

3.6.6

凹模垫　die supporter

位于凹模底部起支承作用的零件。

3.6.7

凹模套　die case

压装在凹模外部起增强作用的圆筒状零件。

3.6.8

凹模芯　die insert

压装在凹模套内的带型腔的凹模嵌件。

3.6.9

凹模顶料杆　die knock-out

在凹模内设置的顶出坯料的零件。

3.6.10

镦六角模　upsetting hexagon die

将坯料镦成六角形的模具。

3.6.11

缩径模　reducing die

使坯料直径变小,用来得到尺寸准确的制件杆部的模具。

3.6.12

整形模　sizing die

用于变形量小,但能提高冷镦制件尺寸形状精度的模具。

3.6.13

成形模　forming die

使坯料镦成所需形状的模具。

3.6.14

镦球模　upsetting barrel die

将坯料镦成桶形或球形的模具。

3.6.15

初镦模　first upsetting die

对坯料进行初镦锻加工的模具。

3.6.16

终镦模　final upsetting die

对坯料进行最终镦锻加工的模具。

3.6.17

切料刀　cutter

装在模具上用来剪断线材或棒材的刀具。

3.6.18

切料凹模　cut-off die

配合切料刀将线材或棒材切断的筒形零件。

3.6.19

挡料器　stop pin

限定送料长度的装置。

3.6.20

导料管　feeding pipe

送料时起导向作用的管子。

3.6.21

送料轮　drawing-in roller

送料用的滚轮。

3.6.22

传递夹钳　transfer finger

将坯料夹紧送至模具适当位置的夹钳。

3.6.23

夹钳体　pincers body

夹钳的主体零件。

3.6.24

夹钳片　pincers slice

安装在夹钳体上，夹持坯料的零件。

3.7　切边模、冲孔模部分

3.7.1

简单切边模　simple trimming die

只用于完成切边工序的模具，主要工作零件为切边凸模和切边凹模，见图1。

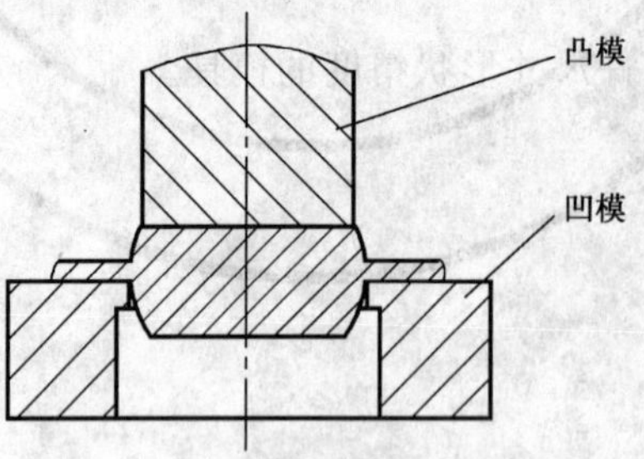

图1　简单切边模

3.7.2

简单冲孔模　simple piercing die

只用于完成冲孔工序的模具，主要工作零件为冲孔凸模和冲孔凹模，见图2。

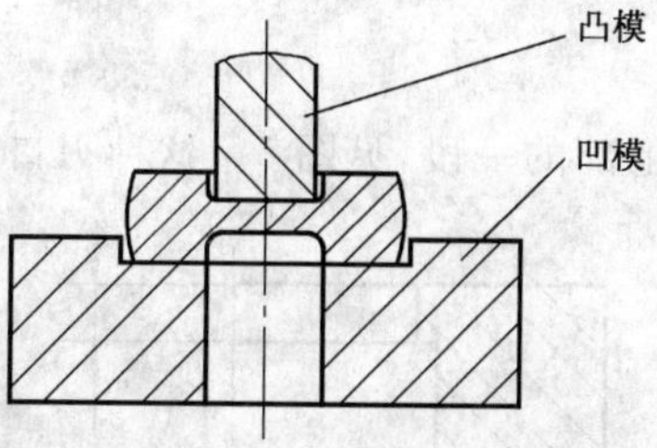

图 2 简单冲孔模

3.7.3

切边-冲孔连续模 progressive die for trimming and piercing

在压力机一次行程内能在模具的一个工位完成锻件的切边和另一个工位完成冲孔的模具，见图 3。

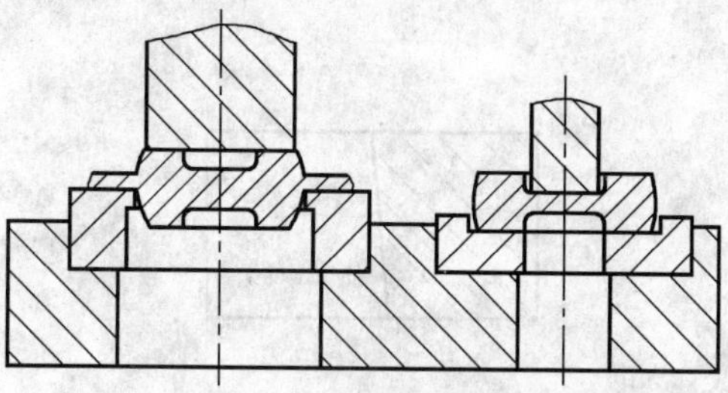

图 3 切边-冲孔连续模

3.7.4

切边-冲孔复合模 compound die for trimming and piercing

在压力机的一次行程中，在一个工位完成切边和冲孔的模具，见图 4。

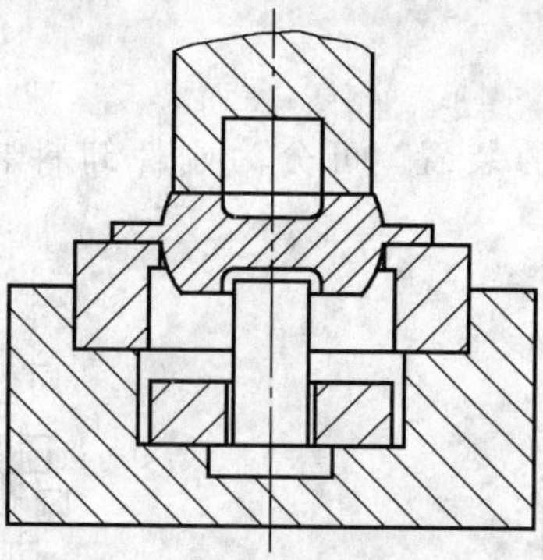

图 4 切边-冲孔复合模

3.7.5

凸模夹持器 punch holder

用于紧固凸模的零件。

3.7.6

凹模钳口 front gate of die

凹模上用以安放锻件夹料头的凹穴。

3.7.7

凹模刃口 cutting edge of die

切边时凹模上直接起剪切作用的工作部分，其轮廓线按锻件图在分模面上的轮廓线制造。

3.7.8

直刃口　straight cutting edge

无斜度的凹模刃口，一般为凹模上部的一段，见图5。这种刃口型式可增加刃口强度和便于修复。

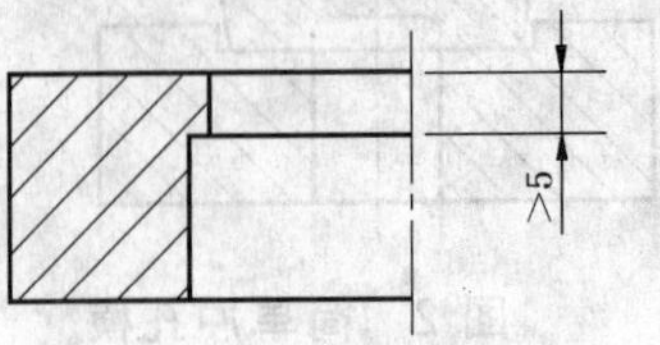

图5　直刃口

3.7.9

斜刃口　declivous cutting edge

带有斜度的凹模刃口，见图6。

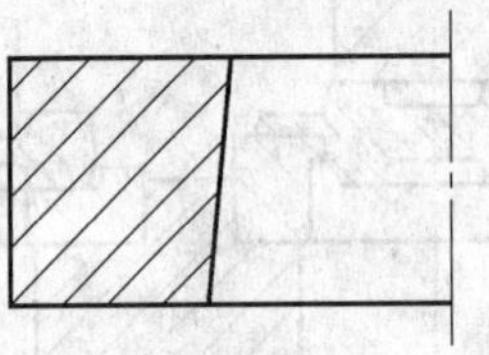

图6　斜刃口

3.7.10

波浪式刃口　wavelike cutting edge

将凹模刃口端面分段做成剪切斜面，形成波浪状的刃口。

3.7.11

卸料装置　stripper

用于卸掉箍在凸模上的锻件的装置。可分为刚性卸料装置［见图7a)］和弹性卸料装置［见图7 b)］。

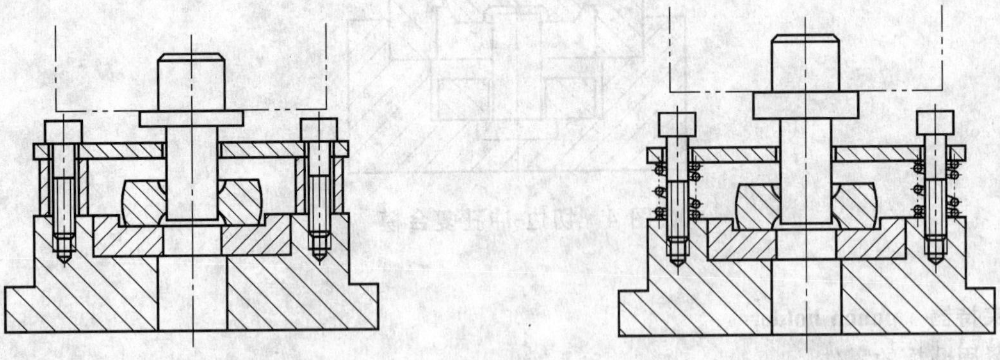

a) 刚性卸料装置　　b) 弹性卸料装置

图7　卸料装置

3.7.12

卸飞边装置　stripper for flash

用于卸掉箍在凸模上的飞边的装置。可分为刚性卸飞边装置［见图8a)］和弹性卸飞边装置［见图8b)］。

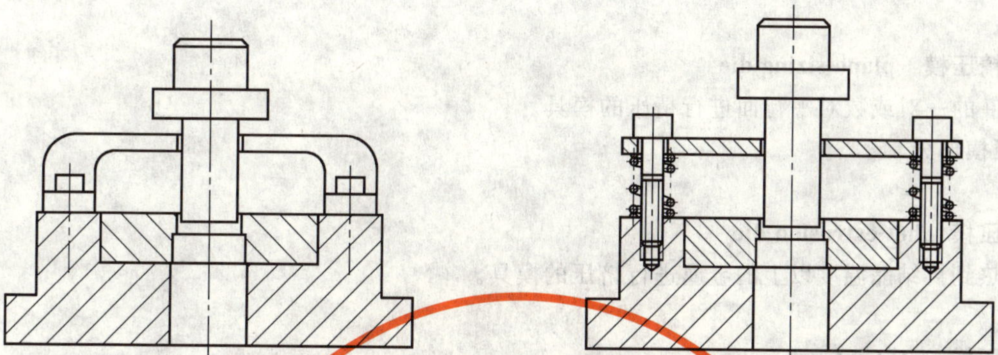

a）刚性卸飞边装置　　　　b）弹性卸飞边装置

图 8　卸飞边装置

3.7.13

凹模座　die socket;die holder

用来固定凹模的模座。

3.8　校正模、压印模、精压模部分

3.8.1

热校正模　hot sizing die

在热态下校正锻件用的模具。

3.8.2

冷校正模　cold sizing die

在室温下校正锻件用的模具。

3.8.3

整体校正模膛　full sizing impression

用于对锻件整体校正的模膛。

3.8.4

局部校正模膛　locally sizing impression

用于对锻件局部校正的模膛。

3.8.5

热压印模　hot-coining die

在热态下进行压印用的模具。

3.8.6

冷压印模　cold-coining die

在室温下进行压印用的模具。

3.8.7

单面压印模　single-side coining die

对制件单面压印用的模具。

3.8.8

双面压印模　double-side coining die

能同时对制件两面进行压印的模具。

3.8.9

体积精压模　body-sizing die

对锻件整个体积都同时进行精压的模具。

3.8.10

平面精压模　plano-sizing die

对锻件的一对或数对平行面进行精压的模具。

3.9　挤压模部分

3.9.1

热挤压模　hot-extrusion die

对加热到再结晶温度以上的金属进行挤压的模具。

3.9.2

冷挤压模　cold-extrusion die

对室温的金属进行挤压的模具。

3.9.3

温挤压模　warm-extrusion die

在高于室温而低于再结晶温度的温度范围内进行金属挤压成形的模具。

3.9.4

反挤压模　backward extrusion die

挤压时,金属的流动方向与凸模的运动方向相反的模具。

3.9.5

正挤压模　forward extrusion die

挤压时,金属的流动方向与凸模的运动方向相同的模具。

3.9.6

复合挤压模　compound extrusion die

挤压时,一部分金属的流动方向与凸模的运动方向相同,而另一部分金属的流动方向则相反的模具。

3.9.7

整体挤压凹模　solid extrusion die

由一个整体件构成的凹模。其特点是结构简单,制造方便。

3.9.8

组合凹模　combination die

在凹模外压配有预应力圈的组合体。一般可分为两层组合凹模和三层组合凹模,见图 9 a)和 b)所示。

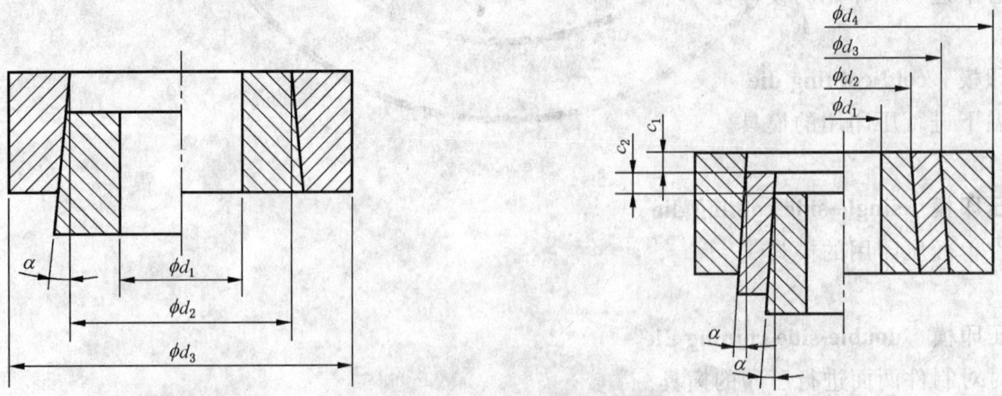

图 9　组合凹模

3.9.9

预应力圈　shrink ring;container ring

为提高凹模强度,防止凹模开裂,加于凹模外部的过盈配合套圈,因使凹模产生预置应力,故称为预应力圈。

3.9.10

凸(凹)模成形工作带　forming working straight of punch(die)

在正挤时凹模或反挤时凸模上对工件起定径作用的部分。

3.9.11

凸(凹)模矫正工作带　sizing straight of punch(die)

挤压用凸、凹模上在成形工作带后面为矫正成品尺寸及形状,提高精度而设的刃带。

3.9.12

凹模锥角　extrusion angle of die

正挤压凹模的入口角。

3.9.13

芯轴　mandrel

正挤压空心件时与凹模一起组成环形挤压入模口的轴形零件。

3.10　胎模部分

3.10.1

摔子(模)　swaging die

用于锻造回转体或对称锻件的一种简单胎模,有整形用和制坯用之分。

3.10.2

扣模　buckling die

用于简单非回转体轴类锻件局部或整体成形的胎膜。

3.10.3

垫模　cushion type die

只用于下模,上模即为平砧的胎模。

3.10.4

套模　sleeve type die

闭式锻造用,一般由套筒及上、下模垫组成。

3.10.5

合模　closed die of loose tool

具有飞边锻造用胎模,其作用与终锻模膛相近,有导向装置。

3.10.6

漏模　through cutting die

是冲切用胎模,用于切边、冲孔及冲切外形。

3.10.7

下料模　cropping die for billet shearing

在自由锻锤上剪断坯料用模具。

3.10.8

固定模　fixed die

在自由锻设备上锻造模锻件时使用的固定胎模的模具。

3.10.9

型砧　mould block

固定模中仅用来制坯的模具。

4 锻模设计要素

4.1

锻模中心 center of forging die

锤锻模的燕尾中心线与键槽轴线的交点，它与锤杆中心线必须重合。

4.2

锻模中心间距 center distance of forging die

多工位锻模各模块的中心间距离。

4.3

模膛中心 center of die cavity

终锻或预锻时金属变形抗力的作用点。

4.4

模壁厚度 side thickness of die

模膛至模具侧面的壁厚及模膛之间的壁厚。一般是根据模膛深度、模壁斜度、模膛底部的圆角半径以及模膛在分模面上的形状来确定的。

4.5

内圆角半径 fillet radius

模腔内凹处的圆角半径，与模锻件上的外圆角半径相对应。

4.6

外圆角半径 round radius

模腔内凸处的圆角半径，与模锻件上的内圆角半径相对应。

4.7

模锻斜度 draft angle

为了使锻件易于从模膛中取出，锻件与模膛侧壁接触部分需带的工艺斜度。

4.8

分模线 parting line

分模轮廓线在视图平面上的投影。分模轮廓线是指终锻模膛与分边交接处所构成的轮廓线。

4.9

模膛排列 arrangement of die cavity

各模膛在锻模上的布置。

4.10

模膛深度 depth of die cavity

由分模面至模膛底部的距离。

4.11

顶出行程 ejection stroke

顶出器在工作过程中可移动的距离。

4.12

模具闭合高度 die shut height

模具工作刚结束时，上模座的上表面与下模座的下表面间的距离。以切边模为例，如图 10 所示。

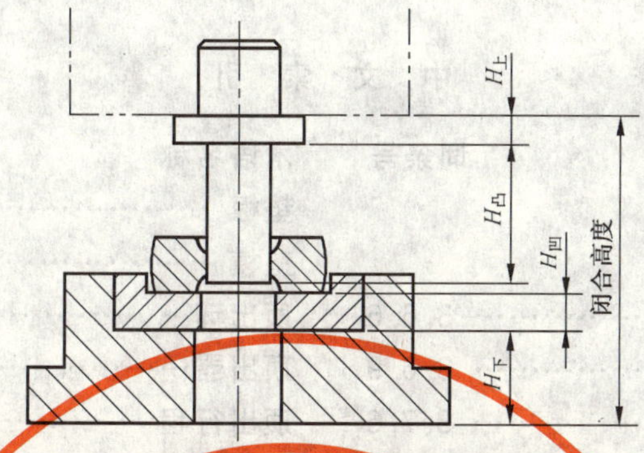

图 10　切边模闭合高度

4.12.1

模具闭合高度允许调节量　adjustable range of die shut height

模具的闭合高度可以通过压力机上的连杆或其他调节机构进行调整时其可调整的范围。

4.12.2

模具最大(最小)闭合高度　maximum(minimum)shut height of die

压力机滑块在下死点,模具闭合高度调节向上(下)达到最大(最小)时的模具闭合高度。

4.13

模具开启高度　operation space of die

滑块或锤头处于最上位置时,上下模面间的距离。

4.14

凸凹模间隙　clearance between punch and die

凹模与凸模工作部分垂直于运动方向的平面投影轮廓的单边距离。

4.15

压力中心　center of load

锻压力合力的作用点。

4.16

计算毛坯　perform configuration

它是指假想的具有圆形或方形横截面的坯料,它的轴向各横截面积应等于锻件在相应长度上截面积与飞边面积之和。计算毛坯的形状说明了锻件沿长度上金属的分布情况。

4.17

计算毛坯杆部　rod of perform configuration

计算毛坯中,直径或边长小于其平均直径或边长的部分。

4.18

计算毛坯头部　head of perform configuration

计算毛坯中,直径或边长大于其平均直径或边长的部分。

中 文 索 引

英 文 索 引

术语名称 词条号

T

U

V

W

ICS 65.120
B 46

中华人民共和国国家标准

GB/T 9454—2008
代替 GB/T 9454—2000

饲料添加剂 维生素 E

Feed additive—Vitamin E

2008-12-31 发布　　　　2009-05-01 实施

中华人民共和国国家质量监督检验检疫总局
中国国家标准化管理委员会　发布

前言

本标准代替 GB/T 9454—2000《饲料添加剂　维生素 E(原料)》。

本标准与 GB/T 9454—2000 相比主要变化如下：

——更正了维生素 E 的结构式，并增加了化学名和英文名；

——删去原标准含量测定试验中 4.4.1.2 及 4.4.2.2 中的方法，增加了毛细管气相色谱法；

——增加了维生素 E 标准品的红外吸收光谱图、气相色谱图及高效液相色谱图作为资料性附录；

——增加了用高效液相色谱法测定维生素 E 含量作为第二法，气相色谱法测定维生素 E 含量作为第一法(仲裁法)；

——增加了折光率测定步骤；

——增加了卫生指标(重金属)要求及相应的测定方法。

本标准的附录 A、附录 B 和附录 C 是资料性附录。

本标准由全国饲料工业标准化技术委员会(SAC/TC 76)提出并归口。

本标准起草单位：上海市兽药饲料检测所、中国饲料工业协会、帝斯曼维生素(上海)有限公司、浙江新和成股份有限公司、浙江医药股份有限公司新昌制药厂。

本标准主要起草人：王蓓、商军、华贤辉、潘娟、粟胜兰、陈晓莉、虞哲高、杨金枢、梅娜。

本标准所代替标准的历次版本发布情况为：

——GB/T 9454—1998、GB/T 9454—2000。

饲料添加剂　维生素 E

1　范围

本标准规定了饲料添加剂维生素 E 产品的要求、试验方法、检验规则以及标签、包装、运输和贮存。

本标准适用于由 2,3,5-三甲基氢醌与异植物醇为原料，经化学合成制得的 *dl*-α-生育酚醋酸酯。本产品在饲料工业中作为维生素类饲料添加剂，也可作为抗氧化剂。

化学名：*dl*-α-生育酚醋酸酯（又名 *dl*-α-生育酚乙酸酯）。

英文名：*dl*-α-Tocopherol Acetate。

分子式：$C_{31}H_{52}O_3$。

相对分子质量：472.75（按 2001 年国际相对原子质量表）。

结构式：

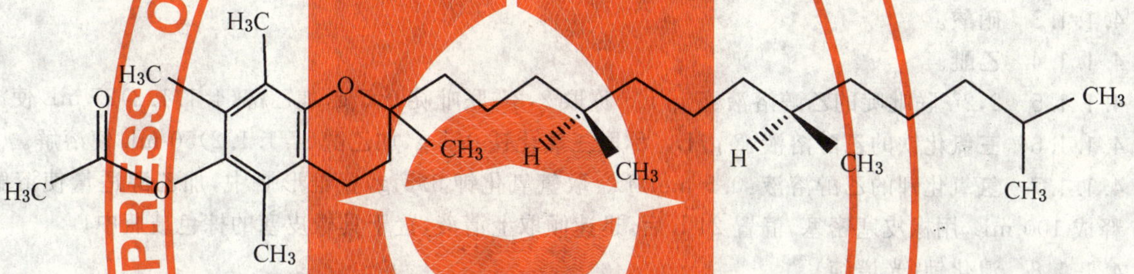

2　规范性引用文件

下列文件中的条款通过本标准的引用而成为本标准的条款。凡是注日期的引用文件，其随后所有的修改单（不包括勘误的内容）或修订版均不适用于本标准，然而，鼓励根据本标准达成协议的各方研究是否可使用这些文件的最新版本。凡是不注日期的引用文件，其最新版本适用于本标准。

GB/T 601　化学试剂　标准滴定溶液的制备

GB/T 6682　分析实验室用水规格和试验方法（GB/T 6682—2008，ISO 3696：1987，MOD）

GB 10648　饲料标签

3　要求

3.1　性状

微绿黄色或黄色的黏稠液体，几乎无臭，遇光色渐变深；在无水乙醇、丙酮、乙醚或石油醚中易溶，在水中不溶。

3.2　技术指标

主要技术指标见表 1。

表 1　技术指标

项　　　目		指　　　标
含量（以 $C_{31}H_{52}O_3$ 计）/%	≥	92.0
折光率（n_D^{20}）		1.494～1.499

表 1(续)

项目		指标
吸收系数($E^{1\%}_{1\,cm}$)		41.0～45.0
酸度(消耗 0.1 mol/L 氢氧化钠滴定液的体积)/mL	≤	2.0
生育酚(消耗 0.01 mol/L 硫酸铈滴定液的体积)/mL	≤	1.0
重金属(以 Pb 计)/%	≤	0.001

4 试验方法

本标准所用试剂和水,未注明其要求时,均指分析纯试剂和符合 GB/T 6682 中规定的三级水。色谱分析中所用水均为符合 GB/T 6682 中规定的一级水。

4.1 鉴别试验

4.1.1 试剂和溶液

4.1.1.1 无水乙醇。

4.1.1.2 乙醇。

4.1.1.3 硝酸。

4.1.1.4 乙醚。

4.1.1.5 2,2'-联吡啶的乙醇溶液:5 g/L。称取 2,2'-联吡啶 0.5 g,加乙醇(4.1.1.2)25 mL 使溶解。

4.1.1.6 三氯化铁的乙醇溶液:2 g/L。称取三氯化铁 0.1 g,加乙醇(4.1.1.2)50 mL 使溶解。

4.1.1.7 氢氧化钾的乙醇溶液:0.5 mol/L。取氢氧化钾 3.5 g,置锥形瓶中,加乙醇适量使溶解并稀释成 100 mL,用橡皮塞密塞,静置 24 h 后,迅速倾取上清液,置于具橡皮塞的棕色玻瓶中。

4.1.1.8 溴化钾(光谱纯)。

4.1.2 仪器和设备

4.1.2.1 红外分光光度仪:扫描范围为 4 000 cm^{-1}～400 cm^{-1},扫描次数为 32,分辨率为 4.000。

4.1.2.2 分析天平:感量为 0.1 mg,0.01 mg。

4.1.3 鉴别步骤

4.1.3.1 称取试样约 30 mg,加无水乙醇(4.1.1.1)10 mL 溶解后,加硝酸(4.1.1.3)2 mL,摇匀,在 75 ℃水浴中加热约 15 min,溶液显橙红色。

4.1.3.2 称取试样约 10 mg,加氢氧化钾的乙醇溶液(4.1.1.7)2 mL,煮沸 5 min,放冷,加水 4 mL 与乙醚(4.1.1.4)10 mL,振摇,静置使分层;取乙醚层 2 mL,加 2,2'-联吡啶的乙醇溶液(4.1.1.5)数滴与三氯化铁的乙醇溶液(4.1.1.6)数滴,应显血红色。

4.1.3.3 红外鉴别:采用膜法制样,试样的红外吸收图谱应与对照品的图谱一致(图谱参见附录 A)。

4.2 维生素 E 含量的测定

4.2.1 试剂和溶液

4.2.1.1 甲醇(色谱纯)。

4.2.1.2 生育酚醋酸酯标准品(含量≥98.0%)。

4.2.1.3 正三十二烷。

4.2.1.4 正己烷(色谱纯)。

4.2.2 仪器和设备

4.2.2.1 气相色谱仪:配置氢火焰离子化检测器(FID)。

4.2.2.2 高效液相色谱仪:配置紫外检测器(UV)。

4.2.2.3 柱温箱。

4.2.2.4 微孔滤膜:孔径 0.45 μm。

4.2.2.5 超声波水浴发生器。

4.2.3 第一法 气相色谱法(仲裁法)

4.2.3.1 内标溶液制备

取正三十二烷(4.2.1.3)适量,加正己烷(4.2.1.4)溶解并稀释成每毫升中含有1.0 mg正三十二烷的溶液,摇匀。作为内标溶液。

4.2.3.2 标准溶液制备

取生育酚醋酸酯标准品(4.2.1.2)约20 mg(精确至0.000 02 g),置棕色具塞瓶中,精密加入内标溶液(4.2.3.1)10.00 mL,密塞,振摇使溶解。

4.2.3.3 试样溶液制备

取试样约20 mg(精确至0.000 02 g),置棕色具塞瓶中,精密加入内标溶液(4.2.3.1)10.00 mL,密塞,振摇使溶解。

4.2.3.4 色谱条件与系统适用性试验

4.2.3.4.1 色谱条件

色谱条件如表2所示。

表2 色谱条件

色谱柱	填 充 柱	毛细管柱
固定相	硅酮(OV-17),涂布浓度为2%	100%二甲基聚硅氧烷
规 格	柱长:2 m~3 m,内径:3 mm~5 mm, 粒径:60目~100目	柱长:30 m,内径:0.25mm, 膜厚:0.25 μm~0.35 μm
柱箱温度	265 ℃	280 ℃~290 ℃
进样口温度	275 ℃~285 ℃	290 ℃~300 ℃
检测器温度	275 ℃~285 ℃	290 ℃~300 ℃
载气(N_2)流速	60 mL/min	1.2 mL/min
进样量	1 μL~3 μL	1 μL

4.2.3.4.2 系统适用性试验

取标准溶液(4.2.3.2),按色谱条件(4.2.3.4.1)连续注样3次~5次。填充柱、理论塔板数按生育酚醋酸酯峰计算应不低于500,生育酚醋酸酯峰与内标物质峰的分离度应大于2。毛细管色谱柱、理论塔板数按生育酚醋酸酯峰计算应不低于5 000,生育酚醋酸酯峰与内标物质峰的分离度应大于2。

4.2.3.5 测定步骤

取标准溶液(4.2.3.2)及试样溶液(4.2.3.3),分别连续注样3次~5次,按峰面积计算校正因子,并用其平均值计算试样中维生素E的含量(图谱参见附录B)。

4.2.3.6 计算和结果的表述

4.2.3.6.1 计算公式

维生素E含量X_1以质量分数(%)表示,按式(1)、式(2)计算。

$$X_1 = f \times \frac{A_3 \times m_4}{A_4 \times m_3} \qquad (1)$$

$$f = \frac{A_1 \times m_2 \times P_{st}}{A_2 \times m_1} \qquad (2)$$

式中:

X_1——试样中维生素E含量,%;

f——维生素E的质量校正因子;

A_1——标准溶液中内标物的峰面积;

A_2——标准溶液中生育酚醋酸酯标准品的峰面积；

A_3——试样溶液中生育酚醋酸酯的峰面积；

A_4——试样溶液中内标物的峰面积；

m_1——标准溶液中内标物的质量，单位为克(g)；

m_2——标准溶液中生育酚醋酸酯的质量，单位为克(g)；

P_{st}——维生素 E 标准品含量，%；

m_3——试样溶液中试样的质量，单位为克(g)；

m_4——试样溶液中内标物的质量，单位为克(g)。

测定结果用平行测定的算术平均值表示，保留 3 位有效数字。

4.2.3.6.2 允许差

同一分析者对同一试样同时两次平行测定所得结果相对偏差不大于 1.5%。

4.2.4 第二法 高效液相色谱法

4.2.4.1 标准溶液制备

取生育酚醋酸酯标准品(4.2.1.2)约 20 mg(精确至 0.000 02 g)，置 50 mL 棕色量瓶中，加甲醇(4.2.1.1)适量溶解，用甲醇(4.2.1.1)稀释至刻度，摇匀。

4.2.4.2 试样溶液制备

取试样约 20 mg(精确至 0.000 02 g)，置 50 mL 棕色量瓶中，加甲醇(4.2.1.1)适量，置超声波水浴发生器(4.2.2.5)中助溶 10 min，冷却至室温，用甲醇(4.2.1.1)稀释至刻度，充分摇匀；经 0.45 μm 滤膜(4.2.2.4)滤过，滤液作为试样溶液。

4.2.4.3 色谱条件与系统适用性试验

4.2.4.3.1 色谱条件

色谱柱：C_{18} 柱(长：150 mm，内径：4.6 mm，粒径：4 μm～5 μm)；

流动相：甲醇＋水＝98＋2；

流速：1.2 mL/min；

柱温：30 ℃±2 ℃；

检测波长：285 nm；

进样量：20 μL。

4.2.4.3.2 系统适用性试验

取标准溶液(4.2.4.1)，按色谱条件(4.2.4.3.1)连续注样 3 次～5 次，在 0.1 mg/mL～0.8 mg/mL 浓度范围内，理论板数按生育酚醋酸酯峰计算应不低于 1 200，生育酚醋酸酯峰和游离生育酚峰的分离度应大于 1.5。

4.2.4.4 测定步骤

取标准溶液(4.2.4.1)及试样溶液(4.2.4.2)分别注入液相色谱仪，得到色谱峰面积(A_{st}、A_i)，用外标法计算(图谱参见附录 C)。

4.2.4.5 计算和结果的表述

4.2.4.5.1 计算公式

维生素 E 含量 X_2 以质量分数(%)表示，按式(3)计算。

$$X_2 = \frac{m_{st} \times P_{st} \times A_i}{m_i \times A_{st}} \times 100 \qquad (3)$$

式中：

X_2——试样中维生素 E 含量，%；

m_{st}——标准品质量，单位为克(g)；

m_i——试样质量，单位为克(g)；

P_{st}——生育酚醋酸酯标准品含量,%;

A_i——试样溶液中生育酚醋酸酯的峰面积;

A_{st}——标准溶液中生育酚醋酸酯的峰面积。

测定结果用平行测定的算术平均值表示,保留 3 位有效数字。

4.2.4.5.2 允许差

同一分析者对同一试样同时两次平行测定所得结果相对偏差不大于 1.5%。

4.3 折光率的测定

4.3.1 仪器和设备

4.3.1.1 阿培折光计或与其相当的仪器:采用钠光谱的 D 线(589.3 nm),读数能至 0.000 1,测量范围 1.300 0～1.700 0 的折光计,取试样测定时应调节温度至 20 ℃±0.5 ℃。

4.3.2 测定步骤

测定前,折光计读数应使用校正棱镜或水进行校正,水的折光率 20 ℃时为 1.333 0。取试样滴 1 滴～2 滴于下棱镜镜面上,将上下棱镜关合,拉紧扳手,转动刻度调节钮,将读数置于试样折光率附近,旋转补偿旋钮,使视野内彩虹消失,并有清晰的明暗分界线,再转动刻度尺的调节钮,使视野的分界线恰位于视野内十字交叉处,读取并记录读数,反复测定 3 次,3 次读数的平均值(必要时经校正)即为试样折光率的测定结果。

4.4 吸收系数的测定

4.4.1 试剂和溶液

4.4.1.1 无水乙醇。

4.4.2 仪器和设备

4.4.2.1 紫外分光光度计。

4.4.3 测定步骤

取试样约 150 mg(精确至 0.000 2 g),置 100 mL 棕色量瓶中,加无水乙醇(4.4.1.1)溶解并稀释至刻度,充分摇匀;精密量取上述溶液 10.00 mL,置 100 mL 棕色量瓶中,加无水乙醇稀释至刻度,充分摇匀。将此溶液置 1 cm 石英皿中,以无水乙醇作空白对照,在 284 nm 的波长处测定吸光度。

4.4.4 计算和结果的表述

试样的吸收系数以 $E_{1\,\mathrm{cm}}^{1\%}$ 表示,按式(4)计算。

$$E_{1\,\mathrm{cm}}^{1\%}=\frac{A}{C\times L} \qquad \cdots\cdots(4)$$

式中:

$E_{1\,\mathrm{cm}}^{1\%}$——试样的吸收系数,即溶液浓度 1%(g/mL),光路 1 cm 时的吸收系数;

A——试样的吸光度;

C——100 mL 溶液中含有试样的质量,单位为克(g);

L——光路的长度,单位为厘米(cm)。

4.5 酸度的测定

4.5.1 试剂和溶液

4.5.1.1 乙醇。

4.5.1.2 乙醚。

4.5.1.3 氢氧化钠标准滴定溶液:$c(NaOH)$ = 0.1 mol / L,按 GB/T 601 的规定制备和标定。

4.5.1.4 酚酞指示液:取酚酞 1 g,加乙醇 100 mL 使溶解,即得。

4.5.2 测定步骤

取乙醇(4.5.1.1)与乙醚(4.5.1.2)各 15 mL,置锥形瓶中,加酚酞指示液(4.5.1.4)0.5 mL,滴加氢氧化钠标准滴定溶液(4.5.1.3)至微显粉红色,加试样 1.0 g,溶解后,用氢氧化钠标准滴定溶液

(4.5.1.3)滴定至微显粉红色，记录加试样后消耗氢氧化钠标准滴定溶液的体积，应不大于2.0 mL。

4.6 生育酚的测定

4.6.1 试剂和溶液

4.6.1.1 无水乙醇。

4.6.1.2 二苯胺溶液：取二苯胺1 g，加硫酸100 mL使溶解，即得。

4.6.1.3 硫酸铈标准滴定溶液：$c[Ce(SO_4)_2 \cdot 4H_2O]=0.01$ mol / L，按GB/T 601的规定制备和标定。

4.6.2 测定步骤

取试样0.1 g(精确至0.001 g)，加无水乙醇(4.6.1.1)5 mL溶解后，加二苯胺溶液(4.6.1.2)1滴，用硫酸铈标准滴定溶液(4.6.1.3)滴定至显紫色，消耗的硫酸铈标准滴定溶液不大于1.0 mL。

4.7 重金属测定

4.7.1 试剂和溶液

4.7.1.1 硝酸铅。

4.7.1.2 硫酸。

4.7.1.3 盐酸。

4.7.1.4 硝酸。

4.7.1.5 氨溶液：取氨水400 mL，加水成1 000 mL。

4.7.1.6 酚酞指示液：取酚酞1 g，加乙醇100 mL溶解，即得。

4.7.1.7 醋酸盐缓冲液：pH=3.5，取醋酸铵25 g，加水25 mL溶解后，加7 mol/L盐酸溶液38 mL，用2 mol/L盐酸溶液或5 mol/L氨溶液准确调节pH值至3.5(电位计指示)，用水稀释至100 mL，即得。

4.7.1.8 硫代乙酰胺溶液：取硫代乙酰胺4 g，加水使溶解成100 mL，置冰箱中冷藏保存。临用前取混合液(由1 mol/L氢氧化钠15 mL、水5 mL及甘油20 mL组成)5.0 mL，加上述硫代乙酰胺溶液1.0 mL，置水浴上加热20 s，混匀，冷却，立即使用。

4.7.2 仪器和设备

4.7.2.1 纳氏比色管：应选玻璃质量好、无色(尤其管底)、配对、刻度标线高度一致的纳氏比色管。

4.7.3 标准铅溶液制备

取在105 ℃干燥至恒重的硝酸铅(4.7.1.1)0.159 8 g(精确至0.000 2 g)，置1 000 mL量瓶中，加硝酸(4.7.1.4)5 mL与水50 mL溶解后，加水稀释至刻度，摇匀，作为贮备液。临用前，精密量取贮备液10.00 mL，置100 mL量瓶中，加水稀释至刻度，摇匀，即得(1 mL相当于10 μg的Pb)。或采用等效的溯源性物质。

4.7.4 试样溶液制备

取试样约2 g(精确至0.01 g)于瓷坩埚中，缓缓炽灼至完全炭化，放冷，加硫酸(4.7.1.2)0.5 mL～1 mL，使恰湿润，用低温加热至硫酸除尽后，加硝酸(4.7.1.4)0.5 mL，至氧化氮蒸气除尽后，放冷，在550 ℃炽灼使完全灰化，放冷。加盐酸(4.7.1.3)2.0 mL，置水浴上蒸干后加入水15 mL，滴加氨溶液(4.7.1.5)至对酚酞指示液(4.7.1.6)显中性，再加醋酸盐缓冲液(4.7.1.7)2.0 mL，微热溶解(必要时过滤)。

4.7.5 空白溶液制备

取制备试样溶液的试剂，置瓷器皿中蒸干后，加醋酸盐缓冲液(4.7.1.7)2.0 mL与水15 mL，微热溶解。

4.7.6 测定步骤

取25 mL纳氏比色管两支，编号为甲、乙。取空白溶液(4.7.5)移入甲管中，精密加入标准铅溶液(4.7.3)2.00 mL，加水稀释成25 mL，取试样溶液(4.7.4)移入乙管中，加水稀释成25 mL。在甲、乙两管中分别加硫代乙酰胺溶液(4.7.1.8)各2.0 mL，放置2 min，同置白色衬板上，自上向下透视。

4.7.7 结果判定

甲管与乙管比较，乙管所显颜色浅于甲管，判为符合规定。

5 检验规则

5.1 饲料添加剂维生素 E 应由生产企业的质量检验部门按本标准进行检验，本标准规定所有指标为出厂检验项目，生产企业应保证所有维生素 E 产品均符合本标准规定的要求。每批产品检验合格后方可出厂。

5.2 使用单位有权按本标准规定的检验规则和试验方法对所收到的维生素 E 产品进行验收，检验其指标是否符合本标准的要求。

5.3 采样方法：抽样需有清洁、干燥、具有密闭性和避光性的样品瓶，瓶上贴有标签并注明：生产厂家、产品名称、批号、取样日期。

抽样时，用清洁适用的取样工具插入料层深度四分之三处，将所取样品充分混匀，以四分法缩分，每批样品分两份，每份样量应为检验所需试样的 3 倍量，装入样品瓶中，一瓶供检验用，一瓶密封保存备查。

5.4 判定规则：若检验结果有一项指标不符合本标准要求时，应加倍抽样进行复验，复验结果仍有一项指标不符合本标准要求时，则整批产品判为不合格品。

5.5 仲裁检验：如供需双方对产品质量发生异议时，可由双方协商选定仲裁单位，按本标准的仲裁法进行仲裁检验。

6 标签、包装、运输和贮存

6.1 标签

标签按 GB 10648 执行。

6.2 包装

采用避光密闭容器包装。包装应符合运输和贮存的要求。每件包装的质量可根据客户的要求而定。

6.3 运输

运输过程中应避光、防潮、防高温、防止包装破损，严禁与有毒有害的物质混运。

6.4 贮存

应贮存在避光、通风、干燥处；开启后尽快使用，以免变质。

在规定的贮存条件下，原包装自生产之日起保质期为 24 个月。

附 录 A
（资料性附录）
生育酚醋酸酯标准品红外图谱

结构式：

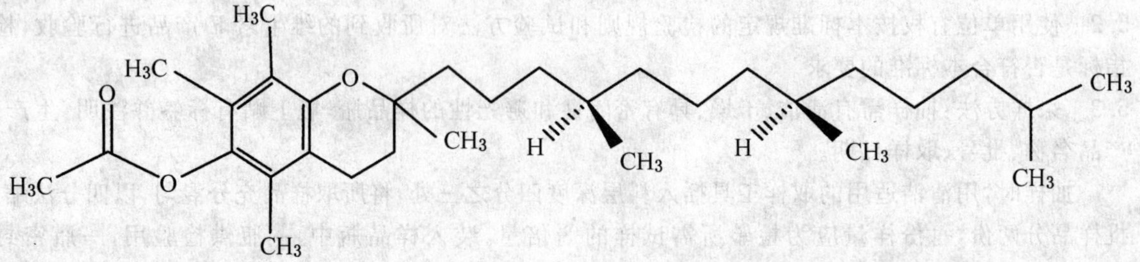

中文名：*dl*-α-生育酚醋酸酯。

英文名：*dl*-α-tocopherol acetate。

分子式：$C_{31}H_{52}O_3$。

试样制备：膜制样法。

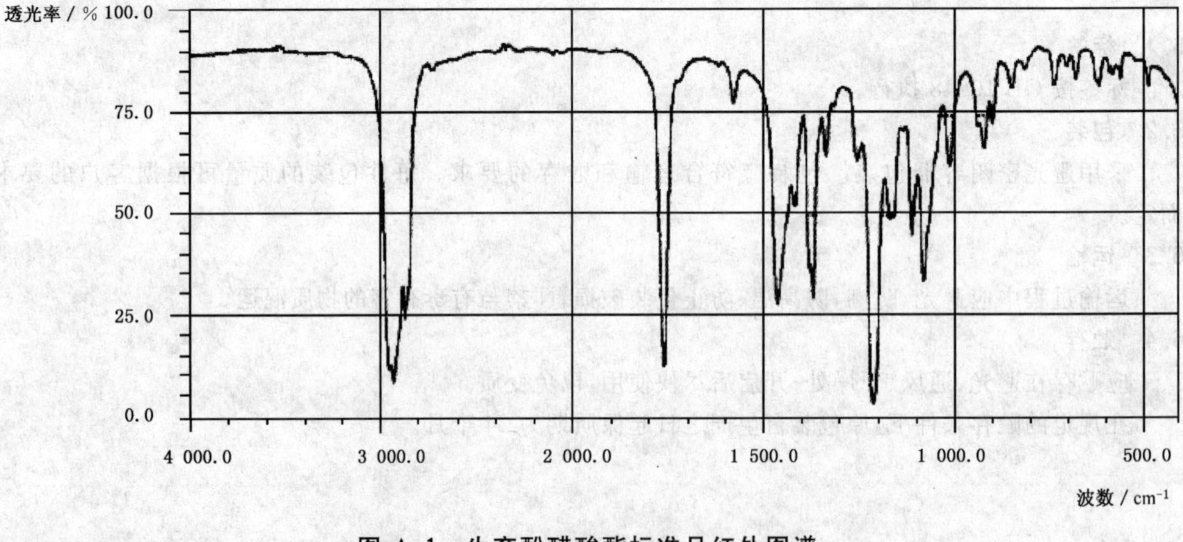

图 A.1 生育酚醋酸酯标准品红外图谱

附 录 B
（资料性附录）
生育酚醋酸酯标准品的毛细管气相色谱图

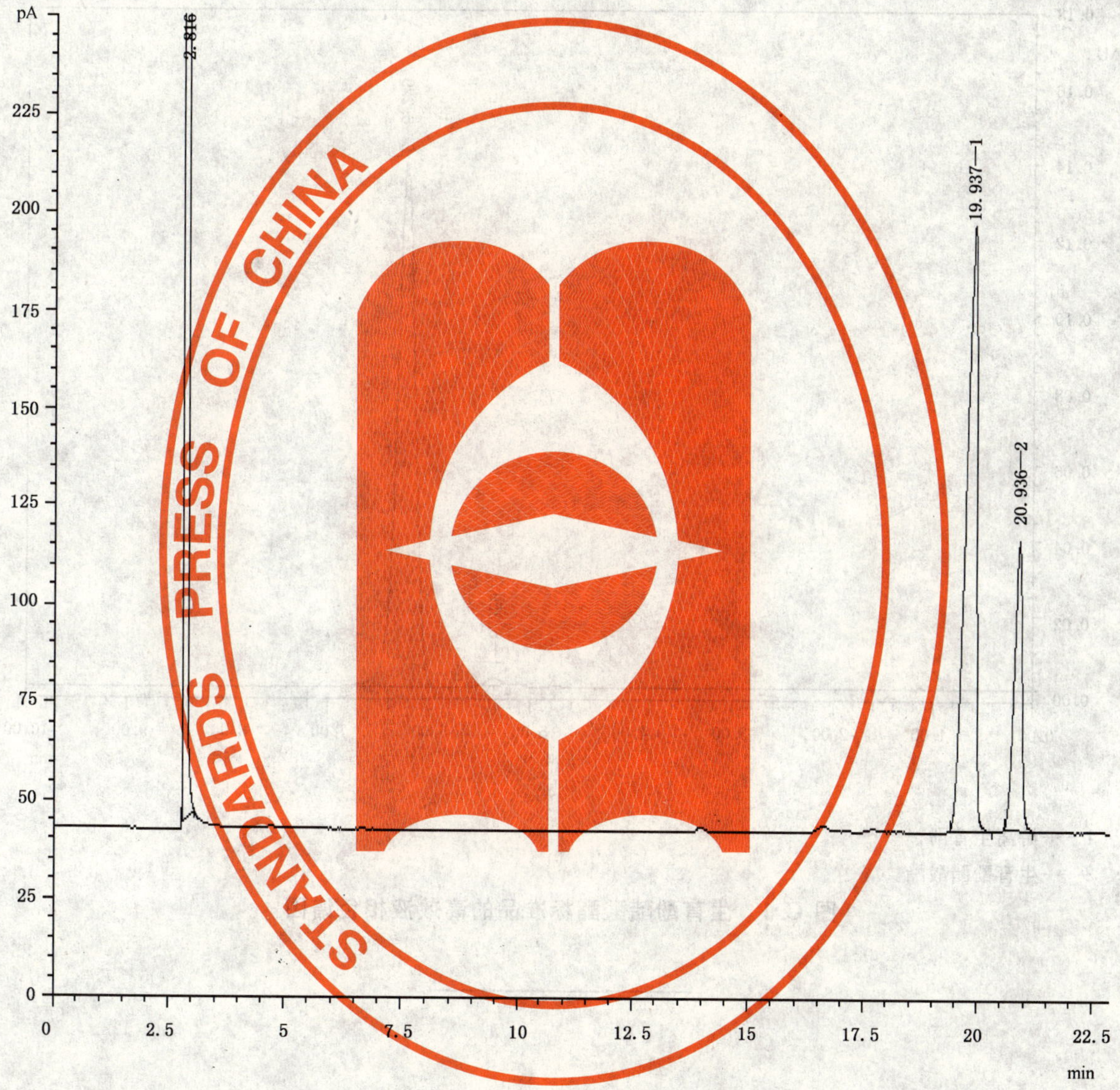

1——生育酚醋酸酯；

2——正三十二烷。

图 B.1　生育酚醋酸酯标准品的毛细管气相色谱图

附　录　C
（资料性附录）
生育酚醋酸酯标准品的高效液相色谱图

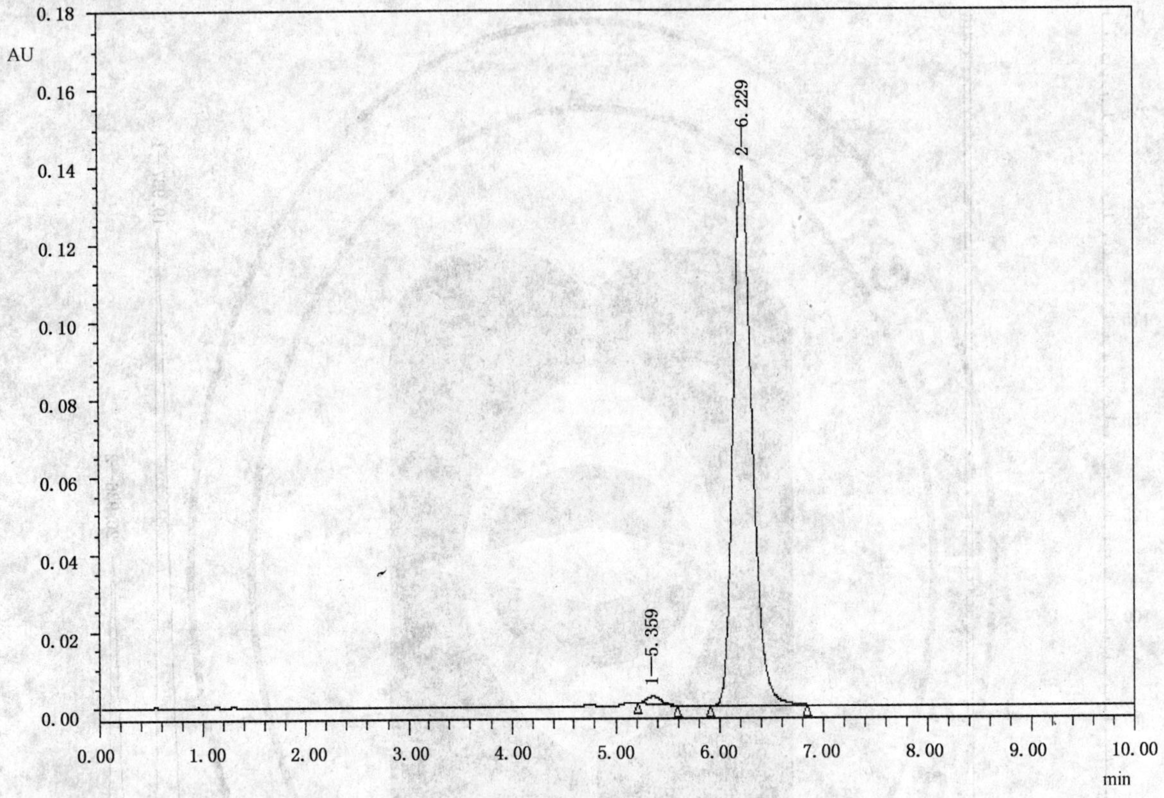

1——游离生育酚；

2——生育酚醋酸酯。

图 C.1　生育酚醋酸酯标准品的高效液相色谱图

ICS 25.160.20
J 33

中华人民共和国国家标准

GB/T 9460—2008
代替 GB/T 9460—1988

铜及铜合金焊丝

Copper and copper alloy wires and rods

(ISO/DIS 24373:2007, Welding Consumables—Solid wires and rods for fusion welding of copper and copper alloys—Classification, MOD)

2008-04-16 发布 2008-10-01 实施

中华人民共和国国家质量监督检验检疫总局
中国国家标准化管理委员会 发布

前言

本标准修改采用 ISO/DIS 24373:2007《焊接材料　铜及铜合金焊丝和填充丝　分类》(英文版)。

本标准根据 ISO/DIS 24373:2007 重新起草。

考虑我国铜及铜合金焊丝的实际情况,对 ISO/DIS 24373:2007 做如下技术内容修改:

——删除了规范性引用文件 ISO 544、ISO 4063、ISO 14344 和 ISO31-0:1992;

——增加了附录 A 和附录 B,焊丝的简要说明和国际上主要标准型号对照表;

——增加了表 2、表 3、表 4 和图 1。

为便于使用,本标准还做如下编辑性修改:

——标准名称改为“铜及铜合金焊丝”;

——标准结构方面,增加了检验规则、标志和品质证明书内容;

——将“本国际标准”改为“本标准”;

——用小数点“.”代替作为小数点的逗号“,”;

——删除了国际标准的前言。

本标准是对 GB/T 9460—1988《铜及铜合金焊丝》的修订。与 GB/T 9460—1988 相比,主要修改内容如下:

——焊丝分类、型号划分方法采用 ISO/DIS 24373:2007;

——焊丝化学成分与 ISO/DIS 24373:2007 要求一致,焊丝型号增加了 18 个;

——增加了焊丝的翘距和松弛直径要求;

——焊丝尺寸及包装形式按 ISO/DIS 24373:2007 要求,进行了相应的调整;

——增加了附录 A 和附录 B。

本标准从实施之日起,代替 GB/T 9460—1988。

本标准的附录 A、附录 B 为资料性附录。

本标准由全国焊接标准化技术委员会提出并归口。

本标准起草单位:哈尔滨焊接研究所、锦州市锅炉压力容器检验研究所、天津大桥焊材集团有限公司、上海斯米克焊材有限公司、铜陵市雄狮焊业有限责任公司。

本标准主要起草人:储继君、何少卿、李春范、李志提、吴斌、王陵。

本标准所代替标准的历次版本发布情况为:

——GB/T 9460—1988。

铜及铜合金焊丝

1 范围

本标准规定了铜及铜合金实心焊丝和填充丝的分类和型号、技术要求、试验方法、检验规则、包装、标志和品质证明书。

本标准适用于熔化极气体保护电弧焊、钨极气体保护电弧焊、气焊及等离子弧焊等焊接用铜及铜合金实心焊丝和填充丝(以下简称焊丝)。

2 规范性引用文件

下列文件中的条款通过本标准的引用而成为本标准的条款。凡是注日期的引用文件，其随后所有的修改单(不包括勘误的内容)或修订版均不适用于本标准，然而，鼓励根据本标准达成协议的各方研究是否可使用这些文件的最新版本。凡是不注日期的引用文件，其最新版本适用于本标准。

GB/T 5121(所有部分)　铜及铜合金化学分析方法

3 分类和型号

3.1 焊丝分类

焊丝按化学成分分为铜、黄铜、青铜、白铜等4类。

3.2 型号划分

焊丝型号按化学成分进行划分(参见表1)。

3.3 型号编制方法

焊丝型号由三部分组成。第1部分为字母“SCu”，表示铜及铜合金焊丝；第2部分为四位数字，表示焊丝型号；第3部分为可选部分，表示化学成分代号。焊丝的简要说明和国际上主要标准型号的对应关系参见附录A和附录B。

本标准中完整焊丝型号示例如下：

SCu　1898　(CuSn1)

- (CuSn1)——表示化学成分代号
- 1898——表示焊丝型号
- SCu——表示铜及铜合金焊丝

4 技术要求

4.1 化学成分

焊丝化学成分应符合表1规定。

4.2 尺寸及允许偏差

焊丝尺寸及允许偏差应符合表2规定。直条焊丝长度为500 mm～1 000 mm，允许偏差为±5 mm。

4.3 表面质量

焊丝表面应光滑，无毛刺、凹坑、划痕、裂纹等缺陷。不应有不利于焊接操作或对焊缝金属有不良影响的杂质。

4.4 松弛直径和翘距

缠绕在焊丝盘上焊丝的松弛直径和翘距，应符合表3规定。

4.5 送丝性能

缠绕的焊丝应适于在自动和半自动焊机上连续送丝。

表 1 焊丝化学成分

焊丝型号	化学成分代号	化学成分(质量分数)/%											
		Cu	Zn	Sn	Mn	Fe	Si	Ni+Co	Al	Pb	Ti	S	P	其他
铜														
SCu1897[a]	CuAg1	≥99.5(含 Ag)	—	—	≤0.2	≤0.05	≤0.1	≤0.3	≤0.01	≤0.01	—	—	0.01~0.05	≤0.2
SCu1898	CuSn1	≥98.0		≤1.0	≤0.50	—	≤0.5	—		≤0.02			≤0.15	≤0.5
SCu1898A	CuSn1MnSi	余量		0.5~1.0	0.1~0.4	≤0.03	0.1~0.4	≤0.1		≤0.01			≤0.015	≤0.2
黄铜														
SCu4700	CuZn40Sn	57.0~61.0	余量	0.25~1.0	—	—	—	—	≤0.01	≤0.05	—	—	—	≤0.5
SCu4701	CuZn40SnSiMn	58.5~61.5		0.2~0.5	0.05~0.25	≤0.25	0.15~0.4			≤0.02				≤0.2
SCu6800	CuZn40Ni	56.0~60.0		0.8~1.1	0.01~0.50	0.25~1.20	0.04~0.15	0.2~0.8		≤0.05				≤0.5
SCu6810	CuZn40Fe1Sn1						0.04~0.25	—						
SCu6810A	CuZn40SnSi	58.0~62.0		≤1.0	≤0.3	≤0.2	0.1~0.5			≤0.03				≤0.2
SCu7730	CuZn40Ni10	46.0~50.0		—	—	—	0.04~0.25	9.0~11.0		≤0.05			≤0.25	≤0.5
青铜														
SCu6511	CuSi2Mn1	余量	≤0.2	0.1~0.3	0.5~1.5	≤0.1	1.5~2.0	—	≤0.01	≤0.02	—	—	≤0.02	≤0.5
SCu6560	CuSi3Mn		≤1.0	≤1.0	≤1.5	≤0.5	2.8~4.0						—	
SCu6560A	CuSi3Mn1		≤0.4	—	0.7~1.3	≤0.2	2.7~3.2		≤0.05	≤0.05			≤0.05	
SCu6561	CuSi2Mn1Sn1Zn1		≤1.5	≤1.5	≤1.5	≤0.5	2.0~2.8		—	≤0.02			—	
SCu5180	CuSn5P		—	4.0~6.0	—	—	—		≤0.01				0.1~0.4	
SCu5180A	CuSn6P		≤0.1	4.0~7.0		≤0.1							0.01~0.4	≤0.2
SCu5210	CuSn8P		≤0.2	7.5~8.5				≤0.2	—					
SCu5211	CuSn10MnSi		≤0.1	9.0~10.0	0.1~0.5		0.1~0.5	—	≤0.01				≤0.1	≤0.5
SCu5410	CuSn12P		≤0.05	11.0~13.0	—	—	—		≤0.005				0.01~0.4	≤0.4
SCu6061	CuAl5Ni2Mn		≤0.2	—	0.1~1.0	≤0.5	≤0.1	1.0~2.5	4.5~5.5	≤0.02			—	≤0.5
SCu6100	CuAl7				≤0.5	—		—	6.0~8.5	—				
SCu6100A	CuAl8			≤0.1		≤0.5	≤0.2	≤0.5	7.0~9.0	≤0.02				≤0.2
SCu6180	CuAl10Fe			—	—	≤1.5	≤0.1	—	8.5~11.0					≤0.5
SCu6240	CuAl11Fe3		≤0.1			2.0~4.5			10.0~11.5					
SCu6325	CuAl8Fe4Mn2Ni2				0.5~3.0	1.8~5.0		0.5~3.0	7.0~9.0					≤0.4

表 1（续）

焊丝型号	化学成分代号	化学成分(质量分数)/%												
		Cu	Zn	Sn	Mn	Fe	Si	Ni+Co	Al	Pb	Ti	S	P	其他
SCu6327	CuAl8Ni2Fe2Mn2	余量	≤0.2	—	0.5～2.5	0.5～2.5	≤0.2	0.5～3.0	7.0～9.5	≤0.02	—	—	—	≤0.4
SCu6328	CuAl9Ni5Fe3Mn2		≤0.1		0.6～3.5	3.0～5.0	≤0.1	4.0～5.5	8.5～9.5					≤0.5
SCu6338	CuMn13Al8Fe3Ni2		≤0.15		11.0～14.0	2.0～4.0		1.5～3.0	7.0～8.5					
白铜														
SCu7158[b]	CuNi30Mn1FeTi	余量	—	—	0.5～1.5	0.4～0.7	≤0.25	29.0～32.0	—	≤0.02	0.2～0.5	≤0.01	≤0.02	≤0.5
SCu7061[c]	CuNi10					0.5～2.0	≤0.2	9.0～11.0			0.1～0.5	≤0.02		≤0.4

注 1：应对表中所列规定值的元素进行化学分析，但常规分析存在其他元素时，应进一步分析，以确定这些元素是否超出“其他”规定的极限值。

注 2：“其他”包含未规定数值的元素总和。

注 3：根据供需双方协议，可生产使用其他型号焊丝。用 SCuZ 表示，化学成分代号由制造商确定。

[a] As 的质量分数不大于 0.05%，Ag 的质量分数：0.8%～1.2%。

[b] 碳的质量分数不大于 0.04%。

[c] 碳的质量分数不大于 0.05%。

表 2 焊丝尺寸及允许偏差

单位为毫米

<table>
<tr><th>包装形式</th><th>焊丝直径</th><th>允许偏差</th></tr>
<tr><td>直条</td><td rowspan="2">1.6、1.8、2.0、2.4、2.5、2.8、3.0、3.2、4.0、4.8、5.0、6.0、6.4</td><td>±0.1</td></tr>
<tr><td>焊丝卷[a]</td><td rowspan="3">+0.01
−0.04</td></tr>
<tr><td>直径 100 mm 和 200 mm 焊丝盘</td><td>0.8、0.9、1.0、1.2、1.4、1.6</td></tr>
<tr><td>直径 270 mm 和 300 mm 焊丝盘</td><td>0.5、0.8、0.9、1.0、1.2、1.4、1.6、2.0、2.4、2.5、2.8、3.0、3.2</td></tr>
<tr><td colspan="3">注：根据供需双方协议，可生产其他尺寸、偏差的焊丝。</td></tr>
<tr><td colspan="3">[a] 当用于手工填充丝时，其直径允许偏差为±0.1。</td></tr>
</table>

表 3 焊丝松弛直径和翘距

单位为毫米

焊丝盘直径	100	200	270、300
松弛直径	54～380	280～885	320～1 020
翘距	≤13	≤19	≤25

5 试验方法

5.1 化学成分

5.1.1 焊丝化学成分分析应在成品焊丝或制造产品的原料上取样。仲裁试验时应在成品焊丝上取样。

5.1.2 焊丝化学成分分析可采用任何适宜的方法。仲裁试验应按 GB/T 5121 进行。

5.2 尺寸及表面质量

5.2.1 焊丝尺寸检验用精度为 0.01 mm 的量具，按表 2 要求，在同一横截面互相垂直方向测量，测量部位不少于两处。

5.2.2 焊丝表面质量按 4.3 要求，对焊丝任一部位进行检验。

5.3 松弛直径和翘距

测量缠绕在焊丝盘上焊丝的松弛直径和翘距时，按表 3 要求，从焊丝盘上截取足够长度的焊丝，不受拘束地放在平面上。测量所形成圆或圆弧的直径即为松弛直径；焊丝翘起的最高点到平面的距离即为翘距。

6 检验规则

成品焊丝由制造厂质量检验部门按批检验。

6.1 批量划分

每批焊丝由同一炉号、同一形状、同一尺寸、同一交货状态的焊丝组成。每批焊丝最大质量不应超过 10 t。

6.2 取样方法

每批焊丝按盘(卷)数任选 3%，但不应少于两盘(卷)，直条焊丝抽取 100 根，分别进行焊丝尺寸和表面质量检验。

6.3 验收

6.3.1 每批焊丝化学成分应符合表 1 规定。

6.3.2 每批焊丝尺寸、表面质量应符合 4.2 和 4.3 的规定。

6.3.3 每批焊丝也可按供需双方协商的验收项目进行验收。

6.4 复验

任何一项检验不合格时，该项检验应加倍复验。对于化学分析，仅复检那些不满足要求的元素。加倍复验结果均应符合该项检验的规定。

7 包装、标志和品质证明书

7.1 包装

焊丝应采用适当的内外包装，以防止在运输和贮存过程中损坏。

7.2 包装质量

每种包装形式的净质量应符合表4规定。

表4 焊丝包装质量

包装形式	尺寸/mm	净质量/kg
直条	—	2.5、5、10、25、50
焊丝卷	a	10、15、20、25、50
焊丝盘	100	1.0
	200	4.5、5.0
	270、300	10、12.5、15
注：根据供需双方协商，可包装其他净质量的焊丝。		
[a] 焊丝卷尺寸由供需双方协商确定。		

7.3 包装形式

7.3.1 焊丝可采用直条、焊丝卷和焊丝盘包装。

7.3.2 焊丝盘的设计和制造，应能防止在正常的搬运和使用中变形，并应清洁和干燥，以保持焊丝的清洁。焊丝盘的尺寸见图1。

7.3.3 根据供需双方协议，允许采用其他包装形式。

7.4 焊丝缠绕

每个焊丝盘(卷)上焊丝应为同一批号的连续焊丝，焊丝不应有扭结、折弯、搭接或嵌接等缺陷。缠绕的焊丝外端应牢固，明显易找。成盘焊丝的最外层与焊丝盘外缘的距离至少3 mm以上。

7.5 标志

每件焊丝的内外包装至少应标记下列内容：

——标准号、焊丝型号及焊丝牌号；

——制造厂名及商标；

——规格及净质量；

——批号及生产日期。

7.6 品质证明书

制造厂应对每批焊丝，根据检验结果出具品质证明书。当用户提出要求时，制造厂应提供检验报告的副本。

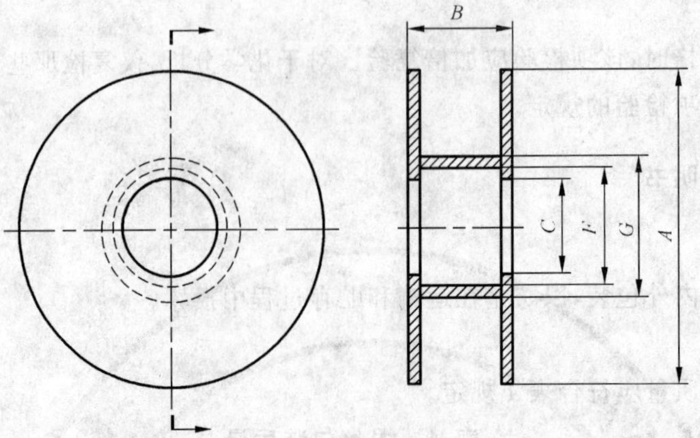

直径 100 mm 焊丝盘尺寸

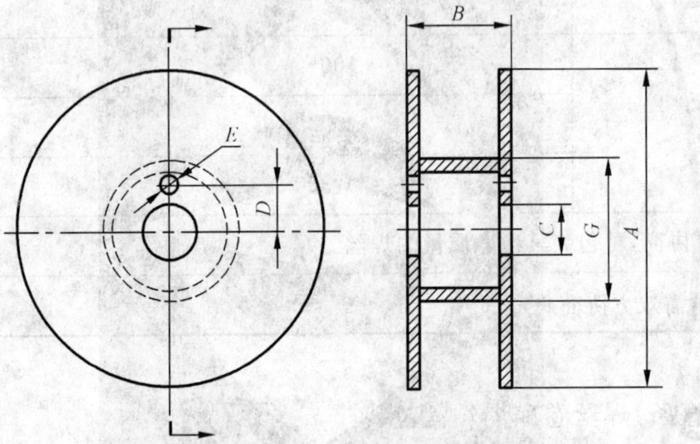

直径 200 mm、270 mm 和 300 mm 焊丝盘尺寸

单位为毫米

焊丝盘直径		100	200	270	300
A	直径[a] 及允许偏差	100^{+2}_{0}	200^{+3}_{0}	270^{+5}_{0}	300^{+5}_{0}
B	幅宽及允许偏差	45^{0}_{-2}	55^{0}_{-3}	100^{0}_{-3}	100^{0}_{-3}
C	法兰内径及允许偏差	16^{+1}_{0}	$50.5^{+2.5}_{0}$	$50.5^{+2.5}_{0}$	$50.5^{+2.5}_{0}$
D	驱动孔轴间距及允许偏差	—	$44.5^{+0.5}_{-0.5}$	$44.5^{+0.5}_{-0.5}$	$44.5^{+0.5}_{-0.5}$
E	驱动孔[b] 直径及允许偏差	—	10^{+1}_{0}	10^{+1}_{0}	10^{+1}_{0}
F	芯轴内径	焊丝盘膨胀或芯轴与法兰对不准时，芯轴内径应以大于 *C* 来确定			
G	芯轴外径	应以能使焊丝顺利送进来确定			

[a] *A* 尺寸取最大值。

[b] 每个法兰上有孔，但它们不必对准。对于直径 100 mm 焊丝盘，不要求驱动孔。

图 1　焊丝盘尺寸

附　录　A
（资料性附录）
焊丝简要说明

本附录提供了各类焊丝使用的简要说明，为了正确地应用这些焊丝，还可参阅有关的技术资料。

A.1　一般特性

A.1.1　钨极气体保护电弧焊通常采用直流正接方法。

A.1.2　熔化极气体保护电弧焊通常采用直流反接方法。

A.1.3　两种方法使用的保护气体通常是氩、氦或两者的混合气体。通常不推荐含氧的气体。

A.1.4　母材应无水汽和所有其他污染物，包括表面氧化物。

A.2　纯铜焊丝

SCu1898(CuSn1)是含有磷、硅、锡、锰等微量元素的脱氧铜焊丝。磷和硅主要是作为脱氧剂加入的。其他元素是为利于焊接或为满足焊缝的性能而加入的。SCu1898焊丝通常用于脱氧或电解韧铜的焊接。但与氢反应和氧化铜偏析时，可降低焊接接头的性能。SCu1898焊丝可用来焊接质量要求不高的母材。

A.2.1　在大多数情况下，特别是焊接厚板时，要求焊前预热。合适的预热温度为205℃～540℃。

A.2.2　对较厚母材的焊接，应优先考虑熔化极气体保护电弧焊方法，一般采用常用的焊接接头形式，以利于施焊。当焊接板厚不大于6.4 mm母材时，通常不需要预热。当焊接板厚大于6.4 mm母材时，要求在205℃～540℃范围内预热。

A.3　黄铜焊丝

A.3.1　SCu4700(CuZn40Sn)是含少量锡的黄铜焊丝。熔融金属具有良好的流动性，焊缝金属具有一定的强度和耐蚀性。可用于铜、铜镍合金的熔化极气体保护电弧焊和惰性气体保护电弧焊。焊前需经400℃～500℃预热。

A.3.2　SCu6800(CuZn40Ni)、SCu6810A(CuZn40SnSi)是含少量铁、硅、锰的锡黄铜焊丝。熔融金属流动性好，由于含有硅，可有效地抑制锌的蒸发。这类焊丝可用于铜、钢、铜镍合金、灰口铸铁的熔化极气体保护电弧焊和惰性气体保护电弧焊，以及镶嵌硬质合金刀具。焊前需经400℃～500℃预热。

A.4　青铜焊丝

A.4.1　硅青铜焊丝

A.4.1.1　SCu6560(CuSi3Mn)是含有约3%硅和少量锰、锡或锌的硅青铜焊丝。这种焊丝用于钨极气体保护电弧焊和熔化极气体保护电弧焊，焊接铜硅和铜锌母材以及它们与钢的焊接。

A.4.1.2　当用SCu6560焊丝进行熔化极气体保护电弧焊时，一般最好采用小熔池的施焊方法，层间温度低于65 ℃，以减少热裂纹。采用窄焊道减少收缩应力，提高冷却速度越过热脆温度范围。

A.4.1.3　当用SCu6560焊丝进行熔化极和钨极气体保护电弧焊时，采用小熔池的施焊方法，即使不预热也可以得到最佳的效果。可进行全位置焊接，但优先选用平焊位置。

A.4.2　磷青铜焊丝

A.4.2.1　SCu5180(CuSn5P)、SCu5210(CuSn8P)是含锡约5%、8%和含磷不大于0.4%的磷青铜焊

丝。锡提高焊缝金属的耐磨性能，并扩大了液相点和固相点之间的温度范围，从而增加了焊缝金属的凝固时间，增大了热脆倾向。为了减少这些影响，应该以小熔池、快速焊为宜。这类焊丝可用来焊接青铜和黄铜。如果焊缝中允许含锡，它们也可以用来焊接纯铜。

A.4.2.2　当用该类焊丝进行钨极气体保护电弧焊时，要求预热，仅用平焊位置施焊。

A.4.3　铝青铜焊丝

A.4.3.1　SCu6100(CuAl7)是一种无铁铝青铜焊丝。它是承受较轻载荷的耐磨表面的堆焊材料，是耐腐蚀介质，如盐或微碱水的堆焊材料，以及抗各种温度和浓度的常用耐酸腐蚀的堆焊材料。

A.4.3.2　SCu6180(CuAl10Fe)是一种含铁铝青铜焊丝，通常用来焊接类似成分的铝青铜、锰硅青铜、某些铜镍合金、铁基金属和异种金属。最通常的异种金属是铝青铜与钢、铜与钢的焊接。该焊丝也用于耐磨和耐腐蚀表面的堆焊。

A.4.3.3　SCu6240(CuAl11Fe3)是一种高强度铝青铜焊丝，用于焊接和补焊类似成分的铝青铜铸件，以及熔敷轴承表面和耐磨、耐腐蚀表面。

A.4.3.4　SCu6100A(CuAl8)、SCu6328(CuAl9Ni5Fe3Mn2)是镍铝青铜焊丝，用于焊接和修补铸造的或锻造的镍铝青铜母材。

A.4.3.5　SCu6338(CuMn13Al8Fe3Ni2)是锰镍铝青铜焊丝，用于焊接或修补类似成分的铸造的或锻造的母材。该焊丝也可用于要求高抗腐蚀、浸蚀或气蚀处的表面堆焊。

A.4.3.6　由于在熔融的熔池中会形成氧化铝，故不推荐这些焊丝用于氧燃气焊接方法。

A.4.3.7　铜铝焊缝金属具有较高的抗拉强度、屈服强度和硬度的特点。是否预热取决于母材的厚度和化学成分。

A.4.3.8　最好采用平焊位置焊接。在有脉冲电弧焊设备和焊工操作技术良好的情况下，也可进行其他位置的焊接。

A.5　白铜焊丝

A.5.1　SCu7158(CuNi30Mn1FeTi)、SCu7061(CuNi10)焊丝分别中含有30%、10%的镍，强化了焊缝金属并改善了抗腐蚀能力，特别是抗盐水腐蚀。焊缝金属具有良好的热延展性和冷延展性。白铜焊丝用来焊接绝大多数的铜镍合金。

A.5.2　当这类焊丝进行钨极气体保护电弧焊或熔化极气体保护电弧焊时，不要求预热。可以全位置焊接。应尽可能保持短弧施焊，以保证适当的保护气体屏蔽而尽量减少气孔。

附 录 B
（资料性附录）
焊丝型号对照

表 B.1 焊丝型号对照表

序号	类别	焊丝型号	化学成分代号	GB/T 9460—1988	AWS A5.7:2004
1	铜	SCu1897	CuAg1		
2		SCu1898	CuSn1	HSCu	ERCu
3		SCu1898A	CuSn1MnSi		
4	黄铜	SCu4700	CuZn40Sn	HSCuZn-1	
5		SCu4701	CuZn40SnSiMn		
6		SCu6800	CuZn40Ni	HSCuZn-2	
7		SCu6810	CuZn40Fe1Sn1		
8		SCu6810A	CuZn40SnSi	HSCuZn-3	
9		SCu7730	CuZn40Ni10	HSCuZnNi	
10	青铜	SCu6511	CuSi2Mn1		
11		SCu6560	CuSi3Mn	HSCuSi	ERCuSi-A
12		SCu6560A	CuSi3Mn1		ERCuSi-A
13		Scu6561	CuSi2Mn1Sn1Zn1		
14		SCu5180	CuSn5P		ERCuSn-A
15		SCu5180A	CuSn6P		ERCuSn-A
16		SCu5210	CuSn8P	HSCuSn	
17		SCu5211	CuSn10MnSi		
18		SCu5410	CuSn12P		
19		SCu6061	CuAl5Ni2Mn		
20		SCu6100	CuAl7		ERCuAl-A1
21		SCu6100A	CuAl8	HSCuAl	
22		SCu6180	CuAl10Fe		ERCuAl-A2
23		SCu6240	CuAl11Fe3		ERCuAl-A3
24		SCu6325	CuAl8Fe4Mn2Ni2	HSCuAlNi	
25		SCu6327	CuAl8Ni2Fe2Mn2		
26		SCu6328	CuAl9Ni5Fe3Mn2		ERCuNiAl
27		SCu6338	CuMn13Al8Fe3Ni2		ERCuMnNiAl
28	白铜	SCu7158	CuNi30Mn1FeTi	HSCuNi	ERCuNi
29		SCu7061	CuNi10		

ICS 53
P 97

中华人民共和国国家标准

GB/T 9465—2008
代替 GB/T 9465.1～9465.3—1988

高空作业车

Vehicle-mounted mobile elevating work platform

2008-02-03 发布　　2008-07-01 实施

中华人民共和国国家质量监督检验检疫总局
中国国家标准化管理委员会　发布

前言

本标准代替 GB/T 9465.1—1988《高空作业车分类》、GB/T 9465.2—1988《高空作业车技术条件》和 GB/T 9465.3—1988《高空作业车试验方法》。

本标准与 GB/T 9465.1～9465.3 三个标准相比主要变化如下：

——最大作业高度改为 100 m，并提出不适用产品的范围；

——增加了额定载荷系列 2 000 kg、3 000 kg、4 000 kg、5 000 kg；

——增加了型号中绝缘型高空作业车的标记；

——增加了高空作业车工作条件；

——结构安全系数、平台的升降速度、回转速度参照 ISO 16368:2003 国际标准的要求；

——增加了高空作业车调平机构要求；

——增加了绝缘性能的试验方法。

本标准由中国机械工业联合会提出。

本标准由北京建筑机械化研究院归口。

本标准起草单位：北京建筑机械化研究院、杭州爱知车辆工程有限公司、杭州赛奇高空作业机械有限公司、徐州海伦哲专用车辆有限公司、北京京城重工机械有限责任公司。

本标准主要起草人：张华、陈继军、陈建平、张秀伟、白日、张海云、张梅嘉。

本标准所代替标准的历次版本发布情况为：

——GB/T 9465.1—1988、GB/T 9465.2—1988、GB/T 9465.3—1988。

高 空 作 业 车

1 范围

本标准规定了高空作业车的术语和定义、分类、技术要求、试验方法、检验规则、标志、包装、运输和贮存等。

本标准适用于最大作业高度不大于100 m的高空作业车(以下简称作业车)。

本标准不适用于高空消防车、高空救援车。

2 规范性引用文件

下列文件中的条款通过本标准的引用而成为本标准的条款。凡是注日期的引用文件,其随后所有的修改单(不包括勘误的内容)或修订版均不适用于本标准,然而,鼓励根据本标准达成协议的各方研究是否可使用这些文件的最新版本。凡是不注日期的引用文件,其最新版本适用于本标准。

GB/T 507 绝缘油击穿电压测定法

GB 1589 道路车辆外廓尺寸、轴荷及质量限值

GB/T 3766 液压系统通用技术条件(GB/T 3766—2001,eqv ISO 4413:1998)

GB 7258 机动车运行安全技术条件

GB/T 7935 液压元件 通用技术条件

GB/T 9969.1 工业产品使用说明书 总则

GB/T 12534 汽车道路试验方法通则

GB/T 16927.1 高电压试验技术 第1部分:一般试验要求(GB/T 16927.1—1997, eqv IEC 60060-1:1989)

JG/T 5011.1 建筑机械与设备 铸钢件通用技术条件

JG/T 5011.4 建筑机械与设备 灰铁铸件通用技术条件

JG/T 5011.12 建筑机械与设备 涂漆通用技术条件

JG/T 5035 建筑机械与设备用油液固体污染清洁度分级

JG/T 5066 油液中固体颗粒污染物的重量分析法

JG/T 5079.1 建筑机械与设备 噪声限值

JG/T 5082.1 建筑机械与设备 焊接件通用技术条件

JB 8716 汽车起重机和轮胎起重机安全规程

QC/T 459 随车起重运输汽车技术条件

QC/T 252 专用汽车定型试验规程

3 术语和定义

下列术语和定义适用于本标准。

3.1

高空作业车 vehicle-mounted mobile elevating work platform

高空作业平台的底盘为定型道路车辆,并有车辆驾驶员操纵其移动的设备。

3.2

高空作业平台 aerial work platform

用来运送人员、工具和材料到指定位置进行工作的设备。包括带控制器的工作平台、伸展结构和

底盘。

3.3

工作平台　work platform

在空中承载工作人员和使用器材的装置。例如斗、篮、筐或其他类似的装置。

3.4

最大工作平台高度　maximum platform height

工作平台承载面与作业车支承面之间的最大垂直距离。

3.5

最低工作平台高度　minimum platform height

工作平台收回到行驶状态下承载面与作业车支承面之间的最小垂直距离。

3.6

最大作业高度　maximum working height

最大工作平台高度与作业人员可以进行安全作业所能达到的高度(1.7 m)之和。

3.7

最大平台幅度　maximum platform range ability

回转中心轴线与工作平台外边缘的最大水平距离。

3.8

最大作业幅度　maximum working range ability

最大平台幅度与作业人员可以进行安全作业所能达到的最大水平距离(0.6 m)之和。

3.9

额定载荷　rated load

工作平台所标称的最大装载质量。

4　分类

4.1　型式

作业车按伸展结构的类型可分为下列几种,见表1,示意图见图1。

表1　伸展结构的类型

型式	伸缩臂式	折叠臂式	混合式	垂直升降式
代号	S	Z	H	C

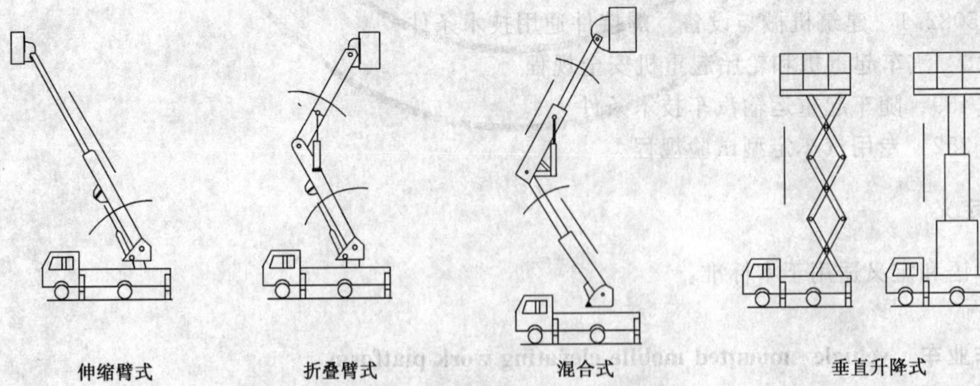

图1　伸展结构类型示意图

4.2　规格型号

作业车规格型号由组、型代号、形式代号、主参数代号和更新变型代号组成,说明如下:

GK □ □ △ □

更新变型代号：按英文大写字母顺序表示

主参数代号：最大作业高度，m

型式代号

型代号：非绝缘型不标注

J— 绝缘型

高空作业车

标记示例

a) 最大作业高度为 10 m 的绝缘型伸缩臂式高空作业车：
高空作业车 GKJS 10 GB/T 9465

b) 最大作业高度为 12 m 的非绝缘型垂直升降式高空作业车的第一次变型产品：
高空作业车 GKC 12A GB/T 9465

4.3 基本参数

作业车的基本参数系列见表 2。

表 2 基本参数

项 目	参 数
最大作业高度/m	6、8、10、12、14、16、18、20、25、32、35、40、45、50、55、60、65、70、80、90、100
额定载荷/kg	125、136、160、200、250、320、400、500、630、800、1 000、2 000、3 000、4 000、5 000

5 技术要求

5.1 整车

5.1.1 作业车应按经规定程序批准的产品图样和技术文件制造。

5.1.2 外购件、外协件应有制造厂的合格证，否则应按相关标准的规定经检验合格后方能使用。所有自制零部件经检查合格后方可装配。

5.1.3 作业车的外廓尺寸、轴荷及质量限值应符合 GB 1589 的规定。

5.1.4 作业车外部照明和信号装置、制动距离、噪声及发动机排放应符合 GB 7258 的规定；作业车作业噪声限值应符合 JG/T 5079.1 的规定。

5.1.5 最大作业高度大于或等于 20 m 的作业车应备有上下联系的对讲设备。

5.1.6 外观质量要求如下：

a) 油漆涂层应符合 JG/T 5011.12 的有关规定；

b) 外露金属表面应进行防锈处理；

c) 焊接质量应符合 JG/T 5082.1 的有关规定；

d) 铸造质量应符合 JG/T 5011.1 和 JG/T 5011.4 的有关规定。

5.1.7 制造装配质量要求如下：

a) 液压、气动系统的管线应排列整齐、合理、连接紧密牢固，各元件和组件一般应可单独拆装，并维修方便；

b) 作业车无相对运动部位，不应有漏油、漏水、漏气现象，在连续作业过程中，各相对运动的部件，不应有漏油现象；

c) 作业车应设置安全警示标志；

d) 作业车的标牌、标志应安装牢固、端正、醒目、清晰。

5.1.8 工作条件：

a) 地面应坚实平整，作业过程中地面不应下陷；

b) 环境温度为－25 ℃～＋ 40 ℃；

c) 风速不超过 12.5 m/s；

d) 海拔高度不超过 1 000 m；

e) 环境相对湿度不大于 90%(25 ℃)。

5.2 稳定性

5.2.1 水平面上稳定性

在坚固的水平地面上，外伸支腿固定作业车，平台承载 1.5 倍的额定载荷，升降机构伸展到整车处于稳定性最不利的状态，作业车应稳定。

5.2.2 斜面上稳定性

作业车在特定的形式下使用时，平台承载 1.25 倍的额定载荷，整车置于易倾翻方向坡度为 5°的斜面上，允许外伸支腿调整，作业车应稳定。

5.2.3 作业稳定性

作业车在坚固的水平地面上，支腿外伸，平台承载额定载荷，伸展机构伸展到整车稳定性最不利状态时紧急制动，任一个支腿不应离地。

5.3 结构安全系数

5.3.1 平台及伸展机构承载部件所用的塑性材料，按材料最低屈服极限计算，结构安全系数应不小于 2。

5.3.2 平台及伸展机构承载部件所用的非塑性材料，按材料的最小强度极限计算，结构安全系数应不小于 5。

5.3.3 确定结构安全系数的设计应力，是作业车在额定载荷工况下作业，并遵守操作规程时，结构件内所产生的最大应力值。设计应力还应考虑到应力集中及动力载荷的影响，安全系数按公式(1)计算：

$$S=\frac{\sigma}{(\sigma_1+\sigma_2)f_1f_2} \qquad \cdots\cdots(1)$$

式中：

S——结构安全系数；

σ——在 5.3.1 中所述的材料屈服强度或在 5.3.2 中所述的材料强度极限，单位为帕(Pa)；

σ_1——由结构质量产生的应力，单位为兆帕(MPa)；

σ_2——由额定载荷产生的应力，单位为兆帕(MPa)；

f_1——应力集中系数；

f_2——动力载荷系数；

f_1、f_2的数值可通过对样机的试验应力分析确定；或取 $f_1\geqslant1.1$ 、$f_2\geqslant1.25$。

5.3.4 平台或伸展机构如由钢丝绳或链条承受额定载荷，按最小强度极限计算，钢丝绳或链条的安全系数应不小于 8。

5.4 液压系统

5.4.1 液压系统的设计、制造、安装等应符合 GB/T 3766 的有关规定。

5.4.2 液压系统元件应符合 GB/T 7935 的有关规定。

5.4.3 液压系统液压油工作 1.5 h 后，清洁度应符合 JG/T 5035 中 19/16 的等级规定。

5.5 工作平台

5.5.1 工作平台尺寸应符合以下规定：

a) 工作平台四周应有护栏或其他防护结构，高度应不小于 1 100 mm 并应设有中间横杆。

b) 踢脚板高度应不小于 150 mm，人员进出口处应不小于 100 mm。

c) 工作平台宽度应不小于 450 mm,单人工作平台最小面积应不小于 0.36 m^2。

d) 工作平台的任何水平截面的外形尺寸应为:承载 1 人的不超过 0.6 m^2,且任一边不大于 0.85 m;承载 2 人的不超过 1.0 m^2,且任一边不大于 1.4 m。超过此规定应加装载荷传感器,当达到许可倾翻力矩时,应发出视觉警告,并阻止除减少倾翻力矩外的其他进一步运动。

5.5.2 护栏结构应能承受沿水平方向作用在顶部栏杆或中间横杆上 360 N/m 的载荷,顶部栏杆或中间横杆在两支杆之间应能承受垂直方向的 1 300 N 的集中载荷,护栏终端支杆能承受 900 N 来自各方向对杆顶端的静集中载荷。

5.5.3 工作平台的工作表面应能防滑和自排水。进入工作平台可设置梯子,梯子的踏面应防滑。工作平台可设置出入门,门不得向外开,也可用栏杆、挡链或其他设施代替,宽度应不小于 350 mm。梯子应与出入门对齐。

5.5.4 工作平台应备有系安全带或绳索的结点。

5.5.5 工作平台上应醒目地注明作业车额定载荷和承载人数。

5.6 安全装置

5.6.1 伸展机构由单独的钢丝绳或链条实现传动时,系统应有断绳安全保护装置。

5.6.2 作业车采用液压式或气动式支腿和伸展机构时,应设有防止液压和气动管路发生故障时回缩的安全保护装置。

5.6.3 作业车应装有指示装置(例如倾斜开关或水平仪)以指明底盘倾斜是否是在制造商的许可范围内。此指示装置应受保护,以免损坏和意外的设置更改。对于无支腿可行走作业的作业车当达到倾斜极限时,工作平台上应有声光报警信号。对于用稳定器来调平的作业车,底盘倾斜指示器(例如水平仪)在每个稳定器的控制点应该都能清楚的看见。

5.6.4 作业车应装有急停开关,该开关可在应急时有效地切断所有动力系统,并置于操作者易于操作的地方。

5.6.5 作业车应在地面人员易接近的位置安装应急辅助装置(如手动泵,第二动力源,重力下降阀)以确保在主动力源失效时,工作平台可以返回到一个位置,在此位置可无危险离开,包括必要的移动平台离开障碍物。如果作业车配备了可安全到达工作平台的其他方法(如安装了梯子),上述装置可不设置。

5.6.6 作业车上各动作的终点位置应设有限位装置。

5.7 作业性能

5.7.1 作业车的各机构应保证平台起升、下降时动作平稳、准确,无爬行、振颤、冲击及驱动功率异常增大等现象。

5.7.2 平台的起升,下降速度应不大于 0.4 m/s。

5.7.3 带有回转机构的作业车最大回转速度不大于 2 r/min,起动、回转、制动应平稳、准确,无抖动、晃动现象,在行驶状态时,回转部分不应产生相对运动。

5.7.4 作业车在行驶状态下,支腿收放机构应确保各支腿可靠地固定在作业车上,支腿最大位移量应不大于 5 mm。

5.7.5 作业车的伸展机构及驱动控制系统应安全可靠,平台在额定载荷下起升时应能在任意位置可靠制动,制动后 15 min,平台下沉量应不超过该工况工作平台高度的 0.5%。

5.7.6 作业车空载时最大平台高度误差应不大于公称值的 0.4%。

5.7.7 支腿纵、横向跨距误差应不大于公称值的 1%。

5.7.8 作业车前、后桥的负荷应符合 GB 1589 的要求。

5.7.9 具有伸展性能的平台,应在说明书中对伸展时所允许的载荷值和相应的工作条件做出明确规定。

5.7.10 作业车的调平机构应保证工作平台在任一工作位置均处于水平状态,工作平台底面与水平面的夹角应不大于 5°,调平过程必须平稳、可靠,不得出现振颤、冲击、打滑等现象。采用钢丝绳调平的作业车，滑轮的直径应不小于钢丝绳直径的12倍，且滑轮应有防止钢丝绳脱槽的装置。由单根钢丝绳或链条传动的绳链的安全系数应不小于5；由双根绳链传动的绳链的安全系数应不小于9。采用液压缸调平的作业车，应设有防止油管破裂而使平台倾翻的装置。

5.8 操纵系统

5.8.1 在地面操作的应急辅助装置，应有明显标记。

5.8.2 装备有上、下两套控制装置的工作平台应有互锁装置，上控制装置应设在工作平台上，下控制装置应具有上控制装置的功能，并应设有能超越上控制的装置。

5.8.3 工作平台运动的控制手柄松开时应能自动复位，并且操作方向与控制的功能运动方向一致。

5.8.4 下控制装置应设置在操作者能够清楚地看到伸展过程全貌的地方。

5.8.5 各操作动作不应相互干扰和引起误操作，操作应轻便灵活、准确可靠。

5.9 绝缘性能

5.9.1 基本要求

额定电压为63 kV以上折叠臂式作业车的检测电极应固定安装在主绝缘臂内外表面，位于主绝缘臂下端金属部分100 mm～150 mm处。所有连接上臂绝缘部分的液压和气压管，需用金属连接器与每条软管连接，并位于绝缘臂的检测电极附近。

5.9.2 绝缘平台

5.9.2.1 用作主绝缘的工作平台一般应包括外绝缘平台和绝缘平台内衬，且限于10 kV电压等级，其外表面的绝缘水平应符合表3的规定；试验过程中不应有击穿、闪络和严重过热现象发生(温升容限10℃)。

表3 用做主绝缘的绝缘平台外表面绝缘性能

额定电压/kV	内外电极试验沿面间距/m	1 min工频耐压试验电压/kV			交流泄漏试验	
		型式试验	交接验收试验	预防性试验	试验电压/ kV	泄漏值/μA
10	0.4	100	50	45	20	≤200

5.9.2.2 用做主绝缘和辅助绝缘的绝缘平台内衬的型式试验应进行50 kV、5 min±5 s的壁厚绝缘工频耐压试验，外绝缘平台的型式试验应进行20 kV、5 min±5 s的壁厚绝缘工频耐压试验；预防性试验施加20 kV、持续时间1 min±5 s；交接验收试验时，施加20 kV试验电压、持续时间5 min±5 s。

5.9.2.3 绝缘平台的表面应平整、光洁，无凹坑、麻面现象，憎水性强。

5.9.3 绝缘臂

5.9.3.1 绝缘臂的电气绝缘性能的试验电压和持续时间进行工频耐压试验见表4。试验过程中不应有击穿、闪络和严重过热现象发生(温升容限10℃)。

表4 绝缘臂工频耐压

额定电压/kV	1 min工频耐压试验电压/ kV				交流泄漏试验		
	试验距离 L/m	型式试验	出厂试验	预防性试验	试验距离 L/m	试验电压/kV	泄漏值/μA
10	0.4	100	50	45	1.0	20	(1) 安装前部件单独试验：≤200 (2) 安装后整车部件试验：≤500
35	0.6	150	105	95	1.5	70	
63	0.7	175	141	105	1.5	105	
110	1.0	250	245	220	2.0	126	
220	1.8	450	440	440	3.0	252	

注1：在折叠臂式高空作业车上，主要是针对主绝缘臂——上臂而言。

注2：试验应在有效绝缘区间内进行。

5.9.3.2 绝缘臂的表面应平整、光洁,无凹坑、麻面现象,憎水性强。

5.9.3.3 各电压等级的绝缘作业车绝缘臂的最小有效绝缘长度,不宜小于表5所列数值。

表5 绝缘臂的最小有效绝缘长度

额定电压/kV	10	35	63	110	220
最小有效绝缘长度/m	1.0	1.5	1.5	2.0	3.0

5.9.3.4 绝缘作业车,如装有下部辅助绝缘体,其试验电压为交流有效值50 kV,时间为1 min,试验时无火花、飞弧或击穿,无明显发热现象(温升容限为10℃)。

5.9.4 整车

整车绝缘要求应符合表6的规定。

表6 整车绝缘要求

额定电压/kV	交流泄漏试验	
	试验电压/kV	泄漏值/μA
10	20	≤500
35	70	≤500
63	105	≤500
110	126	≤500
220	252	≤500

5.9.5 液压油

用于承受带电作业电压的液压油,应例行击穿强度试验,平均击穿电压不小于20 kV。

5.10 起重辅助装置

作业车可装配小于1 000 kg的起重辅助装置,起重辅助装置应符合QC/T 459的规定。大于或者等于1 000 kg的起重辅助装置应符合JB 8716的规定。

5.11 作业可靠性

最大作业高度大于或等于20 m的作业车应进行800次可靠性作业循环,最大作业高度小于20 m的作业车应进行1 000次可靠性作业循环,平均无故障工作时间不少于80 h,可靠度不小于85%。

6 试验方法

6.1 试验条件

试验条件和试验准备按GB/T 12534、GB/T 16927.1的规定进行;试验场地应符合5.1.8中a)、b)的规定,且风速应小于3 m/s。

6.2 定型试验

定型试验按QC/T 252的规定进行。

6.3 液压油清洁度

液压系统液压油固体清洁度检测按JG/T 5066规定进行。

6.4 技术特性参数测量

6.4.1 测量方法如下:

a) 作业车停放在试验场地上,前轮为直行位置;放支腿,作业车处于工作状态;

b) 水平尺寸、垂直尺寸除直接测量外,也可利用重锤、或专用测量仪器对所需尺寸进行测量;

c) 用秒表测量平台起升、下降、回转所需时间,每种工况各测量3次。

6.4.2 测量项目见表7和图2、图3。

表 7　测量项目

序　号	符　号　单　位	项　目　名　称
1	H_{min}	最低平台高度/m
2	H_{max}	最大平台高度/m
3	R	最大平台高度时的平台幅度/m
4	R_{max}	最大平台幅度/m
5	H	最大平台幅度时的平台高度/m
6	L_1	支腿横向跨距/m
7	L_2	支腿纵向跨距/m
8	v_1	平台起升速度/(m/min)
9	v_2	平台下降速度/(m/min)
10	v_3	回转速度/(r/min)

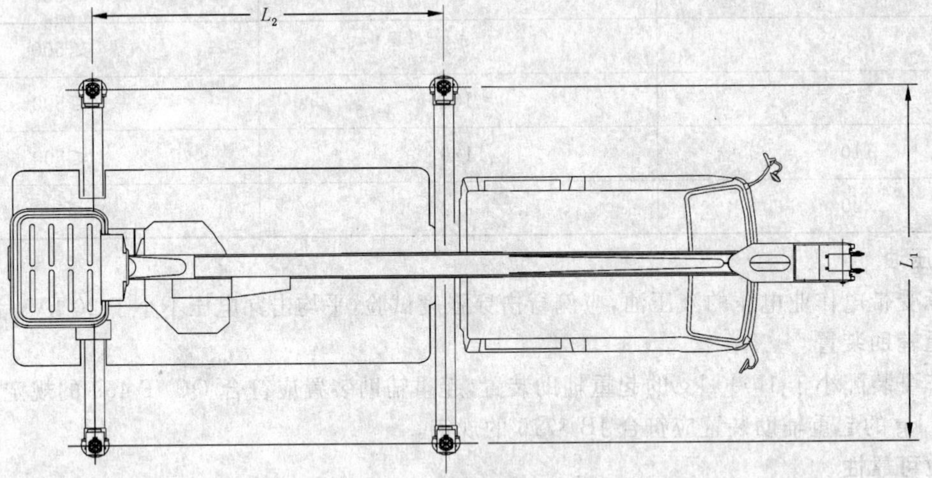

图 2　支腿跨距示意图

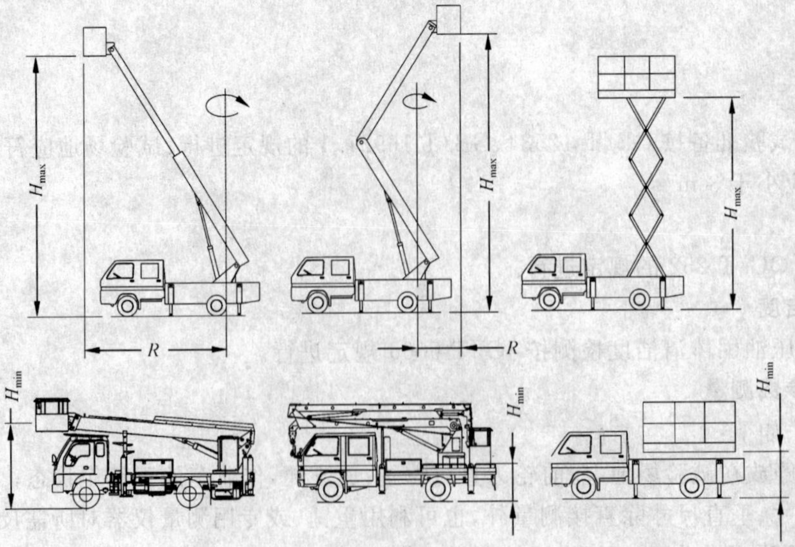

图 3　技术参数示意图

6.4.3 工作平台的起升、下降速度按公式(2)和公式(3)计算：

$$v_1=(H_{max}-H_{min})/t_1 \qquad (2)$$

$$v_2=(H_{max}-H_{min})/t_2 \qquad (3)$$

式中：

v_1——工作平台的起升速度，单位为米每分(m/min)；

v_2——工作平台的下降速度，单位为米每分(m/min)；

t_1——最低平台高度升到最大平台高度所用时间，单位为分(min)；

t_2——最大平台高度降至最低平台高度所用时间，单位为分(min)。

6.4.4 工作平台的回转速度按公式(4)计算：

$$v_3=\frac{1}{t_3} \qquad (4)$$

式中：

v_3——工作平台的回转速度，单位为转每分(r/min)；

t_3——回转一周所用时间，单位为分(min)。

6.5 空载试验

起升、下降、伸缩、变幅、回转、支腿收放，分别以低速和高速在最大允许工作范围内进行，观察有无异常现象。

6.6 额定载荷试验

放支腿，平台承载额定载荷提升至一定高度，停置 15 min，测量平台下沉量；再分别以稳定的标称速度起升到最大平台幅度，左右回转 360°；然后起升到最大平台高度，左右回转 360°；再下降到初始位置，并在升降、回转过程中，各进行 1～2 次停止、起动，观察有无异常现象。

6.7 稳定性试验

6.7.1 水平面上稳定性试验

按 5.2.1 中的工况进行试验，试验时允许调整液压系统安全溢流阀的开启压力，但在试验后应重新调到规定数值。观察作业车是否稳定。

6.7.2 斜面上稳定性试验

按 5.2.2 中的工况进行试验，观察作业车是否稳定。

6.7.3 作业稳定性试验

放支腿、平台承载额定载荷，在 360°范围内回转，测定支腿在受力最不利情况下的支承反力，当支承反力为零时，即视为支腿离地。

6.8 动载试验

放支腿，平台承载 1.25 倍额定载荷，分别以稳定的标称速度起升到最大平台幅度，左右回转 360°；然后起升到最大平台高度，左右回转 360°；再下降到初始位置，并在升降、回转过程中，各进行 1～2 次停止、起动。然后升降 30 次，观察各构件有无异常现象。

6.9 静载试验

放支腿，上升至整车处于允许的最差稳定状态下，平台承载 1.5 倍的额定载荷，停留 15 min，测量平台下沉量，并观察有无异常现象。试验时允许调整液压系统安全溢流阀的开启压力，但在试验后应重新调到规定数值。

6.10 工作平台承载能力测量

放支腿，将额定载荷集中放置在平台周边内距周边 300 mm 处的任一位置，全行程升降 10 次后，观察受力构件是否有永久变形或裂纹。

6.11 **工作平台尺寸、护栏承载能力测量**

6.11.1 测量平台宽度、出入门宽度、计算平台面积。测量护栏的有关尺寸。

6.11.2 将平台置于地面,护栏固定牢固:

a) 在平台栏杆两支杆间挂上 1 300 N 的垂直集中载荷,保持 3 min,然后撤去载荷,观察在此过程中护栏是否有变形;

b) 在平台栏杆两支杆间挂上 1 000 N 的拉力计,水平牵拉缓慢加力至 360 N/m,保持 3 min,然后撤去载荷,观察在此过程中护栏是否有变形;

c) 护栏终端支杆顶端施加 900 N 的集中载荷,保持 3 min,然后撤去载荷,观察在此过程中护栏是否有变形。该集中载荷须在上下左右每个方向施加一次。

6.12 **结构应力测试**

在完成 6.5、6.6、6.7、6.8、6.9 试验后进行。测试工况及载荷见表 8。

表 8 测试工况及载荷

序号	测试工况	载荷	试验目的	被测结构	测试项目
1	各臂在受力最不利情况下支腿 最大压力方位	额定载荷	验证主要结构件的强度和刚度	底架、支腿、工作臂、转台、平台调平机构	结构件动应力
2		1.25 倍额定载荷			
3		1.5 倍额定载荷			结构件静应力

6.13 **绝缘体性能试验**

6.13.1 **绝缘臂、绝缘平台部件电气试验**

6.13.1.1 **交流耐压试验**

6.13.1.1.1 绝缘臂交流耐压试验一般采用连续升压法升压,试验加压方式如图 4 所示,施加的交流电压、时间和绝缘臂试验距离 L,见表 4。

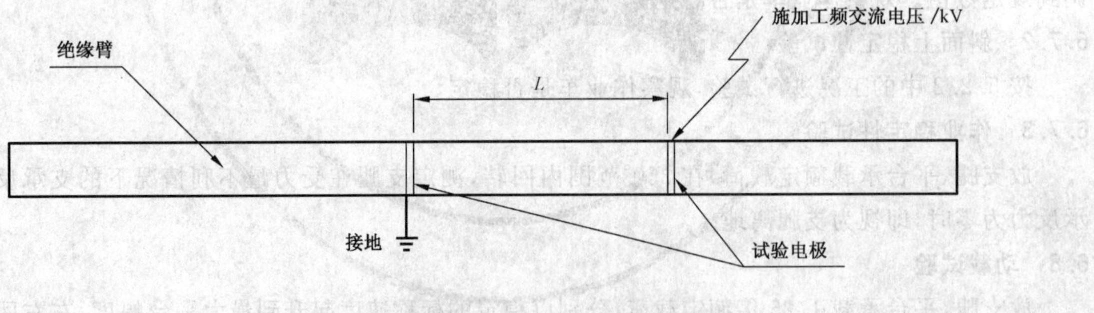

图 4 绝缘臂工频耐压试验

6.13.1.1.2 绝缘平台(包括具有内、外层平台的外层平台和内衬平台)交流耐压试验的加压方式如图 5 所示,把绝缘平台放入水槽,在绝缘平台内外都加水,水面与其顶部距离 h 值不大于 150 mm,也可以在绝缘平台的内外侧贴锡箔纸代替水。试验工况见 5.9.2.1、5.9.2.2。

6.13.1.2 **交流泄漏试验**

绝缘臂、绝缘平台(包括具有内、外层平台的外层平台和内衬平台) 在进行交流泄漏(全电流)试验时,其试验电极一般采用 12.7 mm 的导电胶带设置,施加的工频交流电压值、沿面距离 L(对于绝缘平台各电压等级作业车 h=0.4 m)及泄漏值见表 3、表 4,试验方法如图 6、图 7 所示。

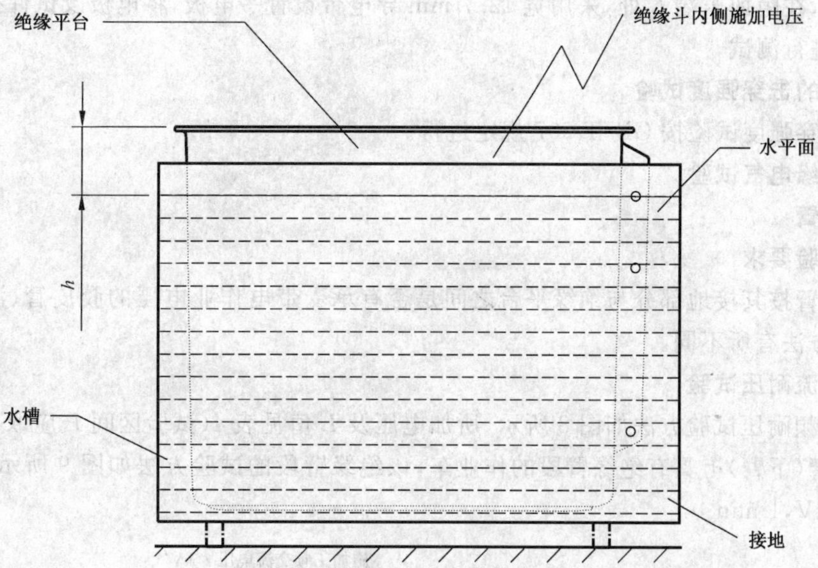

图 5　绝缘平台耐压试验

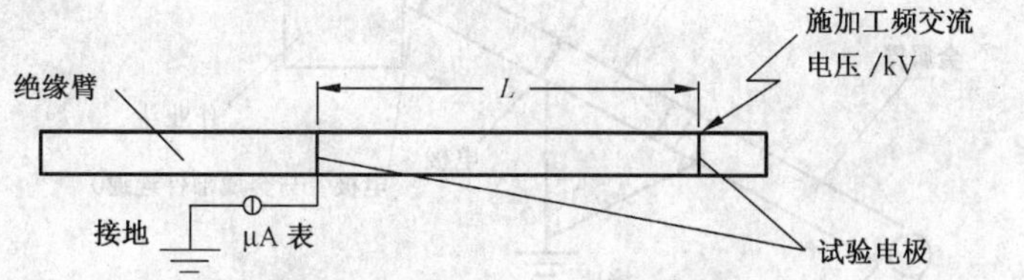

图 6　绝缘臂交流泄漏试验

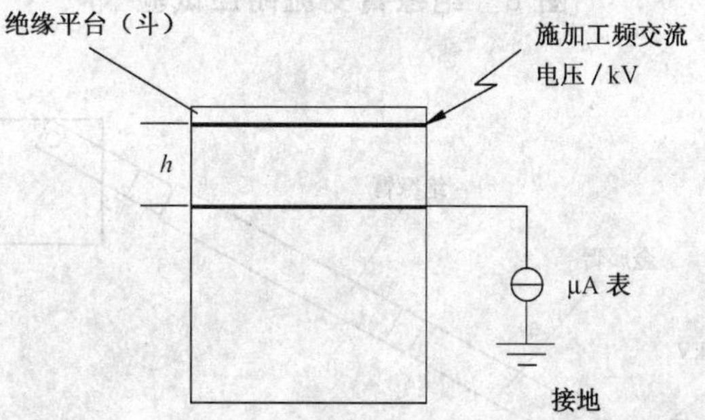

图 7　绝缘作业平台(包括外层平台和内衬平台)交流泄漏试验

6.13.2　胶皮管电气试验

6.13.2.1　试验要求

本试验仅适用于作业车接地部分与绝缘平台之间承受带电作业电压的胶皮管(包括光缆、平衡拉杆等),并在装配前进行。

6.13.2.2　交流耐压试验

试验时,胶皮管内应注满液压油,并在胶皮管两端封上金属管套,一端(绝缘平台端)加压一端接地,其单位长度所加的工频交流电压值与绝缘臂相同,按表 4 规定进行折算。试件没有击穿、火花或飞弧、热损现象为合格。

胶皮管(光缆、平衡拉杆等)的型式试验,应将试件浸水 24 h,取出擦干后按上述要求进行试验。

6.13.2.3　交流泄漏试验

交流耐压合格的胶皮管(光缆、平衡拉杆等)还应进行交流泄漏试验,胶皮管装置与交流耐压试验相同。按表4规定,在距加压端 L 处,采用宽12.7 mm导电带设置一电极,将电极及试件接地端接泄漏电流表,然后加压进行测试。

6.13.3 **液压油的击穿强度试验**

液压油的击穿强度试验按GB/T 507规定进行。

6.13.4 **整车绝缘电气试验**

6.13.4.1 **绝缘臂**

6.13.4.1.1 **试验要求**

作业车绝缘臂按其接地部分与绝缘平台之间是否有承受带电作业电压的胶皮管、液压油、光缆、平衡拉杆,而试验方法有所不同。

6.13.4.1.2 **交流耐压试验**

主绝缘臂工频耐压试验方法如图8所示,所加电压及 L 值见表4(试验区间 L 应取在有效绝缘区间范围内)。基本臂(下臂)上具有绝缘臂段的作业车,该绝缘臂段的试验方法如图9所示,施加的交流工频电压值为50 kV,1 min。

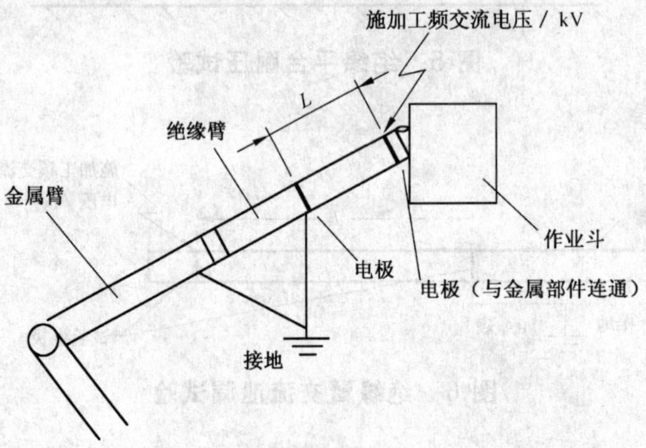

图8 绝缘臂交流耐压试验

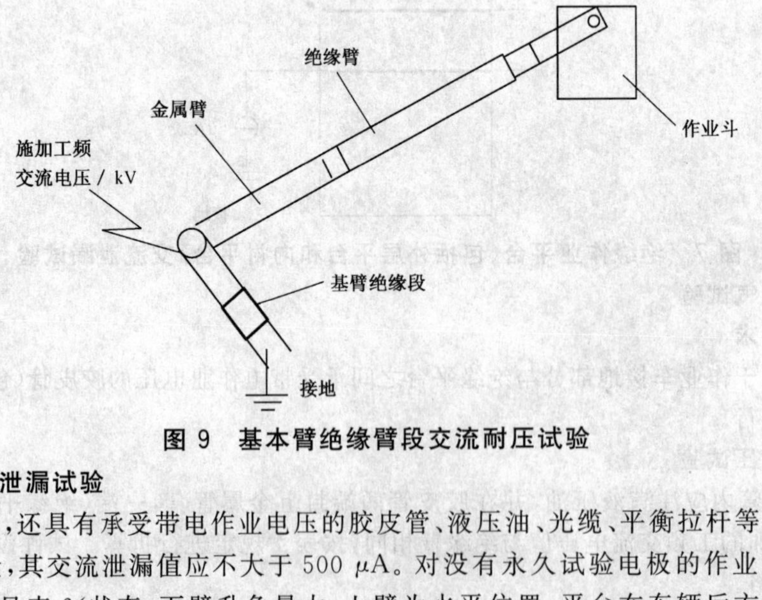

图9 基本臂绝缘臂段交流耐压试验

6.13.4.1.3 **交流泄漏试验**

对除绝缘臂外,还具有承受带电作业电压的胶皮管、液压油、光缆、平衡拉杆等的作业车,整车应进行交流泄漏试验,其交流泄漏值应不大于500 μA。对没有永久试验电极的作业车,试验方法如图10所示,所加电压见表6(状态:下臂升角最大,上臂为水平位置,平台在车辆后方)。对有永久试验电极的作业车,试验方法如图11所示,所加电压见表6(状态:下臂升角最大,上臂为水平位置,平台在车辆后方)。

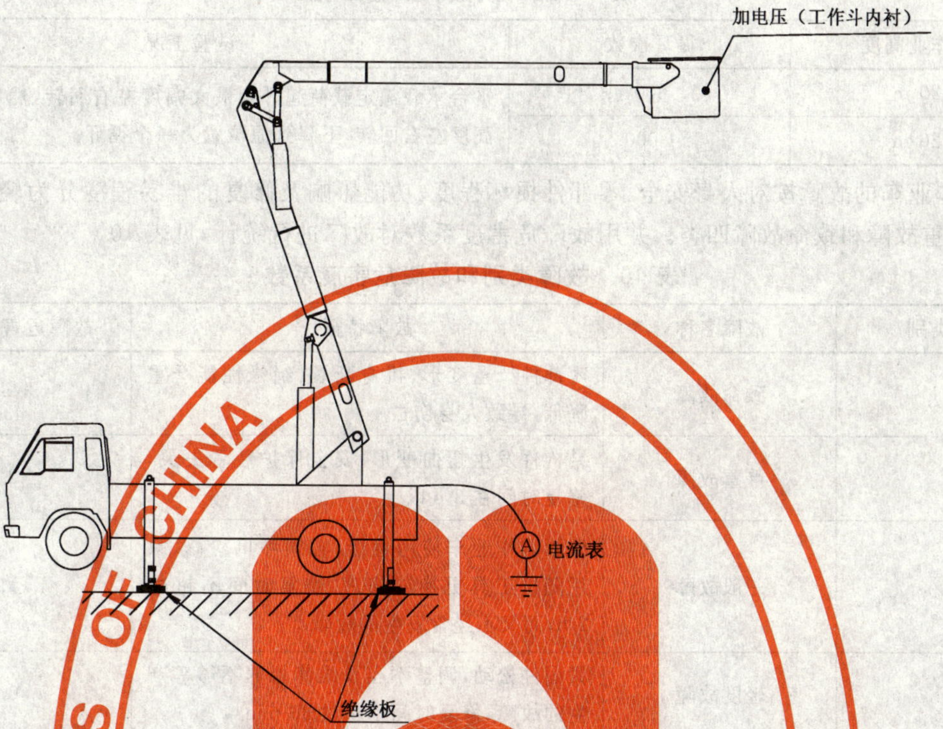

图 10　无固定电极绝缘车的整车泄漏试验

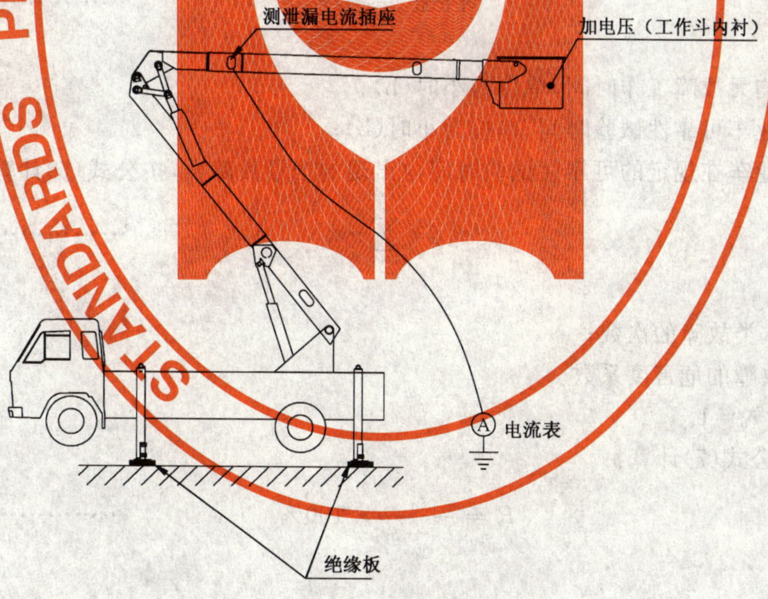

图 11　有永久电极的作业车

6.13.4.2　绝缘平台

6.13.4.2.1　可拆卸式平台(内衬平台)交流耐压试验

可拆卸式绝缘平台(内衬)的工频耐压试验，一般采用浸水法进行，方法见 6.13.1.1.2。

6.13.4.2.2　固定式平台交流耐压试验

固定式平台的工频耐压试验，一般采用贴金属薄膜法进行，方法见 6.13.1.1.2。

6.14　可靠性试验

6.14.1　作业车可靠性试验的循环次数和试验工况见表 9，其每两次循环的间隔不大于 10 min。

表 9 循环次数和试验工况

最大作业高度	循环次数	试验工况
≥20 m	800	平台承载额定载荷起升到最大幅度左右回转，然后再到最大高度左右回转，下降到原位置为一个循环。
<20 m	1 000	

6.14.2 作业车的故障按对人身安全、零部件损坏程度、功能影响及修复的难易程度分为轻度故障、一般故障、严重故障和致命故障四类。并用故障危害度系数对故障进行统计，见表 10。

表 10 故障类别和故障危害度系数

故障类别	故障名称	故障特征	故障危害度系数，ε
1	致命故障	零部件严重变形、机身断裂、绝缘性能严重降低，导致人身伤亡	∞
2	严重故障	结构件发生扭曲变形、安全保护装置失灵，修复时间在 3 h 以上	3.0
3	一般故障	已影响作业车使用性能，必须停机检修，只用随机工具更换或修理，修复时间不超过 2 h，而又不经常发生的故障	1.0
4	轻度故障	紧固件松动，调整不当及维修保养不够等产生的故障，修复时间不超过 30 min	0.2

6.14.3 可靠性指标计算如下：

a) 平均无故障工作时间按公式(5)计算：

$$MTBF = t_0 / r_b \qquad (5)$$

式中：

MTBF——平均无故障工作时间，单位为小时(h)；

t_0——作业车可靠性试验时间，单位为小时(h)；

r_b——作业车在规定的可靠性试验时间内出现的当量故障数，按公式(6)计算：

$$r_b = \sum_{i=1}^{4} n_i \varepsilon_i \qquad (6)$$

式中：

n_i——出现第 i 类故障的次数；

ε_i——第 i 类故障的危害度系数。

当 $r_b < 1$ 时，令 $r_b = 1$。

b) 可靠度按公式(7)计算：

$$R = \frac{t_0}{t_0 + t_1} \times 100\% \qquad (7)$$

式中：

R——可靠度；

t_1——修复故障所用时间总和，单位为小时(h)。

注：t_0、t_1 均不含正常保养时间。

7 检验规则

7.1 出厂检验

7.1.1 每台产品均应进行出厂检验，经制造厂质量检验部门检验合格并签发产品合格证后方可出厂。

7.1.2 出厂检验项目见表 11。

7.2 型式试验

7.2.1 凡属下列情况之一应进行型式试验：

a) 新产品或老产品转厂生产试制定型时；

b) 产品停产3年后，恢复生产时；

c) 正式生产后，如材料、工艺有较大改变，可能影响产品性能时；

d) 出厂检验与上次型式试验结果有重大差异时；

e) 国家有关政策或国家质量监督机构提出要求时。

7.2.2 型式检验时，如果属7.2.1中a)、b)、e)情况，则按表11的项目进行检验；如果属7.2.1中c)、d)两种情况，可仅对受影响项目进行检验。

7.2.3 采用随机抽样方法抽取一台样机进行型式试验。抽样基数不限。型式检验项目见表11。

表11 检验项目

序号	检验项目		检验方法	判定依据	型式检验	出厂检验
1	外观检验		目测	5.1.6	√	√
2	安全保护装置		目测	5.6	√	√
3	噪声测量		6.2	5.1.4	√	
4	排放测量		6.2	5.1.4	√	
5	定型试验(整机质量、桥荷、重心)		6.2	5.1.3、5.7.8、5.7.4	√	
6	液压油清洁度		6.3	5.4.3	√	
7	技术参数特性测量		6.4	5.7.1、5.7.2、5.7.3、5.7.6、5.7.7	√	√
8	空载试验		6.5	6.5	√	√
9	额定载荷试验(平台下沉量)		6.6	6.6	√	√
10	稳定性试验	水平面上	6.7.1	5.2.1	√	
		斜面上	6.7.2	5.2.2	√	
		作业时	6.7.3	5.2.3	√	
11	动载试验		6.8	6.8	√	√
12	静载试验(平台下沉量)		6.9	6.9	√	√
13	工作平台承载能力测量		6.10	6.10	√	
14	工作平台尺寸、护栏承载能力测量		6.11	5.5.1、5.5.2、5.5.3、5.5.4、5.5.5	√	
15	结构应力测试		6.12	5.3	√	
16	绝缘体性能试验	绝缘臂、绝缘平台部件试验	6.13.1	5.9.2、5.9.3	√	
		胶皮管试验	6.13.2	6.13.2	√	
		液压油试验	6.13.3	6.13.3	√	
		整车绝缘试验	6.13.4	5.9.4	√	√
17	可靠性试验		6.14	5.11	√	

7.3 判定规则如下：

7.3.1 对于表11中型式检验第2、9、10、11、12、13、14、15、16、17项中有一项不合格，则判定为不合格；如上述各项均合格，其他有一项不合格，则允许对该项重新抽检，仍不合格时，则判定为不合格；

7.3.2 对于表11中出厂检验第2、7、8、9、11、12项中有一项不合格，则判定为不合格；如上述各项均合格，其他有一项不合格，则允许对该项重新抽检，仍不合格时，则判定为不合格；

7.3.3 如上述各项均合格，其他有两项不合格则判定为不合格。

8 标志、包装、运输和贮存

8.1 标志

作业车应在明显部位固定产品标牌。标牌应标明如下内容：

a) 生产厂名称；

b) 产品名称及型号；

c) 出厂编号及出厂日期；

d) 最大工作平台高度；

e) 额定载荷；

f) 整车总质量；

g) 整车外形尺寸；

h) 具有绝缘性能高空作业车应标明额定电压和试验日期；

i) 车辆识别代码VIN；

j) 产品执行标准编号。

8.2 包装

8.2.1 作业车一般采用裸装。其防锈部位(如液压缸、活塞杆、操纵杆)应涂上油脂并用防潮纸包扎，机动车辆的底盘的随车工具置于工具箱内，工具箱应加锁。

8.2.2 作业车出厂时应有下列随车文件：

a) 产品合格证和底盘合格证；

b) 使用说明书(应符合GB 9969.1的有关规定)；

c) 随车备件、附件清单。

8.3 运输

作业车在铁路(或水路)运输时以自驶(或拖曳)方式上下车(船)，若必须用吊装方式装卸时，应用专用吊具装卸，并给出起吊点的位置，规定装载、加固方法及其注意事项，防止损伤产品。

8.4 贮存

作业车长期停用时应按以下要求进行贮存：

a) 应将支腿放下，使轮胎支离地面，将燃料和水放尽，切断电路、锁上驾驶室；

b) 作业车应停放在通风、防潮、防暴晒、无腐蚀气体侵害及有消防设施的场所；

c) 作业车应按产品使用说明书的规定进行定期保养。

ICS 29.140.40
K 72

中华人民共和国国家标准

GB/T 9468—2008
代替 GB/T 9467—1988;GB/T 9468—1988

灯具分布光度测量的一般要求

General requirements for the photometry and goniophotometry of luminaries

2008-06-18 发布

2009-05-01 实施

中华人民共和国国家质量监督检验检疫总局
中国国家标准化管理委员会 发布

前言

本标准参照 CIE 121—1996《灯具光度学和分布光度学》。

本标准代替 GB/T 9467—1988《室内灯具光度测试》和 GB/T 9468—1988《道路照明灯具光度测试》,本标准与 GB/T 9467—1988 和 GB/T 9468—1988 的主要差异如下:

——增加了使用积分光度计的光通量测量方法(本版中的 5.3.3)。

——增加了亮度测量方法(本版 5.5)。

——增加了照度的测量方法(本版 5.6)。

——增加了不确定度评价(本版 6.2)。

——在灯具光度学坐标系统一章中增加了 A、B、C 平面系统的示意图(本版中的图 A.1~图 A.3)。

——增加了 A、B 和 C 平面系统的相互关系(本标准的 A.4.4)。

——增加了确定灯具和光源的光度中心的示意图(本版中的图 C.1、图 C.2)。

——增加了关于单端紧凑型荧光灯提出光度试验前的老练和稳定的方法和要求(本版中的 C.1.3.2.4)。

——引入了服务转换系数的概念(本版中的 D.3)。

本标准的附录 A、附录 B、附录 C、附录 D 均为规范性附录。

本标准由中国轻工业联合会提出。

本标准由全国照明电器标准化技术委员会灯具标准化分技术委员会归口。

本标准起草单位:浙江晨辉照明有限公司,国家灯具质量监督检验中心,飞利浦灯具(上海)有限公司,杭州远方光电信息有限公司,杭州浙大三色仪器有限公司,国家电光源质量监督检验中心(上海),上海时代之光照明电器检测有限公司。

本标准主要起草人:王晔,潘建根,赵国松,桑高元,陆光明,牟同升,李倩。

本标准第 1 版 GB/T 9467 和 GB/T 9468 均于 1988 年发布,本版是第 1 次修订。

所代替标准的历次版本发布情况为:

——GB/T 9467—1988;

——GB/T 9468—1988。

灯具分布光度测量的一般要求

1 范围

本标准规定了光度测试的标准条件,并推荐了测试程序,同时为光度实验室的试验和灯具性能数据的表达提供指导。对于实际测试条件不同于标准测试条件的灯具,标准给出了修正系数的测量要求。

本标准适用于大部分类型灯具的光度测试。为极其专业的设施设计的特殊灯具类型,对测量和数据表达有特殊需求时,本标准不能覆盖其特性,应使用补充标准。这些补充标准在本标准适当章条内引用,并在必要时定义特殊要求和测量条件。

2 规范性引用文件

下列文件中的条款通过本标准的引用而成为本标准的条款。凡是注日期的引用文件,其随后所有的修改单(不包括勘误的内容)或修订版均不适用于本标准,然而,鼓励根据本标准达成协议的各方研究是否可使用这些文件的最新版本。凡是不注日期的引用文件,其最新版本适用用于本标准。

GB/T 2900.65—2004 电工术语 照明(IEC 60050-845:1987,MOD)

GB/T 7002—2008 投光照明灯具光度测试

IEC 60188 高压汞灯 性能要求

IEC 60923 灯的附件 气体放电灯(管形荧光灯除外)用镇流器 性能要求

CIE 43—1979 投光灯的光度特性

CIE 69—1987 照度计和亮度计的方法和特性

CIE 70—1987 绝对光强分布的测量

CIE 84—1989 光通量的测量

3 术语和定义

GB/T 2900.65—2004 确定的以及下列术语和定义适用与本标准。

3.1 关于灯具的定义

3.1.1

灯具 luminaire

对一个或多个光源发出的光线进行分配、透出或转换的一种器具,它包括支承、固定和保护光源所必需的部件(但不包括光源本身),以及连接电源与光源所必需的电路辅助装置。

3.1.2

(灯具)设计姿态 design attitude (of luminaire)

应用中的倾斜 tilt normal in application

灯具设计的工作姿态(参考制造商的使用说明或常用方式来确定)。

3.1.3

(灯具)测试姿态 measurement attitude (of luminaire)

测量中的倾斜 tilt normal in measurement

灯具测试时的姿态。

注:如果没有特别指出,采取与设计一致的姿态。

3.1.4

(光源)光中心 light center (of a source)

用作光度测试和计算的原点。

3.1.5

光度中心　photometric center

灯具或光源上的一点，从这一点出发在最大光强方向上运用光度学距离法则最精确。

注：此术语广泛用于关于灯具光度学的国家标准规范中。对裸光源来说，此定义等同于国际照明词汇定义的光中心。

3.1.6

(灯具)第一根轴　first axis (of a luminaire)

基准轴　reference axis

穿过光度中心的轴，在光度测量中作为一个基准方向用于校正光度测试中的灯具姿态。

3.1.7

(灯具)第二根轴　second axis (of a luminaire)

辅助轴　auxiliary axis

穿过光度中心的轴，垂直于第一根(基准)轴，与具体灯具有关，并且和第一根轴一起用来定义灯具的姿态。

注：制造商应定义第一根轴和第二根(辅助)轴，如果没有定义，应由光度实验室定义。

第三根轴同样用于定义灯具的姿态，这根轴穿过光度中心且垂直于前两根轴。

3.1.8

实际使用的镇流器　practical ballast

被测灯具和光源适用的镇流器产品范围中的代表性镇流器。

3.2　关于灯具测试参量的术语

3.2.1

每 1 000 lm(光源光通量)的灯具数据　luminaire data per 1 000 lm (of lamp flux)

灯具光度数据折换成灯具中所有光源的理论光通量总和为 1 000 lm 时的值，这些光源在基准条件下用相同的镇流器在灯具外点亮。

3.2.2

(灯具)光强分布　luminous intensity distribution (of a luminaire)

各个方向上的光强分布。光强分布可以用数字表格或图形表示，通常以坎德拉每 1 000 lm 光源光通量为单位。

3.2.3

镇流器流明系数　ballast lumen factor;BLF

基准光源与实际使用镇流器在镇流器的额定电压下工作时出射的光通量，与相同光源在基准镇流器下工作时出射的光通量的比值。

3.2.4

(灯具)光输出比　light output ratio (of a luminaire);LOR

灯具效率(美国)　luminaire efficiency (USA)

在规定使用条件下，使用其自身的光源和设备所测得的灯具光通量与在灯具外使用相同的光源、在规定条件下、使用相同的设备测得的单个光源光通量之和的比值。

注：规定使用条件一般是 B.2 描述的标准试验条件。如有不同，应对使用条件作出规定。

灯具外的光源光通量是从公布的光源样本中规定的光源位置和光源工作温度下得到的。

3.2.5

(灯具)有效光输出比 light output ratio working (of a luminaire);LORW

在规定使用条件下，使用其自身的光源和设备测得的灯具光通量与相同光源在灯具外、在基准条件下、使用基准镇流器测得的单个光源光通量之和的比值。

注：*LORW*＝*LOR*×*BLF*；因为大多数灯具可以与不同 BLF 特性的镇流器配套交付，所以选择 LOR 比选择 LORW 好。

3.2.6

（灯具）上射光通　upward flux fraction（of a luminaire）；UFF

灯具出射的总光通量中在灯具光度中心水平面以上的部分。

3.2.7

（灯具）下射光通　downward flux fraction（of a luminaire）；DFF

灯具出射的总光通量中在灯具光度中心水平面以下的部分。

3.2.8

（灯具）上射光输出比　upward light output ratio（of a luminaire）；ULOR

灯具光输出比和上射光通部分的乘积。该光输出比可以是光输出比，或者适当时是有效光输出比。

3.2.9

（灯具）下射光输出比　downward light output ratio（of a luminaire）；DLOR

灯具光输出比和下射光通部分的乘积。该光输出比可以是光输出比，或者适当时是有效光输出比。

3.2.10

（灯具）平均亮度　average luminance（of a luminaire）

在灯具给定方向上，单位投影发光面积的光强。

3.2.11

使用转换系数　service conversion factor

当使用条件不同于标准测试条件时，将标准测试条件下的光度数据转换成使用条件下数据的系数。

3.3　关于测量的定义

3.3.1

绝对法测量　absolute measurement

以适当的 SI 单位度量的测量。

3.3.2

相对法测量　relative measurement

用任意单位相同类型的两个量值的比率进行的测量，或者相关于特定裸光源光通量的 SI 单位制的测量。

3.3.3

裸光源测量　bare lamp measurement

为了确定光输出比或每 1 000 lm 光源光通的灯具数据，独立于灯具、单独对光源进行的光度测量。

3.3.4

（灯具）基准条件　reference conditions（luminaire）

根据本标准附录 B 的要求进行灯具光度测量的条件。

3.3.5

（光源）基准条件　reference conditions（lamps）

根据 IEC 光源相关标准测量光源光通量的条件。

3.3.6

基准镇流器　reference ballast

为镇流器测试提供一个比较标准而设计的一种电感型镇流器，用来选择基准光源和在标准条件下测试常规的光源产品。

注：每种光源类型的基准镇流器的电气参数在相关的 IEC 光源标准中给出，而电气要求则在相关的 IEC 镇流器标准中给出。

3.4 关于测试设备的术语

3.4.1

光度计 photometer

测量光度量值的设备。

3.4.2

测角光度计 goniophotometer

分布光度计 distribution photometer

测量光源、灯具、媒质和表面的定向光分布特征的光度计。

3.4.3

光度探头 photometer head

包括光度计本身(通常是一个带有光谱探测响应修正滤色器的硅光二极管)在内的分布光度计部件。同样可以包括光的方向性评估方法(例如,漫射窗口、透镜和光圈)。光度计将入射光量转化为电量。

3.4.4

照度计 illuminance meter

用于测量照度的光度计。

4 一般试验要求

室内灯具和道路灯具采用附录 A 规定的分布光度计进行光度测量,标准测试条件按照附录 B 的规定,测试时使用的光源、镇流器与灯具的特性、工作和处置以及光源光中心及灯具光度中心的确定按照附录 C 的规定。测量修正系数按照附录 D 的规定。

5 光度测定方法和实际试验程序

5.1 总则

光度测定可以使用绝对测量和相对测量。灯具光度测量由主要光度测量和辅助测量组成,灯具其他光度数据可以通过导出得到。

5.1.1 绝对法测量

绝对法测量使用以适当 SI 单位校准过的设备的测量。

分布光度计本身应被校准。在测量光强分布时,可以用一个校准过的光强标准灯或一个校准过的照度计测量照度,然后用光度距离法则转换成光强。

5.1.2 相对法测量

通常灯具的绝对光度测量不是必须的。

灯具的光输出经常相对于光源的光输出来确定,两者都用任意单位在相同的分布光度计上、用灯具的镇流器(如有)点亮灯进行测量。测量结果可用每 1 000 lm 的光源光通量表示。

这种用比率的表示办法可以用于所有的光度测试,测试使用任意单位导出:如果使用相同的测试设备测量灯具和裸光源的光输出,就消除了设备的标尺比例以及许多测量误差。

5.1.3 灯具光度测量

5.1.3.1 主要光度测量

a) 光输出比(LOR)

要测量灯具和裸光源的光通量。可以用光度积分器(见 5.3.2)确定或者用分布光度计测量光强分布来导出(见 5.3.1)。

b) 光强分布(相对法)

用分布光度计(见 5.2.1)测量。不需要测量裸光源。

c) 光强分布(单位 cd)

与 b)相同,但要用校准过的分布光度计,结果用坎德拉表示。

d) 光强分布(单位:cd/ 1 000 lm 光源光通量)

用分布光度计(不需要校准)测量,但也要求测量裸光源。

e) 灯具亮度(单位 cd m^{-2}或 cd m^{-2}/ 1 000 lm 光源光通量)

亮度可以测量或按照 5.5 以光强和特定方向上的投影发光面积来计算。

f) 照度分布(单位 lx 或 lx/1 000 lm 光源光通量)

按照 5.6 测量一个面或一组面上的照度。

5.1.3.2 辅助测量

可能要求以下辅助测量(见附录 D)。

a) 测量修正系数

为了把非标准条件的测量与标准试验条件下的测量联系起来,修正非标准条件下所作测量的系数。

b) 工作转换系数

将标准数据转换到非标准工作条件的系数。

c) 镇流器流明系数

考虑特定镇流器对灯具产生影响时,通常要求该系数。它可以用主要光度测量设备来确定。

5.1.3.3 导出数据

灯具的其他光度特性可以通过 5.1.3.1 和 5.1.3.2 列出的主要和辅助光度测量来推导。特定的区域光通量可以用绝对法或相对光强分布来推导。

标准格式的等光强数据或等照度数据等导出数据同样得到广泛的应用。

5.1.4 总的测量要求

应在 B.2 所述的标准测试条件下,并按照本标准的相关要求测量灯具和光源。应按照 C.1 的要求处置光源。

灯具或光源光度稳定后才能开始测量。测量设备在使用前也应稳定。

应以固定的时间间隔(如每 5 min)进行测量检查(例如:光强),光度稳定的准则是 15 min 内的光强变化小于 1%。

在读数据前应检查杂散光,并遮盖光度头检查零位。

在测试以及所有会影响测试结果的预备过程中,电源电压和环境温度应按照 B.2 和 C.1 的要求严格控制。如果 AC 电源有反馈电路,还应检查电源的频率。

之后的测量(比如使用分布光度计)应检查稳定性的保持情况。在测量的最后(在长时间的测量过程中定期检查)应转回至初始位置(在分布光度计的 0°位置)检查初始光度读数误差是否在±1%内。这项检查非常重要。

如果不可能得到标准测试条件,应确定一个与主要测量有关的测量修正系数,见附录 D。该系数应在进一步计算前用于对读数的修正。

必要时,应确定镇流器流明系数。当镇流器流明系数不是 1±0.05,就应该声明。

5.2 光强分布测量

5.2.1 分布光度计

分布光度计的基本类型在条款 A.2 中有简单地概述,光强分布测量原理和不同类型分布光度计的特性在 CIE 70—1987 中有更全面的描述。

5.2.1.1 用途

灯具光度测试中,分布光度计主要用于测量给定方向上灯具的光强。测量可以得到光学特性或者可以转换成用于发布的图表形式,比如极坐标曲线。曲线可以是相对的(即取任意单位),或可以用

cd/1 000 lm 光源光通表示。

分布光度计也可以用来测试灯具的光输出比，这要求使用相同的单位测量灯具和光源。

作为选择，光输出比可以用光度积分器测量(见 5.3.2)，而相对光强分布只能用分布光度计测量。然后可以用光输出比来评价按照 cd/1 000 lm 光源光通表示的相对分布。

分布光度计也可以用来确定光度修正系数(见附录 D)和测量灯具的亮度(见 5.5)。

5.2.1.2 结构

在分布光度计的设计中，主要目标是要在可用空间里得到一个足够长的光程、并保持灯具的设计姿态。

分布光度计应能刚性地支撑灯具，而且在所有测试方向上，从光度探头感应表面的每一点应能完整地看到分布光度计设计测量的尺寸最大的灯具。在许多分布光度计上，灯具的支撑部件会阻挡光的路径，应将这种阻挡最小化。

对于灯具相对于光度探头的位置，结构应提供精确的角度测量，测量应准确到±0.5°。

分布光度计结构中使用的镜子要得到刚性支撑，且在所有正常旋转位置上应保持平展。

5.2.1.3 杂散光的挡屏

杂散光是指除了直接来自被测光源以外，由反射光线或存在的其他光源到达光度探头的其他所有光线。应进行以下步骤使杂散光保持在最低水平。

光度探头应被遮蔽，使之尽可能地只看见灯具和安装板的较低表面(适当时)。使用镜子的光度探头应被遮蔽，使之只能看到灯具的像、不能接收来自灯具部件的直射光。

光度探头看到的所有表面应刷无光黑漆，包括镜子的倾斜边缘。应注意，许多所谓的无光黑漆有一个亮度因数，它在表面近法线方向可达 4%，在入射的反射角度上甚至更高些。布置挡屏时应使来自灯具的杂散光需经两个至更多的反射面才能到达光度探头。在做不到时，应用黑色的天鹅绒、黑毯将表面遮盖住。挡屏上所有平行于光度头轴线或灯具轴线的边缘应被开槽、倒角或斜切成一个锐角以使到达光度探头的反射光线最少。

可以被光度探头看到的灯具周围的所有部分应是无光黑色，也许包括地板和顶棚。如果已采取了消除杂散光的预防措施，房间的其余部分可以用稍亮的颜色。

不能忽略的杂散光的可能途径有：

a) 灯具——涂黑表面(地板、挡屏等)——镜子——光度探头

b) 灯具——涂黑表面(地板、挡屏等)——灯具——镜子——光度探头

c) 灯具——镜子——灯具——镜子——光度探头

对于不能消除的杂散光，应考虑将随灯具位置变化的杂散光从读数中减去。

残余杂散光的测量是困难的。例如，此类测试用的灯具与光度探头间的挡屏也可能挡掉经镜子到光度探头的杂散光的途径。

5.2.1.4 测试距离(对基于光度距离法则的测量)

光度测试距离是指灯具光度中心(见 C.3.2)到光度探头表面的距离。

光强测试的距离应在可行的范围内遵循平方反比定律。总的来说，测试距离不应小于灯具出光口面最大尺寸的 15 倍。但是，对于过灯具长轴的平面上有近似余弦分布的灯具，最小测试距离可以是垂直于光源轴的发光面尺寸的 15 倍或者平行于光源轴的发光面尺寸的 5 倍。使用的最小测试距离应取两个距离的较大者。

应注意在某种情况下，比如光束非常窄的灯具，即使 15 倍的测试距离也许仍是不够的，确定方法参见 GB/T 7002—2008。

5.2.1.5 光源、镇流器和灯具的选择

按附录 C 的规定。

5.2.2 灯具的测试

5.2.2.1 安装

灯具应以其设计位置安装在分布光度计上。灯具的光度中心(见 C.3.2)应与分布光度计的实际旋转中心一致。灯具的定位应根据分布光度计的角度标尺和灯具的角度基准进行修正。

注：许多灯具的结构使之只能在其正常的安装位置进行光学测试。应做好预防措施以避免重要光学部件的下垂、变形或者移动等引起的机械性干扰。

直接安装在顶棚或墙面的灯具应固定在木质或木质纤维板的安装表面，板的尺寸不应超过灯具光滑外形的正投影。

5.2.2.2 测量

应用 5.1.4 的要求。

除非另有规定，应使用 $C\gamma$ 坐标系统(见附录 A)。C 平面的数目和 γ 角度间隔应是适宜的，使照明计算时光强的插入能达到可接受的精度。应根据光分布的对称性或不规则性、从测试中要得到的最终结果、尤其是后续照明计算要求的精度来确定平面的数量。

对于灯具需要移动的测量系统，灯具应平滑地移动，没有晃动。使用对环境温度敏感的光源的灯具应足够缓慢地移动，使其对灯具热平衡的干扰最小。敞开式荧光灯灯具旋转时，周围空气的流速不应超过 0.2 m/s。

当光源不在正常工作位置工作时，光源，特别是气体放电灯的光输出特性(见附录 C)会发生明显的变化。应使用测量修正系数(见附录 D.2)。

因为光学部件存在微小变化，设计成对称分布的灯具应始终在两个对称半平面内测量。

建议做试验性的运转以找到光强的最大变化位置和变化率。

对于分布光度计支撑件和框架遮挡带来的影响，应进行测量的修正。这可能要求灯具姿态做暂时的改变。

5.2.2.3 偏振测量

对给定方向上来自灯具的光线中偏振比例(典型垂直偏振)测量，应有措施使光度探头响应水平方向或者垂直方向的偏振光线。因为偏光器所具有的光线吸收特性，必须测量垂直和水平分量以得到每个平面内偏振光的比例。

应注意的是，因为镜子本身的偏振特性，偏振测量会引入一个由分布光度计中的镜子带来的误差。

5.2.3 裸光源的测试

5.2.3.1 安装

裸光源应按其设计及光源光度数据描述的方向安装。光源工作和处置的要求见 C.1。

设计成通用安装方式的光源(比如，一些高压汞蒸气光源)，可以以任意位置安装。如果可达到的光源参数与所选择的位置有关，光源的位置最好与其在灯具内的工作位置相同。这种情况下测量的光源位置应标示在试验报告中。

光源的光中心应是分布光度计旋转的实际中心(见 C.1.2)。

光源应被正确放置。一些光源，比如装有卡口灯头的光源，可要求修改灯座以提供一个足够刚性的支撑。对于白炽灯泡，为了便于进行准确的电气测量，建议使用一个特殊的四极灯座。

5.2.3.2 测量

裸光源的光强测量用来校准光度探头或计算裸光源的光通量(见 5.3.1)。

应用 5.1.4 的要求。

裸光源的测量最好应在灯具测量之前或之后立即进行。裸光源的光强测量应采用与灯具相同的测量单位。可以进行完整的光源光强分布测量，或者在选定方向的光强与光源光通量之间建立联系，进行简化的光强测量。

如果光程是可变的，在满足 5.2.1.4 的要求的条件下，为了增加光度计读数可以缩短光程。

a) 完全测量

在许多方向上采集光强读数,测量程序与灯具的测量相类似(见 5.2.2.2)。

b) 简化的方法

需要一个先前校准过的光源。如果谨慎处置,大多数光源的光通量 A 与选定方向上的光强 B 的比值几乎保持恒定。该比例可以在上述 a)的完整测量中建立起来。在以后的测量中,仅在选定的方向上测量光强 C。裸光源的光通量 Φ 则可以用表达公式来确定。

$$\Phi = C \cdot A/B$$

建议 B 和 C 在两个方向测量,然后取平均值。选择的方向应在光强接近于最大,而且光强不随角度快速变化的区域。

通常在与光源轴线成 90°的两个相对的面上测量。如果光源光强随角度快速变化,读数量应成倍增加,然后取平均值。除管型荧光灯以外,所有光源的比值 A/B 应定期地检查。透明灯泡不推荐使用这个方法。

c) 多光源灯具

对于多光源灯具,每个光源必须分别测量(需要时,每个灯使用自己的镇流器)。在工作时共用单个镇流器的所有光源应在相同环境温度条件下测量。

5.3 灯具光通量测试

5.3.1 总则

在灯具光度测量中,需要测量光通量来确定光输出比、总光通量或上射、下射光通以及灯具的区域光通。测量裸光源的光通量使灯具的光输出特性可以用每 1 000 lm 光源光通量来表示。

5.3.2 光强积分法

5.3.2.1 用途

计算环带光通、总的上射光通或下射光通需要使用这些方法。光通量由大量的光强读数决定,并用适当程序计算得出,例如直接计算法、罗素角法、环带常数法等。

5.3.2.2 分布光度计的相对定标

用光强积分法计算裸光源光通量使以任意单位进行的灯具光强分布测量能转换为坎德拉每 1 000 lm 裸光源光通量,条件是光源已经用相同单位测量。不必按绝对单位对系统进行定标。

支撑该相对定标法的原理如下(用 C,γ 系统测量)。在给定的 C,γ 方向上灯具的光强 $I_{C,\gamma}$ 与相关的 1 000 lm 光源光通量由下式给出:

$$I_{C,\gamma} = kR_{C,\gamma} \cdot 1\ 000/\Phi \qquad \cdots\cdots(1)$$

式中:

$R_{C,\gamma}$——光度计上以任意单位的读数;

k——一个常数;

Φ——光源的总光通量。

如果在光度计上以相同的任意单位测量光源,光源的光通量公式:

$$\Phi = \int_0^{2\pi}\int_0^{\pi} I_{C,\gamma}\sin\gamma \mathrm{d}\varphi \mathrm{d}C = k\int_0^{2\pi}\int_0^{\pi} R_{C,\gamma}\sin\gamma \mathrm{d}\varphi \mathrm{d}C = k\,\Phi_R$$

其中 Φ_R 是用任意单位的读数计算出的相对光通量。

此时公式(1)可以转换成

$$I_{C,\gamma} = k\,R_{C,\gamma}1\ 000/k\,\Phi_R = R_{C,\gamma}1\ 000/\Phi_R$$

因为常数 k 已从公式中消掉了,测量可以全部用任意单位来进行。

注:运用这个方法时,光度探头测到的裸光源的照度经常大大低于灯具上测得的。这时,可能引出低的测量灵敏度和线性问题。因此为得到一个适当的照度值,测量裸光源时可以缩短距离,然后用距离平方反比定律将结果转换成灯具测量用的较长距离。

5.3.3 积分光度计

5.3.3.1 用途

在灯具的光度测量中，积分光度计用于裸光源光通量的绝对光度测量是方便的。它可以用于确定各种光度系数，包括镇流器流明系数(见附录D)。

与分布光度计测量相比，用积分光度计进行光通量的测量需要的读数较少，且灯具或光源的热稳定较容易控制。

如果光源与灯具的光强分布有很大差异，不推荐使用积分光度计来确定光输出比。

5.3.3.2 结构

相对于被测物，积分光度计应足够大，且最好是球形。

对于测试中被灯具或光源吸收的相互反射的光线，应提供一个辅助光源进行修正。

应提供措施来控制积分器内的空气温度。然而使用的系统不应在灯具工作时在其周围造成气流。

经验表明，某些场合可以使用除球形以外的其他形状积分器，但它们的使用应限于比较相同类型灯具的性能或确定光度修正系数。

上述以及关于积分器设计和使用的其他方面的内容，在CIE 84—1989中有更详细的描述。

5.3.3.3 光源、镇流器和灯具的选择

应用附录C的要求。

5.3.3.4 裸光源的安装和测量

裸光源应按其设计工作位置和光度数据的规定进行定位。工作和处置的要求见C.1。

为通用安装设计的光源(比如：某些类型的高压汞灯)，可以按任意位置安装，其条件是能得到所选位置的光度数据，而且所选的光源位置与其在灯具里的工作位置最好一致。这种情况下，光源的测量位置应在检测报告中描述。

裸光源的光中心应放置在积分器的中心。如果光源是水平工作的，其长轴应与积分器中心到光度探头中心的连线平行。测量裸光源时，应保证直接光的挡屏位置与测量灯具时的一样。

测量按5.1.4的要求进行。

5.3.3.5 灯具的安装和测量

灯具的光度中心应放置在积分器的中心(见C.3.2)。如果灯具的外形是线型的，且水平工作，其位置应平行于积分器的中心与光度头中心的连线。应检查直接光的挡屏是否被可靠地固定，且从光度探头观察时，仅遮挡了灯具和所有的安装板。如果裸光源的工作位置与其在灯具里不同，应调整直接光的挡屏，使裸光源也被挡住。

测量按5.1.4的要求进行。

5.3.3.6 误差来源

在积分光度计内的光通量测量结果会受以下因素的影响：

——(光通量)标准灯与被测光源的不同光谱和(或)空间光通分布；

——裸光源与灯具的不同空间光通分布；

——裸光源和灯具的不同尺寸和吸收比例；

——尺寸不合适的挡屏；

——球内壁反射率的变化。

如果光度积分器用于光输出比的测量，不同尺寸和光度分布的一组灯具的光输出比值应与分布光度计测得的值比较，该分布光度计应符合5.2的要求，特别是符合正确光源工作位置的要求(见附录C)。

用这两种方法中的任一方法测得的灯具光输出比与它们的平均值的差异应不大于±2%。当差异

较大时，应进行详细的调查。检查积分器的方法在出版物 CIE 84—1989 中详述。

5.4 灯具光输出比

5.4.1 总则

灯具光输出比受以下因素影响：

——因工作温度的变化造成的光源光通量变化；

——因光源在灯具中的工作位置与光源光度数据使用的设计位置不同所造成的光源光通量变化；

——实际使用的镇流器提供的灯功率与基准镇流器提供的灯功率不同。

光输出比(*LOR*)：*LOR* 考虑了前两个影响因素。在计算 *LOR* 需要确定裸光源光通量的时应注意到，光源使用相同的实际镇流器在额定电压下工作，但光源的位置和工作温度是由光源数据资料规定的。光源的位置和工作温度会非常苛刻，特别是新型节能光源。光源位置和工作温度在相关 IEC 光源标准中规定，如果没有规定，应由光源制造商声称。

注：在一些国家 *LOR* 也被称作 *LORL*(灯具光输出定量)。

有效光输出比(*LORW*)：*LORW* 考虑了所有三种影响因素。

5.4.2 推荐的光输出比

应注意：

——某些灯具要求与灯具分开的、由使用者选择的镇流器，比如安装在道路照明灯柱内；

——包含镇流器的灯具可以提供镇流器类型的选项，而且在灯具的生产过程中镇流器的设计可能变化；

——镇流器标准允许不大于±10%目标功率的偏差。配用较新镇流器类型的，包括电子镇流器在内，甚至会有更大的偏差。

包含镇流器的灯具的 *LOR* 值应同时声称该类型镇流器的流明系数(见附录 D)。对于发布的光度数据，使用者必须将适当的 *BLF* 乘以 *LOR* 得到工作时的 *LORW*。对于提供的 *LORW*，测量方法中应已考虑适当的 *BLF*。如果实用的镇流器使光源的光通量达到了目标值(例如 *BLF* 为 1)，那么 *LOR* 和 *LORW* 的数值相等。

总而言之，灯具的光通量应用以下关系式计算：

$$\text{光通量}_{\text{灯具}} = \text{光源光通量}_{\text{基准镇流器}} \times LOR \times BLF$$

基于下述特定原因，正确测量和报告的灯具性能与现场的性能有差异：

——在光度测量期间，灯具在无气流的环境内工作，而在实际工作场所内会有一些干扰性的气流，例如室内照明中由顶棚和强制通风结构产生的气流；

——在光度测量期间，灯具在 25℃±1℃的环境温度和额定电压下工作，而在实际的使用条件下这些工作条件会明显不同；

——制造商声称的光通量是光源与基准镇流器组合产生的，而对于光源，标准允许比额定值低 10%；

——灯具的减光(灰，潮湿)。

当明确了现场条件以后，应提供服务转换系数(见附录 D)。

注：对于与光源性能有关的所有灯具数据表达，以上提到的对光输出比的考虑同样适用。如果提出的每 1 000 lm 的灯具数据没有任何限定，使用者应假设裸光源的光通量是在与 *LOR* 相同条件下测量的，必要时，照明计算应考虑 *BLF*。

5.4.3 光输出比的测量步骤

5.4.3.1 单光源灯具

为确定灯具的光输出比，应进行以下的光通量测量，最好按以下表 1 所示的顺序进行。

表 1 确定灯具光输出比的测量次序

读数	球内安排	光源	辅助光源
A	灯具	在灯具内开	关
B	灯具	在灯具内关	开
C	仅光源	裸光源关	开
D	仅光源	裸光源开	关

读数可以是任意单位，但是 *A* 的单位应与 *D* 的一致，*B* 的单位应与 *C* 的一致。理想的安排是在要求的量程内没有变化。例如，对一个单光源灯具，应设定总的感应量，使读数 *D* 尽可能地接近满量程。

灯具的光输出比可以用以下公式计算：

$$LOR = (A / D) \cdot (C / B)$$

5.4.3.2 多光源灯具

对多光源灯具的光输出比，应使用与单光源灯具一样的方法测量。裸光源测量值 *D* 应从每一个光源上分别得到。在工作时共用单个镇流器的所有光源应在相同环境温度条件下测量。

5.5 亮度测量

5.5.1 总则

本章规定了灯具亮度测试的标准程序。

在给定方向上灯具的平均亮度测量，或者在给定方向上一个特定发光面的亮度测量，可以对这上述两种要求的一种进行测量或两种都进行测量。

除非特别指定，两类测量的方位角和垂直角的方向间隔应接近于光强测量。

两类测量都可以用 $cd \cdot m^{-2}/1\,000\ lm$ 单位来校准，或者如果仅要求亮度分布形状时，它们的值可以是相对的。测量方向应按与光强测量(见附录 A)相同、原点在灯具光度中心的坐标系统(见 C.3.2)定义。除非特别指定，两类测量的方位角和垂直角的方向间隔也都应与光强测量相同。

相关要求见附录 B 和附录 C。

5.5.2 平均亮度

可以要求在单个或多个不同观察方向上进行测量。

相关方向的光强的测量依照条款 5.2。在每个方向上的光强应除以灯具所有发光面在那个方向的正交投影面积。重要的是不发光的区域不包括在内。

5.5.3 斑点亮度

为确定一个给定方向上的最大亮度，经常用这些测量来扫描灯具的发光表面。扫描可以在不同观察方向上重复。

被测斑点的正交投影面积的尺寸通常应是 $450\ mm^2$ 和 $550\ mm^2$ 之间，形状是圆形的或正方形，在某些情况下，该尺寸的面积可能不适于描述光源亮度分布的细节。对于视频显示装置上的反射眩光限制，斑点尺寸可减小至 $100\ mm^2$。

测量可以使用亮度仪或是分布光度计。

5.5.3.1 用亮度仪测量

亮度仪应设置成适合于测量要求的斑点尺寸。如果亮度仪形成被测区域的影像，对帮助瞄准是有利的。斑点距亮度仪入射光孔的距离应至少 100 mm。灯具相对亮度仪旋转，亮度仪始终向一个方向瞄准，然而如果测试距离大于被扫描的发光面长度的 10 倍时，亮度仪可以瞄准灯具的发光中心，并可以回转亮度仪进行测量。为了覆盖所有的发光区域，可能需要对灯具扫描数次。应重复最初的测量来进行检查。

如果在近距离范围内测量光斑，可以没有旋转地将灯具的光度中心平移至光斑中心来定义坐标系统。

绝对单位制的测量可以转换成更通用的形式，即 $cd \cdot m^{-2}/1\,000\ lm$ 光源光通量。与确定 *LOR* 进行的测量一样(见 5.4),这要求将测得值除以光源光通量(每 1 000 lm)。

适用时,应标明镇流器流明系数(*BLF*)。

5.5.3.2 用分布光度计测量

分布光度计应被设置在相关的方向。一个大的亚光黑色、开有适当斑尺寸孔的遮挡物,成直角地插在灯具的前面。灯具应相对孔往返转动,为了覆盖所有的发光面,往返移动可能需要数次。这样,任何位置的亮度与光强的读数成正比。

应仔细检查使得只有通过孔的光线到达光度探头。

对于温度敏感的光源,遮挡物的插入不应影响灯具的环境温度。

如果要求结果是标准形式的,应将整体灯具的单个光强值转换成 cd/1 000 lm 光源光通进行比较。这个光斑光强被称作 cd/1 000 lm 光源光通,除以以 m^2 为单位的孔的面积,得到的亮度单位为 $cd \cdot m^{-2}$/1 000 lm 光源光通量。

5.6 照度测量

5.6.1 总则

来自单个灯具的直接照度通常用平方反比定律计算,或相对于典型工作条件的安装高度灯具尺寸偏大的情况下,用方位系数或类似面光源的公式来计算。如选择直接测量,应使用本章规定的程序。

照度的测量应在一个或多个安装高度的典型工作条件下进行。安装高度是测量平面到灯具光度中心的垂直距离。

5.6.2 总的测量要求

5.6.2.1 测量设备

应保证光度探头仅接收直接光。测量网格通常是矩形,其坐标原点应设置在灯具光度中心的垂直下方,方向与相关灯具相适应。

光度探头和相关的设备应满足 B.4 的要求。应特别注意修正倾斜入射的光线以及光度探头的接收面积。这个面应足够小,使之能感应到照度分布的急剧变化。

5.6.2.2 光源、镇流器和灯具的选择

应用附录 C 的要求。

5.6.3 测量程序

应用 5.1.4 的要求。

应在测量网格上以适当的间隔测量照度,并应重复核查开始点的照度。

当连续两点的照度差值大于最大值的 20%时,应进行插入测量。测量范围应包括大于最大值的 2%的所有位置。

使用绝对单位的测量应转换到标准形式,即 lx/1 000 lm 光源光通量。与确定 *LORL* 的测量一样,这要求将测得值除以光源光输出(每 1 000 lm)。适用时,应标明镇流器流明系数(*BLF*)。

6 测试结果的准确度

照明设计的正确程度是基于对照明区域特性、灯具的性能和配套光源的性能的了解。因此,最终设施的性能与灯具测量时的容差范围有关。

然而,光度测量的准确度又依赖于所使用的设备和采用的试验程序。这样,在选择光度测量程序和设计测试设备之前,必须考虑可能的测量结果的准确度。但是,因为准确度很大程度上依赖于被测量的灯具(配光类型、灯具尺寸、光源类型等),所以准确度的量化是困难的。误差可以进行补偿或加算。在这种情况下,更为现实的做法是为几种影响到测量的不同的特性确定单独的不确定度。

6.1 误差的来源

实际的光度测量包含了许多因数,因此要研究可能引起误差的来源。

可以区分的两类误差是系统影响造成的误差,比如使用的试验方法中固有的误差,或是设备不完善引起的误差，以及不受光度测试者控制的试验条件变化造成的随机误差。随机误差影响再现性。

再现性，以及这样的随机误差的影响可以通过对相同灯具进行简单地重复测量来检查。另一方面，系统误差的量化是非常难的。所以它们能量化，就可以通过修正结果将其消除。检查这类系统误差的唯一可行方法是对相同的灯具在其他地方做的类似测量进行比较。

6.1.1 可能存在的系统误差

房间：

——温度的测量；

——杂散光；

——挡光。

分布光度计：

——机械对准和机械变形；

——杂散光和挡光；

——角度的测量；

——灯具的燃点位置和移动(平稳度和速度)；

——镜子缺陷：整体不平整(例如，由于下垂)、局部不平整(例如由于玻璃的波纹)、擦痕引起的光散射、波长反射的不同、表面反射的不同、偏振；

——灰尘引起的镜面反射特性的变化。

光度探头和相关设备：

——校准；

——非线性和疲劳；

——光谱响应；

——测量表面响应的变化；

——校准光度探头的孔径张角；

——晕映图像；

——未对准及距离测量；

——距离太短；

——响应时间和时间积分。

灯具：

——不正确的光源定位；

——不正确的光学部件定位；

——光度中心的选择；

——分布光度计上灯具未对准；

——移动中的灯具的机械变形。

光源和辅助设备：

——镇流器的电气设置；

——光通量的测量(当结果以每 1 000 lm 光源光通量表示时)；

——不正确的电源电压(电压表的校准，电源引线上的电压降)。

6.1.2 可能存在的随机误差

——供电电源电压或频率的变化；

——光源的不稳定性(光通量的波动、光弧的偏移或不稳定性)；

——在不同燃点阶段内光源特性的变化；

——灯具移动导致的温度变化和空气的移动；

——空调引起的气流影响。

注：系统误差和随机误差的区别并不像以上列表建议的那样简单。比如，一个灯具的装配错误（比如，反射器、折射器、光源）对于一个特定的试验表现为系统误差。而从灯具类型考虑则表现为随机误差。

同样有另外一个例子：因疲劳引起的光度探头响应的变化对照明水平的影响可以是正的或是负的。因此，把整个测量过程中的疲劳影响归为随机误差是有争议的。

6.2 不确定度

对一系列观察通过统计分析可以评估的不确定度是A类不确定度。它们通常是因为以上提及的随机误差导致的。一个例子是一系列测量的平均值的标准偏差计算，比如，试验光源的稳定性评估。

不能用这个方法进行评估的不确定度被称为B类不确定度。B类不确定度通常是因为上述的系统误差导致的，并且都基于科学的判定。一种方法是评估给定量值的上限和下限，并且假设测量值位于限值间隔Δ的某个位置，此时不确定度标准偏差的最佳估计是$(\Delta/2)/\sqrt{3}$（矩形概率分布）。

对于光强分布，应分别给出光强测量和角度测量的不确定度。

7 试验结果的陈述

7.1 总则

为了对光度数据做适当的解释，并进行后续的照明计算，测试报告应提供所有必要的信息。

提供信息的应能够：

a) 准确地告知数据的使用者，使之了解被测量灯具不同的控制条件的性质。

b) 为特定的测试灯具提供足够的相关光度信息。

7.2 试验报告

一份灯具光度测量的试验报告应该包含以下的信息。

7.2.1 概要信息

试验类型：

——指明报告内容的描述性标题；

——测试机构的名称、报告编号和日期。

灯具的描述：

——制造商的名称、类型、编目；

——识别照片或灯具的具体描述，包括对光学部件的描述，如折射器、反射器等，特别是如果灯具有几种变体；

——相关尺寸；

——其他重要信息，包括样品的选择方式。

辅助设备的描述（镇流器、电容器、启动器）：

——制造商的名称、类型、编目；

——电路类型；

——额定电压、功率和频率。

试验光源的描述：

——制造商的名称、类型、编目；

——额定功率、颜色和光源形状、灯头类型；

——光源数量和选择。

试验程序：

——光度测量程序和使用设备的简短描述；

——试验距离。

试验条件：

——参考本 CIE 出版物的标准条件，或者在指定的使用条件时，应在出具报告前应用所有相关的测量修正系数；

——灯具中光源的摆放（外壳为透明泡壳的放电灯管或钨丝灯泡）；

——灯具的安装姿态，测量的倾斜角度；

——灯具测量的基准中心以及灯具与坐标系统的相对位置；

——试验电压和频率；

——不确定度。

7.2.2 光度数据

试验报告提供的光度数据与特定的灯具有关，其目的是为进一步的计算提供基础，比如，照明设施的设计。

应提供单位，并且应是 SI 单位。除非另外说明，结果应以每 1 000 lm 光源光通表示。

在适当时，应包含以下信息：

a) 放电灯灯具的镇流器流明系数，如果不是 1±0.05；

b) 服务转换系数。

7.2.2.1 光度数据的内容及其表达

光度数据可以用数值、曲线或图表来表达。

a) 室内灯具

——灯具的光强分布：旋转对称分布的，可用一个平面表示；非旋转对称的，至少用两个有代表性的平面表示；

——空间等照度曲线或相对平面等照度曲线；

——利用系数表；

——上射光通比、下射光通比，灯具 CIE 分类的描述；

——灯具光输出；

——最大允许安装距离高度比；

——灯具概算图表。

b) 道路灯具

——有关垂直半平面上的极坐标光强分布曲线；

——圆锥面光强分布曲线；

——等光强曲线；

——灯具光输出比及各区域（向下路边、向下屋边、向上路边、向上屋边）光通量；

——路面水平照度分布；

——灯具利用系数曲线。

附　录　A
（规范性附录）
灯具的光度学坐标系统

A.1　通用部分

灯具的基本光度数据包括一组不同方向上的光强值，它们由直接光度测量得到。

光强分布的测量包括灯具在受控工作条件下（电气和温度）的光度和角度测量。

对于这样涉及方向的光度测量，必须围绕灯具定义一个空间构架（坐标系统）。

A.2　分布光度计基础

为了测量不同方向的光强，将灯具安装在分布光度计上，以便在规定的角度定位。分布光度计通常包括用以支撑和定位灯具或光源的机械装置、光度探头、以及获取和处理数据的辅助设备。

分布光度计基本上可以分为三种：

——灯具绕两根相互垂直的轴旋转，且两根轴的交点是分布光度计的光度中心。这类分布光度计通常使用一个安装在离光度中心距离足够远的独立的光度探头。

——灯具仅绕一根轴旋转，第二种旋转是灯具与光度探头间的相对运动：光度探头绕第二根轴旋转，此轴和第一根轴成直角，且相交于光度中心。

——灯具完全不动，光度探头绕两根穿过分布光度计光度中心且相互垂直的轴旋转。

注：由于光源的燃点位置在测试过程中持续的变化，所以限制了第一种分布光度计的使用。

在第二种型式里，即使测试时灯具在空间内移动或旋转，光源的燃点位置就是灯具正常使用时的燃点位置。

因为现实的考虑限制了后两种类型的分布光度计的整体尺寸，因此这些类型的分布光度计通常会在光度头和灯具之间使用镜子以增加光程，或者把适当尺寸的亮度仪用作为探头。同样镜子也用于将光度计保持在一个固定的位置。

以上列出的分布光度计的三种基本类型可用于多种结构，每种适用于一个特定的用途。不同的是分布光度计相对于地面的安装位置、基准轴相对于分布光度计的方向、以及灯具在分布光度计上的安装方式。

出版物 CIE 70 给出了分布光度计的构造原理和选择方法。

A.3　坐标系统

确定灯具的空间光强分布需使用坐标系统来定义光强测量的方向。使用的坐标系统是球形坐标系，坐标系统中心就是灯具的光度测试中心。

一般认为，坐标系统包括一组通过交集轴的平面。空间方向由两个角度来表示：

——起始半平面与含测量方向的半平面之间的夹角。

——交集轴与测量方向的夹角或者该角的余角。

为了得到更准确的测量或简化随后的照明计算，在选择与灯具的第一根（或基准）轴和第二根（或辅助）轴有关的系统方位时，应特别考虑灯具的类型、光源类型、灯具的安装姿态和灯具的应用。

目前的做法已限制了方位的数量。交集轴应是垂直的或水平的；对于后者，轴线可以与灯具的第二根轴垂直或者重合。

A.4　测量平面系统

灯具的光强通常在许多平面中测得。在各式各样可能的测量平面中，有三种平面系统已被证明特别有用。

A.4.1 *A*-平面

A-平面系统是交集线(极轴)通过光度中心的一组平面,且该交集线垂直于含灯具第一根轴和第二根轴的平面。

A-平面系统应与灯具紧密联系,并且随灯具一起倾斜。第一根轴通过光度中心且垂直于灯具的出光口面。它位于 $A=0°$的半平面内,通常在 $\alpha=0°$的方向。第二根轴也通过灯具光度中心,且垂直于 $A=0°$ 的平面。

某些类型的分布光度计用这种系统提供数据,并且被用于室内照明灯具的光度测试。如果灯具的第三根轴(与极轴重合)是灯具的长轴,应用 A.4.4 给出的转换公式。

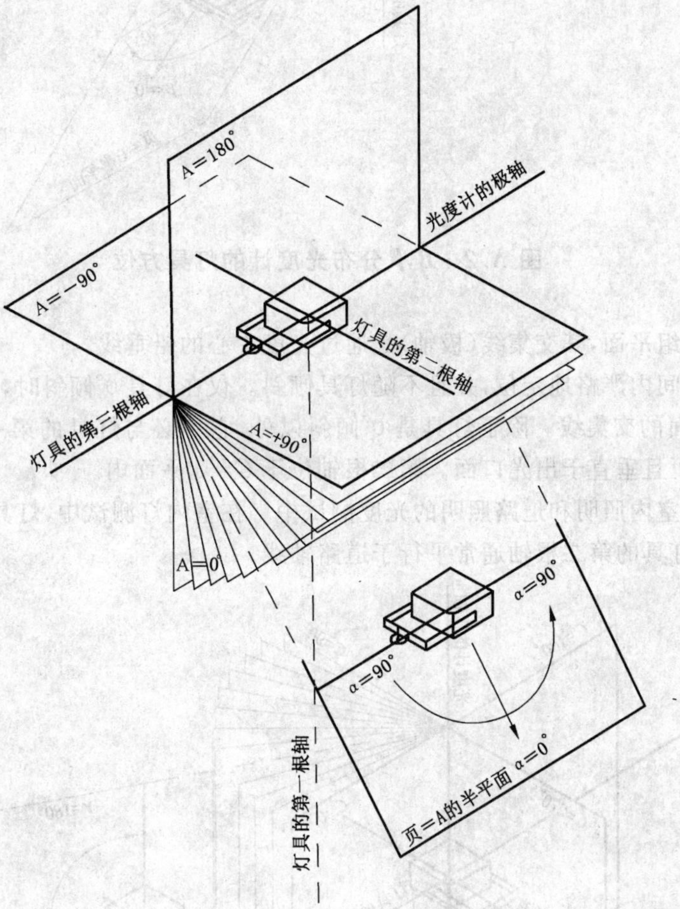

图 A.1 *A*,*α* 分布光度计的灯具方位

A.4.2 *B*-平面

B-平面系统是交集线(极轴)通过光度中心的的一组平面,且该交集线平行于灯具的第二根轴。

B-平面系统应与灯具紧密联系,并且随灯具一起倾斜。第一根轴通过光度中心且垂直于灯具的出光口面。它位于 $B=0°$的半平面内,通常在 $\beta=0°$方向。第二根轴与 *B*-平面的交集线重合。

这种坐标系统通常用于泛光灯具的光度测试。然而,垂直于灯具发光口面的基准轴经常被水平放置,这时就变成了该系统的另一种形式(V,H 系统)。见出版物 CIE 43。

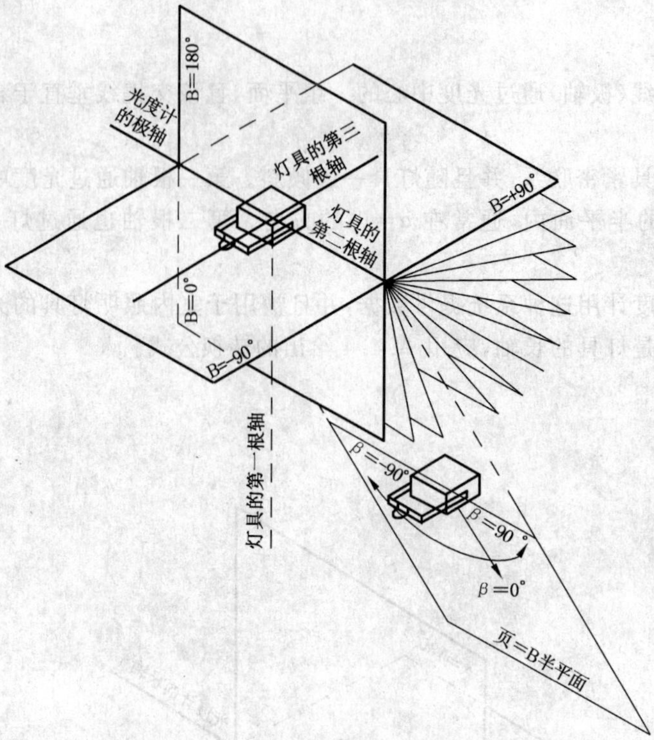

图 A.2　*B*,*β* 分布光度计的灯具方位

A.4.3　*C*-平面

C-平面系统是一组平面,其交集线(极轴)是通过光度中心的铅垂线。

C-平面系统在空间内严格地定位,并且不随灯具倾斜。仅在灯具 0°倾斜时,*C*-平面的交集线才垂直于的 *A*-平面和 *B*-平面的交集线。除了灯具是 0°倾斜以外,它不必与灯具的第一根轴重合。第一根轴通常通过光度中心,而且垂直于出光口面。第二根轴位于 *C*=0°平面内。

该系统通常用于室内照明和道路照明的光度测试中。在室内灯测试中,灯具的第三根轴是长轴,而在公共场所照明中,灯具的第二根轴通常平行于道路轴线。

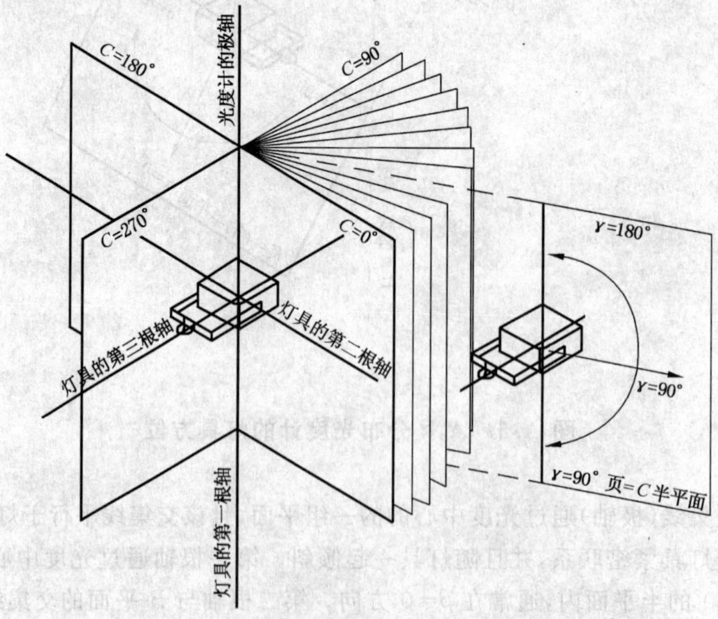

图 A.3　*C*,*γ* 分布光度计的灯具方位

A.4.4 相互关系

每个平面系统内的某个方向分别用两个角度来表示：

a) A平面、B平面或C平面的倾斜角度A、B或C；

b) 在相关的A、B或C半平面内的角度α、β、γ。

A-平面（或B-平面）内的α角（或β角）从垂直于A-平面（或B-平面）交集轴的方向起测量至$\pm 90°$。作为0°的A（或B）半平面，包含了第一根轴，且正交于灯具的第二根轴（A-平面）或包含了第二根轴（B-平面）。A-平面和B-平面取0°至$\pm 180°$。

C-平面内的γ角从C-平面交集轴下方起测量至180°。由于灯具可能倾斜，这根轴不必与灯具的第一根轴重合。包含灯具第二根轴的C半平面作为0°。从0°半平面起逆时针方向（灯具上方俯视）测量至360°半平面。如果灯具有一个对称平面，这个平面包含灯具的第三根轴，并且与$C=90°/270°$平面重合。如果灯具有两个对称平面，那么横截面包含灯具的第二根轴，并且通常做法是使其与$C=0°/180°$平面重合。

表A.1列出的转换方程能用于不同系统间的坐标转换，并且在按上述约定（坐标系统中灯具轴线的方位）表示时是有效的。

表A.1 平面系统间的转换方程

方向		转换公式	
已知的	要求的	平面的经度角	平面内的角度
A,α	B,β	$\tan B=\tan\alpha/\cos A$	$\sin\beta=\sin A\times\cos\alpha$
A,α	C,γ	$\tan C=\tan\alpha/\sin A$	$\cos\gamma=\cos A\times\cos\alpha$
B,β	A,α	$\tan A=\tan\beta/\cos B$	$\sin\alpha=\sin B\times\cos\beta$
B,β	C,γ	$\tan C=\sin B/\tan\beta$	$\cos\gamma=\cos B\times\cos\beta$
C,γ	A,α	$\tan A=\cos C\times\tan\gamma$	$\sin\alpha=\sin C\times\sin\gamma$
C,γ	B,β	$\tan B=\sin C\times\tan\gamma$	$\sin\beta=\cos C\times\sin\gamma$

附 录 B
（规范性附录）
试验的实验室要求

B.1 总则

试验目的是使用适当的设备和程序检测灯具的特性，使实验室之间可以比对，并尽可能接近灯具设计的典型工作条件。

应按照本附录规定的条件进行灯具的光度试验，并出具符合标准试验条件的报告。特别是，当出具的光输出比报告中没有指明规定的工作条件，就应该认为灯具和光源在下面规定的标准条件下测量。

注：如果不可能满足规定的条件时，应该使用测量修正系数（见附录 D）。

如果灯具的实际工作条件与标准测量条件不一致，就应确定一个服务转换系数（见附录 D）。在这种情况下，建议按标准试验条件出具测量报告，并在报告中给出该规定条件下的服务转换系数。

B.2 标准试验条件

B.2.1 试验房间

a） 测量位置

应提供这样的一个测量环境，光度探头只能接收直接来自灯具的光或想要的反射光。

b） 气流，环境温度

测量应在无烟、无尘、无雾的静止空气中进行。除非另有规定，灯具或裸光源周围的空气温度应是25℃±1℃。对于对温度不敏感的光源，可以接受较宽的温度容差（见 B.3.1 和 B.5.4）。

B.2.2 试验光源

光源应符合相关 IEC 性能标准的要求，并按标准规定测量。如果没有相关性能标准，应尽可能地符合光源制造商的规定。

如果光源制造商在产品目录中提供了非 25℃ 的环境工作温度的光通量，而裸光源在 25℃ 下测量时，应在测量中使用光源制造商提供的或实验室确定的温度修正系数，使相关光源的测量更接近于光源目录中的数据。

应按附录 C 的推荐选择光源。

B.2.3 试验镇流器

灯具和光源的测量应使用内装式镇流器。如果镇流器不是内装式的，应该使用灯具制造商认可的镇流器，并且应使用相同的镇流器测量灯具和裸光源。

应按附录 C 的推荐选择型式试验用的镇流器。

B.2.4 试验灯具

灯具应代表制造商的常规产品。

通常灯具应安装在设计的使用位置。然而，如果明确提供了测量姿态，则它可以与正常使用位置略微不同。例如，对于公共照明灯具，选择测量位置的普通的作法是将顶盖的开口面置于水平。

应按附录 C 的推荐选择型式试验用的灯具。

B.2.5 试验电压

电源端的试验电压应是额定灯电压，如果有镇流器，应是适宜于所使用镇流器的额定线路电压。

应按附录 C 的推荐控制电压。

B.3 实际的试验条件

事实上在无环境温度变化和无气流环境里进行光源和灯具试验是不可能的，应进行试验以保证满意的实验室条件。

当光源或灯具的光输出受到环境温度和气流的影响，应遵守 B.3.1 和 B.3.2 的推荐。通常，这些考虑仅应用于测量管形荧光灯或使用管形荧光灯的灯具，但对某些其他类型的气体放电灯也是重要的。

B.3.1 环境温度变化

在灯或灯具的测量过程中，平均环境温度应是 25℃±1℃。

附录 C 中规定，某些类型的灯可以接受较大的容差。

如果在超过容差的温度下测量，那么应按 D.3.2.2 的规定确定一个修正系数，并应用到每个读数。如果因为试验未在 25℃进行而导致灯或灯具的光通量的变化超过 1%，那么修正系数是必需的。

如果光度试验是按照这些要求进行的，那么可以认为这些试验在标准环境温度 25℃条件下进行。

B.3.2 气流

试验时裸光源或灯具周围的空气运动会降低工作温度，使一些类型灯的光输出受到影响。引起空气运动的原因有气流、空调或测量设备上的灯具的移动。灯具周围空气的运动速度应不超过 $0.2\ m\cdot s^{-1}$。对于允许较大环境温度容差的灯，可以接受较快的空气运动速度。

为保证实验室条件令人满意，应进行以下试验，在进行低气压汞荧光灯的测量时，检验尤其重要。

B.3.2.1 灯或灯具的运动

应在裸光源稳定后读取特定方向上光强值。然后，灯在垂直面内以正常速度相对光度探头移动 360°，并立即重新测量光强。这两个读数应是相同试验条件和相同方向上的光强值，通常在最低点。两个读数的差异应不超过 2%。为了检查灯以正常速度旋转 360°方位角的影响，应进行第 2 次类似的试验。

在分布光度计所有垂直和水平转动范围内对灯具进行类似的试验。

当然，这个试验不适用于将灯或灯具固定在空间内的测量系统。

B.3.2.2 气流和空调

安装在光度计上的裸光源应在建议的实验室条件下稳定，并在已知的环境温度下测量特定方向上的光强。然后关掉空调，尽量减少剩余气流，再次使灯稳定，随后在相同的环境温度里测量光强。两个读数之间的差异不能超过 2%。

在灯具上进行类似的试验。

应在分布光度计的不同位置上对灯或灯具重复这些试验。

B.4 光度设备

分布光度计上的照度计的稳定性对灯具光度测量是至关重要的。照度计通常由一个内置的或可分离的光度探头和连接设备组成。

B.4.1 分布光度计中照度计的要求

连接到分布光度计或积分器的光度计应完全满足表 B.1 的要求。表 B.1 应与下述分条款一起阅读，最初使用时应检查每个仪表的数值，制造商应提供必要的数据。使用者应考虑到与具体测量有关的误差。通常每次计量时校验总响应就够了，但如发现有显著差异时，还应检查光谱响应和线性。

表 B.1 光度计的容差

参　数	相关的误差参数符号	最　大　值
V(λ)匹配	f_1	3.5%[a]
紫外线(UV)响应	u	0.2%
红外线(IR)响应	r	0.2%
余弦响应[b]	f_2	1.5%

表 B.1（续）

参数	相关的误差参数符号	最大值
偏振函数	f_8	0.2%
不均匀照明的影响	f_9	0.2%
线性	f_3	0.2%
疲劳	f_5	0.2%
温度函数[b]	a	0.2%/K
调整光线的评估	f_7	0.1%
显示单元的误差	f_4	0.2%
量程变化	f_{11}	0.1%

[a] CIE 69 规定商业设备的 V(λ)匹配的误差(f_1)不应超出 2%。

[b] 仅在适用时，见下述 B.4.1.6 和 B.4.1.7。

在灯具光度测试中，应特别注意下面提到的性质和要求。这些应与 CIE 69 一起阅读，对可进行数值评价的误差，该出版物提供了客观的评价方法。

B.4.1.1 校准

在不大于光度计要用的最大照度的整个测量范围内，标准校准条件下（用标准照明体 A 的同源正常照明）测得的光度计的校准系数应达到准确度±1.5%。

为了确保仪器维持在要求的限值以内，最初应进行全性能检查，然后进行定期复查。

B.4.1.2 线性

在整个工作范围内，光度计的响应应是线性的。在显示范围（例如，大于满量程值的 10%）的可用区域内，线性误差应不超过 0.2%。

建议用类似出版物 CIE 69 描述的方法测量光度头的线性响应。

B.4.1.3 疲劳

在所有测量过程中，当接收一个不变的照度时，光度计应是稳定的。在测量 1 000 lx 时，因疲劳引起的误差应不超过 0.2%。

在不超过光度计要用的最大照度的整个测量范围内，都应检查光源稳定输出时的响应。至少在 30 min 内，读数应在±0.2%内保持稳定。检查时，应在重复读数之间插入黑暗的时间，以考察光度计是否会受长时间亮或暗的不利影响。由于光电池测量误差无法修正，所以应抛弃试验时有过度疲劳现象的光电池。

为了避免光度计暴露于超过制造商声称的安全限值的高照度下，用来减少光量的阻光器或经校准的中性滤光器，应在整个感光面均匀地起到作用。阻光器每次安装的位置应是不变的，而且被牢固地固定。阻光器的工作不应影响光度探头或其他光度探头附件的“观察”，比如，对倾斜入射光线的修正。

B.4.1.4 响应时间

光度探头应及时响应照度变化。

用自动设备记录读数时，应检查整个设备的动态误差。这种误差的例子如：因光度计模拟部分时间常数的延迟，模拟—数字转换器的转换率或自动量程转换仪的切换时间。

对带有可连续运动的光度探头或灯具的分布光度计，同样有必要确定在记录角度时没有动态误差。光度计的响应时间与可移动部件的速度应匹配，以保证足够的精度，以及所测光强分布的光滑性。使用者检查设备时，应将连续测量的光强分布与分步测到的结果进行比较。必要时，应对不同的光分布重复这种检查。

B.4.1.5 光谱响应

光度探头的光谱响应应严格遵循 CIE 光谱光效率函数 V(λ)。

关于气体放电灯的绝对测量，如果 V(λ)匹配的误差(f_1)超出 3.5%，就应使用一个系统光谱修正系数。在确定这个修正系数时，光度探头的光谱响应和被测光源的光谱分布应是已知的。

注：CIE 69 规定商业设备的 V(λ)匹配的误差(f_1)不应超出 2%。

通常由光度探头的制造商进行光谱响应的初始测量。

使用者应周期性地检查确保没有明显的变化。这项检查可以用光度计测量三个稳定的滤色器的光透过率来完成。测量应始终在相同测试条件下进行以减少外来影响引起的误差。在每一次测量中，光源应使用白炽灯并在同一色温下工作，通常是 2856K(CIE 照明体 A)。适于这种测量的滤光器具有以下类似特性。

蓝色滤光器：Schott 玻璃　型号　BG28，2 mm 或者 Kopp CS 5-59，玻璃　型号　5433

绿色滤光器：Schott 玻璃　型号　VG14，2 mm 或者 Kopp CS 4-64，玻璃　型号　4010

红色滤光器：Schott 玻璃　型号　RG610，2-3 mm 或者 Kopp CS 2-61，玻璃　型号　2412

注：Kopp 过滤玻璃原来以 Corning 品牌销售。

过滤器的透过率，特别是红色过滤器，会对温度的变化敏感。因此，它们不应靠近光源安装。

B.4.1.6　温度相关性

光度计的输出也许会受环境空气温度的变化的影响。例如，温度每上升 1℃，硅光二极管的响应大约会下降 0.1%。

如果使用了恒温调节光度计，就可以消除由此引起的问题。如果未提供这种设备，光度探头的环境温度应控制到下述限值。

a)　相对测量：空气温度控制在目标值(最好 25℃)±2℃以内。

b)　绝对测量：与相对测量一样。测量期间的目标温度应与校准时常用的温度一致。

如果温度和响应存在线性关系，可以使用修正系数。

B.4.1.7　余弦响应

在入射角的有效范围里，光度探头对一个给定照度的响应不应有明显的变化。

如果安装的光度探头使光线的入射角大于约 20°，那么大多普通类型的光电池将仅需要修正。角度响应误差(f_2)不应超过 2%。

B.4.2　用于监视光源的辅助探头的要求

使用某些类型的分布光度计时，灯具不能按其设计姿态测量，而某些气体放电灯在倾斜时光输出会发生变化。用一个辅助探头监视光输出来修正这种变化有时是可行的。

对用于此目的的辅助探头，无需对其光谱响应或倾斜入射光进行精确修正。仅对低疲劳和数值飘移有严格要求。

辅助探头应与被监视的灯具刚性地固定在一起，以保证其跟随灯具移动。它最好被所有部件发光面照射，并应被遮挡使之仅响应来自灯具的直射光。在所有正常的测量位置，选择的辅助探头位置不能对到达主光度探头的光线有任何干扰。

B.4.3　一个准直光度探头的要求

在专门应用上，当分布光度计有一个瞄准光度探头时，该探头应只对与探头测量表面法线小于 α 夹角的光线敏感。

这个 α 角不应大于 2.5°，而对于光强分布急剧变化的特殊类型的灯具，这个角度也许还不够小。

光度探头的尺寸应足以使它有效地看到整个灯具。这个探头直径应是：

$$d = D + 2r\tan\alpha$$

式中：

D——灯具的最大尺寸；

r——灯具离探头表面的距离。

在光度探头整个测量表面上的响应基本一致。

B.4.4 分布光度计的要求

见5.2.1。

B.5 其他实验室设备

B.5.1 电源

a) 电流容量

电源应为连接的负载提供充足的电流调节能力。在特殊情况下，包括辅助变压器在内的电源应具有非常低的阻抗。

b) 电压稳定性

应按照附录C设定灯具或裸光源电源终端的电压并保持稳定。

c) 交流频率

对使用放电灯的灯具，交流电源的频率应在要求频率的±0.2%以内保持稳定。

d) 交流波形

交流电源电压波形的谐波含量应尽可能低，并且不应超过基波的3%。只有在测量钨丝灯灯具时这个要求可以放松。

注：谐波含量是指单个谐波含量有效值(r.m.s.)的总和，基波为100%。

e) 直流纹波

如果是直流电源，灯具终端处电压的交流成分不应超过0.5%。

f) 电磁场

由电源和灯具或裸光源的供电回路产生的电磁场应是可忽略的，并且不应在光度检测线路内产生电动势。光度探测器的暗电流的检查应在最不利的条件下进行，以检查其量值对读数的影响。同样应关注附近计算机和视屏可能引起的干扰。

B.5.2 电气测量设备

电压表、电流表和功率表应符合0.5级或更高的要求。

注：由于校准后可以对读数做适当的修正，电源电压控制在设定值±0.2%以内的要求并不意味着需要用准确度优于0.5级的电压表。

要用于测量有效值(r.m.s.)的设备不应有波形失真引起的误差。当测量高频放电灯时，应特别关注设备的频率范围。

因为电气测量设备的准确度容易随时间变化，所以应关注周期性检查并以适当时间间隔进行校准的必要性。

潜在回路：与放电灯并联的电压表和功率表的潜在回路汲取的电流不应超过额定运转电流的0.5%。

电流电路：与放电灯串连的电流表和功率表的电流电路应有足够低的阻抗以保证电压降落不超过额定光源电压的0.5%。

B.5.3 电气回路

所有导线和连接应牢固可靠，并具有足够小的阻抗，使总电压降落不超过光源或灯具额定电压的0.5%。测量电路应按照相关IEC光源标准的规定。

B.5.4 温度测量设备

空气温度可以用准确度不低于±0.5℃的温度计测量(例如：液体—玻璃温度计，热电偶，热敏电阻)。温度计应被封闭在一个金属容器内，容器的外表面抛光以反射辐射(但需要时应遮挡反射到光度头的光线)。然而，应小心处理温度计，以保证它不会阻挡灯具到达光度探头的直射光。

附 录 C
（规范性附录）
试验用光源、镇流器与灯具的准备

C.1 灯

C.1.1 所有种类光源的一般要求

为灯具型式试验选择的光源应符合相关 IEC 光源出版物的要求。如果没有此类光源出版物，应符合光源制造商的规定。

a） 物理特性

与测量有关的光源尺寸应尽可能地接近标称值。灯头和泡壳应尽量按标定的同轴度装配。

应尽量避免光源的不均一性。

b） 电气参数

按照 IEC 光源出版物的基准条件测量时，光源功率应不超过额定值的±5%。

c） 光度特性

光度测量需要光源有稳定的光输出。在不变的电源电压下和重复的操作时，光源的光输出应不变。

所有的光源应进行周期性的老练直到光输出显示稳定。如果热稳定后，以 15 min 为间隔的三次连续光输出读数的差异小于 1%，光源可以暂时地被看作是稳定的并适于试验要求。然后，试验光源应冷却至房间环境温度，然后再次点亮。在光输出稳定后，其值不应超过前三次读数的最后一次的 2%。这样的光源可以用作试验光源。该检查应周期性地重复进行。

对于多光源灯具的光源，如果要用相同的型号和功率，应选用相同基准条件下工作时光通输出差异不超过 3%的光源。

d） 操作和处理

在连续的裸光源试验中，试验光源应有一致的工作位置和电气连接。为方便起见，光源应适当标志。在装进灯具时，光源的电气连接应尽可能地前后一致。测量裸光源额定光通量时，光源工作的位置应按照相关 IEC 光源标准的规定，而灯具中的光源应按灯具设计的姿态工作。

对于荧光灯，老练前应先确定其电流路径。

e） 灯具中光源的调准

灯具的光度分布常常取决于光源的调准，涉及钨丝的开口、放电管的支架、灯头和灯座的容差等。应严格按制造商的规定。

C.1.2 光源的光中心

在测量裸光源时，光源光中心的位置应依照以下准则确定，见图 C.1。

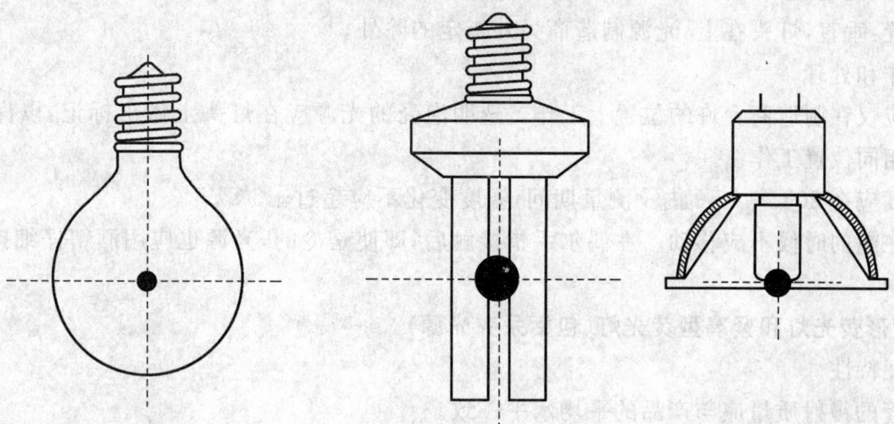

白炽灯　　紧凑型荧光灯　　带反射器的光源

图 C.1 白炽灯、紧凑型荧光灯和带反射器光源的光中心

a) 钨丝灯，透明的或少许漫射的灯泡

钨丝轮廓线的立体几何中心。

b) 漫射灯或荧光灯

玻壳漫射部分的中心。

注：这种类型包括直管荧光灯和带漫射或颜色修正玻壳的管形放电灯。

c) 放电灯，曲状的放电弧

由放电弧中心线形成的平面图形的重心。

注：这种类型包括U型管脚钠灯以及环形和曲状荧光灯。

d) 带内部反射器的光源

反射器主开口轮廓线的平面图形的重心。

C.1.3 不同类型光源的特殊要求

C.1.3.1 白炽钨丝灯

a) 物理特性

对于泡壳带漫射涂层的灯，泡壳的漫射质量应达到产品的平均水平。

注：泡壳漫射质量的测量方法正在考虑之中。

用透明泡壳的光源安装在带反射镜的灯具内时，钨丝的中心应在相关IEC出版物限定的范围内。

b) 电气特性

测量过程中，电压应控制在试验电压的0.1%以内。

对于裸光源的测量，推荐使用一个特殊的四极型灯座以便于进行准确的电气测量。这个测量座包括两组单独的电源连接，每组与光源应有一个接触点，一组是光源的电源而另一组用于测量电压。

注：用于重复性操作的大量测量的光源，可以采用降低试验电压的方法（额定电压的95%较好）来减少光输出时的飘移，延长光源的寿命。这个做法不能用于强调颜色的灯具。

对于使用绝对单位的测量，试验电压应是额定电压。

c) 光度特性

白炽灯的光通量与电源电压密切相关。应注意避免变化的阻性触点和引线上的电压降。

如果与试验电压有关的特定电流是根据特定的试验光源确定的，那么建议对光源进行电流控制。应注意的是，由于光通量对电流变化的敏感程度比电压变化更大，所以电流控制的容差仅是电压控制的一半。

连续光通量测量的重复性应在±1%内。如果一个稳定的基准光源用于一组测量，应该不需要每次测量裸光源的光通量。

老练：在额定电压下，时间是额定寿命的1%（或者额定寿命短于100 h为1 h）。

燃点位置：垂直，灯头在上，光源制造商另外指定的除外。

d) 操作和处理

裸光源应仅在制造商允许的位置上工作。透明泡壳的光源应在灯头上做出标记，以保证光源始终在灯具中的相同位置工作。

环境温度应在20℃～27℃内。测量期间，温度变化不应超过±3℃。

卤钨灯在热的时候不应移动。在偶尔手指接触后，即使是冷的，光源也应用酒精仔细擦拭去除所有的油脂沉积物。

C.1.3.2 管形荧光灯和紧凑型荧光灯（包括汞齐光源）

a) 物理特性

光源玻管的漫射质量应与产品的平均水平一致。

光源应没有明显的黑端，与轴垂直的中心平面上各个方向光强与平均光强的差异不应超过3%。

b) 电气特性

试验电压应是灯具的额定线路电压。

测量期间，施加的电压应不超过规定电压的±0.5%。

c） 光度特性

管形荧光灯的光通量与环境温度、气流和光源位置密切相关。

连续光通测量的重复性应在±2%以内。

老练：至少 100 h，镇流器应符合相关的 IEC 光源出版物（如 IEC 60081，IEC 60901，IEC 60969），在额定的电路电压下，每 24 h 关闭最少 8 次，每次关闭时间 10 min。气压控制的光源应至少老练 200 h。光源的老练位置：水平或按照相关的 IEC 光源出版物的规定。

d） 操作和处理

裸光源应在光源制造商规定的燃点位置上工作。

灯具内的光源应在灯具的设计姿态工作。光源插脚和镇流器的连接应作标记，以保证插脚和连接器在整个试验过程中保持不变。

环境温度应为 25℃±1℃。光源周围应尽可能没有气流。

对于其他工作条件，可能需要引进测量修正系数（见附录 D）。

单端紧凑型荧光灯：经验表明光源在正常工作时，所有过量汞会以小滴状分布在放电管内。这类光源的稳定可能长达 15 h，使过量汞移至灯管的冷端。一旦它通过了老化阶段，在光源保持在相同位置并且没有受到振动和撞击的情况下，每次重新点燃时，光源通常将仅需 15 min 稳定时间。

自镇流灯：自镇流灯的稳定时间可能长达 15 h。

C.1.3.3 高压汞灯

a） 物理特性

带有荧光层或漫射层的光源，光源泡壳的涂覆质量应达到产品的平均水平。

b） 电气特性

试验电压应是与所用镇流器相适应的额定线路电压。测量过程中电压不应超过规定电压的±0.2%。

c） 光度特性

高压汞灯的光通量与光源位置有关。因为光源位置变化时，透明泡壳的放电弧内产生放电位移，所以光度分布随光源位置而变化。

老练：使用符合 IEC 60188 和 IEC 60923 的镇流器至少 100 h，在额定线路电压下，每 6 h 关 30 min。光源的老练位置：垂直，灯头在上，除非制造商另有规定。

d） 操作和处理

通常裸光源以垂直位置燃点，灯头在上。

灯具内的光源应在灯具设计姿态工作。其他工作条件下应引入测量修正系数。

环境温度应在 20℃～27℃范围内。测量过程中，温度变化不应超过±3℃。

C.1.3.4 金属卤化物灯

a） 物理特性

带有荧光层或漫射层的光源，光源泡壳的涂敷质量应达到产品的平均水平。

注：光源玻壳漫射质量的测量方法正在考虑之中。

b） 电气特性

测试电压应是与所用的镇流器相适应的额定线路电压。测量中电压应不超过规定值的±0.2%。

c） 光学特性

金属卤化物灯的光通量与燃点位置和最近的前一阶段的工作条件关系密切：光弧几何形状、颜色和光通量随位置的变化而变化。

老练：在额定线路电压下 100 h，使用符合 IEC 61167 和 IEC 60923 或者符合制造商要求的镇流器，在所在的试验位置上每 6 h 关闭 30 min。如果要求光源在多于一个燃点位置工作，应为每个燃点位置分别准备光源。如果光源在老化过程中光弧呈现螺旋滚动，应尝试用另一个光源。如果在给定的燃点位置找不到一个光弧几何形状稳定的光源(在垂直位置经常会发生光弧螺旋滚动)，那么就只能在光源工作位置范围内的倾斜位置进行试验。

再老练过程：如果光源不是在老练时的燃点位置工作时，应进行一个再老练过程，直到再次达到稳定的输出。

d) 操作和处理

裸光源应仅工作在其老化时的位置。灯具内的光源通常应按灯具的设计姿态工作。对不同燃点位置的每个光源可能要求老练。

环境温度应在 20℃～27℃以内。测量中，温度变化不应超过±3℃。

由于会影响光源内金属的分布而改变光源的特性，这种类型的光源在热的时候不应移动。在关灯后，应至少冷却 5 min。光源应按其工作位置存放。应在灯头上标记光源的工作位置。

C.1.3.5 低压钠灯

a) 物理特性

低压钠灯的钠滴应均匀分布。

b) 电气特性

试验电压应是与所用镇流器相适应的额定线路电压。在测量中，电压应不超过规定值的 0.2%。

c) 光度特性

老练：在额定电压下，使用符合 IEC 60192 和 IEC 60923 的镇流器至少老练 100 h，每 6 h 关闭 30 min。光源的老练位置：水平，通常 U 型管的轴处于垂直面内。

d) 操作和处理

裸光源应在水平位置工作。

灯具内的光源应在灯具的设计姿态工作。操作中允许的光源工作位置应受到钠移动的限制。没有钠保持功能的光源应限制在灯头水平朝下倾斜 5°和灯头水平朝上倾斜 15°以内的燃点位置。其他光源可以在与水平方向 20°夹角内工作，除非制造商另外规定。

环境温度应在 20℃～27℃以内。测量中，温度变化不应超过±3℃。

操作低压钠灯时需要特别当心。由于会影响光源内金属的分布而改变光源的特性，不应移动热的光源。即使已冷却，仍应小心地处理它们。

C.1.3.6 高压钠灯

a) 物理特性

带有漫射层的光源，光源泡壳漫射层的质量应达到产品的平均水平。

用透明泡壳的光源，放电管轴对灯头轴的偏离不应超过 3°。

b) 电气特性

试验电压应是与所用镇流器相适应的额定线路电压。测量中电压应不超过规定值的±0.2%。光源电压应符合相关 IEC 标准的要求。

c) 光学特性

环境温度只以较小程度影响光源的工作，更严重的影响是在封闭灯具内可能发生的红外反射。应在弧电压稳定后才对灯具内的光源进行测量。

老练：在额定线路电压下老练 100 h，使用符合 IEC 60662 和 IEC 60923 或者满足制造商规定的镇流器，在额定电压下，每 6 h 关闭 30 min。光源老练位置：水平。

d) 操作和处置

裸光源通常应在水平位置工作。灯具内的光源应在灯具的设计姿态工作。

环境温度应在 20℃～27℃以内。测量中，温度变化不应超过±3℃。

C.2 试验用镇流器

灯具试验用的镇流器应是装在灯具内的，或者是随灯具一起提供在灯具外工作的。镇流器应符合相关IEC标准的电气要求或者符合光源制造商的要求。镇流器的设置(基准条件下光源功率)应不超过相关基准镇流器的±5%，并且设置和功率损耗应能代表镇流器产品。如果镇流器设置超出这些限值，那么应引入镇流器流明系数。

注：测量有效光输出比(*LORW*)时，裸光源测量用的镇流器应是基准镇流器。基准镇流器的电气特性由相关IEC光源标准给出。

C.3 试验用的灯具

C.3.1 灯具的选择和操作

选择的灯具应代表制造商的常规产品。应检查灯具的尺寸以符合制造商的数据表。

应关注影响光度性能的所有部件。光学部件应干净，所有部件应刚性定位于其设计位置。可调节的灯座应按制造商的规定正确安置。

灯具应依照制造商的规定安装，以保证机械位置准确。如果没有提供明确的说明，那么灯罩下沿所在的平面(或者反射器口面，如果它更低)应作为一个基准，而在平面图上看到的灯具外部轮廓的长轴应作为第二根轴。

C.3.2 灯具的光度中心

应依照下文并参考图C.2确定灯具光度中心的位置。但对于特殊类型的灯具可以有其他规定。

a) 带有完全不透明侧面的灯具

如果光源腔是完全白的或发光的，位于主体灯具口面(或者安装于口面的漫射材料或棱镜材料)的中心。如果光源超出了灯具口面，或者如果光源腔是完全黑的或者不发光的，而且在口面没有漫射材料或棱镜材料，灯具的光中心位于光源的发光中心。

b) 带有漫射侧面或棱镜侧面的灯具

位于发光表面实体轮廓的中心；但如果光源超出了这个实体轮廓，应位于光源的中心。

c) 带有透明的侧面或没有侧面构件的灯具

位于光源的光中心

注：装有两个或更多光源的灯具(具有近似相等的光输出)，光中心是单个光源发光中心构成的几何中心。

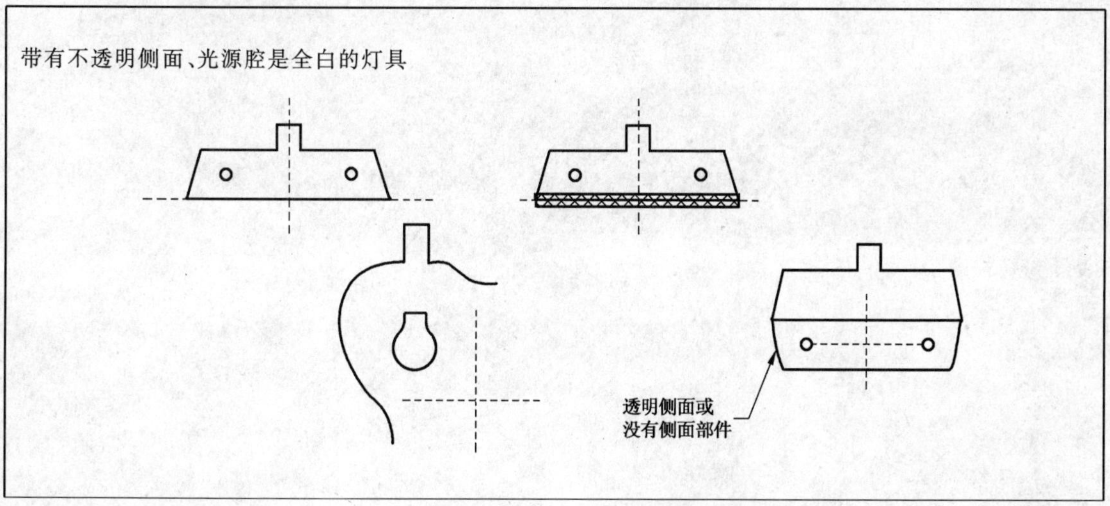

图C.2 不同灯具类型的光度中心

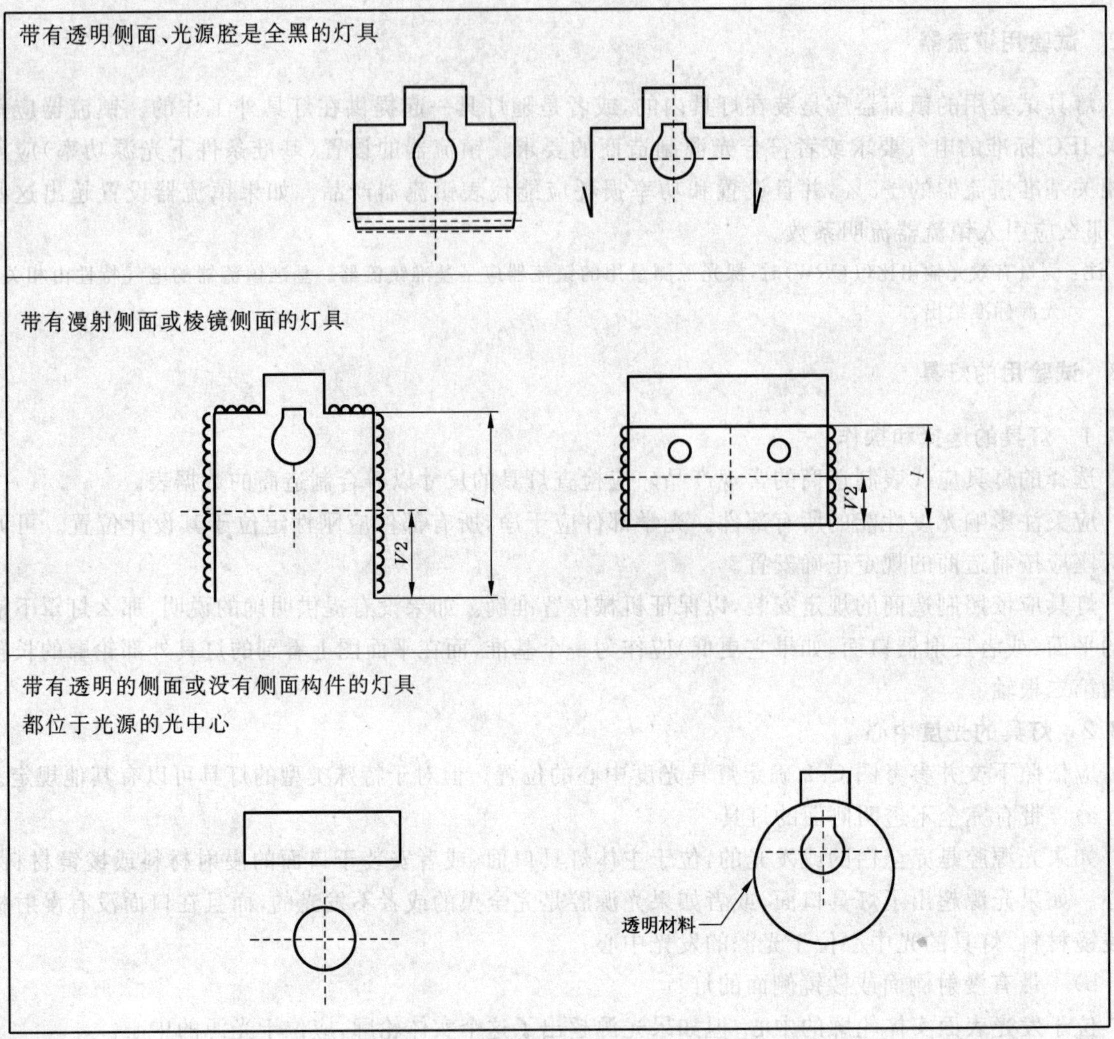
带有透明侧面、光源腔是全黑的灯具
带有漫射侧面或棱镜侧面的灯具
l
V2
l
V2
带有透明的侧面或没有侧面构件的灯具
都位于光源的光中心
透明材料

图 C.2（续）

附　录　D
（规范性附录）
光度修正系数

D.1　总则

灯具光度试验应按附录B给出的标准试验条件进行。应尽可能地在所有规定的条件下进行直接测量，否则应引入光度修正系数。

D.2　测量修正系数

D.2.1　用途

当不可能在实验室用标准试验条件测量灯具或裸光源时，应使用测量修正系数。它们可以要求修正光输出比或校准的光度值，使之能与标准试验条件相关。对相对测量值不需要引入测量修正系数。

以下情况是要求使用测量修正系数的例子：

a）　当实验室环境温度不是25℃，而被测光源对温度敏感时；

b）　当测量不能在25℃环境温度里进行（例如测量气压控制的裸光源，以及较高光通声称值的某些类型的单端紧凑型荧光灯时，大多是35℃）；

c）　非标准的安装姿态（例如，在分布光度计上，灯具绕着一个水平轴转动时又绕着垂直轴转动）。

D.2.2　测定

D.2.2.1　一般方法

为了测定测量修正系数，应在标准试验条件下做一次测量，然后就在相应变化的试验条件下再做一次相关的测量。修正系数是第一次测量与第二次的比值。

D.2.2.2　测量非标准位置灯具的修正系数（监视光源的办法）

该方法适用于测量过程中灯具的方位改变导致灯具总光通量变化、而光分布的几何形状没有变化的情况。

在离光源或灯具的短距离上刚性地固定一个辅助探头，使它跟着光源或灯具移动，用来持续地跟踪光输出的变化。该探头应符合B.4.2的要求。

用以下公式确定修正系数：

$$k_\theta = E_{st}/E_\theta$$

式中：

k_θ——适用于光源或灯具光度测量的修正系数，当倾斜角度为θ时修正到标准试验条件；

E_{st}——当灯具以正常的设计姿态安装时，用辅助探头测到的照度值；

E_θ——当光源或灯具倾斜的角度为θ、要使用修正系数时，使用与测量E_{st}相同的辅助探头测得的照度值。

通常，每一次光强测量应用不同的修正系数。

注：E_θ的测量应与主测量同时进行。

　　E_{st}应在光源稳定后的标准条件下测量。

另一种应用辅助探头的方法是通过调整电源电压使E_θ等于E_{st}。

D.2.2.3　温度修正系数

该系数应用于热敏感光源，由于其最佳工作温度较高，公布的温度性能数据超过25℃。这同样适用最佳温度低于25℃的光源（比如，一些用于公共照明的荧光灯），并且有时这些光源的性能数据在此温度下给出。

裸光源测量是指根据公布的数据条件下进行的测量，所以应在这些声称的温度下进行试验（见5.4.1）。由于非25℃环境温度下使用积分球或分布光度计进行光度测量是困难的，所以光源在25℃下测量，测量结果乘以 k_T。

$$k_T = F_T / F_{25}$$

式中：

F_T——在制造商声称温度下测得的光通量；

F_{25}——在25℃时测得的光通量。

这个系数应由光源制造商声称或进行测量。除了是应用于裸光源外，测量方法与D.3.2.2描述的方法类似。

D.3 服务转换系数

D.3.1 用途

当灯具使用中的工作条件不同于标准试验条件时，应用服务转换系数，照明设计者使用这些系数。

这些系数在实验室内确定，使光输出比和校准的光度值可以转换到想要的、与标准条件不同的使用条件。照明工程师要使用这些系数。对相对测量值不需要引入服务修正系数。

下面是要求使用转换系数的例子：

a) 当使用时的环境温度不是25℃，而被测光源对温度敏感时；

b) 当使用时的安装姿态不同于标准姿态，并影响光度数据时；

c) 当灯具内使用的光源与试验光源（例如，汞齐光源）不同，具有光输出随温度变化的特性时；

d) 当使用的通风式灯具在选定的气流速率下工作，而标准试验条件没有强制通风且气孔被塞住时；

e) 当使用的电源电压平均值与光源或灯具的额定电压不同时。

D.3.2 确定

D.3.2.1 总则

应使用与测量修正系数相同的方法来确定服务转换系数（见D.2.2），只是比率颠倒了，即它是在变化条件下的测量与标准测试条件下的测量的比值。当存在两个或多个不同的服务条件时，需要时，应确定每个服务转换系数，并且单独报告。

D.3.2.2 环境温度非25℃的服务转换系数

转换系数由以下公式给出：

$$k_T = E_T / E_{25}$$

式中：

k_T——标准试验条件下的光度测量转换到环境温度为 T（非25℃）的转换系数；

E_{25}——灯具按设计位置放置并在25℃±1℃的环境温度里工作，在固定距离和固定方向测得的照度值；

E_T——与 E_{25} 一样测得的照度，但灯具在环境温度 T 下工作，它是计算 K_T 时需要的照度值。

注：E_{25} 和 E_T 的测量可以在一个房间内（比如，一个冷藏库）进行，如测量期间室内的反射条件不改变，就不需要杂散光挡屏。测量应在光源稳定后，无气流的区域内进行。

D.3.2.3 汞齐灯的转换系数（模似光源的方法）

汞齐灯是设计成含有汞齐、工作时能控制其蒸气压的荧光灯。由于光源的最佳工作温度较高，通常控制蒸气压光源的性能参数是在高于25℃给出的。

对装有汞齐灯的灯具进行完整的光度测量是有困难的，稳定时间比常规类型的光源长得多，特别是在分布光度计上测量汞齐裸光源时，要达到光源声称光输出时的环境温度也许是不切实际的。

因此，标准程序是在25℃环境温度下对装有非汞齐荧光灯的灯具进行光度测量，并按以下方式确定汞齐灯的系数，该汞齐灯系数可以用作测量修正系数(见D.2)，这样，出具的光度数据就相当于在装有汞齐灯的灯具上测得的。汞齐灯系数也可以用于以非汞齐灯出具性能数据的灯具，这时，汞齐灯系数可以由数据使用者按服务转换系数使用。

汞齐灯系数按以下公式计算：

$$k_A = (A/B) \cdot (C/D)$$

式中：

k_A——汞齐灯系数；

A——在灯具标准测量条件下测得的汞齐灯灯具读数；

B——在灯具标准测量条件下测得的非汞齐灯灯具读数；

C——在光源标准测量条件下测得的非汞齐裸光源读数；

D——汞齐裸光源在C测量条件下测得的读数，但是灯在所声称光输出相应的环境温度下工作。

A与B的测量应是相同的物理量并采用相同的单位。单位可以是光强、亮度或照度的相对值或绝对值。C和D的测量应采用相同的单位，但不必与A和B的单位一致。当汞齐灯系数是基于普通光源数据公布的服务转换系数，信息的使用者应将光度物理量和LOR乘以汞齐灯系数。

注：当某种类型的光源可被光度分布相同且外形尺寸和形状相近、但其光通量在灯具中有不同表现的另一种光源替代时(比如：普通的高压钠灯用无汞高压钠灯替代)，也可以使用类似的方法。

D.4 镇流器流明系数

D.4.1 用途

镇流器流明系数的定义见3.2.3。

以每1 000 lm总光源光通量的灯具光输出表达、基于光度数据的照明计算的基本假设是光源在灯具提供的镇流器下工作，在标准试验条件下出射额定光通量，而实际情况可能并非如此。由于技术的或商业的原因，在灯具内可能使用低于额定值的镇流器，在这种情况下，使用者会得到一个低于期望值的光通量。

因此在所有照明计算中，如果与额定值的差异超过5%，光度数据(和LOR)应乘以镇流器流明系数来修正。

D.4.2 测定

通常在测量裸光源期间在积分球内测定镇流器流明系数，但也可以用与确定服务转换系数相同的方法来测定(见D.3.2)。

应在标准条件下用基准镇流器进行一次测量，第二次的相关测量应在相同的标准试验条件下用实际使用的镇流器进行。镇流器流明系数是第二次测量与第一次的比值，以如下公式给出：

$$BLF = \Phi_B/\Phi_R$$

式中：

BLF——实际使用镇流器的镇流器流明系数；

Φ_R——在标准试验条件下用基准镇流器的裸光源光通量；

Φ_B——在标准试验条件下用实际使用镇流器的裸光源光通量。

试验光源应符合B.2.2的要求。

ICS 29.140.01
K 72

GB

中华人民共和国国家标准

GB/T 9473—2008
代替 GB/T 9473—1988

读写作业台灯性能要求

Performance requirements for table lamps for paper task

2008-01-04 发布　　2008-09-01 实施

中华人民共和国国家质量监督检验检疫总局
中国国家标准化管理委员会　发布

前言

本标准代替 GB/T 9473—1988《民用台灯通用技术要求》。

本标准与 GB/T 9473—1988 的主要技术差异如下：

——删除了关于软梗的要求(1988 版中的 3.5.10)；

——删除了检验规则的要求(1988 版中的第 5 章)；

——删除了包装、标志、运输和贮存的要求(1988 版中的第 6 章)；

——将光源和镇流器作为灯具符合性能要求的一个重要部分与灯具一同考核(本版中的 3.2)；

——调整了台灯的照度要求，提高了照度水平和照度均匀度(1988 版中的 3.4.2 和 3.4.3；本版中的 5.8.2)；

——明确光度学和噪声试验的设备和环境条件(1988 版中的 4.3 和 4.8；本版中的 6.4 和 6.6)；

——对测试报告提出了相关要求(本版中的第 7 章)。

本标准由中国轻工业联合会提出。

本标准由全国照明电器标准化技术委员会(SAC/TC 224)灯具标准化分技术委员会归口。

本标准起草单位：飞利浦电子贸易服务(上海)有限公司、广州电气安全检验所、上海时代之光照明电器检测有限公司、鹤山市明可达实业有限公司。

本标准主要起草人：王晔、吕蔚辰、姚梦明。

本标准所代替标准的历次版本发布情况为：

——GB/T 9473—1988。

读写作业台灯性能要求

1 范围

本标准规定了电源电压不超过 250 V 的钨丝灯、管形荧光灯作为光源的台灯(以下简称灯具)的性能要求。

本标准适用于读写照明场所类似于家庭、教室等地方使用的台灯。

2 规范性引用文件

下列文件中的条款通过本标准的引用而成为本标准的条款。凡是注日期的引用文件,其随后所有的修改单(不包括勘误的内容)或修订版均不适用于本标准,然而,鼓励根据本标准达成协议的各方研究是否可使用这些文件的最新版本。凡是不注日期的引用文件,其最新版本适用于本标准。

GB/T 6882 声学 噪声源声功率级的测定 消声室和半消声室精密法

GB 7000.11 可移式通用灯具安全要求(GB 7000.11—1999,idt IEC 60598-2-4:1997)

GB/T 10682 双端荧光灯 性能要求(GB/T 10682—2002,neq IEC 60081:1997)

GB/T 14044 管形荧光灯镇流器 性能要求(GB/T 14044—2005,IEC 60921:1994,MOD)

GB/T 14094 卤钨灯(非机动车辆用) 性能要求(GB/T 14094—2005,IEC 60357:2002,NEQ)

GB/T 15144 管形荧光灯用交流电子镇流器 性能要求(GB/T 15144—2005,IEC 60929:2002,IDT)

GB/T 17262 单端荧光灯 性能要求(GB/T 17262—2002,neq IEC 60901:2000)

GB/T 17263 普通照明用自镇流荧光灯 性能要求(GB/T 17263—2002,neq IEC 60969:2000)

GB 17625.1 电磁兼容 限值 谐波电流发射限值(设备每相输入电流≤16 A)(GB 17625.1—2003,IEC 61000-3-2:2001,IDT)

GB 17743 电气照明和类似设备的无线电骚扰特性的限值和测量方法(GB 17743—2007,CISPR 15:2005,IDT)

JJC 245 光照度计

QB 1551 灯具油漆涂层

QB/T 2048 一般白炽灯泡总技术条件

QB/T 3741 灯具电镀、化学覆盖层

3 一般试验要求

3.1 本标准中的试验为型式试验,型式试验的定义见 4.3。

注:本标准的要求是对委托型式试验样品的试验。样品型式试验合格并不保证制造厂制造的产品全部合格。产品的符合性是制造厂的责任,除了型式试验以外,可包括例行试验和质量保证。

3.2 灯具使用的光源和镇流器应符合表 1 规定。

光源和镇流器是灯具的重要部件,其特性是灯具性能的一个组成部分。

符合有关国家性能标准的镇流器和光源,要检验证实它们在使用中的适用性。

合格性用目视和有关试验检验。

对满足其自身性能标准且按规定使用的镇流器或光源,一份有效的试验报告充分说明了符合性。

表 1 光源和镇流器的性能标准编号

光源种类	光源性能标准	相应镇流器的性能标准
钨丝灯	QB/T 2048	—
	GB/T 14094	—
管形荧光灯	GB/T 17262	GB/T 15144 GB/T 14044
	GB/T 10682	
	GB/T 17263	

3.3 灯具应按交货状态进行试验，并考虑制造厂的安装说明书按正常使用安装。

4 术语和定义

下列术语和定义适用于本标准。

4.1

台灯 table lamp

安置在家具上的可移式灯具。

4.2

读写作业台灯 table lamp for paper task

为阅读或书写提供照明的台灯。

4.3

型式试验 type test

对样品的一个试验或一系列试验，其目的是检验某一给定产品的设计与有关标准要求的符合性。

4.4

颜色 color

光源发出光线的颜色特性由相关色温和显色指数来确定。

a) 在相同视亮度和规定的观测条件下，普朗克辐射体辐射的知觉色与给定色刺激的知觉色最接近相似时，普朗克辐射体的温度，即为该色刺激的相关色温，单位：K。

b) 由被测照明体照明物体所呈现的心理物理色与由参照照明体照明同一物体所呈现的心理物理色一致程度的度量(应适当考虑色适应状态)称之为显色指数。

4.5

照度(lx) illuminance

投射在单位面积元上的光通量，单位：勒克斯(lx)。1 勒克斯定义为 1 流明的光通量均匀分布在 1 m^2 表面上产生的照度。

4.6

灯具正常工作位置 normal attitude of a luminaire

由制造商规定的满足光度学要求的灯具姿态和摆放状态。

5 技术要求

5.1 安全要求

灯具应符合 GB 7000.11 的要求。

5.2 无线电骚扰特性

应符合 GB 17743 的规定。

5.3 电源谐波电流限值

应符合 GB 17625.1 的规定。

5.4 灯具外观

灯具的外形尺寸、颜色和结构应与其外包装和说明资料上的陈述和图样一致。

5.5 光源

与灯具配用的光源应符合表1列出的相应光源性能标准的要求。读写照明用台灯的光源显色指数应不得低于82。

5.6 镇流器

镇流器应符合表1列出的相关镇流器性能标准的要求。

5.7 标志

5.7.1 光源型号和制造商

应在说明书上标明可使用的光源型号规格和制造商。

5.7.2 光源的颜色特征(仅适用荧光灯)

应在产品、包装或说明书上标明5.7.2.1和5.7.2.2要求的光源的颜色特征。

5.7.2.1 应标明灯具所使用的光源的相关色温和光色,表示方式如表2所示。

表2 荧光灯的相关色温类型和光色

相关色温	光色
F6500	日光色
F5000	中性白色
F4000	冷白色
F3500	白色
F3000	暖白色
F2700	白炽灯色

5.7.2.2 应标明灯具所使用的光源的显色指数,如灯具使用显色指数82的光源,表示为Ra 82。

5.7.3 灯具正常工作位置

制造商应在说明书中标明灯具的正常工作位置。

5.8 光度学要求

读写照明的灯具在正常工作位置时应满足下列光度学要求。

5.8.1 眼睛距读写桌面的高度400 mm,离光源中心的水平距离600 mm处,朝灯看去,应看不到反射器内壁及光源。

5.8.2 以灯具出光口的几何中心的垂直投影点为圆心,位于眼睛的正前方,靠近眼睛一侧的投射范围内,离圆心的半径距离为300 mm的三分之一扇形以内,AA级照度应大于500 lx,A级照度应大于250 lx;离圆心的半径距离为500 mm的三分之一扇形被前面的扇形截下的区域以内,AA级照度应大于300 lx,A级照度应大于150 lx。每个区域内的照度均匀度(最大值/最小值)不得大于3。

5.9 紫外线

荧光灯灯具的紫外线要求正在考虑之中。

5.10 噪声

装有灯具控制装置的灯具在正常工作时,其噪声不得大于35 dB(A)。

5.11 油漆涂层

灯具零件的油漆涂层应符合QB 1551的要求。

5.12 电镀化学覆盖层

灯具的电镀化学覆盖层应符合QB/T 3741的规定。

5.13 电源线

电源线外露长度不得小于1.8 m。外露长度是指导线暴露在灯具外离灯体最近一点与插头面之间的长度。

6 试验方法

6.1 灯具外观、颜色和结构(5.4)

灯具的外形尺寸、颜色和结构可用外观法检验。

6.2 标志(5.7)

标志可用外观法检验。

6.3 油漆涂层(5.11)

油漆涂件可用外观法检验。

6.4 电镀化学覆盖层(5.12)

电镀化学覆盖层可用外观法检验。

6.5 光源的性能测试(5.5)

应按相应的光源性能标准的试验方法进行。

6.6 镇流器的性能测试(5.6)

应按相应的镇流器性能标准的试验方法进行。

6.7 光度学试验的一般要求

6.7.1 试验环境条件

试验应在无对流气流,空气相对湿度不大于65%,管形和紧凑型荧光灯的灯具需在环境温度为25℃±1℃的室内进行,钨丝光源在环境温度为20℃~27℃的室内进行。

6.7.2 试验电压和频率

试验电源电压和频率误差应保持在标称值的±0.2%以内。

6.7.3 电源电压波形

电源电压的谐波总含量不得大于3%。

6.7.4 仪表特性

所用电工仪表的准确度不得低于0.2级。

6.8 光度学要求

光度测试以前应对光源进行老练。

荧光灯的老练:至少100 h,镇流器应依照相关的光源性能标准,在额定电压下,每24 h关闭最少8次,关闭时间10 min。光源的老练位置:水平或依照相关的光源性能标准。

白炽灯的老练:在额定电压下,时间是额定寿命的1%(或者额定寿命短于100 h为1 h)。

燃点位置:垂直,灯头在上,光源制造商另外指定的除外。

将灯具以正常工作位置安置在水平桌面上,在额定电压下正常点亮,待光源燃点稳定后进行测量。

6.8.1 遮光性试验(5.8.1)

眼睛距水平桌面的高度400 mm,离光源中心水平距离600 mm处,朝灯看去,如图1所示。

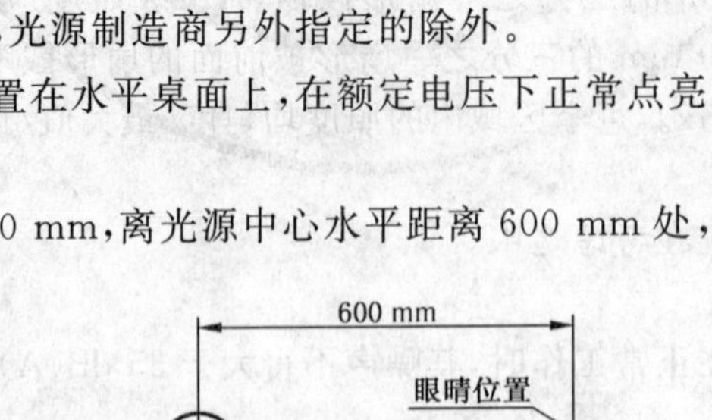

图1 遮光性试验的眼睛位置

6.8.2 照度试验(5.8.2)

以灯具出光口的几何中心的垂直投影点为圆心,位于眼睛的正前方,在灯具的投射范围内,离圆心的半径距离为 500 mm 的三分之一扇形内,以 30°为间隔,在半径线上进行照度测量,测试间隔为 100 mm,包括圆心,如图 2 所示。照度的测量仪器应符合 JJC 245 的要求。

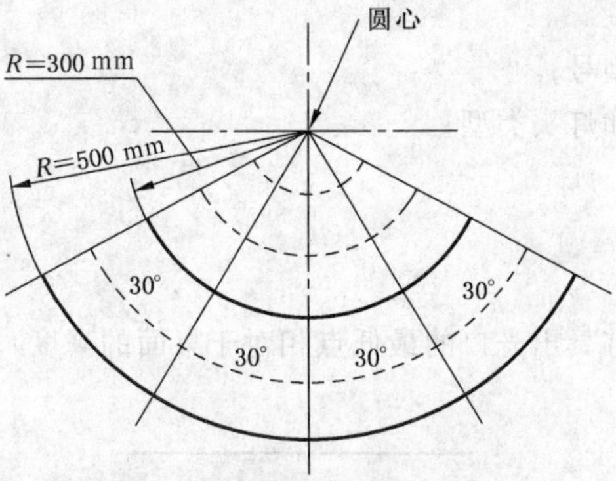

图 2 照度试验的布点方式

6.9 噪声试验要求

噪声试验的测试室要求和方法应符合 GB/T 6882 和本标准 6.7.1～6.7.4 及 6.8 的规定。

6.9.1 试验环境条件

试验应在无对流气流,环境温度为 20℃～27℃的室内进行,空气相对湿度不大于 65%。

6.9.2 试验电压和频率

试验电源电压和频率误差应保持在标称值的±0.5%以内。

6.9.3 电源电压波形

电源电压的谐波总含量不得大于 3%。

6.9.4 仪表特性

所用电工仪表的准确度不低于 0.5 级。

6.10 噪声试验(5.10)

在半消音室中,将灯具处于工作状态,放在厚度不大于 15 mm 的层压木质板上,在离台灯噪声源中心距离 100 mm 处,测定所发生的噪声,如图 3 所示。

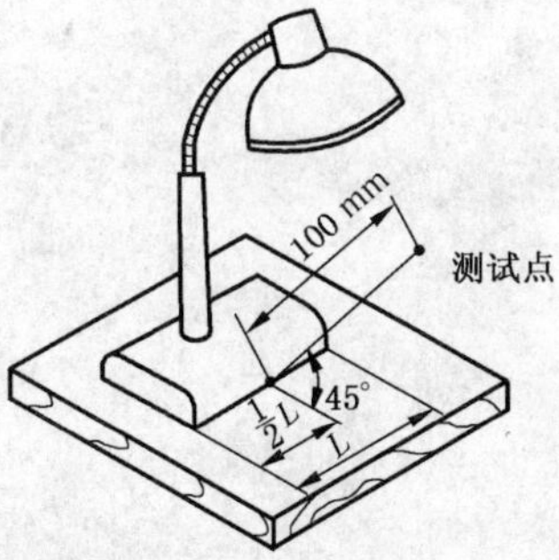

图 3 噪声试验的测试位置

7 测试报告

含有光度学测试内容的试验报告应含有灯具及其光学部件的信息。

7.1 灯具及其部件的描述

——生产厂的名称、产品型号;

——用于识别或者具体描述灯具的照片和文字,包括对光学部件的描述,比如,折射器、反射器等;

——其他重要信息,包括样本选择的方式。

7.2 辅助设备的描述(镇流器、电容器、启动器)

——生产厂的名称、产品型号;

——电路类型;

——额定电压、功率和频率。

7.3 测试光源的描述

——生产厂的名称、产品型号;

——额定功率、光源形状和灯头类型;

——光源数和选择方式。

7.4 测试条件的描述

——测试电压和频率;

——灯具出光口的高度(灯具出光口的最低点相对于桌面的高度)。

ICS 27.020
J 90

GB

中华人民共和国国家标准

GB/T 9487—2008
代替 GB/T 9487—1988

柴油机自由加速排气烟度的测量方法

Diesel engines—Exhaust gas measurement under free acceleration

2008-06-03 发布　　2009-01-01 实施

中华人民共和国国家质量监督检验检疫总局
中国国家标准化管理委员会　发布

前言

本标准是对 GB/T 9487—1988《柴油机自由加速排气烟度的测量方法》的修订。

本标准与 GB/T 9487—1988 相比，主要变化如下：

——修改了本标准的适用范围。将原“适用于机动车辆柴油机”修改为“适用于各种变工况运转的非道路移动机械用柴油机”。

——修改了烟度的计量单位。将原来规定的“哈特里奇烟度单位”修改为“以百分数计的消光度或以 m^{-1} 计的光吸收系数”作为烟度计量单位。

——修改了消光烟度计的基本技术要求。

本标准的附录 A 是规范性附录。

本标准由中国机械工业联合会提出。

本标准由全国内燃机标准化技术委员会(SAC/TC 177)归口。

本标准起草单位：上海内燃机研究所、江苏四达动力机械集团有限公司、北汽福田汽车股份有限公司、潍柴动力股份有限公司、广西玉柴股份有限公司、宁波雪龙集团有限公司。

本标准主要起草人：朱炳全、计维斌、陈曙敏、张丽丽、佟德辉、崔华标、柴森润、陈云清、黄敏勤、邹强、王建平、瞿俊鸣、谢亚平。

本标准所代替标准的历次版本发布情况为：

——GB/T 9487—1988。

柴油机自由加速排气烟度的测量方法

1 范围

本标准规定了柴油机自由加速时的排气烟度测量方法和测量仪器。

本标准适用于各种变工况运转的非道路移动机械用柴油机(如装载机、推土机、拖拉机、装卸机械、叉车、筑路机和移动式起重机等用的柴油机)。

本标准不适用于汽车、三轮汽车和低速货车用柴油机。

2 术语和定义

下列术语和定义适用于本标准。

2.1

自由加速　free acceleration

柴油机在带飞轮及其他旋转惯量的情况下,从低怠速(空载最低转速),突然快速向高怠速(空载最高转速)加速运转的工况。

2.2

自由加速排气烟度　free acceleration smoke

柴油机在自由加速工况下运转时测得的最大排气烟度。

3 试验条件和测量方法

3.1 试验条件

3.1.1　柴油机自由加速排气烟度应在发动机试验台架上进行测量。

3.1.2　发动机应与测功器脱开,并应加装一个惯量与配套动力装置大致相当的回转件。允许采用离合器使发动机与测功器脱开,只要随同发动机一起运转的那部分离合器的惯量不超过发动机总惯量的25%。经有关方面同意,允许在发动机与测功器相联结的情况下进行试验。

3.1.3　受试柴油机所带附件必须符合有关标准或发动机制造厂技术文件的规定。

3.1.4　试验前,柴油机允许按制造厂技术文件的规定进行磨合运转。

3.1.5　受试柴油机喷油泵的油量限制器应固定在标定功率所需的油量位置上,并应确保发动机能达到规定的空载最高转速。若试验时的环境状况与标准大气条件不同,允许按有关标准的规定修正标定功率和调整喷油泵的油量限制器位置。

3.1.6　试验时,柴油机应使用说明书规定的柴油和机油牌号。柴油和机油的品质应符合国家标准的规定。柴油中不允许含消烟添加剂。

3.1.7　受试柴油机的排气管路尽可能减少弯头和异形管段,排气管内表面应光整。整个排气管路应确保排气不被稀释。排气系统的背压不得超过发动机制造厂技术文件规定的限值。

3.1.8　应在柴油机的排气总管或其延长管上进行排气取样和烟度测量,取样探头的安装位置应符合附录A.3.2的要求。在安装取样探头的排气管段内不得设置任何可能会干扰排气流的传感器。

如果受试柴油机有两个独立的排气出口管,则应将两个出口管汇合成一个排气总管后进行排气烟度测量。但也允许在两个独立的排气管上分别进行排气烟度测量,这时,应取其中较大的烟度值作为测量结果。

3.2 测量仪器

应采用附录A规定的消光烟度计测量柴油机的自由加速排气烟度。

3.3 柴油机运转程序

3.3.1 按柴油机制造厂的规定进行预热运转，使发动机达到正常工作状态，特别是发动机冷却液和机油的温度应达到制造厂规定的正常温度。

3.3.2 按图1所示的顺序连续进行六次自由加速试验，其中前三次自由加速为预运转，用以清除排气管中可能存在的炭烟，后三次自由加速为实际测量运转。

a) 使发动机在最低怠速下稳定运转 15 s±5 s［图1(a)］。

b) 将油门快速移到全开位置，并保持该位置直到发动机达到调速器控制的高怠速为止［图1(b)］。

c) 将调速手柄拉回到低怠速位置，使柴油机恢复低怠速运转［图1(c)］。

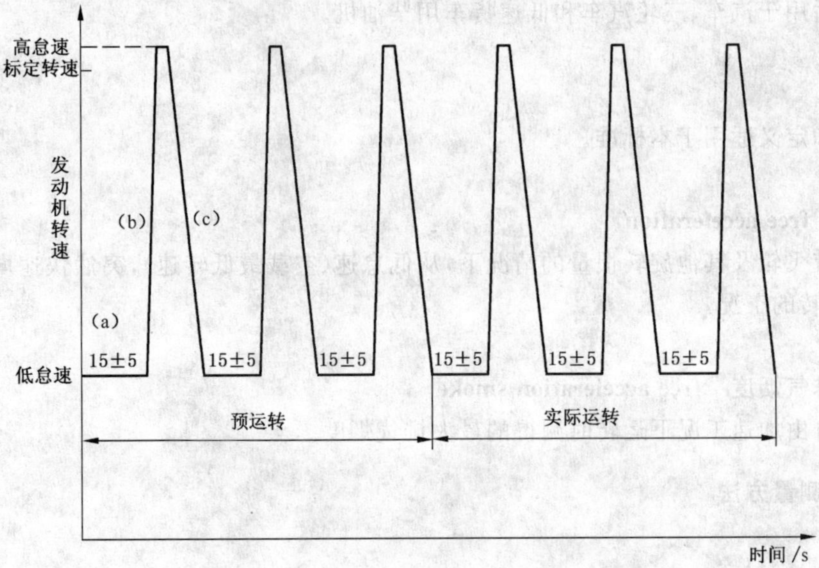

图1 测定自由加速排气烟度的柴油机运转顺序

3.4 烟度测定

3.4.1 在测量烟度前，应对烟度计进行预热和零点调整。

3.4.2 记录3.3.2中后三次自由加速时消光烟度计的消光度或光吸收系数的最大读数值，以这三个排气烟度读数的算术平均值作为被试柴油机自由加速排气烟度的测量结果。

3.4.3 测量结果有效性的判定

只有在符合下列要求时测量结果才能判定为有效，否则应重新进行试验和测量。

a) 在3.3.2中三次自由加速排气烟度的最大读数值与最小读数值之差应不超过5%消光度（或 0.25 m^{-1} 光吸收系数）。

b) 试验和测量时的实验室大气系数 f_a 应在下列范围以内：

$$0.93 \leqslant f_a \leqslant 1.07$$

推荐值为0.96～1.06。实验室大气系数 f_a 可由公式(1)、公式(2)或公式(3)确定。

自然吸气、机械增压和带废气旁通阀的柴油机：

$$f_a = \left(\frac{99}{p_s}\right)^{0.7} \times \left(\frac{T_a}{298}\right)^{0.7} \quad \cdots\cdots(1)$$

无增压空气中冷或带空—空增压空气中冷器的涡轮增压柴油机：

$$f_a = \left(\frac{99}{p_s}\right)^{0.7} \times \left(\frac{T_a}{298}\right)^{1.2} \quad \cdots\cdots(2)$$

带液冷增压空气中冷器的涡轮增压柴油机：

$$f_a = \left(\frac{99}{p_s}\right)^{0.7} \times \left(\frac{T_a}{298}\right)^{0.7} \quad \cdots\cdots(3)$$

式中：

f_a——实验室大气系数；

T_a——发动机进气绝对温度，单位为开尔文(K)；

p_s——干大气压力，单位为千帕(kPa)。

c) 在1 h内或在烟度测量试验期间(取其中时间较短者)，消光烟度计的零点漂移应不超过1%消光度。

3.4.4 排气烟度测量实测值的修正

柴油机在作型式认证试验时，实验室大气系数 f_a 应在0.98～1.02范围内。如 f_a 为0.93～1.07时，则应对排气烟度实测值按下列公式进行修正，但当 f_a 在0.98～1.02时，也可不作修正。

$$k_{corr} = k_s \times k_{obs}$$

式中：

k_{corr}——经对大气状况修正后的烟度值，以光吸收系数计，m^{-1}；

k_{obs}——实测烟度值，以光吸收系数计，m^{-1}；

k_s——烟度测量值的大气修正系数。

$$k_s = \frac{1}{19.952\rho^2 - 48.259\rho + 30.126}$$

式中：

ρ——干大气密度，单位为千克每立方米(kg/m^3)。

$$\rho = \frac{p_s \times 10^3}{287 \times T_a}$$

式中：

p_s——干大气压力，单位为千帕(kPa)；

T_a——发动机进气绝对温度，单位为开尔文(K)。

附 录 A
（规范性附录）
消光烟度计的基本技术要求

A.1 范围

本附录规定了测量柴油机自由加速排气烟度用消光烟度计的基本技术要求。

A.2 术语和定义

A.2.1

消光烟度计 opacimeter

利用烟气的消光特性测量柴油机排气烟度的仪器。其工作原理如下：当光源与光检测器之间连续通过被测排气时，光源发射的一部分光线会被该排气遮挡吸收。排气消光能力的大小就可以用来度量排气烟度的大小。消光烟度计采用消光度百分数或以 m^{-1} 计的光吸收系数作为烟度计量单位。

A.2.2

透光度(τ) transmittance

光源发射的光线中被烟气遮挡吸收后达到光检测器的那部分光线，用百分数表示。

A.2.3

消光度(N) opacity

光源发射的光线中被烟气遮挡吸收后未能到达光检测器的那部分光线，用百分数表示。

注：$N=100-\tau$。

A.2.4

光通道有效长度(L_A) effective optical path length

光源与光检测器之间被烟气遮挡的那部分光线的通道长度，以 m 计。该长度需要对由密度梯度和边缘效应引起的不均匀性进行修正。

A.2.5

光吸收系数(k) light absorption coefficient

度量被测排气遮挡光线能力的基本单位，以 m^{-1} 计。

A.3 消光烟度计测量系统的组成和基本技术要求

消光烟度计测量系统如图 A.1 所示。各组成部分的基本技术要求如下。

A.3.1 排气管(EP)

测量自由加速排气烟度时，柴油机的排气管路应符合 3.1.6 的规定。应在直径不变的直管段内进行排气取样和烟度测量。

A.3.2 取样探头(SP)

A.3.2.1 取样探头应为一开口端朝向排气上游的管子。若 D 为取样处排气直管段的直径，则取样探头的开口端应离该直管段上游入口至少 $6D$，离该直管段下游出口至少 $3D$。取样探头的典型结构及其在排气总管上的安装形式如图 A.2 所示。

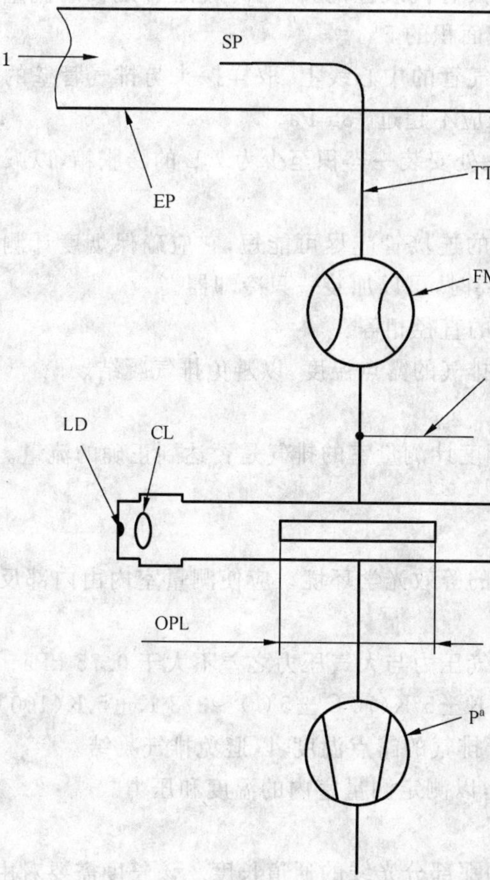

1——排气。

[a] 可选件。

图 A.1 消光烟度计测量系统示意图

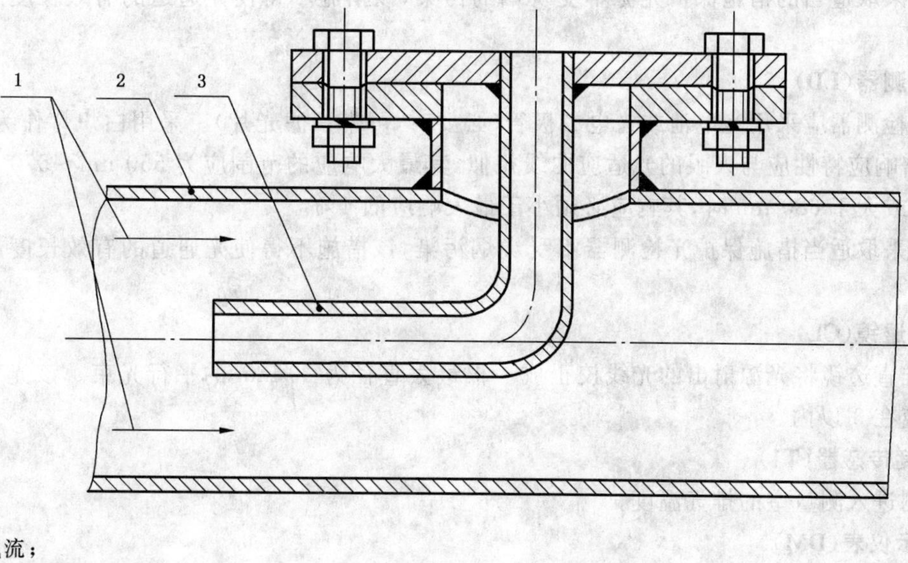

1——排气流；

2——排气总管；

3——取样探头。

图 A.2 取样探头典型结构和安装形式

A.3.2.2　取样探头的内径应确保获得具有代表性的排气，并使之有足够的流量通过消光烟度计。取样探头的横截面积应不小于排气管横截面积的5%。

A.3.2.3　取样探头应尽可能安装在排气管的中心线上，取样探头与排气管壁的间距不得小于5 mm。在取样探头开口端位置测得的排气背压应不超过735 Pa。

A.3.2.4　必要时，可以在紧靠取样探头处安装一容积至少为7 L的膨胀箱，以减弱排气脉动。

A.3.3　连接管(TT)

A.3.3.1　取样探头与消光烟度计之间的连接管应尽可能短，它应确保烟度计测量室入口处的烟气温度为373 K±30 K(100℃±30℃)。必要时，可以加装一只冷却器。

A.3.3.2　连接管的直径应与取样探头的直径相等。

A.3.3.3　连接管的管壁温度应远高于排气的露点温度，以避免排气凝结。

A.3.4　流量监测装置(FM)

流量监测装置的功用是检测流入烟度计测量室的排气是否达到正确的流量。排气的最大流量和最小流量应符合仪器制造厂的规定。

A.3.5　测量室(MC)

A.3.5.1　测量室应为一内表面无反射的等效光学环境。应使测量室内由内部反射或散射作用产生的漫反射光对光检测器的影响减至最少。

A.3.5.2　测量室应确保流入其中的烟气压力与大气压力之差不大于0.75 kPa。

A.3.5.3　测量室的壁温应保持在343 K±5 K(70℃±5℃)～373 K±5 K(100℃±5℃)之间，并应在所有情况下使测量室的壁面温度远高于排气的露点温度，以避免排气凝结。

A.3.5.4　测量室中应装有合适的装置，以测定测量室内的温度和压力。

A.3.6　光通道有效长度(OPL)

光源与光检测器之间被烟气遮挡的那部分光线的通道长度。该长度需要对由密度梯度和边缘效应引起的不均匀性进行修正。光通道的有效长度应由仪器制造厂确定。

A.3.7　光源(LS)

A.3.7.1　光源应为色温在2 800 K～3 250 K范围内的白炽灯或光谱峰值在550 nm～570 nm之间的绿色发光二极管。

A.3.7.2　应采取适当的措施保护光源不受炭烟的污染，该措施不得使光通道的有效长度超出制造厂规定的范围。

A.3.8　光检测器(LD)

A.3.8.1　光检测器应采用光电池或光电二极管(必要时，可带一滤光片)。采用白炽灯作为光源时，光检测器的光谱响应特性应与人眼的光适应曲线相似，其最大响应的范围应为550 nm～570 nm，在波长小于430 nm或大于680 nm时，其响应必须小于最大响应的4%。

A.3.8.2　应采取适当措施保护光检测器不受炭烟污染，该措施不得使光通道的有效长度超出制造厂规定的范围。

A.3.9　准直透镜(CL)

应采用准直透镜将光源射出的光线校正成一根最大直径为30 mm的平行光束。该光束与光轴的平行度误差应在3°以内。

A.3.10　温度传感器(T1)

用于监测进入测量室的排气温度。

A.3.11　显示仪表(DM)

A.3.11.1　显示仪表的精度应不低于1级。

A.3.11.2　显示仪表应采用以百分数计的消光度和以m^{-1}计的光吸收系数两种计量单位。两者的量程范围应分别为0～100%消光度和0～∞m^{-1}，并均应以光全通过为0，光全部被遮挡为满量程。仪表的分辨率应至少不小于满刻度的0.1%。

若只采用消光度一种计量单位，则应在仪表上注明光通道的有效长度。这时，可由公式(A.1)确定相应消光度的光吸收系数：

$$k = \frac{-1}{L_A}\ln\left(1-\frac{N}{100}\right) \quad \cdots\cdots(A.1)$$

式中：

k——光吸收系数，m^{-1}；

N——消光度读数，%；

L_A——光通道有效长度，单位为米(m)。

A.3.11.3　必要时，可以采用记录仪来显示烟度测量结果。

A.3.12　**取样泵(P)**

必要时，可以在测量室的下游安装一只取样泵来输送排气。

A.4　消光烟度计的性能要求

A.4.1　线性度

线性度是指烟度计的测量值与标定装置给出的标准值之间的差值，它应不超过2%消光度。

A.4.2　零点漂移

1 h内或烟度测量试验期间(取其中时间较短者)消光烟度计的零点漂移应不超过1%消光度。

A.4.3　仪表响应时间

A.4.3.1　消光烟度计的物理响应时间(即从烟气开始进入测量室到全部充满测量室为止的时间)应不超过0.2 s。

A.4.3.2　消光烟度计测量电路的响应时间(即显示仪表指针从0偏转到90%满刻度的时间)应不超过0.05 s。

A.5　消光烟度计的调整和标定

A.5.1　光检测器和显示仪表的测量电路应是可调的，以便在测量室中充满清洁空气时能将显示仪表的指计重新调到零位。

A.5.2　消光烟度计必须定期进行标定，以确保达到规定的性能要求。标定时，应按仪器制造厂的规定使消光烟度计预热到稳定的工作状态。若消光烟度计采用鼓风机防止光学器件免受污染，则标定时该鼓风机也应正常工作。

A.5.3　线性度的标定

A.5.3.1　当消光烟度计光源的光束无遮挡时，应将显示仪表的消光度读数调到0%±1%消光度。

A.5.3.2　当消光烟度计光源的光束全部被遮挡时，应将显示仪表的消光度读数调到100%±1%消光度。

A.5.3.3　当将一块已知消光度的滤光片(其消光度应在30%～60%之间)遮挡光源的光束时，显示仪表的消光度读数值应与该滤光片的名义消光度值相同，两者的差值应不大于2%消光度。若超过此差值，则在烟度测量前应对读数值进行修正。必要时，可以采用几块具有不同消光度的滤光片进行读数标定。

A.6　消光烟度计的使用

A.6.1　应按仪器制造厂的规定操作和使用消光烟度计。

A.6.2　应按A.3.2的规定安装取样探头。

A.6.3　在不进行烟度测量时，应切断取样探头至消光烟度计的排气通路。

ICS 91.100.10
Q 62

中华人民共和国国家标准

GB/T 9489—2008
代替 GB/T 9489.1～9489.10—1988

刚玉粉化学分析方法

Chemical analysis methods of alundum powder

2008-08-20 发布

2009-04-01 实施

中华人民共和国国家质量监督检验检疫总局
中国国家标准化管理委员会 发布

前言

本标准代替 GB/T 9489.1—1988《刚玉粉分析方法通则》、GB/T 9489.2—1988《刚玉粉中氧化钙、氧化镁、二氧化硅、三氧化二铁、二氧化钛的电感耦合高频等离子体发射光谱法测定》、GB/T 9489.3—1988《刚玉粉中三氧化二铁、氧化钙、氧化镁、氧化钠、氧化钾的原子吸收分光光度测定法》、GB/T 9489.4—1988《刚玉粉中三氧化二铝的络合滴定-氟化物释放测定法》、GB/T 9489.5—1988《刚玉粉中二氧化硅的比色测定法》、GB/T 9489.6—1988《刚玉粉中二氧化钛的比色测定方法》、GB/T 9489.7—1988《刚玉粉中氯根的目视比浊测定法》、GB/T 9489.8—1988《刚玉粉中碳和硫的测定方法》、GB/T 9489.9—1988《刚玉粉 pH 值的测定方法》、GB/T 9489.10—1988《刚玉粉灼烧失重的测定方法》。

本标准与上述十个标准相比主要变化如下：

——将上述十个标准整合为一个标准；

——增加了规范性引用文件、允许差；

——增加了对分析值修约的规定；

——增加了试样内容的条款；

——增加了三氧化二铁比色测定法；

——修改了通则部分，细化了规定；

——修改了氧化钙、氧化镁、二氧化硅、三氧化二铁、二氧化钛的电感耦合等离子体发射光谱测定法中试料的溶解方法以及标准溶液的配制方法；

——修改了三氧化二铁、氧化钙、氧化镁、氧化钾、氧化钠的原子吸收分光光度法中试料的溶解方法；

——重新起草了三氧化二铝的络合滴定-氟化物释放测定法；

——修改了二氧化硅比色测定法中试料的熔融方式；

——修改了氯的测定方法，将试液过滤改为沉淀澄清分取清液，将目视改为光度测定，提高了方法的灵敏度和准确度。

本标准由中国建筑材料联合会提出。

本标准由全国非金属矿产品及制品标准化技术委员会(SAC/TC 406)归口。

本标准起草单位：中国建筑材料工业地质勘查中心、中国建筑材料工业地质勘查中心陕西总队。

本标准主要起草人：张雅琴、曹苏扬、麻娟侠、王星辉、吴培水、熊军、杨向农、焦红斌。

本标准所代替标准的历次版本发布情况为：

——GB/T 9489.1～9489.10—1988。

刚玉粉化学分析方法

1 范围

本标准规定了刚玉粉中三氧化二铝、氧化钙、氧化镁、二氧化硅、三氧化二铁、二氧化钛、氧化钾、氧化钠、氯离子、碳和硫、pH 值、烧失量的测定方法。

本标准适用于三氧化二铝含量(质量分数)不小于 90% 的刚玉粉化学分析。

2 规范性引用文件

下列文件中的条款通过本标准的引用而成为本标准的条款。凡是注日期的引用文件，其随后所有的修改单(不包括勘误的内容)或修订版均不适用于本标准，然而，鼓励根据本标准达成协议的各方研究是否可使用这些文件的最新版本。凡是不注日期的引用文件，其最新版本适用于本标准。

GB/T 4676 普通磨料 取样方法

GB/T 6682 分析实验室用水规格和试验方法

GB/T 8170 数值修约规则与极限数值的表示和判定

3 通则

3.1 称量所用的分析天平其感量不大于 0.000 1 g。

3.2 配制溶液与分析过程中所用水的规格，应符合 GB/T 6682 中规定的三级或三级以上的水。

3.3 测定所用试剂，除另有注明外，纯度应保证在分析纯以上；标定与配制标准溶液所用试剂应采用基准试剂。用金属配制标准溶液时，其纯度应在 99.99% 以上或者光谱纯。

3.4 分析所用的溶液除特殊指明溶剂外，均系水溶液。

3.5 标准中所谓“恒重”是指在相同温度下灼烧或烘干以及取出、干燥冷却、称重等步骤重复进行至两次称量之差不大于 0.000 2 g。

3.6 天平砝码及容量器皿(容量瓶、滴定管、移液管、比色管等)，根据器皿等级按国家有关规定及规程在使用中定期进行校准。

3.7 标准滴定溶液的浓度以 c(A)=mol/L 或 T(B)/(A)=mg/mL 表示，标定其浓度时，应同时进行三份以上的测定，并进行空白试验和人员比对，所得浓度的相对误差不得大于 0.20%，结果取算术平均值并修约至小数点后四位有效数字。

3.8 配制、贮存试剂溶液时，对玻璃有腐蚀性的试剂应使用塑料容器贮存，对容易分解的试剂应使用棕色容器贮存，并标明贮存时的注意事项及贮存时间。

3.9 标准溶液的贮存期限，一般浓度在 1 mg/mL 以上的溶液保存一年；浓度在 1 mg/mL 以下的溶液保存三个月，浓度在 1 μg/mL 以下的溶液则采取现用现配。

3.10 每次试验时，应进行平行空白试验，计算结果根据空白值进行校正。

3.11 分析结果以两次平行结果的算术平均值表示，数值按 GB/T 8170 修约，表示至小数点后两位有效数字。

4 试样

依据 GB/T 4676 进行取样和缩分，再用刚玉研钵研细至试样粒径不大于 75 μm，混合均匀、装入试样袋，在烘箱中于 105 ℃～110 ℃烘干 1 h～2 h，取出，放入干燥器中冷却至室温备用。分析试样质量不得少于 20 g。

5 氧化钙、氧化镁、二氧化硅、三氧化二铁、二氧化钛的电感耦合等离子体发射光谱测定法

5.1 测定范围

氧化钙、氧化镁、二氧化硅、三氧化二铁的质量分数均为 0.006 5%～1.0%；

二氧化钛的质量分数为 0.000 65%～2.0%。

5.2 原理

将试料置于密封增压溶样器中，在 205 ℃～215 ℃用盐酸、硝酸、过氧化氢分解。将试液引入电感耦合等离子体光源进行激发，以光栅分光，经光电转换装置测定 CaO、MgO、SiO_2、Fe_2O_3、TiO_2 各个组分。由于大量的铝对待测元素有抑制作用，故在标准溶液中加入与试样相同量的三氧化二铝，以消除其干扰。

5.3 试剂

5.3.1 硝酸（ρ1.42 g/mL）：优级纯。

5.3.2 过氧化氢（30%）：优级纯。

5.3.3 盐酸（2+1）：用优级纯盐酸配制。

5.3.4 盐酸（1+1）：用优级纯盐酸配制。

5.3.5 硫酸（1+1）：用优级纯硫酸配制。

5.3.6 氧化钙标准溶液［c(CaO)＝1.00 mg/mL］：称取 0.100 0 g 经 150 ℃±5 ℃干燥 2 h 左右的光谱纯氧化钙，置于 100 mL 高脚烧杯中，加盖表面皿，从杯口缓慢加入 10 mL 盐酸（5.3.4），加热溶解。冷却后移入 100 mL 容量瓶中，用水稀释至标线，摇匀，贮存于干燥的塑料瓶中，备用。

5.3.7 氧化镁标准溶液［c(MgO)＝1.00 mg/mL］：称取 0.100 0 g 经 800 ℃±20 ℃灼烧 2 h 左右的光谱纯氧化镁，置于 100 mL 高脚烧杯中，加盖表面皿，从杯口缓慢加入 10 mL 盐酸（5.3.4），加热溶解。冷却后移入 100 mL 容量瓶中，用水稀释至标线，摇匀，贮存于干燥的塑料瓶中，备用。

5.3.8 二氧化硅标准溶液［$c(SiO_2)$＝1.00 mg/mL］：称取 0.100 0 g 预先经 1 000 ℃±20 ℃灼烧 1 h 左右的光谱纯二氧化硅置于铂坩埚中，加入 2 g 无水碳酸钠（基准），混匀后再覆盖 0.5 g 左右的无水碳酸钠（基准），在高温炉中于 1 000 ℃±20 ℃熔融 20 min 左右，取出，旋转坩埚，冷却，洗净坩埚的外壁，置于聚四氟乙烯烧杯中用热水浸取，冷却后移入 100 mL 容量瓶中，用水稀释至标线，摇匀，贮存于干燥的塑料瓶中，备用。

5.3.9 三氧化二铁标准溶液［$c(Fe_2O_3)$＝1.00 mg/mL］：称取 0.100 0 g 经 105 ℃～110 ℃烘干 2 h 左右的光谱纯三氧化二铁，置于 100 mL 高脚烧杯中，加盖表面皿，加入 10 mL 盐酸（5.3.4），低温加热溶解后冷却至室温，移入 100 mL 容量瓶中，用水稀释至标线，摇匀，贮存于干燥的塑料瓶中，备用。

5.3.10 二氧化钛标准溶液［$c(TiO_2)$＝1.00 mg/mL］：称取 0.100 0 g 经 950 ℃～1 000 ℃灼烧 2 h 左右的光谱纯二氧化钛于铂坩埚中，加入 2 g～3 g 优级纯焦硫酸钾，置于电炉上熔至熔融状态后，移入 700 ℃±20 ℃高温炉内熔融 10 min 左右，取下冷却，放入预先盛有 40 mL 硫酸（5.3.5）的 200 mL 烧杯中，加热溶解，洗出坩埚，冷却后移入 100 mL 容量瓶中，用水稀释至标线，摇匀。

5.3.11 三氧化二铝溶液：称取 15 g 光谱纯硝酸铝［$Al(NO_3)_3 \cdot 10H_2O$］，置于 100 mL 烧杯中，加盖表面皿，加水溶解后移入 200 mL 容量瓶中，加 120 mL 盐酸（5.3.4），用水稀释至标线，摇匀备用。此溶液约为含三氧化二铝 10 mg/mL。

5.4 仪器设备

5.4.1 电感耦合等离子体发射光谱仪。

5.4.2 分析天平。

5.4.3 密封增压溶样器：由聚四氟乙烯内套及保护钢套组成。

5.4.4 烘箱（电热恒温干燥箱）：0 ℃～300 ℃。

5.5 分析步骤

5.5.1 试液制备

称取约 0.1 g(精确至 0.000 1 g)试样置于密封增压溶样器的聚四氟乙烯坩埚中,加入 5 mL 盐酸(5.3.3)、0.5 mL 硝酸(5.3.1)、0.5 mL 过氧化氢(5.3.2),加盖封闭后置于不锈钢外套中,旋紧外套盖,放入烘箱中。升温至 205 ℃～215 ℃,恒温 8 h～10 h 分解试料,自然冷却至室温后启封。将试液移入 100 mL 的烧杯中,煮沸 3 min～5 min,冷却后转入 50 mL 容量瓶中,用水稀释至标线,摇匀,待测。

5.5.2 混合标准系列溶液的配制

分别准确移取一定量的 5.3.6～5.3.10 中各个标准溶液,配制成含三氧化二铁、氧化钙、氧化镁、二氧化硅的浓度为 50.0 μg/mL 的混合组分标准溶液及二氧化钛浓度为 100.0 μg/mL 的标准溶液,再分取不同量的上述两种溶液配制成以下阶梯的混合标准系列溶液(详见表 1)。

表 1

组　分	标准系列溶液中各组分的含量/(μg/mL)					
CaO、MgO、SiO_2、Fe_2O_3	20.00	10.00	5.00	1.00	0.50	0.25
TiO_2	40.00	20.00	5.00	1.00	0.40	0.20
Al_2O_3	2 000	2 000	2 000	2 000	2 000	2 000

5.5.3 元素组分的分析线及测定范围

元素组分的分析线及测定范围见表 2:

表 2

组　分	分析线波长/nm
Ca	317.933
Mg	285.213
Si	251.612
Fe	259.940
Ti	323.452

5.5.4 测量

在等离子体发射光谱仪上,根据仪器操作规程将仪器调至最佳工作状态,选择与待测元素相适应的功率和雾化压力,按上述给定的元素组分波长调节波长,点燃氩气火焰,用水调零,依次测量标准系列溶液和待测溶液,绘制工作曲线或者采用仪器浓度直读。

注:测定时也可用国家一级标准样品定值来代替标准系列溶液。

5.6 分析结果计算

氧化钙、氧化镁、二氧化硅、三氧化二铁、二氧化钛的含量以质量分数 $w(CaO)$、$w(MgO)$、$w(SiO_2)$、$w(Fe_2O_3)$、$w(TiO_2)$计,数值以 10^{-2} 或%表示,按式(1)计算:

$$w(CaO)、w(MgO)、w(SiO_2)、w(Fe_2O_3)、w(TiO_2)=\frac{c\times V_s\times 10^{-6}}{m_s}\times 100 \quad \cdots\cdots(1)$$

式中:

c——从工作曲线上(或者浓度直读)所得待测溶液中各组分的浓度,单位为微克每毫升(μg/mL);

V_s——试液总体积,单位为毫升(mL);

m_s——试料质量,单位为克(g)。

5.7 允许差

允许差见表 3。

表 3

含量/%	允许差(相对误差)/%	
	同一试验室	不同实验室
≤1.0	20	25
>1.0~2.0	15	20

6 三氧化二铁、氧化钙、氧化镁、氧化钾、氧化钠原子吸收分光光度法

6.1 测定范围

三氧化二铁、氧化钙、氧化镁、氧化钾、氧化钠的质量分数均为 0.010%~1.0%。

6.2 原理

试料置于密封增压溶样器的聚四氟乙烯坩埚中,在 205 ℃~215 ℃下用盐酸、硝酸、过氧化氢进行分解,在原子吸收分光光度计上,分别于各个元素的测定波长处进行测量。由于大量的铝对待测元素有抑制作用,故在标准溶液中加入与试料中相同量的三氧化二铝,以消除其干扰。

6.3 试剂

6.3.1 硝酸(ρ1.42 g/mL):优级纯。

6.3.2 过氧化氢(30%):优级纯。

6.3.3 盐酸(2+1):用优级纯盐酸配制。

6.3.4 盐酸(1+1):用优级纯盐酸配制。

6.3.5 三氧化二铝溶液:配制方法同 5.3.11。

6.3.6 氧化钙标准溶液[$c(CaO)$=1.00 mg/mL]:配制方法同 5.3.6。

6.3.7 氧化镁标准溶液[$c(MgO)$=1.00 mg/mL]:配制方法同 5.3.7。

6.3.8 三氧化二铁标准溶液[$c(Fe_2O_3)$=1.00 mg/mL]:配制方法同 5.3.9。

6.3.9 氧化钾标准溶液[$c(K_2O)$=1.00 mg/mL]:称取 1.583 0 g 经 105 ℃~110 ℃干燥 2 h 左右的光谱纯氯化钾,置于 150 mL 烧杯中,加水溶解,移入 1 000 mL 容量瓶中,加入 10 mL 盐酸(6.3.4),用水稀释至标线,摇匀,贮存于干燥的塑料瓶中,备用。

6.3.10 氧化钠标准溶液[$c(Na_2O)$=1.00 mg/mL]:称取 1.885 9 g 经 105 ℃~110 ℃干燥 2 h 左右的光谱纯氯化钠,置于 150 mL 烧杯中,加水溶解,移入 1 000 mL 容量瓶中,加入 10 mL 盐酸(6.3.4),用水稀释至标线,摇匀,贮存于干燥的塑料瓶中,备用。

6.3.11 混合标准溶液:分别移取 5.00 mL 上述 6.3.6~6.3.10 氧化钙、氧化镁、三氧化二铁、氧化钾、氧化钠标准溶液,置于 200 mL 容量瓶中,用水稀释至标线,摇匀,贮存于干燥的塑料瓶中。此溶液为 $c(CaO)$、$c(MgO)$、$c(Fe_2O_3)$、$c(K_2O)$、$c(Na_2O)$=25.0 μg/mL。

6.4 仪器设备

6.4.1 分析天平

6.4.2 密封增压溶样器:由聚四氟乙烯内套及保护钢套组成。

6.4.3 烘箱(电热恒温干燥箱):0 ℃~300 ℃。

6.4.4 原子吸收分光光度计:在原子吸收分光光度计上,各元素的测定条件如表 4 所示。

表 4

元　素	波长/nm	允许最大光谱通带/nm	火焰类型
Ca	422.7	2	氧化亚氮-乙炔
Mg	285.2	2	氧化亚氮-乙炔
Fe	248.3	0.4	空气-乙炔
K	766.5	2	空气-乙炔
Na	589.0	2	空气-乙炔

6.5 分析步骤

6.5.1 试液制备

称取约 0.2 g(精确至 0.000 1 g)试样置于密封增压溶样器的聚四氟乙烯坩埚中,加入 10 mL 盐酸(6.3.3)、1 mL 硝酸(6.3.1)、1 mL 过氧化氢(6.3.2),加盖封闭后置于不锈钢外套中,旋紧外套盖,放入烘箱中。升温至 205 ℃～215 ℃,恒温 8 h～10 h 分解试料,自然冷却至室温后启封,将试液移入 100 mL 烧杯中,煮沸 3 min～5 min,冷却后转入 100 mL 容量瓶中,用水稀释至标线,摇匀。此溶液为试液 A,用以铁、钛、钙、镁、钾、钠项目测定,分取此溶液 30 mL 左右进行原子吸收测定。

注 1：若钙、镁、测定时采用空气-乙炔火焰,需单独制备试液与钾、钠、铁测定液分开,且加 2.5 mL 氯化锶溶液(200 g/L),移入 50 mL 容量瓶中,用水稀释至标线,摇匀,待测。

注 2：钙、镁、铁原子吸收测定时也可分取试液 B(7.5.1),置于 50 mL 容量瓶中,用水稀释至标线,摇匀,待测。

6.5.2 混合标准系列溶液的配制

移取 0 mL、1.00 mL、2.00 mL、4.00 mL、6.00 mL、8.00 mL……混合标准溶液(6.3.11),分别置于 50 mL 容量瓶中,加入 10 mL 三氧化二铝溶液(6.3.5),用水稀释至标线,摇匀(此混合标准系列溶液浓度分别为 0 μg/mL、0.50 μg/mL、1.00 μg/mL、2.00 μg/mL、3.00 μg/mL、4.00 μg/mL……)。

注：标准系列溶液中三氧化二铝溶液的加入量应随试料中铝的含量而变化。

6.5.3 测量

按照仪器操作规程以及测定所选定的仪器工作条件将仪器调至最佳工作状态。空心阴极灯预热 20 min 后点燃火焰,调节空气(或氧化亚氮)和乙炔流量,用水喷雾调整零点,依次喷测标准系列溶液和待测的试料溶液。绘制工作曲线或者采用仪器浓度直读。

6.6 分析结果计算

三氧化二铁、氧化钙、氧化镁、氧化钾、氧化钠的含量以质量分数 $w(Fe_2O_3)$、$w(CaO)$、$w(MgO)$、$w(K_2O)$、$w(Na_2O)$计,数值以 10^{-2} 或%表示,按式(2)计算,分取试液 B 按式(3)计算:

$$w(Fe_2O_3)、w(CaO)、w(MgO)、w(K_2O)、w(Na_2O) = \frac{c \times V_s \times 10^{-6}}{m_s} \times 100 \quad \cdots\cdots(2)$$

$$w(Fe_2O_3)、w(CaO)、w(MgO) = \frac{c \times V_1 \times V_s \times 10^{-6}}{m_s \times V_2} \times 100 \quad \cdots\cdots(3)$$

式中:

c——从工作曲线上(或者浓度直读)所得待测溶液中各氧化物的浓度,单位为微克每毫升(μg/mL);

V_1——待测试液的总体积,单位为毫升(mL);

V_s——试液总体积,单位为毫升(mL);

m_s——试料质量,单位为克(g);

V_2——分取试液的体积,单位为毫升(mL)。

6.7 允许差

允许差见表 5。

表 5

允许差(相对误差)/%	
同一试验室	不同实验室
20	25

7 三氧化二铝的络合滴定-氟化物释放测定法

7.1 测定范围

三氧化二铝的质量分数≥90%。

7.2 原理

试料用硼砂-碳酸钠混合熔剂分解后，熔融物用盐酸浸出，制备成试液，分取溶液，在 pH＝5～6 时，过量的 EDTA 与铝、钛充分络合，以二甲酚橙为指示剂，用锌盐溶液回滴过量的 EDTA，加入氟化钾取代与铝、钛络合的 EDTA，再用锌盐标准滴定溶液返滴释放出来的 EDTA，此为铝、钛合量的滴定，差减计算三氧化二铝的含量。

7.3 试剂

7.3.1 硼砂-碳酸钠混合熔剂：称取两份硼砂、一份无水碳酸钠于玛瑙研钵中研细，混匀，贮存于广口瓶中。

7.3.2 盐酸（ρ1.19 g/mL）。

7.3.3 盐酸（1＋1）。

7.3.4 乙酸（1＋1）。

7.3.5 氨水（1＋1）。

7.3.6 六次甲基四胺溶液（200 g/L）。

7.3.7 乙酸锌溶液（5 g/L）。

7.3.8 氟化钾溶液（200 g/L）：称取 20 g 氟化钾，溶解于 100 mL 水中，摇匀，贮存于塑料瓶中。

7.3.9 EDTA 溶液[c(EDTA)＝0.025 mol/L]：称取 9.31 g 乙二胺四乙酸二钠盐溶于水中，加热溶解，冷却后用水稀释至 1 000 mL，摇匀。

7.3.10 三氧化二铝标准溶液[$c(Al_2O_3)$＝1.00 mg/mL]：称取 0.529 3 g 金属铝片（99.99%）[铝表面有氧化膜时，用盐酸（1＋9）除去，用水洗净，再用乙醇及乙醚依次洗过，风干后使用]置于 250 mL 烧杯中，加入 50 mL 盐酸（1＋4），在水浴上低温溶解，冷却后移入 1 000 mL 容量瓶中，用水稀释至标线，摇匀。

7.3.11 乙酸锌标准滴定溶液[$c[Zn(CH_3COO)_2]$＝0.015 mol/L]

7.3.11.1 乙酸锌标准滴定溶液的配制：称取 3.3 g 乙酸锌[$Zn(CH_3COO)_2 \cdot H_2O$]溶于水中，加几滴乙酸，用水稀释至 1 000 mL，摇匀。

7.3.11.2 乙酸锌标准滴定溶液的标定：移取 10.00 mL 三氧化二铝标准溶液（7.3.10）于 250 mL 烧杯中，加入 25 mL EDTA 溶液（7.3.9），加热 40 ℃～60 ℃，加入 1 滴甲基橙溶液（7.3.12），以下按本标准 7.5 分析步骤进行。

7.3.11.3 乙酸锌标准滴定溶液对三氧化二铝的滴定度按式（4）计算，其值修约至小数点后四位有效数字：

$$T=\frac{c\times V_1}{V_2} \qquad \cdots\cdots(4)$$

式中：

T——乙酸锌标准滴定溶液对三氧化二铝的滴定度，单位为毫克每毫升（mg/mL）；

c——移取三氧化二铝标准溶液的浓度，单位为毫克每毫升（mg/mL）；

V_1——移取三氧化二铝标准溶液的体积，单位为毫升（mL）；

V_2——消耗乙酸锌标准滴定溶液的体积，单位为毫升（mL）。

7.3.12 甲基橙溶液（1 g/L）。

7.3.13 二甲酚橙溶液（2 g/L）。

7.4 仪器设备

分析天平。

7.5 分析步骤

7.5.1 称取约 0.5 g（精确至 0.000 1 g）试样，置于铂坩埚中，加入 3 g 硼砂-碳酸钠混合熔剂（7.3.1），搅拌均匀后再覆盖 1 g 左右的混合熔剂，加盖（应留有缝隙），将坩埚送入高温炉中，在 1 000 ℃±10 ℃

熔融 30 min 左右，取出，旋转坩埚，使熔融物附于坩埚内壁，冷却，用水洗净坩埚外壁，放入盛有 100 mL 左右沸水的 250 mL 烧杯中，盖上表面皿，稍凉，缓慢加入 20 mL 盐酸(7.3.2)，加热使熔块脱落，洗出坩锅盖和坩锅，溶液转入 250 mL 容量瓶中，用水稀释至标线，摇匀，贮于干燥的塑料瓶中。此溶液为试液 B，用以铁、铝、钛、钙、镁项目测定。

7.5.2 分取 10.00 mL 上述试液 B 于 250 mL 烧杯中，加入 40 mL 左右 EDTA 溶液(7.3.9)(加入量要保持过量 10 mL～15 mL 为宜)，加热 40 ℃～60 ℃，加入 1 滴甲基橙溶液(7.3.12)，用氨水(7.3.5)调至试液刚变黄，加入 1 mL 乙酸(7.3.4)[此时试液应为红色，否则滴加盐酸(7.3.3)使之刚变红]，再加入 10 mL 六次甲基四胺溶液(7.3.6)，煮沸 2 min，冷却。

7.5.3 将上述试液加水至 100 mL 左右，加入 5～8 滴二甲酚橙溶液(7.3.13)，用乙酸锌溶液(7.3.7)滴定至接近终点时，再用乙酸锌标准滴定溶液(7.3.11)滴定至试液呈玫瑰红色为终点(不计其读数)，立即加入 10 mL 氟化钾溶液(7.3.8)，加一小片滤纸用玻璃棒压住，煮沸 2 min～3 min，冷却。

7.5.4 在上述试液中补加 1～2 滴二甲酚橙溶液(7.3.13)，再用乙酸锌标准滴定溶液(7.3.11)滴定至试液呈玫瑰红色为终点，记下读数。

7.6 分析结果计算

三氧化二铝的含量以质量分数 $w(Al_2O_3)$ 计，数值以 10^{-2} 或％表示，按式(5)计算：

$$w(Al_2O_3) = \frac{T \times V_3 \times V_s \times 10^{-3}}{m_s \times V_4} \times 100 - w(TiO_2) \times 0.6381 \quad \cdots\cdots (5)$$

式中：

T——乙酸锌标准滴定溶液对三氧化二铝的滴定度，单位为毫克每毫升(mg/mL)；

V_3——消耗乙酸锌标准滴定溶液的体积，单位为毫升(mL)；

V_s——试液总体积，单位为毫升(mL)；

m_s——试料质量，单位为克(g)；

V_4——分取试液的体积，单位为毫升(mL)；

$w(TiO_2)$——按第 10 章测得的二氧化钛的含量，%；

0.638 1——二氧化钛相当于三氧化二铝的换算系数。

注：二氧化钛含量小于 0.01%时，可忽略不计。

7.7 允许差

允许差见表 6。

表 6

允许差(相对误差)/%	
同一实验室	不同实验室
0.40	0.45

8 三氧化二铁比色测定法

8.1 测定范围

三氧化二铁的质量分数为 0.01%～5.0%。

8.2 原理

试料用硼砂-碳酸钠混合熔剂分解后，熔融物用盐酸浸出，制备成试液，分取溶液，在 pH＝8～11.5 的氨性介质中，三价铁与磺基水杨酸生成稳定的黄色络合物，于分光光度计上波长 420 nm 处进行测定。

8.3 试剂

8.3.1 氨水(1+1)。

8.3.2 磺基水杨酸溶液(100 g/L)。

8.3.3 三氧化二铁标准溶液。

8.3.3.1 三氧化二铁标准溶液[$c(Fe_2O_3)=1.00$ mg/mL]:称取1.000 0 g经105 ℃～110 ℃烘干2 h左右的光谱纯三氧化二铁,置于200 mL烧杯中,加入50 mL盐酸(1+1),低温加热溶解后冷却至室温,移入1 000 mL容量瓶中,用水稀释至标线,摇匀,贮存于干燥的塑料瓶中备用。

8.3.3.2 三氧化二铁标准溶液[$c(Fe_2O_3)=50.0$ μg/mL]:移取50.00 mL三氧化二铁标准溶液(8.3.3.1)于1 000 mL容量瓶中,加入5 mL盐酸(1+1),用水稀释至标线,摇匀。

8.4 仪器设备

8.4.1 分析天平。

8.4.2 分光光度计。

8.5 分析步骤

8.5.1 工作曲线的绘制

移取0 mL、0.20 mL、0.50 mL、1.00 mL、2.00 mL、3.00 mL、4.00 mL……三氧化二铁标准溶液(8.3.3.2)分别置于100 mL容量瓶中,加水至50 mL左右,加入10 mL磺基水杨酸溶液(8.3.2),用氨水(8.3.1)中和至试液刚呈黄色并过量2 mL,用水释稀至标线,摇匀。在波长420 nm处进行测定。绘制工作曲线或者采用仪器浓度直读。

8.5.2 测定

分取25.00 mL试液A(6.5.1)或试液B(7.5.1)置于100 mL容量瓶中,加水至50 mL左右,加入10 mL磺基水杨酸溶液(8.3.2),用氨水(8.3.1)中和至试液刚呈黄色并过量2 mL,用水释稀至标线,摇匀。在波长420 nm处进行测定,在工作曲线上查出相应的三氧化二铁的量或采用仪器浓度直读。

8.6 分析结果计算

三氧化二铁的含量以质量分数$w(Fe_2O_3)$计,数值以10^{-2}或%表示,按式(6)计算:

$$w(Fe_2O_3)=\frac{m_1\times V_s\times 10^{-6}}{m_s\times V_1}\times 100 \qquad \cdots\cdots(6)$$

式中:

m_1——从工作曲线上(或者浓度直读)所得待测溶液中三氧化二铁的量,单位为微克(μg);

V_s——试液总体积,单位为毫升(mL);

m_s——试料质量,单位为克(g);

V_1——分取试液的体积,单位为毫升(mL)。

8.7 允许差

允许差见表7。

表7

三氧化二铁的含量/%	允许差(相对误差)/%	
	同一实验室	不同实验室
<1.0	20	25
≥1.0～2.0	15	16
>2.0～5.0	6	8

9 二氧化硅比色测定法

9.1 测定范围

二氧化硅的质量分数为 0.01%～5.0%。

9.2 原理

在 pH=1～2 的酸性溶液中，硅酸根离子与钼酸铵生成黄色的硅钼杂多酸络合物，以抗坏血酸为还原剂，将其还原成硅钼蓝，在分光光度计上、波长 680 nm～700 nm 处进行测定。

9.3 试剂

9.3.1 硼砂-碳酸钠混合熔剂：同 7.3.1。

9.3.2 盐酸(1+4)。

9.3.3 氨水(1+4)。

9.3.4 硫酸(1+5)。

9.3.5 抗坏血酸溶液(50 g/L)：现用现配。

9.3.6 草酸-硫酸混合酸：称取 1 g 草酸，溶于 100 mL 硫酸(9.3.4)中。

9.3.7 钼酸铵溶液(50 g/L)：称取 50 g 钼酸铵[$(NH_4)_6Mo_7O_{24}\cdot 4H_2O$]置于烧杯中，加 400 mL 水，加热至 50 ℃～60 ℃搅拌使之溶解，用水稀释至 1 000 mL，摇匀，过滤后使用。现用现配。

9.3.8 二氧化硅标准溶液

9.3.8.1 二氧化硅标准溶液[$c(SiO_2)$=100.0 μg/mL]：称取 0.100 0 g 预先经 1 000 ℃±20 ℃灼烧 1 h左右的光谱纯二氧化硅置于铂坩埚中，加入 2 g 无水碳酸钠(基准)，混匀后再覆盖 0.5 g 无水碳酸钠(基准)，在高温炉中于 1 000 ℃±20 ℃熔融 20 min 左右，取出，旋转坩埚，冷却，洗净坩埚的外壁，在聚四氟乙烯烧杯中用热水浸取，冷却后移入 1 000 mL 容量瓶中，用水稀释至标线，摇匀，贮存于干燥的塑料瓶中备用。

9.3.8.2 二氧化硅标准溶液[$c(SiO_2)$=50.0 μg/mL]：移取 50.00 mL 上述二氧化硅标准溶液(9.3.8.1)，置于 100 mL 容量瓶中，用水稀释至标线，摇匀，贮于干燥的塑料瓶中备用。

9.4 仪器设备

9.4.1 分析天平。

9.4.2 分光光度计。

9.5 分析步骤

9.5.1 工作曲线的绘制

移取 0 mL、0.50 mL、1.00 mL、2.00 mL、3.00 mL、4.00 mL、6.00 mL……二氧化硅标准溶液(9.3.8.2)，分别置于 50 mL 容量瓶中，加入 10 mL 蒸馏水、0.4 mL 硫酸(9.3.4)，摇匀，加入 2.5 mL 钼酸铵溶液(9.3.7)，摇匀，放置 15 min 后，加入 5 mL 草酸-硫酸混合酸(9.3.6)，摇匀，加入 2.5 mL 抗坏血酸溶液(9.3.5)，用水稀释至标线，摇匀，放置 15 min 后于分光光度计上、波长 680 nm～700 nm 处进行测定，绘制工作曲线或采用仪器浓度直读。

9.5.2 测定

9.5.2.1 称取约 0.5 g(精确至 0.000 1 g)试样，置于铂坩埚中，加入 3 g 硼砂-碳酸钠混合熔剂(9.3.1)，搅拌均匀后再覆盖 1 g 左右的混合熔剂，加盖(应留有缝隙)，将坩埚送入高温炉中，在 1 000 ℃±10 ℃熔融 30 min 左右，取出，旋转坩埚，使熔融物附于坩埚内壁，冷却，用水洗净坩埚外壁，放入盛有煮沸的 50 mL 盐酸(9.3.2)的塑料杯中，不断搅拌，待熔块溶解后，洗出坩埚，冷却至室温，移入 100 mL 容量瓶中，用水稀释至标线，摇匀。转入干燥的塑料瓶中备用。

9.5.2.2 分取 10.00 mL 上述试液，置于 50 mL 容量瓶中，用氨水(9.3.3)调节至沉淀出现，滴加硫酸(9.3.4)使沉淀消失并过量 0.4 mL，加入 2.5 mL 钼酸铵溶液(9.3.7)，摇匀，放置 15 min 后，加入 5 mL 草酸-硫酸混合酸(9.3.6)，摇匀，加入 2.5 mL 抗坏血酸溶液(9.3.5)，用水稀释至标线，摇匀，放置

15 min 后于分光光度计上、波长 680 nm～700 nm 处进行测定，在工作曲线上查出相应的二氧化硅的量或采用仪器浓度直读。

9.6　分析结果计算

二氧化硅的含量以质量分数 $w(SiO_2)$ 计，数值以 10^{-2} 或%表示，按式(7)计算：

$$w(SiO_2)=\frac{m_1\times V_s\times 10^{-6}}{m_s\times V_1}\times 100 \qquad \cdots\cdots(7)$$

式中：

m_1——从工作曲线上(或者浓度直读)所得待测溶液中二氧化硅的量，单位为微克(μg)；

V_s——试液总体积，单位为毫升(mL)；

m_s——试料质量，单位为克(g)；

V_1——分取试液的体积，单位为毫升(mL)。

9.7　允许差

允许差见表 8。

表 8

含量/%	允许差(相对误差)/%	
	同一试验室	不同实验室
<1.0	25	30
≥1.0～2.0	15	16
>2.0～5.0	6	8

10　二氧化钛比色测定法

10.1　测定范围

二氧化钛的质量分数为 0.002 0%～5.0%。

10.2　原理

在 0.1 mol/L～4 mol/L 的盐酸介质中，二安替比林甲烷与四价钛离子生成黄色络合物，在分光光度计上于波长 390 nm 处进行测定。

10.3　试剂

10.3.1　盐酸(1+1)。

10.3.2　抗坏血酸溶液(10 g/L)：现用现配。

10.3.3　二安替比林甲烷溶液(50 g/L)：称取 5 g 二安替比林甲烷溶于 100 mL 盐酸(1+5)中。

10.3.4　二氧化钛标准溶液

10.3.4.1　二氧化钛标准溶液[$c(TiO_2)$=100.0 μg/mL]：称取 0.100 0 g 经 950 ℃～1 000 ℃灼烧 2 h 左右的二氧化钛于铂坩埚中，加 2 g～3 g 焦硫酸钾，置于电炉上熔至熔融状态后，移入 700 ℃±20 ℃高温炉内熔融 10 min 左右，取下冷却，放入预先盛有 50 mL 硫酸(1+1)的 400 mL 烧杯中，加热溶解，洗出坩埚，冷却后移入 1 000 mL 容量瓶中，用水稀释至标线，摇匀。

10.3.4.2　二氧化钛标准溶液[$c(TiO_2)$=20.0 μg/mL]：移取 20.00 mL 二氧化钛标准溶液(10.3.4.1)，置于 100 mL 容量瓶中，用水稀释至标线，摇匀，备用。

10.4　仪器设备

10.4.1　分析天平。

10.4.2　分光光度计。

10.5 分析步骤

10.5.1 工作曲线的绘制

移取 0 mL、0.50 mL、1.00 mL、2.00 mL、4.00 mL、6.00 mL、8.00 mL……二氧化钛标准溶液(10.3.4.2)，分别置于 50 mL 容量瓶中，加入 10 mL 盐酸(10.3.1)、4 mL 抗坏血酸溶液(10.3.2)，摇匀，放置数分钟，加入 10 mL 二安替比林甲烷溶液(10.3.3)，用水稀释至标线，摇匀，放置 1 h 后于分光光度计上、波长 390 nm 处进行测定。绘制工作曲线或采用仪器浓度直读。

10.5.2 测定

分取 5.00 mL～25.00 mL 试液 A(6.5.1)或试液 B(7.5.1)，置于 50 mL 容量瓶中，加入 10 mL 盐酸(10.3.1)，4 mL 抗坏血酸溶液(10.3.2)，摇匀，放置数分钟，加入 10 mL 二安替比林甲烷溶液(10.3.3)，用水稀释至标线，摇匀，放置 1 h 后于分光光度计上、波长 390 nm 处进行测定。在工作曲线上查出相应的二氧化钛的量或采用仪器浓度直读。

10.6 分析结果计算

二氧化钛的含量以质量分数 $w(TiO_2)$ 计，数值以 10^{-2} 或%表示，按式(8)计算：

$$w(\mathrm{TiO_2}) = \frac{m_1 \times V_s \times 10^{-6}}{m_s \times V_1} \times 100 \qquad \cdots\cdots(8)$$

式中：

m_1——从工作曲线上(或浓度直读)所得待测溶液中二氧化钛的量，单位为微克(μg)；

V_s——试液总体积，单位为毫升(mL)；

m_s——试料质量，单位为克(g)；

V_1——分取试液的体积，单位为毫升(mL)。

10.7 允许差

允许差见表 9。

表 9

含量/%	允许差(相对误差)/%	
	同一试验室	不同实验室
<1.0	25	30
≥1.0～2.0	15	16
>2.0～5.0	6	8

11 氯离子比浊测定法

11.1 测定范围

氯离子的质量分数为 0.001 0%～0.50%。

11.2 原理

在微酸性的硝酸溶液中，氯离子与银离子生成乳白色的氯化银沉淀，于分光光度计上波长 490 nm 处进行测定。

11.3 试剂

11.3.1 水：无氯离子水(本方法试验用水均为此水)。

11.3.2 硝酸(1+1)。

11.3.3 硝酸银溶液(20 g/L)：称取 2 g 硝酸银溶于 100 mL 水中，加 2 mL 硝酸，摇匀，贮于棕色瓶中备用。

11.3.4 氯离子标准溶液

11.3.4.1 氯离子标准溶液[$c(Cl^-)$=100.0 μg/mL]：称取 0.177 2 g 经 105 ℃～110 ℃干燥 2 h 左右

的光谱纯氯化钠，置于 100 mL 烧杯中，加水溶解，移入 1 000 mL 容量瓶中，用水稀释至标线，摇匀，备用。

11.3.4.2 氯离子标准溶液[$c(Cl^-)$=10.0 μg/mL]：移取 50.00 mL 氯离子标准溶液(11.3.4.1)于 500 mL 容量瓶中，用水稀释至标线，摇匀。

11.4 仪器设备

11.4.1 分析天平。

11.4.2 分光光度计。

11.5 分析步骤

11.5.1 工作曲线的绘制

移取 0 mL、0.50 mL、1.00 mL、1.50 mL、2.00 mL、3.00 mL、4.00 mL……氯离子标准溶液(11.3.4.2)分别置于 50 mL 比色管中，加入 6 mL 硝酸(11.3.2)、边加边摇，加入 5 mL 硝酸银溶液(11.3.3)，立即用水稀释至标线，摇匀，置于 40 ℃的烘箱中保温 30 min，取下迅速冷却至室温，于分光光度计上波长 490 nm 处、40 min 内完成测定。绘制工作曲线或者采用仪器浓度直读。

11.5.2 测定

11.5.2.1 称取约 2 g(精确至 0.000 1 g)试样，置于 100 mL 烧杯中，加入 10 mL 左右水、15 mL 硝酸(11.3.2)，盖上表面皿，置于电热板上微沸 5 min～8 min(温度不宜过高)，冷却至室温，移入 50 mL 容量瓶中，用水稀释至标线，摇匀，澄清备用。

11.5.2.2 分取 25.00 mL 上述溶液的上层清液于 50 mL 比色管中，加入 4 mL 硝酸(11.3.2)，边加边摇，加入 5 mL 硝酸银溶液(11.3.3)，立即用水稀释至标线，摇匀，置于 40 ℃的烘箱中保温 30 min，取下迅速冷却至室温，在波长 490 nm 处、40 min 内完成测定。在工作曲线上查出相应的氯离子的量或采用仪器浓度直读。

11.6 分析结果计算

氯离子的含量以质量分数 $w(Cl^-)$计，数值以 10^{-2}或%表示，按式(9)计算：

$$w(\mathrm{Cl^-}) = \frac{m_1 \times V_s \times 10^{-6}}{m_s \times V_1} \times 100 \qquad \cdots\cdots(9)$$

式中：

m_1——从工作曲线上(或浓度直读)所得待测溶液中氯离子的量，单位为微克(μg)；

V_s——试液总体积，单位为毫升(mL)；

m_s——试料质量，单位为克(g)；

V_1——分取试液的体积，单位为毫升(mL)。

11.7 允许差

允许差见表 10。

表 10

含量/%	允许差(相对误差)/%	
	同一实验室	不同实验室
<0.010	40	45
≥0.010～0.050	30	35
>0.050～0.50	10	15

12 碳和硫的测定方法

12.1 测定范围

碳质量分数为 0.001 0%～3.0%；

硫质量分数为0.001 0%～0.10%。

12.2 原理

试样在高频感应炉中，经通氧燃烧，其中的碳和硫被氧化成二氧化碳和二氧化硫，利用二氧化碳和二氧化硫分子对不同波长的红外光产生吸收，经红外检测器进行光电转换，直接测定试样中的碳和硫的含量。

12.3 试剂

12.3.1 标准钢样：含碳量在0.004%～3.0%范围内，含硫量在0.008%～0.10%范围内。

12.3.2 助熔剂：高纯铜粉或铁-钨合金粉。

12.3.3 氧气：含量大于99.9%。

12.4 仪器设备

12.4.1 分析天平。

12.4.2 高频红外碳硫分析仪。

12.4.3 专用瓷坩埚：坩埚事先于高温炉中在1 100 ℃左右灼烧1 h～2 h，取出置于干燥器中冷却备用。

12.5 分析步骤

12.5.1 打开仪器电源开关，预热2 h，调整好仪器。

12.5.2 在3个～5个专用瓷坩埚内分别称取约0.5 g（精确至0.000 1 g）的标准钢样，加入约3 g助熔剂，分别推入高频燃烧器中，通入氧气气流，燃烧。根据显示数据，迅速进行校准仪器的操作。

12.5.3 仪器校准后，不要再做调整，在专用瓷坩埚中预先加入约1.5 g助熔剂，摇动使其平整，称取约0.5 g（精确至0.000 1 g）的试样置于其中，再均匀覆盖1.5 g左右助熔剂，推入高频燃烧器中，测定碳和硫的百分含量。

12.6 允许差

允许差按表11的规定。

表 11

元素	含量/%	允许差（相对误差）/%	
		同一实验室	不同实验室
C	<0.005	15	20
	≥0.005～0.05	10	15
	>0.05～1.0	8	12
	>1.0～3.0	5	10
S	<0.005	7	12
	≥0.005～0.03	5	10
	>0.03～0.1	3	5

13 pH值的测定方法

13.1 测定范围

pH=1.00～14.00。

13.2 原理

试样用水（pH=7.0）浸泡后，在pH计上测定其浸泡液的pH值。

13.3 试剂

pH标准液：pH=4.00、pH=6.86、pH=9.18。

注：此处pH值均为25 ℃时pH标准溶液的定值。

13.4 仪器设备

13.4.1 pH 计。

13.4.2 分析天平。

13.5 分析步骤

称取约 2.0 g 试样于 100 mL 烧杯中，加入 50 mL 水(pH=7.0)，用玻璃棒搅拌 3 min~5 min，以 pH=6.86 和 pH=4.00 的标准液校正 pH 计后，测定待测溶液的 pH 值。

注：若待测溶液为碱性，则用 pH=6.86 和 pH=9.18 的标准液校正 pH 计。

14 烧失量的测定方法

14.1 测定范围

≥0.050%。

14.2 原理

试料置于瓷(铂)坩埚中，在 980 ℃~1 000 ℃灼烧至恒重时，所失去的质量即为烧失量。

14.3 仪器设备

14.3.1 分析天平。

14.3.2 高温炉。

14.4 分析步骤

称取 1 g~2 g(精确至 0.000 1 g)试样，置于已恒重的瓷或者铂坩埚中，加盖，放入高温炉中，逐渐升温到 980 ℃~1 000 ℃灼烧 2 h，取出稍凉，放入干燥器中冷却至室温后称重，再在同样温度下反复灼烧，直至恒重。

14.5 分析结果计算

烧失量的含量以质量分数 $w(\mathrm{L.O.I})$计，数值以 10^{-2}或%表示，按式(10)计算：

$$w(\mathrm{L.O.I}) = \frac{m_s + m_1 - m_2}{m_s} \times 100 \qquad (10)$$

式中：

m_s——试料质量，单位为克(g)；

m_1——空坩埚质量，单位为克(g)；

m_2——灼烧后残渣加坩埚质量，单位为克(g)。

14.6 允许差

允许差见表 12。

表 12

含量/%	允许差(相对误差)/%	
	同一试验室	不同实验室
≤1.0	25	30
>1.0	20	25

ICS 65.100.10
G 25

中华人民共和国国家标准

GB 9556—2008
代替 GB 9556—1999

辛硫磷原药

Phoxim technical

2008-07-11 发布 2009-01-01 实施

中华人民共和国国家质量监督检验检疫总局
中国国家标准化管理委员会 发布

前 言

本标准的第3章、第5章为强制性的，其余为推荐性的。

本标准代替GB 9556—1999《辛硫磷原药》。

本标准与GB 9556—1999的主要差异为：

——取消了分等分级。

——删去了氯化物控制项目。

本标准自实施之日起，代替并废止GB 9556—1999。

本标准由中国石油和化学工业协会提出。

本标准由全国农药标准化技术委员会(CSBTS/TC 133)归口。

本标准负责起草单位：沈阳化工研究院。

本标准参加起草单位：江苏宝灵化工股份有限公司、山东胜邦鲁南农药有限公司。

本标准主要起草人：梅宝贵、李秀杰、于亮、俞建平、刘棠林、殷汉军。

本标准于1988年6月首次发布，1999年第一次修订，本次为第二次修订。

本标准委托全国农药标准化技术委员会秘书处负责解释。

辛硫磷原药

该产品有效成分辛硫磷的其他名称、结构式和基本物化参数如下：

ISO 通用名称：phoxim

化学名称：*o*，*o*-二乙基-*o*-*α*-氰基亚苄胺基硫代磷酸酯

结构式：

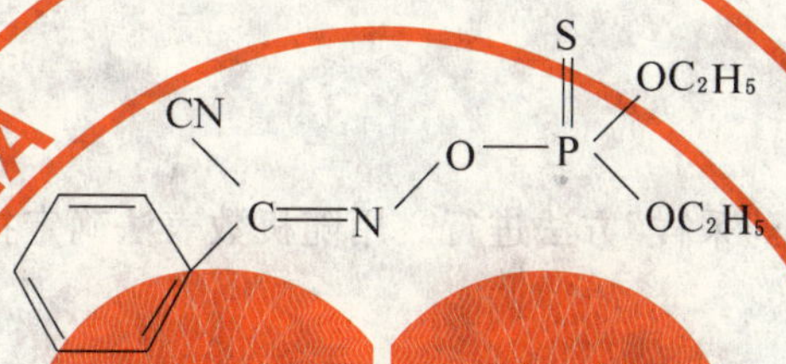

实验式：$C_{12}H_{15}N_2O_3PS$

相对分子质量：298.3(按 2005 国际相对原子质量计)

生物活性：杀虫剂

熔点：5 ℃～6 ℃

溶解性(室温)：水 7 mg/L，二氯甲烷大于 500 g/kg，异丙醇大于 600 g/kg，稍溶于石油醚

稳定性：原药在室温为浅红色油状物。蒸馏时分解，对水和酸性介质稳定

1 范围

本标准规定了辛硫磷原药的要求、试验方法以及标志、标签、包装、贮运。

本标准适用于由辛硫磷及其生产中产生的杂质组成的辛硫磷原药。

2 规范性引用文件

下列文件中的条款通过本标准的引用而成为本标准的条款。凡是注日期的引用文件，其随后所有的修改单(不包括勘误的内容)或修订版均不适用于本标准，然而，鼓励根据本标准达成协议的各方研究是否可使用这些文件的最新版本。凡是不注日期的引用文件，其最新版本适用于本标准。

GB/T 601　化学试剂　标准滴定溶液的制备

GB/T 1600　农药水分测定方法

GB/T 1604　商品农药验收规则

GB/T 1605—2001　商品农药采样方法

GB 3796　农药包装通则

3 要求

3.1 外观

浅黄色至棕红色油状液体。

3.2 技术指标

辛硫磷原药还应符合表1要求。

表1 辛硫磷原药控制项目指标

项目		指标
辛硫磷质量分数(以顺式辛硫磷计)/%	≥	90.0
水分/%	≤	0.5
酸度(以 H_2SO_4 计)/%	≤	0.3

4 试验方法

4.1 抽样

按 GB/T 1605—2001 中"原药采样"方法进行。用随机数表法确定抽样的包装件,最终抽样量应不少于100 g。

4.2 鉴别试验

高效液相色谱法——本鉴别试验可与辛硫磷含量的测定同时进行。在相同的色谱操作条件下,试样溶液中某一色谱峰的保留时间与标样溶液中顺式辛硫磷的保留时间,其相对差值应在1.5%以内。

4.3 辛硫磷质量分数的测定

4.3.1 方法提要

试样用甲醇溶解,以甲醇+水为流动相,使用以 Capcell-Pak C_{18} 为填料的不锈钢柱和紫外检测器(254 nm),对试样中的辛硫磷进行反相高效液相色谱分离,外标法定量。

4.3.2 试剂和溶液

甲醇:色谱级;

水:新蒸二次蒸馏水;

辛硫磷标样:已知质量分数 $w \geqslant 99.0\%$。

4.3.3 仪器

高效液相色谱仪:具有可变波长紫外检测器;

色谱数据处理机;

色谱柱:150 mm ×4.6 mm(i. d.)不锈钢柱,内装 Capcell-Pak C_{18}、5 μm 填充物(或具等同效果的色谱柱);

过滤器:滤膜孔径约0.45 μm;

微量进样器:50 μL;

定量进样管:5 μL;

超声波清洗器。

4.3.4 高效液相色谱操作条件

流动相:φ(甲醇:水)=75:25,经滤膜过滤,并进行脱气;

流速:1.0 mL/ min;

柱温:室温(温差变化应不大于2 ℃);

检测波长:254 nm;

进样体积:5 μL;

保留时间:8.6 min。

上述操作参数是典型的,可根据不同仪器特点,对给定的操作参数作适当调整,以期获得最佳效果。典型的辛硫磷原药高效液相色谱图见图1。

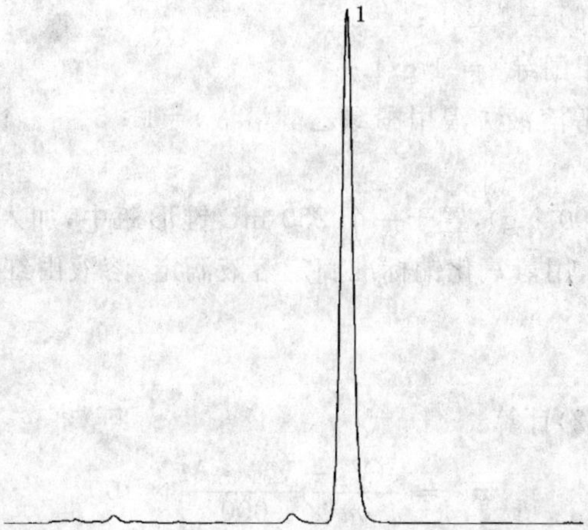

1——顺式辛硫磷。

图1 辛硫磷原药的高效液相色谱图

4.3.5 测定步骤

4.3.5.1 标样溶液的制备

称取0.1 g辛硫磷标样(精确至0.000 2 g),置于50 mL容量瓶中,用甲醇溶解并稀释至刻度,摇匀。用移液管移取上述溶液5 mL于50 mL容量瓶中,用流动相稀释至刻度,摇匀。

4.3.5.2 试样溶液的制备

称取含辛硫磷0.1 g的试样(精确至0.000 2 g),置于50 mL容量瓶中,用甲醇溶解并稀释至刻度,摇匀。用移液管移取上述溶液5 mL于50 mL容量瓶中,用流动相稀释至刻度,摇匀。

4.3.5.3 测定

在上述操作条件下,待仪器稳定后,连续注入数针标样溶液,直至相邻两针辛硫磷峰面积相对变化小于1.5%后,按照标样溶液、试样溶液、试样溶液、标样溶液的顺序进行测定。

4.3.6 计算

将测得的两针试样溶液以及试样前后两针标样溶液中辛硫磷峰面积分别进行平均。试样中辛硫磷的质量分数 w_1(%),按式(1)计算:

$$w_1 = \frac{A_2 \cdot m_1 \cdot w}{A_1 \cdot m_2} \qquad (1)$$

式中:

A_1——标样溶液中,辛硫磷峰面积的平均值;

A_2——试样溶液中,辛硫磷峰面积的平均值;

m_1——辛硫磷标样的质量,单位为克(g);

m_2——试样的质量,单位为克(g);

w——辛硫磷标样的质量分数,以%表示。

4.3.7 允许差

辛硫磷质量分数两次平行测定结果之差,应不大于1.2%,取其算术平均值作为测定结果。

4.4 水分的测定

按GB/T 1600中的"卡尔·费休法"进行。

4.5 酸度的测定

4.5.1 试剂和溶液

95%乙醇;

氢氧化钠标准滴定溶液 $c(NaOH) = 0.02$ mol/L,按GB/T 601配制和标定;

甲基红乙醇溶液：ρ(甲基红)＝1 g/L；

溴甲酚绿乙醇溶液：ρ(溴甲酚绿)＝1 g/L；

混合指示剂：ψ(甲基红乙醇溶液：溴甲酚绿乙醇溶液)＝1：5。

4.5.2 测定步骤

称取试样 2 g(精确至 0.000 2 g)，置于一个 250 mL 锥形瓶中，加入 95%乙醇 50 mL，摇动使试样溶解。加入 2 mL 混合指示剂，用氢氧化钠标准滴定溶液滴定，溶液由红色变为浅绿色即为终点。同时做空白测定。

4.5.3 计算

试样的酸度 w_2(%)按式(2)计算：

$$w_2 = \frac{c(V_1 - V_0) \cdot M}{m \times 1\,000} \times 100 \qquad \cdots\cdots(2)$$

式中：

c——氢氧化钠标准滴定溶液的实际浓度，单位为摩尔每升(mol/L)；

V_1——滴定试样溶液，消耗氢氧化钠标准滴定溶液的体积，单位为毫升(mL)；

V_0——滴定空白溶液，消耗氢氧化钠标准滴定溶液的体积，单位为毫升(mL)；

m——试样的质量，单位为克(g)；

M——硫酸的摩尔质量的数值，单位为克每摩尔(g/mol)，[$M(1/2\ H_2SO_4) = 49$ g/mol]。

4.6 产品的检验与验收

应符合 GB/T 1604 的规定。极限数值处理，采用修约值比较法。

5 标志、标签、包装、贮运

5.1 辛硫磷原药的标志、标签、包装，应符合 GB 3796 的规定。

5.2 辛硫磷原药应用清洁、干燥、坚固内衬保护层的铁桶包装，每桶净含量应不大于 200 kg。

5.3 根据用户要求或订货协议，可采用其他形式的包装，但需符合 GB 3796 的规定。

5.4 辛硫磷原药包装件应贮存在通风、干燥的库房中。

5.5 贮运时，严防潮湿和日晒，不得与食物、种子、饲料混放，避免与皮肤、眼睛接触，防止由口鼻吸入。

5.6 安全：辛硫磷为低毒。它是一种抑制胆碱酯酶的有机磷杀虫剂，吞噬或吸入均会中毒。它还可通过皮肤渗入。使用本品应戴防护手套、防毒面具，穿干净的防护服。施药后，应立即用肥皂和水洗净。如发生中毒现象，应请医生。阿托品和解磷毒是特效解毒剂。必要时作人工呼吸。

5.7 验收期：辛硫磷原药验收期为 1 个月。从交货之日起，在一个月内，完成产品质量验收，其各项指标均应符合标准要求。

ICS 65.100.10
G 25

GB

中华人民共和国国家标准

GB 9557—2008
代替 GB 9557—1999

40% 辛硫磷乳油

40% Phoxim emulsifiable concentrates

2008-07-11 发布　　2009-01-01 实施

中华人民共和国国家质量监督检验检疫总局
中国国家标准化管理委员会　发布

前　言

本标准的第3章、第5章为强制性的，其余为推荐性的。

本标准代替GB 9557—1999《40%辛硫磷乳油》。

本标准与GB 9557—1999的主要差异为：

——删去了氯化物控制项目。

本标准自实施之日起，代替并废止GB 9557—1999。

本标准由中国石油和化学工业协会提出。

本标准由全国农药标准化技术委员会(CSBTS/TC 133)归口。

本标准负责起草单位：沈阳化工研究院。

本标准参加起草单位：江苏宝灵化工股份有限公司、山东胜邦鲁南农药有限公司。

本标准主要起草人：梅宝贵、李秀杰、于亮、俞建平、刘棠林、殷汉军。

本标准于1988年6月首次发布，1999年第一次修订，本次为第二次修订。

本标准委托全国农药标准化技术委员会秘书处负责解释。

40％辛硫磷乳油

该产品有效成分辛硫磷的其他名称、结构式和基本物化参数如下：

ISO通用名称：phoxim

化学名称：*o*,*o*-二乙基-*o*-*α*-氰基亚苄胺基硫代磷酸酯

结构式：

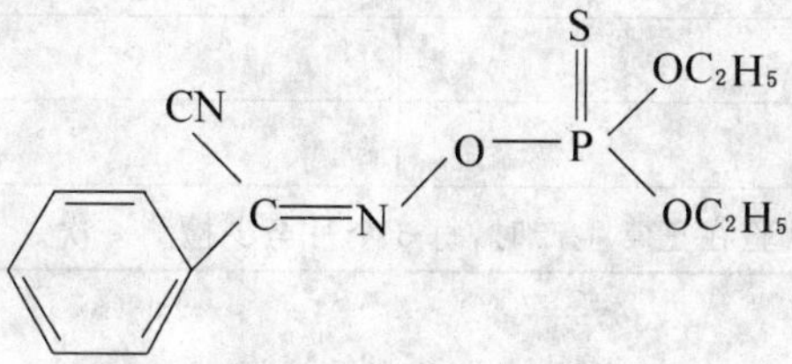

实验式：$C_{12}H_{15}N_2O_3PS$

相对分子质量：298.3（按2005年国际相对原子质量计）

生物活性：杀虫剂

熔点：5 ℃～6 ℃

溶解性（室温）：水7 mg/L，二氯甲烷大于500 g/kg，异丙醇大于600 g/kg，稍溶于石油醚

稳定性：原药在室温为浅红色油状物。蒸馏时分解，对水和酸性介质稳定

1 范围

本标准规定了40％辛硫磷乳油的要求、试验方法以及标志、标签、包装、贮运。

本标准适用于由辛硫磷原药与乳化剂溶解在适宜溶剂中配制成的40％辛硫磷乳油。

2 规范性引用文件

下列文件中的条款通过本标准的引用而成为本标准的条款。凡是注日期的引用文件，其随后所有的修改单（不包括勘误的内容）或修订版均不适用于本标准，然而，鼓励根据本标准达成协议的各方研究是否可使用这些文件的最新版本。凡是不注日期的引用文件，其最新版本适用于本标准。

GB/T 601 化学试剂 标准滴定溶液的制备

GB/T 1600 农药水分测定方法

GB/T 1603 农药乳液稳定性测定方法

GB/T 1604 商品农药验收规则

GB/T 1605—2001 商品农药采样方法

GB 4838 农药乳油包装

GB/T 19136 农药热贮稳定性测定方法

GB/T 19137 农药低温稳定性测定方法

3 要求

3.1 组成和外观

本品应由符合标准的辛硫磷原药制成，为均相油状液体，贮存后可能出现少许析出物。

3.2 技术指标

40%辛硫磷乳油还应符合表1要求。

表1 40%辛硫磷乳油控制项目指标

项目		指标
辛硫磷质量分数(以顺式辛硫磷计)/%	≥	40.0
水分/%	≤	0.5
酸度(以 H_2SO_4 计)/%	≤	0.3
乳液稳定性(稀释200倍)		合格
低温稳定性[a]		合格
热贮稳定性[a]		合格
[a] 低温稳定性试验、热贮稳定性试验在正常生产时,每3个月至少检测一次。		

4 试验方法

4.1 抽样

按GB/T 1605—2001中“液体制剂采样”方法进行。用随机数表法确定抽样的包装件,最终抽样量应不少于200 mL。

4.2 鉴别试验

高效液相色谱法——本鉴别试验可与辛硫磷含量的测定同时进行。在相同的色谱操作条件下,试样溶液中某色谱峰的保留时间与标样溶液中顺式辛硫磷色谱峰的保留时间,其相对差值应在1.5%以内。

4.3 辛硫磷质量分数的测定

4.3.1 方法提要

试样用甲醇溶解,以甲醇+水为流动相,使用以Capcell-Pak C_{18}为填料的不锈钢柱和紫外检测器(254 nm),对试样中的辛硫磷进行反相高效液相色谱分离,外标法定量。

4.3.2 试剂和溶液

甲醇:色谱级;

水:新蒸二次蒸馏水;

辛硫磷标样:已知质量分数 $w \geq 99.0\%$。

4.3.3 仪器

高效液相色谱仪:具有可变波长紫外检测器;

色谱数据处理机;

色谱柱:150 mm ×4.6 mm(i. d.)不锈钢柱,内装Capcell-Pak C_{18}、5 μm填充物(或具等同效果的色谱柱);

过滤器:滤膜孔径约0.45 μm;

微量进样器:50 μL;

定量进样管:5 μL;

超声波清洗器。

4.3.4 高效液相色谱操作条件

流动相:ψ(甲醇:水)=75:25,经滤膜过滤,并进行脱气;

流速:1.0 mL/min;

柱温:室温(温差变化应不大于2 ℃);

检测波长:254 nm;

进样体积:5 μL;

保留时间:8.6 min。

上述操作参数是典型的,可根据不同仪器特点,对给定的操作参数作适当调整,以期获得最佳效果。典型的40%辛硫磷乳油高效液相色谱图见图1。

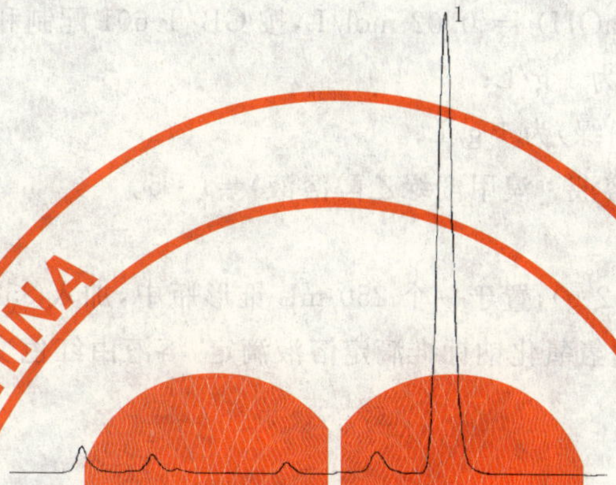

1——顺式辛硫磷。

图1　40%辛硫磷乳油的高效液相色谱图

4.3.5　**测定步骤**

4.3.5.1　**标样溶液的制备**

称取0.1 g辛硫磷标样(精确至0.000 2 g),置于50 mL容量瓶中,用甲醇溶解并稀释至刻度,摇匀。用移液管移取上述溶液5 mL于50 mL容量瓶中,用流动相稀释至刻度,摇匀。

4.3.5.2　**试样溶液的制备**

称取含辛硫磷0.1 g的试样(精确至0.000 2 g),置于50 mL容量瓶中,用甲醇溶解并稀释至刻度,摇匀。用移液管移取上述溶液5 mL于50 mL容量瓶中,用流动相稀释至刻度,摇匀。

4.3.5.3　**测定**

在上述操作条件下,待仪器稳定后,连续注入数针标样溶液,直至相邻两针辛硫磷峰面积相对变化小于1.5%后,按照标样溶液、试样溶液、试样溶液、标样溶液的顺序进行测定。

4.3.6　**计算**

将测得的两针试样溶液以及试样前后两针标样溶液中辛硫磷峰面积分别进行平均。试样中辛硫磷的质量分数w_1(%),按式(1)计算:

$$w_1 = \frac{A_2 \cdot m_1 \cdot w}{A_1 \cdot m_2} \qquad \cdots\cdots(1)$$

式中:

A_1——标样溶液中,辛硫磷峰面积的平均值;

A_2——试样溶液中,辛硫磷峰面积的平均值;

m_1——辛硫磷标样的质量,单位为克(g);

m_2——试样的质量,单位为克(g);

w——辛硫磷标样的质量分数,以%表示。

4.3.7　**允许差**

辛硫磷质量分数两次平行测定结果之差,应不大于0.8%,取其算术平均值作为测定结果。

4.4 水分的测定

按 GB/T 1600 中的"卡尔·费休法"进行。

4.5 酸度的测定

4.5.1 试剂和溶液

95%乙醇；

氢氧化钠标准滴定溶液 $c(NaOH)=0.02\ mol/L$，按 GB/T 601 配制和标定；

甲基红乙醇溶液：ρ(甲基红)为 1 g/L；

溴甲酚绿乙醇溶液：ρ(溴甲酚绿)为 1 g/L；

混合指示剂：ψ(甲基红乙醇溶液：溴甲酚绿乙醇溶液)=1：5。

4.5.2 测定步骤

称取试样 5 g(精确至 0.000 2 g)，置于一个 250 mL 锥形瓶中，加入 95%乙醇 50 mL，摇动使试样溶解。加入 2 mL 混合指示剂，用氢氧化钠标准滴定溶液滴定，溶液由红色变为浅绿色即为终点。同时做空白测定。

4.5.3 计算

试样的酸度 w_2(%)，按式(2)计算：

$$w_2=\frac{c(V_1-V_0)\cdot M}{m\times 1\,000}\times 100 \qquad \cdots\cdots(2)$$

式中：

c——氢氧化钠标准滴定溶液的实际浓度，单位为摩尔每升(mol/L)；

V_1——滴定试样溶液，消耗氢氧化钠标准滴定溶液的体积，单位为毫升(mL)；

V_0——滴定空白溶液，消耗氢氧化钠标准滴定溶液的体积，单位为毫升(mL)；

m——试样的质量，单位为克(g)；

M——硫酸的摩尔质量的数值，单位为克每摩尔(g/mol)，$[M(1/2\ H_2SO_4)=49\ g/mol]$。

4.6 乳液稳定性试验

试样用标准硬水稀释 200 倍，按 GB/T 1603 进行试验，上无浮油、下无沉淀为合格。

4.7 低温稳定性试验

按 GB/T 19137 中"液体制剂"进行，离心管底部离析物的体积不超过 0.3 mL 为合格。

4.8 热贮稳定性试验

按 GB/T 19136 中"液体制剂"进行。热贮后，40%辛硫磷质量分数应不低于热贮前测得质量分数的 90%，酸度不高于 0.4%，乳液稳定性仍应符合标准要求。

4.9 产品的检验与验收

应符合 GB/T 1604 的规定。极限数值处理，采用修约值比较法。

5 标志、标签、包装、贮运

5.1 40%辛硫磷乳油的标志、标签、包装，应符合 GB 4838 的规定。

5.2 40%辛硫磷乳油禁止用一般铁桶包装，应用带有内塞及外盖的棕色玻璃瓶、铝瓶或氟化瓶包装，每瓶净含量为 150 g(mL)、300 g(mL)、500 g(mL)；外包装用钙塑箱或瓦楞纸箱，每箱净含量应不超过 15 kg。

5.3 根据用户要求或订货协议，可采用其他形式的包装，但需符合 GB 4838 的规定。

5.4 40%辛硫磷乳油包装件应贮存在通风、干燥的库房中。

5.5 贮运时，严防潮湿和日晒，不得与食物、种子、饲料混放，避免与皮肤、眼睛接触，防止由口鼻吸入。

5.6 安全:辛硫磷为低毒。它是一种抑制胆碱酯酶的有机磷杀虫剂,吞噬或吸入均会中毒。它还可通过皮肤渗入。使用本品应戴防护手套、防毒面具,穿干净的防护服。施药后,应立即用肥皂和水洗净。如发生中毒现象,应请医生。阿托品和解磷毒是特效解毒剂。必要时作人工呼吸。

5.7 保证期:在规定的贮运条件下,40%辛硫磷乳油的保证期,从生产日期算起为2年。1年内辛硫磷含量应不低于39.0%;2年内,辛硫磷含量应不低于38.0%,酸度应不高于0.5%。

ICS 37.040.20
G 80

GB

中华人民共和国国家标准

GB/T 9582—2008/ISO 7004:2002
代替 GB/T 9582—1998

摄影　工业射线胶片　ISO 感光度，ISO 平均斜率和 ISO 斜率 G_2 和 G_4 的测定(用 X 和 γ 射线曝光)

Photography—Industrial radiographic films—Determination of ISO speed, ISO average gradient and ISO gradients G_2 and G_4 when exposed to X-and Gamma-radiation

(ISO 7004:2002,IDT)

2008-09-24 发布　　2009-05-01 实施

中华人民共和国国家质量监督检验检疫总局
中国国家标准化管理委员会　发布

前言

本标准等同采用国际标准 ISO 7004:2002《工业射线胶片——ISO 感光度,ISO 平均斜率和 ISO 斜率 G_2 和 G_4 的测定(用 X 和 γ 射线曝光)》(英文版),技术内容和编写格式与 ISO 7004:2002 保持一致,只是根据我国国家标准的编写要求,作了编辑性修改,删除了 ISO 标准的前言,改为我国国家标准的前言。

本标准修订并代替 GB/T 9582—1998《工业射线胶片 ISO 感光度和平均斜率的测定(用 X 和 γ 射线曝光)》。

本标准在内容上与 GB/T 9582—1998 相比,主要变化如下:

——修订了前言;

——"术语和定义"中部分进行了扩充;

——本标准 5.3.3 中增加了 5.3.3.1 总则(本版第 5 章,1998 年版第 5 章);

——本标准 5.3.5 调制中增加了"曝光 12 个数据点,得到从 1.0 至 5.0 的片基加灰雾密度的系列密度";

——本标准 5.5 密度测量中删除了"使用不小于 7 mm^2 面积的小孔测量";

——将原标准中 5.6.1 中的图 1 调整到本标准中 6.1.1;

——本标准 6.1 由原标准"ISO 感光度"改为"感光度计算";

——本标准 6.1.1 由原标准"ISO 感光度标度"改为"总则";

——本标准 6.1.2 由原标准"产品的 ISO 感光度"改为"ISO 感光度";

——本标准增加了"6.1.3 系统型 ISO 感光度";

——本标准 6.2 由原标准"ISO 平均斜率"改为"平均斜率计算";

——本标准 6.2.1 由原标准"ISO 平均斜率标度"改为"总则";

——本标准 6.2.2 由原标准"产品的 ISO 平均斜率"改为"ISO 平均斜率";

——本标准增加了"6.2.3 系统型 ISO 平均斜率";

——本标准 6.3 由原标准"准确度"改为"点斜率测定";

——本标准增加了"6.3.1 斜率 G_2 点和 G_4 点的测定"和"6.3.2 ISO 斜率 G_2 和 G_4";

——本标准 7.3 由原标准"总则"改为"ISO 斜率 G_2 和 G_4";

——本标准 7.4 为"总则";

——本标准附录 A 为原标准附录 E、附录 B 为原标准附录 D、附录 C 为原标准附录 A、附录 D 为原标准附录 C、附录 E 为新增加的附录、附录 F 为原标准附录 B;

——本标准增加了参考文献。

本标准的附录 A、附录 B、附录 C、附录 D、附录 E、附录 F 为资料性附录。

本标准由中国石油和化学工业协会提出。

本标准由全国感光材料标准化技术委员会(SAC/TC 102)归口。

本标准起草单位:中国乐凯胶片集团公司。

本标准主要起草人:王丽丽、邵颖。

本标准所代替标准历次版本发布情况为:

——GB/T 9582—1988、GB/T 9582—1998。

引　　言

本标准规定了用 X 和 γ 射线曝光测定工业射线胶片系统 ISO 感光度、ISO 平均斜率和 ISO 斜率 G_2 和 G_4 的方法。许多国家多年前已有了关于这个题目的国家标准，并且提供的数值可能与本标准规定的程序所得到的那些数值不同。由于胶片的照相性能取决于波谱的能量分布，故本标准规定了测定感光性能时的四个有代表性的射线源。为了减少国家标准之间的差异，对 X 射线管和 X 射线发生器的最低要求给出强制规定，并且在条款(5.3.3)中清楚规定射线质量。本标准规定了与胶片结合的金属屏的厚度。

胶片的照相结果也取决于显影时的化学加工过程，本标准不规定加工方法，因此，提供一种胶片的 ISO 感光度或 ISO 斜率数值时，既要规定所用射线质量，也要规定冲洗加工方式，这将便于胶片和胶片加工组成的不同系统之间的对比。

摄影　工业射线胶片　ISO感光度，ISO平均斜率和ISO斜率 G_2 和 G_4 的测定(用X和γ射线曝光)

1　范围

本标准规定了直接使用X和γ射线曝光的工业射线胶片和胶片加工体的感光曲线形状、ISO感光度、ISO平均斜率和ISO斜率 G_2 和 G_4 的测定方法。

本标准不规定带荧光增感屏的工业射线胶片的测定。

注：能量测量单位在附录A中给出。

2　规范性引用文件

下列文件中的条款通过本标准的引用而成为本标准的条款。凡是注日期的引用文件，其随后所有的修改单(不包括勘误的内容)或修订版均不适用于本标准，然而，鼓励根据本标准达成协议的各方研究是否可使用这些文件的最新版本。凡是不注日期的引用文件，其最新版本适用于本标准。

GB/T 11500　摄影 密度测量　第2部分：透视密度的几何条件(GB/T 11500—2008，ISO 5-2:2001,IDT)

GB/T 11501　摄影 密度测量　第3部分：光谱条件(GB/T 11501—2008，ISO 5-3:1995,IDT)

ISO 4037-1　校准辐射剂量仪和辐射强度仪及测定其作为光能参数灵敏度的X和γ参考射线

ISO 5579　非破坏性测试——按基本原则用X和γ射线照相检测金属材料

3　术语和定义

下列术语和定义适用于本标准。

3.1

射线胶片　radiographic film

单面或双面涂布照相感光层的透明塑料散页胶片。

3.2

胶片系统　film system

射线胶片、胶片加工和所使用的铅箔和胶片暗盒组成的系统。

3.3

系统型号　system type

用相同的方法和规范制造的所有胶片系统，不考虑规格。

注：可按胶片型号和加工型号以及使用的铅箔和暗盒型号规定特殊系统型号。

3.4

屏片组合　film/screen combination

用X射线和γ射线曝光的直接与金属屏接触的射线胶片。

注：本标准中，屏都是铅箔。

3.5

辐射质量　radiation quality

电离辐射特性，按照光谱能量分布测定。

3.6

曝光技术　exposure technique

为了在胶片或屏片组合的面对射线源一边获得规定的射线质量使用的射线源和射线束滤线技术。

3.7

最小密度　minimum density

D_{min}

胶片未曝光而加工测试的ISO标准视觉漫射透射密度(D_T)。

3.8

净密度　net density

D_N

胶片经曝光而加工后的ISO标准视觉漫射透射密度(D_T)减去最小密度(D_{min})。

3.9

感光度　speed

感光材料在规定的曝光、冲洗加工、影像测量条件下对辐射能响应的一种定量测量。

3.10

平均斜率　average gradient

$\bar{G}$

特性曲线上的特定两点之间连线的斜率。

3.11

斜率　gradient

G_X

感光特性曲线在规定的净密度 $D_N=X$ 处的正切值，$dD/d\lg K$。

注：胶片系统中所获得反差的测量。

3.12

戈瑞　gray

Gy

空气动能单位柯玛和吸收剂量单位的名称。

注：1 Gy=1 J/kg(空气)，相当于1 145 R，相当于0.029 5 C/kg。

4　抽样和贮存

在测定胶片系统的特性曲线、ISO感光度、ISO平均斜率和ISO G_2 和 G_4 斜率时，重要的是从被测样品测出用户获得的平均结果。这就要求在本标准规定的条件下定期地对几批不同批号的产品进行测定。测定之前，样品应按生产厂家推荐的时间贮存，目的是模拟产品正常使用的平均放置时间。为校准设备和冲洗加工的精确，应进行几个独立的测定。按照上述抽样和贮存样品确保胶片的性能代表用户使用时得到的性能。

5　试验方法

5.1　原理

样品应按5.3和5.4的规定曝光和加工。从所得影像测量密度，绘出特性曲线，由特性曲线求出ISO感光度，ISO平均斜率和ISO斜率 G_2 和 G_4。

5.2　安全灯

为消除安全灯影响照相性能结果的可能性，胶片曝光和加工应在全黑下操作。

5.3 曝光

5.3.1 胶片暗盒

屏片组合应在暗盒内曝光，暗盒对规定射线的吸收小于2%（不包括铅屏）。

5.3.2 样品条件

曝光期间，样品应保持在温度23 ℃±5 ℃，相对湿度50%±20%的环境中。

5.3.3 辐射质量

5.3.3.1 总则

本标准认可了四个特定曝光光源（两种X射线和两种γ射线），其目的是概括实际使用的曝光条件范围。选择四种的哪个用于测定ISO感光度、ISO平均斜率和ISO斜率 G_2 和 G_4 取决于胶片系统如何使用。

当使用X射线管时，为了提高曝光的重复性，X射线发生器将满足下述要求（见ISO4037-1）：

a） 由一个稳压的X射线源产生X射线；

b） 在照射期间，高压均值应稳定在±1%之内，它显示的高压均值的公差为±1%；

c） X射线管靶是由钨组成的，为反射型，靶角应是约22°。

5.3.3.2 低能X射线源

用钨靶射线管的X射线曝光测试中的屏片组合。射线管固有的滤线作用加上紧挨着钨靶安放附加的铜滤线器，应起到相当于（2.0±0.1）mm的铜滤线器的作用。本标准中规定所有的铜滤线器应为99.9%的纯铜。

调节X射线管的电压，直至加（1.0±0.1）mm的铜得到半值吸收（即相当于3.0 mm滤线器作用的X射线束的强度应是相当于2.0 mm铜的总滤线器作用的一半）。

大约120 kV的电压一般能满足这一要求，而不使用铅屏。指定这种射线源为射线源（1）。

5.3.3.3 高能X射线源

用钨靶射线管的X射线曝光测试中的屏片组合。射线管固有的滤线作用加上紧挨着钨靶安放附加的铜滤线器，应起到相当于（8.00±0.05）mm的铜滤线器的作用，调节X射线管的电压，直至加（3.5±0.2）mm的铜得到半值吸收。大约220 kV的电压一般能满足这一要求。胶片/屏结合体在两个铅箔屏之间应不带衬纸曝光。试验曝光应确保铅箔屏不会产生条纹或其他明显的弊病。前铅箔屏和后铅箔屏厚度应在0.020 mm～0.150 mm之间。应注意屏厚的变化会导致感光性能的变化。因此，当提供ISO感光度时，也应标明屏厚。单面涂布胶片的乳剂层应面对X射线管曝光。为了充分接触，应加压或使用真空盒。指定这种射线源为射线源（2）。

5.3.3.4 铱-192（^{192}Ir）γ射线

在射线源附近加一个8.0 mm的铜滤线器，胶片的厚度应在铅箔屏的厚度0.02 mm～0.2 mm之间。试验曝光应确保铅箔屏不会产生条纹或其他明显的弊病。应注意屏厚的变化会导致感光性能的变化。因此，当提供ISO感光度时，也应标明屏厚。指定这种射线源为射线源（3）。

5.3.3.5 钴-60（^{60}Co）γ射线

铅箔屏厚应在0.10 mm～0.50 mm之间。试验曝光应确保铅箔屏不会产生条纹或其他明显的弊病。应注意屏厚的变化会导致感光性能的变化。因此，当提供ISO感光度时，也应标明屏厚。指定这种射线源为射线源（4）。

5.3.4 散射源

在对被测屏片组合曝光时，为减少散射线，应加光栏减小X射线和γ射线束的面积，只要胶片均匀曝光即可（如包括测定仪器）。照射在胶片上和测定仪器上的散射线量应不大于原来射线的6%。使用低原子量材料制作胶片、滤线器和电离室的支架，使这些构件尽可能轻些，这样就可使散射线减至最少（见附录B）。

5.3.5 调制

为了测定感光度和斜率值,有必要曝光 12 个数据点,得到从 1.0～5.0 的片基加灰雾密度的系列密度。逐级改变曝光时间,射线剂量的调整就可获得梯级曝光。有效曝光范围内的各级曝光应均匀,在 3%之内。对于每一次曝光,用曝光胶片所用的射线能质量和强度校准的电离室测量,单位为戈瑞(见附录 C 和附录 D),单独留一些样片不曝光,用来测定最小密度。

5.4 冲洗加工

5.4.1 样品调节

样品曝光后,冲洗加工前应保持在温度(23±5) ℃,相对湿度 50%±20%的条件下。曝光后冲洗加工前的间隔应不少于 30 min,不超过 8 h。

5.4.2 冲洗加工规范

由于用在冲洗加工方面的化学药品和使用仪器设备范围较广,故本标准对冲洗加工不做规定。胶片生产厂家所提供的 ISO 感光度和 ISO 斜率,一般适用按生产厂家推荐的冲洗加工工艺冲洗得出规定的照相性能胶片。冲洗加工资料可从胶片生产厂家或提出 ISO 感光度和 ISO 斜率的其他单位得到。冲洗加工资料应规定每一冲洗加工步骤所用药液、时间、温度、搅拌、设备和程序,以及为了获得所述感光测定结果的附加说明。不同冲洗加工程序所得感光度和平均斜率值会有较大差异。虽然对一种胶片改变冲洗加工可以得到不同的感光度,但用户应明白其他感光性能和物理性能也会随感光度和平均斜率的改变而改变。

5.5 密度测量

冲洗加工过的影像其 ISO 标准视觉漫透射密度应采用 GB/T 11500 规定的几何条件和 GB/T 11501规定的光谱条件的密度计进行测量。应在离曝光边缘至少要 1 mm 的影像均匀处读取。

5.6 评价

5.6.1 感光特定曲线

将 ISO 标准漫透射密度值对相应的曝光量 K 的以 10 为底的对数值作图,得到与图 1 相似的感光特性曲线。曝光量以戈瑞为单位,见图 1。

5.6.2 最小密度(D_{min})

将未曝光的样品和同样曝过光的待测感光测定曲线的样品一起测定最小密度。

6 产品分类

6.1 感光度计算

6.1.1 总则

原始感光度值由式(1)导出:

$$S = 1/K_S \quad \cdots\cdots(1)$$

式中:

K_S——空气科玛,产生净密度 2.0 时所需的曝光量,单位戈瑞(Gy),见图 1。

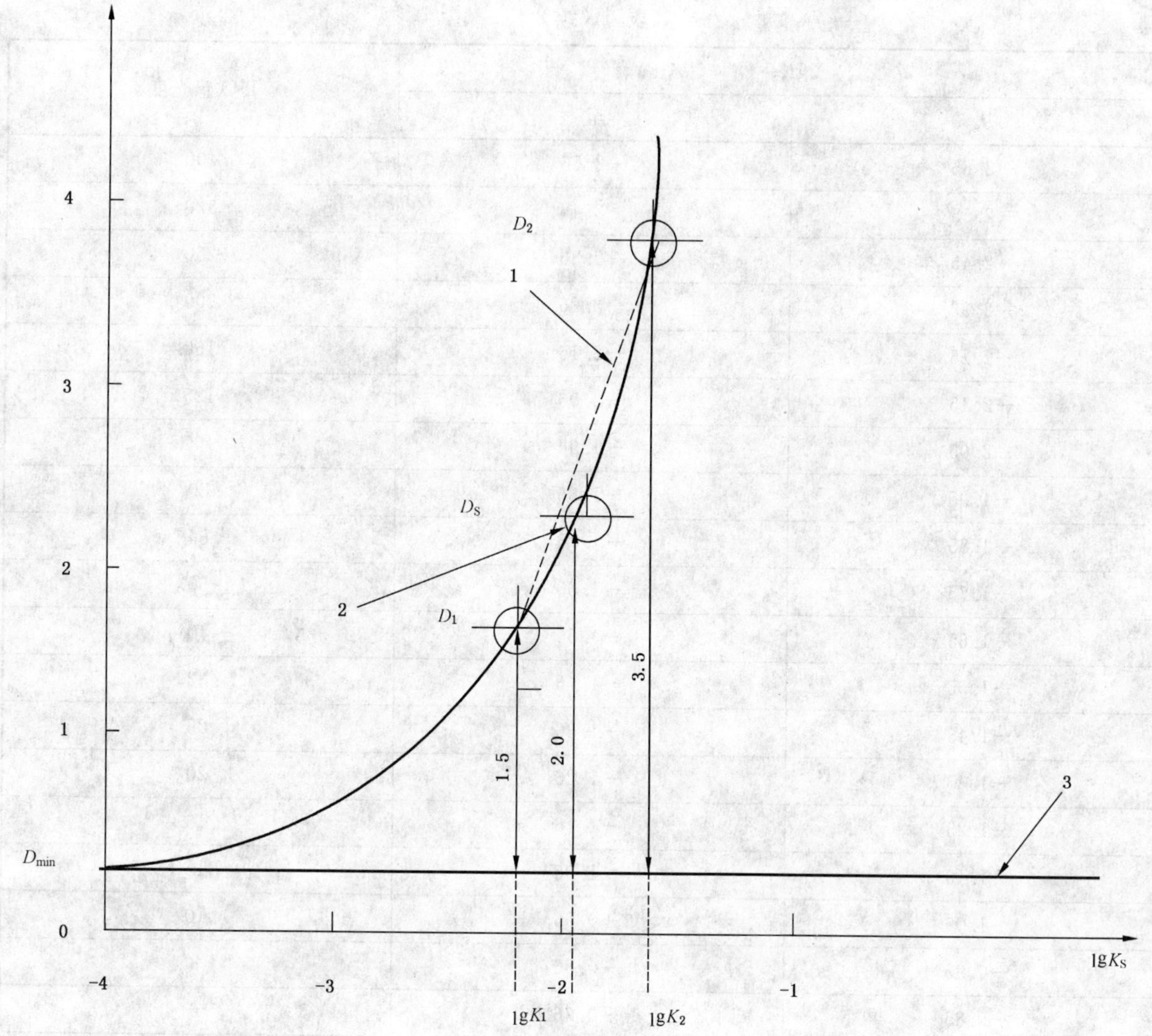

1——平均斜率；

2——感光度点；

3——最小密度。

图 1　感光度和平均斜率的测定

6.1.2　ISO 感光度

ISO 感光度可直接用表 1 获得，按照 ISO 感光度数值范围有效地转化成一种设定的 ISO 感光度值。程序是首先在图 1 中测定出 $\lg K_S$。$\lg K_S$ 适合的数值从表 1 中左面的两栏选择，然后从表 1 中右栏中对应出 ISO 感光度。

表 1　ISO 感光度分度表

$\lg K_S$		ISO 感光度
从	至	
−3.05	−2.96	1 000
−2.95	−2.86	800
−2.85	−2.76	640
−2.75	−2.66	500

表 1（续）

$\lg K_S$		ISO 感光度
从	至	
−2.65	−2.56	400
−2.55	−2.46	320
−2.45	−2.36	250
−2.35	−2.26	200
−2.25	−2.16	160
−2.15	−2.06	125
−2.05	−1.96	100
−1.95	−1.86	80
−1.85	−1.76	64
−1.75	−1.66	50
−1.65	−1.56	40
−1.55	−1.46	32
−1.45	−1.36	25
−1.35	−1.26	20
−1.25	−1.16	16
−1.15	−1.06	12
−1.05	−0.96	10
−0.95	−0.86	8
−0.85	−0.76	6
−0.75	−0.66	5
−0.65	−0.56	4

6.1.3 系统型 ISO 感光度

系统型感光度不是某一特定样品的感光度，它是按本标准规定进行抽样、贮存和测试，从各批样品的曝光量对数 $\lg K_S$ 的算术平均值得到的。

系统感光度用 $\lg K_S$ 的平均值做适当的归整从表 1 中得到。由于感光度取决于曝光条件、显影条件和铅屏厚度，故在引用 ISO 感光度值时，应对三方面的条件加以说明。

6.2 平均斜率计算

6.2.1 总则

原始平均斜率值($\bar{G}$)可从式(2)中得出：

$$\bar{G}=\frac{D_2-D_1}{\lg K_2-\lg K_1}=\frac{2.00}{\lg K_2-\lg K_1} \qquad \cdots\cdots(2)$$

式中：

D_1——曲线上比密度点大 1.50 处的密度；

D_2——曲线上比密度点大 3.50 处的密度；

K_1——产生 D_1 所需的曝光量；

K_2——产生 D_2 所需的曝光量。

6.2.2 **ISO 平均斜率**

ISO 平均斜率见 6.2 原始平均斜率归整到小数点后一位。

在一些实际应用中，射线片的密度范围很有限(均匀的样品)，因此平均斜率测量更适宜接近使用中的密度水平。例如：比最小密度大 1.5～2.5 密度之间的平均斜率 $\bar{G}$ 最适于比最小密度大 2.00 左右的密度，然而，如果 $\bar{G}$ 没按本标准规定的方法测定，则不能记作 ISO 平均斜率。

6.2.3 **系统型 ISO 平均斜率**

系统型 ISO 平均斜率不是某一样品的平均斜率，6.2 原始平均斜率的算术平均值归整到小数点后一位，它将按本标准的规定进行抽样、贮存和测试，从各批样品中得到。

6.3 **点斜率测定**

6.3.1 **斜率 G_2 点和 G_4 点的测定**

G_2 点和 G_4 点斜率分别与净密度 $D_N=2.00$ 和 $D_N=4.00$ 有关。涉及感光曲线，例如：漫透射密度 $\lg K_2$ 对应作图。G_2 和 G_4 可从 K-D 曲线上净密度 $D_N=2.00$ 和 $D_N=4.00$ 处计算，见式(3)。

$$G=\frac{\mathrm{d}D}{\mathrm{dlg}K_X}=\frac{K_X}{\lg e}/\frac{\mathrm{d}K}{\mathrm{d}D} \qquad \cdots\cdots(3)$$

式中 K_X 代表获得特定密度 x 的曝光量(见资料性附录 E)。

K-D 曲线由三级多项式近似得出式(4)和式(5)：

$$K=aD^3+bD^2+cd+d \qquad \cdots\cdots(4)$$

$$\frac{\mathrm{d}K}{\mathrm{d}D}=3ad^2+2bd+c \qquad \cdots\cdots(5)$$

G_2 和 G_4 按照公式(4)计算 2.00 和 4.00 净密度比值得出即 dK/dD，然后从公式(2)中分别计算 dK/dD 值，得出 G_2 和 G_4 的值。

6.3.2 **ISO 斜率 G_2 和 G_4**

ISO 斜率 G_2 和 G_4 将直接按上述公式从原 G_2 和 G_4 值中得出，归整到小数点后一位。

6.4 **不确定度**

测定感光度、平均斜率和斜率点 G_2 和 G_4 的设备将充分地校准以保证感光度测定($\lg K_S$)的不确定度小于 0.05，斜率小于 5%。

注 1：置信水平将通过使用一个近似 2 的反射因子 K(见参考文献[7])。

注 2：置信水平和如此组合取决于测量结果的分布概率。有关更详细的解释，见参考文献[7]。

7 标记和标签

7.1 **ISO 感光度**

用本标准所述方法测定的胶片感光度或系统感光度，按照表 1 中的范围表述形式为ISO(2) 100。括号中的数字表明所用的射线[即(2)为 5.3.3.3 中所述的射线源]。

7.2 **ISO 平均斜率**

用本标准所述方法测定的胶片平均斜率或系统平均斜率，表述形式为 ISO(2)$\bar{G}$4.3。

7.3 **ISO 斜率 G_2 和 G_4**

用本标准所述方法测定的胶片点斜率 G_2 和 G_4，表述形式为 ISO(2)G_2 6.6。

7.4 **总则**

由于 ISO 感光度、ISO 平均斜率和 ISO 点斜率 G_2 和 G_4 不仅取决于胶片本身，而且取决于显影影像的冲洗加工、射线源和屏，所以引用数值时要给出加工规范。

由本标准得到的数值不可与按照其他标准规定的方法得到的数值相对比。为此，建议引用本标准方法得到的数值要注明“工业”。

附 录 A
（资料性附录）
能量测量单位

X 和 γ 射线能量可用每单位物质内电子释放所产生的带电粒子的数量来表示。例如，每千克空气释放 1.610×10^{15} 个电子为 1 R，这个值相当于 2.58×10^{-4} C。

射线能量也可用在单位质量空气中产生的全部带电粒子所释放的初始动能科玛来表示。在空气中释放 1.610×10^{15} 个电子需要 8.732×10^{-3} J。每千克空气释放的焦耳能量可用戈瑞表示（1 J/kg＝1 Gy）。戈瑞也可表示为吸收的剂量。

在本标准中，每单位质量的吸收剂量，或能量用戈瑞表示。以下列等式表示，1 戈瑞相当于 1145 R 或 0.029 5 C/kg 空气。同样地，1R 相当于 8.732×10^{-3} Gy，如下式表示：

$$1\ \mathrm{R}=\frac{1\mathrm{esu}}{0.001\ 293\ \mathrm{g}\ \text{空气}}=\frac{1\mathrm{esu}}{0.001\ 293\ \mathrm{g}}\times\frac{10^{3}\ \mathrm{g}}{\mathrm{kg}}\times\frac{2.082\times10^{9}\ \text{电子}}{1\mathrm{esu}}\times\frac{33.85\ \mathrm{eV}}{\text{电子}}\times\frac{1.602\times10^{-19}\mathrm{J}}{\mathrm{eV}}=8.732\times10^{-3}\ \mathrm{Gy(kg)}$$

1 R＝8.732×10^{-3} Gy；

1 C＝6.242×10^{18} 个电子；

1 esu ＝2.082×10^{9} 个电子；

1 R 在 0.001 293 kg 空气中产生 2.58×10^{-4} C（或每千克空气 1.610×10^{15} 电子）；

1 eV＝1.602×10^{-12} ergs＝1.602×10^{-19} J；

33.85 eV±0.15 eV 为一个电子在空气中产生一对离子所需的能量（ICRU31，见参考文献[3]）。

附　录　B
（资料性附录）
散射辐射的测量

测定散射辐射对曝光量影响程度的方法取决于原始射线源。初始射线源的直径小于胶片到它距离的十分之一时，可按如下的反平方律法测量散射线对测试曝光量的影响。

如果 d 为胶片到射线源的距离，那么用曝光率和 d^2 绘制曲线图。从曲线图上外推至零距离处，得到 P 值，它仅是从初始射线中产生的。

为与本标准一致，正常测试距离的实际值（曝光率 $\times d^2$）不应比 P 值大 6%。

附 录 C
（资料性附录）
电离室的校正

用5.3.3中规定的射线质量校准的电离室可能得不到。在这种情况下，在需要的射线质量下的电离室响应可在校准曲线上，半值层范围内用插入法测得。

对于5.3.3.2和5.3.3.3中规定的半值层的电离室响应，可在半值层对附录F中给出的射线电离室响应的曲线上通过插入法得到。

与5.3.3.4和5.3.3.5中规定的γ射线一起使用的仪器可用钴-60和铱-192射线校准。

在胶片感光度的测定中，可以用标准实验室校准的测定胶片曝光量的工作仪器。

附 录 D
（资料性附录）
X射线测量再现性的改进

为了改进X射线测量的再现性，使用的电离室应满足下述要求：

a) 在所谈及的能量范围内，当每单位曝光量的灵敏度变化很小，且视为光能参数时，应使用电离室。

b) 当测量电离电流时应注意。特别是，必需应用饱和条件，应对本底射线水平，电子干扰或测量仪器的漂移和大气条件的变化进行修正。

c) 为了允许校正曝光率的波动，应使用监控电离室。

附 录 E
（资料性附录）
测定 G_2 和 G_4 关系式的推导

在 6.3.1 中表示的关系 $G=\frac{\mathrm{d}D}{\mathrm{dlg}K_X}=\frac{K_X}{\lg e}/\frac{\mathrm{d}K}{\mathrm{d}D}$，可由下式导出：

$$\frac{\mathrm{d}D}{\mathrm{dlg}K_X}=\frac{\mathrm{d}D}{\lg e\cdot\mathrm{dlg}eK_X}=\frac{\mathrm{d}D}{\lg e\cdot\frac{\mathrm{d}K}{K_X}}=\frac{K_X}{\lg e}/\frac{\mathrm{d}K}{\mathrm{d}D}$$

附 录 F
(资料性附录)
射线质量编码

表 F.1

NIST[a] 代号	恒定电压/kV	固有滤线器的近似厚度	附加滤线器厚度				半值层厚度
		铝	铅	锡	铜	铝	铜
		mm	mm				mm
HFG	150	1.5	0	1.5	4.0	2.5	2.4
HF1	200	1.5	0.7	4.0	0.6	2.5	4.1

[a] 国家标准局(美国)。

参 考 文 献

[1] ISO 5-1:1984,摄影术——密度测量——第1部分,标记和符号

[2] ISO 11699-1,非破坏性试验——工业X射线胶片——第1部分:工业X射线胶片系统的分类

[3] 国际委员会关于射线单位和测量,ICRU 报告31,要求产生一对离子的平均能量,1979

[4] ICRU 报告60,电离放射的基本数量和单位,1998

[5] NCRP 报告82:射线防护和测量的SI单位,有关射线防护和测量的国际委员会的建议,1985年8月13日发表

[6] HALMSHAW,R.:工业射线:理论和实践,chapman and HALL,1995

[7] 测量不确定度表述的指导,1995,BIPM,IEC,IFCC,ISO,IUPAC,IUPAP,OI

ICS 27.120
F 88

中华人民共和国国家标准

GB/T 9588—2008
代替 GB/T 9588—1988

盖革-米勒计数管测试方法

Methods of test of Geiger-Müller counter tubes

(IEC 151-25:1971,NEQ)

2008-07-02 发布　　　　2009-04-01 实施

中华人民共和国国家质量监督检验检疫总局
中国国家标准化管理委员会　发布

前　言

本标准对应于 IEC 151-25:1971《盖革-弥勒(G-M),计数管测试方法》,与 IEC 151-25:1971 一致性程度为非等效。

本标准代替 GB/T 9588—1988《盖革-弥勒计数管测试方法》。

本标准与 GB/T 9588—1988 相比,主要差异如下:

a) 第 3 章的"术语和定义"增加了"剂量"、"剂量率"、"吸收剂量"、"吸收剂量率"和"角响应",删除了"照射量"、"照射量率"等术语,"照射量"、"照射量率"改为"剂量"、"剂量率";

b) 参照 GB/T 4960.5《核科学技术术语　辐射防护与辐射源安全》和 GB/T 4960.6《核科学技术术语　核仪器仪表》修改了第 3 章的"术语和定义"的部分术语定义;

c) 修改了少量单位符号,如将"c/(kg·h)"改为"Gy/h";

d) 修改了 4.5.1,增加了^{137}Cs 和^{55}Fe;

e) 将推荐电路改为阳极输出图、阴极输出图和电流输出图(4.8.3);

f) 将"计数率与照射量率特性曲线"改为"计数率与剂量率特性曲线",删除了"电流与照射量率特性曲线"和"计数管能量响应曲线(射线能量-灵敏度)"(5.9);

g) 修改了"计数管死时间典型示波图(电压脉冲)"(5.17.1);

h) 增加了角响应的测试方法(5.13)。

本标准由中国核工业集团公司提出。

本标准由全国核仪器仪表标准化技术委员会归口。

本标准起草单位:南京华东电子集团有限公司、中核(北京)核仪器厂。

本标准主要起草人:刘斌、杨继明、钱志萍、李继源、陶汝军、龙良淑。

本标准所代替标准的历次版本发布情况为:

——GB/T 9588—1988。

盖革-米勒计数管测试方法

1 范围

本标准规定了与盖革-米勒计数管有关的术语和定义、测试条件和测试方法。

本标准适用于盖革-米勒(或GM)计数管参数和特性的测试。

2 规范性引用文件

下列文件中的条款通过本标准的引用而成为本标准的条款。凡是注日期的引用文件,其随后所有的修改单(不包括勘误的内容)或修订版均不适用于本标准,然而,鼓励根据本标准达成协议的各方研究是否可使用这些文件的最新版本。凡是不注日期的引用文件,其最新版本适用于本标准。

GB/T 4960.6 核科学技术术语 核仪器仪表

GB/T 7274 电子管极间电容测试方法

GB/T 10263—2006 核辐射探测器环境条件与试验方法

3 术语和定义

GB/T 4960.6 确立的以及下列术语和定义适用于本标准。

3.1

计数管 counter tube

工作在正比区或盖革-米勒区的脉冲电离探测器。

3.2

盖革-米勒区 Geiger-Müller region

计数管所加的电压范围,在此范围内气体放大因子大到足以使脉冲幅度基本上与计数管灵敏体积内最初生成的离子对总数无关。

3.3

盖革-米勒计数管 Geiger-Müller counter tube

工作在雪崩区(盖革-米勒区)的计数管。

注:在下文中的“计数管”若无特别说明均指盖革-米勒计数管。

3.4

猝灭 quenching

盖革-米勒计数管内单次电离事件后,为阻止其后的连续放电或多次放电,终止电离雪崩的过程。

3.5

自猝灭计数管 self-quenched counter tube

仅靠所充气体而不采取其他措施就能猝灭的盖革-米勒计数管。

注:例如:

——卤素计数管;

——有机蒸汽计数管。

3.6

有机猝灭计数管 organic-quenched counter tube

所充气体中含有少量有机气体的盖革-米勒计数管。

3.7

卤素猝灭计数管　halogen-quenched counter tube

所充气体中含有少量卤素气体的盖革-米勒计数管。

3.8

初始电离事件　initalition ionizlation event

计数管中由入射粒子所引起的电离事件。

3.9

脉冲　pulse

核辐射通过计数管在测试电路里产生的短时间电流或电压的变化。

3.10

一次计数　once count

被记录的一个输出脉冲。

3.11

累积计数　accumulated count

某一规定时间内所记录的输出脉冲数。

3.12

灵敏体积　sensitive volume

计数管中(对辐射灵敏且用于探测的那部分体积)电离事件能使计数管产生脉冲的那部分体积。

3.13

气体放大　gas multiplication

入射电离辐射在气体中的产生的离子对,在足够强的电场作用下生成更多离子对的过程。

3.14

气体放大系数　gas multiplication factor

在规定的条件下,经气体放大后的离子对数与初始离子对数之比。

3.15

盖革-米勒阈[值]　Geiger-Müller threshold

计数管工作在盖革-米勒区所施加的最低电压。

3.16

计数率　count rate

单位时间的计数。

3.17

本底计数率　background count rate

在没有被测辐射源的条件下,测量装置的固有计数。

3.18

光敏性　photosensitive

用可见光对计数管产生的计数。

3.19

漏电流　leakage current

探测器在工作电压下无辐照时产生的电流。

3.20

绝缘电阻　insulation resistance

计数管电极之间所具有的电阻值。

3.21

起始电压　original voltage

一个规定特性的系统开始检测到计数管输出信号时加到计数管上的最低电压。

3.22

坪特性曲线　plateau characterisitic curve

在恒定的辐照下，计数管的计数率与所加电压之间的关系曲线。

3.23

坪　platreau

辐射探测器特性曲线的一部分，在此区间测得的电流或计数率与外加电压无关。

3.24

坪斜　plateau relative slope

坪区的斜率，表示外加电压每变化 100 V 计数率变化的百分数。

3.25

坪阈[值]电压(坪始端电压)　voltage of plateau initial

在坪特性曲线中，与坪的起始点相应的外加电压。

3.26

坪终端电压　voltage of plateau end

在坪特性曲线中，坪斜(%/V)超过规定值高端的最低外加电压。

3.27

坪长　plateau

坪终端电压与坪始端电压之差。

3.28

工作电压　operate voltage

由制造厂在计数管的坪区范围内选定一个合适的电压，推荐给使用者作为工作电压。

3.29

极限工作电压　ultimate operate voltage

高于坪区电压的某一电压，在该电压下计数率明显上升但计数管能够工作，尚未连续放电的最高电压。

3.30

伏安特性　volt-ampere characteristic

在恒定的辐照下，其输出电流与外加电压之间的关系，用曲线表示。

3.31

伏安特性斜率　volt-ampere characteristic slope

在规定的电压范围内，伏安特性曲线的相对斜率，即规定的电压范围除电流在该范围内的变化值，再除以该电压范围中点的电流值所得的商。

3.32

剂量　dose

吸收能量或辐射的量。

3.33

剂量率　dose rate

剂量除以时间的商。

3.34

吸收剂量　absorbed dose

致电离辐射授予质量为 dm 的物质的平均授予能 dε 除以 dm：

$D=\mathrm{d}\varepsilon/\mathrm{d}m$。

3.35

吸收剂量率　absorbed dose rate

在时间间隔 $\mathrm{d}t$ 内吸收剂量的增量 $\mathrm{d}D$ 除以 $\mathrm{d}t$ 的商：

$D=\mathrm{d}D/\mathrm{d}t$。

3.36

剂量率特性　dose rate characteristic

在规定的测试条件下，计数管的计数率与剂量率之间的关系，其曲线称之为剂量率特性曲线。

3.37

剂量率线性　dose rate linearity

在剂量率特性曲线上，其计数管的计数率与剂量率关系的直线性。通常以非线性偏差来表示。

3.38

过负荷剂量率　over dose rate

产品标准中规定的超过量程上限的某个剂量率处于工作状态的计数管，在该个剂量率下短时间照射后，仍能恢复工作，这个剂量率，称为过负荷剂量率。

3.39

辐射灵敏度(辐射响应)　radiation sensitivity

单位剂量率所产生的计数率或电流。

3.40

能量响应　energy response

计数管的辐射灵敏度与射线能量之间的关系。

3.41

角响应　polar response

计数管的辐射灵敏度与射线入射角度之间的关系。

3.42

最大计数率　most count rate

测得的计数率与剂量率的关系曲线上的极大值。

3.43

脉冲幅度　pluse amplitude

处于工作状态的计数管所输出的电压或电流脉冲大小。

3.44

分辨时间　resolving time

在相继出现而仍然可以分辨的两个脉冲之间的必须经历的最小时间间隔。

3.45

死时间　dead time

由单次致电离事件对盖革-米勒计数管引起脉冲后的一段时间间隔，在此间隔内，它对后继的电离事件不能响应。

3.46

死时间校正　correction of dead time

适用于对观测到的脉冲计数进行校正，以便考虑分辨时间或死时间引起的脉冲计数损失。

3.47

起始电压和坪始端电压的温度系数　temperature coefficient of voltage (of plateau initial and plateau end)

在规定的温度范围内，表征计数管起始电压和坪阈[值]电压(始端电压)随温度变化的系数。

3.48

辐射灵敏度的温度系数　temperature coefficient of radiation sensitivity

在规定的温度范围内，表征计数管的灵敏度随温度变化的系数。

3.49

使用寿命　useful life

在限定的辐射和环境条件下，计数管的特性能保持在规定的容差范围内的最长使用时间或最大累计计数。它通常用累计工作到规定的脉冲计数或连续工作到规定的小时数等来表示。超过使用寿命后，计数管就不能保证满足规定的性能指标。

4　测试条件

4.1　高压电源

高压电源不应影响测试系统的规定特性且应满足下列要求：

a)　在被测管(产品标准)规定的电压范围内连续可调；

b)　纹波(峰-峰值)电压不大于 100 mV；

c)　输出电压稳定度不小于 0.5%。

4.2　定标器

定标器应满足下列要求：

a)　应带有甄别阈，其阈值在 0.1 V～5 V 范围内连续可调，阈值的稳定度不小于 1%；

b)　输入灵敏度不小于 0.1 V；

c)　分辨时间不大于 1 μs；

d)　最大计数容量不小于 10^6。

4.3　示波器

示波器应满足下列要求：

a)　上升时间不大于 0.1 μs；

b)　输入阻抗不小于 5 MΩ；

c)　输入灵敏度不小于 0.1 V；

d)　带宽不小于 10 MHz。

4.4　其他测量仪器

其他测量仪器应满足下列要求：

a)　测试用的电流表精度应不低于 1.0 级，并且要有合适的量程范围，但在测量 1 μA 以下电流时，也可使用精度低于 1.0 级的电流表；

b)　电压表精度不低于 1.0 级，并且要有合适的量程范围；

c)　高阻表。

4.5　放射源及其附属装置

4.5.1　在测试时，除非另有规定，一般采用下列放射源：

a)　探测 α 射线，采用 ^{241}Am 或 ^{239}Pu；

b)　探测 β 射线，采用 ^{90}Sr-^{90}Y；

c)　探测 γ 射线，采用 ^{137}Cs 或 ^{60}Co；

d)　探测低能 γ 或 X 射线，采用 ^{241}Am 或 ^{55}Fe。

4.5.2　放射源活度应经过指定的计量机构定期标定，并标明其不确定度。

4.5.3　除非另有规定，计数管测试时应受均匀照射，工作时约记录 100 s^{-1} 的计数。

4.5.4　放射源的传动装置及计数管的测试架应定期检修，以保证安全及几何位置的重复性。

4.6 测试环境

4.6.1 温度

除非另有规定，一般测试环境温度为 15 ℃～35 ℃。

4.6.2 湿度

除非另有规定，一般测试环境相对湿度为 45％～75％。

4.6.3 气压

除非另有规定，一般测试环境的气压为 86 kPa～106 kPa。

4.6.4 环境光

一般是室内自然光(包括电灯照明)，但允许计数管蔽光测试。

4.6.5 电磁场

测试环境应无电磁场干扰。

4.6.6 核辐射

除产品标准规定使用的放射源外，应无其他放射源的影响。

4.7 测试记录时间

在这段时间内的总计数的统计涨落偏差不应影响到测量精确度。

4.8 测试电路

4.8.1 计数管基本测量电路

基本测量电路及其参数选择如图 1 所示。

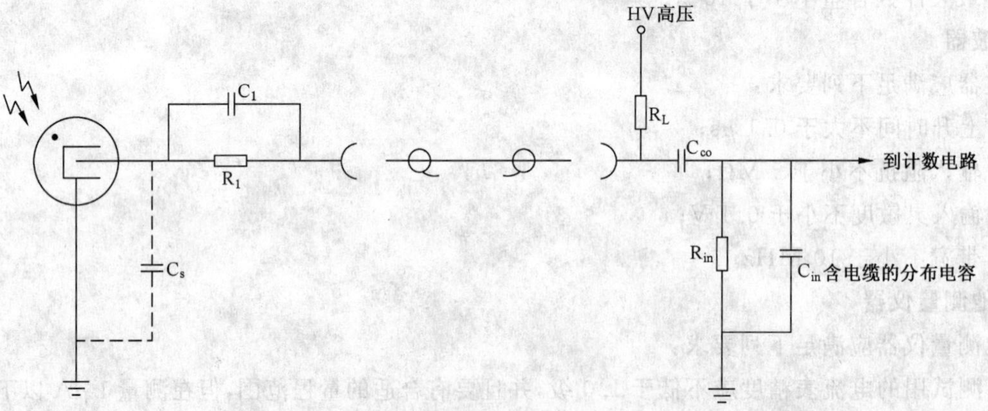

注 1：卤素管每次放电所产生的总电荷受外部电路影响大，因此，R_1C_1 尽可能靠近计数管阳极，R_1 的数值应由制造商规定(通常在 2.7 MΩ～10 MΩ 的范围内)，C_1 的数值应在 0 pF～10 pF 的范围内。

注 2：计数电路的输入电阻和输入电容与电缆的分布电容一起合并成 R_{in}(通常为 33 kΩ～1 MΩ)和 C_{in}(通常为 100 pF)，C_{co}通常为 100 pF ～0.01 μF($R_L \geqslant$ 33 kΩ～1 MΩ)。

注 3：卤素管的电路输入灵敏度推荐为 0.1 V～0.5 V。

注 4：有机管的电流脉冲的形状不受外部电路影响，完全受内部的几何尺寸和所加电压的控制，因此，R_L C_1 并不需要，R_L 通常为 4.7 MΩ。

注 5：有机管的电路输入灵敏度推荐为 0.2 V。

图 1 计数管的基本测量电路

4.8.2 放电电荷和电流脉冲的测量电路

测量每次放电电荷和电流脉冲的电路如图 2 所示。

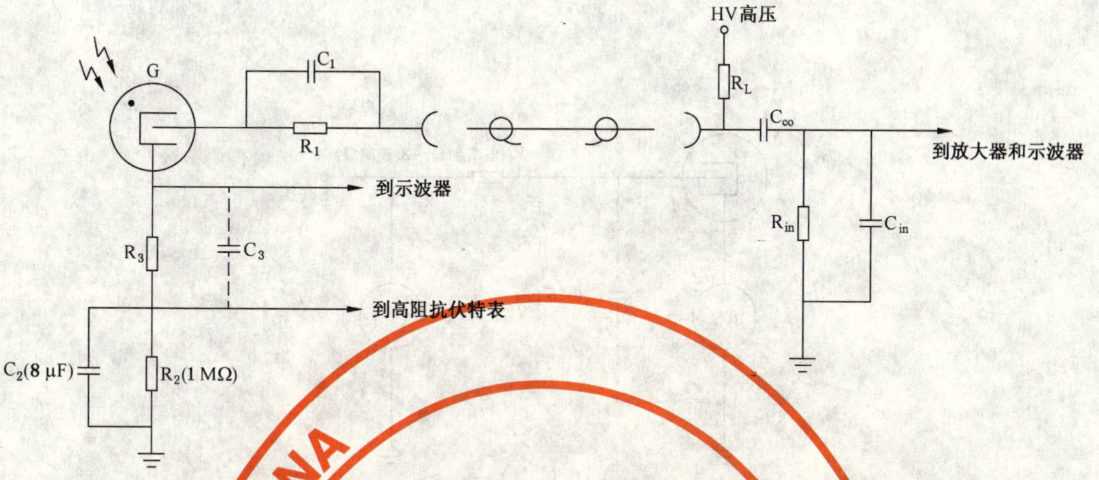

注 1：R_3C_3 的乘积与电流脉冲的上升时间比较可以忽略不计。

注 2：对于其他的推荐值，见图 1 注。

观察点：A 点观察电流脉冲、死时间；

B 点观察每次放电的平均电荷；

C 点观察电压脉冲。

图 2 测量放电电荷和电流脉冲的电路

4.8.3 推荐电路的其他测试电路

图 3～图 5 是推荐的其他几种测试电路，产品的技术说明书应注明所选用的测试电路。

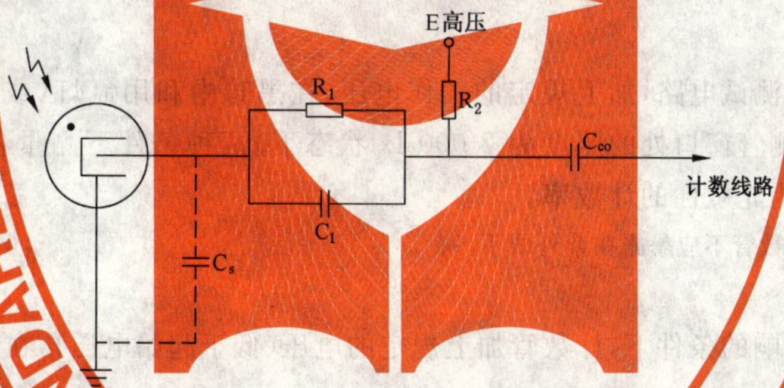

图 3 阳极输出测试电路

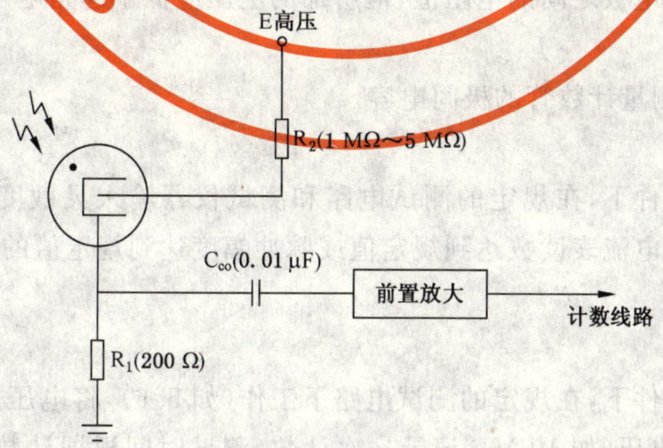

图 4 阴极输出测试电路

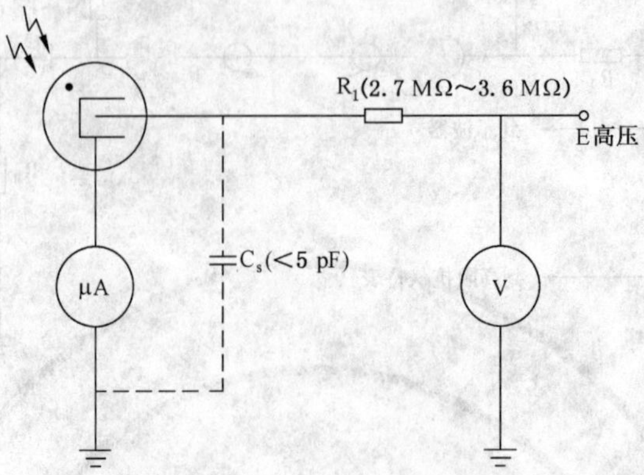

图 5 电流输出测试电路

5 参数和特性测试

5.1 本底计数率

把计数管安装在特制的铅室内，铅室四周为 50 mm 厚度的铅板，内衬 3 mm 厚度的铝板，按产品标准规定的测试电路，于被测管加上规定的工作电压，在规定的时间内测量计数，算出的计数率即为本底[计数率]。

5.2 光敏性

按产品标准规定的测试电路，加上规定的工作电压，在黑暗中和用氙灯(或用截止波长 300 nm 以下超高压水银灯，使被测管窗口处的照度为 2 000 lx 状态下)两种条件下测量各自规定时间内的计数率，两种计数率之差即为光敏性的计数率。

注：测试前 60 min 计数管不应暴露在紫外线下。

5.3 漏电流

在周围无放射源影响的条件下，计数管加上规定的电压(低于起始电压)，在阴极和阳极之间的漏电流即计数管的漏电流。

5.4 绝缘电阻

用高阻表测量计数管两电极之间的电阻值，但所加的电压应低于起始电压。

5.5 极间电容

按 GB/T 7274 的规定测量计数管的极间电容。

5.6 起始电压

计数管在均匀照射的条件下，在规定的测试电路和测试仪器输入灵敏度下工作，逐步升高外加电压，当计数率达到约 1 s^{-1}或电流表读数达到规定值或脉冲幅度达到规定值的电压，即为起始电压。

5.7 坪特性

5.7.1 坪特性曲线

计数管在均匀照射的条件下，在规定的测试电路下工作(如 5.6)，将电压从相当于起始电压值开始逐步升高，每提高一段工作电压(如 10 V)，记录一次计数(测试时间根据计数率而定，应满足测量的统计误差小于允许的测量精度)。然后将测试数据(在统计误差范围内)用图示法画成平滑曲线(坪特性曲线)，如图 6 所示。

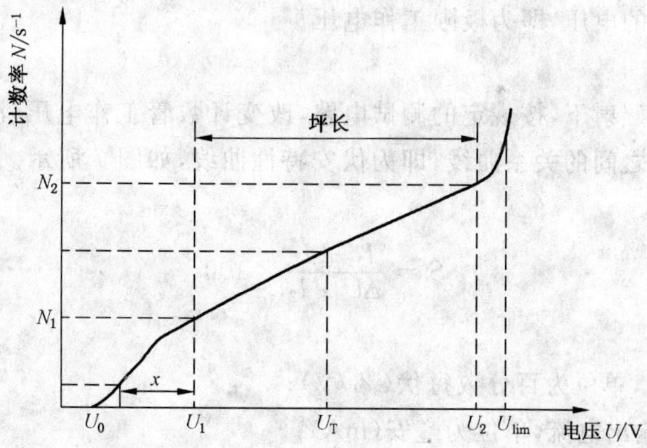

U_0——起始电压；

U_1——坪始端电压；

U_T——推荐工作电压；

U_2——坪终端电压；

U_{lim}——极限工作电压。

图 6　计数管的坪特性曲线

5.7.2　坪斜

坪斜按式(1)计算：

$$S = \frac{N_2 - N_1}{(N_2 + N_1)/2} \times \frac{100}{U_2 - U_1} \quad \cdots\cdots (1)$$

式中：

S——坪斜，单位为百分数每伏(%/V)；

N_1——电压 U_1 下测得的计数率，单位为计数每秒(s^{-1})；

N_2——电压 U_2 下测得的计数率，单位为计数每秒(s^{-1})。

坪斜指标在产品标准中规定。

5.7.3　坪终端电压

坪终端电压即图 6 中的 U_2。

5.7.4　坪长

坪长即图 6 中的 $U_2 - U_1$(以伏为单位)。

坪长通常由制造商规定。

注 1：坪始端电压一般由制造商规定；

注 2：坪始端电压＝起始电压＋X。

对每种计数管要给出 X 值(见图 6)。

5.7.5　工作电压

制造厂推荐一个工作电压，或者取

$U_1 + \left[\frac{U_2 - U_1}{3} \text{至} \frac{U_2 + U_1}{2}\right]$之间的某一电压值。

5.7.6 极限工作电压

计数管在均匀辐射的条件下，在规定的测试电路下工作，电压从相当于坪终端电压 U_2 开始增加，计数率明显上升，但未连续放电，此时移走放射源，本底计数率不能恢复到原来大小，当所测本底计数率与规定值比较有明显增加时的电压，即为极限工作电压。

5.8 伏安特性及其斜率

计数管在恒定剂量率照射下，按规定的测试电路，改变计数管工作电压，测出相应的输出电流。作出的输出电流与工作电压之间的关系曲线，即为伏安特性曲线，如图 7 所示。其伏安特性斜率按式(2)计算：

$$S=\frac{I_3-I_1}{\Delta U\cdot I_2}\times 100 \qquad \cdots\cdots(2)$$

式中：

S——伏安特性斜率，单位为百分数每伏(%/V)；

I_1——电压 U_1 下的输出电流，单位为毫安(mA)；

I_2——电压 U_2 下的输出电流，单位为毫安(mA)；

I_3——电压 U_3 下的输出电流，单位为毫安(mA)；

ΔU——U_3-U_1，单位为伏特(V)；

U_1、U_3——一般是某种规定值，单位为伏特(V)；

$U_2=\frac{U_1+U_3}{2}$，即 $U_1\sim U_3$ 的中点值。

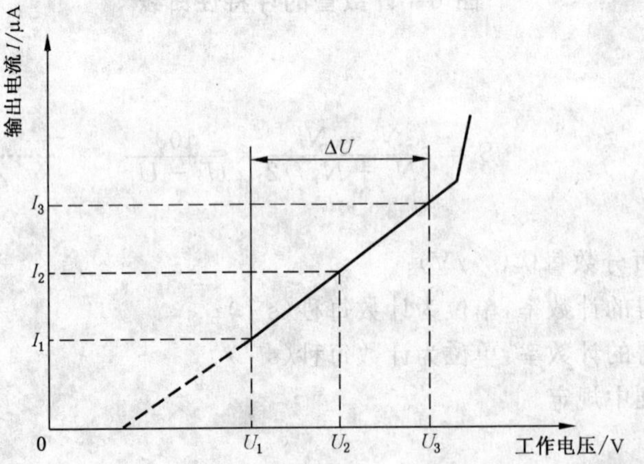

图 7 计数管的伏安特性曲线

5.9 剂量率特性及线性

5.9.1 剂量率特性

将计数管放置在刻有剂量率的标准照射室的固定架上，按规定的测试电路，加上工作电压，改变计数管所受的剂量率(一般是用改变放射源和计数管的距离来获得)，在规定的剂量率范围由弱到强选定五个以上不同剂量率的点，在规定的时间内测量计数率，然后在坐标纸上画出计数率 N，与剂量率($\dot{D}$)的特性曲线趋向，典型例子示于图 8。

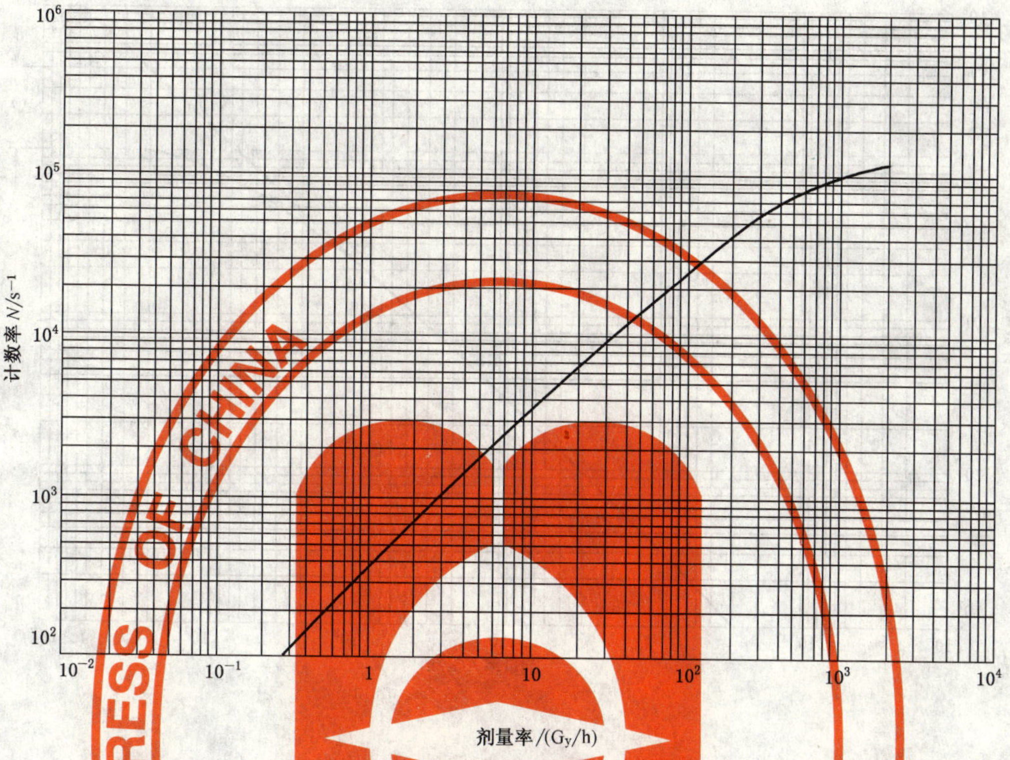

图 8 计数率与剂量率特性曲线

5.9.2 剂量率线性

在图 9 计数率与剂量率特性曲线中,最高剂量率点实际测出的计数率一定低于理想值(由于死时间导致漏计)。因此,某一剂量率下的线性程度常用该点的非线性偏差来表征。非线性偏差 d_N 按式(3)计算:

$$d_N = \frac{\Delta N}{N_L} \times 100\% \qquad \cdots\cdots(3)$$

式中:

ΔN——$N_L - N_S$;

N_L——理想值;

N_S——实测值。

5.10 过负荷剂量率

计数管按规定的测试电路加上工作电压,在过负荷剂量率(一般为量程上限的 5~10 倍)下照射规定的时间,观测其计数率(不应下降),然后除去计数管上的电压,使其休息规定的时间后,再按规定测量有关参数应正常工作。照射时间和休息时间在产品标准中规定。

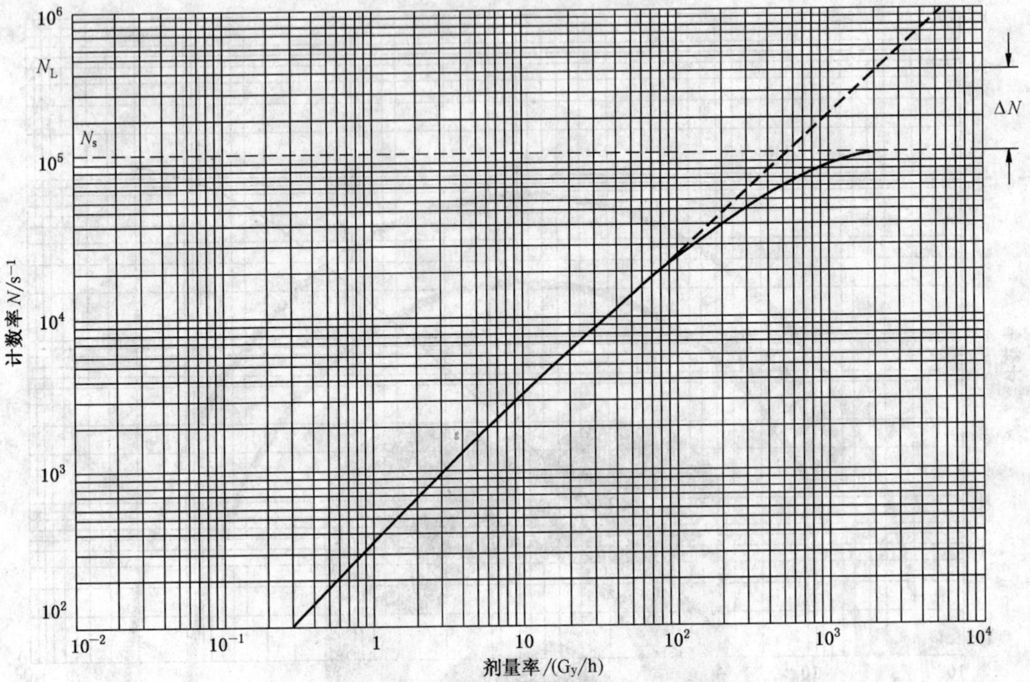

图 9　计数率与剂量率特性曲线

5.11　辐射灵敏度(辐照效应)

5.11.1　γ射线和X射线灵敏度

将计数管放置在周围的物体对射线的反射和散射尽可能小(相对于被测射线的直接照射而言)的位置(如计数管放在离地面1.5 m以上,离周围物体或墙壁2 m以上),在一个规定特性的系统中,将规定的γ射线源(见注1)放置在正对离被测管的一边或端部(见注2)一定距离的位置上,使管子受到比较均匀的照射。

如果计数管管壁的厚度小于所用射线能量下次级电子平衡所要求的厚度,则应将一个合成塑料或其他材料的套管(或管帽),配合在计数管上,以便给出合适的等效壁的总厚度(见注3)。

放射源的活度和距离应选择使计数管的计数率足够高,以满足统计精确度的要求,但不能高到由于死时间而引起显著的计数损失。

计数管的计数率由测得的并经过死时间校正的计数率或减去本底计数率来得到。

计数管的灵敏度就是计数管的净计数率除以已知剂量率的商。由于灵敏度随射线能量而变化,因此若不给出γ射线能量响应曲线,就应规定所用放射源,建议给出对^{60}Co或^{137}Cs的灵敏度(见注1)。

注1:γ放射源应该滤除β射线和不需要的软γ射线成分。由于过滤板对γ射线有显著影响,因此过滤板的性质和厚度应加以规定。对于^{60}Co,最薄的过滤板应为0.3 mm的铝板,除非另有规定,就假定放射源物质是与它们蜕变的产物(如有的话)已达到平衡。X射线也应过滤,被滤射线的滤除情况或半值厚度(H·V·L)应加以规定,应采取措施来避免计数管放射源和(或)几何形状而引起的康普顿效应。

注2:测试同轴圆柱体计数管对射线的灵敏度时应采用侧面受照射的方式。测试端窗计数管对射线的灵敏度时,应采用端窗受照射的方式。

注3:为了达到^{60}Co射线的电子平衡,计数管壁应有的最小壁厚大约为400 mg/cm^2,如果壁的厚度小于400 mg/cm^{2}则应配合一个合成塑料帽或其他材料的套管(或管帽),使其等效壁厚达400 mg/cm^2。

5.11.2 β射线灵敏度

测试时，放射源直接放在计数管壁的下面，计数管侧面放在离放射源平面距离为 6 mm±1 mm 处，在放射源照射下围绕管轴至少旋转三次，但每次转动部位不能重复，所有测量持续时间不得少于2 min。然后，根据三个位置的测试数据计算误差。

5.12 能量响应

将裸体计数管或在外面装上专用"能量补偿(或屏蔽)套"的计数管，按规定的测试电路加上工作电压，在不同能量的γ射线(或不同能量 X 射线)照射下，测出计数管的灵敏度并以^{60}Coγ 射线的灵敏度归一化，得出能量响应系数(简称能响系数)K，然后给出能量响应特性。典型例子示于图 10 中。

在选择的能量范围内，可用不同能量的放射源和 X 光机。

注：在进行灵敏度测量时，应使计数管工作在量程曲线的线性段。否则，需要对测得的计数进行死时间校正。

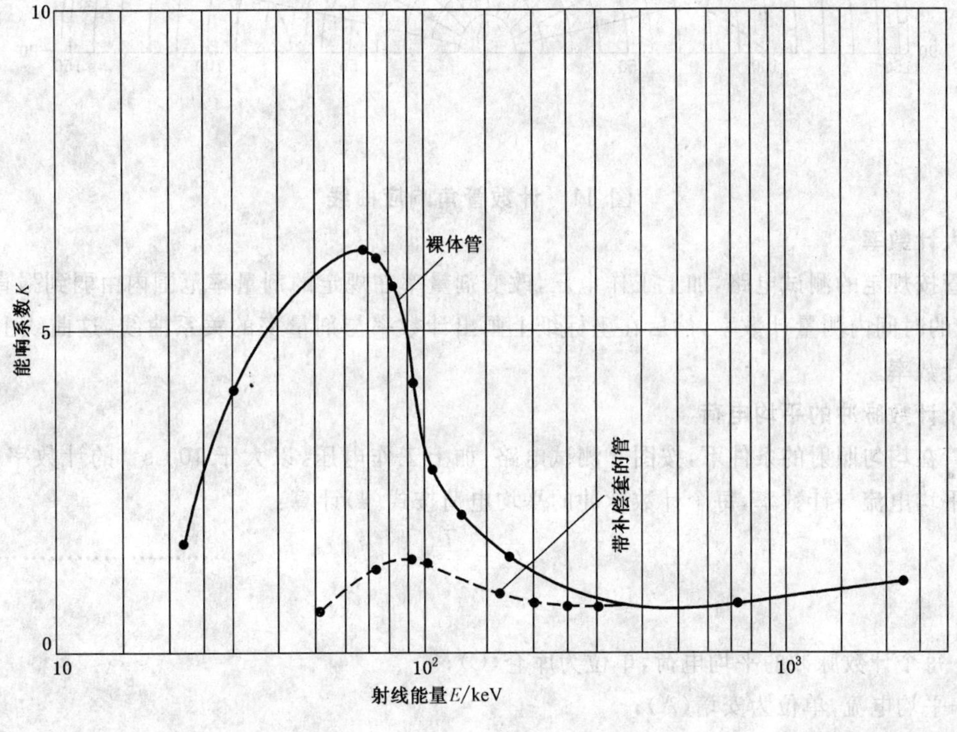

图 10 计数管能量响应曲线(侧面响应)

5.13 角响应

将计数管按规定的测试电路加上工作电压，在产品标准规定的某一种能量的 γ 射线(或 X 射线)照射下，使射线垂直于计数管圆柱体轴线(对于有窗的非圆柱形计数管，应使射线垂直于窗表面)的方向照射计数管，测出其灵敏度。然后按照产品标准的规定，依次将计数管的轴线偏转一定的角度，使射线从不同角度照射计数管，分别测出计数管的灵敏度并以垂直入射时的灵敏度归一化。

不同能量的射线照射时，计数管的角响应也不同。一般需要测出几种不同的典型射线能量下的角响应。典型例子示于图 11 中。

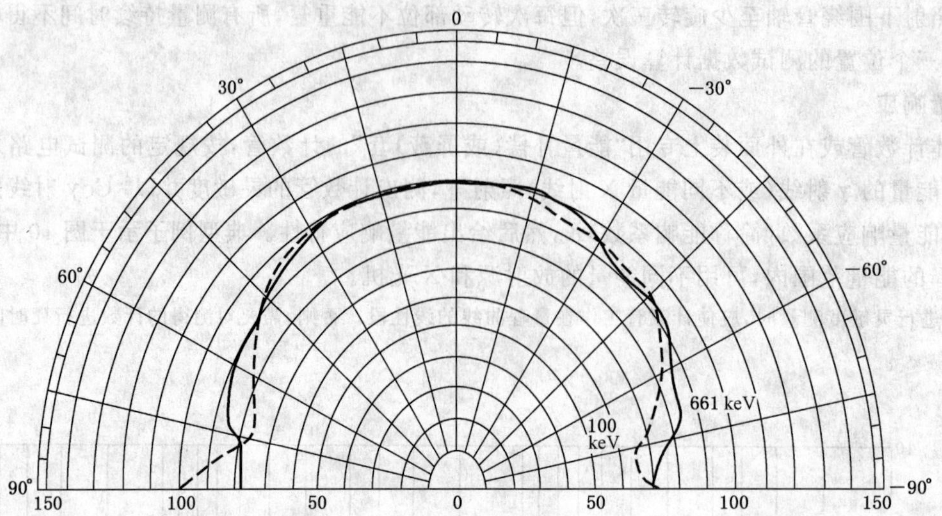

图 11　计数管角响应曲线

5.14　最大计数率

计数管按规定的测试电路，加上工作电压，改变剂量率在规定的剂量率范围内由弱到强直至出现拐点，在规定的时间内测量计数率，然后在坐标纸上画出计数率与剂量率的关系曲线，这曲线上的极大值即为最大计数率。

5.15　每个计数脉冲的平均电荷

计数管在均匀照射的条件下，按图 2 测试电路，加上工作电压，以大于 100 s^{-1} 的计数率，同时测出计数管的平均电流与计数率，每个计数脉冲的平均电荷按式(4)计算：

$$\overline{Q} = \frac{\overline{I}}{N} \qquad \cdots\cdots (4)$$

式中：

$\overline{Q}$——每个计数脉冲的平均电荷，单位为库仑(C)；

$\overline{I}$——平均电流，单位为安培(A)；

N——计数率，单位为计数每秒(s^{-1})。

5.16　脉冲幅度

计数管在均匀照射的条件下，按图 2 的测试电路，加上工作电压，以约 100 s^{-1} 的计数率，将示波器或其他合适的脉冲高度测试装置的输入端接到图 2 的 C 点，观察脉冲高度，它即表示跨在规定的输入电容和电阻上的峰值电压的变化，即脉冲幅度。

5.17　死时间

5.17.1　示波器法

计数管按图 2 规定的测试电路，加上工作电压，将电路的输出端 A 点接到示波器 y 轴的输入端。调整示波器的输入灵敏度，使示波器屏幕刚好显示脉冲全幅值，并使 x 轴的扫描时间恰好大于计数管的恢复时间。计数管在较高计数率下(例如 500 s^{-1})工作，使得死时间和恢复时间都能从示波器上显示出来。如图 12 所示。

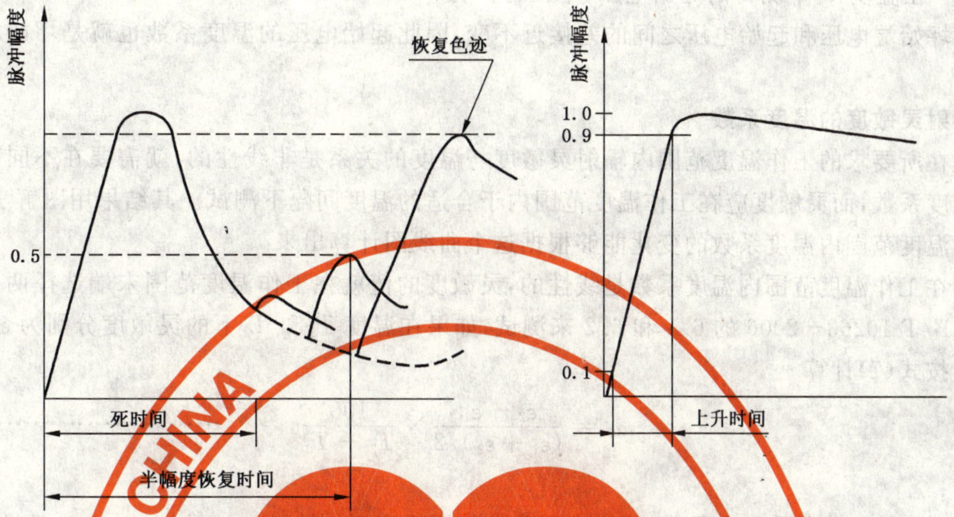

图 12　计数管死时间典型示波图(电压脉冲)

5.17.2　双源法

用两个活度近乎相等的放射源进行测量。按规定的测试电路于被测管加上工作电压，在距计数管一定距离上放置放射源(1)，测得计数率 N_1，然后在另一个距离上放置第二个放射源(2)，该源距计数管的距离，应使两个放射源产生的计数率 N_{12} 比 N_1 的大致高一倍。然后拿走第一个放射源(此时第二个放射源位置保持距离不变)，测得第二个放射源产生的计数率 N_2，最后拿走第二个放射源，测量本底计数率 N_b。则死时间 t_d，可用式(5)计算：

$$t_d = \frac{N_1 + N_2 - N_{12} - N_b}{2(N_1 - N_b)(N_2 - N_1)} \quad \cdots\cdots(5)$$

式中：

t_d——计数管的死时间，单位为纳秒(ns)；

N_1——在放射源(1)下测得的计数率，单位为计数每秒(s^{-1})；

N_2——在放射源(2)下测得的计数率，单位为计数每秒(s^{-1})；

N_{12}——在放射源(1)和(2)下测得的计数率，单位为计数每秒(s^{-1})；

N_b——本底计数率，单位为计数每秒(s^{-1})。

双源法测量死时间要求测量时间足够长，仪器应稳定，且放射源的几何位置应保持不变，能很好重复。

5.18　起始电压和坪始端电压的温度系数

如果在所要求的工作温度范围内起始电压与温度的关系是非线性的，就需要在不同的温度范围内测出其温度系数，因此起始电压应在工作温度范围内合适的温度间隔下测试。其结果用图解法画成曲线，在给定温度范围内温度系数的变化能够根据这个曲线计算出来。

如果在工作温度范围内温度系数是线性的，起始电压值就在工作温度范围末端选择两个不同的温度点按 GB/T 10263—2006 的 6.1 和 6.2 来测试。如果在温度 T_1 和 T_2 下测得的起始电压为 U_{01} 和 U_{02}，则得到温度系数 α_u 为：

$$\alpha_u = \frac{U_{02} - U_{01}}{(U_{01} + U_{02})/2} \times \frac{100}{T_2 - T_1} \quad \cdots\cdots(6)$$

式中：

α_u——坪始端电压的温度系数，单位为百分数每摄氏度(%/℃)；

U_{01}——在温度 T_1 下测得的起始电压，单位为伏特(V)；

U_{02}——在温度 T_2 下测得的起始电压,单位为伏特(V)。

因为坪始端电压和起始电压之间的差接近不变,因此起始电压的温度系数也就是坪始端电压的温度系数。

5.19 辐射灵敏度的温度系数

如果在所要求的工作温度范围内辐射灵敏度与温度的关系是非线性的,就需要在不同的温度范围内测出温度系数,而灵敏度应在工作温度范围内于合适的温度间隔下测试。其结果用图解法画成曲线,在给定的温度范围内温度系数的变化能够根据这个曲线图计算出来。

如果在工作温度范围内温度系数是线性的,灵敏度的值就在工作温度范围末端选择两个不同的温度点按 GB/T 10263—2006 的 6.1 和 6.2 来测试,如果在温度 T_1 和 T_2 下的灵敏度分别为 ε_1 和 ε_2,则温度系数 α_ε 按式(7)计算

$$\alpha_\varepsilon=\frac{\varepsilon_2-\varepsilon_1}{(\varepsilon_1+\varepsilon_2)/2}\times\frac{100}{T_2-T_1}\qquad\cdots\cdots(7)$$

式中:

α_ε——辐射灵敏度的温度系数,单位为百分数每摄氏度(%/℃);

ε_1——在温度 T_1 下测得的灵敏度,以单位剂量率的计数率或电流表示;

ε_2——在温度 T_2 下测得的灵敏度,以单位剂量率的计数率或电流表示。

5.20 使用寿命

5.20.1 概述

寿命试验,选用脉冲累计法或时间累计法进行。寿命试验过程中,电参数测试的时间间隔及允许变化的范围在产品标准中规定。

5.20.2 脉冲累计法

计数管在规定的工作电压和计数率下,累计工作到规定的脉冲次数。

5.20.3 时间累计法

计数管在规定的工作电压和工作电流或剂量率下,连续工作到规定的小时数。

ICS 83.080.01
G 31

中华人民共和国国家标准

GB/T 9639.1—2008/ISO 7765-1:1988
代替 GB/T 9639—1988

塑料薄膜和薄片　抗冲击性能试验方法 自由落镖法　第1部分:梯级法

Plastics film and sheeting—Determination of impact resistance by the free-falling dart methord—Part 1:Staircase methord

(ISO 7765-1:1988,IDT)

2008-08-19 发布　　　　2009-05-01 实施

中华人民共和国国家质量监督检验检疫总局
中国国家标准化管理委员会　发布

前言

GB/T 9639《塑料薄膜和薄片 抗冲击性能试验方法 自由落镖法》分为两个部分:

——第1部分:梯级法;

——第2部分:仪器法。

本部分为GB/T 9639的第1部分,对应于国际标准ISO 7765-1:1988《塑料薄膜和薄片 抗冲击性能试验方法 自由落镖法 第1部分:梯级法》。本部分等同采用国际标准ISO 7765-1:1988《塑料薄膜和薄片 抗冲击性能试验方法 自由落镖法 第1部分:梯级法》,技术内容上完全相同,仅作少量编辑性修改。

本部分代替GB/T 9639—1988《塑料薄膜和薄片抗冲击性能试验方法 自由落镖法》。

本部分与GB/T 9639—1988相比主要变化如下:

——标题增加了"第1部分:梯级法";

——增加了"前言";

——"范围"增加了A法和B法(见1.2、1.3);

——第2章增加了"GB/T 20220—2006《塑料薄膜和薄片 样品平均厚度、卷平均厚度及单位质量面积的测定 称量法(称量厚度)》(ISO 4591:1992,IDT)"和"GB/T 6672—2001《塑料薄膜和薄片 厚度测定 机械测量法》(idt ISO 4593:1993)";

——增加了第3章"意义";

——5.1中的"夹具工作压力不小于300 kPa"改为"试验时夹具能夹紧试样,试样不发生滑移";5.1.1中"环形夹具与试样接触表面须附有橡胶垫圈"改为"与试样接触的环形夹具表面须附有橡胶垫圈,可减少厚度误差"。增加了5.1.2和5.4。调整条款次序。

——增加了第7章"状态调节和试验环境"。

——第10章中删除了"试验日期、人员",增加了"材料厚度和试样厚度变化范围"。

本部分由中国轻工业联合会提出。

本部分由全国塑料制品标准化技术委员会归口。

本部分负责起草单位:轻工业塑料加工应用研究所、佛山塑料集团股份有限公司。

本部分主要起草人:许丽丹、陈倩、李田华、黄智明、施亚琤。

本部分所代替标准的历次版本发布情况为:

——GB/T 9639—1988。

塑料薄膜和薄片　抗冲击性能试验方法　自由落镖法　第1部分：梯级法

1　范围

1.1　GB/T 9639 的本部分规定了在给定高度的自由落镖冲击下，测定塑料薄膜和薄片试样破损数量达 50%时的能量。以冲击破损质量表示。

本部分适用于塑料薄膜和厚度小于 1 mm 的薄片。

1.2　两种试验方法

1.2.1　A 法：落镖头部直径为(38±1)mm，下落高度为(0.66±0.01)m。适用于冲击破损质量为 0.05 kg～2 kg 的材料。

1.2.2　B 法：落镖头部直径为(50±1)mm，下落高度为(1.50±0.01)m。适用于冲击破损质量为 0.3 kg～2 kg 的材料。

1.3　梯级法　试验时用于改变落体质量的配重块质量应相同，根据前一个试样是否破损，利用配重块减少或增加落体质量。

2　规范性引用文件

下列文件中的条款通过 GB/T 9639 的本部分的引用而成为本部分的条款。凡是注日期的引用文件，其随后所有的修改单(不包括勘误的内容)或修订版均不适用于本部分，然而，鼓励根据本部分达成协议的各方研究是否可使用这些文件的最新版本。凡是不注日期的引用文件，其最新版本适用于本部分。

GB/T 2918—1998　塑料试样状态调节和试验的标准环境 (idt ISO 291:1997)

GB/T 6672—2001　塑料薄膜和薄片　厚度测定　机械测量法 (idt ISO 4593:1993)

GB/T 20220—2006　塑料薄膜和薄片　样品平均厚度、卷平均厚度及单位质量面积的测定　称量法(称量厚度)(ISO 4591:1992,IDT)

3　意义

3.1　在给定条件下，用 A 法或 B 法确定试样破损数量达 50%的落体质量。但两种方法测得的数据不能直接比较，也不能比较不同的落体速度、落体碰撞表面直径、有效试样直径和试样厚度情况下得到的数据。在这些试验变量下测得的结果主要取决于薄膜和薄片的加工方法。

3.2　材料质量对 A 法和 B 法的试验结果影响较大。因此，用该方法测得的数据的置信区间变化较大，取决于试样的质量、量规的均匀度、口型划痕和杂质等等。

3.3　通过建立测试结果和现场使用性能之间的关系，A 法和 B 法可用于规范。

3.4　薄膜和薄片的抗冲击性能部分取决于厚度。因此，当厚度在一定范围内变化时，冲击破损质量不能准确取值，与材料的实际抗冲击性能不符。使用以上两种方法时，测得的试样厚度与试样标称厚度或平均厚度的偏差不能超过±10%。

4　术语和定义

下列术语和定义适用于 GB/T 9639 的本部分。

4.1

冲击破损质量　impact failure mass

在规定的试验条件下,试样破损数量达 50%时统计计出的落体质量,以 m_f 表示。

4.2

落体质量　missile mass

落镖、配重块和锁紧环的质量之和。

5　仪器

仪器基本构造如图 1 所示。

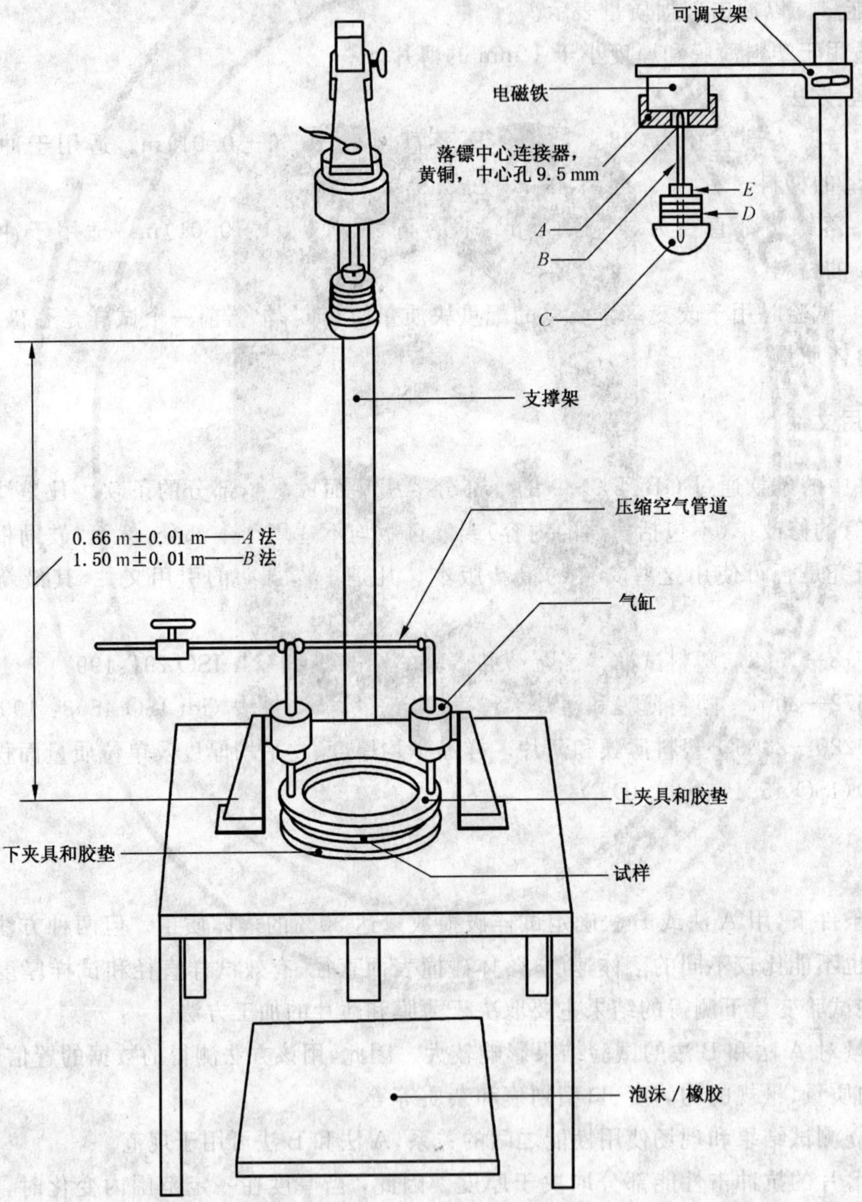

A——钢销,外径 6.5 mm,长 13.5 mm;

B——落镖圆柄,外径 6.5 mm,长至少 115 mm,底部长 12.5 mm;

C——半球形头部:*A* 法——直径 38 mm±1 mm,*B* 法——直径 50 mm±1 mm;

D——砝码;

E——锁紧环。

图 1　自由落镖冲击试验机

5.1 试样夹具

采用内径(125±2)mm 的上下两件环形夹具。下夹具(定夹具)固定在水平面上。上夹具(动夹具)与下夹具应保持平行。试验时夹具能夹紧试样,试样不发生滑移。

注:气动夹具应用良好。

5.1.1 与试样接触的环形夹具表面须附有橡胶垫圈,可减少厚度变化对夹持效果的影响。本设备推荐采用厚度为(3±1)mm、邵氏硬度 A 为 50～60、内径为(125±2)mm、外径为(150±3)mm 的橡胶垫圈。

5.1.2 当试样滑移超过 0.10 mm 时,可以将细纱布或合适的砂纸用双面胶带粘在夹具或橡胶垫圈上,磨损面与试样直接接触。就会产生足够大的夹紧力避免滑移。减少滑移的其他方法如附加夹紧装置或调整夹紧面,使试样在夹具内壁更加紧固,保证其有效直径为(125±2)mm。

5.2 电磁铁

电磁铁应能吸住、放开质量为 2 kg 的落体。有一个可以接通或断开电磁铁的电源,定心装置可以使用气动或其他机械释放装置,确保均一、重复释放。

5.3 定位装置

应能将落镖置于下落高度(0.66±0.01)m (A 法)或(1.50±0.01)m (B 法)处。该高度指落镖冲击面到试样表面的垂直距离。

5.4 测厚量具

测量试样厚度,量程为 0.001 mm～1 mm,精确到±0.001 mm。

5.5 缓冲和防护装置

应能保护操作人员的安全及防止损坏落镖冲击表面。

5.6 锁紧环

内径为 7 mm,须用螺钉固定在落镖圆柄上。

5.7 落镖

应有一半球形的头部,在该头部应装上直径为(6.5±0.1)mm、长至少为 115 mm 的一根圆柄,用于装卸配重块。圆柄应连接在落镖头部平整面的中央,其纵轴垂直于此平整面。圆柄由非磁性材料制成,其端部有一长为(12.5±0.2)mm 的钢销,当电磁铁通电时,钢销被吸住。每一落镖的质量偏差为±0.5%。落镖头部的表面应无裂痕、擦伤或其他缺陷。

5.7.1 A 法:落镖头部的直径为(38±1)mm。它由光滑、抛光的铝、酚醛树脂或其他硬度相似的低密度材料制成。

5.7.2 B 法:落镖头部的直径为(50±1)mm。它由光滑的、抛光的不锈钢或其他硬度相似的材料制成。

5.8 配重块

由不锈钢或黄铜制成的圆柱体,其中心孔的直径为(6.5±0.1)mm,能与圆柄自由配合。

每个配重块必须控制在规定质量的± 0.5 %以内。建议配重块如下组合。

5.8.1 A 法,配重块直径为 30 mm ,见表 1。

表 1 A 法用配重块质量和数量

配重块质量/g	配重块数目/个
5	≥2
15	8
30	8
80	8

5.8.2 B法,配重块直径为45 mm,见表2。

表2 B法用配重块质量和数量

配重块质量/g	配重块数目/个
15	≥2
45	8
90	8

5.8.3 如果落体质量超过标准组合中的所有配重块组合,应增大落体质量,可组合使用附加配重块,每个120 g,偏差应在±0.5%(A法)之内,每个180 g,偏差应在±0.5%(B法)之内。

6 试样

6.1 试样应足够大,应从待测材料正确选取试样。试样数量不少于30个。

6.2 试样应无气泡、折皱、折痕或其他明显缺陷。

6.3 试样厚度与标称值的偏差应在±10 % 之内。

7 状态调节和试验环境

7.1 按GB/T 2918—1998的规定,试样在试验前应在温度(23±2)℃、相对湿度(50±5)%的环境中进行状态调节,调节时间不少于40 h。仲裁时,温度为(23±1)℃ 、相对湿度为(50±2)%。

7.2 在与状态调节相同的环境下进行试验。

8 试验步骤

8.1 测量厚度

按GB/T 20220—2006或GB/T 6672—2001的规定测量试样的厚度。

注:GB/T 6672—2001不适用于压花薄膜和薄片。

8.2 仪器准备

8.2.1 选择A法或B法对仪器进行设置。

8.2.2 使电磁铁通电,将落镖(见5.7)的圆柄垂直插入磁性连接器里。调整落体下落高度(从被夹试样表面到落镖头部的底部表面的垂直距离)至(0.66±0.01)m(A法)或(1.50±0.01)m(B法)。

警告:为安全起见,调节高度时应移走落镖。

8.2.3 将预试验试样紧固于环形夹具之间,落镖上不加配重块,断开电磁铁释放落镖,观察落镖冲击试样点,落镖由试样表面弹开后应及时捕捉。必要时调整电磁铁位置,重复预试验,直到落镖重复冲击被夹试样中心位置。

8.2.4 检查试样任何滑动的迹象。如果有滑动,该试验结果应舍弃。随着落体质量和下落高度的增加,试样滑动的可能性会增大,有些材料的滑动会更厉害。下列两种方法用于检查试样是否滑动。

8.2.4.1 在落镖下落前,沿上夹具内壁,在试样表面用记号笔画一个圆圈,但对试样只能施加记号笔本身的压力。待落镖下落后移开试样前,用另外一种颜色的记号笔画一圆圈,如果在圆周的任何一位置出现双线,则表示存在滑动。

警告:为安全起见,画圆圈时应移走落镖。

8.2.4.2 对于采用橡胶垫圈贴细纱布或砂纸的方式夹紧试样,只需检查冲击后试样夹紧部位的划痕,如果有,则表明存在滑动。

8.3 梯级试验(见 1.3)

8.3.1 根据相关材料规定或双方协议,选择使用 A 法或 B 法。

8.3.2 测量并记录试样冲击区域的平均厚度,精确到 0.001 mm(见 8.1)。

8.3.3 选择的落体质量应接近于预计的冲击破损质量。将所需数量的配重块加置落镖圆柄上,并装上锁紧环,使配重块安全固定。

8.3.4 选择的配重块 Δm 应与试样的冲击强度相适应。通常 Δm 值约等于 5%～15%冲击破损质量 m_f,配重块须选择 3～6 个(至少 3 个)。

8.3.5 将第一个试样放在下夹具上,确保试样均匀平整、没有折痕,完全覆盖在橡胶垫圈上。与环形夹具的上夹具夹紧。

8.3.6 使电磁铁通电,将落镖放好位置。使电磁铁断电,落镖即下落。如果落镖由试样表面弹开,应及时捕捉,防止反复冲击试样表面以及冲击损伤落镖的半球接触表面。

8.3.7 检查试样任何滑动的迹象。如果有滑动,该试验结果应舍弃。

8.3.8 检查试样是否破损。在试样背面照明的条件下,试样穿透即为破损。将结果记录在格纸上,详见图 2,用“O”表示不破损,“×”表示破损。

8.3.9 如果第一个试样破损,用配重块 Δm 减少落体质量。如果第一个试样不破损,须用配重块 Δm 增加落体质量。依次继续进行试样,总之,利用配重块减少或增加落体质量,取决于前一个试样是否破损。

8.3.10 20 个试样试验后,计算破损的总数 N。如果 N 等于 10,试验完成。如果 N 不等于 10,试验应按如下进行。

8.3.10.1 如果 $N<10$,补充试样后,继续试验,直到 N 等于 10 为止。

8.3.10.2 如果 $N>10$,补充试样后,继续试验,直到不破损(“O”见 8.3.8)的总数等于 10 为止。

9 计算与结果表示

冲击破损质量 m_f 按式(1)计算,单位为克(g)。

$$m_f = m_0 + \Delta m\left(\frac{A}{N} - 0.5\right) \qquad \cdots\cdots(1)$$

式中:

m_0——试验破损时的最小落体质量,单位为克(g);

Δm——增减用的相同配重块质量,单位为克(g)。

$$A = \sum_{i=1}^{k} n_i z_i \qquad \cdots\cdots(2)$$

式中:

n_i——落体质量为 m_i 时的试样破损数;

z_i——落体质量由 m_0 到 m_i 时的配重块数(m_0 时,z 为 0)。

$$N = \sum_{i=1}^{k} n_i \qquad \cdots\cdots(3)$$

式中:

N——破损试样总数。

冲击破损质量的计算示例见图 2。

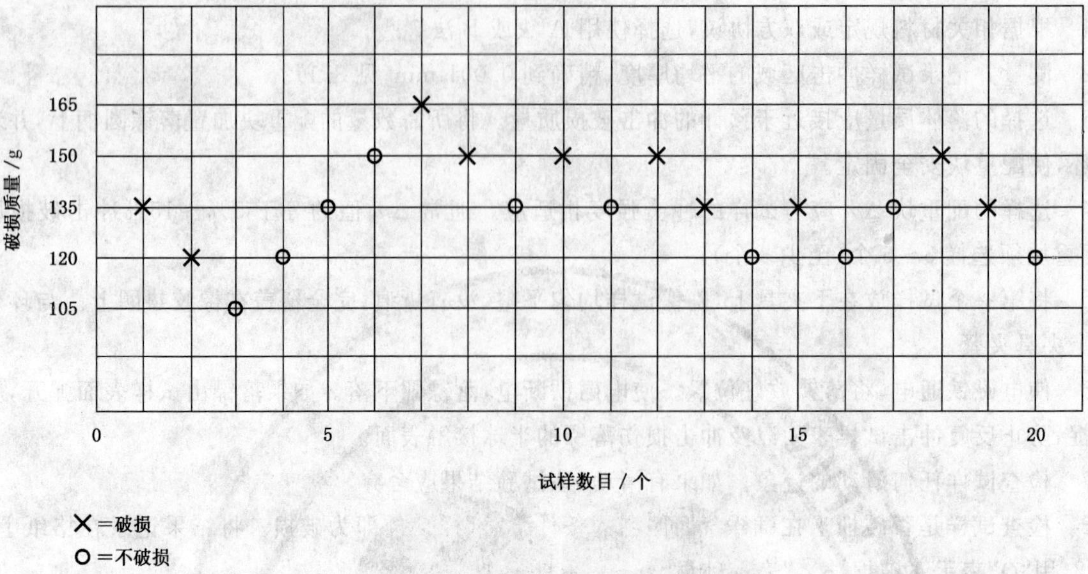

$N=10$　　$A=15$

$m_0=120$ g　　$\Delta m=15$ g

$$m_f = m_0 + \Delta m\left(\frac{A}{N} - 0.5\right)$$
$$= 120 + 15\left(\frac{15}{10} - 0.5\right)$$
$$= 120 + 15(1.5 - 0.5)$$
$$= 135 \text{ g}$$

$m_0+(i-1)\Delta m$	n_i	z_i	$n_i z_i$
120	1	0	0
135	4	1	4
150	4	2	8
165	1	3	3

图 2　计算示例

10　试验报告

试验报告应包括以下内容：

a)　本国家标准编号；

b)　材料名称、种类、生产厂、规格等；

c)　材料厚度和试样厚度变化范围；

d)　状态调节和试验环境；

e)　试验所用方法(A 法或 B 法)；

f)　冲击破损质量，精确至 1 g。

ICS 83.080.01
G 31

中华人民共和国国家标准

GB/T 9640—2008/ISO 2440:1997
代替 GB/T 9640—1988

软质和硬质泡沫聚合材料加速老化试验方法

Flexible and rigid cellular polymeric materials—Accelerated ageing tests

(ISO 2440:1997,IDT)

2008-08-19 发布　　2009-05-01 实施

中华人民共和国国家质量监督检验检疫总局
中国国家标准化管理委员会　发布

前　言

本标准等同采用国际标准 ISO 2440:1997《软质和硬质泡沫聚合材料　加速老化试验方法》，技术内容和标准结构上完全相同，仅作少量编辑性修改。

本标准代替 GB/T 9640—1988《软质泡沫聚合材料加速老化试验方法》。

本标准与 GB/T 9640—1988 相比主要变化如下：

——本标准标题增加了“和硬质”，在第 1 章范围中同时增加了“硬质泡沫聚合材料”，并同时适用与“闭孔聚氨酯泡沫塑料、闭孔聚烯烃泡沫塑料”；

——第 2 章“规范性引用文件”中状态调节环境标准由引用 GB 2918 改为直接引用 ISO 741:1995；

——增加了第 3 章“仪器”。

本标准由中国轻工业联合会提出。

本标准由全国塑料制品标准化技术委员会归口。

本标准起草单位：江苏省产品质量监督检验研究院、北京工商大学、国家工程复合材料产品质量监督检验中心。

本标准主要起草人：王燕、朱宇宏、陈倩、郑伟。

本标准所代替标准的历次版本发布情况为：

——GB/T 9640—1988。

软质和硬质泡沫聚合材料
加速老化试验方法

1 范围

本标准规定了在实验室内模拟软质和硬质泡沫聚合材料氧化或因潮湿引起的水解等自然老化效果的试验方法。有关老化影响通过测量老化前后相关物理、力学性能来表征。

本标准适用于开孔乳胶，开孔聚氨酯泡沫塑料，闭孔聚氨酯泡沫塑料，闭孔聚烯烃泡沫塑料，其他材料的试验条件需要时另作补充。

注：材料进行加速老化试验的物理性能的影响都是可以测量的，而不仅仅指通常测量的拉伸强度、伸长率或压缩性能、压陷硬度。这些试验与使用情况或光照老化等的影响无必然联系。

2 规范性引用文件

下列文件中的条款通过本标准的引用而成为本标准的条款。凡是注日期的引用文件，其随后所有的修改单(不包括勘误的内容)或修订版均不适用于本标准，然而，鼓励根据本标准达成协议的各方研究是否可使用这些文件的最新版本。凡是不注日期的引用文件，其最新版本适用于本标准。

GB/T 2941—2006 橡胶物理试验方法试样制备和调节通用程序(ISO 23529:2004，IDT)

3 仪器

3.1 干热老化

3.1.1 鼓风烘箱，能保证温度偏差在±1 ℃之内。

注：推荐采用带有能够持续记录温度的装置。

3.2 湿热老化

3.2.1 老化装置，试样体积不应超过内部容积的10%，以使试样形态不受约束。试样各表面均应暴露在老化环境中，不受光线照射。

3.2.2 高压蒸锅，能保证温度偏差在±1 ℃之内，耐绝对压力300 kPa。

3.2.3 能够用水浴或者干燥炉加热的带盖玻璃容器，使其保证需要的温度，偏差在±1 ℃之内。

3.3 物理性能的测量

使用与所测量物理性能相应的仪器。

4 试样

4.1 数量、尺寸和形状

试样应在老化试验前制备，试样的数量、尺寸和形状应符合试验项目标准的要求。

4.2 环境状态调节

生产后不到72 h的材料一般不得用于试验。

如果可以证明，生产后16 h或48 h得到的平均结果与生产后72 h得到的平均结果差值不超过±10%，允许在生产后16 h或48 h进行试验。

试验前，试样应按照ISO 471:1995在以下任一种环境中进行状态调节，至少保持16 h以上。

(23±2)℃，相对湿度(50±5)%；

(27±2)℃,相对湿度(65±5)%。

在生产后16 h进行试验的情况下,状态调节时间可以包括部分或全部生产后放置的时间。

注:比对试验,仅以采用生产后7 d或更长时间的泡沫材料进行试验。

5 试验步骤

5.1 概述

试样状态调节后,进行所选定的物理性能试验,再将要老化的试样快速放入选定的老化条件下。如果是破坏性试验,比如拉伸性能试验,建议参照试样和老化试样的试验在老化后同时进行试验。

从下面的两种试验方法中选择一种适合材料的老化条件,建议不同化学成分的材料不在同一个老化箱中同时进行老化试验。

5.2 干热老化

5.2.1 温度

聚烯烃	70 ℃
橡胶	70 ℃或100 ℃
聚氨酯	125 ℃或140 ℃

注:采用140 ℃非标准温度的技术原因是:老化试验温度越高,试验时间越短,但是超过这个临界温度,聚氨酯泡沫发生的变化将不同于使用过程中发生的变化,将使得该老化试验不再能区分使用时不同性能的泡沫材料。

5.2.2 老化时间

16 h,22 h,72 h,96 h,168 h,240 h,或者168 h的倍数,允许时间偏差在±5%之内,但不超过±4 h。

5.3 湿热老化

5.3.1 采用100%的相对湿度或过饱和蒸汽。

5.3.2 老化温度和时间

材料	环境条件
聚氨酯(所有类型)	85 ℃下20 h或者105 ℃下3 h
聚氨酯(仅聚醚类)	120 ℃下5 h

温度偏差在±2 ℃之内。

老化时间偏差在±5%之内,但不超过±2 h。老化时间是从容器内的空气被水蒸气(或蒸汽)取代时的时间算起。

注:在该耐水解老化试验中,采用105 ℃和120 ℃非标准温度的技术原因是:采用105 ℃是因为此温度需要使用密闭容器,与100 ℃相比,更容易控制环境条件;采用120 ℃是因为很多试验数据在此温度下得到,在125 ℃下几乎没有数据,除非收集到这方面的数据资料,否则不应考虑选择125 ℃的温度。

5.4 后处理

湿热老化后的试样,应在70 ℃±2 ℃按厚度每25 mm进行3 h干燥处理,不足25 mm厚的试样至少干燥3 h。然后按4.2所规定的环境下每25 mm厚度重新放置3 h处理。干热老化试样仅需要重新进行状态调节。

状态调节后的试样,应进行老化前所做过的同一物理性能的试验。

6 计算与结果表示

6.1 计算

所测得的物理性能变化率按式(1)计算:

$$\frac{\overline{X}_a - \overline{X}_0}{\overline{X}_0} \times 100\% \quad \cdots\cdots\cdots\cdots (1)$$

式中：

$\overline{X}_0$——老化前试样性能的平均值；

$\overline{X}_a$——老化后试样性能的平均值。

6.2 结果表示

表示试样性能变化率的结果，应在数值后面的括号内列出试验条件，其顺序为：时间、温度和方法。

例如：数值(%)(16 h,70 ℃,干热老化)。

7 试验报告

试验报告应包括下列内容：

a) 本国家标准编号；

b) 材料的种类；

c) 所用的试验方法和条件；

d) 试样性能的最终平均值；

e) 按第6章计算试样性能的变化率；

f) 试验日期；

g) 与本标准的任何偏离。

ICS 29.160.30
K 22

中华人民共和国国家标准

GB/T 9651—2008
代替 GB/T 9651—1988

单相异步电动机试验方法

Test procedures for single-phase induction motor

2008-06-13 发布　　2009-03-01 实施

中华人民共和国国家质量监督检验检疫总局
中国国家标准化管理委员会　发布

前言

本标准代替 GB/T 9651—1988《单相异步电动机试验方法》。

本标准与原 GB/T 9651—1988 相比主要变化如下：

——第 1 章的标题改为“范围”。

——增加了“2 规范性引用文件”一章。

——在“4.2 测量仪器”中增加了“4.2.1 概述”的内容。

——增加了“5 测量”一章，对电气测量、机械测量与温度测量分别进行了阐述，在“5.3 温度测量中”增加了热电偶法与埋置检温计法。

——在“8 温升试验”中增加了“8.1 目的”，“8.2 一般性说明”，“8.6.1 负载的确定”，“8.6.5 带电测温法”等条款。

——增加了“9 转矩转速特性”的内容。

——增加了“10.12 外壳防护等级(IP)测试”，“10.13 湿热试验”，“10.14 匝间耐压测试”，“10.16 泄漏电流测试”，“10.17 寿命试验”等条款。

——将原标准中对输出转矩的修正的内容放到附录 C 中。

——增加规范性附录 D“各项损耗的确定”。

——增加规范性附录 E“热电偶的选择、布置、制备、安装、连接的规范”。

本标准的附录 B、附录 C、附录 D、附录 E 为规范性附录，附录 A 为资料性附录。

本标准由中国电器工业协会提出。

本标准由全国旋转电机标准化技术委员会小功率电机标准化分技术委员会(SAC/TC 26/SC 1)归口。

本标准起草单位：中国电器科学研究院、广州威凯检测技术研究所、开平市三威微电动机有限公司、卧龙电气集团股份有限公司、浙江京马电机有限公司、闽东电机(集团)股份有限公司、上海出入境检验检疫局、上海电器科学研究所(集团)有限公司、广东威灵电机制造有限公司、广州南国特种电机厂、佛山市南海南洋电机电器有限公司、常州亚美柯宝马电机有限公司、横店集团联宜电机有限公司、广州擎天实业有限公司、广东凌霄泵业股份有限公司、中国电子科技集团公司第 21 所。

本标准主要起草人：罗军波、周新根、严伟灿、朱春富、杨继秀、傅培刚、金惟伟、何湘吉、肖战龙、陈振港、陆锡佳、王秋平、杨昭特、陈斌、许晓华、黄厚清、龚春雨。

本标准所代替标准的历次版本发布情况为：

——GB/T 9651—1988。

单相异步电动机试验方法

1 范围

本标准规定了单相异步电动机的试验方法。

本标准适用于频率为400 Hz及以下的单相异步电动机。

2 规范性引用文件

下列文件中的条款通过本标准的引用而成为本标准的条款,凡是注日期的引用文件,其随后所有的修改单(不包括勘误的内容)或修订版均不适用于本标准,然而,鼓励根据本标准达成协议的各方研究是否可使用这些文件的最新版本。凡是不注日期的引用文件,其最新版本适用于本标准。

GB 755—2000 旋转电机 定额和性能(idt IEC 60034-1:1996)

GB/T 4942.1—2006 旋转电机整体结构的防护等级(IP代码) 分级(IEC 60034-5:2000,IDT)

GB/T 5171—2002 小功率电动机通用技术条件

GB/T 10069.1—2006 旋转电机噪声测定方法及限值 第1部分:旋转电机噪声测定方法(ISO 1680:1999,MOD)

GB/T 12665 电机在一般环境条件下使用的湿热试验要求

GB/T 12113 接触电流和保护导体电流的测量方法

JB/T 9615.1—2000 交流低压电机散嵌绕组匝间绝缘 试验方法

JB/T 9615.2—2000 交流低压电机散嵌绕组匝间绝缘 试验限值

JB/T 10490—2004 小功率电动机机械振动 振动测量方法、评定及限值

3 试验项目

单相异步电动机的型式试验及检查试验的项目,应按照GB 755—2000《旋转电机 定额和性能》或GB/T 5171—2002《小功率电动机通用技术条件》及该类型电动机产品标准的规定。

凡本标准未规定的试验项目或特殊试验项目、方法和要求,应在该类型电动机的标准中作补充规定。

4 试验设备

4.1 试验电源

电源电压的波形应尽可能的接近正弦波,试验电源电压的谐波电压因数(HVF)应不超过2%;在进行温升试验时应不超过1.5%。

试验期间,电源频率与额定频率之差应在额定频率的±0.5%范围内。

试验电源在试验期间不允许频率发生快速变化,因为频率快速变化不仅影响被试电动机,也会影响到输出测量装置。测量期间频率变化量应小于0.1%。

4.2 测量仪器

4.2.1 概述

无论是机械式仪表还是电子式仪表,影响其测量精度的主要因数有:

a) 仪器的量程、使用条件和校准;

b) 信号源负载;

c) 引接线的校正。

电子式测量仪器与非电子式测量仪器相比,具有更高的输入阻抗。高输入阻抗可以降低因为仪器

本身导致的损耗，但是高输入阻抗仪器对干扰的影响更为敏感。

对电子式测量仪器，常见的干扰源有：

a) 对电源系统信号的感应或静电耦合；

b) 阻抗耦合或接地环路；

c) 非充分的常规模式发射干扰；

d) 电源线的传导干扰。

应根据实际经验，采取减少干扰的措施。

对于采用波形调节电源进行试验时应采用完全真有效值类测量仪器。

4.2.2 测量仪器的选取

试验时，采用的电气测量仪表的准确度应不低于 0.5 级(兆欧表除外)，互感器的准确度应不低于 0.2 级，电量变送器的准确度应不低于 0.5%(检查试验时应不低于 1%)，数字式转速测量仪及转差率测量仪的准确度应不低于 0.1%±1 个字，转矩测量仪及测功机的准确度应不低于 1%(直接测定效率时应不低于 0.5%)，测力计的准确度应不低于 1.0 级，温度测量仪器的误差在±1 ℃以内，砝码的精度应不低于 5 等，电阻测量仪的准确度应不低于 0.2 级。

选择仪表时，应使测量值位于 20%～95%仪表量程范围内。

测功机的功率，在与被试电动机同样的转速下应不超过被试电动机额定功率的 3 倍；转矩测量仪的标称转矩，应不超过被试电动机额定转矩的 3 倍。

4.3 试验前的准备

试验前，应对被试电动机的装配及运转情况进行检查，以保证各项试验能顺利进行。试验线路和设备应能满足试验的要求。试验线路如图 1 所示。

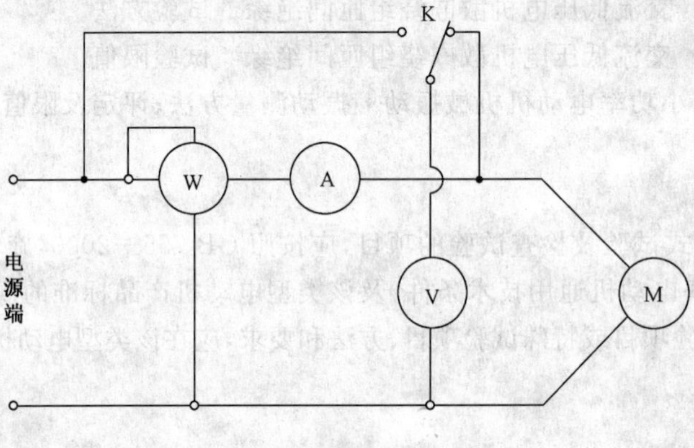

图 1

5 测量

5.1 电气测量

5.1.1 测量要求

进行电气测量时应遵循下列要求：

a) 电气测量时应按图 1 接线，电压表先接至电动机端，将电压调至所需的数值并读取其值。然后，将电压表迅速换接至电源端，保持电源端电压不变，读取其他仪表的数值。

在双绕组运行电动机中，还应在副绕组线路上串接电流表；对电容运转电动机，在电容器两端并接电压表。

在额定电压下空载试验时，或在额定负载下负载试验时，若电源端电压与电动机端电压之差小于 1%额定电压时，电压表可固定在电源端进行测量。此时，全部试验都不必换接电压表的开关 K。

应该提供有效的手段使得电压能被调到期望值。

b) 采用互感器时,接入副边回路的仪表总阻抗(包括连接导线)应不超过互感器的额定阻抗值。如果电流互感器对电气测量的结果有影响时,应按附录B对其进行修正。

c) 试验时,各仪表读数应同时读取。

d) 绘制特性曲线时,各点读数应均匀测取。

e) 对180 W及以下电动机的功率测量数值,必须按附录B对仪器仪表损耗及误差进行修正。其他容量的电动机,如需获得准确的功率测量数值,也可按附录B进行修正。

除非另有规定,所有的电压与电流的测量值都是有效值。

5.1.2 电压测量

测量端电压的信号线应尽可能的连接到电动机端子,如果现场情况不允许进行这样的连接,应计算由此引起的误差并对读数进行校正。

5.1.3 功率测量

使用单相功率表或单相电量综合测量仪来测量电动机的输入功率。

如仪器仪表损耗影响测试结果的准确性,可按附录B对仪器仪表损耗及其误差进行修正。

5.1.4 电阻测量

5.1.4.1 参考环境温度

所有的性能测试的参数需修正到环境温度为25 ℃时的值。

5.1.4.1.1 电阻修正到规定温度

当绕组的电阻在绕组温度为θ_t时进行测量,该电阻可以按照式(1)修正到规定的温度θ_s:

$$R_s = \frac{R_t(\theta_s + k)}{(\theta_t + k)} \quad \cdots\cdots(1)$$

式中:

R_s——修正到规定温度θ_s时的绕组电阻值,单位为欧姆(Ω);

R_t——在温度θ_t下测得的绕组电阻值,单位为欧姆(Ω);

θ_s——修正到的规定温度,单位为摄氏度(℃);

θ_t——测得的绕组温度,单位为摄氏度(℃);

k——常数,根据绕组材料不同而不同。$k=234.5$,100%的铜绕组;$k=225$,铝绕组。

5.2 机械测量

5.2.1 转矩测量

电动机通过联轴器与测功机(或负载电机)连接在一起,在被试电动机额定转速下运行时,测功机(或负载电机)的联接损耗、风摩耗的和应不大于被试电动机额定输出的15%,测功机的精度应不低于电动机额定输出转矩的0.25%。

按附录C给出的方法对测得的转矩进行修正。

5.2.2 转差率(或转速)的测量

电动机转差率(或转速)测量方法有下列五种:

a) 数字式转差率(或转速)测量仪;

b) 感应线圈法;

c) 转速测量仪;

d) 数字频率计;

e) 频闪光仪测试法。

用来测量转速的仪器其误差不得大于±1.0 r/min,如用感应线圈法或频闪光仪测试法直接测量转差率,其电源应为被试电动机电源。

5.2.2.1 数字式转差率(或转速)测量仪

在旋转轴上安置一个当电动机旋转时不产生明显负载的光电反射标记或磁电感应装置。由光电传感器或磁电感应器将转速信号变换成脉冲信号。测量仪将这一信号与电源频率信号进行运算处理后，直接显示出被试电动机的转差率(或转速)。

5.2.2.2　**感应线圈法**

在电动机机壳上放置一只带铁芯的多匝线圈，并与磁电式检流计或阴极示波器连接。试验时，用秒表测定检流计指针或示波器波形全摆动 N 次所需的时间 t，转差率 s 按式(2)计算。

$$s = N/tf \qquad \cdots\cdots(2)$$

式中：

f——被试电动机的电源频率，单位为赫兹(Hz)。

5.2.2.3　**转速测量仪**

试验时，用转速测量仪测量电动机的转速 n_s，并同时用数字频率计测量被试电动机电源的频率 f，转差率 s 按式(3)计算：

$$s = (n_s - n_t)/n_t \qquad \cdots\cdots(3)$$

式中：

n_t——对应于被试电动机实际电源频率 f 时的同步转速，单位为转每分钟(r/min)。

5.2.2.4　**数字频率计**

使用同步机型测功机进行负载试验时，将数字频率计接至该测功机的定子绕组出线端上，测出测功机的频率，按式(4)换算成被试电动机的转速 n_t：

$$n_t = 60f_1/P \qquad \cdots\cdots(4)$$

式中：

f_1——数字频率计测得的频率；

P——测功机的极对数。

5.2.2.5　**频闪光仪测试法**

在电动机转轴的端面上，画出与电动机极数相同数量的扇形片，并用荧光灯或氖灯照明。供给闪光灯具的电源频率必须与被试电动机的电源频率相同。试验时，用秒表测定扇形片转动 N 次所需的时间 t(s)，转差 s_t按式(5)计算：

$$s_t = 60N/t \qquad \cdots\cdots(5)$$

5.2.3　**转差率对温度的修正**

可以通过式(6)将测得的转差率修正到规定温度：

$$s_s = \frac{s(\theta_s + k)}{\theta_t + k} \qquad \cdots\cdots(6)$$

式中：

s_s——修正后的转差率；

s——温度 θ_t下测得的转差率；

θ_s——修正到的规定温度，单位为摄氏度(℃)；

θ_t——测得的绕组温度，单位为摄氏度(℃)；

k——常数，根据绕组材料不同而不同。k=234.5，100%的铜绕组；k=225，铝绕组。

5.2.4　**输出功率**

输出功率 P_2等于输出转矩 T 与角速度 ω 的乘积，按式(7)计算：

$$P_2 = T \cdot \omega \qquad \cdots\cdots(7)$$

如果使用国际单位制，转矩以 N·m 表示，角速度以弧度/秒为单位，则功率的单位以 W 表示。转速的单位按照惯例表示为 r/min，因此，按式(8)和式(9)计算：

$$n = \frac{60\omega}{2\pi} = 9.55\omega \qquad \cdots\cdots(8)$$

$$P_2=\frac{T\cdot n}{k}=\frac{T\cdot n}{9.55} \quad \cdots\cdots(9)$$

5.3 温度测量

5.3.1 测量温度的方法

测量温度的方法有如下几种：

——温度计法；

——热电偶法；

——电阻法；

——埋置检温计法。

5.3.2 温度计法

温度计包括膨胀式温度计(例如水银、酒精等温度计)、半导体温度计及非埋置的热电阻或电阻温度计。测量时，温度计应紧贴在被测点表面，并用保温材料覆盖好温度计的测温部分，以免受周围冷却介质的影响；有交变磁场的地方不能采用水银温度计。

5.3.3 热电偶法

本方法建议使用在电动机部件表面温度的测量，不建议使用本方法测量绕组的温度。

在采用热电偶测量绕组的温度时应考虑，由于热电偶的读数滞后于绕组的温度变化，当电动机断电后，热电偶的温度可能还会继续上升，因此电动机绕组的温度应记录其最高温度，该温度可能是断电以后才能达到。

热电偶的选择、制备、布置、安装、连接的要求按附录 E(规范性附录)进行。

5.3.4 电阻法

用电阻法测取绕组的温度时，冷热态电阻必须在相同的出线端上测量。此时，绕组的温升 $\Delta\theta$ 按式(10)计算：

$$\Delta\theta=\frac{R_f-R_0}{R_0}(k+\theta_0)+\theta_0-\theta_f \quad \cdots\cdots(10)$$

式中：

R_f——温升试验结束时断电瞬间的绕组电阻，单位为欧姆(Ω)；

R_0——实际冷状态下的绕组电阻，单位为欧姆(Ω)；

θ_f——温升试验结束时的冷却介质温度，单位为摄氏度(℃)；

θ_0——测量 R_0 时的冷却介质温度，单位为摄氏度(℃)；

k——常数，对铜绕组为 234.5；对铝绕组为 225。

5.3.5 埋置检温计法

用埋入电动机内部的检温计(如电阻检温计、热电偶或半导体负温度系数检温计)来测量温度，测温元件应与被测点表面紧密相贴，并加以可靠的保护以防损伤元件和受冷却气流的影响。检温计在电动机制造过程中埋置于电动机制成后触及不到的部位。

6 通用试验

6.1 绝缘电阻的测定

6.1.1 测量时电动机的状态

测量电动机绕组的绝缘电阻时，可在实际冷状态或热状态下进行。

检查试验时，在实际冷状态下进行。

6.1.2 兆欧表的选用

根据电动机的额定电压，按表 1 选用兆欧表。

表 1

电动机的额定电压/V	兆欧表电压值/V
≤36	250
>36～500	500

6.1.3　测量方法

主、副绕组回路的始末端均引出机壳外时，则应分别测量主、副绕组回路对机壳及其相互间的绝缘电组。如绕组已在电动机内部连接，仅引出两个出线端时，则测量该线端对机壳的绝缘电阻。对电容电动机，电容器应接入副绕组回路(除另有协议外)。测量后，应将绕组对地放电。

6.2　在实际冷状态下绕组直流电阻的测定

6.2.1　实际冷状态下绕组温度的测定

将电动机在室内放置一段时间，用温度计测量电动机绕组端部或铁芯的温度。当所测温度与冷却介质温度之差不超过 2 K 时，则所测温度即为实际冷状态下绕组的温度。若绕组端部或铁芯的温度无法测量时，允许用机壳的温度代替。

6.2.2　测量方法

绕组的直流电阻值用双臂电桥、单臂电桥或其他同等准确度的仪器测量。电阻在 1 Ω 及以下时，必须采用双臂电桥或其他同等准确度并能消除测量用导线和接触电阻影响的仪表测量。

当采用自动检测装置以电压电流表法测量绕组的电阻时，流过被测绕组的电流应不超过额定电流的 10%，通电时间应不超过 1 min。

测量时，电动机的转子静止不动。在电动机的出线端测量主、副绕组的直流电阻。

每一电阻应测量 3 次，每次读数与 3 次读数的平均值之差应在平均值的 ±0.5% 范围内，取其平均值作为电阻的实际值。

检查试验时，可采用准确度不低于 0.5 级的电阻测量仪表，每一电阻可仅测量 1 次。

6.3　空载试验

6.3.1　空载电流和空载损耗的测定

6.3.1.1　测定前，电动机应在额定电压、额定频率下空载运转，使机械损耗达到稳定，即输入功率相隔半小时的两个读数之差应不大于前一个读数的 3%；对小功率电动机，可空载运转 15 min～30 min。

检查试验时，空载运转的时间可适当缩短。

6.3.1.2　型式试验时，应测取空载特性曲线，即空载电流 I_0 和空载输入功率 P_0 与空载电压 U_0 的标么值(U_0/U_N)的关系曲线(图 2)，U_N 为额定电压。

试验时，施于定子绕组上的电压应从 1.1～1.3 倍额定电压开始，逐步降低到可能达到的最低电压值，即功率和电流开始回升时为止，其间测取 7 点～9 点读数，每点应测取下列数值：电压、电流、输入功率。空载输入功率应采用低功率因数瓦特表测量。

进行空载试验时，电动机的副绕组应开路(对电容运转电动机与双值电容电动机)。

试验结束，应立即测量定子绕组的电阻。对空载电流大于 70% 额定电流的电动机，应尽可能在每点读数后测量定子绕组的电阻。

检查试验时，可仅测取额定电压时的空载电流和空载输入功率。

6.3.2　转子绕组等值电阻的测定

紧接着 6.3.1.2 试验后，在转子静止状态下，主绕组施以低值电压，使绕组中的电流等于或接近额定值，测取电压 U_{k0}，电流 I_{k0} 及输入功率 P_{1k0}，以求取转子绕组等值电阻 r'_2。

6.3.3　试验结果的计算

6.3.3.1　转子绕组等值电阻 r'_2 按式(11)计算：

$$r'_2 = \frac{P_{1k0}}{I_{k0}^2} - r_{0m} \qquad \cdots\cdots(11)$$

式中：

r_{0m}——空载试验后测得的主绕组电阻，单位为欧姆(Ω)。

6.3.3.2 定子绕组的空载 I_0^2R 损耗 P_{0cu}，按式(12)计算：

$$P_{0cu} = I_0^2(r_{10} + 0.5r'_2) \quad \cdots\cdots(12)$$

式中：

I_0——空载电流，单位为安培(A)；

r_{10}——空载试验后测得的定子绕组电阻，单位为欧姆(Ω)。

6.3.3.3 铁耗与机械耗之和，按式(13)计算：

$$P'_0 = P_{fe} + P_{fw} = P_0 - P_{0cu} \quad \cdots\cdots(13)$$

为了分离铁耗和机械耗，作曲线 P。延长曲线的直线部分与纵轴交于 P 点(图 2)，P 点的纵坐标 OP 即为电动机的机械耗。

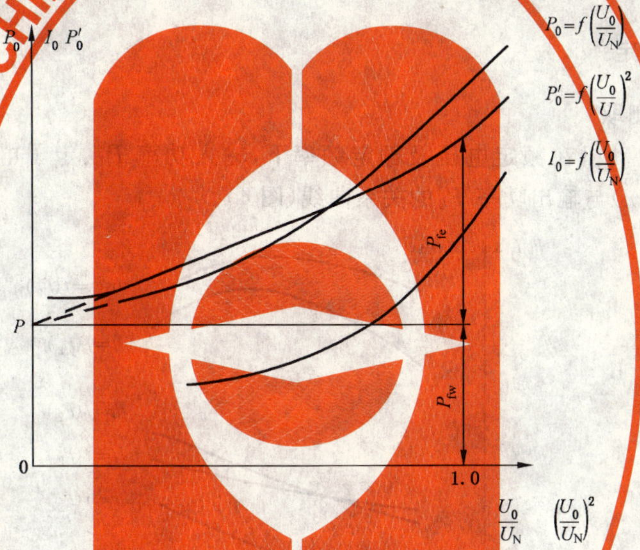

图 2

6.4 堵转试验

堵转试验在电动机接近实际冷状态下进行。试验时，应将转子堵住。

6.4.1 堵转电流和堵转转矩的测定

堵转转矩定义为转子静止在任意角度下测得的最小转矩。

型式试验时应测取堵转特性曲线，即堵转时的电流 I_k、转矩 T_k 与电压 U_k 的关系曲线(图 3)。额定电压时的堵转电流 I_{kN} 和堵转转矩 T_{kN} 由堵转特性曲线查取。

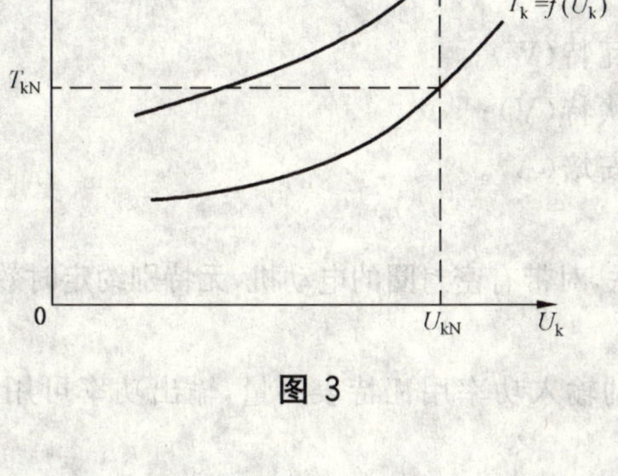

图 3

试验时，先在定子绕组上施以低电压，使堵转电流接近额定电流。保持此电压，调节机座或转子使转子相对于定子产生位移，分别测出堵转转矩为最小、堵转电流为最大的两个位置，并分别做好标记后断开电源。用调节机座的方法时，做好标记后即可将机座固定；用调节转子的方法时，应按照标记调整机座位置，使堵转臂恢复至与测力计相垂直后将机座固定。

然后，分别在上述两个位置上施于定子绕组的电压从不低于 0.95～1.05 倍额定电压值开始，逐步降低电压至堵转电流接近额定电流值为止，其间共测取 5 点～7 点读数。每点应同时测取下列数值：电压、电流及转矩。

对小功率电动机，可分别在上述两个位置上，于额定电压值一点，测取堵转转矩、堵转电流。每点读数时，通电持续时间应不超过 5 s，以免绕组过热。

检查试验时，可在任一转子位置上，于额定电流值附近一点，测取堵转时的电压、电流、转矩和输入功率；对小功率电动机，所施定子绕组的电压值，按 GB/T 5171—2002 或该类型电动机的产品标准的规定进行。

7 效率、功率因数的测定

7.1 工作特性曲线的测取

工作特性曲线是电动机在额定电压及额定频率下，输入功率 P_1、定子电流 I_1、效率 η、功率因数 $\cos\varphi$、转差率 s（或转速 n）与输出功率 P_2 的关系曲线（图 4）。

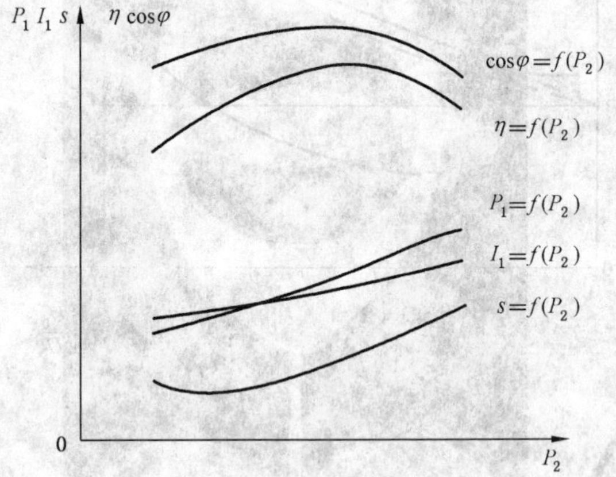

图 4

工作特性曲线应在电动机的温度接近热状态时在负载试验中测取。此时，在 1.25～0.25 倍额定功率范围内测取 6 点～8 点读数，每点应测取下列数值：电压、电流、输入功率、转差率（或转速）及转矩。

7.2 功率因数的求取

电动机的功率因数按式（14）计算：

$$\cos\varphi=\frac{P_1}{U_1 I_1} \quad\cdots\cdots\cdots\cdots(14)$$

式中：

P_1——输入功率，单位为瓦特（W）；

U_1——定子电压，单位为伏特（V）；

I_1——定子电流，单位为安培（A）。

7.3 效率的测定

效率的测定方法采用直接法，对带有密封圈的电动机，无特别约定时效率测定应在卸掉密封圈后进行。

7.3.1 效率的直接测定法

直接测定效率时，电动机的输入功率用瓦特表测量，输出功率可用以下方法测量：

——测功机(或校正过的直流电机——下同)法;

——转矩测量仪法;

——绳索滑轮法。

7.3.1.1 **测功机法和转矩测量仪法**

测功机用联轴器与被试电动机联接,转矩测量仪按规定的使用要求与被试电动机和负载电机联接。

7.3.1.1.1 **试验方法**

试验时,被试电动机应达到热稳定状态。在1.25～0.25倍额定功率范围内,测量负载下降及上升时的工作特性曲线。

对小功率电动机可仅测取下降曲线。每条曲线测取6点～8点读数,每点应测取下列数值:定子电压、定子电流、输入功率、输出转矩、转速和定子绕组的电阻,并记录周围冷却介质温度。如定子绕组的电阻在切离电源后测得,按8.5规定执行。

7.3.1.2 **绳索滑轮法**

从测力计端垂直吊下来的一根细绳绕在置于电动机转轴上的滑轮上,绳索的自由端吊以砝码(如图5),改变绳索的圈数或砝码以调节电动机的负载。砝码的测力计的合力与滑轮和绳索半径的乘积,即是电动机的机械输出转矩。在测取转矩时同时测取转速,电动机的输出功率 P_2 按式(15)计算:

$$P_2 = \frac{(F-Q)rn}{9.55} \quad \cdots\cdots(15)$$

式中:

F——测力计读数,单位为牛顿(N);

Q——砝码连同容器重量,单位为牛顿(N);

r——滑轮和绳索半径,单位为米(m);

n——电动机的转速,单位为转每分钟(r/min)。

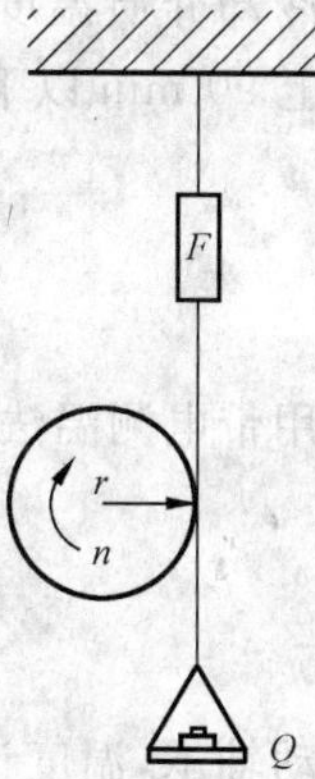

图5

7.3.1.3 **输出转矩的修正**

输出转矩的修正按照附录C(规范性附录)进行。

7.3.1.4 **输出功率的修正**

试验时的冷却介质温度应换算到25℃。

被试电动机修正后的输出功率 P_{2c} 按式(16)计算:

$$P_{2c} = \frac{T_c n_d}{9.55} \quad \cdots\cdots(16)$$

式中:

T_c、n_d——见附录C(规范性附录)。

7.3.1.5 **效率的求取**

电动机不同负载时的效率 η 按式(17)计算。对测功机法和转矩测量仪法作效率曲线 $\eta=f(P_2)$。若测量负载下降及上升时的工作特性曲线时，则取两条曲线的平均值作为所求的效率曲线。

$$\eta=\frac{P_{2c}}{P_1} \qquad \cdots\cdots(17)$$

8 温升试验

8.1 目的

温升试验的目的是确定在规定负载状态下运行时的电动机某些部分高于冷却介质温度的温升。温度的测量方法根据5.3进行选取。

8.2 一般性说明

应对被试电动机予以防护以阻挡机械或周围环境产生的气流对被试电动机的影响，一般非常轻微的气流足以使温升试验的结果产生很大的偏差。引起周围空气温度快速变化的环境条件对温升试验是不适宜的，电动机之间应有足够的空间，容许空气自由流通。

8.3 温升试验时冷却介质温度的测定

8.3.1 冷却介质温度的测量方法

对采用周围空气冷却的电动机，可用几只温度计分布在冷却空气进入电动机的途径中进行测量。温度计应安置在距电动机约1 m～2 m处，球部处于电动机高度一半的位置，并应防止外来辐射热及气流的影响，取温度计读数的平均值作为冷却介质温度。

8.3.2 试验结束时冷却介质温度的确定

8.3.2.1 对连续定额和断续周期工作制定额的电动机，试验结束时的冷却介质温度，应取在整个试验过程最后的1/4时间内，按相等时间间隔测得的几个温度计读数的平均值。

8.3.2.2 对短时定额的电动机，试验结束时的冷却介质温度：定额为30 min及以下的，取试验开始与结束时温度计读数的平均值；定额为30 min以上90 min以下的，取其1/2试验时间与结束时温度计读数的平均值。

8.4 电动机绕组及其他各部分温度的测定

8.4.1 绕组温度的测定

电动机绕组的温度用电阻法测量。可以采用带电测温法。

8.4.2 铁芯温度的测定

铁芯温度用温度计或热电偶测量。

8.4.3 轴承温度的测定

轴承温度用温度计或热电偶测量。对于滑动轴承，温度计或热电偶放在最接近轴瓦处；对于滚动轴承，温度计或热电偶放在最接近轴承外圈处。

8.5 电动机停机后测得温度值的修正

电动机各部分的温度或电阻如在切离电源后测得，则所测得的温度值或电阻值应采用外推法修正到断电瞬间。

对小功率电动机，如在切离电源后15 s内测得温度或电阻时；允许不外推到断电瞬间。如在上述时间范围内读不出最初读数，按8.5.1进行外推，外推到断电瞬间。

在切离电源后，电动机某些部分的温度继续上升，则应取测得温度中的最高数值作为电动机的最高温度。

8.5.1 外推法

电动机切离电源后，应立即测取电阻 R 或温度 θ 与对应时间 t，点数不少于5点。在坐标纸或半对数坐标纸上绘制 $R=f(t)$ 或 $\theta=f(t)$ 曲线，如图6。延长曲线与纵轴相交，其交点即为断电瞬间的电阻值或温度值。

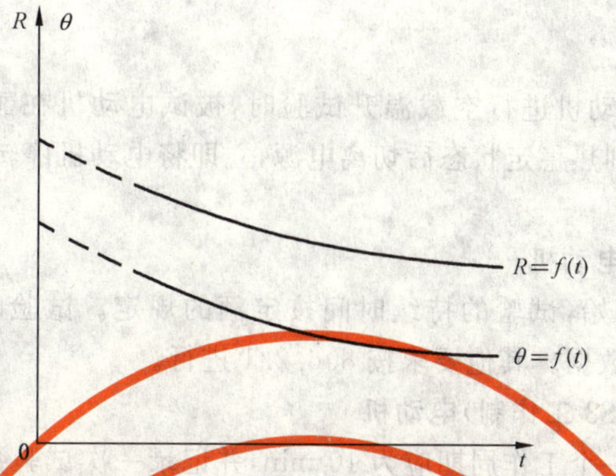

图 6

8.5.2 第一点读数时间

采用外推法时，从电动机切离电源至测得冷却曲线第一点读数的时间应不超过表 2 规定的数值。

表 2

电动机的额定功率/W	第一点读取的时间/s
≤4 000	20
>4 000	30

8.6 温升试验方法

8.6.1 负载的确定

8.6.1.1 有明确额定工作点的电动机

该类电动机采用直接负载法，通过测功机（或负载电机）给被试电动机施加额定负载，在额定频率、额定电压、额定功率下进行试验。

8.6.1.2 无明确额定工作点的电动机

该类电动机由于在正常工作条件时均带有实际负载，这些实际负载对电动机的温升影响较大，因此在进行温升测试时，需带上实际负载在额定频率、额定电压、额定输出（或输入）功率下进行试验。

对于工作在一个电压范围内的调压类电动机，应该在正常使用中可能出现的最不利情况上进行温升试验。

对于带有热保护器或是热熔断体的电动机，在额定负载温升试验与空载温升试验时，电动机的安装位置应使得热保护器或热熔断体所处的位置为绕组中温度最高的地方，热保护器或热熔断体不允许动作。

8.6.2 连续定额（S1 工作制）电动机

8.6.2.1 额定负载温升试验

试验时，被试电动机应保持额定负载直到电动机各部分温度达到热稳定状态时为止。试验过程中，每隔半小时记录被试电动机的电压、电流、输入功率、转矩和转速以及定子铁芯、轴承、风道进出口的冷却介质和周围冷却介质的温度。如采用带电测温时，还应测量绕组的电阻。

试验期间应采取措施尽量减少冷却介质温度的变化。

为了缩短试验时间，在温升试验开始时可适当过载一段时间。

对有几种额定数据电动机的温升试验，应在产生最高温升的额定数据下进行。若不能预先确定时，应在每一种额定数据下逐一进行。

额定负载温升试验应持续进行至热稳定，热稳定状态为电动机的温升在半小时内的变化不超过 0.5 K。

8.6.2.2 堵转温升试验

对电容起动和电阻起动的电动机进行堵转温升试验时，被试电动机应在热状态下或在温升试验结束后迅速将转子堵住，并施以额定电压，持续 5 s 后切离电源，立即测量主、副绕组的电阻以求取绕组的温升。

8.6.2.3 空载温升试验

对电容运转和双值电容电动机进行空载温升试验时,被试电动机在额定频率、额定电压下空载运行,直至电动机各部分温度达到热稳定状态后切离电源,立即将电动机停转,迅速测量主、副绕组的电阻值,以求取绕组的温升。

8.6.3 短时定额(S2 工作制)电动机

试验应从实际冷状态下开始,试验的持续时间按定额的规定。试验时,按定额时限的长短,每隔 5 min～15 min 记录一次试验数据。其他要求按 8.6.2.1 进行。

8.6.4 断续周期工作制定额(S3 工作制)电动机

如无其他规定,试验时每一个工作周期应为 10 min,并记录一次试验数据,直到电动机各部分温度达到热稳定状态为止,热稳定状态为电动机的温升在半小时内的变化不超过 0.5 K。每一工作周期的运行时间结束时,电动机应在 3 s 内停止转动。温度的测定应在最后一个工作周期中负载时间的一半终了时进行。为了缩短试验时间,在试验开始时,负载可适当地持续一段时间。其他要求同 8.6.2.1。

8.6.5 带电测温法

在采用带电测温法时,测量附加电流应不超过被试电动机额定电流的 1%,测温仪的稳定反应时间不超过 40 s,测量时应断开仪表电压线圈回路,否则应按照电压线圈的直流电阻与被测绕组电阻的并联关系对测量结果进行修正。

9 转矩转速特性

9.1 概述

转矩-转速特性是转矩和转速之间从零转速到同步转速的关系。该曲线将包括最大转矩、最小转矩和堵转转矩。

9.2 试验方法

以下方法可以用来测量转速-转矩特性。试验时应记录足够的点数,以确保曲线能绘制在关键的区域。

电源频率在测试过程中应稳定保持在额定值。

方法 1～方法 4 要求对于每组数据需要保持稳定的转速。因此,这些方法不能用于转矩随转速快速增加而增加的区域。

9.2.1 方法 1:测量输出法

被测电动机连接到测功机或其他的负载电机上以使电动机转速可以通过变化的负载来控制。负载下的风摩耗应预先确定。转矩的测试值应按照附录 C 进行修正。

测试数据应在约 1/3 同步转速与最高转速之间测得。在记录数据的时候,转速应保持恒定,确保加速或减速不会影响记录数据的值。在每一个转速点应读出电压、电流和转矩数值。应注意避免电动机过热。

总输出功率是测量的输出功率和负载损耗之和。因此对应每个转速 n 下的转矩 T 可以按式(18)计算:

$$T = 9.55(P_0 + P_1)/n \quad \cdots\cdots(18)$$

式中:

T——转矩,单位为牛顿米(N·m);

P_0——输出功率,单位为瓦特(W);

P_1——负载风摩耗,单位为瓦特(W);

n——转速,单位为转每分钟(r/min)。

9.2.2 方法 2:加速度法

该方法必须通过计算或者测量先求取转动部件的瞬间转动惯量。当电动机从静止加速到接近同步转速时，应在固定的时间间隔中读取电流和转速值。转矩 T 可以按式(19)计算：

$$T=(J/k)(\mathrm{d}n/\mathrm{d}t) \quad\cdots\cdots\cdots\cdots(19)$$

式中：

T——转矩，单位为牛顿米(N·m)；

$\mathrm{d}n/\mathrm{d}t$——转速的变化率(r/min·s)；

J——瞬间转动惯量，单位为千克平方米(kg·m^2)；

k——为常数，109.7×10^{-4}。

当这个方法应用于 40 W 及以下电动机时，建议转速采用频闪观测仪的方法测量。

9.2.3 方法 3：输入法

该方法中，转矩由输入功率减去损耗计算得到。

9.2.1.2 中要求的输入功率读数与转速绘成图。线电压、功率和转速应绘成时间的函数曲线。应包括堵转试验中 0 转速的平均值。

每个转速下的转矩 T 应通过输入功率算得，可以按式(20)计算：

$$T=\frac{k}{n}(P_1-P_{\mathrm{cu1}})-T_{\mathrm{fw}} \quad\cdots\cdots\cdots\cdots(20)$$

式中：

T——转矩，单位为牛顿米(N·m)；

k——常数，9.55；

P_{cu1}——定子铜耗，单位为瓦特(W)；

P_1——输入功率，单位为瓦特(W)；

n——转速，单位为转每分钟(r/min)

T_{fw}——电动机在转速 n 下的风摩转矩，单位为牛顿米(N·m)。

9.2.4 方法 4：直接测量法

转矩-转速试验应通过连续数值测量的方法进行。当设备不能实现连续测量数据时，该试验可以使用测功机来进行。试验应采用稳定电源供电并在额定电压下进行。当采用测功机方法时，测量转矩时的转速应该按照能确保画出基本特性中最大转矩的间隔选取。

10 其他试验

10.1 电容器端电压的测定

电容运转电动机和双值电容电动机的电容器端电压的测定，应使电动机在额定电压、额定频率和额定负载情况、空载运行的情况下运行，用电压表测量副绕组回路中电容器两端的电压值。

10.2 短时过转矩试验

短时过转矩试验应在额定电压、额定频率下进行。

试验时，电动机在热状态下逐渐增加负载。过转矩倍数和时间按 GB 755—2000 或 GB/T 5171—2002 及该类型电动机的产品标准的规定。

10.3 最大转矩的测定

最大转矩的测定方法有下列两种：

——测功机法(或校正过的直流电动机)；

——转矩测量仪法。

测定时，应在额定频率、额定电压下进行。当试验电压在 0.9～1.1 倍额定电压范围内变化时，最大转矩值按 10.3.3 换算。

10.3.1 测功机法

试验时，将被试电动机与测功机用联轴器联结，开动被试电动机带动测功机旋转。逐渐增加被试电动机的负载，至测功机显示最大值，并同时读取被试电动机的端电压。

试验过程中，应防止被试电动机过热而影响测量的准确性。被试电动机的端电压应在其出线端上测量。

10.3.2 转矩测量仪法

用转矩测量仪法测定最大转矩时，必须测取被试电动机的转矩转速特性曲线，最大转矩从曲线上求取。

转矩转速特性曲线可逐点测定后由人工绘制，也可用自动记录仪直接绘制，测取的点数应达到正确求取各种转矩(最大转矩、最小转矩、堵转转矩)的需要，在这些转矩附件，测量点应尽可能密一些。

10.3.2.1 对负载的要求：负载器械的特性应能满足测取整条转矩-转速特性曲线时，调节方便，运行稳定，数据可靠。

10.3.2.2 以直流电动机作负载时，被试电动机与转矩测量仪、直流电动机相联接。直流电动机他励，其电枢由可调电压和可变极性的电源供电。被试电动机与直流电动机的转向应一致。调节直流电动机的电源，逐渐增加被试电动机的负载，并同时读取转矩、转速和被试电动机的电压值，或用自动记录仪绘制转矩-转速特性曲线和被试电动机的端电压与转速的关系曲线。

用自动记录仪绘制曲线时，建议在被试电动机转速上升和下降的情况下测取两条转矩-转速特性曲线，取其平均值。每条曲线的绘制速度要均匀，绘制时间应不少于15 s。

10.3.3 最大转矩值的换算

最大转矩按式(21)换算：

$$T_{\max} = T_{\max t}\left(\frac{U_N}{U_t}\right)^2 \qquad \cdots\cdots(21)$$

式中：

$T_{\max t}$——在试验电压U_t下测得的最大转矩，单位为牛顿米(N·m)。

10.4 最小转矩的测定

最小转矩定义为异步电动机在起动过程中转矩转速曲线上的转矩极小值。如极小值不存在，则定义堵转转矩为最小转矩。如整个转矩转速曲线为单调减的情况如力矩电动机，则最小转矩不存在。

笼型电动机在启动过程中最小转矩的测定方法有下列两种：

——测功机法(或校正过的直流电动机)；

——转矩测量仪法。

测定时，被试电动机应接近实际冷状态，在额定频率和额定电压下进行。当试验电压在0.95～1.05倍额定电压范围内时，最小转矩按10.4.3换算。

10.4.1 测功机法

试验时，将被试电动机与测功机用联轴器联接，先将被试电动机通以低电压，调节测功机的端电压(或励磁电流)，以确定被试电动机出现最小转矩的转速。断开被试电动机的电源将电压升至额定值时再接通；迅速调节测功机的端电压(或励磁电流)，直至加速到额定转速期间测功机的读数出现最小值，读取此数值并同时读取被试电动机的端电压。

试验过程中，应防止被试电动机过热。

10.4.2 转矩测量仪法

用转矩测量仪法测定最小转矩时，必须从堵转状态开始使转速逐渐升高，以测取被试电动机的转矩-转速特性曲线，最小转矩从曲线上求取。

试验时，被试电动机与负载直流电动机转向可以一致或相反。首先使直流电动机在极低转速下运行，然后在额定电压或接近额定电压下启动被试电动机，增加或逐渐减小被试电动机的负载，直至其额定转速。其他试验方法及要求同2.2。

10.4.3 最小转矩值的换算

最小转矩按式(22)换算：

$$T_{\min} = T_{\mathrm{mint}}\left(\frac{U_{\mathrm{N}}}{U_{\mathrm{t}}}\right)^2 \qquad (22)$$

式中：

T_{mint}——在试验电压 U_t 下测得的最小转矩，单位为牛顿米(N·m)。

10.5 启动过程中启动元件断开转速的测定

起动过程中电动机的起动元件断开转速的测量方法有下列两种：

——记录仪表或转矩测量仪法；

——拖动法。

10.5.1 记录仪表或转矩测量仪法

用记录仪表或转矩测量仪录取转矩-转速曲线。启动过程中电动机的启动元件断开转速从曲线上求取。

10.5.2 拖动法

用可调速的电动机作为原动机，拖动被试电动机空转。在被试电动机启动元件回路中(不包括启动继电器)串接——指示灯或电压表，并施以适当电压。调节原动机的转速由低速逐渐升高，应随时测量被试电动机转速及观察指示灯或电压表的指示(此时应为通路)。当指示灯熄灭或电压指针回零，此瞬时的转速即为起动元件的断开转速。

10.6 超速试验

如该类型电动机标准无规定时，超速试验允许在冷状态下进行。试验时，超速倍数和时间按GB 755—2000或GB/T 5171—2002及该类型电动机标准中的规定。

超速方法有下列两种：

——提高被试电动机的电源频率(对电容运转和双值电容电动机不适用)；

——用原动机直接驱动。

超速试验时，应采取安全防护措施，尽可能远距离测量转速。

10.7 噪声的测定

按GB 10069.1—2006《旋转电动机噪声测定方法及限值　第1部分：旋转电动机噪声测定方法》进行。

10.8 振动的测定

按JB/T 10490—2004《小功率电动机机械振动—振动的测量、评定及限值》进行。

10.9 短时升高电压试验

短时升高电压试验应在电动机空载运转状态下进行。

型式试验时，该项试验应在超速试验之后进行。

试验时，电压升高的倍数和时间按GB 755—2000或GB/T 5171—2002及该类型电动机标准的规定。

10.10 耐电压试验

试验电源的频率为50 Hz，电压波形尽可能为正弦波形。

10.10.1 试验要求

a) 耐电压试验在电动机静止的状态下进行。试验前，应先测量绕组的绝缘电阻。如需进行超速和短时过转矩试验时，本项试验应在这些试验之后进行。型式试验时，本项试验还应在温升试验后电动机接近热状态下进行；

b) 电容电动机的电容器、离心开关必须与绕组连接同正常工作一样。对主绕组回路试验时，副绕组回路应和铁芯及机壳相连接；对副绕组回路试验时，应注意高电压只能施加在副绕组回路中的绕组端，主绕组回路应和铁芯及机壳相连接；

c) 用于此试验的耐压试验仪的变压器容量不得小于0.5 kVA；

d) 试验前，应采取切实的安全防护措施；试验中如发现异常情况，应立即断电，并将绕组回路对地放电。

10.10.2 试验电压和时间

试验电压的数值按 GB 755—2000 或 GB/T 5171—2002 及该类型电动机的产品标准的规定。

试验时，施加的电压应从不超过试验电压全值的 1/2 开始，然后逐渐增加至全值。

对大批量连续生产的电动机进行检查试验时，允许用规定的试验电压值的 120%、历时 1 s 来代替。

10.11 转动惯量的测定

10.11.1 悬挂转子摆动法

10.11.1.1 单钢丝法

采用单钢丝扭转摆动比较法测定电动机转子的转动惯量。

选择密度均匀的金属制成假转子，假转子的形状应为简单的圆柱体，以便能用式(25)较精确的计算出假转子的转动惯量。假转子的质量应能将所选用的钢丝拉直且钢丝不变形。把假转子可靠的悬挂在长度 $l \geqslant 0.5$ m 的钢丝一端，钢丝的另一端固定在支架上，钢丝轴线应与假转子轴线同心且垂直地面。

将假转子绕心轴扭转一个适当角度，仔细测量往复摆动次数 N 及所需时间 t(s)，求得摆动周期平均值 $T'(T'=N/t)$，当被试电动机转子在相同的条件下，重复上述试验，按上方法求得其摆动周期的平均值 T，按式(25)计算被试电动机的转动惯量 J。

假转子的转动惯量 J' 由式(23)计算：

$$J' = \frac{mD^2}{8} \qquad (23)$$

式中：

J'——假转子的转动惯量，单位为千克平方米($kg \cdot m^2$)；

D——圆柱体直径，单位为米(m)；

m——直径。部分的圆柱体质量，单位为千克(kg)。

被试电动机转子的转动惯量 J 按式(24)计算：

$$J = J' \frac{T^2}{(T')^2} \qquad (24)$$

式中：

T——被试电动机转子的摆动周期平均值，单位为秒(s)；

T'——假转子的摆动周期平均值，单位为秒(s)。

10.11.1.2 双钢丝法

用两根平行的钢丝将被试电动机转子悬挂起来，使转轴中心线与地面垂直。扭转转子，使其产生以轴线为中心的摆动，距转轴中心线的扭角应不大于 10°。仔细测取若干次摆动所需的时间，求出摆动周期的平均值 T。转动惯量 J 按式(25)求取：

$$J = \frac{T^2 a^2 mg}{l(4\pi)^2} \qquad (25)$$

式中：

g——重力加速度，单位为米每平方秒(m/s^2)；

a——两钢丝之间的距离，单位为米(m)；

l——钢丝的长度，单位为米(m)；

m——被试电动机转子的质量，单位为千克(kg)。

10.12 外壳防护等级测试

电动机的外壳防护等级测试按 GB/T 4942.1—2006 有关方法进行。

10.13 湿热试验

单相异步电动机湿热试验按 GB/T 12665 有关方法进行。

10.14 匝间耐压测试

单相异步电动机匝间耐压测试按 JB/T 9615.1—2000 与 JB/T 9615.2—2000 有关方法进行。

10.15 短时升高电压试验

采用短时升高电压试验时，电动机应施加130%额定电压，历时3 min，电动机应无冒烟等击穿现象，试验时允许将电源频率提高到额定值的110%（电容运转电动机除外）。

10.16 泄漏电流测试

电动机以1.06倍的额定电压供电。

泄漏电流通过用GB/T 12113中图4所描述的电路装置进行测量，测量在电源的任一极和连接金属箔的易触及金属部件之间进行。被连接的金属箔面积不超过20 cm×10 cm，它与绝缘材料的易触及表面相接触。

其测量电路在图7中给出，图7中的C是GB/T 12113中图4所描述的测量网络。

将选择开关分别拨到a、b的每一个位置来测量泄漏电流。

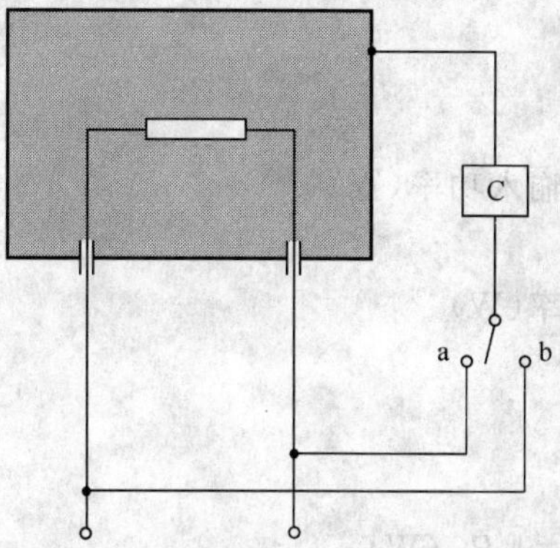

图7

10.17 寿命试验

单相异步电动机的寿命试验按照其产品标准或相关协议进行。

附 录 A
（资料性附录）
物理量的符号及单位

C——电容(F)
f——电源频率(Hz)
f_t——试验测得的频率
I——电流(A)
P_0——空载输入功率(W)
P_1——输入功率(W)
P_2——输出功率(W)
P_{2c}——修正后的输出功率(W)
P_{1k0}——测定转子等值电阻时的输入功率(W)
P_k——堵转输入功率(W)
P_{0n}——额定电压下空载输入功率(W)
P_{fw}——机械耗(W)
P_{fe}——铁耗(W)
P_{sf}——杂散损耗(W)
P'_0——铁耗机械耗之和 $P'_0=P_{fe}+P_{fw}$(W)
P_{cu0}——空载时的 I^2R 损耗(W)
P_{cu1}——定子绕组在试验温度下的 I^2R 损耗(W)
P_{cu2s}——转子绕组在试验温度下的 I^2R 损耗(W)
s——转差率
s_s——修正到规定温度 θ_t 下的转差率
s_t——转差
t——时间(s)
U——电压(V)
θ——温度(℃)
θ_s——修正到的规定温度(℃)
θ_t——测试到的绕组温度(℃)
$\Delta\theta$——绕组温升(K)
θ_0——测量 R_0 时的冷却介质温度(℃)
θ_f——温升试验结束时的冷却介质温度(℃)
$\Delta\theta_N$——额定功率时的绕组温升(K)
$\Delta\theta_1$——试验时的定子绕组温升(K)
$\Delta\theta_2$——试验时的转子绕组温升(K)
η——效率
$\cos\varphi$——功率因数
g——重力加速度(m/s^2)
J——转动惯量($kg\cdot m^2$)
I_0——空载电流(A)
I_{k0}——测定转子等值电阻时的电流(A)

I_k——堵转电流(A)

I_{kN}——额定电压时的堵转电流(A)

I_n——额定电流,额定输出时的绕组电流(A)

I_1——定子电流(A)

I_a——副绕组电流(A)

I_m——主绕组电流(A)

U_0——空载电压(V)

U_N——额定电压(V)

U_{k0}——测定转子等值电阻时的电压(V)

U_k——堵转电压(V)

R_t——试验温度 θ_t 下测得的绕组电阻(Ω)

R_s——修正到规定温度 θ_s 时的绕组电阻(Ω)

R_0——实际冷状态下的绕组电阻(Ω)

R_{0m}——实际冷状态下主绕组电阻(Ω)

R_{0a}——实际冷状态下副绕组电阻(Ω)

R_f——温升试验结束时断电瞬间的绕组电阻(Ω)

r_0——空载试验后定子绕组电阻(Ω)

r_{0m}——空载试验后测得的主绕组电阻(Ω)

r_2——转子等值电阻(Ω)

T——转矩(N·m)

T_k——堵转转矩(N·m)

T_{kn}——额定电压时的堵转转矩(N·m)

T_{fw}——风摩耗转矩(N·m)

T_d——测功机转矩(N·m)

T_c——修正后时的输出转矩(N·m)

T_t——试验时的输出转矩(N·m)

T_{max}——最大转矩(N·m)

$T_{max\,t}$——试验时测得的最大转矩(N·m)

T_{min}——最小转矩(N·m)

$T_{min\,t}$——试验时测得的最小转矩(N·m)

N——示波器波形全摆动次数

n——转速(r/min)

n_s——对应于实际频率时的同步转速(r/min)

n_d——测量 P_1 的电动机转速

p——极对数

F——测力计读数

r——滑轮与绳索的半径

Q——法码与容器的重量

附 录 B
（规范性附录）
仪器仪表损耗及误差的修正方法

B.1 仪表损耗的修正

当测量回路中没有电流互感器和电压互感器时，按照电压表、电流表和瓦特表在测量线路中的不同接法（图 B.1、图 B.2），某些仪表消耗的功率将被包括在测量的结果中。当这些仪表消耗的功率和所测的负载功率相比不能忽略时，应将这些仪表所消耗的功率从测量结果中减去。

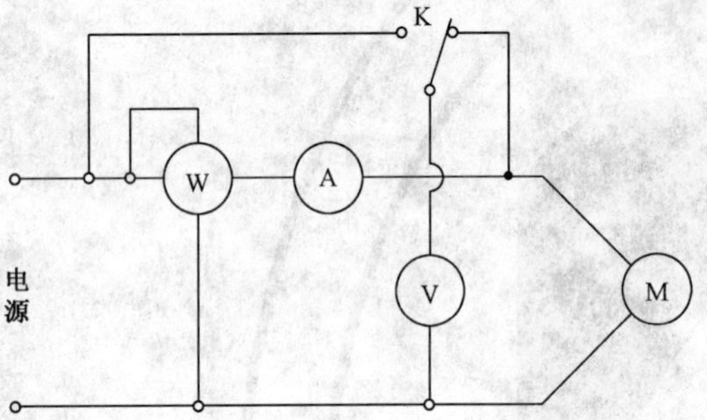

图 B.1

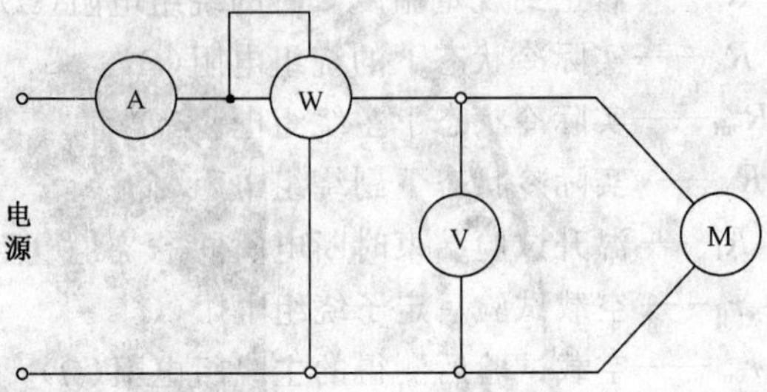

图 B.2

在考虑对仪表损耗修正时，图 B.1 的接法在负载电流变化时，电压表的损耗是一个恒定值，按图 B.2 的接法时，电流表的损耗随负载电流的变化而不同。

B.1.1 按图 B.1 接线时，仪表损耗的修正

此时，电流表和瓦特表电流线圈（包括瓦特表至负载端的连接导线）的损耗 P_A 按式（B.1）计算，并将它们从测得的功率中减去。

$$P_A = I^2(R_A + R_{WA} + r) \quad \cdots\cdots\cdots\cdots (B.1)$$

式中：

I——电流表的读数，单位为安培（A）；

R_A——电流表的内阻，单位为欧姆（Ω）；

R_{WA}——瓦特表电流线圈回路的内阻，单位为欧姆（Ω）；

r——瓦特表至负载端连接导线（包括开关等）的电阻，单位为欧姆（Ω）。

B.1.2 按图 B.2 接线时，仪表损耗的修正

此时，电压表的损耗 P_r 和无补偿的瓦特表电压线圈回路的损耗 P_w 按式（B.2）、式（B.3）计算，并将它们从测得的功率中减去。

$$P_r = \frac{U^2}{R_r} \quad \cdots\cdots\cdots\cdots (B.2)$$

$$P_w = \frac{U^2}{R_{wv}} \quad \cdots\cdots\cdots\cdots (B.3)$$

式中：

U——电压表的读数，单位为伏特（V）；

R_r——电压表回路的总电阻，单位为欧姆（Ω）；

R_{wv}——瓦特表电压线圈回路的总电阻（包括外接附加电阻），单位为欧姆（Ω）。

B.2 仪表刻度误差的修正

根据电流表、电压表、瓦特表指示的数值 I_A、U_V 及 P_W。按式(B.4)、式(B.5)、式(B.6)进行刻度误差的修正。

$$I' = I_A + \Delta I \quad \cdots\cdots(B.4)$$

$$U' = U_V + \Delta U \quad \cdots\cdots(B.5)$$

$$P'_W = P_W + \Delta P_W \quad \cdots\cdots(B.6)$$

式中：

ΔI、ΔU 及 ΔP_W——分别为电流表、电压表和瓦特表的刻度修正值，可从各仪表的校验报告中获得。

B.3 互感器变比误差的修正

电流互感器和电压互感器的变比误差，可以从互感器校验报告中获得。当互感器副边的实际负载与校验时的负载不同时，其变比误差可以由互感器不同负载时的变比特性曲线来估算。

B.3.1 互感器的实际变比按式(B.7)、式(B.8)计算：

电流互感器的实际变比：

$$K_I = K_{In}(1 - r_I) \quad \cdots\cdots(B.7)$$

电压互感器的实际变比：

$$K_U = K_{Un}(1 - r_U) \quad \cdots\cdots(B.8)$$

式中：

K_{In}、K_{Un}——电流互感器和电压互感器的标称变比；

r_I、r_U——电流互感器和电压互感器的变比误差。

B.3.2 对测量值的修正按式(B.9)、式(B.10)计算：

电流互感器原边的实际电流：

$$I = K_I I' \quad \cdots\cdots(B.9)$$

电压互感器原边的实际电压：

$$U = K_U U' \quad \cdots\cdots(B.10)$$

修正后的功率按式(B.11)计算：

$$P = K_U K_I P'_W \quad \cdots\cdots(B.11)$$

B.4 互感器相角误差的修正

功率测量中的相角误差包括：

a) 瓦特表电压线圈回路中的相角误差；

b) 电流互感器的相角误差；

c) 电压互感器的相角误差。

B.4.1 瓦特表电压线圈回路中的相角误差。

相角误差 α 按式(B.12)求取：

$$\alpha = \mathrm{tg}^{-1} \frac{X_W}{R_W} \quad \cdots\cdots(B.12)$$

式中：

R_W——瓦特表电压线圈回路的总电阻(包括外接附加电阻)，单位为欧姆(Ω)；

X_W——瓦特表电压线圈的感抗，单位为欧姆(Ω)；

X_W——$2\pi fL$,其中 L 为瓦特表电压线圈的电感,单位为 H。可以从瓦特表的刻度面板上获得。

α 符号的决定:当 X_W 为容抗时,取"+"号;当 X_W 为感抗时,取"−"号。无补偿的瓦特表,其电压线圈为感抗。

B.4.2 电流互感器的相角误差 β_I

电流互感器的相角误差 β_I 可以从互感器校验报告中获得。当互感器副边的实际负载与校验时的负载不同时,其相角误差 β_I 可以由互感器不同负载时的相角特性曲线来估算。

β_I 符号的决定:当副边电流超前原边电流时,取"+"号;滞后时,取"−"号。无补偿的电流互感器,其副边电流超前原边电流。

B.4.3 电压互感器的相角误差

电压互感器相角误差 β_U 的确定方法与电流互感器相同。

β_U 符号的规定:当副边电压超前原边电压时,取"+"号;滞后时,取"−"号。无补偿的电压互感器,其副边电压滞后原边电压。

B.4.4 功率测量值的修正

修正前的表观功率 S 及功率因数 $\cos\varphi'$ 按式(B.13)、式(B.14)、式(B.15)决定:

$$S = UI \qquad \cdots\cdots\cdots\cdots(\text{B.13})$$

$$\cos\varphi' = \frac{P}{S} \qquad \cdots\cdots\cdots\cdots(\text{B.14})$$

$$\varphi' = \cos^{-1}\left(\frac{P}{S}\right) \qquad \cdots\cdots\cdots\cdots(\text{B.15})$$

实际的功率因数 $\cos\varphi$ 按式(B.16)求取:

$$\cos\varphi = \cos(\varphi' - \alpha + \beta_I + \beta_U) \qquad \cdots\cdots\cdots\cdots(\text{B.16})$$

相角修正系数 $K\varphi$ 按式(B.17)求取:

$$K\varphi = \frac{\cos\varphi}{\cos\varphi'} \qquad \cdots\cdots\cdots\cdots(\text{B.17})$$

经相角误差修正后,实际的功率按式(B.18)求取:

$$P_C = PK\varphi \qquad \cdots\cdots\cdots\cdots(\text{B.18})$$

附 录 C
（规范性附录）
测功机转矩读数的修正

用测功机、转矩测量仪或绳索滑轮测得的输出转矩，应进行风摩耗转矩的修正。

测功机、转矩测量仪或滑轮的风摩耗转矩按式（C.1）计算：

$$T_{fw}=\frac{9.55(P_{10}-P_0)}{n_d}-T_d \qquad \cdots\cdots(C.1)$$

式中：

P_{10}——电动机在额定电压下驱动测功机、转矩转速传感器或带动滑轮时的输入功率，单位为瓦特（W）。此时，测功机的电枢和励磁回路均应开路；转矩转速传感器应与负载器械脱离；绳索应与滑轮脱离；

P_0——在额定电压下，被试电动机的空载（不带测功机、转矩转速传感器或滑轮），输入功率，单位为瓦特（W）；

T_d——测量 P_{10} 时测功机的转矩值，单位为牛顿米（N·m）；

n_d——测量 P_{10} 时电动机的转速，单位为转每分钟（r/min）。

电动机修正后的输出转矩 T_C 按式（C.2）计算：

$$T_C=T_t+T_{fw} \qquad \cdots\cdots(C.2)$$

式中：

T_t——试验时测得的输出转矩，单位为牛顿米（N·m）。

附　录　D
（规范性附录）
各项损耗的确定

D.1　指定温度下定子绕组 I^2R 损耗

对电容运转电动机，该损耗包括运转电容器的损耗。

D.1.1　分相起动电动机与电容起动电动机［损耗按式(D.1)计算］

$$P_{cu1} = I_1^2 R_{1ef} \qquad \cdots\cdots(D.1)$$

式中：

I_1——定子主绕组相电流，单位为安培(A)；

R_{1ef}——换算到基准工作温度时定子主绕组的电阻值，单位为欧姆(Ω)。

D.1.2　电容运转电动机与双值电容电动机［损耗按式(D.2)计算］

$$P_{cu1} = I_1^2 R_{1ef} + I_a^2 (R_a + R_c) \qquad \cdots\cdots(D.2)$$

式中：

I_a——定子副绕组相电流，单位为安培(A)；

R_a——换算到基准工作温度时定子副绕组的电阻值，单位为欧姆(Ω)；

R_c——电容器等效电阻，单位为欧姆(Ω)。

$$R_c = \frac{W_c}{I_c^2} \qquad \cdots\cdots(D.3)$$

式中：

W_c——电容器损耗功率，在电容器端电压接近额定工作电压时以低功率因数功率表测得；

I_c——在同一电压下的电容器电流。

D.2　机械耗

机械耗 P_{fw} 按 6.3.3.3 确定。

D.3　指定温度下转子 I^2R 损耗

转子绕组 I^2R 损耗按式(D.4)计算：

$$P_{cu2s} = (P_1 - P_{cu1s} - P_{Fe})s \qquad \cdots\cdots(D.4)$$

式中：

P_1——转子输入功率，单位为瓦特(W)；

P_{cu1s}——定子铜耗，单位为瓦特(W)；

P_{Fe}——铁耗，单位为瓦特(W)；

s——转差率。

D.4　铁耗

铁耗 P_{Fe} 按 6.3.3.3 确定。

D.5　杂散损耗 P_{sf}

杂散损耗是总损耗中，不包含机械耗、定子铜耗、转子损耗和铁耗之和的部分。

D.5.1 间接测量

杂散损耗可间接由总损耗减去机械耗、定子铜耗、转子损耗和铁耗之和得到。

$$P_{sf}=\sum P-P_{cu1s}-P_{cu2s}-P_{Fe}-P_{fw} \quad\cdots\cdots(D.5)$$

D.5.2 绕线转子电动机的直接测量法

这个方法中，转子通直流电流，定子绕组接线端短路并在电路中接一个电流表。采用外力使转子达到同步转速；调节转子励磁电流使得定子绕组回路中的电流值达到杂散损耗测定的要求值。

杂散损耗可由式(D.6)得到：

$$P_{sf}=(P_r-P_f)-P_{s1} \quad\cdots\cdots(D.6)$$

式中：

P_r——以直流电驱动转子所需的机械功率，单位为瓦特(W)；

P_f——不通直流电驱动转子所需的机械功率，单位为瓦特(W)；

P_{s1}——定子在测试温度下的铜耗，单位为瓦特(W)。

D.5.2.1 测试数据的修正

这个方法的精度可以通过描绘杂散损耗与定子电流的直角坐标图来提高。参数 P_{sf}、(P_r-P_f)和P_{s1}满足式(D.7)：

$$P_i=A_iI^{N_i} \quad\cdots\cdots(D.7)$$

式中：

i——1、2 或 3；

P_i——$P_1=P_{sf}$，$P_2=(P_r-P_f)$和 $P_3=P_{s1}(W)$；

A_i——图标中 Y 坐标上取的点；

N_i——图标中的倾斜度；

I——杂散损耗试验时测得的电流直线。

附 录 E
（规范性附录）
热电偶的选择、制备、布置、安装、连接的规范

E.1 目的

本规范是针对温度测量中热电偶的选择、制备、布置、连接的使用情况制定的。

E.2 范围

本规范适用于电动机和类似产品测试中温度测量所用热电偶。

本规范描述的操作规范，但并不限制其他的有效实用的操作规范。

E.3 热电偶的选择

E.3.1 选择热电偶时必须在制造商规定的工作参数范围内使用（例如温度范围）。

E.3.2 由于热量会沿着热电偶导线传导。在热电偶接点与临近引线存在温差处，将产生从接点到引线或引线传接点的热传递，于是无法对与接点接触的表面进行最佳的温度测量。细的引线可使这类影响最小化，建议选用 0.320 mm～0.254 mm 的热电偶。

E.4 热电偶的制备

E.4.1 热电偶应由经过培训的员工制备。

E.4.2 热电偶按如下要求制备：

E.4.2.1 剥去内层绝缘直至距离测量接点约 1.5 mm 处；

E.4.2.2 如有外层绝缘，剥去直至距离测量接点约 15 mm 处；

E.4.2.3 测量接点通过点焊连接。

E.5 热电偶的布置

E.5.1 热电偶测量接点必须布置在温度测量处，为的是与被测部件达到相同的温度。

E.5.2 如果热电偶连接到带电部件、或者分别连接到不同极性的部件，测量设备需要谨防可能出现的电击危险和应力损坏，此时适于在被测导体表面加设绝缘护套（而不是在热电偶测量接点处）。

E.6 热电偶的安装

E.6.1 为了保证与被测部件达到同样温度，安装时热电偶接点应与被测部件表面紧密接触，而且，两者之间应保持良好的热接触。基于这点，应采用对被测温度影响最小的热电偶安装方法。

E.6.2 热电偶引线应固定在与焊接点相同的温度环境中。

E.6.3 为了避免电动机工作时产生振动，造成热电偶接点分离，通常可采用胶带固定热电偶引线，以消除热电偶应变。高温测量场合可采用热固型玻璃胶带。但胶带应固定在远离接点处，在同时保证热电偶固定牢靠的同时，尽可能使用少量的胶带，以减少自然散热效果。

E.6.4 热电偶的固定方法有：绑扎、粘合和锡焊等：

E.6.4.1 绑扎——用细线绑扎，比较适用于像绝缘导线类的圆形物体。

E.6.4.2 粘合——较之接点和测温表面之间的点固定方式，粘合方式具有更好的热连接。同时周围空气与待测温度存在一定温差，粘合方式可减少暴露在空气中的接点和引线的表面积。一般可采用等比混合的高岭土和硅酸钠或快速粘合剂。

E.6.4.3 锡焊——对于铜质或其他金属表面，锡焊是非常有效的接点固定方式。相对其他粘合方式，锡焊具有热传导更好和固定更牢的优势。但应避免冷焊和使用过多焊料。

E.7 热电偶的连接

使用时，热电偶应直接与温度测量仪表连接。但实际场合无法满足时，应采用与热电偶型号相同的补偿导线和与之适配的连接器。

ICS 65.020.20
B 31

中华人民共和国国家标准

GB/T 9659—2008
代替 GB/T 9659—1988

柑桔嫁接苗

Citrus budling

2008-06-18 发布　　2008-12-01 实施

中华人民共和国国家质量监督检验检疫总局
中国国家标准化管理委员会　发布

前　言

本标准代替 GB/T 9659—1988《柑桔嫁接苗分级及检验》。

本标准对原标准名称作了修改，对部分术语、砧穗组合方式、砧木和接穗的规定及要求、出圃苗木质量体系、苗木检验及包装运输等方面的技术内容进行了修订。

本标准的附录 A 和附录 B 均为规范性附录。

本标准由中华人民共和国农业部提出并归口。

本标准主要起草单位：中国农业科学院柑桔研究所、农业部柑桔及苗木质量监督检验测试中心、重庆市经济作物站。

本标准主要起草人：何绍兰、邓烈、王成秋、陈竹生、杨灿芳。

本标准所代替标准的历次版本发布情况为：

——GB/T 9659—1988。

柑桔嫁接苗

1 范围

本标准规定了柑桔嫁接苗的定义、砧穗组合方式、砧木与接穗要求、出圃苗木质量指标、检验及包装、标志、运输等要求。

本标准适用于甜橙类、宽皮柑桔类、柚类、柠檬类、金柑、杂柑等一年生嫁接苗(含大田苗和容器苗)。

2 规范性引用文件

下列文件中的条款通过本标准的引用而成为本标准的条款。凡是注日期的引用文件,其随后所有的修改单(不包括勘误的内容)或修订版均不适用于本标准,然而,鼓励根据本标准达成协议的各方研究是否可使用这些文件的最新版本。凡是不注日期的引用文件,其最新版本适用于本标准。

GB 5040 柑桔苗木产地检疫规程

3 术语和定义

下列术语和定义适用于本标准。

3.1

接穗 scion

嫁接时接在砧木上的被繁殖品种的枝或芽。

3.2

砧木 rootstock

嫁接时用以承受接穗的植株。

3.3

嫁接苗 budling

特定的接穗与砧木嫁接后培育而成的苗木。

3.4

砧穗组合 combination of the scion and rootstock

嫁接苗砧木和接穗的品种组配方式。

3.5

嫁接口愈合正常 normal graft-union

接穗与砧木接合部的新生维管束组织输导正常,无残缺或腐烂伤痕,无捆缚物及其缢痕。

3.6

砧穗接合部曲折度 bending degree of graft-union

在砧木与接穗的接合处,主干中轴线与砧木垂直延长线之间的夹角。

4 砧穗组合方式

4.1 甜橙类:可选用枳(*Poncirus trifoliata* Raf.)、枳橙(*P. trifoliate* Raf. ×*Citrus sinensis* Osbeck)、

枳柚(*P. trifoliate* Raf. × *C. paradis* Macf.)、酸桔(*C. reticulata*)、香橙(*C. junos* Tanaka)、红桔(*C. reticulata*)、朱桔(*C. reticulata*)、枸头橙(*C. aurantium*×*C.* sp)等作砧木。

4.2 宽皮柑桔类:可选用枳、枳橙、枳柚、酸桔、香橙、红桔、枸头橙等作砧木。

4.3 柚类:用酸柚(*C. grandis* Osbeck)作砧木,部分品种也可用枳、枳橙或枳柚作砧木。

4.4 柠檬:可选用红桔、土桔(*C. reticulata*)、香橙等作砧木,除尤力克以外的其他无裂皮病毒品系也可选用枳、枳橙作砧木。

4.5 金柑:用枳等作砧木。

4.6 杂柑:可选用枳、枳橙、香橙等作砧木。

4.7 各产区可根据具体情况,拟定不同品种的砧穗组合。如要采用其他形式的组合时,宜有10年以上的生产考核资料。

5 砧木与接穗要求

5.1 砧木

适应当地生态条件,抗逆性和抗病性强,无检疫性病虫害。品种纯正,提倡使用单系种子。严禁从疫区调运砧木种子和砧木苗进入非疫区和保护区。

砧木苗应是经过移栽的二年生内的实生壮苗,根系直而完整。

5.2 接穗

5.2.1 应从经过鉴定的优良单株(系)无病毒母树上及其无性系繁殖的采穗圃采集。

5.2.2 接穗以木质化的健壮春梢、秋梢、早夏梢为宜,每枝接穗应有3个以上有效芽。要求无病虫、生长充实、芽眼饱满。

5.2.3 从外地引入接穗,除严格要求品种纯正外,还需经植物检疫部门检验,取得植物检疫证书后方可引入。严禁疫区的接穗进入非疫区和保护区。

6 出圃苗木质量指标

6.1 苗木生产过程应执行GB 5040。

6.2 出圃前的检疫

6.2.1 苗木出圃前应由产地植物检疫部门根据购苗方的检疫申请函和国家有关规定,对苗木是否带有检疫性病虫害进行检疫。无检疫对象的苗木可签发产地检疫合格证。

6.2.2 凡有检疫对象的苗木,应就地封锁或销毁。

6.3 出圃嫁接苗基本要求

6.3.1 嫁接部位在砧木离地面10 cm以上,嫁接口愈合正常,已解除捆缚物,砧木残桩不外露,断面已愈合或在愈合过程中。

6.3.2 主干粗直、光洁,高25 cm以上(金柑15 cm以上)。具有至少2个且长15 cm以上、非丛生状的分枝。枝叶健全,叶色浓绿,富有光泽。无潜叶蛾等病虫严重为害。砧穗接合部曲折度不大于15°。

6.3.3 根系完整,主根不弯曲,长15 cm以上,侧根、须根发达,根颈部不扭曲。

6.4 苗木分级

6.4.1 在符合6.1、6.2和6.3各项规定的前提下,以苗木径粗、分枝数量、苗木高度作为分级依据。不同品种和砧木的嫁接苗,按其生长势分为1级和2级,其标准见表1。

6.4.2 以苗木径粗、分枝数量、苗木高度三项中最低一项的级别判定为该苗级别。低于2级标准的苗木即为不合格苗木。

表1 柑桔嫁接苗分级标准

种类	砧木	级别	苗木径粗/cm ≥	苗木高度/cm ≥	分枝数量/条 ≥
甜橙	枳	1	0.9	55	3
		2	0.6	45	2
	枳橙、红桔、酸桔、香橙、朱桔、枸头橙	1	1.0	60	3
		2	0.7	45	2
宽皮柑桔杂柑	枳	1	0.8	50	3
		2	0.6	45	2
	枳橙、红桔、酸桔、香橙、枸头橙	1	0.9	55	3
		2	0.7	45	2
柚	枳	1	1.0	60	3
		2	0.8	50	2
	酸柚	1	1.2	80	3
		2	0.9	60	2
柠檬	枳橙、红桔、香橙、土桔	1	1.1	65	3
		2	0.8	55	2
金柑	枳	1	0.7	40	3
		2	0.5	35	2

7 检验

7.1 检验方法

7.1.1 苗木径粗:用游标卡尺测量嫁接口上方2 cm处的主干直径最大值。

7.1.2 分枝数量:以嫁接口上方15 cm以上主干抽生的、长度在15 cm以上的1级枝计。

7.1.3 苗木高度:自土面量至苗木顶芽。

7.1.4 嫁接口高度:自土面量至嫁接口中央。

7.1.5 干高:自土面量至第一个有效分枝处。

7.1.6 砧穗接合部曲折度:用量角器测量接穗主干中轴线与砧木垂直延长线之间的夹角。

7.2 检验规则

7.2.1 苗木包装集合后采用随机抽样法,田间苗木采用对角交叉抽样法、十字交叉抽样法和多点交叉抽样法等,抽取有代表性的植株进行检验。

7.2.2 对于1万株以下(含1万株)的批次,抽样60株;检验批数量超过1万株时,在1万株抽样60株的基础上,对超过1万株的部分再按0.2%抽样,抽样数计算见式(1):

$$\text{万株以上抽样数} = 60 + [(\text{检验批苗木数量} - 10\,000) \times 0.2\%] \qquad \cdots\cdots\cdots\cdots(1)$$

7.2.3 一批次苗木的抽样总数中合格单株所占比例即为该批次合格率,合格率≥95%则判定该批苗木合格。

8 包装、标志和运输

8.1 包装

容器苗连同完整的原装容器一起调运。大田苗就地移栽可带土团起苗和定植；如需远距离运输，需对裸根苗枝叶和根系进行适度修剪，用泥浆蘸根后再用稻草包捆，外用带孔塑料薄膜包裹并捆扎牢固。每包不宜超过50株。起苗前应喷药杀灭重要常见病虫害。

8.2 标志

出圃苗木需附苗木产地检疫证和质量检验合格证（见附录A）。若属无病毒苗，应附有资质检测机构的证明，并挂牌标示。裸根苗应分品种包装，并在包装内外挂双标签，注明品种（穗/砧）、起苗日期、质量等级、数量、育苗单位、合格证号等（见附录B）。容器苗应逐株加挂品种标签，标明品种、砧木等。

8.3 运输

苗木运输量较大时，运输器具宜安置通气筒或搭架分层，使苗堆中心的温度≤25 ℃。运输途中严防重压和日晒雨淋，到达目的地后，应尽快定植或假植。

附 录 A
（规范性附录）
柑桔嫁接苗质量检验合格证书

No：________

育苗单位　　　　　　　　　　　　地址　　　　　　　　　　　　技术负责人(签字)

品种	出圃株数	接穗来源	砧木				质量等级
			品种	来源	播种期	嫁接期	

检测发证单位(盖章)　　　　　　　　　　　　　　　　检测人(签字)

发证日期　　　年　月　日　　　　　　　　　　　　　检测日期　　　年　月　日

注 1：本证一式三份，育苗单位、购苗单位、检测单位各一份。

注 2：柑桔嫁接苗质量合格证明书当年有效。

附 录 B
（规范性附录）
柑桔苗木标签

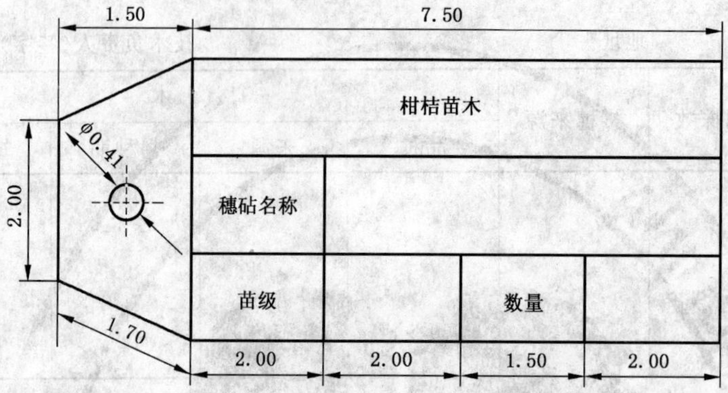

单位：cm
（正面）

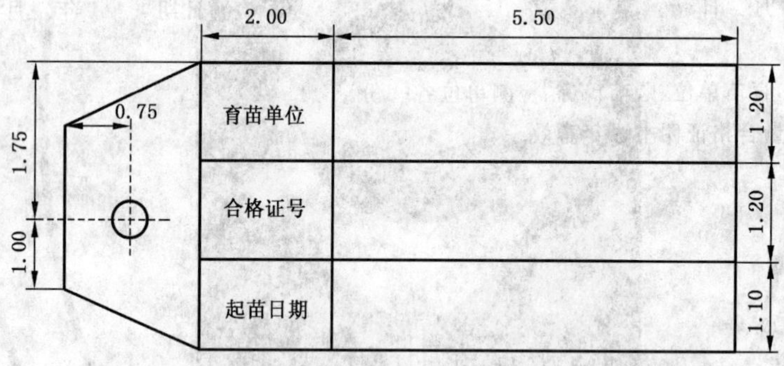

单位：cm
（反面）

注 1：标签用 150 g 的牛皮纸或塑料制做。

注 2：纸质标签孔用金属包边。

ICS 67.040
C 53

中华人民共和国国家标准

GB 9685—2008
代替 GB 9685—2003

食品容器、包装材料用添加剂使用卫生标准

Hygienic standards for uses of additives in food containers and packaging materials

2008-09-09 发布　　　　2009-06-01 实施

中华人民共和国卫生部
中国国家标准化管理委员会　发布

前言

本标准的全部技术内容为强制性。

本标准参考了美国联邦法规(Code of Federal Regulations)第21章第170～189部分、美国食品药品管理局食品接触物通报(Food Contact Notification)列表，以及欧盟2002/72/EC指令食品接触塑料(Comission directive relating to plastic materials and articles intended to come into contact with foodstuffs)等相关法规。

本标准代替GB 9685—2003《食品容器、包装材料用助剂使用卫生标准》。本标准自实施之日起，GB 9685—2003同时废止。

本标准与GB 9685—2003相比，主要变化如下：

——将标准名称改为“食品容器、包装材料用添加剂使用卫生标准”；

——增加了术语和定义；

——增加了添加剂的使用原则；

——参考相关国家的批准物质名单，将添加剂的品种扩充到959种；

——以附录的形式列出了允许使用的添加剂名单、化学文摘登记号(CAS号)、使用范围、最大使用量、特定迁移量或最大残留量及其他限制性要求。

本标准的附录A为规范性附录。

本标准由中华人民共和国卫生部提出并归口。

本标准由中华人民共和国卫生部负责解释。

本标准负责起草单位：中国疾病预防控制中心营养与食品安全所。

本标准参加起草单位：上海市食品药品监督所、国际化学品制造商协会。

本标准主要起草人：王竹天、樊永祥、卞华松、顾振华、朱蕾、李跃、高仁君、陈树照、柏忠林、徐元勤。

本标准所代替标准的历次版本发布情况为：

——GB 9685—1988、GB 9685—1994、GB 9685—2003。

食品容器、包装材料用添加剂使用卫生标准

1 范围

本标准规定了食品容器、包装材料用添加剂的使用原则、允许使用的添加剂品种、使用范围、最大使用量、特定迁移量或最大残留量及其他限制性要求。

本标准适用于所有的食品容器、包装材料用添加剂的生产、经营和使用者。

2 术语和定义

下列术语和定义适用于本标准。

2.1

食品容器、包装材料 food containers and packaging materials

包装、盛放食品用的纸、竹、木、金属、搪瓷、陶瓷、塑料、橡胶、天然纤维、化学纤维、玻璃、复合包装材料等制品和接触食品的涂料，包括食品在生产经营过程中接触食品的机械、管道、传送带、容器、用具、餐具等。

2.2

食品容器、包装材料用添加剂 additives used for food containers and packaging materials

在食品容器、包装材料生产过程中，为满足预期用途，所添加的有助于改善其品质、特性或辅助改善品质、特性的物质；也包括在食品容器、包装材料生产过程中，所添加的为促进生产过程的顺利进行，而不是为了改善终产品品质、特性的加工助剂；为便于管理，本标准也包括了食品容器、包装材料加工过程中所使用的部分聚合物的单体或聚合反应的其他起始物。在本标准中简称添加剂。

2.3

最大使用量 maximum level

添加剂在食品容器、包装材料加工时所允许加入的总量，一般以添加剂占总基材的质量分数表示。

2.4

最大残留量 maximum permitted quantity;QM

添加剂在食品容器、包装材料终产品中的最大残留限量，一般以 mg/kg 或 mg/dm^2 表示。

2.5

特定迁移量 specific migration limit;SML

添加剂从食品容器、包装材料终产品中迁移到与其接触的食品或食品模拟物中的最大限量，一般以 mg/kg 或 mg/dm^2 表示。

2.6

CAS 号 chemical abstract service No.

化学文摘登记号。

2.7

不得检出 not detectable;ND

在食品容器、包装材料终产品中，所使用的添加剂采用具有规定检出限(detection limit,DL)的分析方法不应被检出。

3 食品容器、包装材料用添加剂的使用原则

3.1 食品容器、包装材料在与食品接触时,在推荐的使用条件下,迁移到食品中的添加剂及其杂质水平不应危害人体健康。

3.2 食品容器、包装材料在与食品接触时,在推荐的使用条件下,迁移到食品中的添加剂不应造成食品成分、结构或色香味等性质的改变。

3.3 使用的添加剂在达到预期的效果下应尽可能降低在食品容器、包装材料中的用量。

3.4 使用的添加剂必须符合相应的质量规格标准。

4 食品容器、包装材料用添加剂的使用规定

食品容器、包装材料用添加剂的使用应符合附录 A 的规定。

5 特定迁移量的判定

5.1 食品容器、包装材料中各添加剂在食品中的特定迁移量除应符合附录 A 的规定外,还应符合相应食品容器、包装材料产品国家卫生标准的规定。

5.2 特定迁移量的测定应采用国家标准检验方法。在尚无相应国家标准检验方法的情况下,可以参考欧盟、美国等官方认可的检验方法。

附 录 A
（规范性附录）
食品容器、包装材料允许使用的添加剂及使用要求

A.1 本附录以列表的形式规定了食品容器、包装材料中允许使用的添加剂，及各类添加剂的允许使用范围、最大使用量、特定迁移量或最大残留量和相关限制性要求，见表 A.1。各添加剂按照名称的字符、数字、英文字母及汉语拼音顺序排序。未在列表中规定的物质不得用于加工食品用容器、包装材料。

A.2 列表中“使用范围”一栏规定了添加剂可以应用的材料类别，“最大使用量”一栏规定了添加剂可以应用的具体类别及其最大使用量，“特定迁移量或最大残留量”一栏规定了在前述两栏允许使用的范围中，添加剂在食品中的最大迁移水平或在终产品中的最大残留（如有规定）。列表中规定的添加剂应同时符合表中各栏的所有规定。

A.3 某些添加剂因异构体的存在或其中成分比例不同等原因可能有一个以上的 CAS 号。有多种中文名称的同一添加剂，以 CAS 号为准。没有 CAS 号的添加剂以中文名称为准。

表 A.1 食品容器、包装材料允许使用的添加剂

添加剂名称 (1,1-二甲基乙基)-4-甲氧基苯酚；叔丁基羟基茴香醚(BHA)

CAS 号 25013-16-5

使用范围	最大使用量/%	特定迁移量或最大残留量/(mg/kg)	备 注
塑料	PE,PP,PS,AS,ABS,PA,PET,PC,PVC,PVDC,UP:0.1	30.0(SML)	
涂料	按生产需要适量使用	30.0(SML)	
橡胶	0.1	30.0(SML)	
粘合剂	0.1	30.0(SML)	
纸	按生产需要适量使用	30.0(SML)	

添加剂名称 (1,1′-联苯基)-4,4′-二醇

CAS 号 92-88-6

使用范围	最大使用量/%	特定迁移量或最大残留量/(mg/kg)	备 注
涂料	按生产需要适量使用	6.0(SML)	

添加剂名称 (1*R*,2*R*,3*S*,4*S*)-rel-二环[2.2.1]庚-2,3-二羧酸二钠盐

CAS 号 351870-33-2

使用范围	最大使用量/%	特定迁移量或最大残留量/(mg/kg)	备 注
塑料	PP,PE:0.25	5.0(SML)	

添加剂名称 (2-羟基-4-甲氧基苯基)苯基甲酮

CAS 号 131-57-7

使用范围	最大使用量/%	特定迁移量或最大残留量/(mg/kg)	备 注
塑料	PE,ABS,PET:0.3	6.0(SML)	

表 A.1（续）

添加剂名称 （3,5-二叔丁基-4-羟基苯基）丙酸草酰（二亚氨基-2,1-亚乙基酯）

CAS 号 70331-94-1

使用范围	最大使用量/%	特定迁移量或最大残留量/(mg/kg)	备 注
塑料	PP,PE,PS:0.5		
粘合剂	按生产需要适量使用		

添加剂名称 （*E*,*E*）-2,4-己二烯酸

CAS 号 110-44-1

使用范围	最大使用量/%	特定迁移量或最大残留量/(mg/kg)	备 注
塑料	PE,PP,PS,ABS,AS,PA,PET,PC,PVC:按生产需要适量使用		
橡胶	0.1		
纸	按生产需要适量使用		

添加剂名称 （*Z*）-9-十八烯酸-2-巯乙基酯与二氯二甲基锡、硫化钠和三氯甲基锡的反应产物

CAS 号 68442-12-6

使用范围	最大使用量/%	特定迁移量或最大残留量/(mg/kg)	备 注
塑料	PP,PE,PS,PVC,PA,PC,ABS,AS,PET,UP:按生产需要适量使用	0.18(SML,以锡计)	

添加剂名称 （*Z*）-9-十八烯酸酰胺；油酸酰胺

CAS 号 301-02-0

使用范围	最大使用量/%	特定迁移量或最大残留量/(mg/kg)	备 注
塑料	PE,PP,PS,ABS,AS,PA,PET,PC,PVC:按生产需要适量使用		
涂料	按生产需要适量使用		
粘合剂	按生产需要适量使用		

添加剂名称 （*Z*）-9-十八烯酰亚氨基双-2,1-乙亚基聚环氧乙烷

CAS 号 26635-93-8

使用范围	最大使用量/%	特定迁移量或最大残留量/(mg/kg)	备 注
涂料	按生产需要适量使用	1.0(环氧乙烷:QM)	

添加剂名称 （*Z*）-*N*-9-十八烯基-十六烷酰胺

CAS 号 16260-09-6

使用范围	最大使用量/%	特定迁移量或最大残留量/(mg/kg)	备 注
塑料	PP:0.7;PE,PS,ABS:按生产需要适量使用	5.0(SML)	

表 A.1（续）

添加剂名称 （*Z*）-单-9-十八烯酸脱水山梨醇酯；山梨醇酐单硬脂酸酯（斯潘 80）；脱水山梨醇单十八酸酯

CAS 号 1338-43-8

使用范围	最大使用量/%	特定迁移量或最大残留量/(mg/kg)	备注
塑料	PE，PP，PS，AS，ABS，PA，PET，PC，PVC，PVDC：按生产需要适量使用		
粘合剂	按生产需要适量使用		
纸	0.1		

添加剂名称 （*Z*,*Z*）-*N*,*N*′-1,2-乙二亚基双-9-十八烯酰胺

CAS 号 110-31-6

使用范围	最大使用量/%	特定迁移量或最大残留量/(mg/kg)	备注
塑料	PE：0.5；PP，AS，ABS：2.0；PS：0.4；PA，PET，PC：0.2		
涂料	按生产需要适量使用		涂层中含量不超过 0.008 5 mg/cm^2
纸	按生产需要适量使用		

添加剂名称 （*Z*,*Z*）-α-（1-氧代-9-烯十八烷基）-ω-［（1-氧代-9-烯十八烷基）氧代］聚氧乙烯

CAS 号 9005-07-6

使用范围	最大使用量/%	特定迁移量或最大残留量/(mg/kg)	备注
涂料	按生产需要适量使用	30.0(SML)	
粘合剂	按生产需要适量使用	30.0(SML)	
纸	按生产需要适量使用	30.0(SML)	

添加剂名称 ［1,3-二氢-5,6-双［［(2-羟基-1-萘基)亚甲基］氨基］-2*H*-苯并咪唑-2-酮(2-)-*N*5,*N*6,05,06］-,(SP-4-2)合镍

CAS 号 42844-93-9

使用范围	最大使用量/%	特定迁移量或最大残留量/(mg/kg)	备注
塑料	PE，PP，PS，AS，ABS，PET，PC：按生产需要适量使用		应符合着色剂纯度要求[a]
涂料	按生产需要适量使用		应符合着色剂纯度要求[a]

添加剂名称 ［29*H*,31*H*-酞菁根合(2-)-*N*29,*N*30,*N*31,*N*32］氯化铜

CAS 号 68987-63-3

使用范围	最大使用量/%	特定迁移量或最大残留量/(mg/kg)	备注
塑料	PE，PP，PS，PVC：0.1	5.0(SML，以铜计)	应符合着色剂纯度要求[a]
涂料	按生产需要适量使用	5.0(SML，以铜计)	应符合着色剂纯度要求[a]

表 A.1（续）

添加剂名称 ［9*H*,31*H*-酞菁(2-)-*N*29,*N*30,*N*31,*N*32］-铜的溴化氯化物；C.I.颜料绿 36

CAS 号 68512-13-0

使用范围	最大使用量/%	特定迁移量或最大残留量/(mg/kg)	备 注
塑料	PE,PP,PS,AS,ABS,PET,PC：按生产需要适量使用	5.0(SML,以铜计)	应符合着色剂纯度要求[a]
涂料	按生产需要适量使用	5.0(SML,以铜计)	应符合着色剂纯度要求[a]

添加剂名称 1-(3-氯-2-丙烯基)-3,5,7-三氮杂-1-氮翁三环［3.3.1.{3,7}］癸烷氯化物

CAS 号 4080-31-3；51229-78-8

使用范围	最大使用量/%	特定迁移量或最大残留量/(mg/kg)	备 注
塑料	PP,PE,PS,PVC,PA,PC,ABS,AS,PET,UP：按生产需要适量使用	0.3(SML)	
粘合剂	按生产需要适量使用	0.3(SML)	
纸	0.30	0.3(SML)	

添加剂名称 1,1,2,3,3,3-六氟-1-丙烯

CAS 号 116-15-4

使用范围	最大使用量/%	特定迁移量或最大残留量/(mg/kg)	备 注
塑料	PE,PP,PA：0.2	ND(SML,DL=0.01 mg/kg)	

添加剂名称 1,1,2,3,3,3-六氟-1-丙烯与1,1-二氟乙烯的聚合物

CAS 号 9011-17-0

使用范围	最大使用量/%	特定迁移量或最大残留量/(mg/kg)	备 注
塑料	PE,PP：0.1	ND(1,1,2,3,3,3-六氟-1-丙烯：SML,DL=0.010 mg/kg)；5.0(1,1-二氟乙烯：SML)	分子质量>70 000
橡胶	按生产需要适量使用	ND(1,1,2,3,3,3-六氟-1-丙烯：SML,DL=0.010 mg/kg)；5.0(1,1-二氟乙烯：SML)	分子质量>70 000

添加剂名称 1,1,2,3,3,3-六氟-1-丙烯与1,1-二氟乙烯和四氟乙烯的共聚物

CAS 号 25190-89-0

使用范围	最大使用量/%	特定迁移量或最大残留量/(mg/kg)	备 注
塑料	PP,PE：0.2	5.0(1,1-二氟乙烯：SML)；0.05(四氟乙烯：SML)；ND(1,1,2,3,3,3-六氟-1-丙烯：SML,DL=0.01 mg/kg)	分子质量>100 000
橡胶	按生产需要适量使用	5.0(1,1-二氟乙烯：SML)；0.05(四氟乙烯：SML)；ND(1,1,2,3,3,3-六氟-1-丙烯：SML,DL=0.01 mg/kg)	分子质量>100 000

表 A.1（续）

添加剂名称 1,1,3-三(2-甲基-4-羟基-5-叔丁苯基)丁烷

CAS 号 1843-03-4

使用范围	最大使用量/%	特定迁移量或最大残留量/(mg/kg)	备注
塑料	PE,PP,PS,AS,ABS,PA,PET,PC,PVC,PVDC:0.25	5.0(SML)	用于接触脂肪、醇类食品的材料时，最大使用量为0.1%
橡胶	0.25	5.0(SML)	用于接触脂肪、醇类食品的材料时，最大使用量为0.1%
粘合剂	0.25	5.0(SML)	用于接触脂肪、醇类食品的材料时，最大使用量为0.1%

添加剂名称 1,1′-[(6-苯基-1,3,5-三嗪-2,4 二基)二亚氨基]联蒽醌;C.I.颜料黄 147

CAS 号 4118-16-5

使用范围	最大使用量/%	特定迁移量或最大残留量/(mg/kg)	备注
塑料	PE,PP,PS,AS,ABS,PA,PET,PC,PVC:0.25		应符合着色剂纯度要求[a]
涂料	0.25		应符合着色剂纯度要求[a]
橡胶	0.25		应符合着色剂纯度要求[a]

添加剂名称 1,1-二氯乙烯

CAS 号 75-35-4

使用范围	最大使用量/%	特定迁移量或最大残留量/(mg/kg)	备注
涂料	按生产需要适量使用	5.0(QM)或ND(SML,DL=0.05 mg/kg)	
粘合剂	按生产需要适量使用	5.0(QM)或ND(SML,DL=0.05 mg/kg)	
纸	按生产需要适量使用	5.0(QM)或ND(SML,DL=0.05 mg/kg)	

添加剂名称 1,1′-二亚甲基双[4-异氰酸根合环己烷]与己醇和聚乙二醇的聚合物

CAS 号 —

使用范围	最大使用量/%	特定迁移量或最大残留量/(mg/kg)	备注
粘合剂	按生产需要适量使用	1.0(QM,以异氰酸根计)	

表 A.1（续）

添加剂名称 1,1′-亚甲二(4-异氰酸基环己烷)

CAS 号 5124-30-1

使用范围	最大使用量/%	特定迁移量或最大残留量/(mg/kg)	备　注
粘合剂	按生产需要适量使用	1.0(QM,以异氰酸根计)	

添加剂名称 1,1′-亚甲基双[4-异氰酸根合苯]的均聚物

CAS 号 39310-05-9

使用范围	最大使用量/%	特定迁移量或最大残留量/(mg/kg)	备　注
塑料	PA,PET:按生产需要适量使用	1.0(QM,以异氰酸根计)	
粘合剂	按生产需要适量使用	1.0(QM,以异氰酸根计)	

添加剂名称 1,2,3-丙三醇-9-十八烯酸单酯

CAS 号 25496-72-4

使用范围	最大使用量/%	特定迁移量或最大残留量/(mg/kg)	备　注
涂料	按生产需要适量使用		

添加剂名称 1,2,4-苯三羧酸

CAS 号 528-44-9

使用范围	最大使用量/%	特定迁移量或最大残留量/(mg/kg)	备　注
涂料	按生产需要适量使用		
粘合剂	按生产需要适量使用		

添加剂名称 1,2-苯并异噻唑基-3(2*H*)-酮

CAS 号 2634-33-5

使用范围	最大使用量	特定迁移量或最大残留量/(mg/kg)	备　注
橡胶	0.02%	1.2(SML)	
粘合剂	按生产需要适量使用	1.2(SML)	
纸	0.16 mg/dm²	1.2(SML)	

添加剂名称 1,2-丙二醇

CAS 号 57-55-6

使用范围	最大使用量/%	特定迁移量或最大残留量/(mg/kg)	备　注
塑料	PE, PP, PS, AS, ABS, PET, PC, PVC,PVDC:按生产需要适量使用		
涂料	按生产需要适量使用		
橡胶	按生产需要适量使用		
粘合剂	按生产需要适量使用		
纸	按生产需要适量使用		

表 A.1(续)

添加剂名称 1,2-丙二醇与癸二酸的聚合物

CAS 号 26222-20-8

使用范围	最大使用量/%	特定迁移量或最大残留量/(mg/kg)	备注
涂料	按生产需要适量使用		
粘合剂	按生产需要适量使用		
纸	按生产需要适量使用		

添加剂名称 1,2-二氨基乙烷

CAS 号 107-15-3

使用范围	最大使用量/%	特定迁移量或最大残留量/(mg/kg)	备注
塑料	PVC:0.5	12.0(SML)	
涂料	按生产需要适量使用	12.0(SML)	
粘合剂	按生产需要适量使用	12.0(SML)	
纸	按生产需要适量使用	12.0(SML)	

添加剂名称 1,2-环己二羧酸二(异壬基)酯

CAS 号 166412-78-8

使用范围	最大使用量/%	特定迁移量或最大残留量/(mg/kg)	备注
塑料	PE, PP, AS, PS, ABS, PC, PA, PVDC,PET,PVC:按生产需要适量使用		

添加剂名称 1,2-环氧丙烷

CAS 号 75-56-9

使用范围	最大使用量/%	特定迁移量或最大残留量/(mg/kg)	备注
涂料	按生产需要适量使用	1.0(QM)	
粘合剂	按生产需要适量使用	1.0(QM)	

添加剂名称 1,2-乙二醇

CAS 号 107-21-1

使用范围	最大使用量/%	特定迁移量或最大残留量/(mg/kg)	备注
塑料	PE,PP,PS,AS,ABS,PA,PET,PC, PVC,PVDC,UP:按生产需要适量使用	30.0(SML)	
涂料	按生产需要适量使用	30.0(SML)	
橡胶	按生产需要适量使用	30.0(SML)	
粘合剂	按生产需要适量使用	30.0(SML)	
纸	0.03	30.0(SML)	

表 A.1(续)

添加剂名称 1,2-乙二醇与1,3-苯二甲酸、2,2-二甲基-1,3-丙二醇、癸二酸和1,3-二异氰酸根合甲苯的聚合物

CAS 号 153597-64-9

使用范围	最大使用量/%	特定迁移量或最大残留量/(mg/kg)	备注
粘合剂	按生产需要适量使用	30.0(乙二醇:SML);5(间苯二甲酸:SML);0.05(新戊二醇:SML);1.0(QM,以异氰酸根计)	

添加剂名称 1,3,3-三甲基-5-异氰酸基-1-异氰酸(基)甲基环己烷

CAS 号 4098-71-9

使用范围	最大使用量/%	特定迁移量或最大残留量/(mg/kg)	备注
粘合剂	按生产需要适量使用	1.0(QM,以异氰酸根计)	
纸	1.5	1.0(QM,以异氰酸根计)	

添加剂名称 1,3,5-苯三酰三氯

CAS 号 4422-95-1

使用范围	最大使用量/%	特定迁移量或最大残留量	备注
塑料	PA:按生产需要适量使用	0.05 mg/6 dm^2(1,3,5-苯三甲酸:QM)	

添加剂名称 1,3,5-三((4-叔丁基-3-羟基-2,6-二甲基苯基)甲基)-1,3,5-三嗪-2,4,6(1*H*,3*H*,5*H*)-三酮

CAS 号 40601-76-1

使用范围	最大使用量/%	特定迁移量或最大残留量/(mg/kg)	备注
塑料	PE,PP,PS:0.1	6.0(SML)	

添加剂名称 1,3,5-三(3,5-二叔丁基-4-羟基苄基)-1,3,5-三嗪-2,4,6(1*H*,3*H*,5*H*)-三酮

CAS 号 27676-62-6

使用范围	最大使用量/%	特定迁移量或最大残留量/(mg/kg)	备注
塑料	PE:0.5;PP,ABS:0.25;PET:0.5	5.0(SML)	
粘合剂	按生产需要适量使用	5.0(SML)	

添加剂名称 1,3,5-三甲基-2,4,6-三(3,5-二叔丁基-4-羟苄)苯

CAS 号 1709-70-2

使用范围	最大使用量/%	特定迁移量或最大残留量/(mg/kg)	备注
塑料	PE, PP, PS, ABS, PA, PET, PC, PVC,PVDC:0.5		
橡胶	0.3		

表 A.1（续）

添加剂名称 1,3,5-三嗪-2,4,6-三胺

CAS 号 108-78-1

使用范围	最大使用量/%	特定迁移量或最大残留量/(mg/kg)	备 注
塑料	PP:0.1	1.0(SML)	
粘合剂	按生产需要适量使用	1.0(SML)	
纸	1.0	1.0(SML)	

添加剂名称 1,3,5-三嗪-2,4,6-三胺与丁基化甲基化甲醛的聚合物

CAS 号 68036-97-5

使用范围	最大使用量/%	特定迁移量或最大残留量/(mg/kg)	备 注
涂料	按生产需要适量使用	15.0(甲醛:SML);1.0(1,3,5-三嗪-2,4,6-三胺/三聚氰胺:SML)	

添加剂名称 1,3,5-三嗪-2,4,6-三胺与丁基化甲醛的聚合物

CAS 号 68002-25-5

使用范围	最大使用量/%	特定迁移量或最大残留量/(mg/kg)	备 注
涂料	按生产需要适量使用	15.0(甲醛:SML);1.0(1,3,5-三嗪-2,4,6-三胺/三聚氰胺:SML)	
粘合剂	按生产需要适量使用	15.0(甲醛:SML);1.0(1,3,5-三嗪-2,4,6-三胺/三聚氰胺:SML)	

添加剂名称 1,3,8,16,18,24-六溴-2,4,9,10,11,15,17,22,23,25-十氯-29*H*,31*H*-酞菁(2-)*N*29,*N*30,*N*31,*N*32]-(SP-4-2);C.I.颜料绿 36

CAS 号 14302-13-7

使用范围	最大使用量/%	特定迁移量或最大残留量/(mg/kg)	备 注
塑料	PE,PP,PS,ABS,AS,PA,PET,PC,PVC:1.0		应符合着色剂纯度要求[a]

添加剂名称 1,3:2,4-双-*O*-[(3,4-二甲基苯基)亚甲基]-D-葡糖醇

CAS 号 135861-56-2

使用范围	最大使用量/%	特定迁移量或最大残留量/(mg/kg)	备 注
塑料	PP,PE:0.4		

添加剂名称 1,3-苯二甲酸、1,4-苯二甲酸、1,2-乙二醇和壬二酸的聚合物

CAS 号 26336-35-6

使用范围	最大使用量/%	特定迁移量或最大残留量/(mg/kg)	备 注
涂料	按生产需要适量使用	5.0(1,3-苯二甲酸:SML);7.5(1,4-苯二甲酸:SML);30.0(1,2-乙二醇:SML)	
粘合剂	按生产需要适量使用	5.0(1,3-苯二甲酸:SML);7.5(1,4-苯二甲酸:SML);30.0(1,2-乙二醇:SML)	

表 A.1(续)

添加剂名称 1,3-苯二甲酸二甲酯

CAS 号 1459-93-4

使用范围	最大使用量/%	特定迁移量或最大残留量/(mg/kg)	备注
塑料	PP,PE,PS,PVC,PA,PC,ABS,AS,PET,UP:按生产需要适量使用	0.05(SML)	

添加剂名称 1,3-丙二醇

CAS 号 504-63-2

使用范围	最大使用量/%	特定迁移量或最大残留量/(mg/kg)	备注
涂料	按生产需要适量使用	0.05(SML)	

添加剂名称 1,3-丁二烯

CAS 号 106-99-0

使用范围	最大使用量/%	特定迁移量或最大残留量/(mg/kg)	备注
涂料	按生产需要适量使用	ND(SML,DL=0.02 mg/kg)或 1.0(QM)	
粘合剂	按生产需要适量使用	ND(SML,DL=0.02 mg/kg)或 1.0(QM)	
纸	按生产需要适量使用	ND(SML,DL=0.02 mg/kg)或 1.0(QM)	

添加剂名称 1,3-二氢-1,3-二氧代-5-异苯并呋喃羧酸

CAS 号 552-30-7

使用范围	最大使用量/%	特定迁移量或最大残留量/(mg/kg)	备注
涂料	按生产需要适量使用	5.0(SML)	
纸	按生产需要适量使用	5.0(SML)	

添加剂名称 1,3-二异氰酸根合-2-甲基苯

CAS 号 91-08-7

使用范围	最大使用量/%	特定迁移量或最大残留量/(mg/kg)	备注
涂料	按生产需要适量使用	1.0(QM,以异氰酸根计)	
粘合剂	按生产需要适量使用	1.0(QM,以异氰酸根计)	
纸	按生产需要适量使用	1.0(QM,以异氰酸根计)	

添加剂名称 1,3-间苯二甲胺

CAS 号 1477-55-0

使用范围	最大使用量/%	特定迁移量或最大残留量/(mg/kg)	备注
塑料	PP,PE,PS,PVC,PA,PC,ABS,AS,PET,UP:按生产需要适量使用	0.05(SML)	
涂料	3.0	0.05(SML)	

表 A.1（续）

添加剂名称 1,4-苯二甲酸

CAS 号 100-21-0

使用范围	最大使用量/%	特定迁移量或最大残留量/(mg/kg)	备注
塑料	PP,PE:0.075	7.5(SML)	
粘合剂	按生产需要适量使用	7.5(SML)	
纸	按生产需要适量使用	7.5(SML)	

添加剂名称 1,4-苯二羧酸双(2-乙基己基)酯(DOTP)

CAS 号 6422-86-2

使用范围	最大使用量/%	特定迁移量或最大残留量/(mg/kg)	备注
塑料	PE, PP, AS, PS, ABS, PC, PA, PVDC,PET:按生产需要适量使用; PVC:75		

添加剂名称 1,4-丁二醇

CAS 号 110-63-4

使用范围	最大使用量/%	特定迁移量或最大残留量/(mg/kg)	备注
涂料	按生产需要适量使用	5.0(SML)	
粘合剂	按生产需要适量使用	5.0(SML)	

添加剂名称 1,4-丁二醇与ε-己内酯的共聚物

CAS 号 31831-53-5

使用范围	最大使用量/%	特定迁移量或最大残留量/(mg/kg)	备注
塑料	PE,PP,PS,ABS,AS,PA,PET,PC, PVC:0.1	0.05(ε-己内酯:SML);5.0(1,4-丁二醇:SML)	
粘合剂	按生产需要适量使用	0.05(ε-己内酯:SML);5.0(1,4-丁二醇:SML)	

添加剂名称 1,4-二(2-乙基己基)丁二酸酯磺酸钠盐

CAS 号 577-11-7

使用范围	最大使用量/%	特定迁移量或最大残留量/(mg/kg)	备注
塑料	PE,PP,PS,AS,ABS:3.0		
涂料	按生产需要适量使用		
粘合剂	按生产需要适量使用		
纸	按生产需要适量使用		

表 A.1(续)

添加剂名称 1,4-二(羟甲基)环己烷

CAS 号 105-08-8

使用范围	最大使用量/%	特定迁移量或最大残留量/(mg/kg)	备 注
塑料	PET,PC,PVC:按生产需要适量使用		
涂料	按生产需要适量使用		
粘合剂	按生产需要适量使用		

添加剂名称 1,4-二[(2,6-二乙基-4-甲基苯基)氨基]-9,10-蒽酮;C.I.溶剂蓝 97

CAS 号 32724-62-2;61969-44-6

使用范围	最大使用量/%	特定迁移量或最大残留量/(mg/kg)	备 注
塑料	PS,AS,ABS,PA,PET,PC:按生产需要适量使用		应符合着色剂纯度要求[a]
涂料	按生产需要适量使用		应符合着色剂纯度要求[a]
纸	按生产需要适量使用		应符合着色剂纯度要求[a]

添加剂名称 1,4-二对甲苯氨基蒽醌;C.I.溶剂绿 3

CAS 号 128-80-3

使用范围	最大使用量/%	特定迁移量或最大残留量/(mg/kg)	备 注
塑料	PET,PS,AS,ABS,PA,PC:0.2		应符合着色剂纯度要求[a]
涂料	按生产需要适量使用		应符合着色剂纯度要求[a]

添加剂名称 1,4-双[(2-乙基-6-甲苯基)氨基]蒽醌

CAS 号 41611-76-1

使用范围	最大使用量/%	特定迁移量或最大残留量/(mg/kg)	备 注
塑料	PET:0.2		应符合着色剂纯度要求[a]

添加剂名称 1,5-萘二异氰酸酯

CAS 号 3173-72-6

使用范围	最大使用量/%	特定迁移量或最大残留量/(mg/kg)	备 注
粘合剂	按生产需要适量使用	1.0(QM,以异氰酸根计)	

表 A.1(续)

添加剂名称 1,6-二异氰酰己烷

CAS 号 822-06-0

使用范围	最大使用量/%	特定迁移量或最大残留量/(mg/kg)	备　注
涂料		1.0(QM,以异氰酸根计)	涂层<0.012 cm

添加剂名称 1,6-二异氰酰己烷的均聚物

CAS 号 28182-81-2

使用范围	最大使用量/%	特定迁移量或最大残留量/(mg/kg)	备　注
粘合剂	按生产需要适量使用	1.0(QM,以异氰酸根计)	

添加剂名称 1,6-己二胺

CAS 号 124-09-4

使用范围	最大使用量/%	特定迁移量或最大残留量/(mg/kg)	备　注
涂料	按生产需要适量使用	24.0(SML)	
粘合剂	按生产需要适量使用	24.0(SML)	
纸	1.0	24.0(SML)	

添加剂名称 1,6-己二醇

CAS 号 629-11-8

使用范围	最大使用量/%	特定迁移量或最大残留量/(mg/kg)	备　注
粘合剂	按生产需要适量使用	0.05(SML)	

添加剂名称 1,6-己二酸与二甘醇、1,3-苯二甲酸、1,1′-亚甲基双[4-异氰酸根合苯]和聚丙二醇的聚合物

CAS 号 180027-62-7

使用范围	最大使用量/%	特定迁移量或最大残留量/(mg/kg)	备　注
粘合剂	按生产需要适量使用	30.0(二甘醇:SML);1.0(QM,以异氰酸根计);5.0(1,3-苯二甲酸:SML)	

添加剂名称 1,6-己二酸与二甘醇、1,4-苯二甲酸、二苯甲烷二异氰酸酯、聚丙二醇和三异丙醇胺的聚合物

CAS 号 —

使用范围	最大使用量/%	特定迁移量或最大残留量/(mg/kg)	备　注
粘合剂	按生产需要适量使用	30.0(二甘醇:SML);7.5(1,4-苯二甲酸:SML);1.0(QM,以异氰酸根计);5(三异丙醇胺:SML)	

表 A.1（续）

添加剂名称 1,6-己二酸与二甘醇、1,4-苯二甲酸、二苯甲烷二异氰酸酯和聚丙二醇的聚合物

CAS 号 —

使用范围	最大使用量/%	特定迁移量或最大残留量/(mg/kg)	备　注
粘合剂	按生产需要适量使用	30.0(二甘醇：SML)；7.5(1,4-苯二甲酸：SML)；1.0(1,1′-亚甲基双[异氰酸根合苯]：QM,以异氰酸根计)	

添加剂名称 1,6-己二酸与二甘醇、乙二醇、1,3-苯二甲酸和5-异氰酸根合-1-(异氰酸根合甲基)-1,3,3,-三甲基环己烷的聚合物

CAS 号 —

使用范围	最大使用量/%	特定迁移量或最大残留量/(mg/kg)	备　注
粘合剂	按生产需要适量使用	30.0(二甘醇：SML)；30.0(乙二醇：SML)；5.0(1,3-苯二甲酸：SML)；1.0(QM,以异氰酸根计)	

添加剂名称 1,6-己二酸与二甘醇和二苯甲烷二异氰酸酯的聚合物

CAS 号 39466-00-7

使用范围	最大使用量/%	特定迁移量或最大残留量/(mg/kg)	备　注
粘合剂	按生产需要适量使用	30.0(二甘醇：SML)；1.0(1,1′-亚甲基双[异氰酸根合苯]：QM,以异氰酸根计)	

添加剂名称 1,8-二-4-甲苯氨基-9,10-蒽二酮；C.I.溶剂紫36

CAS 号 82-16-6

使用范围	最大使用量/%	特定迁移量或最大残留量/(mg/kg)	备　注
塑料	PET：0.2；PVC：0.02		应符合着色剂纯度要求[a]

添加剂名称 10-乙基-4,4-二辛基-7-氧-8-氧杂-3,5-二硫代-4-十四锡烷酸-2-乙基己基酯

CAS 号 15571-58-1

使用范围	最大使用量/%	特定迁移量或最大残留量/(mg/kg)	备　注
塑料	PVC：3.0；PE,PP,PS,AS,ABS,PA,PET,PC,PVDC,UP：1.0	0.006(SML,以锡计)	

添加剂名称 14*H*-苯基并[4,5]异喹啉并[2,1-*a*]萘嵌间二氮杂苯-14-酮；C.I.溶剂红179

CAS 号 6829-22-7

使用范围	最大使用量/%	特定迁移量或最大残留量/(mg/kg)	备　注
塑料	PET：0.2		应符合着色剂纯度要求[a]

表 A.1（续）

添加剂名称 1-氮杂环丙烷

CAS 号 151-56-4

使用范围	最大使用量/%	特定迁移量或最大残留量/(mg/kg)	备 注
纸	按生产需要适量使用	ND(SML,DL=0.01 mg/kg)	

添加剂名称 1-丁烯与乙烯的聚合物

CAS 号 25087-34-7

使用范围	最大使用量/%	特定迁移量或最大残留量/(mg/kg)	备 注
塑料	PP,PE,PS,PVC,PA,PC,ABS,AS,PET,UP:按生产需要适量使用		
橡胶	5.0		
粘合剂	按生产需要适量使用		

添加剂名称 1-癸醇封端的聚乙二醇与 1,1′-亚甲基双[4-异氰酸根合环己烷]的聚合物

CAS 号 70879-50-4

使用范围	最大使用量/%	特定迁移量或最大残留量/(mg/kg)	备 注
粘合剂	按生产需要适量使用	1.0(QM,以异氰酸根计)	

添加剂名称 1-己烯

CAS 号 592-41-6

使用范围	最大使用量/%	特定迁移量或最大残留量/(mg/kg)	备 注
粘合剂	按生产需要适量使用	3.0(SML)	

添加剂名称 1-己烯与乙烯的聚合物

CAS 号 25213-02-9

使用范围	最大使用量/%	特定迁移量或最大残留量/(mg/kg)	备 注
粘合剂	按生产需要适量使用	3.0(1-己烯:SML)	

添加剂名称 1-甲基-4-(1-甲基乙基)环己烷单氢过氧化物衍生物

CAS 号 26762-92-5

使用范围	最大使用量/%	特定迁移量或最大残留量/(mg/kg)	备 注
塑料	PE,PS,AS,ABS:按生产需要适量使用	0.05(SML)	
粘合剂	按生产需要适量使用	0.05(SML)	

添加剂名称 1-萘酚与甲醛的聚合物

CAS 号 25359-91-5

使用范围	最大使用量/%	特定迁移量或最大残留量/(mg/kg)	备 注
塑料	PVC:按生产需要适量使用	0.05(1-萘酚与甲醛的聚合物:SML);15.0(甲醛:SML)	

表 A.1（续）

添加剂名称 1-十二烯

CAS 号 112-41-4

使用范围	最大使用量/%	特定迁移量或最大残留量/(mg/kg)	备　注
涂料	按生产需要适量使用	0.05(SML)	
粘合剂	按生产需要适量使用	0.05(SML)	
纸	按生产需要适量使用	0.05(SML)	

添加剂名称 1-十四碳烯

CAS 号 1120-36-1

使用范围	最大使用量/%	特定迁移量或最大残留量/(mg/kg)	备　注
涂料	按生产需要适量使用	0.05(SML)	
粘合剂	按生产需要适量使用	0.05(SML)	
纸	按生产需要适量使用	0.05(SML)	

添加剂名称 1-辛烯

CAS 号 111-66-0

使用范围	最大使用量/%	特定迁移量或最大残留量/(mg/kg)	备　注
粘合剂	按生产需要适量使用	15.0(SML)	

添加剂名称 1-辛烯与乙烯的聚合物

CAS 号 26221-73-8

使用范围	最大使用量/%	特定迁移量或最大残留量/(mg/kg)	备　注
塑料	PP,PE,PS,PVC,PVDC,PA,PC,ABS,AS,PET,UP:按生产需要适量使用	15.0(辛烯:SML)	辛烯含量<30%
粘合剂	按生产需要适量使用	15.0(辛烯:SML)	辛烯含量<30%

添加剂名称 1-乙炔基环己醇

CAS 号 78-27-3

使用范围	最大使用量/%	特定迁移量或最大残留量/(mg/kg)	备　注
橡胶	按生产需要适量使用		
纸	按生产需要适量使用		

添加剂名称 1-乙烯基-1*H*-咪唑

CAS 号 1072-63-5

使用范围	最大使用量/%	特定迁移量或最大残留量/(mg/kg)	备　注
塑料	PVC:40.0	5.0(QM)	

表 A.1（续）

添加剂名称 1-异氰酸根-2-[(4-异氰酸根苯基)甲基]苯

CAS 号 5873-54-1

使用范围	最大使用量/%	特定迁移量或最大残留量/(mg/kg)	备 注
涂料	按生产需要适量使用	1.0(QM,以异氰酸根计)	

添加剂名称 2-(2*H*-苯并三唑-2-基)-4,6-二(1-甲基-1-苯乙基)-苯酚

CAS 号 70321-86-7

使用范围	最大使用量/%	特定迁移量或最大残留量/(mg/kg)	备 注
塑料	ABS:1.2;PET:0.50;PC:3.0	1.5(SML)	
橡胶	0.5	1.5(SML)	

添加剂名称 2-(2*H*-苯并三唑-2-基)-4-甲基苯酚

CAS 号 2440-22-4

使用范围	最大使用量/%	特定迁移量或最大残留量/(mg/kg)	备 注
塑料	PE,PP,PS,AS,ABS,PC:0.50;PA:按生产需要适量使用;PET:0.20	30.0(SML)	

添加剂名称 2-(4,6-二苯基-1,3,5-三嗪-2-基)-5-己氧基苯酚

CAS 号 147315-50-2

使用范围	最大使用量/%	特定迁移量或最大残留量/(mg/kg)	备 注
塑料	PET,PC:0.5	0.05(SML)	

添加剂名称 2-(5-氯-2*H*-苯并三唑-2-基)-4,6-二(1,1-二甲基乙基)苯酚

CAS 号 3864-99-1

使用范围	最大使用量/%	特定迁移量或最大残留量/(mg/kg)	备 注
塑料	PA,PC,PET:按生产需要适量使用	30.0(SML)	

添加剂名称 2-(5-氯-2*H*-苯三唑-2-基)-6-(1,1-二甲基乙基)-4-甲基苯酚

CAS 号 3896-11-5

使用范围	最大使用量/%	特定迁移量或最大残留量/(mg/kg)	备 注
塑料	PP,PE:0.5	30.0(SML)	

添加剂名称 2-(二甲氨基)乙醇

CAS 号 108-01-0

使用范围	最大使用量/%	特定迁移量或最大残留量/(mg/kg)	备 注
涂料	2.0	18.0(SML)	
粘合剂	按生产需要适量使用	18.0(SML)	
纸	1.2	18.0(SML)	

表 A.1（续）

添加剂名称 2-(乙酰基)-1,2,3-丙三羧酸三丁基酯

CAS 号 77-90-7

使用范围	最大使用量/%	特定迁移量或最大残留量/(mg/kg)	备　注
塑料	PVC,PP,PE,PS,PA,PC,ABS,AS,PET,PVDC,UP:按生产需要适量使用		

添加剂名称 2,2′-(1,4-亚苯基)双-4*H*-3,1-苯并噁嗪-4-酮

CAS 号 18600-59-4

使用范围	最大使用量/%	特定迁移量或最大残留量/(mg/kg)	备　注
塑料	PE,PP,PS,AS,ABS,PA,PET,PC:1.0		

添加剂名称 2,2′-(2,5-二苯基硫代)双[5-(1,1-二甲基乙基)]苯并噁唑

CAS 号 7128-64-5

使用范围	最大使用量/%	特定迁移量或最大残留量/(mg/kg)	备　注
塑料	PE, PP, AS, ABS: 0.05; PC: 0.6; PS:0.02;PVC,PVDC:0.015	0.6(SML)	
粘合剂	按生产需要适量使用	0.6(SML)	

添加剂名称 2,2′-(9-十八烯基亚氨)双(乙醇)

CAS 号 25307-17-9

使用范围	最大使用量/%	特定迁移量或最大残留量/(mg/kg)	备　注
塑料	PE:0.15	1.2(SML)	

添加剂名称 2,2′(或 3,3′)-氧双-5(或 2)-十二烷基苯磺酸钠

CAS 号 25167-32-2

使用范围	最大使用量/%	特定迁移量或最大残留量/(mg/kg)	备　注
塑料	PE,PP:0.3		
纸	3.0		

添加剂名称 2,2,4,4-四甲基-7-氧杂-3,20-二氮杂-20-(2,3-环丙基)二螺-[5.1.11.2]二十一烷-21-酮的聚合物

CAS 号 78301-43-6

使用范围	最大使用量/%	特定迁移量或最大残留量/(mg/kg)	备　注
塑料	PP,PE,PS,PVC,PA,PC,ABS,AS,PET:按生产需要适量使用	5.0(SML)	

表 A.1(续)

添加剂名称 2,2,4,4-四甲基-7-氧杂-3,20-二氮杂二螺-[5.1.11.2]-二十一烷-21-酮盐酸盐与表氯醇水解产物的聚合物

CAS 号 202483-55-4

使用范围	最大使用量/%	特定迁移量或最大残留量/(mg/kg)	备注
塑料	PP,PE:0.5	5.0(SML)	

添加剂名称 2,2′-[(1-甲基亚乙基)双(4,1-亚苯基甲醛)]双环氧乙烷

CAS 号 1675-54-3

使用范围	最大使用量/%	特定迁移量或最大残留量/(mg/kg)	备注
塑料	PE,PP,PS,AS,ABS,PA,PET,PC:按生产需要适量使用	3.0[2,2-双(4-羟基苯基)丙烷:SML];1.0(环氧乙烷:QM)	
涂料	按生产需要适量使用	3.0[2,2-双(4-羟基苯基)丙烷:SML];1.0(环氧乙烷:QM)	
粘合剂	按生产需要适量使用	3.0[2,2-双(4-羟基苯基)丙烷:SML];1.0(环氧乙烷:QM)	

添加剂名称 2,2′-[(3,3′-二氯[1,1′-联苯]4,4′-二基)双(偶氮)]双[*N*-(2-甲基苯基)]-3-氧代丁酰胺;C.I.颜料黄 14

CAS 号 5468-75-7

使用范围	最大使用量/%	特定迁移量或最大残留量/(mg/kg)	备注
塑料	PE,PP,PS,AS,ABS,PA,PET,PC,PVC,PVDC,UP:按生产需要适量使用		应符合着色剂纯度要求[a]
涂料	按生产需要适量使用		应符合着色剂纯度要求[a]
油墨	按生产需要适量使用		应符合着色剂纯度要求[a]

添加剂名称 2,2′-[(二甲基亚锡)双(硫代)]双乙酸二异辛酯

CAS 号 26636-01-1

使用范围	最大使用量/%	特定迁移量或最大残留量/(mg/kg)	备注
塑料	PVC:2.0	0.18(SML,以锡计)	

添加剂名称 2,2′-[(二辛基亚锡)双(硫代)]双乙酸二异辛酯

CAS 号 26401-97-8

使用范围	最大使用量/%	特定迁移量或最大残留量/(mg/kg)	备注
塑料	PVC:3.0;PE,PP,PS,AS,ABS,PA,PET,PC,PVDC,UP:1.0	0.006(SML,以锡计)	

表 A.1(续)

添加剂名称 2,2-二甲基-1,3-丙二醇

CAS 号 126-30-7

使用范围	最大使用量/%	特定迁移量或最大残留量/(mg/kg)	备　注
塑料	PET:按生产需要适量使用	0.05(SML)	
涂料	按生产需要适量使用	0.05(SML)	
粘合剂	按生产需要适量使用	0.05(SML)	

添加剂名称 2,2-二羟甲基丁醇

CAS 号 77-99-6

使用范围	最大使用量/%	特定迁移量或最大残留量/(mg/kg)	备　注
涂料	0.45	6.0(SML)	
粘合剂	按生产需要适量使用	6.0(SML)	

添加剂名称 2,2-二溴-2-氰基乙酰胺

CAS 号 10222-01-2

使用范围	最大使用量/%	特定迁移量或最大残留量/(mg/kg)	备　注
涂料	0.004 5		
粘合剂	按生产需要适量使用		
纸	0.004 5		

添加剂名称 2,2′-甲亚基双(6-环己基-4-甲基酚)

CAS 号 4066-02-8

使用范围	最大使用量/%	特定迁移量或最大残留量/(mg/kg)	备　注
塑料	PE,PP,PS:0.5	3.0(SML)	
橡胶	1.0	3.0(SML)	

添加剂名称 2,2′-偶氮二(2-甲基丙腈)

CAS 号 78-67-1

使用范围	最大使用量/%	特定迁移量或最大残留量/(mg/kg)	备　注
塑料	PE,PP,PS,PVC:0.2		
粘合剂	按生产需要适量使用		
纸	按生产需要适量使用		

表 A.1（续）

添加剂名称 2,2-双[[3[3,5-双(1,1-二甲基乙基)-4-羟苯基]-1-氧代丙氧基]甲基]-1,3-丙二基-3,5-双(1,1-二甲基乙基)-4-羟基苯丙酸酯；四[3-(3,5-二叔丁基-4-羟基苯基)丙酸]季戊四醇酯

CAS 号 6683-19-8

使用范围	最大使用量/%	特定迁移量或最大残留量/(mg/kg)	备　注
塑料	PE,PP,PS,AS,ABS,PA,PET,PC,PVC:0.5		
橡胶	0.5		
粘合剂	按生产需要适量使用		

添加剂名称 2,2′-双[3,4-二羧酸基苯氧基苯基]丙烷二酐

CAS 号 38103-06-9

使用范围	最大使用量/%	特定迁移量或最大残留量/(mg/kg)	备　注
涂料	按生产需要适量使用	0.05(SML)	

添加剂名称 2,2′-亚甲基二[4-甲基-6-(1-甲基环己基)]苯酚

CAS 号 77-62-3

使用范围	最大使用量/%	特定迁移量或最大残留量/(mg/kg)	备　注
塑料	PP,PE,PS,PVC,PA,PC,ABS,AS,PET,UP:按生产需要适量使用	3.0(SML)	

添加剂名称 2,2′-亚甲基二[6-(2*H*-苯并三唑-2-基)-4-(1,1,3,3-四甲基丁基)苯酚]

CAS 号 103597-45-1

使用范围	最大使用量/%	特定迁移量或最大残留量/(mg/kg)	备　注
塑料	PC:2.0		

添加剂名称 2,2-亚甲基双-(4,6-叔丁基苯基)磷酸酯钠盐

CAS 号 85209-91-2

使用范围	最大使用量/%	特定迁移量或最大残留量/(mg/kg)	备　注
塑料	PE:0.3;PP:0.5;PS:2.0	5.0(SML)	

添加剂名称 2,2′-亚甲基双(4-甲基-6-叔丁基苯酚)

CAS 号 119-47-1

使用范围	最大使用量/%	特定迁移量或最大残留量/(mg/kg)	备　注
塑料	PE,PP:0.1;PS:0.4;AS:0.6;ABS:2.0	1.5(SML)	
橡胶	按生产需要适量使用	1.5(SML)	
粘合剂	按生产需要适量使用	1.5(SML)	

表 A.1（续）

添加剂名称 2,2′-亚甲基双(4-氯苯酚)

CAS 号 97-23-4

使用范围	最大使用量/%	特定迁移量或最大残留量/(mg/kg)	备 注
塑料	PP,PE,PS,PVC,PA,PC,ABS,AS,PET,UP:按生产需要适量使用	12.0(SML)	
粘合剂	按生产需要适量使用	12.0(SML)	

添加剂名称 2,2′-亚甲基双-6-(1,1-二甲基乙基)-4-苯酚

CAS 号 88-24-4

使用范围	最大使用量/%	特定迁移量或最大残留量/(mg/kg)	备 注
塑料	PE:0.5;PP,PS,AS,ABS:0.6	1.5(SML)	
橡胶	1.0	1.5(SML)	
粘合剂	按生产需要适量使用	1.5(SML)	

添加剂名称 2,2′-亚乙基-双-[4,6-双(1,1-二甲基乙基)]酚

CAS 号 35958-30-6

使用范围	最大使用量/%	特定迁移量或最大残留量/(mg/kg)	备 注
塑料	PE,PP,PS,PVC:0.10;ABS:0.2	5.0(SML)	
粘合剂	按生产需要适量使用	5.0(SML)	

添加剂名称 2,3,4,5-四氯代-6-氰基-苯甲酸甲酯与 4-[(4-氨基苯基)偶氮]-3-甲基苯胺和甲醇钠的反应产物;C.I.颜料橙 61

CAS 号 106276-78-2

使用范围	最大使用量/%	特定迁移量或最大残留量/(mg/kg)	备 注
塑料	PE,PP,PS,AS,ABS,PA,PET,PC,PVC,PVDC,UP:按生产需要适量使用		应符合着色剂纯度要求[a]
涂料	按生产需要适量使用		应符合着色剂纯度要求[a]
油墨	按生产需要适量使用		应符合着色剂纯度要求[a]

添加剂名称 2,4,7,9-四甲基-5-癸炔-4,7-二醇

CAS 号 126-86-3

使用范围	最大使用量/%	特定迁移量或最大残留量/(mg/kg)	备 注
涂料	按生产需要适量使用		
粘合剂	按生产需要适量使用		
纸	2.0		

表 A.1（续）

添加剂名称 2,4,8,10-四(1,1-二甲基乙基)-6-羟基-12*H*-二苯并[*d*,*g*][1,3,2]二氧杂磷辛因-6-氧化物锂盐

CAS 号 85209-93-4

使用范围	最大使用量/%	特定迁移量或最大残留量/(mg/kg)	备　注
塑料	PP,PE,PS,PVC,PA,PC,ABS,AS,PET,UP:按生产需要适量使用	5.0(2,4,8,10-四(1,1-二甲基乙基)-6-羟基-12*H*-二苯并[*d*,*g*][1,3,2]二氧杂磷辛因-6-氧化物锂盐:SML);0.6(SML,以锂计)	

添加剂名称 2,4,8,10-四(叔丁基)-6-氟-12-甲基-12*H*-二苯并[*d*,*g*][1.3.2]二氧磷杂环乙烷

CAS 号 118337-09-0

使用范围	最大使用量/%	特定迁移量或最大残留量/(mg/kg)	备　注
塑料	PP,PE:0.3	6.0(SML)	
粘合剂	按生产需要适量使用	6.0(SML)	

添加剂名称 2,4-二氨基-6-苯基-1,3,5-三嗪

CAS 号 91-76-9

使用范围	最大使用量/%	特定迁移量或最大残留量	备　注
粘合剂	按生产需要适量使用	5.0 mg/6 dm^2(QM)	

添加剂名称 2,4-二甲基-6-(1-甲基-十五烷基)酚

CAS 号 134701-20-5

使用范围	最大使用量/%	特定迁移量或最大残留量/(mg/kg)	备　注
塑料	PS,AS,ABS:0.5;PVC:0.033	1.0(SML)	

添加剂名称 2,4-二氯苯甲酰过氧化物

CAS 号 133-14-2

使用范围	最大使用量/%	特定迁移量或最大残留量/(mg/kg)	备　注
橡胶	0.2		

添加剂名称 2,4-二羟基二苯甲酮

CAS 号 131-56-6

使用范围	最大使用量/%	特定迁移量或最大残留量/(mg/kg)	备　注
涂料	按生产需要适量使用	6.0(SML)	

表 A.1(续)

添加剂名称 2,4-二氢-4-[(5-羟基-3-甲基-1-苯基-1*H*-吡唑-4 基)亚甲基]-5-甲基-2-苯基-3*H*-吡唑-3-酮

CAS 号 4174-09-8

使用范围	最大使用量/%	特定迁移量或最大残留量/(mg/kg)	备注
塑料	PET:0.2		应符合着色剂纯度要求[a]

添加剂名称 2,4-二叔丁基苯酚-3,5-二叔丁基-4-羟基苯甲酸酯

CAS 号 4221-80-1

使用范围	最大使用量/%	特定迁移量或最大残留量/(mg/kg)	备注
塑料	PE,PP:0.3		

添加剂名称 2,4-二异氰酸基-1-甲基苯

CAS 号 584-84-9

使用范围	最大使用量/%	特定迁移量或最大残留量/(mg/kg)	备注
粘合剂	按生产需要适量使用	1.0(QM,以异氰酸根计)	

添加剂名称 2,4-双[(十二烷基硫)甲基]-6-甲基苯酚

CAS 号 110675-26-8

使用范围	最大使用量/%	特定迁移量或最大残留量/(mg/kg)	备注
塑料	PS:0.2	5.0(SML)	
粘合剂	按生产需要适量使用	5.0(SML)	

添加剂名称 2,5-二甲基-2,5-双(过氧叔丁基)己烷

CAS 号 78-63-7

使用范围	最大使用量/%	特定迁移量或最大残留量/(mg/kg)	备注
塑料	PP,PE:按生产需要适量使用	100(叔丁醇:QM)	
橡胶	按生产需要适量使用		

添加剂名称 2,5-二氢-3,6-二(十八烷基硫代苯基)吡咯并[3,4-*c*]吡咯-1,4-二酮]

CAS 号 247089-62-9

使用范围	最大使用量/%	特定迁移量或最大残留量/(mg/kg)	备注
塑料	PE,PP,PS,ABS,AS,PA,PET,PC,PVC:0.015		应符合着色剂纯度要求[a]

表 A.1（续）

添加剂名称 2,6-二(1,1-二甲基乙基)-4-乙基酚

CAS 号 4130-42-1

使用范围	最大使用量/%	特定迁移量或最大残留量	备注
塑料	PE,PP:0.1	4.8 mg/6 dm^2(QM)	

添加剂名称 2,6-二甲基苯酚

CAS 号 576-26-1

使用范围	最大使用量/%	特定迁移量或最大残留量/(mg/kg)	备注
塑料	PE,PP,PS:0.5	0.05(SML)	
涂料	按生产需要适量使用	0.05(SML)	

添加剂名称 2,6-萘二甲酸二甲酯

CAS 号 840-65-3

使用范围	最大使用量/%	特定迁移量或最大残留量/(mg/kg)	备注
粘合剂	按生产需要适量使用	0.05(SML)	

添加剂名称 2,6-萘二羧酸

CAS 号 1141-38-4

使用范围	最大使用量/%	特定迁移量或最大残留量/(mg/kg)	备注
涂料	按生产需要适量使用	5.0(SML)	

添加剂名称 2,9-二[4-(苯基偶氮)苯基]蒽[2,1,9-*def*:6,5,10-*d′e′f′*]二异喹啉-1,3,8,10(2*H*,9*H*)-四酮];C.I.颜料红 178

CAS 号 3049-71-6

使用范围	最大使用量/%	特定迁移量或最大残留量/(mg/kg)	备注
塑料	ABS,PET,PE,PP,PS,AS,PA,PC,PVC,PVDC,UP:1.0		应符合着色剂纯度要求[a]

添加剂名称 2-[(1,3-二氢-1,3-二氢-1,3-二氧-2*H*-异吲哚基)甲基]-5,12-二氢喹啉并[2,3-*b*]吖啶-7,14-二酮

CAS 号 75641-02-0

使用范围	最大使用量/%	特定迁移量或最大残留量/(mg/kg)	备注
塑料	PE,PP,PS,AS,ABS,PA,PET,PC,PVC,PVDC,UP:0.05		应符合着色剂纯度要求[a]
涂料	按生产需要适量使用		应符合着色剂纯度要求[a]
橡胶	按生产需要适量使用		应符合着色剂纯度要求[a]
纸	按生产需要适量使用		应符合着色剂纯度要求[a]

表 A.1(续)

添加剂名称 2-[(1,5-二氢-3-甲基-5-氧代-1 苯基-4*H*-吡唑-4-亚基)乙亚基]2,3-二氢-1,3,3-三甲基-1*H*-吲哚-5-甲酸甲酯

CAS 号 5718-26-3

使用范围	最大使用量/%	特定迁移量或最大残留量/(mg/kg)	备 注
塑料	ABS:0.13;PC:0.04		应符合着色剂纯度要求[a]

添加剂名称 2-[(2-甲氧基-4-硝基苯基)偶氮]-*N*-(2-甲氧基苯基)-3-氧-2-[(2-甲氧基-4-硝基苯基)偶氮]-氧-丁酰胺;C.I.颜料黄 74

CAS 号 6358-31-2

使用范围	最大使用量/%	特定迁移量或最大残留量/(mg/kg)	备 注
塑料	PE, PP, PS, AS, ABS, PET, PC, PVC,PVDC,UP:按生产需要适量使用		应符合着色剂纯度要求[a]
纸	按生产需要适量使用		应符合着色剂纯度要求[a]

添加剂名称 2-[(4-甲基-2-硝基苯基)偶氮]-3-氧代-*N*-苯基丁酰胺;C.I.颜料黄 1

CAS 号 2512-29-0

使用范围	最大使用量/%	特定迁移量或最大残留量/(mg/kg)	备 注
塑料	PE,PP,PS,AS,ABS,PA,PET,PC,PVC,PVDC,UP:按生产需要适量使用		应符合着色剂纯度要求[a]
涂料	按生产需要适量使用		应符合着色剂纯度要求[a]

添加剂名称 2-[(4-甲氧基-2-硝基苯基)偶氮]-*N*-(2-甲氧基苯基)-3-氧代丁酰胺;C.I.颜料黄 65

CAS 号 6528-34-3

使用范围	最大使用量/%	特定迁移量或最大残留量/(mg/kg)	备 注
塑料	PP,PE,PS,PVC,PA,PC,ABS,AS,PET,PVDC,UP:按生产需要适量使用		应符合着色剂纯度要求[a]
涂料	按生产需要适量使用		应符合着色剂纯度要求[a]

表 A.1（续）

添加剂名称 2-[[1-[[(2,3-二氢-2-氧代-1*H*-苯并咪唑-5-基)氨基]羰基]-2-氧代丙基]偶氮]苯甲酸；C.I.颜料黄 151

CAS 号 31837-42-0

使用范围	最大使用量/%	特定迁移量或最大残留量/(mg/kg)	备　注
塑料	PE,PP,PS,AS,ABS,PA,PET,PC,PVC,PVDC,UP:2.0		应符合着色剂纯度要求[a]
涂料	按生产需要适量使用		应符合着色剂纯度要求[a]
橡胶	按生产需要适量使用		应符合着色剂纯度要求[a]
纸	按生产需要适量使用		应符合着色剂纯度要求[a]

添加剂名称 2-[[2,4,8,10-四(1,1-二甲基乙基)二苯并[*d*,*f*][1,3,2]二噁磷环庚烷-6-基]氧]-*N*,*N*-双[2-[[2,4,8,10-四-(1,1-二甲基乙基)二苯并[*d*,*f*][1,3,2]二噁磷环庚烷-6-基]氧乙基]-乙胺

CAS 号 80410-33-9

使用范围	最大使用量/%	特定迁移量或最大残留量/(mg/kg)	备　注
塑料	PE,PP:0.3	5.0(SML,以亚磷酸盐和磷酸盐之和计)	

添加剂名称 2-[[3-[[(2,3-二氢-2-氧代-1*H*-苯并咪唑-5-基)氨基]羰基]-2-羟基-1-萘基]偶氮]-苯甲酸丁基酯;C.I.颜料红 208

CAS 号 31778-10-6

使用范围	最大使用量/%	特定迁移量或最大残留量/(mg/kg)	备　注
塑料	PE,PP,AS,PS,ABS,PVDC:1.0		应符合着色剂纯度要求[a]
纸	按生产需要适量使用		应符合着色剂纯度要求[a]

添加剂名称 2-[[4-(二乙氨基)-2-甲苯基]偶氮]-5-甲苯-1,3-二腈

CAS 号 75198-96-8

使用范围	最大使用量/%	特定迁移量或最大残留量/(mg/kg)	备　注
塑料	PET:0.2		应符合着色剂纯度要求[a]

表 A.1(续)

添加剂名称 2-[[5-氨基-3-甲基-1(3-磺苯基-1*H*-吡唑-4-基]偶氮]4,5-二氯苯磺酸钙盐(1∶1)

CAS 号 111071-53-5

使用范围	最大使用量/%	特定迁移量或最大残留量/(mg/kg)	备注
涂料	按生产需要适量使用		应符合着色剂纯度要求[a]
油墨	按生产需要适量使用		应符合着色剂纯度要求[a]

添加剂名称 2-[2-羟基-1-萘偶氮-1-萘磺酸]钙盐(2∶1);C.I.颜料红 49∶2

CAS 号 1103-39-5

使用范围	最大使用量/%	特定迁移量或最大残留量/(mg/kg)	备注
涂料	按生产需要适量使用		应符合着色剂纯度要求[a]
油墨	按生产需要适量使用		应符合着色剂纯度要求[a]

添加剂名称 2-[2-羟基-3,5-二(1,1-二甲基丙基苯基)]-2*H*-苯并三唑

CAS 号 25973-55-1

使用范围	最大使用量/%	特定迁移量或最大残留量/(mg/kg)	备注
塑料	PE,PP:0.5		
粘合剂	按生产需要适量使用		

添加剂名称 2-[3-[3,5-双叔丁基-4-羟基苯基]-丙酰基]肼-3,5-双叔丁基-4-羟基苯丙酸

CAS 号 32687-78-8

使用范围	最大使用量/%	特定迁移量或最大残留量/(mg/kg)	备注
塑料	PE,PP:0.2;AS,ABS,PS:0.1	15.0(SML)	
粘合剂	0.2	15.0(SML)	

添加剂名称 2-[4,6-双(2,4-二甲基苯基)-1,3,5-三嗪-2-基]-5-(辛氧基)苯酚

CAS 号 2725-22-6

使用范围	最大使用量/%	特定迁移量或最大残留量/(mg/kg)	备注
塑料	PE:0.3;PP:0.1	0.05(SML)	仅用于接触水性食品的材料

添加剂名称 2-2 氢-苯并三唑-2-基-4-(1,1,3,3-四甲丁基)苯酚

CAS 号 3147-75-9

使用范围	最大使用量/%	特定迁移量或最大残留量/(mg/kg)	备注
塑料	PP:0.3;PC:0.5		

表 A.1（续）

添加剂名称 2-氨基-2-甲基-1-丙醇

CAS 号 124-68-5

使用范围	最大使用量	特定迁移量或最大残留量/(mg/kg)	备 注
涂料	0.25%		最大使用量为纸张用涂料中所使用颜料中的该物质的含量
粘合剂	按生产需要适量使用		
纸	0.25 mg/dm²		最大使用量为纸张的表面含量

添加剂名称 2-氨基苯甲酰胺

CAS 号 88-68-6

使用范围	最大使用量/%	特定迁移量或最大残留量/(mg/kg)	备 注
塑料	PET:按生产需要适量使用	0.05(SML)	仅用于接触水性食品的材料

添加剂名称 2-苯丙烯

CAS 号 98-83-9

使用范围	最大使用量/%	特定迁移量或最大残留量/(mg/kg)	备 注
涂料	按生产需要适量使用	0.05(SML)	
橡胶	按生产需要适量使用	0.05(SML)	
纸	按生产需要适量使用	0.05(SML)	

添加剂名称 2-苯基-1*H*-吲哚

CAS 号 948-65-2

使用范围	最大使用量/%	特定迁移量或最大残留量/(mg/kg)	备 注
塑料	PP,PE,PS,PVC,PA,PC,ABS,AS,PET:按生产需要适量使用	15.0(SML)	

添加剂名称 2-丙烯酸-1,1-二甲基乙基酯

CAS 号 1663-39-4

使用范围	最大使用量/%	特定迁移量或最大残留量/(mg/kg)	备 注
纸	按生产需要适量使用	6.0(SML)	

添加剂名称 2-丙烯酸-2-(1,1-二甲基乙基)-6-[[3-(1,1-二甲基乙基)-2-羟基-5-甲基苯基]甲基]-4-甲苯基酯

CAS 号 61167-58-6

使用范围	最大使用量/%	特定迁移量或最大残留量/(mg/kg)	备 注
塑料	PP,PE,PS,PVC,PA,PC,ABS,AS,PET,UP:按生产需要适量使用	6.0(SML)	

表 A.1(续)

添加剂名称 2-丙烯酸-2-[1-[3,5-双(1,1-二甲基丙基)-2-羟基苯基]乙基]-4,6-双(1,1-二甲基丙基)苯基酯

CAS 号 123968-25-2

使用范围	最大使用量/%	特定迁移量或最大残留量/(mg/kg)	备注
塑料	PE,PP:0.3;PS:1.0;ABS:0.5	5.0(SML)	

添加剂名称 2-丙烯酸-2-甲基丙基酯

CAS 号 106-63-8

使用范围	最大使用量/%	特定迁移量或最大残留量/(mg/kg)	备注
涂料	20.0	6.0(SML)	
粘合剂	按生产需要适量使用	6.0(SML)	
纸	按生产需要适量使用	6.0(SML)	

添加剂名称 2-丙烯酸-2-乙基己基酯

CAS 号 103-11-7

使用范围	最大使用量	特定迁移量或最大残留量/(mg/kg)	备注
粘合剂	按生产需要适量使用	0.05(SML)	
纸	表面含量小于 0.25 mg/dm^2	0.05(SML)	

添加剂名称 2-丙烯酸铵盐与 2-丙烯酰胺的聚合物

CAS 号 26100-47-0

使用范围	最大使用量/%	特定迁移量或最大残留量/(mg/kg)	备注
纸	0.1	ND(丙烯酰胺:SML,DL=0.01 mg/kg)	

添加剂名称 2-丙烯酸的均聚物

CAS 号 9003-01-4

使用范围	最大使用量/%	特定迁移量或最大残留量/(mg/kg)	备注
塑料	PA,PC,PET:按生产需要适量使用	6.0(2-丙烯酸:SML)	
涂料	按生产需要适量使用	6.0(2-丙烯酸:SML)	
粘合剂	按生产需要适量使用	6.0(2-丙烯酸:SML)	
纸	0.10	6.0(2-丙烯酸:SML)	

添加剂名称 2-丙烯酸均聚物的铵盐

CAS 号 9003-03-6

使用范围	最大使用量/%	特定迁移量或最大残留量/(mg/kg)	备注
粘合剂	按生产需要适量使用	6.0(2-丙烯酸:SML)	

表 A.1（续）

添加剂名称 2-丙烯酸丁酯的均聚物

CAS 号 9003-49-0

使用范围	最大使用量/%	特定迁移量或最大残留量/(mg/kg)	备 注
塑料	PA,PC,PET:按生产需要适量使用	6.0(2-丙烯酸丁酯:SML)	
粘合剂	按生产需要适量使用	6.0(2-丙烯酸丁酯:SML)	
纸	按生产需要适量使用	6.0(2-丙烯酸丁酯:SML)	

添加剂名称 2-丙烯酸丁酯与2-丙烯酸-1,1-二甲基乙酯和乙烯基苯的聚合物

CAS 号 29497-08-3

使用范围	最大使用量/%	特定迁移量或最大残留量/(mg/kg)	备 注
粘合剂	按生产需要适量使用	6.0(2-丙烯酸丁酯:SML)	

添加剂名称 2-丙烯酸丁酯与乙烯的聚合物

CAS 号 25750-84-9

使用范围	最大使用量/%	特定迁移量或最大残留量/(mg/kg)	备 注
粘合剂	按生产需要适量使用	6.0(2-丙烯酸丁酯:SML)	

添加剂名称 2-丙烯酸甲酯与 $C_{16\sim18}$ 烷基-1-十二烷硫醇酯的调聚物

CAS 号 174254-23-0

使用范围	最大使用量/%	特定迁移量或最大残留量	备 注
塑料	PP,PE,PS,PVC,PA,PC,ABS,AS,PET,UP:按生产需要适量使用	0.5%(QM,质量分数)	

添加剂名称 2-丙烯酸均聚物的钠盐

CAS 号 9003-04-7

使用范围	最大使用量/%	特定迁移量或最大残留量/(mg/kg)	备 注
粘合剂	按生产需要适量使用	6.0(2-丙烯酸:SML)	
纸	0.50	6.0(2-丙烯酸:SML)	

添加剂名称 2-丙烯酸辛酯

CAS 号 2499-59-4

使用范围	最大使用量/%	特定迁移量或最大残留量/(mg/kg)	备 注
涂料	按生产需要适量使用	6.0(SML)	
纸	按生产需要适量使用	6.0(SML)	

表 A.1(续)

添加剂名称 2-丙烯酸乙酯与2-丙烯酸-2-乙基己基酯的聚合物

CAS 号 26376-86-3

使用范围	最大使用量/%	特定迁移量或最大残留量/(mg/kg)	备 注
粘合剂	按生产需要适量使用	0.05(丙烯酸-2-乙基己基酯:SML);6.0(2-丙烯酸乙酯:SML)	

添加剂名称 2-丙烯酸乙酯与乙烯和2,5-呋喃二酮的聚合物

CAS 号 41171-14-6

使用范围	最大使用量/%	特定迁移量或最大残留量/(mg/kg)	备 注
粘合剂	按生产需要适量使用	6.0(2-丙烯酸乙酯:SML)	

添加剂名称 2-丙烯酸与2-丙烯酸铵和2-丙烯酰胺的聚合物

CAS 号 63117-82-8

使用范围	最大使用量/%	特定迁移量或最大残留量/(mg/kg)	备 注
纸	0.1	ND(丙烯酰胺:SML,DL=0.01 mg/kg);6.0(丙烯酸:SML)	

添加剂名称 2-丙烯酸与2-丙烯酰胺的聚合物

CAS 号 9003-06-9

使用范围	最大使用量/%	特定迁移量或最大残留量/(mg/kg)	备 注
纸	0.1	ND(丙烯酰胺:SML,DL=0.01 mg/kg);6.0(丙烯酸:SML)	

添加剂名称 2-丙烯酸与2-丙烯酰胺聚合物的钠盐

CAS 号 25987-30-8

使用范围	最大使用量/%	特定迁移量或最大残留量/(mg/kg)	备 注
粘合剂	按生产需要适量使用	ND(丙烯酰胺:SML,DL=0.01 mg/kg);6.0(丙烯酸:SML)	
纸	0.1	ND(丙烯酰胺:SML,DL=0.01 mg/kg);6.0(丙烯酸:SML)	

添加剂名称 2-丙烯酸与2-丙烯酰胺和2-丙烯酸钠的聚合物

CAS 号 62649-23-4

使用范围	最大使用量/%	特定迁移量或最大残留量/(mg/kg)	备 注
纸	0.1	ND(丙烯酰胺:SML,DL=0.01 mg/kg);6.0(丙烯酸:SML)	

表 A.1（续）

添加剂名称 2-丙烯酸与2-乙基己基-2-丙烯酸酯的聚合物

CAS号 25134-51-4

使用范围	最大使用量/%	特定迁移量或最大残留量/(mg/kg)	备　注
粘合剂	按生产需要适量使用	6.0(丙烯酸:SML);0.05(2-乙基己基-2-丙烯酸酯:SML)	

添加剂名称 2-丙烯酸与苯乙烯和(1-甲基乙烯基)苯聚合物的铵盐

CAS号 89678-90-0

使用范围	最大使用量/%	特定迁移量或最大残留量/(mg/kg)	备　注
粘合剂	按生产需要适量使用	6.0(丙烯酸:SML)	
纸	按生产需要适量使用	6.0(丙烯酸:SML)	

添加剂名称 2-丙烯酸与丁基-2-丙烯酸酯、苯乙烯、2-乙基己基-2-丙烯酸酯和2-羟乙基-2-丙烯酸酯的聚合物

CAS号 68527-36-6

使用范围	最大使用量/%	特定迁移量或最大残留量/(mg/kg)	备　注
粘合剂	按生产需要适量使用	6.0(丙烯酸:SML);0.05(2-乙基己基-2-丙烯酸酯:SML)	

添加剂名称 2-丙烯酸与乙烯基苯聚合物的铵盐

CAS号 35209-54-2

使用范围	最大使用量/%	特定迁移量或最大残留量/(mg/kg)	备　注
涂料	按生产需要适量使用	6.0(丙烯酸:SML)	
粘合剂	按生产需要适量使用	6.0(丙烯酸:SML)	
纸	按生产需要适量使用	6.0(丙烯酸:SML)	

添加剂名称 2-丙烯酸与乙烯基苯和(1-甲基乙烯基)苯的聚合物

CAS号 52831-04-6

使用范围	最大使用量/%	特定迁移量或最大残留量/(mg/kg)	备　注
塑料	PA,PC,PET:按生产需要适量使用	6.0(丙烯酸:SML)	
粘合剂	按生产需要适量使用	6.0(丙烯酸:SML)	
纸	按生产需要适量使用	6.0(丙烯酸:SML)	

添加剂名称 2-丙烯酰氨基-2-甲基丙烷磺酸

CAS号 15214-89-8

使用范围	最大使用量/%	特定迁移量或最大残留量/(mg/kg)	备　注
塑料	PP,PE,PS,PVC,PA,PC,ABS,AS,PET,UP:按生产需要适量使用	0.05(SML)	
纸	按生产需要适量使用	0.05(SML)	

表 A.1（续）

添加剂名称 2-丙烯酰胺

CAS 号 79-06-1

使用范围	最大使用量/%	特定迁移量或最大残留量/(mg/kg)	备　注
粘合剂	按生产需要适量使用	ND(丙烯酰胺:SML,DL=0.01 mg/kg)	
纸	按生产需要适量使用	ND(丙烯酰胺:SML,DL=0.01 mg/kg)	

添加剂名称 2-丁烯酸

CAS 号 3724-65-0

使用范围	最大使用量/%	特定迁移量或最大残留量	备　注
粘合剂	按生产需要适量使用	0.05 mg/dm^2(丁烯酸:QM)	
纸	按生产需要适量使用	0.05 mg/dm^2(丁烯酸:QM)	

添加剂名称 2-丁烯酸与乙酸乙烯基酯的聚合物

CAS 号 25609-89-6

使用范围	最大使用量/%	特定迁移量或最大残留量	备　注
涂料	按生产需要适量使用	12.0 mg/kg(乙酸乙烯酯:SML); 0.05 mg/dm^2(丁烯酸:QM)	
粘合剂	按生产需要适量使用	12.0 mg/kg(乙酸乙烯酯:SML); 0.05 mg/dm^2(丁烯酸:QM)	
纸	按生产需要适量使用	12.0 mg/kg(乙酸乙烯酯:SML); 0.05 mg/dm^2(丁烯酸:QM)	

添加剂名称 2-甲基-1,3-丁二烯

CAS 号 78-79-5

使用范围	最大使用量/%	特定迁移量或最大残留量/(mg/kg)	备　注
涂料	按生产需要适量使用	ND(SML,DL=0.02 mg/kg)	
粘合剂	按生产需要适量使用	ND(SML,DL=0.02 mg/kg)	
纸	按生产需要适量使用	ND(SML,DL=0.02 mg/kg)	

添加剂名称 2-甲基-2,4-戊二醇

CAS 号 107-41-5

使用范围	最大使用量/%	特定迁移量或最大残留量/(mg/kg)	备　注
粘合剂	按生产需要适量使用	0.05(SML)	

添加剂名称 2-甲基-2-丙烯腈

CAS 号 126-98-7

使用范围	最大使用量/%	特定迁移量或最大残留量/(mg/kg)	备　注
涂料	按生产需要适量使用	ND(SML,DL=0.02 mg/kg)	

表 A.1（续）

添加剂名称　2-甲基-2-丙烯酸-1,1-二甲基乙基酯

CAS 号　585-07-9

使用范围	最大使用量/%	特定迁移量或最大残留量/(mg/kg)	备　注
涂料	按生产需要适量使用	6.0(SML)	

添加剂名称　2-甲基-2-丙烯酸-1,2-乙二醇酯

CAS 号　97-90-5

使用范围	最大使用量/%	特定迁移量或最大残留量/(mg/kg)	备　注
涂料	按生产需要适量使用	0.05(SML)	
橡胶	按生产需要适量使用	0.05(SML)	
纸	按生产需要适量使用	0.05(SML)	

添加剂名称　2-甲基-2-丙烯酸-2-丙烯基酯

CAS 号　96-05-9

使用范围	最大使用量/%	特定迁移量或最大残留量/(mg/kg)	备　注
涂料	按生产需要适量使用	0.05(SML)	
粘合剂	按生产需要适量使用	0.05(SML)	
纸	按生产需要适量使用	0.05(SML)	

添加剂名称　2-甲基-2-丙烯酸-2-丙烯基酯与丙烯腈、甲基丙烯酸、甲基丙烯酸甲酯和苯乙烯的共聚物

CAS 号　—

使用范围	最大使用量/%	特定迁移量或最大残留量/(mg/kg)	备　注
塑料	PA,PC,PET:按生产需要适量使用	0.05(2-甲基-2-丙烯酸-2-丙烯基酯:SML);ND(丙烯腈:SML,DL＝0.02 mg/kg);6.0(SML,以甲基丙烯酸和甲基丙烯酸甲酯之和计)	
粘合剂	按生产需要适量使用	0.05(2-甲基-2-丙烯酸-2-丙烯基酯:SML);ND(丙烯腈:SML,DL＝0.02 mg/kg);6.0(SML,以甲基丙烯酸和甲基丙烯酸甲酯之和计)	
纸	按生产需要适量使用	0.05(2-甲基-2-丙烯酸-2-丙烯基酯:SML);ND(丙烯腈:SML,DL＝0.02 mg/kg);6.0(SML,以甲基丙烯酸和甲基丙烯酸甲酯之和计)	

表 A.1（续）

添加剂名称 2-甲基-2-丙烯酸-2-丙烯基酯与丙烯酸丁酯、甲基丙烯酸和苯乙烯的共聚物

CAS 号 —

使用范围	最大使用量/%	特定迁移量或最大残留量/(mg/kg)	备 注
塑料	PA,PC,PET:按生产需要适量使用	0.05(2-甲基-2-丙烯酸-2-丙烯基酯:SML);6.0(甲基丙烯酸:SML);6.0(丙烯酸丁酯:SML)	
涂料	20.0	0.05(2-甲基-2-丙烯酸-2-丙烯基酯:SML);6.0(甲基丙烯酸:SML);6.0(丙烯酸丁酯:SML)	
粘合剂	按生产需要适量使用	0.05(2-甲基-2-丙烯酸-2-丙烯基酯:SML);6.0(甲基丙烯酸:SML);6.0(丙烯酸丁酯:SML)	
纸	按生产需要适量使用	0.05(2-甲基-2-丙烯酸-2-丙烯基酯:SML);6.0(甲基丙烯酸:SML);6.0(丙烯酸丁酯:SML)	

添加剂名称 2-甲基-2-丙烯酸-2-乙基-2-[[(2-甲基-1-氧代-2-丙烯基)氧]甲基]-1,3-丙二醇酯

CAS 号 3290-92-4

使用范围	最大使用量/%	特定迁移量或最大残留量/(mg/kg)	备 注
涂料	按生产需要适量使用	0.05(SML)	

添加剂名称 2-甲基-2-丙烯酸丁酯与2-丙烯酸丁酯和2-甲基-2-丙烯酸甲酯的聚合物

CAS 号 25322-99-0

使用范围	最大使用量/%	特定迁移量或最大残留量/(mg/kg)	备 注
粘合剂	按生产需要适量使用	6.0(SML,以2-甲基-2-丙烯酸丁酯和2-甲基-2-丙烯酸甲酯之和计);6.0(2-丙烯酸丁酯:SML)	
纸	按生产需要适量使用	6.0(SML,以2-甲基-2-丙烯酸丁酯和2-甲基-2-丙烯酸甲酯之和计);6.0(2-丙烯酸丁酯:SML)	

添加剂名称 2-甲基-2-丙烯酸环氧化甲酯与乙烯和2-丙烯酸甲酯的聚合物

CAS 号 51541-08-3

使用范围	最大使用量/%	特定迁移量或最大残留量	备 注
粘合剂	按生产需要适量使用	0.02 mg/6 dm^2(2-甲基-2-丙烯酸环氧乙烷基甲基酯:QM);6.0 mg/kg(丙烯酸甲酯:SML)	

表 A.1（续）

添加剂名称 2-甲基-2-丙烯酸环氧乙烷基甲基酯

CAS 号 106-91-2

使用范围	最大使用量/%	特定迁移量或最大残留量	备　注
粘合剂	按生产需要适量使用	0.02 mg/6 dm^2(QM)	
纸	按生产需要适量使用	0.02 mg/6 dm^2(QM)	

添加剂名称 2-甲基-2-丙烯酸环氧乙烷基甲基酯与丙烯酸甲酯和二氯乙烯的共聚物

CAS 号 54975-10-9

使用范围	最大使用量/%	特定迁移量或最大残留量	备　注
塑料	PS,ABS:按生产需要适量使用	0.02 mg/6.0 dm^2(2-甲基-2-丙烯酸环氧乙烷基甲基酯:QM);5.0 mg/kg(1,1-二氯乙烯:QM)或 ND(二氯乙烯:SML,DL=0.05 mg/kg)	
粘合剂	按生产需要适量使用	0.02 mg/6.0 dm^2(2-甲基-2-丙烯酸环氧乙烷基甲基酯:QM);5.0 mg/kg(1,1-二氯乙烯:QM)或 ND(二氯乙烯:SML,DL=0.05 mg/kg)	
纸	按生产需要适量使用	0.02 mg/6.0 dm^2(2-甲基-2-丙烯酸环氧乙烷基甲基酯:QM);5.0 mg/kg(1,1-二氯乙烯:QM)或 ND(二氯乙烯:SML,DL=0.05 mg/kg)	

添加剂名称 2-甲基-2-丙烯酸环氧乙烷基甲酯与氯乙烯和乙酸乙烯酯的聚合物

CAS 号 26781-49-7

使用范围	最大使用量/%	特定迁移量或最大残留量	备　注
粘合剂	按生产需要适量使用	ND(氯乙烯:SML,DL=0.05 mg/kg);12.0 mg/kg(乙酸乙烯酯:SML);0.02 mg/6 dm^2(2-甲基-2-丙烯酸环氧乙烷基甲基酯:QM)	

添加剂名称 2-甲基-2-丙烯酸甲酯、苯乙烯和 2-丙烯酸聚合物的钠盐

CAS 号 112665-52-8

使用范围	最大使用量/%	特定迁移量或最大残留量/(mg/kg)	备　注
粘合剂	按生产需要适量使用	6.0(甲基丙烯酸甲酯:SML);6.0(丙烯酸:SML)	
纸	按生产需要适量使用	6.0(甲基丙烯酸甲酯:SML);6.0(丙烯酸:SML)	

表 A.1(续)

添加剂名称 2-甲基-2-丙烯酸甲酯与1,3-丁二烯、乙烯苯和丙烯酸乙酯的聚合物

CAS号 27965-85-1

使用范围	最大使用量/%	特定迁移量或最大残留量/(mg/kg)	备　注
粘合剂	按生产需要适量使用	ND(1,3-丁二烯:SML,DL=0.02 mg/kg)或1.0(1,3-丁二烯:QM);6.0(甲基丙烯酸甲酯:SML);6.0(丙烯酸乙酯)	

添加剂名称 2-甲基-2-丙烯酸甲酯与2-丙烯酸丁酯、2-丙烯酸-2-羟乙基酯和2-丙烯酸的聚合物

CAS号 26062-01-1

使用范围	最大使用量/%	特定迁移量或最大残留量/(mg/kg)	备　注
粘合剂	按生产需要适量使用	6.0(甲基丙烯酸甲酯:SML);6.0(SML,以丙烯酸丁酯、丙烯酸和2-丙烯酸-2-羟乙基酯之和计)	

添加剂名称 2-甲基-2-丙烯酸甲酯与苯乙烯、2-丙烯酸-2-乙基己酯、1-甲基乙烯基苯和2-丙烯酸的聚合物

CAS号 112820-51-6

使用范围	最大使用量/%	特定迁移量或最大残留量/(mg/kg)	备　注
粘合剂	按生产需要适量使用	0.05(丙烯酸-2-乙基己基酯:SML);6.0(甲基丙烯酸甲酯:SML);6.0(丙烯酸:SML)	
纸	按生产需要适量使用	0.05(丙烯酸-2-乙基己基酯:SML);6.0(甲基丙烯酸甲酯:SML);6.0(丙烯酸:SML)	

添加剂名称 2-甲基-2-丙烯酸甲酯与乙基-2-丙烯酸盐和2-丙烯酸的聚合物

CAS号 25135-39-1

使用范围	最大使用量/%	特定迁移量或最大残留量/(mg/kg)	备　注
塑料	PA,PC,PET:按生产需要适量使用	6.0(甲基丙烯酸甲酯:SML);6.0(SML,以丙烯酸乙酯和丙烯酸之和计)	
粘合剂	按生产需要适量使用	6.0(甲基丙烯酸甲酯:SML);6.0(SML,以丙烯酸乙酯和丙烯酸之和计)	
纸	按生产需要适量使用	6.0(甲基丙烯酸甲酯:SML);6.0(SML,以丙烯酸乙酯和丙烯酸之和计)	

添加剂名称 2-甲基-2-丙烯酸甲酯与乙烯基苯和2-甲基-2-丙烯酸的聚合物

CAS号 25035-81-8

使用范围	最大使用量/%	特定迁移量或最大残留量/(mg/kg)	备　注
粘合剂	按生产需要适量使用	6.0(SML,以甲基丙烯酸甲酯和甲基丙烯酸之和计)	
纸	按生产需要适量使用	6.0(SML,以甲基丙烯酸甲酯和甲基丙烯酸之和计)	

表 A.1（续）

添加剂名称 2-甲基-2-丙烯酸酸酐

CAS 号 760-93-0

使用范围	最大使用量/%	特定迁移量或最大残留量/(mg/kg)	备 注
涂料	按生产需要适量使用	6.0(SML)	

添加剂名称 2-甲基-2-丙烯酸与2-丙烯酸丁酯、2-丙烯酸乙酯和2-甲基-2-丙烯酸甲酯共聚物的铵盐

CAS 号 63120-11-6

使用范围	最大使用量/%	特定迁移量或最大残留量/(mg/kg)	备 注
涂料	按生产需要适量使用	6.0(SML,以甲基丙烯酸和甲基丙烯酸甲酯之和计);6.0(SML,以丙烯酸丁酯和丙烯酸乙酯之和计)	
粘合剂	按生产需要适量使用	6.0(SML,以甲基丙烯酸和甲基丙烯酸甲酯之和计);6.0(SML,以丙烯酸丁酯和丙烯酸乙酯之和计)	
纸	按生产需要适量使用	6.0(SML,以甲基丙烯酸和甲基丙烯酸甲酯之和计);6.0(SML,以丙烯酸丁酯和丙烯酸乙酯之和计)	

添加剂名称 2-甲基-2-丙烯酸与2-丙烯酸丁酯、苯乙烯、2-丙烯酸-2-乙基己酯和2-甲基-2-丙烯酸甲酯的聚合物

CAS 号 82539-93-3

使用范围	最大使用量/%	特定迁移量或最大残留量/(mg/kg)	备 注
粘合剂	50.0	6.0(SML,以甲基丙烯酸和甲基丙烯酸甲酯之和计);6.0(甲基丙烯酸丁酯:SML);0.05(SML,丙烯酸乙基己酯)	

添加剂名称 2-甲基-2-丙烯酸与2-丙烯酸丁酯的聚合物

CAS 号 25035-82-9

使用范围	最大使用量/%	特定迁移量或最大残留量/(mg/kg)	备 注
粘合剂	按生产需要适量使用	6.0(2-甲基-2-丙烯酸:SML);6.0(2-丙烯酸丁酯:SML)	
纸	按生产需要适量使用	6.0(2-甲基-2-丙烯酸:SML);6.0(2-丙烯酸丁酯:SML)	

表 A.1(续)

添加剂名称 2-甲基-2-丙烯酸与2-丙烯酸乙酯和2-甲基-2-丙烯酸甲酯的共聚物

CAS 号 25133-97-5

使用范围	最大使用量/%	特定迁移量或最大残留量/(mg/kg)	备 注
塑料	PA,PC,PET:按生产需要适量使用	6.0(SML,以甲基丙烯酸和甲基丙烯酸甲酯之和计);6.0(丙烯酸乙酯:SML)	
涂料	按生产需要适量使用	6.0(SML,以甲基丙烯酸和甲基丙烯酸甲酯之和计);6.0(丙烯酸乙酯:SML)	
粘合剂	按生产需要适量使用	6.0(SML,以甲基丙烯酸和甲基丙烯酸甲酯之和计);6.0(丙烯酸乙酯:SML)	
纸	按生产需要适量使用	6.0(SML,以甲基丙烯酸和甲基丙烯酸甲酯之和计);6.0(丙烯酸乙酯:SML)	

添加剂名称 2-甲基-2-丙烯酸与2-甲基-2-丙烯酸甲酯的聚合物

CAS 号 25086-15-1

使用范围	最大使用量/%	特定迁移量或最大残留量/(mg/kg)	备 注
塑料	PA,PC,PET:按生产需要适量使用	6.0(SML,以甲基丙烯酸和甲基丙烯酸甲酯之和计)	
粘合剂	按生产需要适量使用	6.0(SML,以甲基丙烯酸和甲基丙烯酸甲酯之和计)	
纸	按生产需要适量使用	6.0(SML,以甲基丙烯酸和甲基丙烯酸甲酯之和计)	

添加剂名称 2-甲基-2-丙烯酸与丁基-2-丙烯酸、苯乙烯、2-甲基-2-丙烯酸甲酯和2-丙烯酸的聚合物

CAS 号 56385-39-8

使用范围	最大使用量/%	特定迁移量或最大残留量/(mg/kg)	备 注
粘合剂	按生产需要适量使用	6.0(SML,甲基丙烯酸和甲基丙烯酸甲酯之和计);6.0(丙烯酸:SML)	
纸	按生产需要适量使用	6.0(SML,甲基丙烯酸和甲基丙烯酸甲酯之和计);6.0(丙烯酸:SML)	

添加剂名称 2-甲基-3(2*H*)-异噻唑啉酮

CAS 号 2682-20-4

使用范围	最大使用量	特定迁移量或最大残留量/(mg/kg)	备 注
涂料	25 mg/kg	0.5(SML)	仅用于水性涂料
粘合剂	按生产需要适量使用	0.5(SML)	仅用于水性粘合剂
纸	50 mg/kg	0.5(SML)	

表 A.1（续）

添加剂名称 2-甲基-4,6-二[(辛基硫基)甲基]苯酚

CAS 号 110553-27-0

使用范围	最大使用量/%	特定迁移量或最大残留量/(mg/kg)	备注
塑料	PE,PP:5.0;PS,AS,ABS:0.2	5.0(SML)	
橡胶	1.7	5.0(SML)	
粘合剂	按生产需要适量使用	5.0(SML)	

添加剂名称 2-甲基丙烯酸

CAS 号 79-41-4

使用范围	最大使用量/%	特定迁移量或最大残留量/(mg/kg)	备注
涂料	按生产需要适量使用	6.0(SML)	
粘合剂	按生产需要适量使用	6.0(SML)	
纸	按生产需要适量使用	6.0(SML)	

添加剂名称 2-甲基丙烯酸-2-(二甲基氨基)乙基-2(醇)酯

CAS 号 2867-47-2

使用范围	最大使用量/%	特定迁移量或最大残留量/(mg/kg)	备注
纸	0.3	ND(SML,DL=0.02 mg/kg)	

添加剂名称 2-甲基丙烯酸甲酯与2-丙烯酸的聚合物

CAS 号 25322-25-2

使用范围	最大使用量/%	特定迁移量或最大残留量/(mg/kg)	备注
粘合剂	按生产需要适量使用	6.0(2-甲基丙烯酸甲酯:SML);6.0(丙烯酸:SML)	
纸	按生产需要适量使用	6.0(2-甲基丙烯酸甲酯:SML);6.0(丙烯酸:SML)	

添加剂名称 2-甲基丙烯酸甲酯与2-丙烯酸甲酯和2-丙烯酸铵盐的共聚物

CAS 号 38811-87-9

使用范围	最大使用量/%	特定迁移量或最大残留量/(mg/kg)	备注
涂料	按生产需要适量使用	6.0(2-甲基丙烯酸甲酯:SML);6.0(丙烯酸甲酯:SML)	
粘合剂	按生产需要适量使用	6.0(2-甲基丙烯酸甲酯:SML);6.0(丙烯酸甲酯:SML)	
纸	按生产需要适量使用	6.0(2-甲基丙烯酸甲酯:SML);6.0(丙烯酸甲酯:SML)	

表 A.1(续)

添加剂名称 2-甲基丙烯酸与乙烯和乙酸乙烯酯的聚合物

CAS 号 26375-31-5

使用范围	最大使用量/%	特定迁移量或最大残留量/(mg/kg)	备注
粘合剂	按生产需要适量使用	12.0(乙酸乙烯酯:SML);6.0(2-甲基丙烯酸:SML)	
纸	按生产需要适量使用	12.0(乙酸乙烯酯:SML);6.0(2-甲基丙烯酸:SML)	

添加剂名称 2-氯-5-[(2-羟基-1-萘基)偶氮]-4-磺基苯甲酸钙;C.I.颜料红 68

CAS 号 5850-80-6

使用范围	最大使用量/%	特定迁移量或最大残留量/(mg/kg)	备注
塑料	PE,PP,PS,AS,ABS:1.0		应符合着色剂纯度要求[a]

添加剂名称 2-羟基-1,2,3-丙三羧酸锂盐与蛭石的反应产物

CAS 号 110638-71-6

使用范围	最大使用量/%	特定迁移量或最大残留量/(mg/kg)	备注
塑料	PE,PP,PS,AS,ABS,PET,PC:按生产需要适量使用	0.6(SML,以锂计)	

添加剂名称 2-羟基-3-(三甲基氨根)丙基醚淀粉氯化物

CAS 号 56780-58-6

使用范围	最大使用量/%	特定迁移量或最大残留量/(mg/kg)	备注
纸	1.0		

添加剂名称 2-羟基-4-甲氧基苯基-2-羟苯基甲撑酮

CAS 号 131-53-3

使用范围	最大使用量/%	特定迁移量或最大残留量/(mg/kg)	备注
塑料	PP,PE,PET:0.3	6.0(SML)	

添加剂名称 2-羟基-4-正辛氧基二苯甲酮

CAS 号 1843-05-6

使用范围	最大使用量/%	特定迁移量或最大残留量/(mg/kg)	备注
塑料	PE,PP,AS,ABS,PET:0.5;PC:3.8	6.0(SML)	

表 A.1（续）

添加剂名称 2-羟基苯甲酸-4-(1,1-二甲基乙基)苯基酯

CAS 号 87-18-3

使用范围	最大使用量/%	特定迁移量或最大残留量/(mg/kg)	备 注
塑料	PP,PE,PS,PVC,PA,PC,ABS,AS,PET,UP:按生产需要适量使用	12.0(SML)	
涂料	按生产需要适量使用	12.0(SML)	
粘合剂	按生产需要适量使用	12.0(SML)	

添加剂名称 2-羟基乙基-2-甲基-2-丙烯酸酯

CAS 号 868-77-9

使用范围	最大使用量/%	特定迁移量或最大残留量/(mg/kg)	备 注
粘合剂	按生产需要适量使用	6.0(SML)	

添加剂名称 2-氰基-3,3-二苯基-2-丙烯酸-2,2-双[[(2-氰基-1-氧代-3,3-二苯基-2-丙烯基)氧基]甲基]-1,3-亚丙基酯

CAS 号 178671-58-4

使用范围	最大使用量/%	特定迁移量或最大残留量/(mg/kg)	备 注
塑料	PE,PP,PS,AS,ABS,PA,PET,PC,PVC:0.50	0.05(SML)	

添加剂名称 2-氰基-3,3-二苯基-2-丙烯酸-2-乙基己酯

CAS 号 6197-30-4

使用范围	最大使用量/%	特定迁移量或最大残留量/(mg/kg)	备 注
塑料	PET:0.5;PVC:0.3	0.05(SML)	

添加剂名称 2-氰基-3,3-二苯基-2-丙烯酸乙酯

CAS 号 5232-99-5

使用范围	最大使用量/%	特定迁移量或最大残留量/(mg/kg)	备 注
塑料	PVC:0.3	0.05(SML)	

添加剂名称 2-巯基乙醇

CAS 号 60-24-2

使用范围	最大使用量/%	特定迁移量或最大残留量/(mg/kg)	备 注
塑料	PVC:0.02;ABS:0.08		

表 A.1（续）

添加剂名称 2-溴-2-硝基-1,3-丙二醇

CAS 号 52-51-7

使用范围	最大使用量/%	特定迁移量或最大残留量/(mg/kg)	备 注
涂料	0.01		
粘合剂	按生产需要适量使用		
纸	0.01		

添加剂名称 2-氧杂环丁酮的 3-$C_{12\sim16}$烷基-4-$C_{13\sim17}$烷亚基衍生物

CAS 号 84989-41-3

使用范围	最大使用量/%	特定迁移量或最大残留量/(mg/kg)	备 注
纸	0.4		

添加剂名称 2-氧杂环庚烷酮的均聚物

CAS 号 24980-41-4

使用范围	最大使用量/%	特定迁移量或最大残留量/(mg/kg)	备 注
塑料	ABS:5.0	0.05(SML,以 2-氧杂环庚烷酮计)	

添加剂名称 2-乙基-2-(羟甲基)-1,3-丙二醇与 1,1-亚甲基-双-4-异氰酸根合苯的聚合物

CAS 号 27967-69-7

使用范围	最大使用量/%	特定迁移量或最大残留量/(mg/kg)	备 注
塑料	PA,PET:按生产需要适量使用	1.0(QM,以异氰酸根计)	
粘合剂	按生产需要适量使用	1.0(QM,以异氰酸根计)	

添加剂名称 2-乙基己酸锡

CAS 号 301-10-0

使用范围	最大使用量/%	特定迁移量或最大残留量/(mg/kg)	备 注
涂料	1.0	0.18(SML,以锡计)	
粘合剂	按生产需要适量使用	0.18(SML,以锡计)	仅用于聚氨酯涂料树脂催化剂

添加剂名称 2-乙基己酸锌

CAS 号 136-53-8

使用范围	最大使用量/%	特定迁移量或最大残留量/(mg/kg)	备 注
塑料	PE,PP:1.0;PS:0.1	25.0(SML,以锌计)	
粘合剂	按生产需要适量使用	25.0(SML,以锌计)	
纸	按生产需要适量使用	25.0(SML,以锌计)	

表 A.1（续）

添加剂名称 3-(1,1-二甲基乙基)-β-[3-(1,1-二甲基乙基)-4-羟苯基]-4-羟基-β-甲基苯甲酸-1,2-亚乙基酯

CAS 号 32509-66-3

使用范围	最大使用量/%	特定迁移量或最大残留量/(mg/kg)	备　注
塑料	PE,PP:0.5	6.0(SML)	

添加剂名称 3-(2-苯并噻唑基)-7-(二乙氨基)-2-氧代-2*H*-1-苯并吡喃-4-腈

CAS 号 70546-25-7

使用范围	最大使用量/%	特定迁移量或最大残留量/(mg/kg)	备　注
塑料	PET:0.2		应符合着色剂纯度要求[a]

添加剂名称 3-(5-氯-2-苯并噁唑基)-7-(二乙基氨基)-2*H*-1-苯并吡喃-2-酮;C.I.溶剂黄 160:1

CAS 号 35773-43-4

使用范围	最大使用量/%	特定迁移量或最大残留量/(mg/kg)	备　注
塑料	PET:0.2		应符合着色剂纯度要求[a]

添加剂名称 3,10-二氯-5,12-二氢喹啉并[2,3-*b*]氮蒽-7,14-二酮;C.I.颜料红 209

CAS 号 38720-66-0;3573-01-1

使用范围	最大使用量/%	特定迁移量或最大残留量/(mg/kg)	备　注
塑料	PE,PP,PS,AS,ABS,PET,PC,PA:1.0		应符合着色剂纯度要求[a]
纸	按生产需要适量使用		应符合着色剂纯度要求[a]

添加剂名称 3,3′-(1,4-亚苯基二亚氨基)二(4,5,6,7-四氯-1*H*-异吲哚)-1-酮;C.I.颜料黄 110

CAS 号 5590-18-1

使用范围	最大使用量/%	特定迁移量或最大残留量/(mg/kg)	备　注
塑料	PE,PP,PS,AS,ABS,PA,PET,PC,PVC,PVDC,UP:1.0		应符合着色剂纯度要求[a]
涂料	按生产需要适量使用		应符合着色剂纯度要求[a]
油墨	按生产需要适量使用		应符合着色剂纯度要求[a]

表 A.1（续）

添加剂名称 3,3′-[(2,5-二氯-1,4-亚苯基)二[亚胺羰基(2-羟基-3,1-亚萘基)偶氮]]二[4-甲基苯甲酸异丙酯];C.I.颜料红 221

CAS 号 71566-54-6

使用范围	最大使用量/%	特定迁移量或最大残留量/(mg/kg)	备 注
塑料	PE,PP,PS,AS,ABS,PA,PET,PC,PVC,PVDC,UP:按生产需要适量使用		应符合着色剂纯度要求[a]
涂料	按生产需要适量使用		应符合着色剂纯度要求[a]
油墨	按生产需要适量使用		应符合着色剂纯度要求[a]

添加剂名称 3,3′-[(2,5-二氯-1,4-亚苯基)二[亚胺羰基(2-羟基-3,1-亚萘基)偶氮]]二[4-甲基苯甲酸异丙酯];C.I.颜料红 57：1

CAS 号 5281-04-9

使用范围	最大使用量/%	特定迁移量或最大残留量/(mg/kg)	备 注
塑料	PE,PP,PS,AS,ABS,PA,PET,PC,PVC,PVDC,UP:按生产需要适量使用		应符合着色剂纯度要求[a]
涂料	按生产需要适量使用		应符合着色剂纯度要求[a]
油墨	按生产需要适量使用		应符合着色剂纯度要求[a]

添加剂名称 3,3′-[(2-氯-5-甲基-邻亚苯基)二[亚氨基(1-乙酰基-2-氧代-2,1-乙二基)偶氮]]双[4-氯-*N*-[2-(4-氯苯氧基)-5-(三氟甲基)苯基]苯甲酰胺;C.I.颜料黄 128

CAS 号 79953-85-8

使用范围	最大使用量/%	特定迁移量或最大残留量/(mg/kg)	备 注
塑料	PE,PP,PS,AS,ABS,PA,PET,PC,PVC,PVDC,UP:按生产需要适量使用		应符合着色剂纯度要求[a]
涂料	按生产需要适量使用		应符合着色剂纯度要求[a]
油墨	按生产需要适量使用		应符合着色剂纯度要求[a]

表 A.1（续）

添加剂名称 3,3′-[1,2-亚乙烯基-双[(3-磺-4,1-亚苯基)偶氮]]双(6-氨基-4-羟基)-2-萘磺酸与2,2′,2″-亚氮基-三(乙醇)(1∶4)的化合物

CAS 号 75701-34-7

使用范围	最大使用量/%	特定迁移量或最大残留量/(mg/kg)	备　注
纸	按生产需要适量使用		应符合着色剂纯度要求[a]

添加剂名称 3,3′-二乙基-4,4′-二氨基二环己基甲烷

CAS 号 6864-37-5

使用范围	最大使用量/%	特定迁移量或最大残留量/(mg/kg)	备　注
粘合剂	按生产需要适量使用	0.05(SML)	

添加剂名称 3,3′-硫代二丙酸二月桂酯

CAS 号 123-28-4

使用范围	最大使用量/%	特定迁移量或最大残留量/(mg/kg)	备　注
塑料	PE, PP, PS, AS, ABS, PET, PC: 0.5; PVC, PVDC: 按生产需要适量使用	5.0(SML)	
橡胶	0.5	5.0(SML)	
粘合剂	按生产需要适量使用	5.0(SML)	
纸	按生产需要适量使用	5.0(SML)	

添加剂名称 3,3-双(甲氧基甲基)-2,5-二甲基己烷

CAS 号 129228-21-3

使用范围	最大使用量/%	特定迁移量或最大残留量/(mg/kg)	备　注
塑料	PP: 0.32	0.05(SML)	

添加剂名称 3,4,5-三羟基苯甲酸正丙酯

CAS 号 121-79-9

使用范围	最大使用量/%	特定迁移量或最大残留量/(mg/kg)	备　注
涂料	按生产需要适量使用	30.0(SML)	
橡胶	按生产需要适量使用	30.0(SML)	
粘合剂	按生产需要适量使用	30.0(SML)	
纸	按生产需要适量使用	30.0(SML)	

表 A.1（续）

添加剂名称　3,4-二氢-2,5,7,8-四甲基-2-(4,8,12-三甲基癸基)-2*H*-苯并吡喃-6-醇;*dl*-α-维生素 E

CAS 号　10191-41-0

使用范围	最大使用量/%	特定迁移量或最大残留量/(mg/kg)	备　注
塑料	PE,PET,PP,PA,PS,PC,AS,ABS,PVC,PVDC,UP:按生产需要适量使用		
纸	按生产需要适量使用		

添加剂名称　3,5-二(1,1-二甲基乙基)-4-羟基-苯丙酸-1,6-己二基酯

CAS 号　35074-77-2

使用范围	最大使用量/%	特定迁移量或最大残留量/(mg/kg)	备　注
涂料	0.1	6.0(SML)	

添加剂名称　3,5-二(1,1-二甲基乙基)-4-羟基苯甲酸十六酯

CAS 号　67845-93-6

使用范围	最大使用量/%	特定迁移量或最大残留量/(mg/kg)	备　注
塑料	PP,PE:0.5		

添加剂名称　3,5-二甲基-1-己炔-3-醇

CAS 号　107-54-0

使用范围	最大使用量/%	特定迁移量或最大残留量/(mg/kg)	备　注
涂料	0.53		
纸	按生产需要适量使用		

添加剂名称　3,9-二(2,6-二叔丁基-4-甲基苯氧基)-2,4,8,10-四氧杂-3,9-二磷杂螺[5.5]十一烷

CAS 号　80693-00-1

使用范围	最大使用量/%	特定迁移量或最大残留量/(mg/kg)	备　注
塑料	PE,PP,PS:0.25;ABS,PA,PET:0.5;PC:0.1	5.0(SML:以磷酸盐和亚磷酸盐之和计)	

添加剂名称　3,9-二(十八氧(烷)基)-2,4,8,10-四氧杂-3,9-二磷螺[5.5]十一烷

CAS 号　3806-34-6

使用范围	最大使用量/%	特定迁移量或最大残留量/(mg/kg)	备　注
塑料	PE,PP:0.3;PVC:1.0;PS,ABS,AS:0.25;PC:按生产需要适量使用		

表 A.1（续）

添加剂名称 3,9-二[2,4-二叔丁基-苯氧基]-2,4,8,10-四氧杂-3,9-二磷杂螺[5.5]十一烷

CAS 号 26741-53-7

使用范围	最大使用量/%	特定迁移量或最大残留量/(mg/kg)	备　注
塑料	PP,PE:0.1;PC:0.25;PVC:0.86	0.6(SML)	

添加剂名称 3,9-双[2,4-双(1-甲基-1-苯乙基)苯氧基]-2,4,8,10-四氧杂-3,9-二磷杂螺[5.5]十一烷

CAS 号 154862-43-8

使用范围	最大使用量/%	特定迁移量或最大残留量/(mg/kg)	备　注
塑料	PE, PP, PS, AS, ABS, PA, PET, PVC:0.15;PC:0.2	5.0(SML)	

添加剂名称 3,9-双[2-[3-(3-叔丁基-4-羟基-5-甲基苯基)-丙酰氧基]-1,1-二甲基乙基]-2,4,8,10-四氧杂螺[5.5]十一烷

CAS 号 90498-90-1

使用范围	最大使用量/%	特定迁移量或最大残留量/(mg/kg)	备　注
塑料	PE,PP:0.3;ABS,PA:0.5		

添加剂名称 3-氨丙基三乙氧硅烷

CAS 号 919-30-2

使用范围	最大使用量/%	特定迁移量或最大残留量/(mg/kg)	备　注
涂料	按生产需要适量使用	0.05(SML)	
粘合剂	按生产需要适量使用	0.05(SML)	

添加剂名称 3-丁烯-2-醇

CAS 号 598-32-3

使用范围	最大使用量/%	特定迁移量或最大残留量/(mg/kg)	备　注
涂料	按生产需要适量使用	ND(QM,DL=0.02 mg/6 dm^2)	

添加剂名称 3-甲基-6-[(4-甲基苯基)氨基]-3*H*-二苯基[*f*,*ij*]异喹啉-2,7-二酮;C.I.溶剂红 52

CAS 号 81-39-0

使用范围	最大使用量/%	特定迁移量或最大残留量/(mg/kg)	备　注
塑料	PET:0.2		应符合着色剂纯度要求[a]

添加剂名称 3-羟基-2-(3-羟-2-喹啉基)-1*H*-茚-1-酮

CAS 号 17772-51-9

使用范围	最大使用量/%	特定迁移量或最大残留量/(mg/kg)	备　注
塑料	PET:0.2		应符合着色剂纯度要求[a]

表 A.1(续)

添加剂名称 3-羟基-2-(羟甲基)-2-甲基丙酸

CAS 号 4767-03-7

使用范围	最大使用量/%	特定迁移量或最大残留量	备 注
粘合剂	按生产需要适量使用	0.05 mg/6 dm^2(QM)	
纸	0.1	0.05 mg/6 dm^2(QM)	

添加剂名称 3-羟基-*N*-(2-甲基苯基)-4-[(2,4,5-三氯苯基)偶氮]-2-萘甲酰胺;C.I.颜料红 112

CAS 号 6535-46-2

使用范围	最大使用量/%	特定迁移量或最大残留量/(mg/kg)	备 注
塑料	PS:1.0		应符合着色剂纯度要求[a]
涂料	按生产需要适量使用		应符合着色剂纯度要求[a]

添加剂名称 4-(1-甲基-1-苯乙基)苯酚

CAS 号 599-64-4

使用范围	最大使用量/%	特定迁移量或最大残留量/(mg/kg)	备 注
涂料	按生产需要适量使用	0.05(SML)	

添加剂名称 4,4′-(1-甲基亚乙基)双苯酚与(氯甲基)环氧乙烷的聚合物

CAS 号 25068-38-6;25085-99-8

使用范围	最大使用量/%	特定迁移量或最大残留量/(mg/kg)	备 注
塑料	PE,PP:按生产需要适量使用	0.6(双酚 A;SML);1.0(环氧氯丙烷;QM)	
涂料	按生产需要适量使用	0.6(双酚 A;SML);1.0(环氧氯丙烷;QM)	
粘合剂	按生产需要适量使用	0.6(双酚 A;SML);1.0(环氧氯丙烷;QM)	

添加剂名称 4,4′-双(苯并噁唑-2-基)二苯乙烯

CAS 号 1533-45-5

使用范围	最大使用量/%	特定迁移量或最大残留量/(mg/kg)	备 注
塑料	PE,PP,PS,AS,ABS,PA,PET,PC,PVC,PVDC:0.025	0.05(SML)	应符合着色剂纯度要求[a]
涂料	按生产需要适量使用	0.05(SML)	应符合着色剂纯度要求[a]

表 A.1（续）

添加剂名称 4,4′-二氨基-[1,1′-联二蒽]-9,9′,10,10′-四酮;C.I.颜料红 177

CAS 号 4051-63-2

使用范围	最大使用量/%	特定迁移量或最大残留量/(mg/kg)	备 注
塑料	PE,PP,PS,AS,ABS,PA,PET,PC,PVC,PVDC,UP:1.0		应符合着色剂纯度要求[a]
涂料	按生产需要适量使用		应符合着色剂纯度要求[a]
油墨	按生产需要适量使用		应符合着色剂纯度要求[a]

添加剂名称 4,4′-硫代双(5-甲基-2-叔丁基苯酚)

CAS 号 96-69-5

使用范围	最大使用量/%	特定迁移量或最大残留量/(mg/kg)	备 注
塑料	PE:0.05;PP,ABS:0.3;PS,AS:0.6	0.48(SML)	
橡胶	按生产需要适量使用	0.48(SML)	
粘合剂	按生产需要适量使用	0.48(SML)	

添加剂名称 4,4′-亚丁基双-(3-甲基-6-叔丁苯基)-四(十三烷基)二亚磷酸酯

CAS 号 13003-12-8

使用范围	最大使用量/%	特定迁移量或最大残留量/(mg/kg)	备 注
塑料	PP,PE,PS,ABS:0.50;PC:按生产需要适量使用	6.0(SML)	

添加剂名称 4,4′-亚基双环已胺

CAS 号 1761-71-3

使用范围	最大使用量/%	特定迁移量或最大残留量/(mg/kg)	备 注
涂料	1.15	0.05(SML)	

添加剂名称 4,5,6,7,8,8-六氯-3*a*,4,7,7*a*-四氢-4,7-亚甲基异苯并呋喃-1,3-二酮

CAS 号 115-27-5

使用范围	最大使用量/%	特定迁移量或最大残留量/(mg/kg)	备 注
塑料	PE,PP:1.7	ND(SML,DL=0.01 mg/kg)	

表 A.1（续）

添加剂名称 4,5-二氯-2-[[4,5-二氢-3-甲基-5-氧代-1-(3-磺酰氧基苯基)-1*H*-吡唑-4-基]偶氮]苯磺酸二钠

CAS 号 65212-76-2

使用范围	最大使用量/%	特定迁移量或最大残留量/(mg/kg)	备注
塑料	PE,PP:0.1		应符合着色剂纯度要求[a]
涂料	按生产需要适量使用		应符合着色剂纯度要求[a]
橡胶	按生产需要适量使用		应符合着色剂纯度要求[a]
纸	按生产需要适量使用		应符合着色剂纯度要求[a]

添加剂名称 4-[(4,6-二辛硫基-1,3,5-三嗪-2-基)氨基]-2,6-二(1,1-甲基乙基)苯酚

CAS 号 991-84-4

使用范围	最大使用量/%	特定迁移量或最大残留量/(mg/kg)	备注
塑料	PP:0.3;PS,ABS:0.5;AS:0.1	30.0(SML)	
橡胶	0.5	30.0(SML)	
粘合剂	按生产需要适量使用	30.0(SML)	
纸	0.5	30.0(SML)	

添加剂名称 4-[[3-[[2-羟基-3-[[(4-甲氧苯基)]氨基]羰基]-1-萘偶氮]-4-甲基苯甲酰基]氨基]苯磺酸钙盐(2∶1);C.I.颜料红 247

CAS 号 43035-18-3

使用范围	最大使用量/%	特定迁移量或最大残留量/(mg/kg)	备注
塑料	PE,PP,PS,AS,ABS,PET,PC:1.0		应符合着色剂纯度要求[a]
纸	按生产需要适量使用		应符合着色剂纯度要求[a]

添加剂名称 4-[[5-[[[4-(氨基羰基)苯基]氨基]羰基]-2-甲氧基苯基]偶氮]-*N*-(5-氯-2,4-二氧基苯基)-3-羟基-2-萘甲酰胺;C.I.颜料红 187

CAS 号 59487-23-9

使用范围	最大使用量/%	特定迁移量或最大残留量/(mg/kg)	备注
塑料	PE,PP,PS,AS,ABS,PA,PET,PC:1.0		应符合着色剂纯度要求[a]
涂料	按生产需要适量使用		应符合着色剂纯度要求[a]

表 A.1(续)

添加剂名称 4-$C_{10\sim13}$-仲烷基苯磺酸衍生物

CAS 号 85536-14-7

使用范围	最大使用量/%	特定迁移量或最大残留量/(mg/kg)	备　注
纸	1.0		

添加剂名称 4-甲基苯磺酸嘧啶并[5,4-g]蝶啶-2,4,6,8-氨的碱性水解产物;C.I.颜料黄 215

CAS 号 346709-25-9

使用范围	最大使用量/%	特定迁移量或最大残留量/(mg/kg)	备　注
塑料	PE,PP,PS,AS,ABS,PA,PET,PC,PVC,PVDC,UP:0.5		应符合着色剂纯度要求[a]
涂料	按生产需要适量使用		应符合着色剂纯度要求[a]
油墨	按生产需要适量使用		应符合着色剂纯度要求[a]

添加剂名称 4-氯-2-[[4,5-二氢-3-甲基-5-氧代-1-(3-磺基苯)-1*H*-吡唑-4-基]偶氮]-5-甲基苯磺酸二铵盐;C.I.颜料黄 191:1

CAS 号 154946-66-4

使用范围	最大使用量/%	特定迁移量或最大残留量/(mg/kg)	备　注
塑料	PE,PP,PS,AS,ABS,PA,PET,PC,PVC,PVDC,UP:1.0		应符合着色剂纯度要求[a]
涂料	按生产需要适量使用		应符合着色剂纯度要求[a]
油墨	按生产需要适量使用		应符合着色剂纯度要求[a]

添加剂名称 4-氯-2-[[4,5-二氢-3-甲基-5-氧代-1-(3-磺酸苯基)-1*H*-吡唑-4-基]偶氮]-5-甲基-苯磺酸钙盐(1:1);C.I.颜料黄 191

CAS 号 129423-54-7

使用范围	最大使用量/%	特定迁移量或最大残留量/(mg/kg)	备　注
纸	1.0		应符合着色剂纯度要求[a]

添加剂名称 4-羟基-3-[[2-甲氧基-5-甲基-4-[(4-苯磺基)偶氮]苯基]偶氮]-7-(苯氨基)-2-萘磺酸与[次氮基三(2,1-亚乙基氧)]三(丙醇)的化合物(1:2)

CAS 号 124649-82-7

使用范围	最大使用量/%	特定迁移量或最大残留量/(mg/kg)	备　注
塑料	PE,PP,PS,AS,ABS,PET,PC:按生产需要适量使用		应符合着色剂纯度要求[a]
纸	按生产需要适量使用		应符合着色剂纯度要求[a]

表 A.1（续）

添加剂名称 4-羟基-3-[[2-甲氧基-5-甲基-4-[(4-磺苯基)偶氮]苯基]偶氮]-7-(苯基氨基)-2-萘磺酸二钠盐

CAS 号 6227-14-1

使用范围	最大使用量/%	特定迁移量或最大残留量/(mg/kg)	备注
纸	按生产需要适量使用		应符合着色剂纯度要求[a]

添加剂名称 5-(2,3-二氢-6-甲基-2-氧代-1*H*-苯并咪唑-5-基)偶氮-6-羟基-2,4(1*H*,3*H*)-嘧啶三酮；C.I.颜料橙 64

CAS 号 72102-84-2

使用范围	最大使用量/%	特定迁移量或最大残留量/(mg/kg)	备注
塑料	PE,PP,PS,AS,ABS,PA,PET,PC,PVC,PVDC,UP:1.0		应符合着色剂纯度要求[a]
涂料	按生产需要适量使用		应符合着色剂纯度要求[a]
油墨	按生产需要适量使用		应符合着色剂纯度要求[a]

添加剂名称 5,12-二氢-2,9-二氯-喹啉并[2,3-*b*]吖啶-7,14-二酮；C.I.颜料红 202

CAS 号 3089-17-6

使用范围	最大使用量/%	特定迁移量或最大残留量/(mg/kg)	备注
塑料	PE,PP,PS,AS,ABS,PA,PET,PC,PVC,PVDC,UP:1.0		应符合着色剂纯度要求[a]
涂料	按生产需要适量使用		应符合着色剂纯度要求[a]
油墨	按生产需要适量使用		应符合着色剂纯度要求[a]

添加剂名称 5,12-二氢-4,11-二氯-喹啉并[2,3-*b*]吖啶-7,14-二酮；C.I.颜料红 207

CAS 号 3089-16-5

使用范围	最大使用量/%	特定迁移量或最大残留量/(mg/kg)	备注
塑料	PE,PP,PS,AS,ABS,PA,PET,PC,PVC,PVDC,UP:0.025		应符合着色剂纯度要求[a]
涂料	按生产需要适量使用		应符合着色剂纯度要求[a]
油墨	按生产需要适量使用		应符合着色剂纯度要求[a]

表 A.1(续)

添加剂名称 5-[(3,4-二氯苯)偶氮基]-1,2-二氢-6-羟基-1,4-二甲基-2-氧代-3-吡啶甲腈;C.I.分散黄241

CAS号 83249-52-9

使用范围	最大使用量/%	特定迁移量或最大残留量/(mg/kg)	备注
塑料	PET:0.02		应符合着色剂纯度要求[a]

添加剂名称 5-氨基-1,3,3-三甲基环己甲胺

CAS号 2855-13-2

使用范围	最大使用量/%	特定迁移量或最大残留量/(mg/kg)	备注
涂料	按生产需要适量使用	6.0(SML)	
粘合剂	按生产需要适量使用	6.0(SML)	

添加剂名称 5-丁基乙基-2-[2,4,6-三(1,1-二甲基乙基)苯氧基]-1,3,2-二噁磷烷

CAS号 161717-32-4

使用范围	最大使用量/%	特定迁移量或最大残留量/(mg/kg)	备注
塑料	PE,PP:0.2	2.0[SML,以磷酸盐、亚磷酸盐及水解产物2,4,6-三(1,1-二甲基乙基)苯之和计]	

添加剂名称 5-磺基-1,3-苯二甲酸单钠盐

CAS号 6362-79-4

使用范围	最大使用量/%	特定迁移量或最大残留量/(mg/kg)	备注
粘合剂	按生产需要适量使用	5.0(SML)	

添加剂名称 5-磺基-1,3-苯二甲酸二甲酯钠盐

CAS号 3965-55-7

使用范围	最大使用量/%	特定迁移量或最大残留量/(mg/kg)	备注
塑料	PET:0.85	0.05(SML)	
粘合剂	按生产需要适量使用	0.05(SML)	

添加剂名称 5-氯-2-甲基-2*H*-异噻唑-3-酮

CAS号 26172-55-4

使用范围	最大使用量	特定迁移量或最大残留量/(mg/kg)	备注
塑料	PA,PE,PP,PS,ABS,PET,PC:按生产需要适量使用		
涂料	25 mg/kg		
粘合剂	按生产需要适量使用		
纸	50mg/kg		

表 A.1（续）

添加剂名称 5-氯-2-甲基-3(2*H*)-异噻唑酮和 2-甲基-3(2*H*)-异噻唑酮的混合物(3∶1)

CAS 号 55965-84-9

使用范围	最大使用量	特定迁移量或最大残留量/(mg/kg)	备　注
塑料	PA,PE,PP,PS,ABS,PET,PC:按生产需要适量使用		
涂料	25 mg/kg		
粘合剂	按生产需要适量使用		
纸	50 mg/kg		

添加剂名称 5-亚乙基降冰片烯-2

CAS 号 16219-75-3

使用范围	最大使用量/%	特定迁移量或最大残留量	备　注
塑料	PP,PE:按生产需要适量使用	0.05 mg/6 dm^2(QM)	

添加剂名称 5-异氰酸根合-1-(异氰酸根合甲基)-1,3,3-三甲基环己烷的均聚物

CAS 号 53880-05-0

使用范围	最大使用量/%	特定迁移量或最大残留量/(mg/kg)	备　注
粘合剂	按生产需要适量使用	1.0(QM,以异氰酸根计)	

添加剂名称 6-(2,5-二甲苯甲酰)-3-羟基-2-(3-羟基-2-喹啉基)-1*H*-茚-1-酮

CAS 号 198625-33-1

使用范围	最大使用量/%	特定迁移量或最大残留量/(mg/kg)	备　注
塑料	PET:0.02		应符合着色剂纯度要求[a]

添加剂名称 6-*O*-乙酰氧-2,3,4-三(2-甲基丙酰氧)-β-D-呋喃果糖-6-乙酰基-1,3,4-三-*O*-(2-甲基-1-氧丙基)-α-D-吡喃葡糖苷

CAS 号 126-13-6

使用范围	最大使用量/%	特定迁移量或最大残留量/(mg/kg)	备　注
塑料	PS:0.20		
粘合剂	按生产需要适量使用		

添加剂名称 6-氨基-1,3-二甲基-2,4(1*H*,3*H*)-嘧啶二酮

CAS 号 6642-31-5

使用范围	最大使用量/%	特定迁移量或最大残留量/(mg/kg)	备　注
塑料	PP,PE,PS,PVC,PA,PC,ABS,AS,PET:按生产需要适量使用	5.0(SML)	

表 A.1（续）

添加剂名称 7-(2*H*-萘并[1,2-*d*]三唑-2-基)-3-苯基-2*H*-1-苯并吡喃-2-酮

CAS 号 3333-62-8

使用范围	最大使用量/%	特定迁移量或最大残留量/(mg/kg)	备注
塑料	PP,PE:0.02;PET:0.035		应符合着色剂纯度要求[a]

添加剂名称 7-氨基-4-羟基-3-[[4-[(4-磺苯基)偶氮]苯基]偶氮基]-2-萘磺酸二钠

CAS 号 6300-50-1

使用范围	最大使用量/%	特定迁移量或最大残留量/(mg/kg)	备注
纸	按生产需要适量使用		应符合着色剂纯度要求[a]

添加剂名称 C.I.分散黄 54

CAS 号 7576-65-0

使用范围	最大使用量/%	特定迁移量或最大残留量/(mg/kg)	备注
塑料	PS,AS,ABS,PET,PC:0.2		应符合着色剂纯度要求[a]

添加剂名称 C.I.分散紫 026

CAS 号 6408-72-6

使用范围	最大使用量/%	特定迁移量或最大残留量/(mg/kg)	备注
塑料	ABS,PET:0.2		应符合着色剂纯度要求[a]

添加剂名称 C.I.溶剂橙 60

CAS 号 6925-69-5

使用范围	最大使用量/%	特定迁移量或最大残留量/(mg/kg)	备注
塑料	PET:0.2		应符合着色剂纯度要求[a]

添加剂名称 C.I.溶剂红 111;1-(甲氨基)蒽醌

CAS 号 82-38-2

使用范围	最大使用量/%	特定迁移量或最大残留量/(mg/kg)	备注
塑料	PS,AS,ABS,PA,PET,PC:0.2		应符合着色剂纯度要求[a]
涂料	按生产需要适量使用		应符合着色剂纯度要求[a]

表 A.1（续）

添加剂名称 C.I.溶剂红 135

CAS 号 20749-68-2

使用范围	最大使用量/%	特定迁移量或最大残留量/(mg/kg)	备　注
塑料	PE,PP,PS,AS,ABS,PA,PET,PC,PVC,PVDC,UP:按生产需要适量使用		应符合着色剂纯度要求[a]
涂料	按生产需要适量使用		应符合着色剂纯度要求[a]
油墨	按生产需要适量使用		应符合着色剂纯度要求[a]

添加剂名称 C.I.溶剂蓝 104

CAS 号 116-75-6

使用范围	最大使用量/%	特定迁移量或最大残留量/(mg/kg)	备　注
塑料	PS,AS,ABS,PET,PA,PC:0.2		应符合着色剂纯度要求[a]

添加剂名称 C.I.溶剂紫 13

CAS 号 81-48-1

使用范围	最大使用量/%	特定迁移量或最大残留量/(mg/kg)	备　注
塑料	PE,PP,PS,AS,ABS,PA,PET,PC,PVC,PVDC,UP:按生产需要适量使用		应符合着色剂纯度要求[a]
涂料	按生产需要适量使用		应符合着色剂纯度要求[a]
油墨	按生产需要适量使用		应符合着色剂纯度要求[a]

添加剂名称 C.I.颜料橙 13

CAS 号 3520-72-7

使用范围	最大使用量/%	特定迁移量或最大残留量/(mg/kg)	备　注
塑料	PE,PP,PS,AS,ABS,PA,PET,PC,PVC,PVDC,UP:按生产需要适量使用		应符合着色剂纯度要求[a]
涂料	按生产需要适量使用		应符合着色剂纯度要求[a]
油墨	按生产需要适量使用		应符合着色剂纯度要求[a]

表 A.1（续）

添加剂名称 C.I.颜料橙 16

CAS 号 6505-28-8

使用范围	最大使用量/%	特定迁移量或最大残留量/(mg/kg)	备　注
塑料	PE,PP,PS,AS,ABS,PA,PET,PC,PVC,PVDC,UP:按生产需要适量使用		应符合着色剂纯度要求[a]
涂料	按生产需要适量使用		应符合着色剂纯度要求[a]
油墨	按生产需要适量使用		应符合着色剂纯度要求[a]

添加剂名称 C.I.颜料橙 71

CAS 号 84632-50-8

使用范围	最大使用量/%	特定迁移量或最大残留量/(mg/kg)	备　注
塑料	PE,PP,PS,ABS:1.0		应符合着色剂纯度要求[a]
涂料	按生产需要适量使用		应符合着色剂纯度要求[a]
油墨	按生产需要适量使用		应符合着色剂纯度要求[a]

添加剂名称 C.I.颜料黑 23

CAS 号 68187-54-2

使用范围	最大使用量/%	特定迁移量或最大残留量/(mg/kg)	备　注
塑料	PE,PP,PA:2.7		应符合着色剂纯度要求[a]

添加剂名称 C.I.颜料黑 28

CAS 号 68186-91-4

使用范围	最大使用量/%	特定迁移量或最大残留量/(mg/kg)	备　注
塑料	PE, PP, PS, AS, ABS, PA, PET, PVC:5.0		应符合着色剂纯度要求[a]

添加剂名称 C.I.颜料黑 7

CAS 号 1333-86-4

使用范围	最大使用量/%	特定迁移量或最大残留量/(mg/kg)	备　注
塑料	PE: 3.0; PP, PS, AS, ABS, PA, PET,PC:按生产需要适量使用		应符合着色剂纯度要求[a]

表 A.1（续）

使用范围	最大使用量/%	特定迁移量或最大残留量/(mg/kg)	备　注
橡胶	50.0		应符合着色剂纯度要求[a]
纸	按生产需要适量使用		应符合着色剂纯度要求[a]

添加剂名称　C.I.颜料红 122

CAS 号　980-26-7

使用范围	最大使用量/%	特定迁移量或最大残留量/(mg/kg)	备　注
塑料	PE,PP,PS,AS,ABS,PA,PET,PC,PVC,PVDC,UP:0.5		应符合着色剂纯度要求[a]
涂料	按生产需要适量使用		应符合着色剂纯度要求[a]
油墨	按生产需要适量使用		应符合着色剂纯度要求[a]

添加剂名称　C.I.颜料红 144

CAS 号　5280-78-4

使用范围	最大使用量/%	特定迁移量或最大残留量/(mg/kg)	备　注
塑料	PE,PP,PS,AS,ABS,PA,PET,PC,PVC,PVDC,UP:1.0		应符合着色剂纯度要求[a]
涂料	按生产需要适量使用		应符合着色剂纯度要求[a]
油墨	按生产需要适量使用		应符合着色剂纯度要求[a]

添加剂名称　C.I.颜料红 149

CAS 号　4948-15-6

使用范围	最大使用量/%	特定迁移量或最大残留量/(mg/kg)	备　注
塑料	PE,PP,PS,AS,ABS,PA,PET,PC,PVC,PVDC,UP:1.0		应符合着色剂纯度要求[a]

添加剂名称　C.I.颜料红 170

CAS 号　2786-76-7

使用范围	最大使用量/%	特定迁移量或最大残留量/(mg/kg)	备　注
塑料	PE,PP,PS,AS,ABS:1.0		应符合着色剂纯度要求[a]
涂料	按生产需要适量使用		应符合着色剂纯度要求[a]

表 A.1（续）

添加剂名称 C.I.颜料红 179

CAS 号 5521-31-3

使用范围	最大使用量/%	特定迁移量或最大残留量/(mg/kg)	备　注
塑料	PE,PP,PS,AS,ABS,PA,PET,PC,PVC,PVDC,UP:按生产需要适量使用		应符合着色剂纯度要求[a]
涂料	按生产需要适量使用		应符合着色剂纯度要求[a]
橡胶	按生产需要适量使用		应符合着色剂纯度要求[a]
纸	按生产需要适量使用		应符合着色剂纯度要求[a]

添加剂名称 C.I.颜料红 181

CAS 号 2379-74-0

使用范围	最大使用量/%	特定迁移量或最大残留量/(mg/kg)	备　注
塑料	PE,PP,PS,AS,ABS,PA,PET,PC,PVC,PVDC,UP:按生产需要适量使用		应符合着色剂纯度要求[a]
涂料	按生产需要适量使用		应符合着色剂纯度要求[a]
油墨	按生产需要适量使用		应符合着色剂纯度要求[a]

添加剂名称 C.I.颜料红 220

CAS 号 68259-05-2

使用范围	最大使用量/%	特定迁移量或最大残留量/(mg/kg)	备　注
塑料	PE,PP,PS,AS,ABS,PA,PET,PC,PVC,PVDC,UP:1.0		应符合着色剂纯度要求[a]
涂料	按生产需要适量使用		应符合着色剂纯度要求[a]
油墨	按生产需要适量使用		应符合着色剂纯度要求[a]

表 A.1（续）

添加剂名称 C.I.颜料红 254

CAS 号 84632-65-5

使用范围	最大使用量/%	特定迁移量或最大残留量/(mg/kg)	备 注
塑料	PE,PP,PS,AS,ABS,PA,PET,PC,PVC,PVDC,UP:1.0		应符合着色剂纯度要求[a]
涂料	按生产需要适量使用		应符合着色剂纯度要求[a]
油墨	按生产需要适量使用		应符合着色剂纯度要求[a]

添加剂名称 C.I.颜料红 264

CAS 号 88949-33-1

使用范围	最大使用量/%	特定迁移量或最大残留量/(mg/kg)	备 注
塑料	PE,PP,PS,ABS,PET:1.0		应符合着色剂纯度要求[a]
涂料	按生产需要适量使用		应符合着色剂纯度要求[a]
油墨	按生产需要适量使用		应符合着色剂纯度要求[a]

添加剂名称 C.I.颜料红 272

CAS 号 84632-66-6

使用范围	最大使用量/%	特定迁移量或最大残留量/(mg/kg)	备 注
塑料	PE,PP,PS:1.0		应符合着色剂纯度要求[a]
涂料	按生产需要适量使用		应符合着色剂纯度要求[a]
油墨	按生产需要适量使用		应符合着色剂纯度要求[a]

添加剂名称 C.I.颜料红 48：2

CAS 号 7023-61-2

使用范围	最大使用量/%	特定迁移量或最大残留量/(mg/kg)	备 注
塑料	PE,PP,PS,AS,ABS,PA,PET,PC,PVC,PVDC,UP:按生产需要适量使用		应符合着色剂纯度要求[a]
涂料	按生产需要适量使用		应符合着色剂纯度要求[a]
油墨	按生产需要适量使用		应符合着色剂纯度要求[a]

表 A.1（续）

添加剂名称 C.I.颜料红 5

CAS 号 6410-41-9

使用范围	最大使用量/%	特定迁移量或最大残留量/(mg/kg)	备 注
塑料	PE,PP,PS,AS,ABS,PA,PET,PC,PVC,PVDC,UP:按生产需要适量使用		应符合着色剂纯度要求[a]
涂料	按生产需要适量使用		应符合着色剂纯度要求[a]
油墨	按生产需要适量使用		应符合着色剂纯度要求[a]

添加剂名称 C.I.颜料红 52：2

CAS 号 12238-31-2

使用范围	最大使用量/%	特定迁移量或最大残留量/(mg/kg)	备 注
塑料	PE,PP,PS,AS,ABS,PA,PET,PC:按生产需要适量使用		应符合着色剂纯度要求[a]
涂料	按生产需要适量使用		应符合着色剂纯度要求[a]

添加剂名称 C.I.颜料红 81

CAS 号 12224-98-5

使用范围	最大使用量/%	特定迁移量或最大残留量/(mg/kg)	备 注
纸	按生产需要适量使用		应符合着色剂纯度要求[a]

添加剂名称 C.I.颜料黄 109

CAS 号 5045-40-9

使用范围	最大使用量/%	特定迁移量或最大残留量/(mg/kg)	备 注
塑料	PE,PP,PS,AS,ABS,PA,PET,PC,PVC,PVDC,UP:按生产需要适量使用		应符合着色剂纯度要求[a]
涂料	按生产需要适量使用		应符合着色剂纯度要求[a]
油墨	按生产需要适量使用		应符合着色剂纯度要求[a]

表 A.1(续)

添加剂名称 C.I.颜料黄 119

CAS 号 68187-51-9

使用范围	最大使用量/%	特定迁移量或最大残留量/(mg/kg)	备　注
塑料	PE,PP,PS,AS,ABS,PA,PET,PC:3.0		应符合着色剂纯度要求[a]

添加剂名称 C.I.颜料黄 13

CAS 号 5102-83-0

使用范围	最大使用量/%	特定迁移量或最大残留量/(mg/kg)	备　注
塑料	PE,PP,PS,AS,ABS,PA,PET,PC,PVC,PVDC,UP:按生产需要适量使用		应符合着色剂纯度要求[a]
涂料	按生产需要适量使用		应符合着色剂纯度要求[a]
油墨	按生产需要适量使用		应符合着色剂纯度要求[a]

添加剂名称 C.I.颜料黄 138

CAS 号 30125-47-4

使用范围	最大使用量/%	特定迁移量或最大残留量/(mg/kg)	备　注
塑料	PE,PP,PS,AS,ABS,PA,PET,PC:1.0		应符合着色剂纯度要求[a]

添加剂名称 C.I.颜料黄 168

CAS 号 71832-85-4

使用范围	最大使用量/%	特定迁移量或最大残留量/(mg/kg)	备　注
塑料	PE,PP,PS,ABS:1.0		应符合着色剂纯度要求[a]
涂料	按生产需要适量使用		应符合着色剂纯度要求[a]
油墨	按生产需要适量使用		应符合着色剂纯度要求[a]

添加剂名称 C.I.颜料黄 180

CAS 号 77804-81-0

使用范围	最大使用量/%	特定迁移量或最大残留量/(mg/kg)	备　注
塑料	PE,PP,PS,AS,ABS,PA,PET,PC:1.0		应符合着色剂纯度要求[a]

表 A.1（续）

添加剂名称 C.I.颜料黄 183

CAS 号 65212-77-3

使用范围	最大使用量/%	特定迁移量或最大残留量/(mg/kg)	备　注
塑料	PE,PP,PS,AS,ABS,PA,PET,PC:1.0		应符合着色剂纯度要求[a]

添加剂名称 C.I.颜料黄 42

CAS 号 51274-00-1

使用范围	最大使用量/%	特定迁移量或最大残留量/(mg/kg)	备　注
塑料	PE,PP,PS,ABS,PET,PC:按生产需要适量使用		应符合着色剂纯度要求[a]
涂料	按生产需要适量使用		应符合着色剂纯度要求[a]
纸	按生产需要适量使用		应符合着色剂纯度要求[a]

添加剂名称 C.I.颜料黄 53

CAS 号 8007-18-9

使用范围	最大使用量/%	特定迁移量或最大残留量/(mg/kg)	备　注
塑料	PE,PP,PS,AS,ABS,PA,PET,PC,PVC,PVDC,UP:1.0		应符合着色剂纯度要求[a]

添加剂名称 C.I.颜料黄 62

CAS 号 12286-66-7

使用范围	最大使用量/%	特定迁移量或最大残留量/(mg/kg)	备　注
塑料	PE,PP,PS,ABS:1.0		应符合着色剂纯度要求[a]
涂料	按生产需要适量使用		应符合着色剂纯度要求[a]
油墨	按生产需要适量使用		应符合着色剂纯度要求[a]

添加剂名称 C.I.颜料黄 83

CAS 号 5567-15-7

使用范围	最大使用量/%	特定迁移量或最大残留量/(mg/kg)	备　注
塑料	PE,PP,PS,AS,ABS,PA,PET,PC,PVC,PVDC,UP:按生产需要适量使用		应符合着色剂纯度要求[a]

表 A.1（续）

使用范围	最大使用量/%	特定迁移量或最大残留量/(mg/kg)	备　注
涂料	按生产需要适量使用		应符合着色剂纯度要求[a]
油墨	按生产需要适量使用		应符合着色剂纯度要求[a]

添加剂名称　C.I.颜料黄 93

CAS 号　5580-57-4

使用范围	最大使用量/%	特定迁移量或最大残留量/(mg/kg)	备　注
塑料	PE,PP,PS,AS,ABS,PA,PET,PC,PVC,PVDC:0.2		应符合着色剂纯度要求[a]
涂料	按生产需要适量使用		应符合着色剂纯度要求[a]
油墨	按生产需要适量使用		应符合着色剂纯度要求[a]

添加剂名称　C.I.颜料黄 95

CAS 号　5280-80-8

使用范围	最大使用量/%	特定迁移量或最大残留量/(mg/kg)	备　注
塑料	PE,PP,PS,AS,ABS,PA,PET,PC,PVC,PVDC,UP:1.0		应符合着色剂纯度要求[a]
油墨	按生产需要适量使用		应符合着色剂纯度要求[a]

添加剂名称　C.I.颜料蓝 15∶1

CAS 号　12239-87-1

使用范围	最大使用量/%	特定迁移量或最大残留量/(mg/kg)	备　注
塑料	PE,PP,PS,AS,ABS,PA,PET,PC,PVC,PVDC,UP:1.0		应符合着色剂纯度要求[a]
涂料	0.25		应符合着色剂纯度要求[a]
橡胶	0.25		应符合着色剂纯度要求[a]
油墨	按生产需要适量使用		应符合着色剂纯度要求[a]
纸	按生产需要适量使用		应符合着色剂纯度要求[a]

表 A.1(续)

添加剂名称 C.I.颜料蓝 28

CAS 号 1345-16-0

使用范围	最大使用量/%	特定迁移量或最大残留量/(mg/kg)	备注
塑料	PE,PP,PS,AS,ABS,PA,PET,PC,PVC,PVDC,UP:按生产需要适量使用		应符合着色剂纯度要求[a]
涂料	按生产需要适量使用		应符合着色剂纯度要求[a]
油墨	按生产需要适量使用		应符合着色剂纯度要求[a]

添加剂名称 C.I.颜料蓝 29

CAS 号 57455-37-5

使用范围	最大使用量/%	特定迁移量或最大残留量/(mg/kg)	备注
塑料	PE,PP,PS,AS,ABS,PA,PET,PC,PVC,PVDC,UP:按生产需要适量使用		应符合着色剂纯度要求[a]
涂料	按生产需要适量使用		应符合着色剂纯度要求[a]
橡胶	按生产需要适量使用		应符合着色剂纯度要求[a]
纸	按生产需要适量使用		应符合着色剂纯度要求[a]

添加剂名称 C.I.颜料蓝 36

CAS 号 68187-11-1

使用范围	最大使用量/%	特定迁移量或最大残留量/(mg/kg)	备注
塑料	PE,PP,PS,AS,ABS,PA,PET,PC:3.0		应符合着色剂纯度要求[a]

添加剂名称 C.I.颜料蓝 60

CAS 号 81-77-6

使用范围	最大使用量/%	特定迁移量或最大残留量/(mg/kg)	备注
塑料	PE,PP,PS,AS,ABS,PA,PET,PC,PVC,PVDC,UP:按生产需要适量使用		应符合着色剂纯度要求[a]
涂料	按生产需要适量使用		应符合着色剂纯度要求[a]

表 A.1（续）

添加剂名称 C.I.颜料蓝 72

CAS 号 68186-86-7

使用范围	最大使用量/%	特定迁移量或最大残留量/(mg/kg)	备 注
塑料	PE,PP,PA:2.7		应符合着色剂纯度要求[a]

添加剂名称 C.I.颜料绿 17

CAS 号 1308-38-9

使用范围	最大使用量/%	特定迁移量或最大残留量/(mg/kg)	备 注
塑料	PE,PP,PS,AS,ABS,PA,PET,PC:3.0		应符合着色剂纯度要求[a]

添加剂名称 C.I.颜料绿 50

CAS 号 68186-85-6

使用范围	最大使用量/%	特定迁移量或最大残留量/(mg/kg)	备 注
塑料	PE,PP,PS,AS,ABS,PA,PET,PC:2.0		应符合着色剂纯度要求[a]
涂料	按生产需要适量使用		应符合着色剂纯度要求[a]
油墨	按生产需要适量使用		应符合着色剂纯度要求[a]

添加剂名称 C.I.颜料紫 19

CAS 号 1047-16-1

使用范围	最大使用量/%	特定迁移量或最大残留量/(mg/kg)	备 注
塑料	PE,PP,PS,AS,ABS,PA,PET,PC,PVC,PVDC,UP:按生产需要适量使用		应符合着色剂纯度要求[a]
纸	0.020		应符合着色剂纯度要求[a]

添加剂名称 C.I.颜料紫 2

CAS 号 1326-04-1

使用范围	最大使用量/%	特定迁移量或最大残留量/(mg/kg)	备 注
塑料	PE,PP,PS,AS,ABS,PA,PET,PC:按生产需要适量使用		应符合着色剂纯度要求[a]
涂料	按生产需要适量使用		应符合着色剂纯度要求[a]

表 A.1（续）

添加剂名称 C.I.颜料紫 23

CAS 号 215247-95-3；6358-30-1

使用范围	最大使用量/%	特定迁移量或最大残留量/(mg/kg)	备　注
塑料	PE，PP，PS，AS，ABS，PET，PC，PA，PVC，PVDC，UP：1.0		应符合着色剂纯度要求[a]
涂料	按生产需要适量使用		应符合着色剂纯度要求[a]
纸	按生产需要适量使用		应符合着色剂纯度要求[a]

添加剂名称 C.I.颜料紫 27

CAS 号 1325-82-2

使用范围	最大使用量/%	特定迁移量或最大残留量/(mg/kg)	备　注
纸	按生产需要适量使用		应符合着色剂纯度要求[a]

添加剂名称 C.I.颜料棕 23

CAS 号 35869-64-8

使用范围	最大使用量/%	特定迁移量或最大残留量/(mg/kg)	备　注
塑料	PE，PP，PS，AS，ABS，PA，PET，PC，PVC，PVDC，UP：按生产需要适量使用		应符合着色剂纯度要求[a]
涂料	按生产需要适量使用		应符合着色剂纯度要求[a]
油墨	按生产需要适量使用		应符合着色剂纯度要求[a]

添加剂名称 C.I.颜料棕 24

CAS 号 68186-90-3

使用范围	最大使用量/%	特定迁移量或最大残留量/(mg/kg)	备　注
塑料	PE，PP，PS，AS，ABS，PA，PET，PC：2.0		应符合着色剂纯度要求[a]
涂料	按生产需要适量使用		应符合着色剂纯度要求[a]

表 A.1（续）

添加剂名称 C.I.颜料棕 6

CAS 号 52357-70-7

使用范围	最大使用量/%	特定迁移量或最大残留量/(mg/kg)	备　注
塑料	PP,PE,PS,PVC,PA,PC,ABS,AS,PET,PVDC,UP:按生产需要适量使用		应符合着色剂纯度要求[a]
涂料	按生产需要适量使用		应符合着色剂纯度要求[a]

添加剂名称 C.I.油溶黄 93

CAS 号 4702-90-3

使用范围	最大使用量/%	特定迁移量或最大残留量/(mg/kg)	备　注
塑料	PS,AS,ABS,PET,PC:0.2		应符合着色剂纯度要求[a]

添加剂名称 C.I.油溶紫 37

CAS 号 71701-33-2

使用范围	最大使用量/%	特定迁移量或最大残留量/(mg/kg)	备　注
塑料	PS,AS,ABS:0.2		应符合着色剂纯度要求[a]

添加剂名称 C.I.直接红 81

CAS 号 2610-11-9

使用范围	最大使用量/%	特定迁移量或最大残留量/(mg/kg)	备　注
纸	按生产需要适量使用		应符合着色剂纯度要求[a]

添加剂名称 C.I.直接黄 11

CAS 号 1325-37-7

使用范围	最大使用量/%	特定迁移量或最大残留量/(mg/kg)	备　注
纸	按生产需要适量使用		应符合着色剂纯度要求[a]

添加剂名称 C.I.直接黄 6

CAS 号 1325-38-8

使用范围	最大使用量/%	特定迁移量或最大残留量/(mg/kg)	备　注
纸	按生产需要适量使用		应符合着色剂纯度要求[a]

表 A.1(续)

添加剂名称 $C_{10\sim16}$-醇

CAS 号 67762-41-8

使用范围	最大使用量/%	特定迁移量或最大残留量/(mg/kg)	备 注
涂料	按生产需要适量使用		
粘合剂	按生产需要适量使用		

添加剂名称 $C_{12\sim16}$-烷基酯硫酸钠盐

CAS 号 73296-89-6

使用范围	最大使用量/%	特定迁移量或最大残留量/(mg/kg)	备 注
涂料	按生产需要适量使用		

添加剂名称 $C_{14\sim18}$-脂肪酸甘油单双酯

CAS 号 67701-33-1

使用范围	最大使用量/%	特定迁移量或最大残留量/(mg/kg)	备 注
塑料	PE,PP,PS,AS,ABS,PA,PET,PC,PVDC,UP:按生产需要适量使用		

添加剂名称 $C_{16\sim18}$(单、双)甘油酯

CAS 号 85251-77-0

使用范围	最大使用量/%	特定迁移量或最大残留量/(mg/kg)	备 注
纸	按生产需要适量使用		

添加剂名称 $C_{16\sim18}$和C_{18}不饱和单、双甘油酯

CAS 号 68424-61-3

使用范围	最大使用量/%	特定迁移量或最大残留量/(mg/kg)	备 注
涂料	按生产需要适量使用		
粘合剂	按生产需要适量使用		

添加剂名称 D-酒石酸

CAS 号 87-69-4

使用范围	最大使用量/%	特定迁移量或最大残留量/(mg/kg)	备 注
塑料	PP,PE,PS,PVC,PA,PC,ABS,AS,PET,PVDC,UP:按生产需要适量使用		
涂料	按生产需要适量使用		
橡胶	按生产需要适量使用		
粘合剂	按生产需要适量使用		
纸	按生产需要适量使用		

表 A.1（续）

添加剂名称 D-山梨糖醇

CAS 号 50-70-4

使用范围	最大使用量/%	特定迁移量或最大残留量/(mg/kg)	备　注
塑料	PP,PS,AS:按生产需要适量使用		
粘合剂	按生产需要适量使用		
纸	按生产需要适量使用		

添加剂名称 D-异抗坏血酸钠盐

CAS 号 6381-77-7

使用范围	最大使用量/%	特定迁移量或最大残留量/(mg/kg)	备　注
涂料	按生产需要适量使用		
粘合剂	按生产需要适量使用		
纸	按生产需要适量使用		

添加剂名称 *N*-(2,3-二氢-2-氧代-1*H*-苯并咪唑-5-基)-3-氧代-2-[[2-(三氟甲基)苯基]偶氮]丁酰胺；C.I.颜料黄 154

CAS 号 68134-22-5

使用范围	最大使用量/%	特定迁移量或最大残留量/(mg/kg)	备　注
塑料	PE,PP,AS,PS,ABS:1.0		应符合着色剂纯度要求[a]

添加剂名称 *N*-(2-氨基乙基)乙醇胺

CAS 号 111-41-1

使用范围	最大使用量/%	特定迁移量或最大残留量/(mg/kg)	备　注
塑料	PE,PP,PS,AS,ABS,PA,PC:按生产需要适量使用	0.05(SML)	仅用于接触非脂肪性食品的材料
粘合剂	按生产需要适量使用	0.05(SML)	仅用于接触非脂肪性食品的材料

添加剂名称 *N*-(2-乙氧基苯基)-*N'*-(2-乙苯基)乙二酰胺

CAS 号 23949-66-8

使用范围	最大使用量/%	特定迁移量或最大残留量/(mg/kg)	备　注
塑料	PVC:0.5	30.0(SML)	

表 A.1（续）

添加剂名称 N-(4-氯-2,5-二甲氧基苯基)-3-羟基-4-[[2-甲氧基-5-[(苯氨基)羰基]苯基]偶氮]-2-萘甲酰胺;C.I.颜料红 146

CAS 号 5280-68-2

使用范围	最大使用量/%	特定迁移量或最大残留量/(mg/kg)	备　注
塑料	PE,PP,PS,AS,ABS,PA,PET,PC,PVC,PVDC,UP:按生产需要适量使用		应符合着色剂纯度要求[a]
涂料	按生产需要适量使用		应符合着色剂纯度要求[a]
油墨	按生产需要适量使用		应符合着色剂纯度要求[a]

添加剂名称 N,N′-(1,2-亚乙基)双十六烷-1-酰胺

CAS 号 5518-18-3

使用范围	最大使用量/%	特定迁移量或最大残留量/(mg/kg)	备　注
塑料	PE,PP,PS,AS,ABS,PA,PET,PC:按生产需要适量使用		

添加剂名称 N,N′-(2,5-二氯-1,4-亚苯基)双[4-(2,5-二氯苯基)偶氮]-3-羟基-2-萘甲酰胺;C.I.颜料红 214

CAS 号 40618-31-3

使用范围	最大使用量/%	特定迁移量或最大残留量/(mg/kg)	备　注
塑料	PE,PP,PS,AS,ABS,PA,PET,PC,PVC,PVDC,UP:按生产需要适量使用		应符合着色剂纯度要求[a]
涂料	按生产需要适量使用		应符合着色剂纯度要求[a]
油墨	按生产需要适量使用		应符合着色剂纯度要求[a]

添加剂名称 N,N′-(6,13-二乙酰氨基-2,9-二乙氧基-3,10-三苯并二噁嗪二基)二苯甲酰胺;C.I.颜料紫 37

CAS 号 17741-63-8

使用范围	最大使用量/%	特定迁移量或最大残留量/(mg/kg)	备　注
塑料	PE,PP,PS,AS,ABS,PA,PET,PC,PVC,PVDC,UP:按生产需要适量使用		应符合着色剂纯度要求[a]
涂料	按生产需要适量使用		应符合着色剂纯度要求[a]
油墨	按生产需要适量使用		应符合着色剂纯度要求[a]

表 A.1（续）

添加剂名称 *N*,*N*,*N*-三甲基-2-[(2-甲基-2-丙烯酰)氧]氯化乙铵

CAS 号 5039-78-1

使用范围	最大使用量/%	特定迁移量或最大残留量/(mg/kg)	备　注
纸	0.55		

添加剂名称 *N*,*N*,*N*-三甲基-2-[(2-甲基-2-烯丙酰)氧基]氯化乙铵与 *N*,*N*,*N*-三甲基-2-[(2-烯丙酰氧)基]氯化乙铵和丙烯酰胺的聚合物

CAS 号 101060-97-3

使用范围	最大使用量/%	特定迁移量或最大残留量/(mg/kg)	备　注
纸	0.1	ND(丙烯酰胺;SML,DL=0.01 mg/kg)	

添加剂名称 *N*,*N*,*N*-三甲基-3-[(1-氧代-2-丙烯基)氨基]-丙基氯化铵与丙烯酰胺的聚合物

CAS 号 75150-29-7

使用范围	最大使用量/%	特定迁移量或最大残留量/(mg/kg)	备　注
纸	0.1	ND(丙烯酰胺;SML,DL=0.01 mg/kg)	

添加剂名称 *N*,*N*′-已基-1,6-二[3-(3,5-二叔丁基-4-羟苯基)丙酰胺]

CAS 号 23128-74-7

使用范围	最大使用量/%	特定迁移量或最大残留量/(mg/kg)	备　注
塑料	PE,PS,PA:1.0;PET:0.6	45.0(SML)	
橡胶	0.6	45.0(SML)	

添加剂名称 *N*,*N*‴-1,2-乙二基二[*N*-[3-[[4,6-二[丁基(1,2,2,6,6-五甲基-4-哌啶基)氨基]-1,3,5-三嗪-2-基]氨基]丙基]]-*N*,*N*″-二丁基-*N*,*N*″-二(1,2,2,6,6-五甲基-4-哌啶基)-1,3,5-三嗪-2,4,6-三胺

CAS 号 106990-43-6

使用范围	最大使用量/%	特定迁移量或最大残留量/(mg/kg)	备　注
塑料	PE,PP:0.1;PS,AS,ABS:0.4	1.0(1,3,5-三嗪-2,4,6-三胺;SML)	

添加剂名称 *N*,*N*′-1,2-乙二基双十八(碳)酰胺

CAS 号 110-30-5

使用范围	最大使用量/%	特定迁移量或最大残留量/(mg/kg)	备　注
塑料	PVC,PE,PS,PP:2.0;ABS:3.0		

表 A.1（续）

添加剂名称 *N*,*N*′-1,4-亚苯基-二[4-(2,5-二氯苯基)偶氮]-3-羟基萘-2-甲酰胺；C.I.颜料红166

CAS号 3905-19-9

使用范围	最大使用量/%	特定迁移量或最大残留量/(mg/kg)	备注
塑料	PE,PP,PS,AS,ABS,PA,PET,PC,PVC,PVDC,UP：按生产需要适量使用		应符合着色剂纯度要求[a]
涂料	按生产需要适量使用		应符合着色剂纯度要求[a]
油墨	按生产需要适量使用		应符合着色剂纯度要求[a]

添加剂名称 *N*,*N*′-二(2,2,6,6-四甲基-4-哌啶)-1,6-正己二胺与2,4,6-三氯-1,3,5-三吖嗪的共聚物同*N*-丁基-1-丁胺和*N*-丁基-2,2,6,6-四甲基-4-哌啶胺的反应产物

CAS号 192268-64-7

使用范围	最大使用量/%	特定迁移量或最大残留量/(mg/kg)	备注
塑料	PE：0.6；PP：1.0	5.0(SML)	

添加剂名称 *N*,*N*′-二-(2,2,6,6-四甲基哌啶基-4-基)-1,6-己二氨与4-二氯-6-4-吗啉基-1,3,5-三嗪的聚合物

CAS号 82451-48-7

使用范围	最大使用量/%	特定迁移量或最大残留量/(mg/kg)	备注
塑料	PP,PE：0.3		

添加剂名称 *N*,*N*-二(2-羟乙基)$C_{12\sim18}$烷基胺衍生物

CAS号 71786-60-2

使用范围	最大使用量/%	特定迁移量或最大残留量/(mg/kg)	备注
塑料	PP：0.1；PE：0.2		

添加剂名称 *N*,*N*-二(2-羟乙基)十二烷基酰胺

CAS号 120-40-1

使用范围	最大使用量/%	特定迁移量或最大残留量/(mg/kg)	备注
塑料	PE,PP：0.8；PS,AS：1.5；ABS：2.5		

添加剂名称 *N*,*N*-二(2-羟乙基)油胺

CAS号 13127-82-7

使用范围	最大使用量/%	特定迁移量或最大残留量/(mg/kg)	备注
塑料	PE：0.15；PVC：0.1		

表 A.1（续）

添加剂名称 *N*,*N*-二甲基-*N*-2-丙烯酸-氯高聚合-2-丙烯-1-胺

CAS 号 26062-79-3

使用范围	最大使用量/%	特定迁移量或最大残留量/(mg/kg)	备　注
纸	0.15		

添加剂名称 *N*,*N'*-双(2,2,6,6-四甲基-4-哌啶基)-1,6-己二胺与2,4,6-三氯-1,3,5-三嗪吗啉的甲基化的聚合物

CAS 号 193098-40-7

使用范围	最大使用量/%	特定迁移量或最大残留量/(mg/kg)	备　注
塑料	PP,PE:0.3		

添加剂名称 *N*,*N*-双(2-羟基)牛油烷基胺

CAS 号 61791-44-4

使用范围	最大使用量/%	特定迁移量或最大残留量/(mg/kg)	备　注
塑料	PE:0.15;PP:0.1		

添加剂名称 *N*,*N*-双(2-羟基乙基)烷基(C_{12}～C_{18})氨基

CAS 号 10213-78-2

使用范围	最大使用量/%	特定迁移量或最大残留量/(mg/kg)	备　注
塑料	PE:0.5;PP:0.2;PS,AS,ABS:2.0		

添加剂名称 *N*-[2-(4-环己基苯氧基)乙基]-*N*-乙基-4-(2,2-二氰基乙烯基)-3-甲苯胺;C.I.分散黄201

CAS 号 54079-53-7

使用范围	最大使用量/%	特定迁移量或最大残留量/(mg/kg)	备　注
塑料	PET:0.2		应符合着色剂纯度要求[a]

添加剂名称 *N*-[4-(氨基羰基)苯基]-4-[[1-[[(2,3-二氢-2-氧代-1*H*-苯并咪唑-5-基)-氨基]羰基]-2-氧代丙基]偶氮]苯胺;C.I.颜料黄181

CAS 号 74441-05-7

使用范围	最大使用量/%	特定迁移量或最大残留量/(mg/kg)	备　注
塑料	PE,PP,PS,AS,ABS,PA,PET,PC:1.0		应符合着色剂纯度要求[a]
涂料	按生产需要适量使用		应符合着色剂纯度要求[a]

表 A.1（续）

添加剂名称 *N*-甲基-*N*-乙烯基乙酰胺

CAS 号 3195-78-6

使用范围	最大使用量/%	特定迁移量或最大残留量/(mg/kg)	备　注
涂料	按生产需要适量使用	2.0(QM)	

添加剂名称 *N*-甲基二乙醇胺

CAS 号 105-59-9

使用范围	最大使用量/%	特定迁移量或最大残留量/(mg/kg)	备　注
粘合剂	按生产需要适量使用		
纸	按生产需要适量使用		

添加剂名称 *N*-十八烷基-13-二十二酰胺

CAS 号 10094-45-8

使用范围	最大使用量/%	特定迁移量或最大残留量/(mg/kg)	备　注
塑料	PE,PP,PS,ABS,PA,AS,PET,PC,PVC,PVDC,UP:按生产需要适量使用	5.0(SML)	

添加剂名称 *N*-氧二乙撑基-2-苯并噻唑次磺酰胺(NOBS);4-(2-苯并噻唑硫基)吗啉

CAS 号 102-77-2

使用范围	最大使用量/%	特定迁移量或最大残留量/(mg/kg)	备　注
橡胶	1.5		

添加剂名称 *O*-十八烷酰乳酸钠

CAS 号 25383-99-7

使用范围	最大使用量/%	特定迁移量或最大残留量/(mg/kg)	备　注
纸	0.02		

添加剂名称 α-(壬基苯基)-ω-羟基聚(氧代-1,2-乙二基)

CAS 号 9016-45-9

使用范围	最大使用量/%	特定迁移量或最大残留量/(mg/kg)	备　注
塑料	PVC:0.04;PP:0.01;PE:3.0		
粘合剂	按生产需要适量使用		

添加剂名称 α-9-(*Z*)-十八烯酰-ω-羟基聚(氧乙烯)

CAS 号 9004-98-2

使用范围	最大使用量/%	特定迁移量或最大残留量/(mg/kg)	备　注
涂料	2.0		

表 A.1（续）

添加剂名称 α-磺基-ω-(壬苯氧基)聚(氧-1,2-乙二基)与 2-氨基乙醇的化合物

CAS 号 51617-74-4

使用范围	最大使用量/%	特定迁移量或最大残留量/(mg/kg)	备 注
塑料	PE,PP:按生产需要适量使用;PS,AS,ABS:2.5		
涂料	按生产需要适量使用		
粘合剂	按生产需要适量使用		

添加剂名称 α-磺基-ω-(壬基苯氧基)聚(氧化-1,2-二乙基)支链铵盐

CAS 号 68649-55-8

使用范围	最大使用量/%	特定迁移量或最大残留量/(mg/kg)	备 注
塑料	PE,PP:按生产需要适量使用;PS,AS,ABS:2.5		
涂料	按生产需要适量使用		
粘合剂	按生产需要适量使用		

添加剂名称 α-磺基-ω-羟基聚(氧-1,2-乙二基)$C_{12\sim14}$-烷基酯钠盐

CAS 号 68891-38-3

使用范围	最大使用量/%	特定迁移量或最大残留量/(mg/kg)	备 注
塑料	PA, PE, PP, PS, ABS, PET, PC, PVC,PVDC:按生产需要适量使用		
涂料	按生产需要适量使用		
粘合剂	按生产需要适量使用		
纸	按生产需要适量使用		

添加剂名称 α-磺基-ω-壬基苯氧基聚氧乙烯基醚钠盐

CAS 号 9014-90-8

使用范围	最大使用量/%	特定迁移量或最大残留量/(mg/kg)	备 注
粘合剂	按生产需要适量使用	1.0(环氧乙烷:QM)	

添加剂名称 α-甲基苯乙烯与苯乙烯的共聚物

CAS 号 9011-11-4

使用范围	最大使用量/%	特定迁移量或最大残留量/(mg/kg)	备 注
涂料	按生产需要适量使用		
粘合剂	按生产需要适量使用		

表 A.1(续)

添加剂名称 α-硫代-ω-(支链与直链)十一烷氧基聚(氧基-1,2-乙二基)钠盐

CAS 号 219756-63-5

使用范围	最大使用量/%	特定迁移量或最大残留量/(mg/kg)	备　注
粘合剂	按生产需要适量使用		

添加剂名称 α-十二烷基-ω-羟基(氧-1,2-乙二基)的聚合物

CAS 号 9002-92-0

使用范围	最大使用量/%	特定迁移量或最大残留量/(mg/kg)	备　注
油墨	按生产需要适量使用		仅作分散剂

添加剂名称 α-异十三烷基-ω-羟基-聚(氧-1,2-亚乙基)

CAS 号 9043-30-5

使用范围	最大使用量/%	特定迁移量或最大残留量/(mg/kg)	备　注
粘合剂	按生产需要适量使用	1.0(环氧乙烷;QM)	

添加剂名称 β-(3,5-二叔丁基-4-羟基苯基)丙酸十八醇酯;十八烷基-3,5-双(1,1-二甲基乙基)-4-羟基苯丙酸酯

CAS 号 2082-79-3

使用范围	最大使用量/%	特定迁移量或最大残留量/(mg/kg)	备　注
塑料	PE, PP, PS, AS, ABS, PET, PC:0.5;PVC:0.006 0;PVDC:0.2	6.0(SML)	
橡胶	0.5	6.0(SML)	
粘合剂	按生产需要适量使用	6.0(SML)	
纸	0.5	6.0(SML)	

添加剂名称 安息香酸锂

CAS 号 553-54-8

使用范围	最大使用量/%	特定迁移量或最大残留量/(mg/kg)	备　注
塑料	PP,PE,PS,PVC,PA,PC,ABS,AS,PET:按生产需要适量使用	0.6(SML,以锂计)	

添加剂名称 氨

CAS 号 7664-41-7

使用范围	最大使用量/%	特定迁移量或最大残留量/(mg/kg)	备　注
塑料	PE,PP,PS,AS,ABS,PA,PET,PC:按生产需要适量使用		
粘合剂	按生产需要适量使用		
纸	按生产需要适量使用		

表 A.1(续)

添加剂名称 白矿物油

CAS 号 8042-47-5

使用范围	最大使用量/%	特定迁移量或最大残留量/(mg/kg)	备 注
塑料	PE,PP,PS,ABS,PC:按生产需要适量使用		
涂料	按生产需要适量使用		
橡胶	5.0		
粘合剂	按生产需要适量使用		
纸	按生产需要适量使用		

添加剂名称 白土处理的矿脂(白矿物油)

CAS 号 100684-33-1

使用范围	最大使用量/%	特定迁移量或最大残留量/(mg/kg)	备 注
塑料	PP,PE,PS,PVC,PA,PC,ABS,AS,PET,PVDC,UP:按生产需要适量使用		
涂料	按生产需要适量使用		
橡胶	按生产需要适量使用		
粘合剂	按生产需要适量使用		

添加剂名称 苯酚

CAS 号 108-95-2

使用范围	最大使用量/%	特定迁移量或最大残留量/(mg/kg)	备 注
涂料	按生产需要适量使用		

添加剂名称 苯酚与甲醛的聚合物

CAS 号 9003-35-4

使用范围	最大使用量/%	特定迁移量或最大残留量/(mg/kg)	备 注
涂料	按生产需要适量使用	15.0(甲醛:SML)	
粘合剂	按生产需要适量使用	15.0(甲醛:SML)	

添加剂名称 苯甲酸

CAS 号 65-85-0

使用范围	最大使用量/%	特定迁移量或最大残留量/(mg/kg)	备 注
塑料	AS,ABS,PET,PC,PE,PP:按生产需要适量使用		

表 A.1（续）

添加剂名称 苯甲酸钠盐

CAS 号 532-32-1

使用范围	最大使用量/%	特定迁移量或最大残留量/(mg/kg)	备 注
塑料	PP,PS:按生产需要适量使用		

添加剂名称 苯乙烯

CAS 号 100-42-5

使用范围	最大使用量/%	特定迁移量或最大残留量/(mg/kg)	备 注
涂料	按生产需要适量使用		
油墨	按生产需要适量使用		
粘合剂	按生产需要适量使用		
纸	按生产需要适量使用		

添加剂名称 苯乙烯、丙烯酸乙基己基酯、丙烯酸丁酯的聚合物

CAS 号 —

使用范围	最大使用量/%	特定迁移量或最大残留量/(mg/kg)	备 注
涂料	按生产需要适量使用	0.05(丙烯酸乙基己基酯:SML);6.0(丙烯酸丁酯:SML)	
油墨	50.0	0.05(丙烯酸乙基己基酯:SML);6.0(丙烯酸丁酯:SML)	
粘合剂	按生产需要适量使用	0.05(丙烯酸乙基己基酯:SML);6.0(丙烯酸丁酯:SML)	
纸	按生产需要适量使用	0.05(丙烯酸乙基己基酯:SML);6.0(丙烯酸丁酯:SML)	

添加剂名称 苯乙烯与丙烯酸丁酯和丙烯酸的共聚物

CAS 号 25586-20-3

使用范围	最大使用量/%	特定迁移量或最大残留量/(mg/kg)	备 注
塑料	PA,PC,PET:按生产需要适量使用	6.0(SML,以丙烯酸丁酯和丙烯酸之和计)	
粘合剂	按生产需要适量使用	6.0(SML,以丙烯酸丁酯和丙烯酸之和计)	
纸	按生产需要适量使用	6.0(SML,以丙烯酸丁酯和丙烯酸之和计)	

添加剂名称 蓖麻油

CAS 号 8001-79-4

使用范围	最大使用量/%	特定迁移量或最大残留量/(mg/kg)	备 注
塑料	PE,PS,AS,ABS:按生产需要适量使用		

表 A.1（续）

使用范围	最大使用量/%	特定迁移量或最大残留量/(mg/kg)	备　注
涂料	按生产需要适量使用		
橡胶	30.0		
粘合剂	按生产需要适量使用		
纸	按生产需要适量使用		

添加剂名称　蓖麻油酸

CAS 号　141-22-0

使用范围	最大使用量/%	特定迁移量或最大残留量/(mg/kg)	备　注
涂料	按生产需要适量使用	42.0(SML)	

添加剂名称　蓖麻油酸聚氧乙烯酯

CAS 号　9004-97-1

使用范围	最大使用量/%	特定迁移量或最大残留量/(mg/kg)	备　注
塑料	PP,PE,PS,PVC,PA,PC,ABS,AS,PET,UP:按生产需要适量使用	42.0(SML)	
纸	按生产需要适量使用	42.0(SML)	

添加剂名称　蓖麻油与1,1′-亚甲基双[4-异氰酸根合苯]和2-乙基-2-羟甲基-1,3-丙二醇的聚合物

CAS 号　—

使用范围	最大使用量/%	特定迁移量或最大残留量/(mg/kg)	备　注
粘合剂	按生产需要适量使用	1.0(QM,以异氰酸根计);6.0(2-乙基-2-羟甲基-1,3-丙二醇:SML)	

添加剂名称　苄醇

CAS 号　100-51-6

使用范围	最大使用量/%	特定迁移量或最大残留量/(mg/kg)	备　注
涂料	4.0		
粘合剂	按生产需要适量使用		

添加剂名称　丙醇醚

CAS 号　25265-71-8

使用范围	最大使用量/%	特定迁移量或最大残留量/(mg/kg)	备　注
涂料	按生产需要适量使用		
粘合剂	按生产需要适量使用		
纸	按生产需要适量使用		

表 A.1（续）

添加剂名称　丙基-2-甲基-2-丙烯酸酯

CAS 号　2210-28-8

使用范围	最大使用量/%	特定迁移量或最大残留量/(mg/kg)	备　注
涂料	按生产需要适量使用	6.0(SML)	
粘合剂	按生产需要适量使用	6.0(SML)	
纸	按生产需要适量使用	6.0(SML)	

添加剂名称　丙三醇

CAS 号　56-81-5

使用范围	最大使用量/%	特定迁移量或最大残留量/(mg/kg)	备　注
塑料	PE,PP,PS,AS,ABS,PA,PC,PVC,PVDC:按生产需要适量使用;PET:0.05		
涂料	按生产需要适量使用		
粘合剂	按生产需要适量使用		

添加剂名称　丙酸

CAS 号　79-09-4

使用范围	最大使用量/%	特定迁移量或最大残留量/(mg/kg)	备　注
塑料	PE,PP,PS,AS,ABS,PA,PET,PC:按生产需要适量使用		
橡胶	按生产需要适量使用		

添加剂名称　丙酮

CAS 号　67-64-1

使用范围	最大使用量/%	特定迁移量或最大残留量/(mg/kg)	备　注
涂料	按生产需要适量使用		
油墨	按生产需要适量使用		
粘合剂	按生产需要适量使用		
纸	按生产需要适量使用		

添加剂名称　丙酮和二苯胺高温反应物

CAS 号　68412-48-6

使用范围	最大使用量/%	特定迁移量或最大残留量/(mg/kg)	备　注
橡胶	5.0		

表 A.1（续）

添加剂名称 丙烯腈

CAS 号 107-13-1

使用范围	最大使用量/%	特定迁移量或最大残留量/(mg/kg)	备 注
涂料	按生产需要适量使用	ND(丙烯腈:SML,DL=0.02 mg/kg)	
粘合剂	按生产需要适量使用	ND(丙烯腈:SML,DL=0.02 mg/kg)	
纸	按生产需要适量使用	ND(丙烯腈:SML,DL=0.02 mg/kg)	

添加剂名称 丙烯腈和丁二烯与苯乙烯的三元共聚物

CAS 号 9003-56-9

使用范围	最大使用量/%	特定迁移量或最大残留量/(mg/kg)	备 注
塑料	PS,AS,ABS,PC:按生产需要适量使用	ND(丙烯腈:SML,DL=0.02 mg/kg);ND(丁二烯:SML,DL=0.02 mg/kg)	
涂料	按生产需要适量使用	ND(丙烯腈:SML,DL=0.02 mg/kg);ND(丁二烯:SML,DL=0.02 mg/kg)	
粘合剂	按生产需要适量使用	ND(丙烯腈:SML,DL=0.02 mg/kg);ND(丁二烯:SML,DL=0.02 mg/kg)	
纸	按生产需要适量使用	ND(丙烯腈:SML,DL=0.02 mg/kg);ND(丁二烯:SML,DL=0.02 mg/kg)	

添加剂名称 丙烯腈与丙烯酸-2-乙基己酯、甲基丙烯酸和苯乙烯的共聚物

CAS 号 26873-77-8

使用范围	最大使用量/%	特定迁移量或最大残留量/(mg/kg)	备 注
塑料	PA,PC,PET:按生产需要适量使用	ND(丙烯腈:SML,DL=0.02 mg/kg);0.05(丙烯酸-2-乙基己酯:SML);6.0(甲基丙烯酸:SML)	
粘合剂	按生产需要适量使用	ND(丙烯腈:SML,DL=0.02 mg/kg);0.05(丙烯酸-2-乙基己酯:SML);6.0(甲基丙烯酸:SML)	
纸	按生产需要适量使用	ND(丙烯腈:SML,DL=0.02 mg/kg);0.05(丙烯酸-2-乙基己酯:SML);6.0(甲基丙烯酸:SML)	

添加剂名称 丙烯腈与丙烯酸丁酯和 *N*-羟甲基-甲基丙烯酰胺的共聚物

CAS 号 29434-28-4

使用范围	最大使用量/%	特定迁移量或最大残留量/(mg/kg)	备 注
粘合剂	按生产需要适量使用	ND(丙烯腈:SML,DL=0.02 mg/kg);6.0(丙烯酸丁酯:SML);0.05(*N*-羟甲基-甲基丙烯酰胺:SML)	
纸	按生产需要适量使用	ND(丙烯腈:SML,DL=0.02 mg/kg);6.0(丙烯酸丁酯:SML);0.05(*N*-羟甲基-甲基丙烯酰胺:SML)	

表 A.1(续)

添加剂名称 丙烯腈与丙烯酸乙酯的聚合物

CAS 号 25053-12-7

使用范围	最大使用量/%	特定迁移量或最大残留量/(mg/kg)	备　注
塑料	PA,PC,PET:按生产需要适量使用	ND(丙烯腈:SML,DL=0.02 mg/kg);6.0(丙烯酸乙酯:SML)	
粘合剂	按生产需要适量使用	ND(丙烯腈:SML,DL=0.02 mg/kg);6.0(丙烯酸乙酯:SML)	
纸	按生产需要适量使用	ND(丙烯腈:SML,DL=0.02 mg/kg);6.0(丙烯酸乙酯:SML)	

添加剂名称 丙烯腈与丙烯酸乙酯和 *N*-羟甲基-丙烯酰胺的共聚物

CAS 号 29013-35-2

使用范围	最大使用量/%	特定迁移量或最大残留量/(mg/kg)	备　注
粘合剂	按生产需要适量使用	ND(丙烯腈:SML,DL=0.02 mg/kg);6.0(丙烯酸乙酯:SML);0.05(*N*-羟甲基-丙烯酰胺:SML)	
纸	按生产需要适量使用	ND(丙烯腈:SML,DL=0.02 mg/kg);6.0(丙烯酸乙酯:SML);0.05(*N*-羟甲基-丙烯酰胺:SML)	

添加剂名称 丙烯腈与丙烯酸乙酯和亚甲基丁二酸的共聚物

CAS 号 35705-21-6

使用范围	最大使用量/%	特定迁移量或最大残留量/(mg/kg)	备　注
粘合剂	按生产需要适量使用	ND(丙烯腈:SML,DL=0.02 mg/kg);6.0(丙烯酸乙酯:SML)	
纸	按生产需要适量使用	ND(丙烯腈:SML,DL=0.02 mg/kg);6.0(丙烯酸乙酯:SML)	

添加剂名称 丙烯腈与甲基丙烯酸甲酯和苯乙烯的共聚物

CAS 号 25213-88-1

使用范围	最大使用量/%	特定迁移量或最大残留量/(mg/kg)	备　注
粘合剂	按生产需要适量使用	ND(丙烯腈:SML,DL=0.02 mg/kg);6.0(甲基丙烯酸甲酯:SML)	
纸	按生产需要适量使用	ND(丙烯腈:SML,DL=0.02 mg/kg);6.0(甲基丙烯酸甲酯:SML)	

表 A.1（续）

添加剂名称 丙烯酸

CAS 号 79-10-7

使用范围	最大使用量/%	特定迁移量或最大残留量/(mg/kg)	备　注
涂料	按生产需要适量使用	6.0(丙烯酸:SML)	
粘合剂	按生产需要适量使用	6.0(丙烯酸:SML)	
纸	按生产需要适量使用	6.0(丙烯酸:SML)	

添加剂名称 丙烯酸-2-羟乙基酯

CAS 号 818-61-1

使用范围	最大使用量/%	特定迁移量或最大残留量/(mg/kg)	备　注
涂料	按生产需要适量使用	6.0(SML)	
粘合剂	按生产需要适量使用	6.0(SML)	
纸	按生产需要适量使用	6.0(SML)	

添加剂名称 丙烯酸-2-乙基己酯与甲基丙烯酸甲酯和苯乙烯的共聚物

CAS 号 25750-06-5

使用范围	最大使用量/%	特定迁移量或最大残留量/(mg/kg)	备　注
粘合剂	按生产需要适量使用	0.05(丙烯酸-2-乙基己酯:SML)	

添加剂名称 丙烯酸丁酯

CAS 号 141-32-2

使用范围	最大使用量/%	特定迁移量或最大残留量/(mg/kg)	备　注
涂料	按生产需要适量使用	6.0(丙烯酸丁酯:SML)	
粘合剂	按生产需要适量使用	6.0(丙烯酸丁酯:SML)	
纸	按生产需要适量使用	6.0(丙烯酸丁酯:SML)	

添加剂名称 丙烯酸丁酯与苯乙烯的共聚物

CAS 号 25767-47-9

使用范围	最大使用量/%	特定迁移量或最大残留量/(mg/kg)	备　注
塑料	PA,PET,PC:按生产需要适量使用	6.0(丙烯酸丁酯:SML)	
涂料	20.0	6.0(丙烯酸丁酯:SML)	
粘合剂	按生产需要适量使用	6.0(丙烯酸丁酯:SML)	
纸	按生产需要适量使用	6.0(丙烯酸丁酯:SML)	

表 A.1（续）

添加剂名称 丙烯酸丁酯与丙烯酸-2-羟乙酯的共聚物

CAS 号 32409-50-0

使用范围	最大使用量/%	特定迁移量或最大残留量/(mg/kg)	备注
塑料	PA,PC,PET:按生产需要适量使用	6.0(SML,以丙烯酸丁酯和丙烯酸-2-羟乙酯之和计)	
粘合剂	按生产需要适量使用	6.0(SML,以丙烯酸丁酯和丙烯酸-2-羟乙酯之和计)	

添加剂名称 丙烯酸丁酯与丙烯酸-2-乙基己酯和苯乙烯的共聚物

CAS 号 30795-23-4

使用范围	最大使用量/%	特定迁移量或最大残留量/(mg/kg)	备注
塑料	PA,PC,PET:按生产需要适量使用	6.0(丙烯酸丁酯;SML);0.05(丙烯酸-2-乙基己酯;SML)	
粘合剂	按生产需要适量使用	6.0(丙烯酸丁酯;SML);0.05(丙烯酸-2-乙基己酯;SML)	
纸	按生产需要适量使用	6.0(丙烯酸丁酯;SML);0.05(丙烯酸-2-乙基己酯;SML)	

添加剂名称 丙烯酸丁酯与丙烯酸-2-乙基己酯和丙烯酸甲酯的共聚物

CAS 号 25916-29-4

使用范围	最大使用量/%	特定迁移量或最大残留量/(mg/kg)	备注
塑料	PA,PC,PET:按生产需要适量使用	6.0(SML,以丙烯酸丁酯和丙烯酸甲酯之和计);0.05(丙烯酸-2-乙基己酯;SML)	
粘合剂	按生产需要适量使用	6.0(SML,以丙烯酸丁酯和丙烯酸甲酯之和计);0.05(丙烯酸-2-乙基己酯;SML)	
纸	按生产需要适量使用	6.0(SML,以丙烯酸丁酯和丙烯酸甲酯之和计);0.05(丙烯酸-2-乙基己酯;SML)	

添加剂名称 丙烯酸丁酯与丙烯酸乙酯和甲基丙烯酸甲酯的共聚物

CAS 号 25767-43-5

使用范围	最大使用量/%	特定迁移量或最大残留量/(mg/kg)	备注
塑料	PA,PC,PET,PVC:按生产需要适量使用	6.0(SML,以丙烯酸丁酯和丙烯酸乙酯之和计);6.0(甲基丙烯酸:SML)	

添加剂名称 丙烯酸丁酯与丙烯酸异丁酯的共聚物

CAS 号 30698-92-1

使用范围	最大使用量/%	特定迁移量或最大残留量/(mg/kg)	备注
塑料	PA,PET,PC:按生产需要适量使用	6.0(SML,以丙烯酸丁酯和丙烯酸异丁酯之和计)	

表 A.1(续)

使用范围	最大使用量/%	特定迁移量或最大残留量/(mg/kg)	备 注
粘合剂	按生产需要适量使用	6.0(SML,以丙烯酸丁酯和丙烯酸异丁酯之和计)	
纸	按生产需要适量使用	6.0(SML,以丙烯酸丁酯和丙烯酸异丁酯之和计)	

添加剂名称 丙烯酸丁酯与甲基丙烯酸-2-羟乙酯、甲基丙烯酸、甲基丙烯酸甲酯和苯乙烯的共聚物

CAS 号 36179-96-1

使用范围	最大使用量/%	特定迁移量或最大残留量/(mg/kg)	备 注
塑料	PA,PC,PET:按生产需要适量使用	6.0(SML,以甲基丙烯酸-2-羟乙酯、甲基丙烯酸和甲基丙烯酸甲酯之和计);6.0(丙烯酸丁酯:SML)	
粘合剂	按生产需要适量使用	6.0(SML,以甲基丙烯酸-2-羟乙酯、甲基丙烯酸和甲基丙烯酸甲酯之和计);6.0(丙烯酸丁酯:SML)	
纸	按生产需要适量使用	6.0(SML,以甲基丙烯酸-2-羟乙酯、甲基丙烯酸和甲基丙烯酸甲酯之和计);6.0(丙烯酸丁酯:SML)	

添加剂名称 丙烯酸丁酯与甲基丙烯酸-2-羟乙酯、甲基丙烯酸甲酯和苯乙烯的共聚物

CAS 号 25951-39-7

使用范围	最大使用量/%	特定迁移量或最大残留量/(mg/kg)	备 注
塑料	PA,PC,PET:按生产需要适量使用	6.0(SML,以甲基丙烯酸-2-羟乙酯、甲基丙烯酸和甲基丙烯酸甲酯之和计);6.0(丙烯酸丁酯:SML)	
粘合剂	按生产需要适量使用	6.0(SML,以甲基丙烯酸-2-羟乙酯、甲基丙烯酸和甲基丙烯酸甲酯之和计);6.0(丙烯酸丁酯:SML)	

添加剂名称 丙烯酸丁酯与甲基丙烯酸丁酯、丙烯酸乙酯、甲基丙烯酸和甲基丙烯酸甲酯的共聚物

CAS 号 —

使用范围	最大使用量/%	特定迁移量或最大残留量/(mg/kg)	备 注
塑料	PA,PET,PC:按生产需要适量使用	6.0(SML,以丙烯酸乙酯和丙烯酸丁酯之和计);6.0(SML,以甲基丙烯酸丁酯、甲基丙烯酸和甲基丙烯酸甲酯之和计)	
粘合剂	按生产需要适量使用	6.0(SML,以丙烯酸乙酯和丙烯酸丁酯之和计);6.0(SML,以甲基丙烯酸丁酯、甲基丙烯酸和甲基丙烯酸甲酯之和计)	
纸	按生产需要适量使用	6.0(SML,以丙烯酸乙酯和丙烯酸丁酯之和计);6.0(SML,以甲基丙烯酸丁酯、甲基丙烯酸和甲基丙烯酸甲酯之和计)	

表 A.1（续）

添加剂名称 丙烯酸丁酯与甲基丙烯酸丁酯、甲基丙烯酸和甲基丙烯酸甲酯的共聚物

CAS 号 26184-07-6

使用范围	最大使用量/%	特定迁移量或最大残留量/(mg/kg)	备　注
塑料	PA,PC,PET:按生产需要适量使用	6.0(丙烯酸丁酯:SML);6.0(SML:以甲基丙烯酸丁酯、甲基丙烯酸和甲基丙烯酸甲酯之和计)	
粘合剂	按生产需要适量使用	6.0(丙烯酸丁酯:SML);6.0(SML:以甲基丙烯酸丁酯、甲基丙烯酸和甲基丙烯酸甲酯之和计)	

添加剂名称 丙烯酸丁酯与甲基丙烯酸和苯乙烯的共聚物

CAS 号 25036-16-2

使用范围	最大使用量/%	特定迁移量或最大残留量/(mg/kg)	备　注
塑料	PA,PC,PET:按生产需要适量使用	6.0(丙烯酸丁酯:SML);6.0(甲基丙烯酸:SML)	
粘合剂	按生产需要适量使用	6.0(丙烯酸丁酯:SML);6.0(甲基丙烯酸:SML)	
纸	按生产需要适量使用	6.0(丙烯酸丁酯:SML);6.0(甲基丙烯酸:SML)	

添加剂名称 丙烯酸丁酯与甲基丙烯酸和甲基丙烯酸甲酯的共聚物

CAS 号 25035-69-2

使用范围	最大使用量/%	特定迁移量或最大残留量/(mg/kg)	备　注
塑料	PA,PC,PET:按生产需要适量使用	6.0(丙烯酸丁酯:SML);6.0(SML:以甲基丙烯酸和甲基丙烯酸甲酯之和计)	
粘合剂	按生产需要适量使用	6.0(丙烯酸丁酯:SML);6.0(SML:以甲基丙烯酸和甲基丙烯酸甲酯之和计)	
纸	按生产需要适量使用	6.0(丙烯酸丁酯:SML);6.0(SML:以甲基丙烯酸和甲基丙烯酸甲酯之和计)	

添加剂名称 丙烯酸丁酯与甲基丙烯酸甲酯和苯乙烯的共聚物

CAS 号 27136-15-8

使用范围	最大使用量/%	特定迁移量或最大残留量/(mg/kg)	备　注
涂料	按生产需要适量使用	6.0(丙烯酸丁酯:SML);6.0(甲基丙烯酸甲酯:SML)	

表 A.1（续）

添加剂名称 丙烯酸丁酯与马来酸二烯丙酯、甲基丙烯酸甲酯和三羟甲基丙基三丙烯酸酯的共聚物

CAS 号 —

使用范围	最大使用量/%	特定迁移量或最大残留量/(mg/kg)	备 注
塑料	PVC：5.0	6.0(三羟甲基丙烷：SML)；6.0(丙烯酸丁酯：SML)；6.0(甲基丙烯酸甲酯：SML)	
粘合剂	按生产需要适量使用	6.0(三羟甲基丙烷：SML)；6.0(丙烯酸丁酯：SML)；6.0(甲基丙烯酸甲酯：SML)	

添加剂名称 丙烯酸丁酯与亚甲基丁二酸、甲基丙烯酸和苯乙烯的共聚物

CAS 号 65899-77-6

使用范围	最大使用量/%	特定迁移量或最大残留量/(mg/kg)	备 注
粘合剂	按生产需要适量使用	6.0(丙烯酸丁酯：SML)；6.0(甲基丙烯酸：SML)	
纸	按生产需要适量使用	6.0(丙烯酸丁酯：SML)；6.0(甲基丙烯酸：SML)	

添加剂名称 丙烯酸丁酯与亚甲基丁二酸、甲基丙烯酸和苯乙烯共聚物的铵盐

CAS 号 —

使用范围	最大使用量/%	特定迁移量或最大残留量/(mg/kg)	备 注
粘合剂	按生产需要适量使用	6.0(丙烯酸丁酯：SML)；6.0(甲基丙烯酸：SML)	
纸	按生产需要适量使用	6.0(丙烯酸丁酯：SML)；6.0(甲基丙烯酸：SML)	

添加剂名称 丙烯酸甲酯

CAS 号 96-33-3

使用范围	最大使用量/%	特定迁移量或最大残留量/(mg/kg)	备 注
涂料	按生产需要适量使用	6.0(SML)	
粘合剂	按生产需要适量使用	6.0(SML)	
纸	按生产需要适量使用	6.0(SML)	

添加剂名称 丙烯酸甲酯均聚物水解钠盐

CAS 号 68037-46-7

使用范围	最大使用量/%	特定迁移量或最大残留量/(mg/kg)	备 注
粘合剂	按生产需要适量使用	6.0(丙烯酸甲酯：SML)	

表 A.1（续）

添加剂名称 丙烯酸甲酯与乙烯的聚合物

CAS 号 25103-74-6

使用范围	最大使用量/%	特定迁移量或最大残留量/(mg/kg)	备 注
粘合剂	按生产需要适量使用	6.0(丙烯酸甲酯:SML)	

添加剂名称 丙烯酸乙酯

CAS 号 140-88-5

使用范围	最大使用量/%	特定迁移量或最大残留量/(mg/kg)	备 注
涂料	按生产需要适量使用	6.0(丙烯酸乙酯:SML)	
粘合剂	按生产需要适量使用	6.0(丙烯酸乙酯:SML)	
纸	按生产需要适量使用	6.0(丙烯酸乙酯:SML)	

添加剂名称 丙烯酸乙酯与*N*-羟甲基-丙烯酰胺的共聚物

CAS 号 26428-44-4

使用范围	最大使用量/%	特定迁移量或最大残留量/(mg/kg)	备 注
粘合剂	按生产需要适量使用	6.0(丙烯酸乙酯:SML);0.05(*N*-羟甲基-丙烯酰胺:SML)	
纸	按生产需要适量使用	6.0(丙烯酸乙酯:SML);0.05(*N*-羟甲基-丙烯酰胺:SML)	

添加剂名称 丙烯酸乙酯与甲基丙烯酸的共聚物

CAS 号 25212-88-8

使用范围	最大使用量/%	特定迁移量或最大残留量/(mg/kg)	备 注
塑料	PA,PC,PET:按生产需要适量使用	6.0(丙烯酸乙酯:SML);6.0(甲基丙烯酸:SML)	
粘合剂	按生产需要适量使用	6.0(丙烯酸乙酯:SML);6.0(甲基丙烯酸:SML)	
纸	按生产需要适量使用	6.0(丙烯酸乙酯:SML);6.0(甲基丙烯酸:SML)	

添加剂名称 丙烯酸乙酯与甲基丙烯酸和苯乙烯的共聚物

CAS 号 25035-68-1

使用范围	最大使用量/%	特定迁移量或最大残留量/(mg/kg)	备 注
塑料	PA,PET,PC:按生产需要适量使用	6.0(丙烯酸乙酯:SML);6.0(甲基丙烯酸:SML)	
粘合剂	按生产需要适量使用	6.0(丙烯酸乙酯:SML);6.0(甲基丙烯酸:SML)	
纸	按生产需要适量使用	6.0(丙烯酸乙酯:SML);6.0(甲基丙烯酸:SML)	

表 A.1（续）

添加剂名称　丙烯酸乙酯与甲基丙烯酸甲酯和 *N*-羟甲基-丙烯酰胺的共聚物

CAS 号　25035-74-9

使用范围	最大使用量/%	特定迁移量或最大残留量/(mg/kg)	备　注
粘合剂	按生产需要适量使用	6.0(丙烯酸乙酯:SML);6.0(甲基丙烯酸甲酯:SML);0.05(*N*-羟甲基-丙烯酰胺:SML)	
纸	按生产需要适量使用	6.0(丙烯酸乙酯:SML);6.0(甲基丙烯酸甲酯:SML);0.05(*N*-羟甲基-丙烯酰胺:SML)	

添加剂名称　丙烯酸乙酯与亚甲基丁二酸的共聚物

CAS 号　26124-80-1

使用范围	最大使用量/%	特定迁移量或最大残留量/(mg/kg)	备　注
粘合剂	按生产需要适量使用	6.0(丙烯酸乙酯:SML)	
纸	按生产需要适量使用	6.0(丙烯酸乙酯:SML)	

添加剂名称　丙烯酸与 $C_{12\sim15}$ 烷醇聚乙二醇醚的共聚物

CAS 号　152261-36-4

使用范围	最大使用量/%	特定迁移量或最大残留量/(mg/kg)	备　注
粘合剂	按生产需要适量使用	6.0(丙烯酸:SML)	

添加剂名称　丙烯酸与苯乙烯的共聚物

CAS 号　25085-34-1

使用范围	最大使用量/%	特定迁移量或最大残留量/(mg/kg)	备　注
塑料	PA,PE,PP,PS,ABS,PET,PC,AS:按生产需要适量使用	6.0(丙烯酸:SML)	
粘合剂	按生产需要适量使用	6.0(丙烯酸:SML)	
纸	按生产需要适量使用	6.0(丙烯酸:SML)	

添加剂名称　丙烯酸与丙烯腈、丙烯酸 2-乙基己酯和苯乙烯的共聚物

CAS 号　40530-01-6

使用范围	最大使用量/%	特定迁移量或最大残留量/(mg/kg)	备　注
塑料	PA,PC,PET:按生产需要适量使用	ND(丙烯腈:SML,DL=0.02 mg/kg);6.0(丙烯酸:SML);0.05(丙烯酸 2-乙基己酯:SML)	
粘合剂	按生产需要适量使用	ND(丙烯腈:SML,DL=0.02 mg/kg);6.0(丙烯酸:SML);0.05(丙烯酸 2-乙基己酯:SML)	
纸	按生产需要适量使用	ND(丙烯腈:SML,DL=0.02 mg/kg);6.0(丙烯酸:SML);0.05(丙烯酸 2-乙基己酯:SML)	

表 A.1（续）

添加剂名称 丙烯酸与丙烯腈、丙烯酸丁酯、甲基丙烯酰胺和 *N*-羟甲基-甲基丙烯酰胺的共聚物

CAS 号 —

使用范围	最大使用量/%	特定迁移量或最大残留量/(mg/kg)	备 注
粘合剂	按生产需要适量使用	ND(丙烯腈：SML，DL＝0.02 mg/kg)；ND(甲基丙烯酰胺：SML，DL＝0.02 mg/kg)；0.05(*N*-羟甲基-甲基丙烯酰胺：SML)；6.0(SML，以丙烯酸和丙烯酸丁酯之和计)	
纸	按生产需要适量使用	ND(丙烯腈：SML，DL＝0.02 mg/kg)；ND(甲基丙烯酰胺：SML，DL＝0.02 mg/kg)；0.05(*N*-羟甲基-甲基丙烯酰胺：SML)；6.0(SML，以丙烯酸和丙烯酸丁酯之和计)	

添加剂名称 丙烯酸与丙烯腈、丙烯酸乙酯、丙烯酸-2-乙基己酯、丙烯酸甲酯和苯乙烯的共聚物

CAS 号 —

使用范围	最大使用量/%	特定迁移量或最大残留量/(mg/kg)	备 注
塑料	PA，PC，PET：按生产需要适量使用	ND(丙烯腈：SML，DL＝0.02 mg/kg)；6.0(SML：以丙烯酸、丙烯酸乙酯、丙烯酸甲酯之和计)；0.05(丙烯酸-2-乙基己酯：SML)	
粘合剂	按生产需要适量使用	ND(丙烯腈：SML，DL＝0.02 mg/kg)；6.0(SML：以丙烯酸、丙烯酸乙酯、丙烯酸甲酯之和计)；0.05(丙烯酸-2-乙基己酯：SML)	
纸	按生产需要适量使用	ND(丙烯腈：SML，DL＝0.02 mg/kg)；6.0(SML：以丙烯酸、丙烯酸乙酯、丙烯酸甲酯之和计)；0.05(丙烯酸-2-乙基己酯：SML)	

添加剂名称 丙烯酸与丙烯酸丁酯、1-甲基乙烯基苯和甲基丙烯酸甲酯共聚物的铵盐

CAS 号 157937-76-3

使用范围	最大使用量/%	特定迁移量或最大残留量/(mg/kg)	备 注
粘合剂	按生产需要适量使用	6.0(SML，以丙烯酸和丙烯酸丁酯之和计)；6.0(甲基丙烯酸甲酯：SML)	
纸	按生产需要适量使用	6.0(SML，以丙烯酸和丙烯酸丁酯之和计)；6.0(甲基丙烯酸甲酯：SML)	

添加剂名称 丙烯酸与丙烯酸丁酯、丙烯酸-2-乙基己酯和丙烯酸甲酯的共聚物

CAS 号 98060-25-4

使用范围	最大使用量/%	特定迁移量或最大残留量/(mg/kg)	备 注
塑料	PA，PC，PET：按生产需要适量使用	6.0(SML，以丙烯酸、丙烯酸丁酯、丙烯酸甲酯之和计)；0.05(丙烯酸-2-乙基己酯：SML)	

表 A.1(续)

使用范围	最大使用量/%	特定迁移量或最大残留量/(mg/kg)	备　　注
粘合剂	按生产需要适量使用	6.0(SML,以丙烯酸、丙烯酸丁酯、丙烯酸甲酯之和计);0.05(丙烯酸-2-乙基己酯:SML)	
纸	按生产需要适量使用	6.0(SML,以丙烯酸、丙烯酸丁酯、丙烯酸甲酯之和计);0.05(丙烯酸-2-乙基己酯:SML)	

添加剂名称　丙烯酸与丙烯酸丁酯、甲基丙烯酸和苯乙烯的共聚物

CAS 号　25120-19-8

使用范围	最大使用量/%	特定迁移量或最大残留量/(mg/kg)	备　　注
塑料	PA,PET,PC:按生产需要适量使用	6.0(SML,以丙烯酸、丙烯酸丁酯之和计);6.0(甲基丙烯酸:SML)	
粘合剂	按生产需要适量使用	6.0(SML,以丙烯酸、丙烯酸丁酯之和计);6.0(甲基丙烯酸:SML)	
纸	按生产需要适量使用	6.0(SML,以丙烯酸、丙烯酸丁酯之和计);6.0(甲基丙烯酸:SML)	

添加剂名称　丙烯酸与丙烯酸丁酯和丙烯酸-2-甲基丙酯的共聚物

CAS 号　58090-96-3

使用范围	最大使用量/%	特定迁移量或最大残留量/(mg/kg)	备　　注
塑料	PA,PC,PET:按生产需要适量使用	6.0(SML,以丙烯酸、丙烯酸丁酯和丙烯酸-2-甲基丙酯之和计)	
粘合剂	按生产需要适量使用	6.0(SML,以丙烯酸、丙烯酸丁酯和丙烯酸-2-甲基丙酯之和计)	
纸	按生产需要适量使用	6.0(SML,以丙烯酸、丙烯酸丁酯和丙烯酸-2-甲基丙酯之和计)	

添加剂名称　丙烯酸与丙烯酸丁酯和丙烯酸 2-羟乙酯的共聚物

CAS 号　30585-48-9

使用范围	最大使用量/%	特定迁移量或最大残留量/(mg/kg)	备　　注
塑料	PA,PC,PET:按生产需要适量使用	6.0(SML,以丙烯酸、丙烯酸丁酯和丙烯酸-2-羟乙酯之和计)	
粘合剂	按生产需要适量使用	6.0(SML,以丙烯酸、丙烯酸丁酯和丙烯酸-2-羟乙酯之和计)	
纸	按生产需要适量使用	6.0(SML,以丙烯酸、丙烯酸丁酯和丙烯酸-2-羟乙酯之和计)	

表 A.1（续）

添加剂名称 丙烯酸与丙烯酸丁酯和丙烯酸乙酯的共聚物

CAS 号 27322-15-2

使用范围	最大使用量/%	特定迁移量或最大残留量/(mg/kg)	备 注
塑料	PA,PC,PET:按生产需要适量使用	6.0(SML,以丙烯酸、丙烯酸丁酯和丙烯酸乙酯之和计)	
粘合剂	按生产需要适量使用	6.0(SML,以丙烯酸、丙烯酸丁酯和丙烯酸乙酯之和计)	
纸	按生产需要适量使用	6.0(SML,以丙烯酸、丙烯酸丁酯和丙烯酸乙酯之和计)	

添加剂名称 丙烯酸与丙烯酸丁酯和甲基丙烯酸甲酯的共聚物

CAS 号 26300-51-6

使用范围	最大使用量/%	特定迁移量或最大残留量/(mg/kg)	备 注
塑料	PA,PET,PC:按生产需要适量使用	6.0(SML,以丙烯酸和丙烯酸丁酯之和计); 6.0(甲基丙烯酸甲酯:SML)	
涂料	按生产需要适量使用	6.0(SML,以丙烯酸和丙烯酸丁酯之和计); 6.0(甲基丙烯酸甲酯:SML)	
粘合剂	按生产需要适量使用	6.0(SML,以丙烯酸和丙烯酸丁酯之和计); 6.0(甲基丙烯酸甲酯:SML)	
纸	按生产需要适量使用	6.0(SML,以丙烯酸和丙烯酸丁酯之和计); 6.0(甲基丙烯酸甲酯:SML)	

添加剂名称 丙烯酸与丙烯酸钠的聚合物

CAS 号 9033-79-8

使用范围	最大使用量/%	特定迁移量或最大残留量/(mg/kg)	备 注
涂料	按生产需要适量使用	6.0(丙烯酸:SML)	
粘合剂	按生产需要适量使用	6.0(丙烯酸:SML)	
纸	0.10	6.0(丙烯酸:SML)	

添加剂名称 丙烯酸与丙烯酸乙酯共聚物的钠盐

CAS 号 26949-30-4

使用范围	最大使用量/%	特定迁移量或最大残留量/(mg/kg)	备 注
粘合剂	按生产需要适量使用	6.0(SML,以丙烯酸和丙烯酸乙酯之和计)	

表 A.1（续）

添加剂名称　丙烯酸与丙烯酸乙酯和亚硫酸钠共聚物的钠盐

CAS 号　90066-14-1

使用范围	最大使用量/%	特定迁移量或最大残留量/(mg/kg)	备　注
粘合剂	按生产需要适量使用	6.0(SML,以丙烯酸和丙烯酸乙酯之和计)；10.0(SML,以二氧化硫计)	

添加剂名称　丙烯酸与丙烯酰胺、丙烯腈、丙烯酸丁酯、甲基丙烯酸、*N*-甲氧基甲基-甲基丙烯酰胺和苯乙烯的共聚物

CAS 号　—

使用范围	最大使用量/%	特定迁移量或最大残留量/(mg/kg)	备　注
粘合剂	按生产需要适量使用	ND(丙烯腈:SML,DL=0.02 mg/kg)；ND(丙烯酰胺:SML,DL=0.01 mg/kg)；6.0(SML:丙烯酸和丙烯酸丁酯之和计)；6.0(甲基丙烯酸:SML)；0.05(*N*-甲氧基甲基-甲基丙烯酰胺:SML)	
纸	按生产需要适量使用	ND(丙烯腈:SML,DL=0.02 mg/kg)；ND(丙烯酰胺:SML,DL=0.01 mg/kg)；6.0(SML:丙烯酸和丙烯酸丁酯之和计)；6.0(甲基丙烯酸:SML)；0.05(*N*-甲氧基甲基-甲基丙烯酰胺:SML)	

添加剂名称　丙烯酸与丙烯酰胺、丙烯酸丁酯、甲基丙烯酸和苯乙烯的共聚物

CAS 号　121028-92-0

使用范围	最大使用量/%	特定迁移量或最大残留量/(mg/kg)	备　注
塑料	PA,PC,PET:按生产需要适量使用	ND(丙烯酰胺:SML,DL=0.01 mg/kg)；6.0(SML,以丙烯酸和丙烯酸丁酯之和计)；6.0(甲基丙烯酸:SML)	
粘合剂	按生产需要适量使用	ND(丙烯酰胺:SML,DL=0.01 mg/kg)；6.0(SML,以丙烯酸和丙烯酸丁酯之和计)；6.0(甲基丙烯酸:SML)	
纸	按生产需要适量使用	ND(丙烯酰胺:SML,DL=0.01 mg/kg)；6.0(SML,以丙烯酸和丙烯酸丁酯之和计)；6.0(甲基丙烯酸:SML)	

添加剂名称　丙烯酸与二氯乙烯和甲基丙烯酸盐的聚合物

CAS 号　26124-53-8

使用范围	最大使用量/%	特定迁移量或最大残留量/(mg/kg)	备　注
塑料	PE,ABS,PS:按生产需要适量使用	5.0(1,1-二氯乙烯:QM)或ND(1,1-二氯乙烯:SML,DL=0.05 mg/kg)；6.0(丙烯酸:SML)；6.0(甲基丙烯酸:SML)	

表 A.1（续）

使用范围	最大使用量/%	特定迁移量或最大残留量/(mg/kg)	备　注
粘合剂	按生产需要适量使用	5.0(1,1-二氯乙烯:QM)或者 ND(1,1-二氯乙烯:SML,DL=0.05 mg/kg);6.0(丙烯酸:SML);6.0(甲基丙烯酸:SML)	
纸	按生产需要适量使用	5.0(1,1-二氯乙烯:QM)或者 ND(1,1-二氯乙烯:SML,DL=0.05 mg/kg);6.0(丙烯酸:SML);6.0(甲基丙烯酸:SML)	

添加剂名称　丙烯酸与亚磷酸钠聚合物的钠盐

CAS 号　129898-01-7

使用范围	最大使用量/%	特定迁移量或最大残留量/(mg/kg)	备　注
粘合剂	按生产需要适量使用	6.0(丙烯酸:SML)	

添加剂名称　丙烯酸与乙烯聚合物的铵盐

CAS 号　25212-83-3

使用范围	最大使用量/%	特定迁移量或最大残留量/(mg/kg)	备　注
粘合剂	按生产需要适量使用	6.0(丙烯酸:SML)	

添加剂名称　丙烯酸酯类共聚物

CAS 号　—

使用范围	最大使用量/%	特定迁移量或最大残留量/(mg/kg)	备　注
塑料	PVC:5.0	6.0(SML:以丙烯酸酯之和计)	

添加剂名称　丙烯酰胺与丙烯腈、丙烯酸乙酯、亚甲基丁二酸和 *N*-羟甲基-丙烯酰胺的共聚物

CAS 号　65379-28-4

使用范围	最大使用量/%	特定迁移量或最大残留量/(mg/kg)	备　注
粘合剂	按生产需要适量使用	ND(丙烯酰胺:SML,DL=0.01 mg/kg);ND(丙烯腈:SML,DL=0.02 mg/kg);6.0(丙烯酸乙酯:SML);0.05(*N*-羟甲基-丙烯酰胺:SML)	
纸	按生产需要适量使用	ND(丙烯酰胺:SML,DL=0.01 mg/kg);ND(丙烯腈:SML,DL=0.02 mg/kg);6.0(丙烯酸乙酯:SML);0.05(*N*-羟甲基-丙烯酰胺:SML)	

表 A.1（续）

添加剂名称 丙烯酰胺与丙烯腈、丙烯酸乙酯和 *N*-羟甲基-丙烯酰胺的共聚物

CAS 号 27082-48-0

使用范围	最大使用量/%	特定迁移量或最大残留量/(mg/kg)	备　注
粘合剂	按生产需要适量使用	ND(丙烯酰胺：SML，DL＝0.01 mg/kg)；ND(丙烯腈：SML，DL＝0.02 mg/kg)；6.0(丙烯酸乙酯：SML)；0.05(*N*-羟甲基-丙烯酰胺：SML)	
纸	按生产需要适量使用	ND(丙烯酰胺：SML，DL＝0.01 mg/kg)；ND(丙烯腈：SML，DL＝0.02 mg/kg)；6.0(丙烯酸乙酯：SML)；0.05(*N*-羟甲基-丙烯酰胺：SML)	

添加剂名称 丙烯酰胺与丙烯酸丁酯、丙烯酸乙酯、丙烯酸-2-乙基己酯和 *N*-羟甲基-丙烯酰胺的共聚物

CAS 号 —

使用范围	最大使用量/%	特定迁移量或最大残留量/(mg/kg)	备　注
粘合剂	按生产需要适量使用	ND(丙烯酰胺：SML，DL＝0.01 mg/kg)；6.0(SML，以丙烯酸乙酯和丙烯酸丁酯之和计)；0.05(*N*-羟甲基-丙烯酰胺：SML)；0.05(丙烯酸-2-乙基己酯：SML)	
纸	按生产需要适量使用	ND(丙烯酰胺：SML，DL＝0.01 mg/kg)；6.0(SML，以丙烯酸乙酯和丙烯酸丁酯之和计)；0.05(*N*-羟甲基-丙烯酰胺：SML)；0.05(丙烯酸-2-乙基己酯：SML)	

添加剂名称 丙烯酰胺与丙烯酸钠的共聚物

CAS 号 25085-02-3

使用范围	最大使用量/%	特定迁移量或最大残留量/(mg/kg)	备　注
纸	0.1	ND(丙烯酰胺：SML，DL＝0.01 mg/kg)；6.0(丙烯酸：SML)	

添加剂名称 丙烯酰胺与丙烯酸乙酯、甲基丙烯酸甲酯和 *N*-羟甲基-丙烯酰胺的共聚物

CAS 号 30394-81-1

使用范围	最大使用量/%	特定迁移量或最大残留量/(mg/kg)	备　注
粘合剂	按生产需要适量使用	ND(丙烯酰胺：SML，DL＝0.01 mg/kg)；6.0(丙烯酸乙酯：SML)；0.05(*N*-羟甲基-丙烯酰胺：SML)	
纸	按生产需要适量使用	ND(丙烯酰胺：SML，DL＝0.01 mg/kg)；6.0(丙烯酸乙酯：SML)；0.05(*N*-羟甲基-丙烯酰胺：SML)	

表 A.1（续）

添加剂名称 丙烯酰胺与丙烯酸乙酯和 *N*-羟甲基-丙烯酰胺的共聚物

CAS 号 28433-25-2

使用范围	最大使用量/%	特定迁移量或最大残留量/(mg/kg)	备注
粘合剂	按生产需要适量使用	ND(丙烯酰胺：SML，DL＝0.01 mg/kg)；6.0(丙烯酸乙酯：SML)；0.05(*N*-羟甲基-丙烯酰胺：SML)	
纸	按生产需要适量使用	ND(丙烯酰胺：SML，DL＝0.01 mg/kg)；6.0(丙烯酸乙酯：SML)；0.05(*N*-羟甲基-丙烯酰胺：SML)	

添加剂名称 玻璃棉；玻璃纤维

CAS 号 65997-17-3

使用范围	最大使用量/%	特定迁移量或最大残留量/(mg/kg)	备注
塑料	PE，PP，PS，AS，ABS，PA，PET，PC：按生产需要适量使用		
涂料	1.0		
纸	按生产需要适量使用		

添加剂名称 纯碱热处理的硅藻土

CAS 号 68855-54-9

使用范围	最大使用量/%	特定迁移量或最大残留量/(mg/kg)	备注
塑料	PE，PP：按生产需要适量使用		应符合着色剂纯度要求[a]

添加剂名称 次磷酸钠

CAS 号 7681-53-0

使用范围	最大使用量/%	特定迁移量或最大残留量/(mg/kg)	备注
塑料	PE，PP，PS，AS，ABS，PA，PET，PC，PVC，PVDC，UP：按生产需要适量使用		
橡胶	按生产需要适量使用		

添加剂名称 醋酸乙烯酯与乙烯醇的聚合物

CAS 号 25213-24-5

使用范围	最大使用量/%	特定迁移量或最大残留量/(mg/kg)	备注
塑料	PP，PS，PE，AS，ABS：按生产需要适量使用	12.0(醋酸乙烯酯：SML)	
涂料	按生产需要适量使用	12.0(醋酸乙烯酯：SML)	
粘合剂	按生产需要适量使用	12.0(醋酸乙烯酯：SML)	

表 A.1（续）

添加剂名称 单-$C_{10\sim16}$-烷基磺酸酯钠盐

CAS 号 68585-47-7

使用范围	最大使用量/%	特定迁移量或最大残留量/(mg/kg)	备　注
塑料	PE,PP,PS,ABS,AS,PA,PET,PC,PVC:3.0		
粘合剂	按生产需要适量使用		
纸	按生产需要适量使用		

添加剂名称 单十二酸脱水山梨醇酯

CAS 号 1338-39-2

使用范围	最大使用量/%	特定迁移量或最大残留量/(mg/kg)	备　注
塑料	PE,PP,PS,AS,ABS,PA,PET,PC,PVC,PVDC,UP:按生产需要适量使用		
纸	按生产需要适量使用		

添加剂名称 单硬脂酸甘油酯

CAS 号 31566-31-1

使用范围	最大使用量/%	特定迁移量或最大残留量/(mg/kg)	备　注
塑料	PE,PP,PS,AS,ABS,PA,PET,PC,PVC,PVDC,UP:按生产需要适量使用		

添加剂名称 碘化钾

CAS 号 7681-11-0

使用范围	最大使用量/%	特定迁移量或最大残留量/(mg/kg)	备　注
塑料	PE,PP,PS,AS,ABS,PA,PET,PC:按生产需要适量使用	1.0(SML,以碘计)	

添加剂名称 碘化钠

CAS 号 7681-82-5

使用范围	最大使用量/%	特定迁移量或最大残留量/(mg/kg)	备　注
塑料	PP,PE,PS,PVC,PA,PC,ABS,AS,PET,PVDC,UP:按生产需要适量使用	1.0(SML,以碘计)	
涂料	按生产需要适量使用	1.0(SML,以碘计)	
橡胶	按生产需要适量使用	1.0(SML,以碘计)	
粘合剂	按生产需要适量使用	1.0(SML,以碘计)	
纸	按生产需要适量使用	1.0(SML,以碘计)	

表 A.1（续）

添加剂名称 碘化亚铜

CAS 号 7681-65-4；1335-23-5

使用范围	最大使用量/%	特定迁移量或最大残留量/(mg/kg)	备　注
塑料	PA：0.01	5.0(SML，以铜计)；1.0(SML，以碘计)	

添加剂名称 丁醇

CAS 号 71-36-3；78-83-1；78-92-2；75-65-0

使用范围	最大使用量/%	特定迁移量或最大残留量/(mg/kg)	备　注
塑料	PE，PP：按生产需要适量使用		
涂料	按生产需要适量使用		
油墨	按生产需要适量使用		
粘合剂	按生产需要适量使用		
纸	按生产需要适量使用		

添加剂名称 丁醇化的脲与甲醛的聚合物

CAS 号 68002-19-7

使用范围	最大使用量/%	特定迁移量或最大残留量/(mg/kg)	备　注
涂料	按生产需要适量使用	15.0(甲醛：SML)	
粘合剂	按生产需要适量使用	15.0(甲醛：SML)	

添加剂名称 丁二酸二甲酯和 4-羟基-2，2，6，6-四甲基-1-哌啶乙醇的聚合物

CAS 号 65447-77-0；70198-29-7

使用范围	最大使用量/%	特定迁移量或最大残留量/(mg/kg)	备　注
塑料	PE，PP：0.3	30.0(SML)	
橡胶	0.5	30.0(SML)	

添加剂名称 丁二烯与甲基丙烯酸甲酯和苯乙烯的共聚物

CAS 号 25053-09-2

使用范围	最大使用量/%	特定迁移量或最大残留量/(mg/kg)	备　注
塑料	PVC：15.0	ND(丁二烯：SML，DL＝0.02 mg/kg)；6.0(甲基丙烯酸：SML)	
粘合剂	按生产需要适量使用	ND(丁二烯：SML，DL＝0.02 mg/kg)；6.0(甲基丙烯酸：SML)	

表 A.1(续)

添加剂名称 丁基化苯并三聚氰二胺与甲醛的聚合物

CAS 号 68002-26-6

使用范围	最大使用量/%	特定迁移量或最大残留量	备 注
涂料	按生产需要适量使用	15.0 mg/kg(甲醛:SML);5 mg/dm^2(丁基化苯并三聚氰二胺:QM)	

添加剂名称 丁基邻苯二甲酰基乙醇酸丁酯(BPBG)

CAS 号 85-70-1

使用范围	最大使用量/%	特定迁移量或最大残留量/(mg/kg)	备 注
涂料	40.0		仅用于接触非脂肪性食品的材料
粘合剂	40.0		仅用于接触非脂肪性食品的材料

添加剂名称 丁醛

CAS 号 123-72-8

使用范围	最大使用量/%	特定迁移量或最大残留量/(mg/kg)	备 注
粘合剂	按生产需要适量使用		
纸	按生产需要适量使用		

添加剂名称 丁酮

CAS 号 78-93-3

使用范围	最大使用量/%	特定迁移量或最大残留量/(mg/kg)	备 注
油墨	按生产需要适量使用		
粘合剂	按生产需要适量使用		
纸	按生产需要适量使用		

添加剂名称 丁烷;正丁烷;异丁烷

CAS 号 106-97-8;75-28-5

使用范围	最大使用量/%	特定迁移量或最大残留量/(mg/kg)	备 注
塑料	PE,PP,PS,AS,ABS,PA,PET,PC,PVC,PVDC,UP:按生产需要适量使用		

表 A.1（续）

添加剂名称 丁香酚

CAS 号 97-53-0

使用范围	最大使用量/%	特定迁移量或最大残留量/(mg/kg)	备 注
塑料	PP,PE,PS,PVC,PA,PC,ABS,AS,PET,PVDC,UP:按生产需要适量使用	ND(SML,DL=0.02 mg/kg)	
涂料	按生产需要适量使用	ND(SML,DL=0.02 mg/kg)	
橡胶	按生产需要适量使用	ND(SML,DL=0.02 mg/kg)	
粘合剂	按生产需要适量使用	ND(SML,DL=0.02 mg/kg)	
纸	按生产需要适量使用	ND(SML,DL=0.02 mg/kg)	

添加剂名称 煅烧高岭土

CAS 号 92704-41-1;66402-68-4

使用范围	最大使用量/%	特定迁移量或最大残留量/(mg/kg)	备 注
塑料	PP,PE:40.0		
陶瓷	按生产需要适量使用		
涂料	按生产需要适量使用		
粘合剂	按生产需要适量使用		

添加剂名称 对苯醌

CAS 号 106-51-4

使用范围	最大使用量/%	特定迁移量或最大残留量/(mg/kg)	备 注
橡胶	1.5		

添加剂名称 对二氯苯

CAS 号 106-46-7

使用范围	最大使用量/%	特定迁移量或最大残留量/(mg/kg)	备 注
涂料	按生产需要适量使用	12.0(SML)	

添加剂名称 对甲苯酚与二环戊二烯和异丁烯的共聚物

CAS 号 68610-51-5

使用范围	最大使用量/%	特定迁移量或最大残留量/(mg/kg)	备 注
塑料	PE, PP, PS, AS, PA, ABS, PET, PVC,PC,PVDC,UP:按生产需要适量使用	5.0(SML)	

表 A.1(续)

添加剂名称 对甲酚

CAS 号 106-44-5

使用范围	最大使用量/%	特定迁移量或最大残留量/(mg/kg)	备注
涂料	按生产需要适量使用		

添加剂名称 对甲基苯磺酸

CAS 号 104-15-4

使用范围	最大使用量/%	特定迁移量或最大残留量/(mg/kg)	备注
粘合剂	按生产需要适量使用		

添加剂名称 对羟基苯甲醚

CAS 号 150-76-5

使用范围	最大使用量/%	特定迁移量或最大残留量/(mg/kg)	备注
塑料	PS:0.05		

添加剂名称 对羟基苯甲酸丙酯

CAS 号 94-13-3

使用范围	最大使用量/%	特定迁移量或最大残留量/(mg/kg)	备注
塑料	PE,PP,PS,AS,ABS,PET:0.10; PC:按生产需要适量使用		
涂料	按生产需要适量使用		

添加剂名称 对羟基苯甲酸甲酯

CAS 号 99-76-3

使用范围	最大使用量/%	特定迁移量或最大残留量/(mg/kg)	备注
塑料	PE,PP,PS,AS,ABS,PET:0.10; PC:按生产需要适量使用		
涂料	按生产需要适量使用		

添加剂名称 对叔丁基苯酚

CAS 号 98-54-4

使用范围	最大使用量/%	特定迁移量或最大残留量/(mg/kg)	备注
塑料	PS:0.05	0.05(SML)	

表 A.1(续)

添加剂名称 蒽[2,1,9-*def*:6,5,10-*d′e′f′*]二异喹啉-1,3,8,10,(2*H*,9*H*)-四酮;C.I.颜料紫 29

CAS 号 81-33-4

使用范围	最大使用量/%	特定迁移量或最大残留量/(mg/kg)	备注
塑料	PE,PP,PS,AS,ABS,PA,PET,PC,PVC,PVDC,UP:1.0		应符合着色剂纯度要求[a]
涂料	按生产需要适量使用		应符合着色剂纯度要求[a]

添加剂名称 二-(2-叔丁基过氧化-异丙基)-苯

CAS 号 25155-25-3

使用范围	最大使用量/%	特定迁移量或最大残留量/(mg/kg)	备注
塑料	PP:0.1;PE:0.2		
橡胶	1.5		

添加剂名称 二(2-乙基己基巯基乙酸)二甲基锡;硫醇甲基锡

CAS 号 57583-35-4

使用范围	最大使用量/%	特定迁移量或最大残留量/(mg/kg)	备注
塑料	PE,PP,PS,AS,ABS,PA,PET,PC,PVC,PVDC:2.0	0.18(SML,以锡计)	

添加剂名称 二(三丁基锡)氧化物

CAS 号 56-35-9

使用范围	最大使用量/%	特定迁移量或最大残留量/(mg/kg)	备注
粘合剂	按生产需要适量使用	0.18(SML,以锡计)	仅作防腐剂

添加剂名称 二(十八烷基)-3,3-硫代双丙酸酯

CAS 号 693-36-7

使用范围	最大使用量/%	特定迁移量或最大残留量/(mg/kg)	备注
塑料	PE, PP, PS, AS, ABS, PET, PC, PVC,PVDC:0.5	5.0(SML)	
橡胶	0.25	5.0(SML)	
纸	按生产需要适量使用	5.0(SML)	

添加剂名称 二[2,4-二叔丁基-6-甲基苯基]乙基磷酸酯

CAS 号 145650-60-8

使用范围	最大使用量/%	特定迁移量或最大残留量/(mg/kg)	备注
塑料	PE:0.2;PP:0.3	5.0(SML,以磷酸盐和亚磷酸盐之和计)	
粘合剂	0.5	5.0(SML,以磷酸盐和亚磷酸盐之和计)	

表 A.1（续）

添加剂名称　二[3-(1,1-二甲基乙基)-4-羟基-5-甲基苯丙酸]三聚乙二醇

CAS 号　36443-68-2

使用范围	最大使用量/%	特定迁移量或最大残留量/(mg/kg)	备　注
塑料	PS,AS,ABS:0.3;PA,PET:0.5;PVC:0.2;PVDC:0.1	9.0(SML)	
粘合剂	按生产需要适量使用	9.0(SML)	

添加剂名称　二[3,5-二-(1,1-二甲基乙基)-4-羟基-]苯丙酸硫杂二甘醇酯

CAS 号　41484-35-9

使用范围	最大使用量/%	特定迁移量或最大残留量/(mg/kg)	备　注
橡胶	0.5	2.4(SML)	
粘合剂	按生产需要适量使用	2.4(SML)	
纸	0.5	2.4(SML)	

添加剂名称　二[4-(1,1-二甲基乙基)苯甲酰-氧]氢氧化铝

CAS 号　13170-05-3

使用范围	最大使用量/%	特定迁移量或最大残留量/(mg/kg)	备　注
塑料	PP:1.0		

添加剂名称　二-*O*-(苯亚甲基)-山梨糖醇

CAS 号　32647-67-9

使用范围	最大使用量/%	特定迁移量或最大残留量/(mg/kg)	备　注
塑料	PP,PE:0.25		

添加剂名称　二苯基甲烷-4,4′-二异氰酸酯

CAS 号　101-68-8

使用范围	最大使用量/%	特定迁移量或最大残留量/(mg/kg)	备　注
纸	5.2	1.0(QM,以异氰酸根计)	

添加剂名称　二苯酮

CAS 号　119-61-9

使用范围	最大使用量/%	特定迁移量或最大残留量/(mg/kg)	备　注
橡胶	按生产需要适量使用	0.6(SML)	

表 A.1(续)

添加剂名称 二丁基二月桂酸锡

CAS 号 77-58-7

使用范围	最大使用量/%	特定迁移量或最大残留量/(mg/kg)	备注
涂料	1.0	0.18(SML,以锡计)	
粘合剂	按生产需要适量使用	0.18(SML,以锡计)	

添加剂名称 二氟一氯甲烷

CAS 号 75-45-6

使用范围	最大使用量/%	特定迁移量或最大残留量/(mg/kg)	备注
塑料	PP,PE,PS,PVC,PA,PC,ABS,AS,PET,PVDC,UP:按生产需要适量使用	6.0(SML)	二氟一氯甲烷中一氟一氯甲烷含量不超过 1 mg/kg

添加剂名称 二甘醇

CAS 号 111-46-6

使用范围	最大使用量/%	特定迁移量或最大残留量/(mg/kg)	备注
涂料	按生产需要适量使用	30.0(SML)	仅用作溶剂
粘合剂	按生产需要适量使用	30.0(SML)	

添加剂名称 二甘醇一丁醚

CAS 号 112-34-5

使用范围	最大使用量/%	特定迁移量或最大残留量/(mg/kg)	备注
粘合剂	按生产需要适量使用		
纸	按生产需要适量使用		

添加剂名称 二甘醇与1,3-异苯并呋喃二酮的聚合物

CAS 号 32472-85-8

使用范围	最大使用量/%	特定迁移量或最大残留量/(mg/kg)	备注
塑料	PE,PA,PET:按生产需要适量使用	30.0(二甘醇:SML)	
涂料	按生产需要适量使用	30.0(二甘醇:SML)	
粘合剂	按生产需要适量使用	30.0(二甘醇:SML)	
纸	按生产需要适量使用	30.0(二甘醇:SML)	

添加剂名称 二甲胺与环氧氯丙烷的聚合物

CAS 号 25988-97-0

使用范围	最大使用量/%	特定迁移量或最大残留量/(mg/kg)	备注
纸	0.25	1.0(环氧氯丙烷:QM)	

表 A.1（续）

添加剂名称 二甲苯

CAS 号 1330-20-7

使用范围	最大使用量/%	特定迁移量或最大残留量/(mg/kg)	备　注
涂料	按生产需要适量使用		
粘合剂	按生产需要适量使用		

添加剂名称 二甲基甲基氢化(硅氧烷与聚硅氧烷)

CAS 号 68037-59-2

使用范围	最大使用量/%	特定迁移量或最大残留量/(mg/kg)	备　注
涂料	按生产需要适量使用		
纸	按生产需要适量使用		

添加剂名称 二聚氰胺

CAS 号 461-58-5

使用范围	最大使用量/%	特定迁移量或最大残留量/(mg/kg)	备　注
粘合剂	按生产需要适量使用		
纸	按生产需要适量使用		

添加剂名称 二磷酸二钠

CAS 号 7758-16-9

使用范围	最大使用量/%	特定迁移量或最大残留量/(mg/kg)	备　注
塑料	PE,PP,PS,AS,ABS,PA,PET,PC,PVC,PVDC,UP:按生产需要适量使用		

添加剂名称 二硫化四甲基秋兰姆;四甲基硫代过氧化二碳酸二酰胺

CAS 号 137-26-8

使用范围	最大使用量/%	特定迁移量或最大残留量/(mg/kg)	备　注
橡胶	1.5		

添加剂名称 二茂铁类衍生物

CAS 号 —

使用范围	最大使用量/%	特定迁移量或最大残留量/(mg/kg)	备　注
塑料	PP,PE:0.25		

表 A.1（续）

添加剂名称 二羟基丙基十八烷酸酯

CAS 号 123-94-4

使用范围	最大使用量/%	特定迁移量或最大残留量/(mg/kg)	备 注
纸	按生产需要适量使用		

添加剂名称 二十二酰胺

CAS 号 3061-75-4

使用范围	最大使用量/%	特定迁移量或最大残留量/(mg/kg)	备 注
塑料	PE,PP,PS,AS,ABS,PA,PET,PC,PVC,PVDC,UP:按生产需要适量使用		

添加剂名称 二缩三(乙二醇)

CAS 号 112-27-6

使用范围	最大使用量/%	特定迁移量或最大残留量/(mg/kg)	备 注
塑料	PET;PC:按生产需要适量使用		

添加剂名称 二辛基双[(1-氧代十二烷基)氧]锡

CAS 号 3648-18-8

使用范围	最大使用量/%	特定迁移量或最大残留量/(mg/kg)	备 注
塑料	PP,PE,PS,PVC,PA,PC,ABS,AS,PET,PVDC,UP:按生产需要适量使用	0.006(SML,以锡计)	

添加剂名称 二氧化硅

CAS 号 7631-86-9;112945-52-5;14808-60-7

使用范围	最大使用量/%	特定迁移量或最大残留量/(mg/kg)	备 注
塑料	PE,PP,PS,AS,ABS,PA,PET,PC,PVC,PVDC,UP:按生产需要适量使用		
涂料	按生产需要适量使用		
橡胶	按生产需要适量使用		
油墨	按生产需要适量使用		
粘合剂	按生产需要适量使用		
纸	按生产需要适量使用		

表 A.1（续）

添加剂名称 二氧化氯

CAS 号 10049-04-4

使用范围	最大使用量/%	特定迁移量或最大残留量/(mg/kg)	备 注
纸	按生产需要适量使用		

添加剂名称 二氧化钛;C.I.颜料白 6

CAS 号 13463-67-7;1317-80-2

使用范围	最大使用量/%	特定迁移量或最大残留量/(mg/kg)	备 注
塑料	PE,PP,PS,AS,ABS,PA,PET,PC,PVC,PVDC,UP:10.0		应符合着色剂纯度要求[a]
涂料	按生产需要适量使用		应符合着色剂纯度要求[a]
橡胶	按生产需要适量使用		应符合着色剂纯度要求[a]
粘合剂	按生产需要适量使用		应符合着色剂纯度要求[a]
纸	按生产需要适量使用		应符合着色剂纯度要求[a]

添加剂名称 二氧化锡

CAS 号 18282-10-5

使用范围	最大使用量/%	特定迁移量或最大残留量/(mg/kg)	备 注
塑料	PP,PE:0.033	0.18(SML,以锡计)	仅用于颜料,颜料中含量应小于1.1%;应符合着色剂纯度要求[a]
涂料	0.165	0.18(SML,以锡计)	仅用于颜料,颜料中含量应小于1.1%;应符合着色剂纯度要求[a]
油墨	0.33	0.18(SML,以锡计)	仅用于颜料,颜料中含量应小于1.1%;应符合着色剂纯度要求[a]
纸	0.055	0.18(SML,以锡计)	仅用于颜料,颜料中含量应小于1.1%;应符合着色剂纯度要求[a]

表 A.1(续)

添加剂名称 二乙醇胺

CAS 号 111-42-2

使用范围	最大使用量/%	特定迁移量或最大残留量/(mg/kg)	备注
橡胶	5.0		
粘合剂	按生产需要适量使用		
纸	按生产需要适量使用		

添加剂名称 二乙醇胺单(1*H*,1*H*,2*H*,2*H*-全氟烃基)磷酸盐和双(1*H*,1*H*,2*H*,2*H*-全氟烃基)磷酸盐

CAS 号

使用范围	最大使用量/%	特定迁移量或最大残留量/(mg/kg)	备注
纸	0.5		最大使用量以干纸计

添加剂名称 二乙基二硫代氨基甲酸锌

CAS 号 14324-55-1

使用范围	最大使用量/%	特定迁移量或最大残留量/(mg/kg)	备注
橡胶	1.5	25.0(SML,以锌计)	

添加剂名称 二乙酸十二酸-1,2,3-丙三醇酯

CAS 号 30899-62-8

使用范围	最大使用量/%	特定迁移量或最大残留量/(mg/kg)	备注
塑料	PP,PE,PS,PVC,PA,PC,ABS,AS,PET,PVDC,UP:按生产需要适量使用		

添加剂名称 二乙烯基苯

CAS 号 1321-74-0

使用范围	最大使用量/%	特定迁移量或最大残留量/(mg/kg)	备注
粘合剂	按生产需要适量使用	ND(SML,以二乙烯基苯和乙基乙烯基苯之和计,DL=0.02 mg/kg)	
纸	按生产需要适量使用	ND(SML,以二乙烯基苯和乙基乙烯基苯之和计,DL=0.02 mg/kg)	

表 A.1(续)

添加剂名称 二乙烯三胺

CAS 号 111-40-0

使用范围	最大使用量/%	特定迁移量或最大残留量/(mg/kg)	备注
涂料	按生产需要适量使用	5.0(SML)	
粘合剂	按生产需要适量使用	5.0(SML)	
纸	按生产需要适量使用	5.0(SML)	

添加剂名称 反丁烯二酸

CAS 号 110-17-8

使用范围	最大使用量/%	特定迁移量或最大残留量/(mg/kg)	备注
塑料	PE:按生产需要适量使用		
涂料	按生产需要适量使用		
粘合剂	按生产需要适量使用		
纸	按生产需要适量使用		

添加剂名称 方英石

CAS 号 14464-46-1

使用范围	最大使用量/%	特定迁移量或最大残留量/(mg/kg)	备注
塑料	PE, PP, AS, PS, ABS, PA, PET, PA:按生产需要适量使用		

添加剂名称 芳族硫酸和甲醛的缩合产物

CAS 号 —

使用范围	最大使用量/%	特定迁移量或最大残留量/(mg/kg)	备注
纸	0.10	15.0(甲醛:SML)	

添加剂名称 沸石

CAS 号 1318-02-1

使用范围	最大使用量/%	特定迁移量或最大残留量/(mg/kg)	备注
塑料	PE,PP,PS,AS,ABS,PA,PET,PC,PVC,PVDC,UP:按生产需要适量使用		
涂料	按生产需要适量使用		
橡胶	按生产需要适量使用		
粘合剂	按生产需要适量使用		
纸	按生产需要适量使用		

表 A.1（续）

添加剂名称 富马酸化松香酯

CAS 号 65997-04-8

使用范围	最大使用量/%	特定迁移量或最大残留量/(mg/kg)	备　注
纸	按生产需要适量使用		

添加剂名称 高岭土

CAS 号 1332-58-7

使用范围	最大使用量/%	特定迁移量或最大残留量/(mg/kg)	备　注
塑料	PP,PE,PS,PVC,PA,PC,ABS,AS,PET,UP:按生产需要适量使用		
纸	按生产需要适量使用		

添加剂名称 高氯酸钠

CAS 号 7601-89-0;7791-07-3

使用范围	最大使用量/%	特定迁移量或最大残留量/(mg/kg)	备　注
塑料	PE,PP,PS,AS,ABS,PA,PET,PC,PVC,PVDC:1.2	0.05(SML)	

添加剂名称 硅灰石

CAS 号 13983-17-0

使用范围	最大使用量/%	特定迁移量或最大残留量/(mg/kg)	备　注
塑料	PE,PP,PS,AS,ABS,PET,PC:按生产需要适量使用		

添加剂名称 硅胶

CAS 号 112926-00-8;63231-67-4

使用范围	最大使用量/%	特定迁移量或最大残留量/(mg/kg)	备　注
塑料	PE,PP,PS,AS,ABS,PA,PET,PC,PVC,PVDC,UP:按生产需要适量使用		
涂料	按生产需要适量使用		
橡胶	按生产需要适量使用		
油墨	按生产需要适量使用		
纸	按生产需要适量使用		

表 A.1(续)

添加剂名称 硅酸

CAS 号 1343-98-2

使用范围	最大使用量/%	特定迁移量或最大残留量/(mg/kg)	备 注
塑料	PE,PP,PS,AS,ABS,PA,PET,PC:按生产需要适量使用		
涂料	按生产需要适量使用		
橡胶	按生产需要适量使用		
油墨	按生产需要适量使用		
粘合剂	按生产需要适量使用		
纸	按生产需要适量使用		

添加剂名称 硅酸钙

CAS 号 1344-95-2

使用范围	最大使用量/%	特定迁移量或最大残留量/(mg/kg)	备 注
塑料	PE,PP,PS,AS,ABS,PA,PET,PC:按生产需要适量使用		
粘合剂	按生产需要适量使用		
纸	按生产需要适量使用		

添加剂名称 硅酸锂

CAS 号 12627-14-4

使用范围	最大使用量/%	特定迁移量或最大残留量/(mg/kg)	备 注
塑料	PE,PP,AS,PS,ABS:按生产需要适量使用	0.6(SML,以锂计)	

添加剂名称 硅酸锂镁钠盐

CAS 号 53320-86-8

使用范围	最大使用量/%	特定迁移量或最大残留量/(mg/kg)	备 注
涂料	按生产需要适量使用	0.6(SML,以锂计)	

添加剂名称 硅酸铝钙钠盐

CAS 号 1344-01-0

使用范围	最大使用量/%	特定迁移量或最大残留量/(mg/kg)	备 注
塑料	PP,PE:按生产需要适量使用		

表 A.1（续）

添加剂名称 硅酸铝钠

CAS 号 1344-00-9

使用范围	最大使用量/%	特定迁移量或最大残留量/(mg/kg)	备　注
塑料	PE,PP,PS,AS,ABS,PA,PET,PC:按生产需要适量使用		
橡胶	按生产需要适量使用		
纸	2.0		

添加剂名称 硅酸镁

CAS 号 1343-88-0

使用范围	最大使用量/%	特定迁移量或最大残留量/(mg/kg)	备　注
塑料	PE,PP,PS,AS,ABS,PA,PET,PC:按生产需要适量使用		
纸	按生产需要适量使用		

添加剂名称 硅酸钠

CAS 号 1344-09-8

使用范围	最大使用量/%	特定迁移量或最大残留量/(mg/kg)	备　注
塑料	PE,PP,PA,PET:按生产需要适量使用		
涂料	9.0		

添加剂名称 硅藻土

CAS 号 61790-53-2

使用范围	最大使用量/%	特定迁移量或最大残留量/(mg/kg)	备　注
塑料	PE,PP,PS,AS,ABS,PA,PET,PC:按生产需要适量使用		
涂料	按生产需要适量使用		
橡胶	按生产需要适量使用		
油墨	按生产需要适量使用		
纸	按生产需要适量使用		

添加剂名称 癸二酸

CAS 号 111-20-6

使用范围	最大使用量/%	特定迁移量或最大残留量/(mg/kg)	备　注
涂料	按生产需要适量使用		
粘合剂	按生产需要适量使用		

表 A.1(续)

添加剂名称　癸二酸二异辛酯(DOS)

CAS 号　27214-90-0

使用范围	最大使用量/%	特定迁移量或最大残留量/(mg/kg)	备　注
塑料	PE,PP,PS,AS,ABS,PA,PET,PC,PVC,PVDC,UP:5.0		仅用于接触非脂肪性食品的材料

添加剂名称　癸二酸二正丁酯

CAS 号　109-43-3

使用范围	最大使用量/%	特定迁移量或最大残留量/(mg/kg)	备　注
塑料	PS,ABS,PC,PVDC:按生产需要适量使用		
涂料	按生产需要适量使用		
橡胶	按生产需要适量使用		
粘合剂	按生产需要适量使用		
纸	按生产需要适量使用		

添加剂名称　过二硫酸铵与甲基丙烯酸聚合物的钠盐

CAS 号　—

使用范围	最大使用量/%	特定迁移量或最大残留量/(mg/kg)	备　注
粘合剂	按生产需要适量使用	6.0(甲基丙烯酸:SML)	

添加剂名称　过硫酸铵

CAS 号　7727-54-0

使用范围	最大使用量/%	特定迁移量或最大残留量/(mg/kg)	备　注
塑料	ABS:0.2		
粘合剂	按生产需要适量使用		
纸	按生产需要适量使用		

添加剂名称　过氧二羧酸二(异丙)酯

CAS 号　105-64-6

使用范围	最大使用量/%	特定迁移量或最大残留量/(mg/kg)	备　注
塑料	PE,PS,AS,PVDC:按生产需要适量使用		

添加剂名称　过氧化-2-丁酮

CAS 号　1338-23-4

使用范围	最大使用量/%	特定迁移量或最大残留量/(mg/kg)	备　注
塑料	UP:3.0		最大使用量为催化剂中的含量

表 A.1（续）

添加剂名称 过氧化苯甲酸-1,1-二甲基乙基酯

CAS 号 614-45-9

使用范围	最大使用量/%	特定迁移量或最大残留量/(mg/kg)	备 注
塑料	PE,PS,AS,ABS:按生产需要适量使用		

添加剂名称 过氧化苯甲酰

CAS 号 94-36-0

使用范围	最大使用量/%	特定迁移量或最大残留量/(mg/kg)	备 注
塑料	PP,PE,PS,PVC,PA,PC,ABS,AS,PET,PVDC,UP:按生产需要适量使用		
涂料	按生产需要适量使用		
橡胶	按生产需要适量使用		
粘合剂	按生产需要适量使用		
纸	按生产需要适量使用		

添加剂名称 过氧化二叔丁基醚

CAS 号 110-05-4

使用范围	最大使用量/%	特定迁移量或最大残留量/(mg/kg)	备 注
塑料	PE,PP:0.10;PS,AS,ABS:按生产需要适量使用		
橡胶	1.5		

添加剂名称 过氧化二叔戊酯

CAS 号 10508-09-5

使用范围	最大使用量/%	特定迁移量或最大残留量/(mg/kg)	备 注
塑料	PS:按生产需要适量使用	0.05%(过氧化物:QM)	
涂料	按生产需要适量使用	0.05%(过氧化物:QM)	

添加剂名称 过氧化二异丙苯

CAS 号 80-43-3

使用范围	最大使用量/%	特定迁移量或最大残留量/(mg/kg)	备 注
塑料	PE,PS,ABS:0.2		
涂料	按生产需要适量使用		
橡胶	1.5		
粘合剂	按生产需要适量使用		

表 A.1(续)

添加剂名称 过氧化羟基异丙苯

CAS 号 80-15-9

使用范围	最大使用量/%	特定迁移量或最大残留量/(mg/kg)	备 注
塑料	PS,UP:按生产需要适量使用		
粘合剂	按生产需要适量使用		
纸	按生产需要适量使用		

添加剂名称 过氧化氢

CAS 号 7722-84-1

使用范围	最大使用量/%	特定迁移量或最大残留量/(mg/kg)	备 注
塑料	PE,PP,PS,AS,ABS,PA,PET,PC:按生产需要适量使用		仅作引发剂
粘合剂	按生产需要适量使用		

添加剂名称 过氧化月桂酰

CAS 号 105-74-8

使用范围	最大使用量/%	特定迁移量或最大残留量/(mg/kg)	备 注
塑料	PP,PE,PS:0.2		
粘合剂	按生产需要适量使用		

添加剂名称 过氧乙酸叔丁酯

CAS 号 107-71-1

使用范围	最大使用量/%	特定迁移量或最大残留量/(mg/kg)	备 注
塑料	PE:0.01;PS,AS,ABS:0.03		

添加剂名称 褐煤蜡

CAS 号 8002-53-7

使用范围	最大使用量/%	特定迁移量或最大残留量/(mg/kg)	备 注
塑料	PE,ABS:3.0;PP:2.0;PC:0.1		
橡胶	按生产需要适量使用		
粘合剂	按生产需要适量使用		
纸	按生产需要适量使用		

表 A.1（续）

添加剂名称 褐煤蜡酸-1-甲基-1,3-丙二基酯

CAS 号 73138-44-0

使用范围	最大使用量/%	特定迁移量或最大残留量/(mg/kg)	备注
塑料	PE,PP,PS,AS,ABS,PA,PET,PC,PVC,PVDC,UP:按生产需要适量使用		

添加剂名称 褐煤酸

CAS 号 68476-03-9

使用范围	最大使用量/%	特定迁移量或最大残留量/(mg/kg)	备注
塑料	PP,PE,PS,PVC,PA,PC,ABS,AS,PET,PVDC,UP:按生产需要适量使用		

添加剂名称 滑石粉

CAS 号 14807-96-6

使用范围	最大使用量/%	特定迁移量或最大残留量/(mg/kg)	备注
塑料	PE,PP,PS,AS,ABS,PA,PET,PC:按生产需要适量使用		
涂料	2.0		
橡胶	按生产需要适量使用		
纸	按生产需要适量使用		

添加剂名称 环辛烯

CAS 号 931-88-4

使用范围	最大使用量/%	特定迁移量或最大残留量/(mg/kg)	备注
纸	按生产需要适量使用	0.05(SML)	仅用于接触水性食品的材料

添加剂名称 环氧丙烷与环氧乙烷的聚合物

CAS 号 9003-11-6;106392-12-5

使用范围	最大使用量/%	特定迁移量或最大残留量/(mg/kg)	备注
塑料	PE, PP, PS, AS: 0.5; ABS: 10.0; PA,PET,PVC,PVDC:按生产需要适量使用	1.0(环氧丙烷:QM);1.0(环氧乙烷:QM)	

表 A.1(续)

添加剂名称 环氧大豆油

CAS 号 8013-07-8

使用范围	最大使用量/%	特定迁移量或最大残留量/(mg/kg)	备注
塑料	PE,PET,PA,PP,PS,AS,ABS,PC,PVC,PVDC,UP:按生产需要适量使用		
涂料	按生产需要适量使用		
橡胶	按生产需要适量使用		

添加剂名称 环氧氯丙烷

CAS 号 106-89-8

使用范围	最大使用量/%	特定迁移量或最大残留量/(mg/kg)	备注
纸	按生产需要适量使用	1.0(QM)	

添加剂名称 环氧乙烷

CAS 号 75-21-8

使用范围	最大使用量/%	特定迁移量或最大残留量/(mg/kg)	备注
涂料	按生产需要适量使用	1.0(QM)	
粘合剂	按生产需要适量使用	1.0(QM)	
纸	按生产需要适量使用	1.0(QM)	

添加剂名称 环状-1,2-乙二基乙缩醛与 2,2′-氧代双[乙醇]的聚合物

CAS 号 36890-68-3

使用范围	最大使用量/%	特定迁移量或最大残留量/(mg/kg)	备注
粘合剂	按生产需要适量使用	0.05(ε-己内酯:SML);30.0(二甘醇:SML)	

添加剂名称 环状-1,2-乙二基乙缩醛与 2-乙基-2(羟甲基)-1,3-丙二醇的聚合物

CAS 号 37625-56-2

使用范围	最大使用量/%	特定迁移量或最大残留量/(mg/kg)	备注
粘合剂	按生产需要适量使用	0.05(ε-己内酯:SML);6.0(三羟甲基丙烷:SML)	

添加剂名称 黄原胶

CAS 号 11138-66-2

使用范围	最大使用量/%	特定迁移量或最大残留量/(mg/kg)	备注
纸	0.125		

表 A.1（续）

添加剂名称 磺化二苯醚四聚丙烯衍生物钠盐

CAS 号 119345-04-9

使用范围	最大使用量/%	特定迁移量或最大残留量/(mg/kg)	备　注
涂料	按生产需要适量使用		
粘合剂	按生产需要适量使用		
纸	按生产需要适量使用		

添加剂名称 磺化琥珀酸双(1,3-二甲丁醇)酯钠盐

CAS 号 2373-38-8

使用范围	最大使用量/%	特定迁移量或最大残留量/(mg/kg)	备　注
塑料	PE,PP,PS,ABS,AS:3.0		
涂料	按生产需要适量使用		
粘合剂	按生产需要适量使用		

添加剂名称 己二酸

CAS 号 124-04-9

使用范围	最大使用量/%	特定迁移量或最大残留量/(mg/kg)	备　注
塑料	PE,PP,PS,AS,ABS,PA,PET,PC,PVC,PVDC,UP:按生产需要适量使用		
涂料	按生产需要适量使用		
纸	按生产需要适量使用		

添加剂名称 己二酸二(2-乙基己基)酯;己二酸二辛酯

CAS 号 103-23-1;123-79-5

使用范围	最大使用量/%	特定迁移量或最大残留量/(mg/kg)	备　注
塑料	PE,PP,PS,AS,ABS,PA,PET,PC,PVC:35.0	18.0(SML)	
橡胶	35.0	18.0(SML)	
粘合剂	按生产需要适量使用	18.0(SML)	

添加剂名称 己二酸与1,2-乙二醇、1,3-苯二甲酸、2-乙基-2-羟甲基-1,3-丙二醇和1,4-苯二甲酸的聚合物

CAS 号 83863-90-5

使用范围	最大使用量/%	特定迁移量或最大残留量/(mg/kg)	备　注
涂料	按生产需要适量使用	30.0(乙二醇:SML);6.0(三羟甲基丙烷:SML);7.5(1,4-苯二甲酸:SML)	

表 A.1（续）

使用范围	最大使用量/%	特定迁移量或最大残留量/(mg/kg)	备注
粘合剂	按生产需要适量使用	30.0(乙二醇:SML);6.0(三羟甲基丙烷:SML);7.5(1,4-苯二甲酸:SML)	
纸	按生产需要适量使用	30.0(乙二醇:SML);6.0(三羟甲基丙烷:SML);7.5(1,4-苯二甲酸:SML)	

添加剂名称 己二酸与1,2-乙二醇、1,3-苯二甲酸、癸二酸和1,4-苯二甲酸的聚合物

CAS 号 28902-18-3

使用范围	最大使用量/%	特定迁移量或最大残留量/(mg/kg)	备注
涂料	按生产需要适量使用	30.0(乙二醇:SML);5.0(1,3-苯二甲酸:SML);7.5(1,4-苯二甲酸:SML)	
粘合剂	按生产需要适量使用	30.0(乙二醇:SML);5.0(1,3-苯二甲酸:SML);7.5(1,4-苯二甲酸:SML)	

添加剂名称 己二酸与1,3-苯二甲胺的聚合物;尼龙 MXD-6

CAS 号 25718-70-1

使用范围	最大使用量/%	特定迁移量或最大残留量/(mg/kg)	备注
塑料	PET:5.0	0.05(1,3-苯二甲胺:SML)	

添加剂名称 己二酸与1,3-苯二甲酸、1,2-丙二醇和2-乙基-2-(羟甲基)-1,3-丙二醇的聚合物

CAS 号 26282-28-0

使用范围	最大使用量/%	特定迁移量或最大残留量/(mg/kg)	备注
塑料	PA,PET:按生产需要适量使用	5.0(1,3-苯二甲酸:SML);6.0(三羟甲基丙烷:SML)	
涂料	按生产需要适量使用	5.0(1,3-苯二甲酸:SML);6.0(三羟甲基丙烷:SML)	
粘合剂	按生产需要适量使用	5.0(1,3-苯二甲酸:SML);6.0(三羟甲基丙烷:SML)	
纸	按生产需要适量使用	5.0(1,3-苯二甲酸:SML);6.0(三羟甲基丙烷:SML)	

添加剂名称 己二酸与2,2′-氧代二乙醇、1,2-乙二醇和1,3-苯二甲酸的聚合物

CAS 号 86713-72-6

使用范围	最大使用量/%	特定迁移量或最大残留量/(mg/kg)	备注
粘合剂	按生产需要适量使用	30.0(二甘醇:SML);30.0(乙二醇:SML);5.0(1,3-苯二甲酸:SML)	

表 A.1（续）

添加剂名称 己二酸与2,2′-乙醇醚、1,2-乙二醇、1,3-苯二甲酸和2-乙基-2-(羟甲基)-1,3-丙二醇的聚合物

CAS 号 —

使用范围	最大使用量/%	特定迁移量或最大残留量/(mg/kg)	备　注
涂料	按生产需要适量使用	30.0（二甘醇：SML）；30.0（乙二醇：SML）；5.0(1,3-苯二甲酸：SML)；1.0（三羟甲基丙烷：SML）	
粘合剂	按生产需要适量使用	30.0（二甘醇：SML）；30.0（乙二醇：SML）；5.0(1,3-苯二甲酸：SML)；1.0（三羟甲基丙烷：SML）	

添加剂名称 己二酸与2-乙基-2-羟甲基-1,3-丙二醇的聚合物

CAS 号 28301-90-8

使用范围	最大使用量/%	特定迁移量或最大残留量/(mg/kg)	备　注
粘合剂	按生产需要适量使用		

添加剂名称 己二酸与*N*-(-2-氨基乙基)、1,2-乙二胺和(氯甲基)环氧乙烷的聚合物

CAS 号 25212-19-5

使用范围	最大使用量/%	特定迁移量或最大残留量/(mg/kg)	备　注
纸	按生产需要适量使用	ND(乙烯亚胺：SML，DL=0.1 mg/kg)	

添加剂名称 己二酸与蓖麻油、二甘醇、1,6-己二醇、1,3-苯二甲酸、丙二醇和1,1′-亚甲基双[4-异氰酸根合苯]的聚合物

CAS 号 —

使用范围	最大使用量/%	特定迁移量或最大残留量/(mg/kg)	备　注
粘合剂	按生产需要适量使用	30.0（二甘醇：SML）；0.05（1,6-己二醇：SML)；5.0(1,3-苯二甲酸：SML)；1.0(QM，以异氰酸根计)	

添加剂名称 己二酸与丙醇醚、1,6-己二醇、1,1′-亚甲基双(4-异氰酸根合苯)和2,2-二甲基-1,3-丙二醇的聚合物

CAS 号 119657-58-8

使用范围	最大使用量/%	特定迁移量或最大残留量/(mg/kg)	备　注
塑料	PA,PET：按生产需要适量使用	1.0(QM，以异氰酸根计)；0.05(1,6-己二醇：SML)	
粘合剂	按生产需要适量使用	1.0(QM，以异氰酸根计)；0.05(1,6-己二醇：SML)	

表 A.1（续）

添加剂名称 己二酸与氮杂环十三烷-2-酮和α-氢-ω-羟基聚(氧-1,2-亚乙基)的聚合物

CAS 号 70290-02-7

使用范围	最大使用量/%	特定迁移量或最大残留量/(mg/kg)	备　注
塑料	PE，PP，PS，AS，ABS，PET，PC：15.0	5.0(氮杂环十三烷-2-酮：SML)；1.0(环氧乙烷：QM)	

添加剂名称 己二酸与氮杂环十三烷-2-酮和α-氢代-ω-羟基聚(氧代-1,4-亚丁基)的聚合物

CAS 号 77402-38-1

使用范围	最大使用量/%	特定迁移量或最大残留量/(mg/kg)	备　注
粘合剂		5.0(氮杂环十三烷-2-酮：SML)；5.0(1,4-丁二醇：SML)	

添加剂名称 己二酸与壬二酸、1,2-乙二醇、1,3-苯二甲酸和1,4-苯二甲酸的聚合物

CAS 号 54688-53-8

使用范围	最大使用量/%	特定迁移量或最大残留量/(mg/kg)	备　注
涂料	按生产需要适量使用	30.0(乙二醇：SML)；5.0(1,3-苯二甲酸：SML)；7.5(1,4-苯二甲酸：SML)	
粘合剂	按生产需要适量使用	30.0(乙二醇：SML)；5.0(1,3-苯二甲酸：SML)；7.5(1,4-苯二甲酸：SML)	

添加剂名称 加氢甘油(单、双和三)脂油酯

CAS 号 68308-54-3

使用范围	最大使用量/%	特定迁移量或最大残留量/(mg/kg)	备　注
塑料	PE,PP,PS,PC:0.20;ABS:0.5		

添加剂名称 甲醇

CAS 号 67-56-1

使用范围	最大使用量/%	特定迁移量或最大残留量/(mg/kg)	备　注
涂料	按生产需要适量使用		
粘合剂	3.0		
纸	按生产需要适量使用		

表 A.1（续）

添加剂名称 甲基倍半硅氧烷

CAS 号 68554-70-1

使用范围	最大使用量/%	特定迁移量或最大残留量/(mg/kg)	备 注
塑料	PE,PP:按生产需要适量使用		添加剂中甲基三甲氧基硅烷的残留量小于 1 mg/kg
涂料	按生产需要适量使用		添加剂中甲基三甲氧基硅烷的残留量小于 1 mg/kg
橡胶	按生产需要适量使用		添加剂中甲基三甲氧基硅烷的残留量小于 1 mg/kg
粘合剂	按生产需要适量使用		添加剂中甲基三甲氧基硅烷的残留量小于 1 mg/kg

添加剂名称 甲基丙烯酸铵盐均聚体

CAS 号 30875-88-8

使用范围	最大使用量/%	特定迁移量或最大残留量/(mg/kg)	备 注
粘合剂	按生产需要适量使用	6.0(甲基丙烯酸:SML)	

添加剂名称 甲基丙烯酸丙烯酯与丙烯酸丁酯、甲基丙烯酸和甲基丙烯酸甲酯的共聚物

CAS 号 92124-73-7

使用范围	最大使用量/%	特定迁移量或最大残留量/(mg/kg)	备 注
塑料	PA,PC,PET:按生产需要适量使用	6.0(SML,以甲基丙烯酸和甲基丙烯酸甲酯之和计);6.0(丙烯酸丁酯:SML)	
粘合剂	按生产需要适量使用	6.0(SML,以甲基丙烯酸和甲基丙烯酸甲酯之和计);6.0(丙烯酸丁酯:SML)	
纸	按生产需要适量使用	6.0(SML,以甲基丙烯酸和甲基丙烯酸甲酯之和计);6.0(丙烯酸丁酯:SML)	

添加剂名称 甲基丙烯酸丁酯

CAS 号 97-88-1

使用范围	最大使用量/%	特定迁移量或最大残留量/(mg/kg)	备 注
涂料	按生产需要适量使用	6.0(SML)	
粘合剂	按生产需要适量使用	6.0(SML)	
纸	按生产需要适量使用	6.0(SML)	

表 A.1（续）

添加剂名称 甲基丙烯酸丁酯与2-甲基-丙烯酸-2-甲基丙酯的聚合物

CAS 号 9011-53-4

使用范围	最大使用量/%	特定迁移量或最大残留量/(mg/kg)	备 注
塑料	PE, PP, PS, AS, PA, ABS, PET, PVC, PC:10.0	6.0(SML,以甲基丙烯酸丁酯与2-甲基-丙烯酸-2-甲基丙酯之和计)	

添加剂名称 甲基丙烯酸丁酯与丙烯酸-2-乙基己基酯、甲基丙烯酸和甲基丙烯酸甲酯的共聚物

CAS 号 56925-73-6

使用范围	最大使用量/%	特定迁移量或最大残留量/(mg/kg)	备 注
塑料	PA,PC,PET:按生产需要适量使用	6.0(SML:以甲基丙烯酸丁酯、甲基丙烯酸和甲基丙烯酸甲酯之和计);0.05(丙烯酸-2-乙基己基酯:SML)	
粘合剂	按生产需要适量使用	6.0(SML:以甲基丙烯酸丁酯、甲基丙烯酸和甲基丙烯酸甲酯之和计);0.05(丙烯酸-2-乙基己基酯:SML)	
纸	按生产需要适量使用	6.0(SML:以甲基丙烯酸丁酯、甲基丙烯酸和甲基丙烯酸甲酯之和计);0.05(丙烯酸-2-乙基己基酯:SML)	

添加剂名称 甲基丙烯酸丁酯与丙烯酸-2-乙基己基酯和甲基丙烯酸甲酯的共聚物

CAS 号 52383-91-2

使用范围	最大使用量/%	特定迁移量或最大残留量/(mg/kg)	备 注
塑料	PA,PC,PET:按生产需要适量使用	6.0(SML:以甲基丙烯酸丁酯和甲基丙烯酸甲酯之和计);0.05(丙烯酸-2-乙基己基酯:SML)	
粘合剂	按生产需要适量使用	6.0(SML:以甲基丙烯酸丁酯和甲基丙烯酸甲酯之和计);0.05(丙烯酸-2-乙基己基酯:SML)	
纸	按生产需要适量使用	6.0(SML:以甲基丙烯酸丁酯和甲基丙烯酸甲酯之和计);0.05(丙烯酸-2-乙基己基酯:SML)	

添加剂名称 甲基丙烯酸丁酯与甲基丙烯酸、甲基丙烯酸甲酯和苯乙烯的共聚物

CAS 号 56793-67-0

使用范围	最大使用量/%	特定迁移量或最大残留量/(mg/kg)	备 注
塑料	PA,PC,PET:按生产需要适量使用	6.0(SML:以甲基丙烯酸丁酯、甲基丙烯酸和甲基丙烯酸甲酯之和计)	
粘合剂	按生产需要适量使用	6.0(SML:以甲基丙烯酸丁酯、甲基丙烯酸和甲基丙烯酸甲酯之和计)	

表 A.1（续）

使用范围	最大使用量/%	特定迁移量或最大残留量/(mg/kg)	备　注
纸	按生产需要适量使用	6.0(SML:以甲基丙烯酸丁酯、甲基丙烯酸和甲基丙烯酸甲酯之和计)	

添加剂名称　甲基丙烯酸丁酯与甲基丙烯酸的共聚物

CAS 号　26284-14-0

使用范围	最大使用量/%	特定迁移量或最大残留量/(mg/kg)	备　注
塑料	PA,PC,PET:按生产需要适量使用	6.0(SML:以甲基丙烯酸丁酯和甲基丙烯酸之和计)	
粘合剂	按生产需要适量使用	6.0(SML:以甲基丙烯酸丁酯和甲基丙烯酸之和计)	
纸	按生产需要适量使用	6.0(SML:以甲基丙烯酸丁酯和甲基丙烯酸之和计)	

添加剂名称　甲基丙烯酸丁酯与甲基丙烯酸甲酯的共聚物

CAS 号　25608-33-7

使用范围	最大使用量/%	特定迁移量或最大残留量/(mg/kg)	备　注
塑料	PA,PET,PC:按生产需要适量使用	6.0(SML:以甲基丙烯酸丁酯和甲基丙烯酸甲酯之和计)	
粘合剂	按生产需要适量使用	6.0(SML:以甲基丙烯酸丁酯和甲基丙烯酸甲酯之和计)	
纸	按生产需要适量使用	6.0(SML:以甲基丙烯酸丁酯和甲基丙烯酸甲酯之和计)	

添加剂名称　甲基丙烯酸丁酯与甲基丙烯酸甲酯和苯乙烯的共聚物

CAS 号　26634-89-9

使用范围	最大使用量/%	特定迁移量或最大残留量/(mg/kg)	备　注
塑料	PA,PC,PET:按生产需要适量使用	6.0(SML:以甲基丙烯酸丁酯和甲基丙烯酸甲酯之和计)	
粘合剂	按生产需要适量使用	6.0(SML:以甲基丙烯酸丁酯和甲基丙烯酸甲酯之和计)	
纸	按生产需要适量使用	6.0(SML:以甲基丙烯酸丁酯和甲基丙烯酸甲酯之和计)	

表 A.1（续）

添加剂名称 甲基丙烯酸丁酯与甲基丙烯酸甲酯和丙烯酸的共聚物

CAS 号 26898-31-7

使用范围	最大使用量/%	特定迁移量或最大残留量/(mg/kg)	备　注
塑料	PA,PC,PET:按生产需要适量使用	6.0(SML:以甲基丙烯酸丁酯和甲基丙烯酸甲酯之和计);6.0(丙烯酸:SML)	
粘合剂	按生产需要适量使用	6.0(SML:以甲基丙烯酸丁酯和甲基丙烯酸甲酯之和计);6.0(丙烯酸:SML)	
纸	按生产需要适量使用	6.0(SML:以甲基丙烯酸丁酯和甲基丙烯酸甲酯之和计);6.0(丙烯酸:SML)	

添加剂名称 甲基丙烯酸甲酯

CAS 号 80-62-6

使用范围	最大使用量/%	特定迁移量或最大残留量/(mg/kg)	备　注
涂料	按生产需要适量使用	6.0(SML)	
粘合剂	按生产需要适量使用	6.0(SML)	
纸	按生产需要适量使用	6.0(SML)	

添加剂名称 甲基丙烯酸甲酯与丙烯酸丁酯的共聚物

CAS 号 25852-37-3

使用范围	最大使用量/%	特定迁移量或最大残留量/(mg/kg)	备　注
塑料	PA,PET,PC,PVC:按生产需要适量使用	6.0(甲基丙烯酸甲酯:SML);6.0(丙烯酸丁酯:SML)	
粘合剂	按生产需要适量使用	6.0(甲基丙烯酸甲酯:SML);6.0(丙烯酸丁酯:SML)	
纸	按生产需要适量使用	6.0(甲基丙烯酸甲酯:SML);6.0(丙烯酸丁酯:SML)	

添加剂名称 甲基丙烯酸甲酯与丙烯酸乙酯的共聚物

CAS 号 9010-88-2

使用范围	最大使用量/%	特定迁移量或最大残留量/(mg/kg)	备　注
塑料	PVC:5.0;PA,PET,PC:按生产需要适量使用	6.0(甲基丙烯酸甲酯:SML);6.0(丙烯酸乙酯:SML)	
橡胶	2.0	6.0(甲基丙烯酸甲酯:SML);6.0(丙烯酸乙酯:SML)	
粘合剂	按生产需要适量使用	6.0(甲基丙烯酸甲酯:SML);6.0(丙烯酸乙酯:SML)	

表 A.1(续)

添加剂名称 甲基丙烯酸乙酯

CAS 号 97-63-2

使用范围	最大使用量/%	特定迁移量或最大残留量/(mg/kg)	备 注
粘合剂	按生产需要适量使用	6.0(SML)	
纸	按生产需要适量使用	6.0(SML)	

添加剂名称 甲基丙烯酸异丁酯

CAS 号 97-86-9

使用范围	最大使用量/%	特定迁移量或最大残留量/(mg/kg)	备 注
涂料	按生产需要适量使用	6.0(SML)	
纸	按生产需要适量使用	6.0(SML)	

添加剂名称 甲基丙烯酸与丙烯酸丁酯和丙烯酸乙酯的聚合物

CAS 号 31069-81-5

使用范围	最大使用量/%	特定迁移量或最大残留量/(mg/kg)	备 注
塑料	PA,PC,PET:按生产需要适量使用	6.0(甲基丙烯酸:SML);6.0(SML,以丙烯酸丁酯和丙烯酸乙酯之和计)	
粘合剂	按生产需要适量使用	6.0(甲基丙烯酸:SML);6.0(SML,以丙烯酸丁酯和丙烯酸乙酯之和计)	
纸	按生产需要适量使用	6.0(甲基丙烯酸:SML);6.0(SML,以丙烯酸丁酯和丙烯酸乙酯之和计)	

添加剂名称 甲基丙烯酸与甲基丙烯酸甲酯共聚物的铵盐

CAS 号 60474-81-9

使用范围	最大使用量/%	特定迁移量或最大残留量/(mg/kg)	备 注
粘合剂	按生产需要适量使用	6.0(SML,以甲基丙烯酸和甲基丙烯酸甲酯之和计)	
纸	按生产需要适量使用	6.0(SML,以甲基丙烯酸和甲基丙烯酸甲酯之和计)	

添加剂名称 甲基丙烯酸与乙烯的聚合物

CAS 号 25053-53-6

使用范围	最大使用量/%	特定迁移量或最大残留量/(mg/kg)	备 注
塑料	PA,PE,PP,PS,ABS,PET,PC:按生产需要适量使用	6.0(甲基丙烯酸:SML)	
粘合剂	按生产需要适量使用	6.0(甲基丙烯酸:SML)	
纸	按生产需要适量使用	6.0(甲基丙烯酸:SML)	

表 A.1(续)

添加剂名称 甲基丙烯酰胺

CAS 号 79-39-0

使用范围	最大使用量/%	特定迁移量或最大残留量/(mg/kg)	备注
涂料	按生产需要适量使用	ND(SML,DL=0.02 mg/kg)	
纸	按生产需要适量使用	ND(SML,DL=0.02 mg/kg)	

添加剂名称 甲基化的1,3,5-三嗪-2,4,6-三胺与甲醛的共聚物

CAS 号 68002-20-0

使用范围	最大使用量/%	特定迁移量或最大残留量/(mg/kg)	备注
涂料	按生产需要适量使用	1.0(1,3,5-三嗪-2,4,6-三胺/三聚氰胺:SML);15(甲醛:SML)	
油墨	按生产需要适量使用	1.0(1,3,5-三嗪-2,4,6-三胺/三聚氰胺:SML);15(甲醛:SML)	
粘合剂	按生产需要适量使用	1.0(1,3,5-三嗪-2,4,6-三胺/三聚氰胺:SML);15(甲醛:SML)	

添加剂名称 甲基氢硅氧烷与聚硅氧烷

CAS 号 63148-57-2

使用范围	最大使用量/%	特定迁移量或最大残留量/(mg/kg)	备注
涂料	按生产需要适量使用		
粘合剂	按生产需要适量使用		
纸	按生产需要适量使用		

添加剂名称 甲基异丁基酮

CAS 号 108-10-1

使用范围	最大使用量/%	特定迁移量或最大残留量/(mg/kg)	备注
油墨		5.0(SML)	
粘合剂		5.0(SML)	
纸		5.0(SML)	

添加剂名称 甲醛

CAS 号 50-00-0

使用范围	最大使用量/%	特定迁移量或最大残留量/(mg/kg)	备注
涂料	按生产需要适量使用	15.0(SML)	
粘合剂	按生产需要适量使用	15.0(SML)	
纸	按生产需要适量使用	15.0(SML)	

表 A.1（续）

添加剂名称 甲醛与三聚氰胺和甲醇的反应产物

CAS 号 94645-53-1

使用范围	最大使用量/%	特定迁移量或最大残留量/(mg/kg)	备 注
油墨	按生产需要适量使用	15.0(甲醛:SML);1.0(1,3,5-三嗪-2,4,6-三胺/三聚氰胺:SML)	

添加剂名称 甲酸

CAS 号 64-18-6

使用范围	最大使用量/%	特定迁移量或最大残留量/(mg/kg)	备 注
涂料	按生产需要适量使用		
纸	按生产需要适量使用		

添加剂名称 间苯二胺

CAS 号 108-45-2

使用范围	最大使用量/%	特定迁移量或最大残留量/(mg/kg)	备 注
橡胶	按生产需要适量使用	ND(SML,DL=0.02 mg/kg)	

添加剂名称 间苯二酚

CAS 号 108-46-3

使用范围	最大使用量/%	特定迁移量或最大残留量/(mg/kg)	备 注
橡胶	0.24	2.4(SML)	

添加剂名称 间苯二甲酸

CAS 号 121-91-5

使用范围	最大使用量/%	特定迁移量或最大残留量/(mg/kg)	备 注
塑料	PET,PA:按生产需要适量使用	5.0(SML)	
涂料	按生产需要适量使用	5.0(SML)	
粘合剂	按生产需要适量使用	5.0(SML)	
纸	1.5	5.0(SML)	

添加剂名称 间苯二酰二氯

CAS 号 99-63-8

使用范围	最大使用量/%	特定迁移量或最大残留量/(mg/kg)	备 注
涂料	按生产需要适量使用	5.0(SML,以间苯二甲酸计)	

表 A.1（续）

添加剂名称 间甲酚

CAS 号 108-39-4

使用范围	最大使用量/%	特定迁移量或最大残留量/(mg/kg)	备 注
涂料	按生产需要适量使用		

添加剂名称 碱式氯化铝

CAS 号 1327-41-9

使用范围	最大使用量/%	特定迁移量或最大残留量/(mg/kg)	备 注
纸	按生产需要适量使用		

添加剂名称 焦磷酸钠

CAS 号 7722-88-5

使用范围	最大使用量/%	特定迁移量或最大残留量/(mg/kg)	备 注
塑料	PE,PP,PS,AS,ABS,PA,PET,PC,PVC,PVDC,UP:按生产需要适量使用		
涂料	按生产需要适量使用		
橡胶	按生产需要适量使用		

添加剂名称 芥酸酰胺或(*Z*)-13-二十二烯酰胺

CAS 号 112-84-5

使用范围	最大使用量/%	特定迁移量或最大残留量/(mg/kg)	备 注
塑料	PE,PP,PVDC:按生产需要适量使用		
橡胶	垫圈:5.0		
粘合剂	按生产需要适量使用		
纸	按生产需要适量使用		

添加剂名称 精制石脑油

CAS 号 8052-41-3

使用范围	最大使用量/%	特定迁移量或最大残留量/(mg/kg)	备 注
粘合剂	按生产需要适量使用		

添加剂名称 聚[[6-[(1,1,3,3-四甲基丁基)氨基]-1,3,5-三嗪-2,4-二基][(2,2,6,6-四甲基-4-哌啶基)亚氨基]-1,6-己二基[(2,2,6,6-四甲基-4-哌啶基)亚氨]]

CAS 号 71878-19-8;70624-18-9

使用范围	最大使用量/%	特定迁移量或最大残留量/(mg/kg)	备 注
塑料	PP,PE:0.3	3.0(SML)	

表 A.1(续)

添加剂名称 聚氨酯(2,4 或 2,6-甲苯二异氰酸酯)

CAS 号 37383-28-1

使用范围	最大使用量/%	特定迁移量或最大残留量/(mg/kg)	备　注
复合材料	按生产需要适量使用	1.0(QM,以异氰酸根计)	

添加剂名称 聚氨酯(二苯甲烷异氰酸酯)

CAS 号 9018-04-6

使用范围	最大使用量/%	特定迁移量或最大残留量/(mg/kg)	备　注
复合材料	按生产需要适量使用	1.0(QM,以异氰酸根计)	

添加剂名称 聚丙二醇

CAS 号 25322-69-4

使用范围	最大使用量/%	特定迁移量或最大残留量/(mg/kg)	备　注
塑料	PE, PP, PS, AS, ABS: 5.0; PA, PET:按生产需要适量使用		
涂料	按生产需要适量使用		
粘合剂	按生产需要适量使用		
纸	按生产需要适量使用		

添加剂名称 聚丙烯

CAS 号 9003-07-0

使用范围	最大使用量/%	特定迁移量或最大残留量/(mg/kg)	备　注
塑料	PE,PS,ABS,PA,PET,PC:按生产需要适量使用		

添加剂名称 聚丙烯酸乙酯

CAS 号 9003-32-1

使用范围	最大使用量/%	特定迁移量或最大残留量/(mg/kg)	备　注
塑料	PA,PC,PET:按生产需要适量使用	6.0(丙烯酸乙酯:SML)	
粘合剂	按生产需要适量使用	6.0(丙烯酸乙酯:SML)	
纸	按生产需要适量使用	6.0(丙烯酸乙酯:SML)	

添加剂名称 聚丙烯酰胺

CAS 号 9003-05-8

使用范围	最大使用量/%	特定迁移量或最大残留量/(mg/kg)	备　注
纸	0.1	ND(丙烯酰胺:SML,DL=0.01 mg/kg)	

表 A.1（续）

添加剂名称　聚丁二烯

CAS 号　9003-17-2

使用范围	最大使用量/%	特定迁移量或最大残留量/(mg/kg)	备　注
塑料	PE,PP,PS,ABS:按生产需要适量使用	ND(丁二烯:SML,DL=0.02 mg/kg)	
橡胶	按生产需要适量使用	ND(丁二烯:SML,DL=0.02 mg/kg)	

添加剂名称　聚二甲基硅氧烷

CAS 号　63148-62-9;9016-00-6

使用范围	最大使用量/%	特定迁移量或最大残留量/(mg/kg)	备　注
塑料	PE, PP, PS, AS, ABS, PC, PVC, PVDC:按生产需要适量使用;PA:2.0;PET:0.3		分子质量>6 800
涂料	按生产需要适量使用		分子质量>6 800
橡胶	按生产需要适量使用		分子质量>6 800
粘合剂	按生产需要适量使用		分子质量>6 800
纸	按生产需要适量使用		分子质量>6 800

添加剂名称　聚二甲基硅氧烷和苯基倍半硅氧烷的共聚物

CAS 号　73138-88-2

使用范围	最大使用量/%	特定迁移量或最大残留量/(mg/kg)	备　注
涂料	按生产需要适量使用		
橡胶	按生产需要适量使用		
粘合剂	按生产需要适量使用		
纸	按生产需要适量使用		

添加剂名称　聚合松香

CAS 号　65997-05-9

使用范围	最大使用量/%	特定迁移量或最大残留量/(mg/kg)	备　注
涂料	按生产需要适量使用		
粘合剂	按生产需要适量使用		

添加剂名称　聚甲基丙烯酸钠

CAS 号　54193-36-1

使用范围	最大使用量/%	特定迁移量或最大残留量/(mg/kg)	备　注
粘合剂	按生产需要适量使用	6.0(甲基丙烯酸钠:SML)	

表 A.1（续）

添加剂名称 聚偏氟乙烯树脂

CAS 号 24937-79-9

使用范围	最大使用量/%	特定迁移量或最大残留量/(mg/kg)	备 注
涂料	1.0		

添加剂名称 聚全氟乙烯-丙烯树脂

CAS 号 25067-11-2

使用范围	最大使用量/%	特定迁移量或最大残留量/(mg/kg)	备 注
涂料	按生产需要适量使用	0.05(四氟乙烯:SML);ND(六氟丙烯:SML,DL=0.01 mg/kg)	

添加剂名称 聚树脂酸、松香酸、甘油的酯化物

CAS 号 68475-37-6

使用范围	最大使用量/%	特定迁移量或最大残留量/(mg/kg)	备 注
涂料	按生产需要适量使用		
橡胶	按生产需要适量使用		
纸	按生产需要适量使用		

添加剂名称 聚四氟乙烯树脂

CAS 号 9002-84-0

使用范围	最大使用量/%	特定迁移量或最大残留量/(mg/kg)	备 注
塑料	PE,PP,PS,PET,PC,ABS,PVC,PVDC:按生产需要适量使用	0.05(四氟乙烯:SML)	

添加剂名称 聚烷氧基(C_2～C_4)二甲基聚硅氧烷

CAS 号 94469-32-6

使用范围	最大使用量/%	特定迁移量或最大残留量/(mg/kg)	备 注
涂料	按生产需要适量使用		

添加剂名称 聚酰胺

CAS 号 25587-80-8;25038-74-8

使用范围	最大使用量/%	特定迁移量或最大残留量/(mg/kg)	备 注
涂料	按生产需要适量使用	5.0(11-氨基十一酸:SML)	
橡胶	按生产需要适量使用	5.0(11-氨基十一酸:SML)	

表 A.1（续）

添加剂名称 聚酰胺环氧氯丙烷树脂

CAS 号 —

使用范围	最大使用量/%	特定迁移量或最大残留量/(mg/kg)	备注
纸	1.5		

添加剂名称 聚氧乙烯壬基酚磷酸酯

CAS 号 51811-79-1

使用范围	最大使用量/%	特定迁移量或最大残留量/(mg/kg)	备注
塑料	ABS:按生产需要适量使用		
粘合剂	按生产需要适量使用		

添加剂名称 聚氧乙烯山梨醇酐三硬脂酸酯(吐温-65)

CAS 号 9005-71-4

使用范围	最大使用量/%	特定迁移量或最大残留量/(mg/kg)	备注
塑料	PE,PP,PS,ABS,PET,PC:按生产需要适量使用		
涂料	按生产需要适量使用		
粘合剂	按生产需要适量使用		
纸	按生产需要适量使用		

添加剂名称 聚氧乙烯山梨糖醇酐单硬脂酸酯

CAS 号 9004-99-3

使用范围	最大使用量/%	特定迁移量或最大残留量/(mg/kg)	备注
塑料	PE,PP:0.30; PS,AS:0.20; ABS:2.5; PA,PC:按生产需要适量使用		
纸	按生产需要适量使用		

添加剂名称 聚氧乙烯山梨糖醇酐单油酸酯(吐温-80)

CAS 号 9005-65-6

使用范围	最大使用量/%	特定迁移量或最大残留量/(mg/kg)	备注
塑料	PE,PP,PS,ABS,PET,PC:按生产需要适量使用		
涂料	按生产需要适量使用		
粘合剂	按生产需要适量使用		
纸	按生产需要适量使用		

表 A.1（续）

添加剂名称 聚氧乙烯脱水山梨醇单月桂酸酯

CAS 号 9005-64-5

使用范围	最大使用量/%	特定迁移量或最大残留量/(mg/kg)	备　注
塑料	PE,PP,AS,PS,ABS,PET,PC,PA,PVC,PVDC,UP:按生产需要适量使用		
粘合剂	按生产需要适量使用		

添加剂名称 聚氧乙烯辛烷基苯酚醚

CAS 号 9036-19-5

使用范围	最大使用量/%	特定迁移量或最大残留量/(mg/kg)	备　注
涂料	按生产需要适量使用		
粘合剂	按生产需要适量使用		

添加剂名称 聚乙二醇

CAS 号 25322-68-3

使用范围	最大使用量/%	特定迁移量或最大残留量/(mg/kg)	备　注
塑料	PE,PP:3.0;PS,AS,ABS:0.3;PA,PET:按生产需要适量使用;PC:0.2	30.0(乙二醇:SML)	
涂料	15.0	30.0(乙二醇:SML)	
粘合剂	按生产需要适量使用	30.0(乙二醇:SML)	
纸	15.0	30.0(乙二醇:SML)	

添加剂名称 聚乙二醇与1,1′-二亚甲基双[4-异氰酸根合环己烷]的聚合物

CAS 号 39444-87-6

使用范围	最大使用量/%	特定迁移量或最大残留量/(mg/kg)	备　注
塑料	PA,PET:按生产需要适量使用	1.0(QM,以异氰酸根计);30.0(乙二醇:SML)	
粘合剂	按生产需要适量使用	1.0(QM,以异氰酸根计);30.0(乙二醇:SML)	

添加剂名称 聚乙酸乙烯酯

CAS 号 9003-20-7

使用范围	最大使用量/%	特定迁移量或最大残留量/(mg/kg)	备　注
塑料	PP,PE,PS,PVC,PA,PC,ABS,AS,PET,PVDC,UP:按生产需要适量使用	12.0(乙酸乙烯酯:SML)	
涂料	按生产需要适量使用	12.0(乙酸乙烯酯:SML)	
粘合剂	按生产需要适量使用	12.0(乙酸乙烯酯:SML)	

表 A.1（续）

添加剂名称 聚乙烯

CAS 号 9002-88-4

使用范围	最大使用量/%	特定迁移量或最大残留量/(mg/kg)	备注
塑料	PE,PP,PS,AS,ABS,PC,PVDC:按生产需要适量使用;PET:0.5		

添加剂名称 均苯四甲酸二酐

CAS 号 89-32-7

使用范围	最大使用量/%	特定迁移量或最大残留量/(mg/kg)	备注
涂料	按生产需要适量使用	0.05(SML,以均苯四甲酸计)	

添加剂名称 矿脂

CAS 号 8009-03-8

使用范围	最大使用量/%	特定迁移量或最大残留量/(mg/kg)	备注
塑料	PE,PP,PS,ABS,PC:按生产需要适量使用;PET:0.25		

添加剂名称 酪蛋白

CAS 号 9000-71-9

使用范围	最大使用量/%	特定迁移量或最大残留量/(mg/kg)	备注
纸	按生产需要适量使用		

添加剂名称 邻苯二甲酸

CAS 号 88-99-3

使用范围	最大使用量/%	特定迁移量或最大残留量/(mg/kg)	备注
涂料	按生产需要适量使用		
粘合剂	按生产需要适量使用		

添加剂名称 邻苯二甲酸二(α-乙基己酯)

CAS 号 117-81-7

使用范围	最大使用量/%	特定迁移量或最大残留量/(mg/kg)	备注
塑料	PE,PP,PS,AS,ABS,PA,PET,PC,PVC:按生产需要适量使用	1.5(SML)	仅用于接触非脂肪性食品的材料，不得用于接触婴幼儿食品用的材料

表 A.1（续）

使用范围	最大使用量/%	特定迁移量或最大残留量/(mg/kg)	备　注
涂料	按生产需要适量使用	1.5(SML)	仅用于接触非脂肪性食品的材料，不得用于接触婴幼儿食品用的材料
橡胶	按生产需要适量使用	1.5(SML)	仅用于接触非脂肪性食品的材料，不得用于接触婴幼儿食品用的材料
粘合剂	按生产需要适量使用	1.5(SML)	仅用于接触非脂肪性食品的材料，不得用于接触婴幼儿食品用的材料

添加剂名称　邻苯二甲酸二甲酯

CAS 号　131-11-3

使用范围	最大使用量/%	特定迁移量或最大残留量/(mg/kg)	备　注
塑料	PP,PE,PS:3.0		仅用于接触非脂肪性食品的材料，不得用于接触婴幼儿食品用的材料
粘合剂	按生产需要适量使用		仅用于接触非脂肪性食品的材料，不得用于接触婴幼儿食品用的材料

添加剂名称　邻苯二甲酸二烯丙酯

CAS 号　131-17-9

使用范围	最大使用量/%	特定迁移量或最大残留量/(mg/kg)	备　注
塑料	PE，PP，AS，PS，ABS，PC，PA，PVDC，PET，PVC，UP：按生产需要适量使用	ND(SML，DL＝0.01 mg/kg)	仅用于接触非脂肪性食品的材料，不得用于接触婴幼儿食品用的材料
粘合剂	按生产需要适量使用	ND(SML，DL＝0.01 mg/kg)	仅用于接触非脂肪性食品的材料，不得用于接触婴幼儿食品用的材料
纸	按生产需要适量使用	ND(SML，DL＝0.01 mg/kg)	仅用于接触非脂肪性食品的材料，不得用于接触婴幼儿食品用的材料

表 A.1（续）

添加剂名称 邻苯二甲酸二烯丙酯与丙烯酸乙酯和甲基丙烯酸的共聚物

CAS 号 28411-49-6

使用范围	最大使用量/%	特定迁移量或最大残留量/(mg/kg)	备　注
粘合剂	按生产需要适量使用	ND(邻苯二甲酸二烯丙酯:SML，DL＝0.01 mg/kg)；6.0(丙烯酸乙酯:SML)；6.0(甲基丙烯酸:SML)	仅用于接触非脂肪性食品的材料，不得用于接触婴幼儿食品用的材料

添加剂名称 邻苯二甲酸二异丁酯

CAS 号 84-69-5

使用范围	最大使用量/%	特定迁移量或最大残留量/(mg/kg)	备　注
塑料	PVC:10.0		仅用于接触非脂肪性食品的材料，不得用于接触婴幼儿食品用的材料
涂料	按生产需要适量使用		仅用于接触非脂肪性食品的材料，不得用于接触婴幼儿食品用的材料
橡胶	按生产需要适量使用		仅用于接触非脂肪性食品的材料，不得用于接触婴幼儿食品用的材料
粘合剂	按生产需要适量使用		仅用于接触非脂肪性食品的材料，不得用于接触婴幼儿食品用的材料

添加剂名称 邻苯二甲酸二异壬酯

CAS 号 28553-12-0

使用范围	最大使用量/%	特定迁移量或最大残留量/(mg/kg)	备　注
塑料	PE，PP，AS，PS，ABS，PC，PA，PVDC，PET，PVC，UP：按生产需要适量使用	9.0(SML)	仅用于接触非脂肪性食品的材料，不得用于接触婴幼儿食品用的材料

表 A.1（续）

添加剂名称　邻苯二甲酸二异辛酯(DIOP)

CAS 号　27554-26-3

使用范围	最大使用量/%	特定迁移量或最大残留量/(mg/kg)	备　注
塑料	PE,PP,PS,AS,ABS,PA,PET,PC,PVC,PVDC:40.0		仅用于接触非脂肪性食品的材料,不得用于接触婴幼儿食品用的材料;用于瓶垫时最大使用量为50%
橡胶	40.0		仅用于接触非脂肪性食品的材料,不得用于接触婴幼儿食品用的材料

添加剂名称　邻苯二甲酸二正丁酯(DBP)

CAS 号　84-74-2

使用范围	最大使用量/%	特定迁移量或最大残留量/(mg/kg)	备　注
塑料	PE,PP,PS,AS,ABS,PA,PET,PC,PVC,PVDC:10	0.3(SML)	仅用于接触非脂肪性食品的材料,不得用于接触婴幼儿食品用的材料
橡胶	10.0	0.3(SML)	仅用于接触非脂肪性食品的材料,不得用于接触婴幼儿食品用的材料
粘合剂	按生产需要适量使用	0.3(SML)	仅用于接触非脂肪性食品的材料,不得用于接触婴幼儿食品用的材料

添加剂名称　邻苯二甲酸酐

CAS 号　85-44-9

使用范围	最大使用量/%	特定迁移量或最大残留量/(mg/kg)	备　注
塑料	PE,PP,PS,AS,ABS,PA,PET,PC,PVC,PVDC,UP:按生产需要适量使用		
橡胶	按生产需要适量使用		
粘合剂	按生产需要适量使用		
纸	按生产需要适量使用		

表 A.1（续）

添加剂名称 邻苯二羧酸-二-$C_{8\sim10}$支链烷基酯(C_9 富集)

CAS 号 68515-48-0

使用范围	最大使用量/%	特定迁移量或最大残留量/(mg/kg)	备 注
塑料	PE, PP, AS, PS, ABS, PC, PA, PVDC,PET,PVC:按生产需要适量使用	9.0(SML)	仅用于接触非脂肪性食品的材料，不得用于接触婴幼儿食品用的材料
涂料	按生产需要适量使用	9.0(SML)	仅用于接触非脂肪性食品的材料，不得用于接触婴幼儿食品用的材料
纸	按生产需要适量使用	9.0(SML)	仅用于接触非脂肪性食品的材料，不得用于接触婴幼儿食品用的材料

添加剂名称 邻苯二羧酸-二-$C_{9\sim11}$支链烷基酯(C_{10}富集)

CAS 号 68515-49-1

使用范围	最大使用量/%	特定迁移量或最大残留量/(mg/kg)	备 注
塑料	PE, PP, AS, PS, ABS, PC, PA, PVDC,PET,PVC:按生产需要适量使用	9.0(SML)	仅用于接触非脂肪性食品的材料，不得用于接触婴幼儿食品用的材料
涂料	按生产需要适量使用	9.0(SML)	仅用于接触非脂肪性食品的材料，不得用于接触婴幼儿食品用的材料
橡胶	30.0	9.0(SML)	仅用于接触非脂肪性食品的材料，不得用于接触婴幼儿食品用的材料
粘合剂	按生产需要适量使用	9.0(SML)	仅用于接触非脂肪性食品的材料，不得用于接触婴幼儿食品用的材料

添加剂名称 邻甲酚

CAS 号 95-48-7

使用范围	最大使用量/%	特定迁移量或最大残留量/(mg/kg)	备 注
涂料	按生产需要适量使用		

表 A.1（续）

添加剂名称 磷酸

CAS 号 7664-38-2

使用范围	最大使用量/%	特定迁移量或最大残留量/(mg/kg)	备注
塑料	PE,PP,PC,ABS:按生产需要适量使用		
涂料	按生产需要适量使用		

添加剂名称 磷酸-(3,5-二叔丁基-4-羟基苄基)二乙酯

CAS 号 976-56-7

使用范围	最大使用量/%	特定迁移量或最大残留量/(mg/kg)	备注
塑料	PET:0.1		

添加剂名称 磷酸[(3,5-双叔丁基-4-羟苯基)-甲基]单乙基酯钙盐(2:1)

CAS 号 65140-91-2

使用范围	最大使用量/%	特定迁移量或最大残留量/(mg/kg)	备注
塑料	PP:0.25;PE:0.2;PET:0.3	6.0(SML)	
橡胶	0.5	6.0(SML)	
粘合剂	按生产需要适量使用	6.0(SML)	
纸	0.5	6.0(SML)	

添加剂名称 磷酸-2-乙基己基二苯酯;磷酸二苯异辛酯

CAS 号 1241-94-7

使用范围	最大使用量/%	特定迁移量或最大残留量/(mg/kg)	备注
涂料	40.0	2.4(SML)	仅用于接触非脂肪性食品的材料
粘合剂	40.0	2.4(SML)	仅用于接触非脂肪性食品的材料

添加剂名称 磷酸-α-十三烷基-ω-羟基-聚(氧-1,2-亚乙基)酯

CAS 号 9046-01-9

使用范围	最大使用量/%	特定迁移量或最大残留量/(mg/kg)	备注
塑料	PP,PE,PS,PVC,PA,PC,ABS,AS,PET,PVDC,UP:按生产需要适量使用	5.0(SML)	仅用于接触水性食品的材料

表 A.1(续)

添加剂名称 磷酸二氢钙(2∶1)

CAS 号 7758-23-8

使用范围	最大使用量/%	特定迁移量或最大残留量/(mg/kg)	备　注
塑料	PE,PP,PS,AS,ABS,PA,PET,PC,PVC,PVDC,UP:按生产需要适量使用		

添加剂名称 磷酸二氢钾

CAS 号 7778-77-0

使用范围	最大使用量/%	特定迁移量或最大残留量/(mg/kg)	备　注
粘合剂	按生产需要适量使用		

添加剂名称 磷酸二氢钠

CAS 号 7558-80-7

使用范围	最大使用量/%	特定迁移量或最大残留量/(mg/kg)	备　注
塑料	PE,PP,PS,AS,ABS,PA,PET,PC,PVC,PVDC,UP:按生产需要适量使用		
橡胶	按生产需要适量使用		

添加剂名称 磷酸二氢锌(2∶1)

CAS 号 13598-37-3

使用范围	最大使用量/%	特定迁移量或最大残留量/(mg/kg)	备　注
塑料	PE,PP,AS,PS,ABS,PET,PC,PA:按生产需要适量使用	25.0(SML,以锌计)	

添加剂名称 磷酸氢镁三水合物

CAS 号 7782-75-4

使用范围	最大使用量/%	特定迁移量或最大残留量/(mg/kg)	备　注
涂料	按生产需要适量使用		

添加剂名称 磷酸三叔丁酯

CAS 号 126-71-6

使用范围	最大使用量/%	特定迁移量或最大残留量/(mg/kg)	备　注
纸	按生产需要适量使用		

表 A.1（续）

添加剂名称 磷酸锌(2∶3)

CAS 号 7779-90-0

使用范围	最大使用量/%	特定迁移量或最大残留量/(mg/kg)	备　注
塑料	PE,PP,PS,PC,PET:50		
粘合剂	按生产需要适量使用		

添加剂名称 菱水碳铝镁石

CAS 号 12304-65-3

使用范围	最大使用量/%	特定迁移量或最大残留量/(mg/kg)	备　注
塑料	PE,PP,PS,AS,ABS,PA,PET,PC:3.0		

添加剂名称 硫胺甲苯与甲醛的缩合产物

CAS 号 —

使用范围	最大使用量/%	特定迁移量或最大残留量/(mg/kg)	备　注
纸	0.60	15.0(甲醛:SML)	

添加剂名称 硫代硫酸钠

CAS 号 7772-98-7

使用范围	最大使用量/%	特定迁移量或最大残留量/(mg/kg)	备　注
塑料	PP,PE,PS,PVC,PA,PC,ABS,AS,PET,UP:按生产需要适量使用	10.0(SML,以二氧化硫计)	
涂料	按生产需要适量使用	10.0(SML,以二氧化硫计)	
橡胶	按生产需要适量使用	10.0(SML,以二氧化硫计)	
粘合剂	按生产需要适量使用	10.0(SML,以二氧化硫计)	
纸	按生产需要适量使用	10.0(SML,以二氧化硫计)	

添加剂名称 硫化锌

CAS 号 1314-98-3

使用范围	最大使用量/%	特定迁移量或最大残留量/(mg/kg)	备　注
塑料	PE, PP, PS, PC, PET: 10.0; AS, ABS:1.0;PA:1.5	25.0(SML,以锌计)	
粘合剂	按生产需要适量使用	25.0(SML,以锌计)	

添加剂名称 硫磺

CAS 号 7704-34-9

使用范围	最大使用量/%	特定迁移量或最大残留量/(mg/kg)	备　注
橡胶	按生产需要适量使用		

表 A.1（续）

添加剂名称　硫酸
CAS 号　7664-93-9

使用范围	最大使用量/%	特定迁移量或最大残留量/(mg/kg)	备　注
涂料	按生产需要适量使用		
油墨	按生产需要适量使用		
粘合剂	按生产需要适量使用		

添加剂名称　硫酸钡
CAS 号　7727-43-7

使用范围	最大使用量/%	特定迁移量或最大残留量/(mg/kg)	备　注
塑料	PE,PP,PS,AS,ABS,PA,PET,PC,PVC,PVDC:3.0	1.0(SML,以钡计)	应符合着色剂纯度要求[a]
涂料	按生产需要适量使用	1.0(SML,以钡计)	应符合着色剂纯度要求[a]
橡胶	按生产需要适量使用	1.0(SML,以钡计)	应符合着色剂纯度要求[a]
粘合剂	按生产需要适量使用	1.0(SML,以钡计)	应符合着色剂纯度要求[a]
纸	按生产需要适量使用	1.0(SML,以钡计)	应符合着色剂纯度要求[a]

添加剂名称　硫酸钙
CAS 号　7778-18-9

使用范围	最大使用量/%	特定迁移量或最大残留量/(mg/kg)	备　注
塑料	PE,PP,PS,AS,ABS,PA,PET,PC,PVDC:按生产需要适量使用		
纸	按生产需要适量使用		

添加剂名称　硫酸铝
CAS 号　10043-01-3

使用范围	最大使用量/%	特定迁移量或最大残留量/(mg/kg)	备　注
纸	按生产需要适量使用		

添加剂名称　硫酸铁
CAS 号　10124-49-9

使用范围	最大使用量/%	特定迁移量或最大残留量/(mg/kg)	备　注
塑料	PP,PE,PS,ABS:按生产需要适量使用		

表 A.1（续）

添加剂名称 硫酸铜

CAS 号 7758-98-7

使用范围	最大使用量/%	特定迁移量或最大残留量/(mg/kg)	备　注
塑料	PE,PP,PS,AS,ABS,PA,PET,PC,PVC,PVDC,UP:按生产需要适量使用	5.0(SML,以铜计)	
橡胶	按生产需要适量使用	5.0(SML,以铜计)	

添加剂名称 硫酸锌

CAS 号 7733-02-0

使用范围	最大使用量/%	特定迁移量或最大残留量/(mg/kg)	备　注
塑料	PP,PE,PS,PVC,PA,PC,ABS,AS,PET,PVDC,UP:按生产需要适量使用	25.0(SML,以锌计)	
涂料	按生产需要适量使用	25.0(SML,以锌计)	
橡胶	30.0	25.0(SML,以锌计)	
粘合剂	按生产需要适量使用	25.0(SML,以锌计)	
纸	按生产需要适量使用	25.0(SML,以锌计)	

添加剂名称 铝

CAS 号 7429-90-5

使用范围	最大使用量/%	特定迁移量或最大残留量/(mg/kg)	备　注
塑料	PE,PP,PS,AS,ABS,PA,PET,PC,PVDC,UP:按生产需要适量使用		
涂料	按生产需要适量使用		
粘合剂	按生产需要适量使用		
纸	按生产需要适量使用		

添加剂名称 铝酸钴;C.I.颜料蓝 2

CAS 号 1333-88-6

使用范围	最大使用量/%	特定迁移量或最大残留量/(mg/kg)	备　注
塑料	PE,PP,PS,PVC:5.0	0.05(SML,以钴计)	应符合着色剂纯度要求[a]
涂料	按生产需要适量使用	0.05(SML,以钴计)	应符合着色剂纯度要求[a]
油墨	按生产需要适量使用	0.05(SML,以钴计)	应符合着色剂纯度要求[a]

表 A.1(续)

添加剂名称 铝酸钠

CAS 号 1302-42-7

使用范围	最大使用量/%	特定迁移量或最大残留量/(mg/kg)	备 注
纸	按生产需要适量使用		

添加剂名称 氯化-*N*,*N*,*N*-三甲基-2-[(1-氧代-2-丙烯酰氧)基]-乙铵

CAS 号 44992-01-0

使用范围	最大使用量/%	特定迁移量或最大残留量/(mg/kg)	备 注
纸	0.015		

添加剂名称 氯化-*N*,*N*,*N*-三甲基-2-[(1-氧合-2-丙烯基)氧乙铵]与 2-丙烯酰胺的聚合物

CAS 号 69418-26-4

使用范围	最大使用量/%	特定迁移量或最大残留量/(mg/kg)	备 注
纸	0.15	ND(丙烯酰胺,DL=0.01 mg/kg)	

添加剂名称 氯化胆碱

CAS 号 67-48-1

使用范围	最大使用量/%	特定迁移量或最大残留量/(mg/kg)	备 注
纸	按生产需要适量使用		

添加剂名称 氯化铝

CAS 号 7446-70-0

使用范围	最大使用量/%	特定迁移量或最大残留量/(mg/kg)	备 注
塑料	PE,PS,PP:0.2		

添加剂名称 氯化锰

CAS 号 7773-01-5

使用范围	最大使用量/%	特定迁移量或最大残留量/(mg/kg)	备 注
塑料	PP,PE,PS,PVC,PA,PC,ABS,AS,PET,PVDC,UP:按生产需要适量使用	0.6(SML,以锰计)	
涂料	按生产需要适量使用	0.6(SML,以锰计)	
橡胶	按生产需要适量使用	0.6(SML,以锰计)	
粘合剂	按生产需要适量使用	0.6(SML,以锰计)	
纸	按生产需要适量使用	0.6(SML,以锰计)	

表 A.1(续)

添加剂名称 氯化钠

CAS 号 7647-14-5

使用范围	最大使用量/%	特定迁移量或最大残留量/(mg/kg)	备 注
塑料	PE,PP,PS,AS,ABS,PA,PET,PC,PVC,PVDC,UP:按生产需要适量使用		
涂料	按生产需要适量使用		
粘合剂	按生产需要适量使用		
纸	按生产需要适量使用		

添加剂名称 氯化三氯乙烯与偏氟乙烯的共聚物

CAS 号 9010-75-7

使用范围	最大使用量/%	特定迁移量或最大残留量	备 注
橡胶	按生产需要适量使用	5.0 mg/kg(二氟乙烯:SML);0.5 mg/6 dm^2(三氟氯乙烯:QM)	

添加剂名称 氯化铁

CAS 号 7705-08-0

使用范围	最大使用量/%	特定迁移量或最大残留量/(mg/kg)	备 注
粘合剂	按生产需要适量使用		
纸	按生产需要适量使用		

添加剂名称 氯化亚锡

CAS 号 7772-99-8

使用范围	最大使用量/%	特定迁移量或最大残留量/(mg/kg)	备 注
塑料	PE,PP,PS,AS,ABS,PA,PET,PC,PVC,PVDC,UP:按生产需要适量使用	0.18(SML,以锡计)	
涂料	按生产需要适量使用	0.18(SML,以锡计)	

添加剂名称 氯乙烯和乙酸乙烯的共聚物

CAS 号 9003-22-9

使用范围	最大使用量/%	特定迁移量或最大残留量/(mg/kg)	备 注
粘合剂	按生产需要适量使用	ND(氯乙烯:SML,DL=0.01 mg/kg);12.0(乙酸乙烯:SML)	
纸	按生产需要适量使用	ND(氯乙烯:SML,DL=0.01 mg/kg);12.0(乙酸乙烯:SML)	

表 A.1（续）

添加剂名称 马来酸酐改性聚丙烯

CAS 号 119415-04-2

使用范围	最大使用量/%	特定迁移量或最大残留量/(mg/kg)	备　注
复合材料	按生产需要适量使用		

添加剂名称 马来酸酐与苯乙烯共聚物的铵盐

CAS 号 26022-09-3

使用范围	最大使用量/%	特定迁移量或最大残留量/(mg/kg)	备　注
粘合剂	按生产需要适量使用	30.0(SML,以马来酸计)	

添加剂名称 麦芽糊精

CAS 号 9050-36-6

使用范围	最大使用量/%	特定迁移量或最大残留量/(mg/kg)	备　注
塑料	PE,PP,PS,AS,ABS,PA,PET,PC,PVC,PVDC,UP:按生产需要适量使用		

添加剂名称 锰紫

CAS 号 10101-66-3

使用范围	最大使用量/%	特定迁移量或最大残留量/(mg/kg)	备　注
塑料	PE,PP,PS,AS,ABS,PA,PET,PC:2.0	0.6(SML,以锰计)	应符合着色剂纯度要求[a]
涂料	按生产需要适量使用	0.6(SML,以锰计)	应符合着色剂纯度要求[a]
油墨	按生产需要适量使用	0.6(SML,以锰计)	应符合着色剂纯度要求[a]

添加剂名称 木质素磺酸

CAS 号 8062-15-5

使用范围	最大使用量/%	特定迁移量或最大残留量/(mg/kg)	备　注
塑料	PP,PE,PS,PVC,PA,PC,ABS,AS,PET,UP:按生产需要适量使用	0.24(SML)	仅用作分散剂

添加剂名称 木质素磺酸钠

CAS 号 8061-51-6

使用范围	最大使用量/%	特定迁移量或最大残留量/(mg/kg)	备　注
涂料	0.2	0.24(木质素磺酸:SML)	
粘合剂	按生产需要适量使用	0.24(木质素磺酸:SML)	
纸	1.0	0.24(木质素磺酸:SML)	

表 A.1(续)

添加剂名称 萘磺酸与甲醛聚合物的钠盐

CAS 号 9084-06-4

使用范围	最大使用量/%	特定迁移量或最大残留量/(mg/kg)	备　注
涂料	按生产需要适量使用	15.0(甲醛:SML)	
粘合剂	按生产需要适量使用	15.0(甲醛:SML)	
纸	按生产需要适量使用	15.0(甲醛:SML)	

添加剂名称 尿素

CAS 号 57-13-6

使用范围	最大使用量/%	特定迁移量或最大残留量/(mg/kg)	备　注
塑料	PE,PS:按生产需要适量使用		
纸	0.25		

添加剂名称 尿素与 *N*-(2-氨乙基)-1,2-亚乙基二胺和甲醛的聚合物

CAS 号 61472-52-4

使用范围	最大使用量/%	特定迁移量或最大残留量/(mg/kg)	备　注
纸	按生产需要适量使用	15.0(甲醛:SML)	

添加剂名称 尿素与甲醛和异丁基醇的聚合物

CAS 号 68002-18-6

使用范围	最大使用量/%	特定迁移量或最大残留量/(mg/kg)	备　注
涂料	按生产需要适量使用	15.0(甲醛:SML)	
粘合剂	按生产需要适量使用	15.0(甲醛:SML)	

添加剂名称 柠檬酸

CAS 号 77-92-9

使用范围	最大使用量/%	特定迁移量或最大残留量/(mg/kg)	备　注
塑料	PE,PP,PS,AS,ABS,PVC,PVDC:按生产需要适量使用		
纸	按生产需要适量使用		

添加剂名称 硼砂

CAS 号 1303-96-4

使用范围	最大使用量/%	特定迁移量或最大残留量/(mg/kg)	备　注
涂料	按生产需要适量使用	6.0(SML,以硼计)	
粘合剂	按生产需要适量使用	6.0(SML,以硼计)	
纸	按生产需要适量使用	6.0(SML,以硼计)	

表 A.1（续）

添加剂名称 硼酸

CAS 号 10043-35-3

使用范围	最大使用量/%	特定迁移量或最大残留量/(mg/kg)	备　注
粘合剂	按生产需要适量使用	6.0(SML,以硼计)	
纸	按生产需要适量使用	6.0(SML,以硼计)	

添加剂名称 膨润土钠

CAS 号 85049-30-5

使用范围	最大使用量/%	特定迁移量或最大残留量/(mg/kg)	备　注
纸	按生产需要适量使用		

添加剂名称 羟基封端的二甲基甲基乙烯基(硅氧烷与聚硅氧烷)

CAS 号 67923-19-7

使用范围	最大使用量/%	特定迁移量或最大残留量/(mg/kg)	备　注
橡胶	按生产需要适量使用		

添加剂名称 羟基封端的聚二甲基硅氧烷

CAS 号 70131-67-8

使用范围	最大使用量/%	特定迁移量或最大残留量/(mg/kg)	备　注
油墨	3.0		

添加剂名称 羟基己酸内酯与2,2-二甲基-1,3-丙二醇的聚合物

CAS 号 69089-45-8

使用范围	最大使用量/%	特定迁移量或最大残留量/(mg/kg)	备　注
粘合剂	按生产需要适量使用	0.05(SML,以己内酯与6-羟基己酸之和计)； 0.05(2,2-二甲基-1,3-丙二醇;SML)	

添加剂名称 羟基甲亚磺酸单钠盐

CAS 号 149-44-0

使用范围	最大使用量/%	特定迁移量或最大残留量/(mg/kg)	备　注
塑料	PE, PP, PS, AS, ABS, PVC, PET, PC:0.25		
橡胶	5.0		
粘合剂	按生产需要适量使用		

表 A.1(续)

添加剂名称 羟基双[2,4,10-四(1,1-二甲基乙基)-6-(羟基-*kO*)-12*H*-二苯并[*d*,*g*][1,3,2]二氧磷杂环乙烷-6-氧化合]铝

CAS 号 151841-65-5

使用范围	最大使用量/%	特定迁移量或最大残留量/(mg/kg)	备 注
塑料	PP:0.25	5.0(SML)	

添加剂名称 羟甲基丙基醚纤维素

CAS 号 9004-65-3

使用范围	最大使用量/%	特定迁移量或最大残留量/(mg/kg)	备 注
塑料	PS,AS,ABS,PVDC:按生产需要适量使用		
涂料	按生产需要适量使用		
粘合剂	按生产需要适量使用		

添加剂名称 羟乙基纤维素

CAS 号 9004-62-0

使用范围	最大使用量/%	特定迁移量或最大残留量/(mg/kg)	备 注
涂料	按生产需要适量使用		
粘合剂	按生产需要适量使用		
纸	按生产需要适量使用		

添加剂名称 氢化蓖麻油乙酸单甘油酯

CAS 号 736150-63-3

使用范围	最大使用量/%	特定迁移量或最大残留量/(mg/kg)	备 注
塑料	PE, PP, AS, PS, ABS, PC, PA, PVDC,PET:3;PVC:34		

添加剂名称 氢化处理的石蜡

CAS 号 64742-51-4

使用范围	最大使用量/%	特定迁移量或最大残留量/(mg/kg)	备 注
塑料	PS:8.0;PVC,PE,PP:按生产需要适量使用		
纸	0.1		

表 A.1（续）

添加剂名称　氢化的乙烯基苯与1,3-丁二烯的聚合物

CAS号　66070-58-4

使用范围	最大使用量/%	特定迁移量或最大残留量/(mg/kg)	备　注
塑料	PS:按生产需要适量使用	ND(1,3-丁二烯:SML,DL＝0.02 mg/kg)或1.0(1,3-丁二烯:QM)	分子质量≥16 000

添加剂名称　氢化树脂酸和松香酸甘油酯

CAS号　65997-13-9

使用范围	最大使用量/%	特定迁移量或最大残留量/(mg/kg)	备　注
涂料	按生产需要适量使用		
粘合剂	按生产需要适量使用		

添加剂名称　氢化树脂酸和松香酸甲酯

CAS号　8050-15-5

使用范围	最大使用量/%	特定迁移量或最大残留量/(mg/kg)	备　注
涂料	按生产需要适量使用		
粘合剂	按生产需要适量使用		

添加剂名称　氢化松香

CAS号　65997-06-0

使用范围	最大使用量/%	特定迁移量或最大残留量/(mg/kg)	备　注
涂料	按生产需要适量使用		
粘合剂	按生产需要适量使用		

添加剂名称　氢化松香酸季戊四醇酯

CAS号　64365-17-9

使用范围	最大使用量/%	特定迁移量或最大残留量/(mg/kg)	备　注
粘合剂	按生产需要适量使用		

添加剂名称　氢化椰子油

CAS号　84836-98-6

使用范围	最大使用量/%	特定迁移量或最大残留量/(mg/kg)	备　注
涂料	按生产需要适量使用		
橡胶	按生产需要适量使用		
粘合剂	按生产需要适量使用		

表 A.1（续）

添加剂名称 氢醌

CAS 号 123-31-9

使用范围	最大使用量/%	特定迁移量或最大残留量/(mg/kg)	备　注
塑料	PET：0.08	0.6(SML)	
粘合剂	按生产需要适量使用	0.6(SML)	

添加剂名称 氢氧化铵

CAS 号 1336-21-6

使用范围	最大使用量/%	特定迁移量或最大残留量/(mg/kg)	备　注
塑料	PE,PP,PS,AS,PS,ABS,PET,PC,PVC,PVDC：按生产需要适量使用		
涂料	按生产需要适量使用		
油墨	按生产需要适量使用		
粘合剂	按生产需要适量使用		
纸	按生产需要适量使用		

添加剂名称 氢氧化钡

CAS 号 17194-00-2

使用范围	最大使用量/%	特定迁移量或最大残留量/(mg/kg)	备　注
涂料	按生产需要适量使用	1.0(SML，以钡计)	

添加剂名称 氢氧化钾

CAS 号 1310-58-3

使用范围	最大使用量/%	特定迁移量或最大残留量/(mg/kg)	备　注
塑料	PE,PP,PS,ABS,PET,PC：按生产需要适量使用		
涂料	按生产需要适量使用		

添加剂名称 氢氧化锂

CAS 号 1310-65-2

使用范围	最大使用量/%	特定迁移量或最大残留量/(mg/kg)	备　注
涂料	按生产需要适量使用	0.6(SML，以锂计)	

表 A.1（续）

添加剂名称 氢氧化铝

CAS 号 21645-51-2

使用范围	最大使用量/%	特定迁移量或最大残留量/(mg/kg)	备　注
塑料	PE，PP，AS，PS，ABS，PC，PA，PVDC，PET，PVC，UP：按生产需要适量使用		
涂料	按生产需要适量使用		应符合着色剂纯度要求[a]
纸张	按生产需要适量使用		应符合着色剂纯度要求[a]

添加剂名称 氢氧化钠

CAS 号 1310-73-2

使用范围	最大使用量/%	特定迁移量或最大残留量/(mg/kg)	备　注
塑料	PE，PP，PS，AS，ABS，PA，PET，PC，PVC，PVDC：按生产需要适量使用		
涂料	按生产需要适量使用		
橡胶	按生产需要适量使用		
油墨	按生产需要适量使用		
粘合剂	按生产需要适量使用		
纸	按生产需要适量使用		

添加剂名称 氢氧化锌

CAS 号 20427-58-1

使用范围	最大使用量/%	特定迁移量或最大残留量/(mg/kg)	备　注
塑料	PP，PE，PS，PVC，PA，PC，ABS，AS，PET，UP：按生产需要适量使用	25.0(SML，以锌计)	
纸	按生产需要适量使用	25.0(SML，以锌计)	

添加剂名称 全氟烷基丙烯酸酯共聚物；过氟烷基丙烯酸酯共聚物

CAS 号 90451-86-8；152521-13-6；196316-34-4；247047-61-6

使用范围	最大使用量/%	特定迁移量或最大残留量/(mg/kg)	备　注
纸	0.5		最大使用量以干纸计

表 A.1（续）

添加剂名称 壬基酚聚氧乙烯醚硫酸铵盐

CAS 号 9051-57-4

使用范围	最大使用量/%	特定迁移量或最大残留量/(mg/kg)	备　注
塑料	PE,PP:按生产需要适量使用;PS,AS,ABS:2.5		
涂料	按生产需要适量使用		
粘合剂	按生产需要适量使用		

添加剂名称 三(2-乙基己基巯基乙酸)甲基锡

CAS 号 57583-34-3

使用范围	最大使用量/%	特定迁移量或最大残留量/(mg/kg)	备　注
塑料	PVC:2.0	0.18(SML,以锡计)	

添加剂名称 三(2-乙基己基巯基乙酸)辛锡

CAS 号 27107-89-7

使用范围	最大使用量/%	特定迁移量或最大残留量/(mg/kg)	备　注
塑料	PVC:3.0	1.2(SML,以锡计)	

添加剂名称 三(壬基酚)亚磷酸酯

CAS 号 26523-78-4

使用范围	最大使用量/%	特定迁移量或最大残留量/(mg/kg)	备　注
塑料	PE,PP,PS,AS,ABS,PA,PET,PC:按生产需要适量使用		

添加剂名称 三(异辛基巯基乙酸)甲基锡

CAS 号 54849-38-6

使用范围	最大使用量/%	特定迁移量或最大残留量/(mg/kg)	备　注
塑料	PP,PE,PS,PVC,PA,PC,ABS,AS,PET,UP:按生产需要适量使用	0.18(SML,以锡计)	

添加剂名称 三(异辛基巯基乙酸)辛基锡

CAS 号 26401-86-5

使用范围	最大使用量/%	特定迁移量或最大残留量/(mg/kg)	备　注
塑料	PVC:3.0	1.2(SML,以锡计)	

表 A.1(续)

添加剂名称 三氟代(三氟代甲氧基)乙烯

CAS 号 1187-93-5

使用范围	最大使用量/%	特定迁移量或最大残留量/(mg/kg)	备注
橡胶	按生产需要适量使用	0.05(SML)	

添加剂名称 三聚-1,2-丙二醇

CAS 号 24800-44-0

使用范围	最大使用量/%	特定迁移量或最大残留量/(mg/kg)	备注
涂料	按生产需要适量使用		
粘合剂	按生产需要适量使用		

添加剂名称 三聚氰胺甲醛树脂

CAS 号 9003-08-1

使用范围	最大使用量/%	特定迁移量或最大残留量/(mg/kg)	备注
粘合剂	按生产需要适量使用	1.0(三聚氰胺:SML);15.0(甲醛:SML)	
纸	按生产需要适量使用	1.0(三聚氰胺:SML);15.0(甲醛:SML)	

添加剂名称 三氯化磷与联苯和2,4-二叔丁基苯酚的反应产物

CAS 号 38613-77-3;119345-01-6

使用范围	最大使用量/%	特定迁移量或最大残留量/(mg/kg)	备注
塑料	PE,PP,PC:0.1;PS:0.2	18.0(SML)	
橡胶	0.1	18.0(SML)	

添加剂名称 三亚乙基四胺

CAS 号 112-24-3

使用范围	最大使用量/%	特定迁移量或最大残留量/(mg/kg)	备注
橡胶	1.5		
纸	4.0		

添加剂名称 三氧化二铝;活性氧化铝

CAS 号 1344-28-1

使用范围	最大使用量/%	特定迁移量或最大残留量/(mg/kg)	备注
塑料	PE,PP,PS,AS,ABS,PA,PET,PC:按生产需要适量使用		应符合着色剂纯度要求[a]

表 A.1（续）

添加剂名称 三氧化二锑

CAS 号 1309-64-4

使用范围	最大使用量/%	特定迁移量或最大残留量/(mg/kg)	备　注
塑料	PE,PP,PS,AS,ABS,PA,PET,PC:0.020	0.04(SML,以锑计)	
粘合剂	按生产需要适量使用	0.04(SML,以锑计)	

添加剂名称 三乙胺

CAS 号 121-44-8

使用范围	最大使用量/%	特定迁移量或最大残留量/(mg/kg)	备　注
粘合剂	按生产需要适量使用		
纸	1.5		

添加剂名称 三乙醇胺

CAS 号 102-71-6

使用范围	最大使用量/%	特定迁移量或最大残留量/(mg/kg)	备　注
涂料	按生产需要适量使用		
橡胶	5.0		
粘合剂	按生产需要适量使用		
纸	按生产需要适量使用		

添加剂名称 三异丙醇胺

CAS 号 122-20-3

使用范围	最大使用量/%	特定迁移量或最大残留量/(mg/kg)	备　注
塑料	PE, PP, PS, AS, ABS, PA, PET: 0.15; PC:0.2	5.0(SML)	

添加剂名称 山梨醇酐单棕榈酸酯(斯潘 40)

CAS 号 26266-57-9

使用范围	最大使用量/%	特定迁移量或最大残留量/(mg/kg)	备　注
塑料	PE,PP,PS,AS,ABS,PA,PET,PC,PVC,PVDC,UP:按生产需要适量使用		

表 A.1（续）

添加剂名称 十八醇

CAS 号 112-92-5

使用范围	最大使用量/%	特定迁移量或最大残留量/(mg/kg)	备注
塑料	PE,PP,PS,AS,ABS,PA,PET,PC,PVC,PVDC,UP:按生产需要适量使用		
纸	按生产需要适量使用		

添加剂名称 十八酸-2,2-二[十八碳酰氧甲基]-1,3-丙二基酯

CAS 号 115-83-3

使用范围	最大使用量/%	特定迁移量或最大残留量/(mg/kg)	备注
塑料	PC:0.5		
粘合剂	按生产需要适量使用		
纸	按生产需要适量使用		

添加剂名称 十八酸丁酯;硬脂酸丁酯

CAS 号 123-95-5

使用范围	最大使用量/%	特定迁移量或最大残留量/(mg/kg)	备注
塑料	PE,PP,PS,AS,ABS,PA,PET,PC,PVC,PVDC:5.0		仅用于接触非脂肪性食品的材料
涂料	按生产需要适量使用		仅用于接触非脂肪性食品的材料
橡胶	5.0		仅用于接触非脂肪性食品的材料
粘合剂	按生产需要适量使用		仅用于接触非脂肪性食品的材料
纸	按生产需要适量使用		仅用于接触非脂肪性食品的材料

添加剂名称 十八酸钙盐;硬脂酸钙

CAS 号 1592-23-0

使用范围	最大使用量/%	特定迁移量或最大残留量/(mg/kg)	备注
塑料	PE,PP,PS,AS,ABS,PA,PET,PC,PVC:5.0;PVDC:0.5		
橡胶	30.0		

表 A.1（续）

添加剂名称 十八酸钴盐

CAS 号 13586-84-0

使用范围	最大使用量/%	特定迁移量或最大残留量/(mg/kg)	备　注
塑料	PP，PE，PS，PVC，PA，PC，ABS，AS，PET，PVDC，UP：按生产需要适量使用	0.05(SML，以钴计)	

添加剂名称 十八烷基酸甲酯与 1-(2-羟基-2-甲基丙氧基)-2，2，6，6-四甲基-4-吡啶醇的反应产物

CAS 号 300711-92-6

使用范围	最大使用量/%	特定迁移量或最大残留量/(mg/kg)	备　注
塑料	PP，PE：0.1		

添加剂名称 十八烷酸-1，2，3-丙三醇酯

CAS 号 1323-83-7；11099-07-3

使用范围	最大使用量/%	特定迁移量或最大残留量/(mg/kg)	备　注
塑料	PE，PP，PS，AS，ABS，PA，PET，PC，PVDC：按生产需要适量使用		

添加剂名称 十八酰胺

CAS 号 124-26-5

使用范围	最大使用量/%	特定迁移量或最大残留量/(mg/kg)	备　注
塑料	PE，PP，PVC，PVDC：按生产需要适量使用		
粘合剂	按生产需要适量使用		

添加剂名称 十二醇

CAS 号 112-53-8

使用范围	最大使用量/%	特定迁移量或最大残留量/(mg/kg)	备　注
涂料	按生产需要适量使用		
粘合剂	按生产需要适量使用		

添加剂名称 十二硫醇

CAS 号 112-55-0

使用范围	最大使用量/%	特定迁移量或最大残留量/(mg/kg)	备　注
塑料	PVC：0.02		
橡胶	5.0		

表 A.1（续）

添加剂名称 十二烷基(磺化苯氧基)苯磺酸二钠

CAS 号 28519-02-0

使用范围	最大使用量/%	特定迁移量或最大残留量/(mg/kg)	备　注
塑料	PS,ABS,AS:按生产需要适量使用		
涂料	按生产需要适量使用		
橡胶	2.5		
粘合剂	按生产需要适量使用		
纸	按生产需要适量使用		

添加剂名称 十二烷基苯磺酸

CAS 号 27176-87-0

使用范围	最大使用量/%	特定迁移量或最大残留量/(mg/kg)	备　注
塑料	PE, PP, PS, AS, ABS, PC: 0.30; PA,PET:按生产需要适量使用	30.0(SML)	
涂料	按生产需要适量使用	30.0(SML)	
粘合剂	按生产需要适量使用	30.0(SML)	

添加剂名称 十二烷基苯磺酸钠

CAS 号 25155-30-0

使用范围	最大使用量/%	特定迁移量或最大残留量/(mg/kg)	备　注
塑料	PE, PP, PS, AS, PC: 0.20; ABS: 2.5; PA:3.0;PET:2.0	30.0(SML)	
涂料	按生产需要适量使用	30.0(SML)	
橡胶	按生产需要适量使用	30.0(SML)	
粘合剂	按生产需要适量使用	30.0(SML)	

添加剂名称 十二烷基硫酸钠

CAS 号 151-21-3

使用范围	最大使用量/%	特定迁移量或最大残留量/(mg/kg)	备　注
涂料	按生产需要适量使用		
橡胶	按生产需要适量使用		
粘合剂	按生产需要适量使用		
纸	1.0		

表 A.1（续）

添加剂名称 十六烷基三甲基溴化铵

CAS 号 57-09-0

使用范围	最大使用量/%	特定迁移量或最大残留量/(mg/kg)	备　注
塑料	PP,PE,PS,PVC,PA,PC,ABS,AS,PET:按生产需要适量使用	6.0(SML)	

添加剂名称 十六烷酸钙

CAS 号 542-42-7

使用范围	最大使用量/%	特定迁移量或最大残留量/(mg/kg)	备　注
涂料	按生产需要适量使用		

添加剂名称 十四烷锂盐

CAS 号 20336-96-3

使用范围	最大使用量/%	特定迁移量或最大残留量/(mg/kg)	备　注
塑料	PP:0.15	0.6(SML,以锂计)	

添加剂名称 十一烷基-ω-羟基聚(氧-1,2-亚乙基)

CAS 号 34398-01-1

使用范围	最大使用量/%	特定迁移量或最大残留量/(mg/kg)	备　注
纸	按生产需要适量使用	1.0(环氧乙烷:QM)	

添加剂名称 石灰石

CAS 号 1317-65-3

使用范围	最大使用量/%	特定迁移量或最大残留量/(mg/kg)	备　注
塑料	PP,PS,PE,PVDC:按生产需要适量使用		应符合着色剂纯度要求[a]
涂料	按生产需要适量使用		应符合着色剂纯度要求[a]
纸	按生产需要适量使用		应符合着色剂纯度要求[a]

添加剂名称 石蜡和烃蜡

CAS 号 8002-74-2

使用范围	最大使用量/%	特定迁移量或最大残留量/(mg/kg)	备　注
塑料	PE, PP, AS, PS, ABS, PC, PA, PVDC,PVC:按生产需要适量使用;PET:0.25		
涂料	按生产需要适量使用		
纸	按生产需要适量使用		

表 A.1（续）

添加剂名称　石蜡油

CAS 号　8012-95-1

使用范围	最大使用量/%	特定迁移量或最大残留量/(mg/kg)	备　注
涂料	按生产需要适量使用		
橡胶	30.0		
粘合剂	按生产需要适量使用		

添加剂名称　石油加氢轻馏分

CAS 号　64742-47-8

使用范围	最大使用量/%	特定迁移量或最大残留量/(mg/kg)	备　注
塑料	PP,PE:按生产需要适量使用		
涂料	按生产需要适量使用		
纸	0.1		

添加剂名称　石油精

CAS 号　64742-48-9

使用范围	最大使用量/%	特定迁移量或最大残留量/(mg/kg)	备　注
粘合剂	按生产需要适量使用		
纸	按生产需要适量使用		

添加剂名称　食用植物油

CAS 号　—

使用范围	最大使用量/%	特定迁移量或最大残留量/(mg/kg)	备　注
塑料	PE,PP,PS,AS,ABS,PA,PET,PC,PVC,PVDC,UP:按生产需要适量使用		
涂料	按生产需要适量使用		
橡胶	按生产需要适量使用		
油墨	按生产需要适量使用		
粘合剂	按生产需要适量使用		
纸	按生产需要适量使用		

表 A.1（续）

添加剂名称 叔丁基过氧化氢

CAS 号 75-91-2

使用范围	最大使用量/%	特定迁移量或最大残留量/(mg/kg)	备注
塑料	PE,PS,AS,ABS:按生产需要适量使用		
涂料	按生产需要适量使用		
粘合剂	按生产需要适量使用		
纸	按生产需要适量使用		

添加剂名称 叔二丁基羟基甲苯(BHT);2,6-二叔丁基对甲基苯酚

CAS 号 128-37-0

使用范围	最大使用量/%	特定迁移量或最大残留量/(mg/kg)	备注
塑料	PE,PP:0.5;PS,AS,ABS:1.0;PA,PET,PC,PVC,PVDC:0.13	3.0(SML)	
涂料	按生产需要适量使用	3.0(SML)	
橡胶	0.1	3.0(SML)	
粘合剂	0.1	3.0(SML)	
纸	按生产需要适量使用	3.0(SML)	

添加剂名称 叔十二烷硫醇

CAS 号 25103-58-6

使用范围	最大使用量/%	特定迁移量或最大残留量/(mg/kg)	备注
塑料	PVC:按生产需要适量使用		
橡胶	5.0		
粘合剂	按生产需要适量使用		

添加剂名称 树脂酸和松香酸

CAS 号 8050-26-8

使用范围	最大使用量/%	特定迁移量或最大残留量/(mg/kg)	备注
涂料	按生产需要适量使用		
粘合剂	按生产需要适量使用		

添加剂名称 树脂酸与松香酸的钙盐

CAS 号 9007-13-0

使用范围	最大使用量/%	特定迁移量或最大残留量/(mg/kg)	备注
涂料	按生产需要适量使用		
粘合剂	按生产需要适量使用		

表 A.1（续）

添加剂名称 树脂酸与松香酸的锌盐

CAS 号 9010-69-9

使用范围	最大使用量/%	特定迁移量或最大残留量/(mg/kg)	备 注
涂料	按生产需要适量使用	25.0(SML,以锌计)	
粘合剂	按生产需要适量使用	25.0(SML,以锌计)	

添加剂名称 双(2,2,6,6-四甲基-4-哌啶基)癸二酸酯

CAS 号 52829-07-9

使用范围	最大使用量/%	特定迁移量或最大残留量/(mg/kg)	备 注
塑料	PE,PP,PS,AS,ABS:0.5		
粘合剂	0.1		

添加剂名称 双(4-乙基亚苯基)山梨醇

CAS 号 79072-96-1

使用范围	最大使用量/%	特定迁移量或最大残留量/(mg/kg)	备 注
塑料	PP:0.7;PE:0.35		

添加剂名称 双(对甲基亚苯基)山梨糖醇

CAS 号 87826-41-3;69158-41-4;54686-97-4;81541-12-0

使用范围	最大使用量/%	特定迁移量或最大残留量/(mg/kg)	备 注
塑料	PP:0.32		

添加剂名称 双(乙酰氧代)二丁基锡烷

CAS 号 1067-33-0

使用范围	最大使用量/%	特定迁移量或最大残留量/(mg/kg)	备 注
纸	0.03	0.18(SML,以锡计)	

添加剂名称 双[乙基(全氟辛烷)磺酰胺乙基]磷酸铵

CAS 号 30381-98-7

使用范围	最大使用量/%	特定迁移量或最大残留量/(mg/kg)	备 注
纸	0.5		最大使用量以干纸计

表 A.1(续)

添加剂名称 双苯并咪唑[2,1-*b*:2′,1′-*i*]苯并[*lmn*][3.8]菲咯啉-8,17-二酮;C.I.颜料橙 43

CAS 号 4424-06-0

使用范围	最大使用量/%	特定迁移量或最大残留量/(mg/kg)	备 注
塑料	PE,PP,AS,PS,ABS,PA,PET,PC:1.0		应符合着色剂纯度要求[a]
涂料	按生产需要适量使用		应符合着色剂纯度要求[a]

添加剂名称 双酚 A

CAS 号 80-05-7

使用范围	最大使用量/%	特定迁移量或最大残留量/(mg/kg)	备 注
涂料	按生产需要适量使用	0.6(SML)	
粘合剂	按生产需要适量使用	0.6(SML)	

添加剂名称 双酚 S

CAS 号 80-09-1

使用范围	最大使用量/%	特定迁移量或最大残留量/(mg/kg)	备 注
涂料	按生产需要适量使用	0.05(SML)	

添加剂名称 双硬脂酸铝

CAS 号 300-92-5

使用范围	最大使用量/%	特定迁移量或最大残留量/(mg/kg)	备 注
塑料	PE,PP,PS,AS,ABS,PA,PET,PC,PVC,PVDC,UP:3.0		

添加剂名称 水合铝酸碳酸镁

CAS 号 11097-59-9

使用范围	最大使用量/%	特定迁移量或最大残留量/(mg/kg)	备 注
塑料	PE,PP,PS,AS,ABS,PA,PET,PC,PVC,PVDC,UP:按生产需要适量使用		

添加剂名称 水合氧化铁;C.I.颜料黄 42

CAS 号 20344-49-4

使用范围	最大使用量/%	特定迁移量或最大残留量/(mg/kg)	备 注
塑料	PE,PP,PS,AS,ABS,PA,PET,PC,PVC,PVDC,UP:按生产需要适量使用		应符合着色剂纯度要求[a]

表 A.1（续）

使用范围	最大使用量/%	特定迁移量或最大残留量/(mg/kg)	备　注
涂料	按生产需要适量使用		应符合着色剂纯度要求[a]
油墨	按生产需要适量使用		应符合着色剂纯度要求[a]

添加剂名称　水杨酸甲酯

CAS 号　119-36-8

使用范围	最大使用量/%	特定迁移量或最大残留量/(mg/kg)	备　注
粘合剂	按生产需要适量使用	30.0(SML)	

添加剂名称　顺丁烯二酸

CAS 号　110-16-7

使用范围	最大使用量/%	特定迁移量或最大残留量/(mg/kg)	备　注
涂料	按生产需要适量使用	30.0(SML)	
粘合剂	按生产需要适量使用	30.0(SML)	

添加剂名称　顺丁烯二酸二丁酯

CAS 号　105-76-0

使用范围	最大使用量/%	特定迁移量或最大残留量/(mg/kg)	备　注
涂料	按生产需要适量使用		
粘合剂	按生产需要适量使用		
纸	按生产需要适量使用		

添加剂名称　顺丁烯二酸酐

CAS 号　108-31-6

使用范围	最大使用量/%	特定迁移量或最大残留量/(mg/kg)	备　注
涂料	按生产需要适量使用	30.0(SML)	
粘合剂	按生产需要适量使用	30.0(SML)	
纸	按生产需要适量使用	30.0(SML)	

添加剂名称　顺丁烯二酸松香酯

CAS 号　8050-28-0

使用范围	最大使用量/%	特定迁移量或最大残留量/(mg/kg)	备　注
粘合剂	按生产需要适量使用		

表 A.1（续）

添加剂名称 顺丁烯酸与1,3-丁二烯、苯乙烯、2-丙烯腈和2-丙烯酸的聚合物

CAS 号 208448-02-6

使用范围	最大使用量/%	特定迁移量或最大残留量	备 注
粘合剂	按生产需要适量使用	0.06 mg/dm²（丁烯酸：QM）；ND（1,3-丁二烯：SML，DL＝0.02 mg/kg）或1.0 mg/kg（1,3-丁二烯：QM）；ND（丙烯腈：SML，DL＝0.02 mg/kg）；6.0 mg/kg（2-丙烯酸：SML）	
纸	30.0	0.06 mg/dm²（丁烯酸：QM）；ND（1,3-丁二烯：SML，DL＝0.02 mg/kg）或1.0 mg/kg（1,3-丁二烯：QM）；ND（丙烯腈：SML，DL＝0.02 mg/kg）；6.0 mg/kg（2-丙烯酸：SML）	

添加剂名称 顺丁烯酸与1,3-丁二烯、苯乙烯、2-甲基-2-丙烯酸甲酯、2-丙烯腈和2-丙烯酸的聚合物

CAS 号 85600-91-5

使用范围	最大使用量/%	特定迁移量或最大残留量	备 注
粘合剂	按生产需要适量使用	0.06 mg/dm²（丁烯酸：QM）；ND（1,3-丁二烯：SML，DL＝0.02 mg/kg）或1.0 mg/kg（1,3-丁二烯：QM）；ND（丙烯腈：SML，DL＝0.02 mg/kg）；6.0 mg/kg（2-丙烯酸：SML）；6.0 mg/kg（2-甲基-2-丙烯酸甲酯：SML）	
纸	按生产需要适量使用	0.06 mg/dm²（丁烯酸：QM）；ND（1,3-丁二烯：SML，DL＝0.02 mg/kg）或1.0 mg/kg（1,3-丁二烯：QM）；ND（丙烯腈：SML，DL＝0.02 mg/kg）；6.0 mg/kg（2-丙烯酸：SML）；6.0 mg/kg（2-甲基-2-丙烯酸甲酯：SML）	

添加剂名称 顺丁烯酸与1,3-丁二烯、苯乙烯、亚甲基丁二酸和2-丙烯腈的聚合物

CAS 号 153085-93-9

使用范围	最大使用量/%	特定迁移量或最大残留量	备 注
粘合剂	按生产需要适量使用	0.05 mg/6 dm²（丁烯酸：QM）；ND（1,3-丁二烯：SML，DL＝0.02 mg/kg）或1.0 mg/kg（1,3-丁二烯：QM）；ND（丙烯腈：SML，DL＝0.02 mg/kg）	
纸	30.0	0.05 mg/6 dm²（丁烯酸：QM）；ND（1,3-丁二烯：SML，DL＝0.02 mg/kg）或1.0 mg/kg（1,3-丁二烯：QM）；ND（丙烯腈：SML，DL＝0.02 mg/kg）	

表 A.1(续)

添加剂名称 四氢-3,5-二甲基-2*H*-1,3,5-噻二嗪-2-硫酮

CAS 号 533-74-4

使用范围	最大使用量/%	特定迁移量或最大残留量/(mg/kg)	备注
粘合剂	按生产需要适量使用		仅用作防腐剂
纸	按生产需要适量使用		

添加剂名称 四氢呋喃

CAS 号 109-99-9

使用范围	最大使用量/%	特定迁移量或最大残留量/(mg/kg)	备注
涂料	按生产需要适量使用	0.6(SML)	
粘合剂	按生产需要适量使用	0.6(SML)	
纸	4.0	0.6(SML)	

添加剂名称 四氧化三铁

CAS 号 1317-61-9

使用范围	最大使用量/%	特定迁移量或最大残留量/(mg/kg)	备注
塑料	PE,PP,PS,AS,ABS,PA,PET,PC:3.0		应符合着色剂纯度要求[a]
涂料	按生产需要适量使用		应符合着色剂纯度要求[a]
橡胶	按生产需要适量使用		应符合着色剂纯度要求[a]
纸	按生产需要适量使用		应符合着色剂纯度要求[a]

添加剂名称 松香

CAS 号 8050-09-7

使用范围	最大使用量/%	特定迁移量或最大残留量/(mg/kg)	备注
塑料	PP,PE,PS,PVC,PA,PC,ABS,AS,PET,PVDC,UP:按生产需要适量使用		
涂料	按生产需要适量使用		
粘合剂	按生产需要适量使用		
纸	按生产需要适量使用		

表 A.1（续）

添加剂名称 松香甘油酯

CAS 号 8050-31-5

使用范围	最大使用量/%	特定迁移量或最大残留量/(mg/kg)	备　注
涂料	按生产需要适量使用		
粘合剂	按生产需要适量使用		

添加剂名称 羧甲基纤维素钠

CAS 号 9004-32-4

使用范围	最大使用量/%	特定迁移量或最大残留量/(mg/kg)	备　注
粘合剂	按生产需要适量使用		

添加剂名称 酞花青；C.I.颜料蓝 16

CAS 号 574-93-6

使用范围	最大使用量/%	特定迁移量或最大残留量/(mg/kg)	备　注
塑料	PE，PP，PS，AS，ABS，PET：1.0		应符合着色剂纯度要求[a]
涂料	按生产需要适量使用		应符合着色剂纯度要求[a]

添加剂名称 酞菁蓝；C.I.颜料蓝 15

CAS 号 147-14-8

使用范围	最大使用量/%	特定迁移量或最大残留量/(mg/kg)	备　注
塑料	PE，PP，PS，PC，PA，PET，AS，ABS，PVC，PVDC，UP：按生产需要适量使用		应符合着色剂纯度要求[a]
涂料	0.25		应符合着色剂纯度要求[a]
橡胶	0.25		应符合着色剂纯度要求[a]
纸	按生产需要适量使用		应符合着色剂纯度要求[a]

添加剂名称 酞菁绿 G；C.I.颜料绿 7

CAS 号 1328-53-6

使用范围	最大使用量/%	特定迁移量或最大残留量/(mg/kg)	备　注
塑料	PE，PP，PS，AS，ABS，PA，PET，PC，PVC，PVDC，UP：按生产需要适量使用		应符合着色剂纯度要求[a]

表 A.1（续）

使用范围	最大使用量/%	特定迁移量或最大残留量/(mg/kg)	备　注
纸	按生产需要适量使用		应符合着色剂纯度要求[a]

添加剂名称　碳酸钙

CAS 号　471-34-1

使用范围	最大使用量/%	特定迁移量或最大残留量/(mg/kg)	备　注
塑料	PE,PP,PS,AS,ABS,PA,PET,PC,PVC,PVDC,UP:按生产需要适量使用		可为碳酸钙、重质碳酸钙、轻质碳酸钙
涂料	按生产需要适量使用		可为碳酸钙、重质碳酸钙、轻质碳酸钙
橡胶	按生产需要适量使用		可为碳酸钙、重质碳酸钙、轻质碳酸钙
纸	按生产需要适量使用		可为碳酸钙、重质碳酸钙、轻质碳酸钙

添加剂名称　碳酸钠

CAS 号　497-19-8

使用范围	最大使用量/%	特定迁移量或最大残留量/(mg/kg)	备　注
塑料	PE,PP,PS,AS,ABS,PA,PET,PC,PVC,PVDC,UP:按生产需要适量使用		
涂料	按生产需要适量使用		
橡胶	按生产需要适量使用		
油墨	按生产需要适量使用		
粘合剂	按生产需要适量使用		
纸	按生产需要适量使用		

添加剂名称　碳酸氢钠

CAS 号　144-55-8

使用范围	最大使用量/%	特定迁移量或最大残留量/(mg/kg)	备　注
塑料	PE,PP,PS,ABS,PET,PC:按生产需要适量使用		
橡胶	按生产需要适量使用		
粘合剂	按生产需要适量使用		

表 A.1(续)

添加剂名称 碳酸铷

CAS 号 584-09-8

使用范围	最大使用量/%	特定迁移量或最大残留量/(mg/kg)	备 注
塑料	PP,PE,PS,PVC,PA,PC,ABS,AS,PET:按生产需要适量使用	12.0(SML)	

添加剂名称 铁

CAS 号 7439-89-6

使用范围	最大使用量/%	特定迁移量或最大残留量/(mg/kg)	备 注
塑料	PE,PP,PS,AS,ABS,PA,PET,PC,PVC,PVDC,UP:按生产需要适量使用		

添加剂名称 脱水山梨醇单十八酸酯;山梨醇酐单硬脂酸酯(斯潘 60)

CAS 号 1338-41-6

使用范围	最大使用量/%	特定迁移量或最大残留量/(mg/kg)	备 注
塑料	PE,PP,PS,AS,ABS,PA,PET,PC,PVC,PVDC:按生产需要适量使用		
粘合剂	按生产需要适量使用		
纸	0.01		

添加剂名称 脱水山梨醇单硬脂酸酯聚氧乙烯醚

CAS 号 9005-67-8

使用范围	最大使用量/%	特定迁移量或最大残留量/(mg/kg)	备 注
塑料	PE,PP,PS,AS,ABS:3.0;PA:1.0;PET:按生产需要适量使用		
涂料	按生产需要适量使用		
粘合剂	按生产需要适量使用		

添加剂名称 脱水山梨醇三油酸酯聚氧乙烯醚(吐温-85)

CAS 号 9005-70-3

使用范围	最大使用量/%	特定迁移量或最大残留量/(mg/kg)	备 注
塑料	PE,PP,PS,AS,ABS,PA,PET,PC,PVDC:按生产需要适量使用		

表 A.1(续)

添加剂名称 妥儿油松香与反丁烯二酸化松香与甲醛的聚合物

CAS 号 8052-10-6;68201-58-1

使用范围	最大使用量/%	特定迁移量或最大残留量/(mg/kg)	备　注
塑料	PE,PP,PS,AS,PA,ABS,PET,PVC,PC:按生产需要适量使用	15.0(甲醛:SML)	
涂料	按生产需要适量使用	15.0(甲醛:SML)	
橡胶	按生产需要适量使用	15.0(甲醛:SML)	
粘合剂	按生产需要适量使用	15.0(甲醛:SML)	
纸	0.03	15.0(甲醛:SML)	

添加剂名称 妥尔油松香

CAS 号 8052-10-6

使用范围	最大使用量/%	特定迁移量或最大残留量/(mg/kg)	备　注
涂料	按生产需要适量使用		
粘合剂	按生产需要适量使用		
纸	按生产需要适量使用		

添加剂名称 烷基磺酸钠

CAS 号 68037-49-0

使用范围	最大使用量/%	特定迁移量或最大残留量/(mg/kg)	备　注
塑料	PVC:2.0		

添加剂名称 微晶石蜡与烃蜡

CAS 号 63231-60-7

使用范围	最大使用量/%	特定迁移量或最大残留量/(mg/kg)	备　注
塑料	PE,PP:按生产需要适量使用		
涂料	按生产需要适量使用		
纸	按生产需要适量使用		

添加剂名称 微粒状银

CAS 号 7440-22-4

使用范围	最大使用量/%	特定迁移量或最大残留量/(mg/kg)	备　注
塑料	PE,PP,PS,PET,PA:按生产需要适量使用;AS,ABS:5.0	0.05(SML)	

表 A.1（续）

添加剂名称 维生素 C

CAS 号 50-81-7

使用范围	最大使用量/%	特定迁移量或最大残留量/(mg/kg)	备注
塑料	PE,PP,PS,AS,ABS,PA,PET,PC,PVC,PVDC,UP:按生产需要适量使用		
橡胶	按生产需要适量使用		
油墨	按生产需要适量使用		

添加剂名称 戊二醛

CAS 号 111-30-8

使用范围	最大使用量/%	特定迁移量或最大残留量/(mg/kg)	备注
涂料	按生产需要适量使用		
粘合剂	按生产需要适量使用		
纸	0.03		

添加剂名称 戊烷

CAS 号 78-78-4;109-66-0

使用范围	最大使用量/%	特定迁移量或最大残留量/(mg/kg)	备注
塑料	PE,PP,PS,AS,ABS,PA,PET,PC,PVC,PVDC,UP:按生产需要适量使用		

添加剂名称 纤维素甲醚

CAS 号 9004-67-5

使用范围	最大使用量/%	特定迁移量或最大残留量/(mg/kg)	备注
塑料	PE,AS,ABS,PVDC:按生产需要适量使用;PP,PS:2.5		
涂料	按生产需要适量使用		
粘合剂	按生产需要适量使用		
纸	按生产需要适量使用		

添加剂名称 硝酸

CAS 号 7697-37-2

使用范围	最大使用量/%	特定迁移量或最大残留量/(mg/kg)	备注
粘合剂	按生产需要适量使用		
纸	按生产需要适量使用		

表 A.1（续）

添加剂名称 辛基膦酸

CAS 号 4724-48-5

使用范围	最大使用量/%	特定迁移量或最大残留量/(mg/kg)	备　注
塑料	PP,PE,PS,PVC,PA,PC,ABS,AS,PET,UP:按生产需要适量使用	0.05(SML)	

添加剂名称 辛酸钴

CAS 号 6700-85-2

使用范围	最大使用量/%	特定迁移量或最大残留量/(mg/kg)	备　注
塑料	UP:0.03	0.05(SML,以钴计)	最大使用量为以钴计量
涂料	按生产需要适量使用	0.05(SML,以钴计)	

添加剂名称 新癸酸钴

CAS 号 27253-31-2

使用范围	最大使用量/%	特定迁移量或最大残留量/(mg/kg)	备　注
塑料	PA,PET:0.05	0.05(SML,以新癸酸计),0.05(SML,以钴计)	仅用于接触非脂肪性食品的材料
涂料	按生产需要适量使用	0.05(SML,以新癸酸计),0.05(SML,以钴计)	仅用于接触非脂肪性食品的材料

添加剂名称 溴化亚铜

CAS 号 7787-70-4

使用范围	最大使用量/%	特定迁移量或最大残留量/(mg/kg)	备　注
塑料	PP,PE,PS,PVC,PA,PC,ABS,AS,PET,UP:按生产需要适量使用	5.0(SML,以铜计)	

添加剂名称 亚甲基丁二酸

CAS 号 97-65-4

使用范围	最大使用量/%	特定迁移量或最大残留量/(mg/kg)	备　注
涂料	按生产需要适量使用		
粘合剂	按生产需要适量使用		
纸	按生产需要适量使用		

表 A.1(续)

添加剂名称 亚甲基丁二酸与1,3-丁二烯、苯乙烯、2-丙烯腈和2-丙烯酸的聚合物

CAS号 118948-85-9

使用范围	最大使用量/%	特定迁移量或最大残留量/(mg/kg)	备　注
粘合剂	按生产需要适量使用	ND(1,3-丁二烯:SML,DL=0.02 mg/kg)或1.0(1,3-丁二烯:QM);ND(丙烯腈:SML,DL=0.02 mg/kg);6.0(丙烯酸:SML)	
纸	30.0	ND(1,3-丁二烯:SML,DL=0.02 mg/kg)或1.0(1,3-丁二烯:QM);ND(丙烯腈:SML,DL=0.02 mg/kg);6.0(丙烯酸:SML)	

添加剂名称 亚甲基丁二酸与1,3-丁二烯、苯乙烯和2-丙烯酸-2-羟乙酯的聚合物

CAS号 36089-06-2

使用范围	最大使用量/%	特定迁移量或最大残留量/(mg/kg)	备　注
粘合剂	按生产需要适量使用	ND(1,3-丁二烯:SML,DL=0.02 mg/kg)或1.0(1,3-丁二烯:QM);6.0(2-丙烯酸-2-羟乙酯:SML)	
纸	10.0	ND(1,3-丁二烯:SML,DL=0.02 mg/kg)或1.0(1,3-丁二烯:QM);6.0(2-丙烯酸-2-羟乙酯:SML)	

添加剂名称 亚甲基丁二酸与1,3-丁二烯、乙烯基苯和2-丙烯酸的聚合物

CAS号 26102-56-7

使用范围	最大使用量/%	特定迁移量或最大残留量/(mg/kg)	备　注
粘合剂	按生产需要适量使用	ND(1,3-丁二烯:SML,DL=0.02 mg/kg)或1.0(1,3-丁二烯:QM);6.0(丙烯酸:SML)	
纸	10.0	ND(1,3-丁二烯:SML,DL=0.02 mg/kg)或1.0(1,3-丁二烯:QM);6.0(丙烯酸:SML)	

添加剂名称 亚甲基丁二酸与2-丙烯酸乙酯和2-甲基-2-丙烯酸甲酯的聚合物

CAS号 24980-96-9

使用范围	最大使用量/%	特定迁移量或最大残留量/(mg/kg)	备　注
粘合剂	按生产需要适量使用	6.0(2-丙烯酸乙酯:SML);6.0(2-甲基-2-丙烯酸甲酯:SML)	
纸	按生产需要适量使用	6.0(2-丙烯酸乙酯:SML);6.0(2-甲基-2-丙烯酸甲酯:SML)	

表 A.1（续）

添加剂名称 亚甲基双硫氰酸酯和 *N*,*N*-二甲基甲酰胺的混合物

CAS 号 6317-18-6;68-12-2

使用范围	最大使用量/%	特定迁移量或最大残留量/(mg/kg)	备注
纸	按生产需要适量使用	ND(亚甲基双硫氰酸酯:SML)	

添加剂名称 亚磷酸三(2,4-二叔丁基苯)酯

CAS 号 31570-04-4

使用范围	最大使用量/%	特定迁移量或最大残留量/(mg/kg)	备注
塑料	PE,PS:0.2;PP:0.25;AS,ABS:0.4;PA:1.0;PC:0.3		
橡胶	0.5		
粘合剂	按生产需要适量使用		
纸	0.5		

添加剂名称 亚磷酸一苯二异辛酯

CAS 号 26544-22-9

使用范围	最大使用量/%	特定迁移量或最大残留量/(mg/kg)	备注
塑料	PE,PP,PS,AS,ABS,PA,PET,PC,PVC,PVDC,UP:2.0		

添加剂名称 亚硫酸钠

CAS 号 7757-83-7

使用范围	最大使用量/%	特定迁移量或最大残留量/(mg/kg)	备注
塑料	PP,PE,PS,PVC,PA,PC,ABS,AS,PET,UP:按生产需要适量使用	10.0(SML,以二氧化硫计)	
涂料	按生产需要适量使用	10.0(SML,以二氧化硫计)	
橡胶	按生产需要适量使用	10.0(SML,以二氧化硫计)	
粘合剂	按生产需要适量使用	10.0(SML,以二氧化硫计)	
纸	按生产需要适量使用	10.0(SML,以二氧化硫计)	

添加剂名称 亚硫酸氢钠

CAS 号 7631-90-5

使用范围	最大使用量/%	特定迁移量或最大残留量/(mg/kg)	备注
涂料	按生产需要适量使用	10.0(SML,以二氧化硫计)	
粘合剂	按生产需要适量使用	10.0(SML,以二氧化硫计)	
纸	按生产需要适量使用	10.0(SML,以二氧化硫计)	

表 A.1（续）

添加剂名称　亚硫酸氢钠与丙烯酸的调聚物

CAS 号　66019-18-9

使用范围	最大使用量/%	特定迁移量或最大残留量/(mg/kg)	备　注
粘合剂	按生产需要适量使用	10.0(SML,以二氧化硫计);6.0(丙烯酸:SML)	

添加剂名称　亚硫酸氢钠与丙烯酸调聚物的钠盐

CAS 号　68479-09-4

使用范围	最大使用量/%	特定迁移量或最大残留量/(mg/kg)	备　注
粘合剂	按生产需要适量使用	10.0(SML,以二氧化硫计);6.0(丙烯酸:SML)	

添加剂名称　亚硝酸钠

CAS 号　7632-00-0

使用范围	最大使用量/%	特定迁移量或最大残留量/(mg/kg)	备　注
塑料	PS:5.0	0.6(SML)	
涂料	按生产需要适量使用	0.6(SML)	
橡胶	5.0	0.6(SML)	
粘合剂	按生产需要适量使用	0.6(SML)	
纸	0.05	0.6(SML)	

添加剂名称　盐酸

CAS 号　7647-01-0

使用范围	最大使用量/%	特定迁移量或最大残留量/(mg/kg)	备　注
涂料	按生产需要适量使用		
油墨	按生产需要适量使用		
粘合剂	按生产需要适量使用		
纸	按生产需要适量使用		

添加剂名称　羊毛脂

CAS 号　8006-54-0

使用范围	最大使用量/%	特定迁移量或最大残留量/(mg/kg)	备　注
涂料	按生产需要适量使用		
橡胶	按生产需要适量使用		
纸	按生产需要适量使用		

表 A.1（续）

添加剂名称　氧化钙

CAS 号　1305-78-8

使用范围	最大使用量/%	特定迁移量或最大残留量/(mg/kg)	备　注
塑料	PE,PP,PS,AS,ABS,PA,PET,PC:按生产需要适量使用		
涂料	按生产需要适量使用		
橡胶	按生产需要适量使用		
油墨	按生产需要适量使用		
粘合剂	按生产需要适量使用		
纸	按生产需要适量使用		

添加剂名称　氧化钴

CAS 号　11104-61-3

使用范围	最大使用量/%	特定迁移量或最大残留量/(mg/kg)	备　注
塑料	PE,PP,PS,AS,ABS,PET,PC:按生产需要适量使用	0.05(SML,以钴计)	

添加剂名称　氧化镁

CAS 号　1309-48-4

使用范围	最大使用量/%	特定迁移量或最大残留量/(mg/kg)	备　注
塑料	PE,PP,PS,AS,ABS,PA,PET,PC:按生产需要适量使用		
涂料	按生产需要适量使用		
橡胶	按生产需要适量使用		
油墨	按生产需要适量使用		
粘合剂	按生产需要适量使用		
纸	按生产需要适量使用		

添加剂名称　氧化锰

CAS 号　11129-60-5

使用范围	最大使用量/%	特定迁移量或最大残留量/(mg/kg)	备　注
塑料	PP,PE,PS,PVC,PA,PC,ABS,AS,PET,PVDC,UP:按生产需要适量使用	0.6(SML,以锰计)	

表 A.1（续）

添加剂名称 氧化硼钠

CAS 号 1330-43-4

使用范围	最大使用量/%	特定迁移量或最大残留量/(mg/kg)	备　注
塑料	PP,PE,PS,PVC,PA,PC,ABS,AS,PET,UP:按生产需要适量使用	6.0(SML,以硼计)	
涂料	按生产需要适量使用	6.0(SML,以硼计)	
粘合剂	按生产需要适量使用	6.0(SML,以硼计)	
纸	按生产需要适量使用	6.0(SML,以硼计)	

添加剂名称 氧化双(氢化牛烷基)胺

CAS 号 143925-92-2

使用范围	最大使用量/%	特定迁移量或最大残留量/(mg/kg)	备　注
塑料	PE,PP:按生产需要适量使用	0.1(QM)	

添加剂名称 氧化铁;C.I.颜料红 101

CAS 号 1309-37-1

使用范围	最大使用量/%	特定迁移量或最大残留量/(mg/kg)	备　注
塑料	PE,PP,PS,AS,ABS,PA,PET,PC,PVC,PVDC:3.0		应符合着色剂纯度要求[a]
涂料	按生产需要适量使用		应符合着色剂纯度要求[a]
橡胶	10.0		应符合着色剂纯度要求[a]
油墨	按生产需要适量使用		应符合着色剂纯度要求[a]

添加剂名称 氧化铁黑;C.I.颜料黑 11

CAS 号 12227-89-3

使用范围	最大使用量/%	特定迁移量或最大残留量/(mg/kg)	备　注
塑料	PP,PE,PS,PVC,PA,PC,ABS,AS,PET,PVDC,UP:按生产需要适量使用		应符合着色剂纯度要求[a]
涂料	按生产需要适量使用		应符合着色剂纯度要求[a]
橡胶	按生产需要适量使用		应符合着色剂纯度要求[a]

表 A.1（续）

添加剂名称 氧化锌;C.I.颜料白 4

CAS 号 1314-13-2

使用范围	最大使用量/%	特定迁移量或最大残留量/(mg/kg)	备 注
塑料	PE,PP,PS,AS,ABS,PA,PET,PC:按生产需要适量使用	25.0(SML,以锌计)	应符合着色剂纯度要求[a]
涂料	按生产需要适量使用	25.0(SML,以锌计)	应符合着色剂纯度要求[a]
橡胶	10.0	25.0(SML,以锌计)	应符合着色剂纯度要求[a]
纸	按生产需要适量使用	25.0(SML,以锌计)	应符合着色剂纯度要求[a]

添加剂名称 氧化乙烯的均聚物

CAS 号 68441-17-8

使用范围	最大使用量/%	特定迁移量或最大残留量/(mg/kg)	备 注
塑料	PE,PP,PS,AS,ABS,PVC,PVDC,PET,PC:按生产需要适量使用	1.0(环氧乙烷:QM)	
涂料	50.0	1.0(环氧乙烷:QM)	
粘合剂	按生产需要适量使用	1.0(环氧乙烷:QM)	

添加剂名称 椰油脂肪酸二乙酰胺

CAS 号 61791-14-8;61791-31-9

使用范围	最大使用量/%	特定迁移量或最大残留量/(mg/kg)	备 注
塑料	PP,PE:0.1		

添加剂名称 乙醇

CAS 号 64-17-5

使用范围	最大使用量/%	特定迁移量或最大残留量/(mg/kg)	备 注
塑料	PE,PP,PS,AS,ABS,PA,PET,PC:按生产需要适量使用		
涂料	按生产需要适量使用		
橡胶	按生产需要适量使用		
油墨	按生产需要适量使用		
粘合剂	按生产需要适量使用		
纸	按生产需要适量使用		

表 A.1（续）

添加剂名称 乙醇胺

CAS 号 141-43-5

使用范围	最大使用量/%	特定迁移量或最大残留量/(mg/kg)	备注
涂料	按生产需要适量使用	0.05(SML)	仅用于接触非脂肪性食品的材料
粘合剂	按生产需要适量使用	0.05(SML)	仅用于接触非脂肪性食品的材料
纸	0.1	0.05(SML)	仅用于接触非脂肪性食品的材料

添加剂名称 乙二胺四乙酸

CAS 号 60-00-4

使用范围	最大使用量/%	特定迁移量或最大残留量/(mg/kg)	备注
塑料	PS:0.05;PC:0.05		
纸	按生产需要适量使用		

添加剂名称 乙二胺四乙酸四钠盐

CAS 号 64-02-8

使用范围	最大使用量/%	特定迁移量或最大残留量/(mg/kg)	备注
涂料	按生产需要适量使用		
粘合剂	按生产需要适量使用		
纸	按生产需要适量使用		

添加剂名称 乙二胺与环氧氯丙烷和二甲胺的聚合物

CAS 号 42751-79-1

使用范围	最大使用量/%	特定迁移量或最大残留量/(mg/kg)	备注
纸	0.2	12.0(乙二胺:QM);1.0(环氧氯丙烷:QM)	

添加剂名称 乙二酸;草酸

CAS 号 144-62-7

使用范围	最大使用量/%	特定迁移量或最大残留量/(mg/kg)	备注
塑料	PP,PE,PS,PVC,PA,PC,ABS,AS,PET,UP:按生产需要适量使用	6.0(SML)	
纸	1.0	6.0(SML)	

表 A.1（续）

添加剂名称　乙基-2-羟基乙基纤维素

CAS 号　9004-58-4

使用范围	最大使用量/%	特定迁移量或最大残留量/(mg/kg)	备　注
涂料	按生产需要适量使用		
粘合剂	按生产需要适量使用		

添加剂名称　乙基化甲基化甲醛与6-苯基-1,3,5-三嗪-2,4-二胺的聚合物;丁醇化的脲与甲醛的聚合物

CAS 号　68002-19-7;68037-08-1

使用范围	最大使用量/%	特定迁移量或最大残留量/(mg/kg)	备　注
涂料	按生产需要适量使用	15.0(甲醛:SML)	

添加剂名称　乙基纤维素

CAS 号　9004-57-3

使用范围	最大使用量/%	特定迁移量或最大残留量/(mg/kg)	备　注
涂料	按生产需要适量使用		
纸	按生产需要适量使用		

添加剂名称　乙酸

CAS 号　64-19-7

使用范围	最大使用量/%	特定迁移量或最大残留量/(mg/kg)	备　注
塑料	PE,PP,PS,AS,ABS,PA,PET,PC,PVC,PVDC,UP:按生产需要适量使用		
涂料	按生产需要适量使用		
橡胶	按生产需要适量使用		
油墨	按生产需要适量使用		
粘合剂	按生产需要适量使用		
纸	按生产需要适量使用		

添加剂名称　乙酸丙酯

CAS 号　109-60-4

使用范围	最大使用量/%	特定迁移量或最大残留量/(mg/kg)	备　注
油墨	按生产需要适量使用		
粘合剂	按生产需要适量使用		
纸	0.1		

表 A.1(续)

添加剂名称 乙酸丁酯

CAS 号 123-86-4

使用范围	最大使用量/%	特定迁移量或最大残留量/(mg/kg)	备 注
油墨	按生产需要适量使用		
粘合剂	按生产需要适量使用		
纸	按生产需要适量使用		

添加剂名称 乙酸钠

CAS 号 127-09-3

使用范围	最大使用量/%	特定迁移量或最大残留量/(mg/kg)	备 注
纸	按生产需要适量使用		

添加剂名称 乙酸乙烯酯

CAS 号 108-05-4

使用范围	最大使用量/%	特定迁移量或最大残留量/(mg/kg)	备 注
涂料	按生产需要适量使用	12.0(SML)	
粘合剂	按生产需要适量使用	12.0(SML)	
纸	按生产需要适量使用	12.0(SML)	

添加剂名称 乙酸乙烯酯与氯乙烯和乙烯醇的聚合物

CAS 号 25086-48-0

使用范围	最大使用量/%	特定迁移量或最大残留量/(mg/kg)	备 注
涂料	按生产需要适量使用	ND(氯乙烯:SML,DL=0.01 mg/kg);12.0(乙酸乙烯酯:SML)	
粘合剂	按生产需要适量使用	ND(氯乙烯:SML,DL=0.01 mg/kg);12.0(乙酸乙烯酯:SML)	
纸	按生产需要适量使用	ND(氯乙烯:SML,DL=0.01 mg/kg);12.0(乙酸乙烯酯:SML)	

添加剂名称 乙酸乙酯

CAS 号 141-78-6

使用范围	最大使用量/%	特定迁移量或最大残留量/(mg/kg)	备 注
涂料	按生产需要适量使用		
油墨	按生产需要适量使用		
粘合剂	按生产需要适量使用		

表 A.1（续）

添加剂名称 乙酸异丙酯

CAS 号 108-21-4

使用范围	最大使用量/%	特定迁移量或最大残留量/(mg/kg)	备 注
油墨	按生产需要适量使用		
粘合剂	按生产需要适量使用		

添加剂名称 乙烯与丙烯的共聚物

CAS 号 9010-79-1

使用范围	最大使用量/%	特定迁移量或最大残留量/(mg/kg)	备 注
塑料	PP,PE:按生产需要适量使用		
橡胶	5.0		
粘合剂	按生产需要适量使用		

添加剂名称 乙烯基封端的二甲基(硅氧烷与聚硅氧烷)

CAS 号 68083-19-2

使用范围	最大使用量/%	特定迁移量或最大残留量/(mg/kg)	备 注
涂料	按生产需要适量使用		
橡胶	按生产需要适量使用		
纸	按生产需要适量使用		

添加剂名称 乙烯基封端的二甲基甲基乙烯基(硅氧烷与聚硅氧烷)

CAS 号 68083-18-1

使用范围	最大使用量/%	特定迁移量或最大残留量/(mg/kg)	备 注
涂料	按生产需要适量使用		
纸	按生产需要适量使用		

添加剂名称 乙烯基硅烷

CAS 号 —

使用范围	最大使用量/%	特定迁移量或最大残留量/(mg/kg)	备 注
塑料	PE,PP,PS,AS,ABS,PA,PET,PC,PVC,PVDC,UP:2.0		

添加剂名称 乙烯与丁烯和丙烯的共聚物

CAS 号 25895-47-0

使用范围	最大使用量/%	特定迁移量或最大残留量/(mg/kg)	备 注
粘合剂	按生产需要适量使用		

表 A.1（续）

添加剂名称 乙氧化二甲基-3-羟丙基甲基(硅氧烷与聚硅氧烷)

CAS 号 68937-54-2

使用范围	最大使用量/%	特定迁移量或最大残留量/(mg/kg)	备　注
塑料	PP,PE:0.3		

添加剂名称 乙氧基(富 C_{13}、异 $C_{11\sim14}$)醇

CAS 号 78330-21-9

使用范围	最大使用量/%	特定迁移量或最大残留量/(mg/kg)	备　注
塑料	PE,PP:按生产需要适量使用		
橡胶	按生产需要适量使用		
粘合剂	按生产需要适量使用		
纸	按生产需要适量使用		

添加剂名称 乙氧基 $C_{12\sim14}$-二元醇

CAS 号 84133-50-6

使用范围	最大使用量/%	特定迁移量或最大残留量/(mg/kg)	备　注
涂料	按生产需要适量使用		
粘合剂	按生产需要适量使用		
纸	按生产需要适量使用		

添加剂名称 乙氧基 $C_{16\sim18}$醇

CAS 号 68439-49-6

使用范围	最大使用量/%	特定迁移量或最大残留量/(mg/kg)	备　注
塑料	PP,PE,PS,PVC,PA,PC,ABS,AS,PET,PVDC,UP:按生产需要适量使用	0.05(SML)	
涂料	按生产需要适量使用	0.05(SML)	
粘合剂	按生产需要适量使用	0.05(SML)	
纸	按生产需要适量使用	0.05(SML)	

添加剂名称 乙氧基化 $C_{14\sim18}$与 $C_{16\sim18}$不饱和烷基胺

CAS 号 68155-39-5

使用范围	最大使用量/%	特定迁移量或最大残留量/(mg/kg)	备　注
塑料	PE,PP,PS,AS,ABS,PET,PC:按生产需要适量使用		

表 A.1（续）

添加剂名称 乙氧基化蓖麻油

CAS 号 61791-12-6

使用范围	最大使用量/%	特定迁移量或最大残留量/(mg/kg)	备注
涂料	按生产需要适量使用	42.0(SML)	
粘合剂	按生产需要适量使用	42.0(SML)	

添加剂名称 乙氧基化的 $C_{13\sim15}$ 烷基胺

CAS 号 70955-14-5

使用范围	最大使用量/%	特定迁移量或最大残留量/(mg/kg)	备注
塑料	PE:0.2;PP:0.1		

添加剂名称 乙氧基牛脂醇

CAS 号 61791-28-4

使用范围	最大使用量/%	特定迁移量或最大残留量/(mg/kg)	备注
涂料	按生产需要适量使用		

添加剂名称 异丙醇

CAS 号 67-63-0

使用范围	最大使用量/%	特定迁移量或最大残留量/(mg/kg)	备注
塑料	PE,PP,PS,AS,ABS:按生产需要适量使用		
涂料	按生产需要适量使用		
粘合剂	按生产需要适量使用		
纸	按生产需要适量使用		

添加剂名称 异十三烷醇

CAS 号 27458-92-0

使用范围	最大使用量/%	特定迁移量或最大残留量/(mg/kg)	备注
纸	2.0		

添加剂名称 银玻璃

CAS 号 —

使用范围	最大使用量/%	特定迁移量或最大残留量/(mg/kg)	备注
塑料	PE,PP,PS,AS,ABS,PA,PET,PC,PVDC:2.25	0.05(SML,以银计)	

表 A.1（续）

添加剂名称 银锌玻璃

CAS 号 —

使用范围	最大使用量/%	特定迁移量或最大残留量/(mg/kg)	备 注
塑料	PE,PP,PS,AS,ABS,PA,PET,PC,PVDC:3.0	0.05(SML,以银计);25.0(SML,以锌计)	

添加剂名称 银锌沸石

CAS 号 —

使用范围	最大使用量/%	特定迁移量或最大残留量/(mg/kg)	备 注
塑料	PE,PP,PS,AS,ABS,PA,PET,PC,PVDC:3.0	0.05(SML,以银计);25.0(SML,以锌计)	

添加剂名称 硬脂酸

CAS 号 57-11-4

使用范围	最大使用量/%	特定迁移量或最大残留量/(mg/kg)	备 注
塑料	PE,PP,PS,AS,ABS,PA,PET,PC,PVC,PVDC:按生产需要适量使用		
涂料	按生产需要适量使用		
橡胶	按生产需要适量使用		
粘合剂	按生产需要适量使用		
纸	按生产需要适量使用		

添加剂名称 硬脂酸-2-辛基十二烷醇酯

CAS 号 22766-82-1

使用范围	最大使用量/%	特定迁移量或最大残留量/(mg/kg)	备 注
塑料	PC:0.5		
橡胶	按生产需要适量使用		

添加剂名称 硬脂酸镁

CAS 号 557-04-0

使用范围	最大使用量/%	特定迁移量或最大残留量/(mg/kg)	备 注
塑料	PE,PP,PS,AS,ABS,PA,PET,PC,PVC,PVDC,UP:1.0		

表 A.1（续）

添加剂名称 硬脂酸钠

CAS 号 822-16-2

使用范围	最大使用量/%	特定迁移量或最大残留量/(mg/kg)	备注
塑料	PP,PE,PS,PVC,PA,PC,ABS,AS,PET,PVDC,UP:按生产需要适量使用		
橡胶	按生产需要适量使用		

添加剂名称 硬脂酸锌

CAS 号 557-05-1;91051-01-3

使用范围	最大使用量/%	特定迁移量或最大残留量/(mg/kg)	备注
塑料	PE, PP, PS, AS, PA, ABS, PET, PVC,PC,PVDC,UP:3.0	25.0(SML:以锌计)	
橡胶	0.3	25.0(SML:以锌计)	
纸	按生产需要适量使用	25.0(SML:以锌计)	

添加剂名称 油酸;顺-9-十八烯酸

CAS 号 112-80-1

使用范围	最大使用量/%	特定迁移量或最大残留量/(mg/kg)	备注
塑料	PE,PP,PS,ABS,AS,PA,PET,PC,PVC:按生产需要适量使用		
粘合剂	按生产需要适量使用		
纸	3.0		

添加剂名称 油酸钙

CAS 号 142-17-6

使用范围	最大使用量/%	特定迁移量或最大残留量/(mg/kg)	备注
塑料	PP,PE,PS,PVC,PA,PC,ABS,AS,PET,PVDC,UP:按生产需要适量使用		
涂料	按生产需要适量使用		
橡胶	按生产需要适量使用		
粘合剂	按生产需要适量使用		
纸	按生产需要适量使用		

表 A.1(续)

添加剂名称 油酸季戊四醇酯

CAS 号 25151-96-6

使用范围	最大使用量/%	特定迁移量或最大残留量/(mg/kg)	备注
塑料	PP,PE,PS,PVC,PA,PC,ABS,AS,PET:按生产需要适量使用	0.05(SML)	仅用于接触非脂肪性食品的材料

添加剂名称 云母

CAS 号 12001-26-2

使用范围	最大使用量/%	特定迁移量或最大残留量/(mg/kg)	备注
塑料	PE,PP,PS,AS,ABS,PA,PET,PC,PVC,PVDC,UP:3.0		应符合着色剂纯度要求[a]
涂料	按生产需要适量使用		应符合着色剂纯度要求[a]
油墨	按生产需要适量使用		应符合着色剂纯度要求[a]

添加剂名称 蒸汽裂解轻芳烃的石脑油与富含1,3-戊二烯蒸汽裂解轻芳烃的石脑油和蒸汽裂解中芳烃的石脑油的聚合物

CAS 号 68527-25-3

使用范围	最大使用量/%	特定迁移量或最大残留量/(mg/kg)	备注
涂料	60.0		
粘合剂	60.0		

添加剂名称 蒸汽轻裂化脱苯聚合氢化石脑油

CAS 号 68132-00-3

使用范围	最大使用量/%	特定迁移量或最大残留量/(mg/kg)	备注
塑料	PP,PE:30.0		

添加剂名称 正丙醇

CAS 号 71-23-8

使用范围	最大使用量/%	特定迁移量或最大残留量/(mg/kg)	备注
涂料	按生产需要适量使用		
粘合剂	按生产需要适量使用		
纸	按生产需要适量使用		

表 A.1（续）

添加剂名称 正硅酸四乙酯与六甲基二硅氧烷的聚合物

CAS 号 104133-09-7

使用范围	最大使用量/%	特定迁移量或最大残留量/(mg/kg)	备　注
橡胶	按生产需要适量使用		

添加剂名称 正戊醇

CAS 号 71-41-0

使用范围	最大使用量/%	特定迁移量或最大残留量/(mg/kg)	备　注
涂料	按生产需要适量使用		
粘合剂	按生产需要适量使用		
纸	按生产需要适量使用		

添加剂名称 支化-α-(壬基苯基)-ω-羟基-(聚环氧乙烷)

CAS 号 68412-54-4

使用范围	最大使用量/%	特定迁移量或最大残留量/(mg/kg)	备　注
油墨	按生产需要适量使用	1.0(环氧乙烷:QM)	
纸	2.0	1.0(环氧乙烷:QM)	

注：表中各种塑料类材料的缩写含义如下：

ABS：acrylonitrile butadiene styrene，丙烯腈-丁二烯-苯乙烯；

AS：acrylonitrile styrene，丙烯腈-苯乙烯；

PA：polyamide，聚酰胺(尼龙)；

PC：polycarbonate，聚碳酸酯；

PE：polyethylene，聚乙烯；

PET：polyethylene terephthalate，聚对苯二甲酸乙二醇酯；

PP：polypropylene，聚丙烯；

PS：polystyrene，聚苯乙烯；

PVC：polyvinyl chloride，聚氯乙烯；

PVDC：polyvinylidene chloride，聚偏二氯乙烯；

UP：unsaturated polyester，不饱和聚酯。

[a] "应符合着色剂纯度要求"是指：

1) 杂质在 0.1 mol/L 盐酸中检出量占着色剂的质量分数应符合：锑≤0.05%；砷≤0.01%；钡≤0.01%；镉≤0.01%；铬(Ⅵ)≤0.1%；铅≤0.01%；汞≤0.005%；硒≤0.01%。

2) 其他杂质占着色剂的质量分数应符合：多氯联苯≤0.002 5%；芳香胺≤0.05%，其中对二氨基联苯、β-萘胺和 4-氨基联苯三种物质各自或总和≤0.001%。